국가전문

# 맞춤형화장품
## 조제관리사
### 2022

## 2주 합격 초단기완성

이설훈 편저

예문사

# 머리말

최근 화장품 분야의 개성과 다양성을 추구하는 소비자의 요구에 따라 완제품, 원료 등을 혼합하여 제공하는 형태의 맞춤형화장품판매업이 생겼습니다. 이를 전문적으로 수행할 맞춤형 화장품 조제관리사는 시험을 반드시 통과해야 그 자격을 가지게 됩니다.

맞춤형 화장품 조제관리사 시험의 대략적인 내용과 목적은 다음과 같습니다.

첫째, 화장품 법규의 이해. 모든 산업은 법으로 관리되는 제도 안에서 운영됩니다. 그러나 이런 법은 회사의 법무팀, 혹은 허가팀만의 업무가 아니고 화장품업에 종사하는 모두가 숙지하여야 할 사항입니다. 따라서 맞춤형화장품 조제관리사도 핵심적인 내용을 숙지하고 있어야 합니다.

둘째, 화장품의 이해. 화장품의 내용물 혹은 원료를 혼합할 때 자신이 배합하는 성분이 어떤 것인지, 안정하게 화장품의 내용물이 유지되는 이치와 혼합의 원리에 대해서 잘 이해하고 있어야 할 것입니다. 또한 이런 원료들의 기능이 무엇이고 왜 사용되는지 알고 있어야 합니다.

셋째, 화장품 안전관리의 이해. 우수 화장품 제조기준은 주로 화장품 제조업자와 관련된 사항이고, 맞춤형화장품의 혼합 및 소분에 직접 적용되는 사항은 아닙니다. 그러나 안전관리 단원에서 학습한 개념을 잘 이해해야 향후 맞춤형화장품 실무에도 응용할 수 있을 것입니다.

넷째, 피부 및 모발의 이해. 소비자의 요구 혹은 특성에 맞는 제품을 만들기 위해서는 피부 및 모발의 타입별로 어떤 화장품이 적절한지 추천할 수 있어야 합니다.

다섯째, 맞춤형화장품 제도의 이해. 기존의 화장품 제조업과 화장품 책임판매업과는 다른 맞춤형화장품만의 제도를 이해하는 것도 중요합니다.

본 수험서는 화장품학을 전공하는 학부생을 대상으로, 또한 미용업 등에 종사하며 화장품에 대한 이해를 넓히기 위해 향장에스테틱 대학원에 진학한 학생들을 대상으로 화장품 법규, 화장품학, 피부과학 등을 강의한 경험을 바탕으로 하여 수험생의 눈높이에 맞추어 구성하였습니다.

맞춤형화장품 조제관리사가 필수적으로 알아야 할 핵심적인 사항들을 중심으로 최대한 이해하기 쉽게 정리하였으며, 관련법 또한 모든 법률 조항을 나열하는 것보다는 그 의미를 이해하는 방향으로 구성하였습니다. 세부적으로 더 궁금한 부분은 국가법령정보센터를 활용하여 검색을 통해 확인해 보는 것을 추천드립니다. 또한 단원별 기출변형문제의 경우, 식품의약품안전처의 예시문항 및 제1회~4회 기출복원문제 유형과 유사한 형태로 제작하였습니다. 특히 핵심이 되는 문제들은 비슷한 유형을 반복적으로 출제하여, 수험생들의 이해도를 높이고 시험에 적응할 수 있도록 구성하였습니다.

수험생 여러분의 합격에 많은 도움이 되기를 기원합니다.

편저 이설훈 드림

# 시험가이드

## 시험일정

| 구분 | 접수기간 | 시험일 | 합격자 발표일 |
|---|---|---|---|
| 제5회 | 22. 1. 25.(화)~22. 2. 4.(금) | 22. 3. 5.(토) | 22. 3. 25.(금) |
| 제6회 | 22. 7. 26.(화)~22. 8. 5.(금) | 22. 9. 3.(토) | 22. 9. 30.(금) |

※ 각 회차별 시행에 대한 자세한 내용은 시험일 90일 전 공지되는 시험공고를 참고해주시기 바랍니다.

※ 제5회 자격시험부터 「화장품법」 제3조의5(맞춤형화장품조제관리사의 결격사유) 신설('22.2.18. 시행)에 따라 결격사유가
적용되오니 자세한 내용은 시험공고를 참고해주시기 바랍니다.

※ 합격 기준 : 전 과목 총점의 60% 이상을 득점하고, 각 과목 만점의 40% 이상을 득점한 자

※ 응시 수수료 : 100,000원

## 문항 유형 및 배점

| 과목별 | 문항 유형 | 과목별 총점 | 시험방법 | 시험기간 |
|---|---|---|---|---|
| 화장품법의 이해 | 선다형 7문항<br>단답형 3문항 | 100점 | 필기 시험 | • 입실시간 9:00<br>• 시험시간 9:30~11:30(120분) |
| 화장품 제조 및 품질관리 | 선다형 20문항<br>단답형 5문항 | 250점 | | |
| 유통화장품의 안전관리 | 선다형 25문항 | 250점 | | |
| 맞춤형화장품의 이해 | 선다형 28문항<br>단답형 12문항 | 400점 | | |

## 시험 영역

| 과목별 | 문항 유형 | |
|---|---|---|
| 화장품법의 이해 | 1.1 화장품법 | 1.2 개인정보 보호법 |
| 화장품 제조 및 품질관리 | 2.1 화장품 원료의 종류와 특성<br>2.3 화장품 사용제한 원료<br>2.5 위해사례 판단 및 보고 | 2.2 화장품의 기능과 품질<br>2.4 화장품 관리 |
| 유통화장품의 안전관리 | 3.1 작업장 위생관리<br>3.3 설비 및 기구 관리<br>3.5 포장재의 관리 | 3.2 작업자 위생관리<br>3.4 내용물 원료 관리 |
| 맞춤형화장품의 이해 | 4.1 맞춤형화장품 개요<br>4.3 관능평가 방법과 절차<br>4.5 제품 안내<br>4.7 충진 및 포장 | 4.2 피부 및 모발 생리구조<br>4.4 제품 상담<br>4.6 혼합 및 소분<br>4.8 재고관리 |

# 핵심 이론 + 식약처 예시문항
# + 기출 변형 문제

## 기출분석 + 이론

- 본격적인 학습에 앞서 2021년의 시험 분석과 그에 따른 준비 전략을 살펴봄으로써 효과적인 학습 계획을 세울 수 있습니다.

- 단기합격을 위해 챕터별 학습목표를 제시하고, 식약처 가이드의 페이지를 표시하여 연계학습이 가능하도록 하였습니다.

- 본문 이론 중 2021년, 2020년, 2019년에 기출된 키워드는 별도로 표시하였습니다.

- 개념톡톡 : 핵심이론의 이해를 도와줄 개념을 한눈에 파악할 수 있도록 정리하였습니다.

- 합격콕콕 : 최신 식약처 가이드의 유의사항 및 세부 학습 가이드를 보기 쉽게 정리하였습니다.

## 식약처 예시문항 + 기출 변형 문제

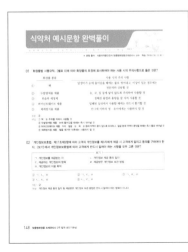

- 최신 식약처 가이드에 공개된 예시문항들을 단원별로 정리하고, 저자의 완벽풀이를 추가하여 중요 개념을 확실히 익힐 수 있습니다.

- 제1회~4회 기출복원문제와 식약처 예시문항의 유형을 반영한 문제들을 대거 수록하여 2022년 시험에 확실하게 대비할 수 있도록 하였습니다.

- 문제 아래 해설을 수록함으로써 빠르게 학습할 수 있도록 구성하였고, 오답 해설도 함께 수록하여 명확한 개념 정리가 이루어지도록 하였습니다.

# 제1회~4회 기출복원문제
# +실전모의고사

## 제1회~4회 기출복원문제

- 제1회~4회 기출문제를 완벽히 복원하여 수록하였습니다.
- 기출복원문제를 시험 전 미리 풀어봄으로써 문제의 유형과 난이도를 확인할 수 있고, 놓치거나 헷갈렸던 단원의 개념을 한 번 더 확실하게 학습할 수 있습니다.

## 실전모의고사

- 제1회~4회 기출복원문제의 유형과 출제 경향을 완벽히 적용한 실전모의고사 2회분을 제공함으로써 실전감각을 키울 수 있도록 하였습니다.
- 저자의 강의 경력에서 얻은 노하우를 십분 활용한 해설을 수록하여, 수험생들이 시험에 필요한 지식을 효율적으로 학습할 수 있도록 하였습니다.

## 특별 부록  시험장에 들고 가는 최신 기출 키워드

- 최신 식약처 가이드의 키워드를 바탕으로 '최신 기출 키워드'를 제작하였습니다.
- 언제 어디서나 암기할 수 있도록 핸드북 크기로 제작하여 휴대성과 편리성을 높였습니다.

# 제1회~4회 시험 분석

## 제1회~4회 시험 분석

| 과목별 | | Part 01 | Part 02 | Part 03 | Part 04 |
|---|---|---|---|---|---|
| 문항수 | | 10 | 25 | 25 | 40 |
| 제1회 시험 | Level 1 | 7 | 10 | 10 | 15 |
| | Level 2 | 2 | 10 | 13 | 19 |
| | Level 3 | 1 | 5 | 2 | 6 |
| 제2회 시험 | Level 1 | 4 | 6 | 6 | 13 |
| | Level 2 | 2 | 8 | 13 | 15 |
| | Level 3 | 4 | 11 | 6 | 12 |
| 제3회 시험 | Level 1 | 2 | 8 | 14 | 10 |
| | Level 2 | 5 | 15 | 10 | 27 |
| | Level 3 | 3 | 2 | 1 | 3 |
| 제4회 시험 | Level 1 | 1 | 8 | 5 | 10 |
| | Level 2 | 7 | 16 | 18 | 28 |
| | Level 3 | 2 | 1 | 2 | 2 |

**Level 1** 기본적인 개념을 이해하면 풀 수 있는 문제

[객관식] 맞춤형화장품에 해당하지 않는 것은?

[주관식] (벌크) 제품이란 충진(1차 포장) 이전의 제조 단계까지 끝낸 제품을 말한다.

**Level 2** 원료의 제한 함량 등의 세부적 수치를 알아야 하는 문제, 핵심 개념을 응용한 문제

[객관식] 맞춤형화장품의 형태를 보고 향료에 대한 알러지가 있는 고객에게 안내해야 할 내용으로 적절한 것은?

[주관식] 화장품 전성분 표기 중 사용상의 제한이 필요한 보존제에 해당하는 성분을 골라 이름과 사용한도를 기입하시오.

**Level 3** 법령이나 고시 등의 전문적인 내용을 이해하지 못하면 풀 수 없는 문제

[객관식] 납, 니켈, 비소, 안티몬, 카드뮴을 한 번에 분석할 수 있는 방법은?

[주관식] 미생물 한도를 측정을 위해~총 제품 ml당 호기성 생균 수를 구하고 유통화장품 안전기준에 적합한지 적으시오.

## 2021년 시험 분석

제3, 4회 시험은 제2회 시험 때 어려웠다고 알려진 행정처분, 퍼머넌트웨이브용 제품 및 헤어스트레이너 제품의 안전 기준 시험법, 인체세포 배양액의 안전기준, 미생물 시험법의 세부 사항 등 Level 3에 해당하는 내용이 출제되지 않았다. 이에 난이도가 평이 하나는 의견이 많았다. 그러나 '기능성화장품의 기준 및 시험방법' 내의 세부 사항인 점도, 히드로퀴논 등 전문적인 문제는 여전히 조금씩 출제되고 있다. 또한 Level 2 수준의 문제는 사용상의 제한이 있는 원료의 함량, 전성분의 표기법 등을 한 문제 안에서 조합한 형태의 복합적 문제가 출제되는 경향이 나타났다. 또한 모발의 세부구조, 천연화장품 규정, 포장 용기의 재질, CGMP 세척제의 종류 등 세부 내용의 출제 범위가 확대되고 있는 경향을 나타냈다. 또한 표시광고 규정에 대한 문제의 출제가 늘어나는 경향이 있었다. 이에 전체적으로 Level 2 수준의 문제의 비율이 증가하였다.

## 시험 준비 전략

• 수험서에 정리되어 있는 개념을 이해하는 데 우선적으로 충실해야 한다!
  각각의 파트는 맞춤형화장품 조제관리사가 알아야 할 다양한 화장품의 분야의 내용이 쉽게 정리되어 있어 단기학습에 적합하다.

• 자주 출제되는 부분에서는 단기적으로 기억할 전략을 세워야 한다!
  보존제, 자외선 차단제, 기능성 고시원료, 알러지 유발 향료의 리스트 및 함량에 대한 문제가 자주 출제되고 있으므로 이에 대한 대비가 필요하다.

• 법령이나 고시의 세부적인 부분을 모두 다 공부하기는 어렵다!
  법령이나 고시의 내용이 방대하기 때문에 시간이 부족하다면 우선 기출복원문제 및 기출 변형 문제, 실전모의고사 등 문제풀이 위주의 빠른 학습을 추천한다.

# 2주합격 셀프 플래너

| DAY | 과목별 | | 학습 점검<br>완벽(○), 보통(△), 미흡(×) | | 학습 완료일 |
|---|---|---|---|---|---|
| 1 | 제1회, 제2회 기출복원문제 | | ( / 100 ) | ( / 100 ) | _월_일 |
| 2 | 제3회, 제4회 기출복원문제 | | ( / 100 ) | ( / 100 ) | _월_일 |
| 3 | PART 01<br>화장품법의 이해 | 01 화장품법 | | | _월_일 |
| | | 02 개인정보보호법 | | | |
| 4 | | 식약처 예시문항 완벽풀이 | ( / 08 ) | | _월_일 |
| | | 기출변형문제 | ( / 35 ) | | |
| 5 | PART 02<br>화장품 제조 및 품질관리 | 01 화장품 원료의 종류와 특성 | | | _월_일 |
| | | 02 화장품의 기능과 품질 | | | |
| 6 | | 03 화장품 사용제한 원료 | | | _월_일 |
| | | 04 화장품 관리 | | | |
| 7 | | 05 위해사례 판단 및 보고 | | | _월_일 |
| | | 식약처 예시문항 완벽풀이 | ( / 10 ) | | |
| | | 기출변형문제 | ( / 41 ) | | |
| 8 | PART 03<br>유통화장품의 안전관리 | 01 우수화장품 제조 및 품질관리 기준(CGMP) | | | _월_일 |
| | | 02 작업장 위생관리 | | | |
| | | 03 작업자 위생관리 | | | |
| 9 | | 04 설비 및 기구 관리 | | | _월_일 |
| | | 05 원료, 내용물 및 포장재관리 | | | |
| | | 06 유통화장품 안전관리 기준 | | | |
| 10 | | 식약처 예시문항 완벽풀이 | ( / 04 ) | | _월_일 |
| | | 기출변형문제 | ( / 41 ) | | |
| 11 | PART 04<br>맞춤형화장품의 이해 | 01 맞춤형화장품 개요 | | | _월_일 |
| | | 02 피부 및 모발 생리 구조 | | | |
| 12 | | 03 관능평가 방법과 절차 | | | _월_일 |
| | | 04 제품 상담 및 제품 안내 | | | |
| 13 | | 05 혼합 및 소분 | | | _월_일 |
| | | 06 충진 및 포장 | | | |
| 14 | | 식약처 예시문항 완벽풀이 | ( / 10 ) | | _월_일 |
| | | 기출변형문제 | ( / 41 ) | | |
| 15 | 제1회 실전모의고사 | | ( / 100 ) | | _월_일 |
| | 제2회 실전모의고사 | | ( / 100 ) | | |

■ 실력 비교 및 향상 확인을 위한 점수 기록

| | 기출복원문제 |
|---|---|
| 제1회 | |
| 제2회 | |
| 제3회 | |
| 제4회 | |

| | 실전모의고사 |
|---|---|
| 제1회 | |
| 제2회 | |

맞춤형화장품 조제관리사 2주 합격 초단기완성

# 차례

HIDDEN CARD

# 제1회~4회 기출복원문제

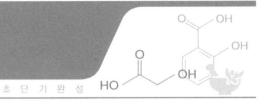

# 제1회 기출복원문제

맞 춤 형 화 장 품   조 제 관 리 사   2 주   합 격   초 단 기 완 성

**01** 다음 중 맞춤형화장품 판매업 신고를 할 수 있는 자는?

① 피성년후견인 선고를 받고 복권되지 아니한 자

② 정신질환자

③ 보건범죄 단속에 관한 특별조치법 위반으로 금고 이상의 형을 선고받고 집행이 끝나지 않은 자

④ 파산선고를 받고 복권되지 아니한 자

⑤ 화장품법 위반으로 등록이 취소되거나 영업소가 폐쇄 이후 1년이 지나지 않은 자

해설 ②의 결격사유는 화장품 제조업 등록 시에만 해당한다.

**02** 천연화장품 및 유기농화장품의 기준에 관한 규정 중 중량 기준 천연 함량은 전체 제품에서 얼마 이상이 되어야 하는가?

① 5%  ② 10%  ③ 80%

④ 90%  ⑤ 95%

해설 • 천연화장품 : 중량 기준 천연 함량이 전체 제품의 95% 이상으로 구성되어야 한다.
 • 유기농화장품 : 유기농 함량이 전체 제품의 10% 이상이어야 하며, 유기농 함량을 포함한 천연 함량이 전체 제품의 95% 이상으로 구성되어야 한다.

**03** 다음 중 맞춤형화장품에 해당하지 <u>않는</u> 것은?

① 제조된 화장품의 내용물에 다른 화장품의 내용물을 추가하여 혼합한 화장품

② 제조된 화장품의 내용물에 식품의약품안전처장이 정하는 원료를 추가하여 혼합한 화장품

③ 수입된 화장품의 내용물을 소분한 화장품

④ 식품의약품안전처장이 정하는 원료를 이용하여 제작한 화장품

⑤ 제조된 화장품의 내용물에 수입된 화장품의 내용물을 추가하여 혼합한 화장품

해설 내용물에 식품의약품안전처장이 정하는 원료를 추가하는 것은 가능하나, 기본 내용물 없이 원료만으로 화장품을 제작하는 것은 허용되지 않는다.

정답 01 ② 02 ⑤ 03 ④

**04** 다음 맞춤형화장품 조제관리사가 포장재 입고 시 확인해야 할 사항 중 안전용기 대상 품목에 해당하는 것은?

> ㄱ. 아세톤을 함유하는 네일 에나멜 리무버 및 네일 폴리시 리무버
> ㄴ. 미세한 알갱이가 함유되어 있는 스크러브 세안제
> ㄷ. 어린이용 오일 등 개별포장당 탄화수소류를 10% 이상 함유하고 운동점도가 21센티스톡스(섭씨 40도 기준) 이하인 비에멀전 타입의 액체 상태의 제품
> ㄹ. 퍼머넌트 웨이브 제품 및 헤어스트레이트너 제품
> ㅁ. 개별포장당 메틸 살리실레이트를 5% 이상 함유하는 액체 상태의 제품

① ㄱ, ㄴ, ㄷ      ② ㄴ, ㄷ, ㅁ      ③ ㄴ, ㄷ, ㄹ
④ ㄱ, ㄷ, ㅁ      ⑤ ㄷ, ㄹ, ㅁ

해설 안전용기 · 포장이란 만 5세 미만의 어린이가 개봉하기 어렵도록 설계 · 고안된 용기나 포장을 말한다. 즉, ㄱ, ㄷ, ㅁ의 제품은 안전용기로 포장해야 한다.

**05** 화장품이 제조된 날부터 적절한 보관 상태에서 제품이 고유의 특성을 간직한 채 소비자가 안정적으로 사용할 수 있는 최소한의 기한을 뜻하는 것은?

① 유통기한      ② 사용기한      ③ 보존기한
④ 상미기한      ⑤ 사용기간

해설 사용기한에 대한 설명이다. 참고로 개봉 후 사용기한을 기재할 경우 제조연월일을 병행 표기해야 하며 사용기간과 사용기한은 다른 의미로 쓰인다.

**06** 화장품의 유형 중 기초화장품의 유형에 속하지 <u>않는</u> 것은?

① 손, 발의 피부연화제품
② 수렴 · 유연 · 영양 화장수
③ 팩, 마스크
④ 에센스, 오일
⑤ 폼 클렌저(foam cleanser)

해설 폼 클렌저(foam cleanser)는 기초화장품이 아니라 인체 세정용 제품에 속한다.

**07** 다음 중 pH 3.0~9.0 범위로 관리되어야 하는 제품은?

① 셰이빙 크림      ② 클렌징 워터      ③ 클렌징 오일
④ 바디로션, 헤어젤      ⑤ 메이크업 리무버

해설 물을 포함하지 않는 제품, 사용 후 곧바로 닦아내는 제품은 pH 관리 기준을 적용하지 않는다.

**08 유해사례의 보고에 관한 설명으로 옳은 것은?**

① 중대한 유해사례 : 유해사례 중 피부가 붉어지는 것과 같은 증상이 발생한 경우이다.
② 정기보고 : 유해사례의 정보를 안 날로부터 15일 이내에 식품의약품안전처장에게 보고해야 한다.
③ 유해사례 : 화장품의 사용 중 발생한 바람직하지 않고 의도되지 아니한 징후, 증상 또는 질병을 말하며, 당해 화장품
　과 반드시 인과관계를 가져야 하는 것은 아니다.
④ 유해사례의 보고 : 화장품 제조업자의 의무이다.
⑤ 신속보고 : 중대한 유해사례를 안 날로부터 30일 이내 보고해야 한다.

해설　① 중대한 유해사례 : 사망이나 생명의 위협, 입원 연장 등의 사고가 발생하는 것을 말한다(피부가 붉어지는 경우는 경미한 것으로 판단).
　　② 정기보고 : 신속보고 대상이 아닌 경우 6개월마다 보고한다.
　　④ 유해사례의 보고 : 책임판매업자의 의무이다.
　　⑤ 신속보고 : 15일 이내에 보고해야 한다.


**09 비중이 0.8인 액체 300ml의 중량은?**

① 120g　　　　　　　② 240g　　　　　　　③ 360g
④ 420g　　　　　　　⑤ 500g

해설　'비중×부피＝중량'이다. 따라서 0.8×300＝240g이다.


**10 중대한 유해사례 또는 이와 관련하여 식품의약품안전처장이 보고를 지시한 경우, 누가 언제까지 보고해야 하는가?**

① 화장품 제조업자, 30일 이내
② 화장품 제조업자, 6개월 이내
③ 화장품 책임판매업자, 15일 이내
④ 화장품 책임판매업자, 30일 이내
⑤ 화장품 책임판매업자, 6개월 이내

해설　중대한 유해사례는 사망이나 생명의 위협, 입원 연장 등의 사고 발생 등을 말하는 것으로, 이에 대한 보고는 책임판매업자의 의무이다.
　　또한 신속보고에 해당하는 사항이므로 15일 이내에 보고해야 한다.


**11 기능성화장품 심사 시 제출해야 하는 안전성 관련 자료로 적합한 것은?**

① 다회 투여 독성 시험 자료
② 2차 피부 자극 시험 자료
③ 안점막 자극 시험 자료
④ 광안정성 시험 자료
⑤ 효력 평가 자료

해설　기능성화장품 심사 시 제출해야 하는 안전성 관련 자료에는 단회 투여 독성 시험 자료, 1차 피부 자극 시험 자료, 광독성 및 광감작성
　　시험 자료 등이 있다.
　　⑤ 효력 시험 자료는 기능성화장품의 효능을 입증하는 자료의 하나이다.

---

**12** 다음 중 기능성화장품에 속하지 <u>않는</u> 것은?

① 피부에 탄력을 주어 피부의 주름을 완화 또는 개선하는 기능을 가진 화장품

② 자외선을 차단 또는 산란시켜 자외선으로부터 피부를 보호하는 기능을 가진 화장품

③ 일시적으로 모발의 색상을 변화시키는 제품

④ 체모를 제거하는 기능을 가진 화장품

⑤ 여드름성 피부를 완화하는 데 도움을 주는 화장품

**해설** 모발의 색상을 변화[탈염(脫染)·탈색(脫色)을 포함한다]시키는 기능을 가진 화장품은 기능성화장품에 속한다. 다만, 일시적으로 모발의 색상을 변화시키는 제품은 제외한다.

**13** 다음 설명 중 빈칸에 들어갈 말로 옳은 것은?

> 다음 각 목의 어느 하나에 해당하는 성분을 0.5% 이상 함유하는 제품의 경우에는 해당 품목의 안정성 시험 자료를 최종 제조된 제품의 사용기한이 만료되는 날로부터 (        )간 보존할 것
> 가. 레티놀(비타민 A) 및 그 유도체
> 나. 아스코빅애씨드(비타민 C) 및 그 유도체
> 다. 토코페롤(비타민 E)
> 라. 과산화화합물
> 마. 효소

① 1개월               ② 3개월               ③ 6개월
④ 1년                 ⑤ 2년

**해설** 안정성은 제형과 효능성분이 분해되어 기능을 상실하지 않도록 하는 것이다. 위 성분들은 제조 초기 안정할 수 있으나 시간의 경과에 따라 분해될 수 있기 때문에 사용기한 만료 후 1년간 자료를 보존해야 한다.

**14** 맞춤형화장품 조제관리사가 하는 업무로 옳은 것은?

> ㄱ. 매년 안정성 확보 및 품질관리에 관한 교육을 받았다.
> ㄴ. 내용물에 페녹시에탄올을 추가하여 판매하였다.
> ㄷ. 향수 200ml를 40ml씩 소분해서 판매하였다.
> ㄹ. 내용물에 Sodium PCA를 혼합하여 판매하였다.
> ㅁ. 내용물에 나이아신 아마이드를 추가하여 판매하였다.

① ㄱ, ㄴ, ㄷ               ② ㄴ, ㄷ, ㅁ               ③ ㄱ, ㄷ, ㄹ
④ ㄹ, ㅁ, ㄷ               ⑤ ㄷ, ㄹ, ㅁ

**해설** ㄴ, ㅁ과 같은 보존제와 기능성 고시 원료는 혼합하여 판매할 수 없다.

**15** 다음 중 과태료 대상자에 해당하지 <u>않는</u> 것은?

① 국민보건에 위해를 끼칠 우려가 있는 화장품이 유통 중인 사실을 알게 되었음에도 화장품을 회수하거나 회수하는 데에 필요한 조치를 하지 않은 경우

② 기능성화장품 심사 등 변경심사를 받지 않은 경우

③ 동물실험을 실시한 화장품 또는 동물실험을 실시한 화장품 원료를 사용하여 제조 또는 수입한 화장품을 유통, 판매한 경우

④ 맞춤형화장품 조제관리사의 교육이수 의무에 따른 명령을 위반한 경우

⑤ 폐업 등의 신고를 하지 않은 경우

해설 ①은 과태료가 아니라 벌금에 해당하는 위반 사례이다.

**16** 개인정보보호 원칙에 맞지 <u>않는</u> 것은?

① 목적 이외의 용도로 활용하는 것을 금지한다.

② 정확성, 완전성 및 최신성을 보장해야 한다.

③ 익명 처리가 가능하여도 신뢰도 향상을 위해 실명을 받을 수 있다.

④ 사생활 침해를 최소화해야 한다.

⑤ 개인정보의 처리에 관한 사항을 공개하고 열람청구권 등 정보주체의 권리를 보장한다.

해설 익명 처리가 가능한 경우에는 익명 처리하여야 한다.

**17** 다음 중 개인정보의 수집 · 이용이 가능한 경우를 <u>모두</u> 고른 것은?

ㄱ. 개인정보처리자의 동의를 받은 경우
ㄴ. 법률에 특별한 규정이 있거나 법령상 의무를 준수하기 위하여 불가피한 경우
ㄷ. 공공기관이 법령 등에서 정하는 소관 업무의 수행을 위하여 불가피한 경우
ㄹ. 사전동의를 받을 수 있더라도 명백히 정보주체 또는 제3자의 급박한 생명, 신체, 재산의 이익을 위하여 필요하다고 인정되는 경우
ㅁ. 개인정보처리자의 정당한 이익을 달성하기 위하여 필요한 경우로서 명백하게 정보주체의 권리보다 우선하는 경우

① ㄱ, ㄴ, ㄷ        ② ㄴ, ㄷ, ㅁ        ③ ㄴ, ㄷ, ㄹ

④ ㄱ, ㄹ, ㅁ        ⑤ ㄷ, ㄹ, ㅁ

해설 ㄱ. 개인정보처리자가 아니라 정보주체의 동의를 받아야 한다.
　　 ㄹ. 사전동의를 받을 수 없는 상황에서 정보주체의 급박한 생명의 이익이 있는 경우에 가능하다.

**18** 다음 중 맞춤형화장품 조제관리사가 사용할 수 있는 원료는?

① 페녹시에탄올        ② 옥토크릴렌        ③ 레티놀

④ 세틸에틸헥사노에이트        ⑤ 에칠헥실메톡시신나메이트

해설 세틸에틸헥사노에이트는 에스테르 오일로 사용 가능하다. 페녹시에탄올(보존제), 옥토크릴렌, 에칠헥실메톡시신나메이트(자외선 차단제), 레티놀(기능성 화장품 고시원료) 등은 사용할 수 없는 원료에 해당한다.

정답   **15** ①   **16** ③   **17** ②   **18** ④

**19** 물에 녹기 쉬운 염료에 알루미늄 등의 염이나 황산알루미늄, 황산지르코늄 등을 가해 물에 녹지 않도록 불용화시킨 유기안료는?

① 유기안료          ② 레이크          ③ 진주광택 안료

④ 백색안료          ⑤ 체질안료

> **해설** 레이크는 용해되기 쉬운 유기분자 염료를 고체의 기질에 금속염 등으로 결합시켜 제작하는 유기안료로, 색상과 안정성이 안료와 염료의 중간 정도이다.

**20** 다음 중 자외선 차단 성분과 최대 함량을 올바르게 연결한 것은?

① 에칠헥실메톡시신나메이트 – 1%

② 페녹시에탄올 – 1%

③ 옥토크릴렌 – 10%

④ 레티놀 – 1%

⑤ 세틸에틸헥사노에이트 – 5%

> **해설** 에칠헥실메톡시신나메이트도 옥토크릴렌과 같은 유기 자외선 차단제이나 최대 함량은 1%가 아닌 7.5%이다. 페녹시에탄올은 보존제이고, 레티놀은 기능성 원료이며, 세틸에틸헥사노에이트는 일반 원료이다.

**21** 다음 중 기능성 원료의 성분 및 함량을 올바르게 연결한 것은?

① 에칠헥실메톡시신나메이트 – 7.5%

② 페녹시에탄올 – 1%

③ 옥토크릴렌 – 10%

④ 알부틴 – 10%

⑤ 닥나무추출물 – 2%

> **해설** 알부틴도 피부 미백 기능의 기능성 원료이나 함량은 2~5%이다. 에칠헥실메톡시신나메이트와 옥토크릴렌은 자외선 차단제이며, 페녹시에탄올은 보존제이다.

**22** 다음 중 화장품 배합 금지 원료는?

① 메틸파라벤          ② 에틸파라벤          ③ 부틸파라벤

④ 페닐파라벤          ⑤ 이소프로필파라벤

> **해설** 보존제의 일종인 파라벤류는 다양한 구조의 변형이 가능하고 배합에도 많이 사용되나, 페닐파라벤은 화장품 배합 금지 원료로 모든 화장품에 사용이 금지된다.

**23** 다음 중 사용상의 제한 원료와 그 사용 한도를 올바르게 연결한 것은?

① 징크옥사이드 – 7.5%      ② 페녹시에탄올 – 1%      ③ 티타늄디옥사이드 – 10%

④ 알부틴 – 10%            ⑤ 닥나무추출물 – 2%

> **해설** 보존제(방부제) 및 자외선 차단제류 등이 사용상의 제한이 있는 원료에 해당한다. 자외선 차단제 중 티타늄디옥사이드와 징크옥사이드의 사용한도는 25%이고 알부틴과 닥나무추출물은 기능성 원료이다.

---

**정답**    19 ②    20 ③    21 ⑤    22 ④    23 ②

**24 다음 빈칸에 들어갈 말로 옳은 것은?**

> 착향 성분 중 알려진 유발 성분 25종은 사용 후 씻어내지 않는 제품에 (　　　)을/를 초과하여 함유했을 경우 유발 성분을 표시해야 한다.

① 10% ② 1% ③ 0.1%
④ 0.01% ⑤ 0.001%

해설 사용 후 세척되는 제품 중 알려진 유발 성분이 0.01%를 초과하여 함유되는 경우 표시해야 하며, 씻어내지 않는 제품의 경우 0.001%를 초과한다면 표시한다. 그 이외에는 향료라고 표시한다.

**25 탈모 증상의 완화에 도움을 주는 기능성 성분에 해당하는 것은?**

① 비오틴, L-멘톨, 징크피리치온, 덱스판테놀
② 살리실릭애씨드
③ 레티놀, 레티닐 팔미테이트, 아데노신
④ 나이아신아마이드, 아스코빌 글루코사이드, 알부틴
⑤ 티타늄 디옥사이드, 징크옥사이드

해설 ②는 여드름 완화, ③은 주름 개선, ④는 피부 미백, ⑤는 자외선 차단에 각각 도움을 주는 원료이다.

**26 화장품 제품별 미생물 한도 기준을 연결한 것으로 옳은 것은?**

① 눈화장용 제품류-500개/g
② 어린이 제품-1,000개/g
③ 크림-2,000개/g
④ 에센스-3,000개/g
⑤ 토너-5,000개/g

해설 어린이 제품과 눈화장용 제품의 미생물 한도 기준은 500개/g이며, 기타 제품은 1,000개/g이다.

**27 화장품을 제조하면서 비의도적으로 유도된 물질의 검출 허용 한도로 적합한 것은?**

① 디옥산 : 1,000ppm 이하
② 납 : 점토를 원료로 사용한 분말제품은 50ppm 이하, 그 밖의 제품은 20ppm 이하
③ 수은 : 10ppm 이하
④ 비소 : 100ppm 이하
⑤ 안티몬 : 100ppm 이하

해설 ① 디옥산 : 100ppm 이하
③ 수은 : 1ppm 이하
④ 비소 : 10ppm 이하
⑤ 안티몬 : 10ppm 이하

정답 24 ⑤ 25 ① 26 ① 27 ②

**28** 다음 중 기준일탈 제품의 폐기 처리 순서를 옳게 나열한 것은?

> ㄱ. 격리 보관
> ㄴ. 기준일탈 조사
> ㄷ. 기준일탈의 처리
> ㄹ. 폐기처분 또는 재작업 또는 반품
> ㅁ. 기준일탈 제품에 불합격 라벨 첨부
> ㅂ. 시험, 검사, 측정의 틀림 없음 확인
> ㅅ. 시험, 검사, 측정에서 기준일탈 결과 나옴

① ㄷ → ㄴ → ㅂ → ㅅ → ㄹ → ㄱ → ㅁ
② ㅁ → ㄴ → ㅂ → ㄷ → ㅅ → ㄱ → ㄹ
③ ㅅ → ㄴ → ㄹ → ㄷ → ㅁ → ㅂ → ㄱ
④ ㅅ → ㄴ → ㅂ → ㄷ → ㅁ → ㄱ → ㄹ
⑤ ㅅ → ㄴ → ㅂ → ㄷ → ㅁ → ㄹ → ㄱ

> **해설** 기준일탈 조사란 일탈 원인에 대해서 조사를 실시하고 시험 결과를 재확인하는 과정이다. 측정에서 일탈 결과가 나올 시(ㅅ) 기준일탈을 조사하게 된다. 측정에 틀림없음이 확인되면 기준일탈의 처리를 진행한다. 즉, 처리 순서는 'ㅅ → ㄴ → ㅂ → ㄷ → ㅁ → ㄱ → ㄹ'이다.

**29** 다음 중 화장품 혼합 시 사용하는 기기는?

① Pump
② Scale
③ Homogenizer
④ pH meter
⑤ Cutometer

> **해설** Homomixer는 유상과 수상, 계면활성제를 교반하여 에멀젼 구조로 만드는 데 사용된다.

**30** 유통화장품 안전기준 등에 관한 규정에서 다음에 해당하는 성분을 한꺼번에 분석할 수 있는 방법은?

> 납, 니켈, 비소, 안티몬, 카드뮴

① 디티존법
② 원자흡광광도법
③ 유도결합플라즈마분광기
④ 유도결합플라즈마 – 질량분석기를 이용한 방법(ICP-MS)
⑤ 푹신아황산법

> **해설** 디티존법(납 분석법), 푹신아황산법(메탄올 분석법), 원자흡광광도법과 유도결합플라즈마분광기 등은 제시된 성분을 동시에 분석할 수 없다.

**31** 안전관리 기준 중 내용량의 기준에 대한 설명으로 A와 B에 들어갈 말로 적절한 것은?

> • 제품 ( A )개를 가지고 시험할 때 그 평균 내용량이 표기량에 대하여 ( B ) 이상
> • 화장 비누의 경우 건조중량을 내용량으로 할 것

① A : 3, B : 90%　　　　② A : 5, B : 95%　　　　③ A : 3, B : 97%

④ A : 5, B : 97%　　　　⑤ A : 3, B : 99%

해설 제품 3개를 가지고 시험할 때 그 평균 내용량이 표기량에 대하여 97% 이상이어야 한다. 만약 이 기준치를 벗어날 경우 6개를 더 취하여 총 9개의 평균 내용량이 97% 이상이어야 한다. 따라서 A는 3, B는 97%이다.

**32** 광노화를 일으키는 자외선의 파장 범위는?

① 200~280nm　　　　② 280~300nm　　　　③ 300~400nm

④ 400~600nm　　　　⑤ 800~1,000nm

해설 UVA(300~400nm)의 영역이 광노화를 일으키고, UVB(280~300nm)의 영역은 일광화상을 일으킨다.

**33** 다음 사용상 주의사항은 어떠한 제품의 개별항목에 대한 내용인가?

> • 두피, 얼굴, 눈, 목, 손 등에 약액이 묻지 않도록 유의하고 얼굴 등에 약액이 묻었을 때에는 즉시 물로 씻어낼 것
> • 머리카락의 손상 등을 피하기 위하여 용법, 용량을 지켜야 하며, 가능하면 일부에 시험적으로 사용하여 볼 것
> • 섭씨 15도 이하의 어두운 장소에 보존하고 색이 변하거나 침전된 경우에는 사용하지 말 것
> • 개봉한 제품은 7일 이내에 사용할 것
> • 제2단계 액 중 주성분이 과산화수소인 제품은 검은 머리카락이 갈색으로 변할 수 있으므로 유의하여 사용할 것

① 퍼머넌트웨이브 제품 및 헤어스트레이트너 제품
② 모발용 샴푸
③ 손발톱 제품류
④ 미세한 알갱이가 함유되어 있는 스크러브 세안제
⑤ 손 · 발의 피부연화제품

해설 과산화수소 등에 의해 손상가능성이 있는 퍼머액 제품의 주의사항이다.

**34** 화장품 사용 시의 공통적인 주의사항에 해당하지 <u>않는</u> 것은?

① 화장품 사용 시 또는 사용 후 직사광선에 의하여 사용 부위가 붉은 반점, 부어오름 또는 가려움증 등의 이상증상이나 부작용이 있는 경우 전문의 등과 상담할 것
② 상처가 있는 부위 등에는 사용을 자제할 것
③ 어린이의 손이 닿지 않는 곳에 보관할 것
④ 직사광선을 피해서 보관할 것
⑤ 눈에 들어갔을 때에는 즉시 씻어낼 것

해설 ⑤의 경우는 두발용 · 두발염색용 화장품의 개별적 주의사항이다.

---

정답　31 ③　32 ③　33 ①　34 ⑤

**35** 다음 중 회수 대상 화장품이 <u>아닌</u> 것은?

① 맞춤형화장품 조제관리사를 두지 아니하고 판매한 맞춤형화장품

② 안전용기 사용기준에 위반되는 화장품

③ 호기성 미생물이 100개/g 검출된 화장품

④ 전부 또는 일부가 변패(變敗)된 화장품

⑤ 화장품에 사용할 수 없는 원료를 사용한 화장품

해설 병원성 미생물(화농균, 농롱균, 대장균)에 오염된 경우는 회수 대상이지만, 일반 호기성 미생물은 1,000개/g의 관리기준이 있다.

**36** 화장품 작업장 내 직원의 위생기준에 적합한 것은?

> ㄱ. 청정도에 맞는 적절한 작업복, 모자와 신발을 착용하고 필요할 경우는 마스크, 장갑을 착용한다.
> ㄴ. 피부에 외상이 있거나 질병에 걸린 직원은 화장품과 직접적으로 접촉되지 않도록 격리되어야 한다.
> ㄷ. 음식물 반입은 가능하다.
> ㄹ. 방문객과 훈련받지 않은 직원은 필요한 보호 설비를 갖춘다면 안내자 없이도 접근 가능하다.
> ㅁ. 적절한 위생관리 기준 및 절차를 마련하고 제조소 내의 모든 직원은 이를 준수해야 한다.

① ㄱ, ㄴ, ㄷ       ② ㄱ, ㄴ, ㅁ       ③ ㄴ, ㄷ, ㅁ

④ ㄷ, ㄹ, ㅁ       ⑤ ㄱ, ㄹ, ㅁ

해설 ㄷ. 음식물 반입은 불가하다.
ㄹ. 방문객은 반드시 위생 교육을 받아야 하며, 안내자의 안내가 있어야 한다.

**37** 원료, 내용물 및 포장재 입고 기준에서 시험기록서의 필수 기재사항이 <u>아닌</u> 것은?

① 원자재 공급자가 정한 제품명

② 원자재 공급자명

③ 수령일자

④ 공급자가 부여한 제조번호 또는 관리번호

⑤ 공급자가 만든 제조일자

해설 공급자가 만든 제조일자는 시험기록서에 기재하지 않아도 된다.

---

정답   35 ③   36 ②   37 ⑤

**38** 완제품의 입고, 보관 및 출하 절차의 순서로 적합한 것은?

| | |
|---|---|
| ㄱ. 임시 보관 | ㄴ. 검사 중(시험 중) 라벨 부착 |
| ㄷ. 출하 | ㄹ. 완제품시험 합격 |
| ㅁ. 보관 | ㅂ. 포장 공정 |
| ㅅ. 합격 라벨 부착 | |

① ㄱ → ㄷ → ㅅ → ㅂ → ㄴ → ㄹ → ㅁ
② ㅂ → ㄴ → ㄱ → ㄹ → ㅅ → ㅁ → ㄷ
③ ㄴ → ㄹ → ㄱ → ㄷ → ㅅ → ㅂ → ㅁ
④ ㄴ → ㄱ → ㄹ → ㅂ → ㅅ → ㅁ → ㄷ
⑤ ㅅ → ㅂ → ㅁ → ㄴ → ㄹ → ㄱ → ㄷ

해설 제조된 제품의 포장 공정 후 제품 시험에 합격하면 보관 후에 출하한다. 따라서 순서는 'ㅂ → ㄴ → ㄱ → ㄹ → ㅅ → ㅁ → ㄷ'이다.

**39** 다음 중 보관용 검체의 주의사항으로 적합한 것은?

① 제품을 희석하여 보관한다.
② 각 뱃치보다는 하나의 제품에 하나의 검체를 보관한다.
③ 일반적으로는 각 뱃치별로 제품 시험을 2번 실시할 수 있는 양을 보관한다.
④ 사용기한 경과 후 1년간 또는 개봉 후 사용기간을 기재하는 경우에는 제조일로부터 2년간 보관한다.
⑤ 제품에 가장 가혹한 조건에서 보관한다.

해설 ① 제품을 그대로 보관한다.
② 뱃치마다 대표 제품을 보관한다.
④ 제조일로부터 3년간 보관한다.
⑤ 제품이 가장 안정한 조건에서 보관한다.

**40** 다음 중 인위적으로 화장품을 제조하면서 비의도적으로 유도된 물질의 검출 허용 한도에 대한 안전관리기준이 <u>없는</u> 것은?

① 수은　　　　　　② 안티몬　　　　　　③ 코발트
④ 디옥산　　　　　⑤ 납

해설 ① 수은 : 1ppm 이하
② 안티몬 : 10ppm 이하
④ 디옥산 : 100ppm 이하
⑤ 납 : 점토를 원료로 사용한 분말제품은 50ppm 이하, 그 밖의 제품은 20ppm 이하

정답 38 ② 39 ③ 40 ③

**41** 다음 중 맞춤형화장품을 바르게 판매한 것은?

> ㄱ. 맞춤형화장품 조제관리사가 일반 화장품을 판매하였다.
> ㄴ. 화장품의 내용물에 페녹시에탄올을 첨가하여 판매하였다.
> ㄷ. 향수 200ml를 40ml로 소분하여 판매하였다.
> ㄹ. 화장품의 내용물에 옥토크릴렌을 첨가하여 판매하였다.
> ㅁ. 원료를 공급하는 화장품 책임판매업자가 기능성화장품에 대한 심사를 받은 원료와 내용물을 혼합하였다.

① ㄱ, ㄴ, ㄷ　　　　　　　② ㄱ, ㄷ, ㅁ　　　　　　　③ ㄴ, ㄷ, ㅁ
④ ㄴ, ㄷ, ㄹ　　　　　　　⑤ ㄷ, ㄹ, ㅁ

**해설** ㄴ, ㄹ과 같이 사용상의 제한이 있는 보존제와 자외선 차단 성분을 첨가하여 판매하는 것은 금지되어 있다.

**42** 다음 중 화장품의 안전을 확보하기 위한 일반적인 사항과 화장품 위해평가 시 고려해야 할 사항, 방법, 절차로 옳은 것은?

① 노출평가 : 화장품 등을 통하여 사람이 바르거나 섭취하는 위해요소의 양 또는 수준을 정량적 및(또는) 정성적으로 산출하는 과정

② 위해도 결정 : 위해요소의 노출량과 유해영향 발생과의 관계를 정량적으로 규명하는 단계로 동물실험 등의 불확실성 등을 고려하여 독성값(NOAEL) 또는 인체안전기준(TDI, ADI, RfD 등)을 결정

③ 위험성 확인 : 인체가 화장품 사용으로 유해요소에 노출되었을 때 발생할 수 있는 위해영향과 발생확률을 과학적으로 예측하는 일련의 과정

④ 위험성 결정 : 평가대상 위해요인이 인체건강에 미치는 위해영향 발생과 위해 정도를 정량적 또는 정성적으로 예측하는 과정

⑤ 위해평가 : 독성실험 및 역학연구 등 문헌을 통해 화학적 · 미생물적 · 물리적 위해요인의 유해성, 독성 및 그 정도와 영향 등을 파악하고 확인하는 과정

**해설** ② 위해도 결정 : 평가대상 위해요인이 인체건강에 미치는 위해영향 발생과 위해 정도를 정량적 또는 정성적으로 예측하는 과정
③ 위험성 확인 : 독성실험 및 역학연구 등 문헌을 통해 화학적 · 미생물적 · 물리적 위해요인의 유해성, 독성 및 그 정도와 영향 등을 파악하고 확인하는 과정
④ 위험성 결정 : 위해요소의 노출량과 유해영향 발생과의 관계를 정량적으로 규명하는 단계로 동물실험 등의 불확실성 등을 고려하여 독성값(NOAEL) 또는 인체안전기준(TDI, ADI, RfD 등)을 결정
⑤ 위해평가 : 인체가 화장품 사용으로 유해요소에 노출되었을 때 발생할 수 있는 위해영향과 발생확률을 과학적으로 예측하는 일련의 과정

**정답** 41 ②　42 ①

**43** 화장품 주의사항 중 공통사항에 해당하는 것은?

① 알갱이가 눈에 들어갔을 때에는 물로 씻어내고, 이상이 있는 경우에는 전문의와 상담할 것

② 상처가 있는 부위 등에는 사용을 자제할 것

③ 눈에 들어갔을 때에는 즉시 씻어낼 것

④ 개봉한 제품은 7일 이내에 사용할 것

⑤ 털을 제거한 직후에는 사용하지 말 것

> **해설** ① 미세한 알갱이가 함유되어 있는 스크러브 세안제의 개별 주의사항
> ③ 두발용, 두발염색용 및 눈 화장용 제품류의 개별 주의사항
> ④ 퍼머넌트웨이브 제품 및 헤어스트레이트너 제품의 개별 주의사항
> ⑤ 체취 방지용 제품의 개별 주의사항

**44** 화장품의 품질요소에 해당하지 <u>않는</u> 것은?

① 안전성　　　　② 안정성　　　　③ 유효성
④ 사용성　　　　⑤ 약효성

> **해설** 약리작용을 나타내는 것은 의약품의 영역으로 화장품의 품질요소에 해당하지 않는다.

**45** 화장품에 대한 설명으로 옳지 <u>않은</u> 것은?

① 인체를 청결·미화하여 매력을 더하고 용모를 밝게 변화시킴

② 피부와 모발 및 구강의 건강을 유지하고 증진함

③ 방법 : 인체에 바르고 문지르거나 뿌리는 등의 방식 및 이와 유사한 것

④ 작용 : 인체에 대한 작용이 경미한 것

⑤ 제외 : 약품에 해당하는 물품 제외

> **해설** 구강은 화장품의 영역에 해당하지 않는다.

**46** 자외선에 의해서 피부에 홍반이 발생하는 최소의 농도를 뜻하는 것으로 SPF를 측정하는 데 사용되는 것은?

① MPPD　　　　② MED　　　　③ SED
④ HT25　　　　⑤ MOS

> **해설** MED는 Minimal Erythma Dosage의 약자로 UVB에 의한 일광화상 시 발생하는 에너지의 양이다.

**47** 피부 미백 기능성 고시 원료 중 비타민 C 유도체에 해당하지 <u>않는</u> 것은?

① 에칠아스코빌에텔
② 아스코빌글루코사이드
③ 마그네슘아스코빌포스페이트
④ 아스코빌테트라이소필미테이트
⑤ 레티닐팔미테이트

**해설** 레티닐팔미테이트는 레티놀의 유도체로 주름 개선 기능성 성분이다.

**48** 화장품의 성분과 기능이 올바르게 연결된 것은?

① 계면활성제 : 제형 안정성을 저해하는 금속 제거
② 고분자 화합물 : 점도 증가와 피막 형성
③ 금속 이온 봉쇄제 : 피부의 수분을 유지
④ 보습제 : 유상과 수상의 혼합 촉진
⑤ 보존제 : 주름 개선 촉진

**해설** 고분자 원료를 첨가하여 배합하면 점도가 증가하고 사용감을 변화시켜 제형의 안정성이 개선된다.
　① 계면활성제 : 유상과 수상의 혼합 촉진
　③ 금속 이온 봉쇄제 : 제형 안정성을 저해하는 금속 제거
　④ 보습제 : 피부의 수분을 유지
　⑤ 보존제 : 제형 내 미생물 생성 억제

**49** 천연화장품에서 5% 이하로 사용할 수 있는 합성원료에 해당하지 <u>않는</u> 것은?

① 보존제
② 알콜 내 변성제
③ 천연원료에서 석유화학용제로 추출된 일부 원료(베타인 등)
④ 천연유래, 석유화학 유래를 모두 포함하는 원료(카복시메틸−식물폴리머 등)
⑤ 미네랄 원료(화석원료 기원물질 제외)

**해설** 미네랄 원료(화석원료 기원물질 제외)는 천연원료로 천연 함량기준(95%)에 포함된다.

**50** 화장품의 표시기준 중 2차 포장에 전성분 대신 표시성분을 기재할 수 있는 용량의 기준은?

① 10ml 이하　　　② 30ml 이하　　　③ 50ml 이하
④ 80ml 이하　　　⑤ 100ml 이하

**해설** 50ml 이하의 제품은 전성분 대신 표시성분(지정성분 : 함량의 한도가 정해져 있는 성분)을 표기할 수 있다. 다만 모든 성분을 확인할 수 있는 전화번호나 홈페이지 주소 등을 기재해야 한다.

---

**정답**　47 ⑤　48 ②　49 ⑤　50 ③

**51** 다음 중 회수대상 화장품의 위해 등급이 다른 하나는?

① 이물이 혼입되었거나 부착되어 보건위생상 위해를 발생할 우려가 있는 화장품

② 안전용기 사용기준에 적합하지 않은 화장품

③ 사용기한 또는 개봉 후 사용기간을 위조·변조한 화장품

④ 등록을 하지 아니한 자가 제조한 화장품 또는 제조·수입하여 유통·판매한 화장품

⑤ 신고를 하지 아니한 자가 판매한 맞춤형화장품

해설 ②는 나 등급에 해당하고 나머지는 다 등급에 해당한다. 참고로 가 등급이 가장 높은 수준이다.


**52** 다음 중 자외선 차단 기능이 있는 성분이 아닌 것은?

① 산화아연(징크옥사이드)

② 이산화티탄(티타늄디옥사이드)

③ 벤질알콜

④ 옥시벤존

⑤ 에칠헥실살리실레이트

해설 벤질알콜은 보존제 성분이다.


**53** 팩에 사용할 수 있는 성분 중 피막 형성 및 점증제로 사용되는 것은?

① 왁스, 에스터오일  ② 알콜, 증류수  ③ 폴리비닐알콜, 카보머
④ 코치닐, 황색산화철  ⑤ 글리세린, 세라마이드

해설 폴리비닐알콜, 카보머 등의 고분자 성분은 피막 형성과 점증제로 사용된다.


**54** 착향제 성분으로서 알러지 유발 가능성으로 기재·표시해야 하는 성분에 해당하지 않는 것은?

① 아밀신남알  ② 참나무이끼추출물  ③ 나무이끼추출물
④ 리날룰  ⑤ 알파–비사보롤

해설 알파–비사보롤은 미백 기능성 고시 성분이다.


**55** 화장품의 내용물 색상이 변하고 분리되었다면 화장품 품질 속성의 어느 부분을 갖추지 못한 것인가?

① 안전성  ② 안정성  ③ 유효성
④ 사용성  ⑤ 약효성

해설 화장품은 내용물이나 성분의 물리적인 안정성을 유지시켜야 한다.
　　　① 안전성은 화장품을 사용하는 소비자에게 부작용 등을 나타내지 않는 속성을 뜻한다.

정답 51 ②  52 ③  53 ③  54 ⑤  55 ②

**56** 맞춤형화장품이 다음과 같은 형태로 조성되어 있다. 향료에 대한 알러지가 있는 고객에게 안내해야 할 내용으로 적절한 것은?

> [전성분]
> 정제수, 글리세린, 스쿠알란, 피이지 소르비탄 지방산 에스터, 페녹시에탄올, 향료, 유제놀, 리모넨

① 이 제품은 알러지를 유발할 수 있는 유제놀, 리모넨이 포함되어 있어 사용상의 주의를 요함
② 이 제품은 알러지를 유발할 수 있는 글리세린이 포함되어 있어 사용상의 주의를 요함
③ 이 제품은 알러지를 유발할 수 있는 페녹시에탄올이 포함되어 있어 사용상의 주의를 요함
④ 이 제품은 알러지를 유발할 수 있는 피이지 소르비탄 지방산 에스터가 포함되어 있어 사용상의 주의를 요함
⑤ 이 제품은 알러지를 유발할 수 있는 스쿠알란이 포함되어 있어 사용상의 주의를 요함

해설 유제놀, 리모넨은 식약처에서 고시한 25종의 알러지 유발 가능성이 있는 성분에 해당한다. 따라서 향료에 대한 알러지가 있는 고객에게 이를 안내해야 한다.

**57** 글리세린과 같은 보습제의 성분의 역할로 적절한 것은?

① 피부를 유연하게 한다.
② 피부의 주름을 개선하는 데 도움을 준다.
③ 피부의 수분 증발을 억제하여 수분을 유지시킨다.
④ 멜라닌 생성을 억제하여 피부색을 희게 하는 데 도움을 준다.
⑤ 제형의 점도를 증가시키고 피막을 형성한다.

해설 ①은 유성 성분, ②는 주름 개선 기능성 성분, ④는 미백 기능성 성분, ⑤는 고분자 성분에 대한 설명이다.

**58** 다음 〈보기〉의 사용상 주의사항을 기재 · 표시해야 하는 화장품의 유형은?

> ┤ 보기 ├
> • 눈, 코 또는 입 등에 닿지 않도록 주의하여 사용할 것
> • 프로필렌 글리콜(Propylene glycol)을 함유하고 있으므로 이 성분에 과민하거나 알러지 병력이 있는 사람은 신중히 사용할 것(프로필렌 글리콜 함유제품만 표시한다)

① 퍼머넌트웨이브 제품 및 헤어스트레이트너 제품
② 손 · 발의 피부연화 제품(요소제제의 핸드크림 및 풋크림)
③ 손 · 발톱용 제품류
④ 미세한 알갱이가 함유되어 있는 스크러브 세안제
⑤ 체취 방지용 제품

해설 ①~⑤ 모두 개별 주의사항이 있는 제품이나, 〈보기〉는 "손 · 발의 피부연화 제품(요소제제의 핸드크림 및 풋크림)"에 해당하는 주의사항이다.

---

정답 56 ① 57 ③ 58 ②

**59** 다음과 같은 화장품의 효능과 효과를 표시 · 광고할 수 있는 화장품의 유형은?

> • 피부에 색조효과를 준다.
> • 피부를 보호하고 건조를 방지한다.
> • 수분이나 오일 성분으로 인한 피부의 번들거림과 피부의 결점을 감추어준다.
> • 피부의 거칠어짐을 방지한다.

① 눈 화장 제품류　　　　② 방향용 제품류　　　　③ 메이크업 제품류
④ 기초화장용 제품류　　　⑤ 면도용 제품류

**해설** 색조효과를 주는 기능은 메이크업 제품에 해당한다. 눈 화장 제품류는 별도로 구분한다.

**60** 책임판매 후 안전관리 기준에서 "안전 확보 조치"에 대한 설명으로 적절한 것은?

① 소비자의 반품 사례 분석을 실시하여 그 결과에 따른 조치를 취하는 것
② 소비자 만족도를 조사하여 그 결과에 따른 조치를 취하는 것
③ 안전관리 정보를 신속히 검토하여 조치가 필요하다고 판단될 경우 회수, 폐기, 판매정지의 조치를 취하는 것
④ 화장품 내용물의 변색 및 물리적 변화에 다른 필요한 조치를 취하는 것
⑤ 학회, 문헌, 그 밖의 연구보고 등에서 정보를 수집 · 기록하는 것

**해설** 안전 확보 조치는 안전관리 정보를 신속히 검토하여 조치가 필요하다고 판단될 경우 회수, 폐기, 판매정지의 조치를 취하는 것을 의미한다.
　　　①, ②, ④ 책임판매업자의 기본적인 활동으로 법적인 정의가 없다.
　　　⑤ 안전관리 정보 수집에 해당한다.

**61** 다음 중 방충 · 방서의 방법으로 틀린 것은?

① 배기구, 흡기구에 필터를 설치한다.
② 폐수구에 트랩을 설치한다.
③ 문 하부에는 스커트를 설치한다.
④ 골판지, 나무 부스러기를 방치하지 않는다.
⑤ 실내압을 외부보다 낮춘다.

**해설** 공조장치를 활용하여 실내압을 외부보다 높게 한다.

**62** 장업장의 설비 세척 원칙과 거리가 먼 것은?

① 위험성이 없는 용제(물이 최적)로 세척한다.
② 가능하면 세제를 사용한다.
③ 증기 세척은 좋은 방법이다.
④ 브러시 등으로 문질러 지우는 것을 고려한다.
⑤ 분해할 수 있는 설비는 분해해서 세척한다.

**해설** 가능하면 세제를 사용하지 않고 세척한다.

**정답**　59 ③　60 ③　61 ⑤　62 ②

**63** 제조시설의 청정도 등급 중 포장실은 어떤 등급으로 관리되어야 하는가?

① 1등급       ② 2등급       ③ 3등급

④ 4등급       ⑤ 5등급

해설 포장실과 같이 화장품 내용물이 노출되지 않는 곳은 3등급으로 관리되어야 한다.

**64** 공기조절 장치에 사용되는 필터 중 다음의 〈보기〉에 해당하는 필터는?

┤ 보기 ├

- 세척 후 3~4회 재사용 가능
- Medium Filter 전처리용
- 필터 입자 5um

① Pre filter       ② Medium filter       ③ Hepa filter

④ Medium Bag filter       ⑤ Nano Filter

해설 Pre filter는 Medium filter나 Hepa filter의 전처리용으로 사용된다.

**65** 유통화장품의 안전기준 중 포름알데히드의 검출 허용 한도 기준으로 적합한 것은? (단, 물휴지는 제외한다.)

① 1ug/g       ② 10ug/g       ③ 100ug/g

④ 1,000ug/g       ⑤ 2,000ug/g

해설 포름알데히드는 2,000ug/g의 검출 허용 한도 기준을 가지며, 물휴지의 경우 20ug/g 이하로 관리되어야 한다.

**66** 다음 중 회수대상 화장품의 위해 등급이 <u>다른</u> 하나는?

① 사용기한 또는 개봉 후 사용기간을 위조 · 변조한 화장품

② 등록을 하지 아니한 자가 제조한 화장품 또는 제조 · 수입하여 유통 · 판매한 화장품

③ 신고를 하지 아니한 자가 판매한 맞춤형화장품

④ 맞춤형화장품 조제관리사를 두지 아니하고 판매한 맞춤형화장품

⑤ 화장품에 사용할 수 없는 원료를 사용한 화장품

해설 ⑤는 가 등급에 해당한다. 나머지는 다 등급에 해당한다.

**67** 우수화장품의 제조관리 기준에서 적합 판정기준을 벗어난 완제품, 벌크제품 또는 반제품을 재처리하여 품질이 적합한 범위에 들어오도록 하는 작업을 말하는 것은?

① 교정       ② 유지관리       ③ 회수

④ 재작업       ⑤ 위생관리

해설 ① 교정 : 규정된 조건하에서 측정기기나 측정 시스템에 의해 표시되는 값과 표준기기의 참값을 비교하여 이들의 오차가 허용범위 내에 있음을 확인하고, 허용범위를 벗어나는 경우 허용범위 내에 들도록 조정하는 것을 말한다.
② 유지관리 : 적절한 작업 환경에서 건물과 설비가 유지되도록 하는 정기적 · 비정기적인 지원 및 검증 작업을 말한다.
③ 회수 : 판매한 제품 가운데 품질 결함이나 안전성 문제 등으로 나타난 제조번호의 제품(필요시 여타 제조번호 포함)을 제조소로 거두어들이는 활동을 말한다.
⑤ 위생관리 : 대상물의 표면에 있는 바람직하지 못한 미생물 등 오염물을 감소시키기 위해 시행되는 작업을 말한다.

정답   63 ③   64 ①   65 ⑤   66 ⑤   67 ④

**68** 우수화장품의 제조관리 기준에서 규정된 합격 판정 기준에 일치하지 않는 검사 또는 실험결과를 뜻하는 것은?

① 일탈                   ② 기준일탈                   ③ 오염
④ 적합 판정 기준         ⑤ 위생관리

> **해설** ① 일탈 : 제조 또는 품질관리 활동 등의 미리 정하여진 기준을 벗어나 이루어진 행위를 말한다.
> ③ 오염 : 제품에서 화학적, 물리적, 미생물학적 문제 또는 이들이 조합되어 나타내는 바람직하지 않은 문제가 발생하는 것을 말한다.
> ④ 적합 판정 기준 : 시험 결과의 적합 판정을 위한 수적인 제한, 범위 또는 기타 적절한 측정법을 말한다.
> ⑤ 위생관리 : 대상물의 표면에 있는 바람직하지 못한 미생물 등 오염물을 감소시키기 위해 시행되는 작업을 말한다.

**69** 맞춤형화장품 판매업자의 혼합 · 소분 안전관리기준에 적합하지 않은 것은?

① 혼합 · 소분 전에 혼합 · 소분에 사용되는 내용물 또는 원료에 대한 제조성적서를 확인할 것
② 혼합 · 소분 전에 손을 소독하거나 세정할 것. 다만, 혼합 · 소분 시 일회용 장갑을 착용하는 경우에는 그렇지 않음
③ 혼합 · 소분 전에 혼합 · 소분된 제품을 담을 포장용기의 오염 여부를 확인할 것
④ 혼합 · 소분에 사용되는 장비 또는 기구 등은 사용 전에 그 위생 상태를 점검하고, 사용 후에는 오염이 없도록 세척할 것
⑤ 혼합 · 소분의 안전을 위해 식품의약품안전처장이 정하여 고시하는 사항을 준수할 것

> **해설** 제조성적서가 아니라 원료에 대한 품질성적서를 확인하여야 한다.

**70** 맞춤형화장품의 판매내역서에 포함되어야 할 사항과 거리가 먼 것은?

① 제조번호
② 사용기한 또는 개봉 후 사용 기간
③ 판매일자
④ 판매량
⑤ 효력 시험 결과

> **해설** 효력 시험 결과는 기능성화장품 심사와 관련된 서류이다.

**71** 모공을 통해 체취 형성의 역할을 하며 수분을 주로 방출하는 것은?

① 소한선                 ② 대한선                 ③ 피지선
④ 갑상선                 ⑤ 모세혈관

> **해설** 대한선에 대한 설명으로 아포크린한선으로도 불린다.

**72** 모발의 구조 중 피부 밖으로 돌출되어 있는 부분은?

① 모공                   ② 모근                   ③ 모간
④ 모유두                 ⑤ 피지선

> **해설** 모간을 제외한 나머지는 피부 속으로 함몰된 구조이다.

---

**정답** 68 ②  69 ①  70 ⑤  71 ②  72 ③

**73** 다음 고객의 피부 상담 및 분석 결과에 따라 고객에게 안내할 수 있는 방법 중 <u>잘못된</u> 것은?

> • 상담 내용 : 피지가 심해지고 화장이 잘 무너짐, 모공이 커져 보임
> • 분석 결과 : 피부의 유분이 과다함

① 수렴제를 사용하여 모공의 축소를 제안
② 클렌징을 통한 모공 청소 제안
③ 각질 제거를 통한 모공 관리 제안
④ 피지 흡착제품을 통한 피지 감소 제안
⑤ 충분한 보습을 위한 영양크림 제안

해설 유분 함량이 많은 영양크림은 유분이 많은 피부에는 부적합하다.


**74** 기능성화장품의 심사 자료 중 유효성 자료로 필수적인 것은?

① 효력 시험 자료
② 인체 적용 시험 자료
③ 단회 투여 독성 시험자료
④ 1차 피부 자극 시험 자료
⑤ 인체 첩포 시험 자료

해설 유효성 자료에는 효력 시험 자료와 인체 적용 시험 자료가 있으나, 인체 적용 시험 자료가 있을 때 효력 시험 자료는 생략할 수 있다. 나머지는 안전성 입증 자료이다.


**75** 맞춤형화장품 판매업의 신고 시 제출해야 할 내용과 거리가 <u>먼</u> 것은?

① 맞춤형화장품 판매업을 신고한 자의 성명
② 맞춤형화장품 판매업자을 신고한 자의 생년월일
③ 맞춤형화장품 판매업소의 상호 및 소재지
④ 맞춤형화장품 조제관리사의 성명, 생년월일 및 자격증 번호
⑤ 맞춤형화장품 판매 품목

해설 판매업 신고 시 ①~④의 내용을 반드시 포함하여 맞춤형화장품 신고서를 작성한 후, 맞춤형화장품 판매업소의 소재지를 관할하는 지방 식품의약품안전처장에게 제출한다.


**76** 맞춤형화장품 판매업의 변경신고를 해야 하는 사항이 <u>아닌</u> 것은?

① 맞춤형화장품 판매업자를 변경하는 경우
② 맞춤형화장품 판매 품목을 변경하는 경우
③ 맞춤형화장품 판매업소의 상호를 변경하는 경우
④ 맞춤형화장품 판매업소의 소재지를 변경하는 경우
⑤ 맞춤형화장품 조제관리사를 변경하는 경우

해설 판매 품목의 변경은 신고 사항이 아니다.


정답 73 ⑤  74 ②  75 ⑤  76 ②

**77** 수상과 유상을 혼합한 에멀전 제작의 형태 중 유상의 성분이 수상에 포함된 형태를 의미하는 것은?

① w/s  ② w/o  ③ o/w

④ w/o/w  ⑤ w/s/w

해설 o/w는 유상(oil)이 수상(water)에 포함된 형태를 의미한다.

**78** 다음의 상담 내용을 바탕으로 고객에게 혼합할 수 있는 내용물과 원료로 적합한 것은?

> 고객 : 피부 주름 개선과 피부 보습을 개선하는 제품을 사용하고 싶습니다.

| | 내용물 | 원료 |
|---|---|---|
| ① | 아데노신 함유 제품 | 글리세린 |
| ② | 글리세린 함유 제품 | 아데노신 |
| ③ | 나이아신아마이드 함유 제품 | 아데노신 |
| ④ | 아데노신 함유 제품 | 나이아신아마이드 |
| ⑤ | 글리세린 함유 제품 | 나이아신아마이드 |

해설 주름개선 원료가 포함되어 책임판매업자가 신고한 제품에 보습 원료를 추가할 수 있지만, 기능성 고시 원료를 첨가할 수는 없다. 따라서 해당 고객에게는 ①이 가장 적합하다.

**79** 맞춤형화장품 판매업자의 의무가 **아닌** 것은?

① 맞춤형화장품 판매장 내 시설·기구를 정기적으로 점검하여 보건위생상 위해가 없도록 관리할 것
② 혼합·소분에 사용된 내용물·원료의 내용 및 특성을 소비자에게 설명할 것
③ 맞춤형화장품 사용 시의 주의사항을 소비자에게 설명할 것
④ 맞춤형화장품 사용과 관련된 부작용 발생사례에 대해서는 지체없이 식품의약품안전처장에게 보고할 것
⑤ 기능성화장품의 심사 자료를 식품의약품안전처장에 제출할 것

해설 ⑤의 경우는 맞춤형화장품 판매업자의 의무에 해당하지 않는다.

**80** 사용상의 제한이 있는 맞춤형화장품 원료 중 보존제에 해당하는 것은?

① 호모살레이트
② 티타늄디옥사이드
③ 글루타랄
④ p-아미노페놀
⑤ 레조시놀

해설 ①, ② 호모살레이트, 티타늄디옥사이드는 자외선 차단 성분으로 사용상의 제한이 있는 원료이다.
④, ⑤ p-아미노페놀과 레조시놀은 염모제 성분으로 사용상의 제한이 있는 원료이다.

정답 **77** ③  **78** ①  **79** ⑤  **80** ③

**81** 사용상의 제한이 있는 원료 중 보존제에서는 [벤조익애씨드, 그 ( ) 및 에스텔류]와 같이 유사한 구조를 포함하여 정의하고 있다. ( )에 해당하는 것은?

> • ( )의 예 : 소듐, 포타슘, 칼슘, 마그네슘, 암모늄, 에탄올아민, 클로라이드, 브로마이드, 셜페이트, 아세테이트, 베타인 등
> • 에스텔류 : 메칠, 에칠, 프로필, 이소프로필, 부틸, 이소부틸, 페닐

해설 기본 물질의 산의 수소 이온을 금속 이온 또는 금속성 이온으로 치환한 것을 염류라고 한다.

**82** 화장품법 시행규칙 별표 3 제1호 가목에 따른 영유아용 제품류 또는 어린이용 제품은 화장품의 ( ) 자료를 작성 및 보관해야 한다.

**83** 위해평가는 인체가 화장품에 존재하는 위해요소에 노출되었을 때 발생할 수 있는 유해영향과 발생확률을 과학적으로 예측하는 일련의 과정으로 위험성 확인, 위험성 결정, ( A ), ( B ) 등 일련의 단계를 말한다.

해설 A : 위험성이 있는 물질이라도 인체에 흡수된 양에 따라서 문제가 있는지 판단할 수 있는데, 이 과정을 노출 평가라 한다.
B : 위험성과 노출 정도를 종합적으로 판단하여 위해도를 결정하는 과정을 위해도 결정이라고 한다.

**84** 다음 (A), (B)에 들어갈 내용을 순서대로 적으시오.

> (A) : 화장품 제조 시 내용물과 직접 접촉하는 포장용기
> (B) : (A)을/를 수용하는 1개 또는 그 이상의 포장과 보호재 및 표시의 목적으로 한 포장

해설 내용물과 직접 접촉하는 용기를 1차 포장이라고 하며, 그 이외의 포장을 2차 포장이라고 한다.

**85** ( ) 제품이란 충진(1차 포장) 이전의 제조 단계까지 끝낸 제품을 말한다.

해설 원료를 이용하여 최종 제형의 형태로 제작된 것을 벌크 제품이라고 한다. 참고로 반제품이란 제조공정 단계에 있는 것으로서 필요한 제조공정을 더 거쳐야 벌크 제품이 된다.

**86** 다음은 어떤 성분이 함유된 화장품의 사용상 주의사항의 개별사항 표시에 대한 규정이다. 이 성분은 무엇인가?

> • 햇빛에 대한 피부의 감수성을 증가시킬 수 있으므로 자외선 차단제를 함께 사용할 것
> • 일부에 시험 사용하여 피부 이상을 확인할 것
> • 고농도의 ( ) 성분이 들어있어 부작용이 발생할 우려가 있으므로 전문의 등에게 상담할 것[( ) 성분이 10퍼센트를 초과하여 함유되어 있거나 산도가 3.5 미만인 제품만 표시한다.]

해설 화장품의 사용상 주의사항 중 AHA를 포함한 제품의 개별사항 내용이다. 단 0.5% 이하 AHA 함유 제품에는 해당하지 않는다.

---

정답  81 염류  82 안전성  83 (A) 노출 평가, (B) 위해도 결정  84 (A) 1차 포장, (B) 2차 포장  85 벌크
86 알파 - 하이드록시애씨드(AHA)

**87** 석탄의 콜타르에 함유된 방향족 물질을 원료로 하여 합성한 색소로, 색상이 선명하고 미려해서 색조 제품에 널리 사용되지만 안전성에 대한 이유로 지속적으로 모니터링되는 것은?

해설 합성염료의 종류로 석유에서 분리된 성분을 기반으로 만들어져 타르색소라고 한다.

**88** 기능성화장품의 심사 시 제출해야 하는 유효성 또는 기능에 관한 자료 중 심사대상의 효능을 뒷받침하는 비임상시험 자료에 해당하는 것은?

해설 효력 시험 자료는 인체를 대상으로 하는 시험 자료에 대비하여 세포 등의 인체 외 실험을 한 자료를 말한다.

**89** 화장비누의 경우 제품에 남아 있는 유리알칼리 성분의 제한 한도는 (        ) 이하이다.

해설 유지류나 오일에 수산화나트륨(알칼리 성분) 등을 첨가해서 제조할 경우 남아 있는 유리알칼리 성분을 관리해야 한다.

**90** 착향제의 전성분 표시 방법 중 "향료"로 표시할 수 있으나 식약청장이 고시한 (        ) 유발 물질이 있는 경우 해당 성분의 명칭을 기재해야 한다.

해설 사용 후 세척되는 제품은 0.01%를 초과하는 경우 표시하며, 씻어내지 않는 제품은 0.001%를 초과한 경우 표시한다. 그 이외에는 향료라고 표시해야 한다.

**91** 전성분의 표시는 화장품에 사용된 함량순으로 많은 것부터 기재한다. 다만 혼합 원료는 개개의 성분으로서 표시하고 (        ) 이하로 사용된 성분, 착향제 및 착색제에 대해서는 순서에 상관없이 기재할 수 있다.

해설 1%를 기준으로 그 이상 포함된 성분은 많이 사용된 함량의 순서대로 기입한다.

**92** 아래의 내용과 함께 1차 포장에 꼭 기재해야 하는 사항은?

| |
|---|
| • 화장품 명칭<br>• 영업자 상호<br>• 사용기한 또는 개봉 후 사용기간 |

해설 용기의 크기에 따라서 50ml 이하의 경우 분리배출은 표기하지 않아도 된다.

**93** 실험실의 배양접시, 인체로부터 분리한 모발 및 피부, 인공피부 등 인위적 환경에서 시험물질과 대조물질을 처리한 후 결과를 측정하는 것을 무엇이라 하는가?

해설 참고로 인위적 환경이 아닌 실제 살아 있는 생명체 등에서 수행하는 실험은 in vivo 실험 또는 생체 내 실험이라고 한다.

**94** 각질층의 지질을 구성하는 요소 중 그 비중이 가장 높은 것은?

해설 세라마이드 – 자유지방산 – 콜레스테롤로 구성된 세포 간 지질은 피부장벽의 중요한 구조이다.

---

정답 87 타르색소 88 효력 시험 자료 89 0.1% 90 알러지 91 1% 92 제조번호 93 인체 외 시험/생체 외 시험 94 세라마이드

**95** 다음의 〈보기〉는 맞춤형화장품의 전성분 항목이다. 소비자에게 사용된 성분에 대해 설명하기 위하여 다음 화장품 전성분 표기 중 미백 기능성 화장품의 고시 원료에 해당하는 성분을 하나 고르시오.

┤ 보기 ├

정제수, 글리세린, 1,2 헥산-디올, 알파-비사보롤, 다이메티콘/비닐다이메티콘크로스폴리머, C12-14파레스-3, 메틸파라벤, 향료

**해설** 알파-비사보롤과 같이 식품의약품안전처장이 고시한 기능성화장품의 효능·효과를 나타내는 원료는 맞춤형화장품 조제관리사가 직접 배합할 수 없다. 다만, 맞춤형화장품 판매업자에게 원료를 공급하는 화장품 책임판매업자가 화장품법 제4조에 따라 해당 원료를 포함하여 기능성화장품에 대한 심사를 받거나 보고서를 제출한 경우는 제외한다.

**96** 광선의 투과를 방지하는 용기 또는 투과를 방지하는 포장을 한 용기는?

**해설** 빛에 의하여 분해되기 쉬운 성분이 함유된 경우 이를 보호하기 위해 차광 용기를 사용한다.

**97** (　　　)은/는 유해사례와 화장품 간의 인과관계 가능성이 있다고 보고된 정보로서 그 인과관계가 알려지지 아니하거나 입증 자료가 불충분한 것을 말한다.

**해설** 식품의약품안전처장 등은 안전성 정보를 검토 및 평가하며 후속 조치를 취하는데, 충분한 증거가 없는 정보는 실마리정보로 관리한다.

**98** 모발의 구조 중 가장 많은 부피를 차지하고 멜라닌 색소를 보유하여 색을 나타내며 탄력, 질감, 색상 등 주요 특성을 나타내는 부분은?

**해설** 모피질(콜텍스)은 모표피로 둘러싸인 내부구조를 의미하며, 케라틴 섬유구조를 가진 모피질 세포로 구성되어 튼튼하고 모발의 물리적인 성질을 결정한다. 참고로 모표피(큐티클)는 화학적 저항성이 강하여 외부로부터 모발을 보호하는 껍질에 해당한다.

**99** 다음의 〈보기〉의 화장품 전성분 표기 중 사용상의 제한이 필요한 보존제에 해당하는 성분 한 개를 골라 작성하고 그 원료의 사용한도를 기입하시오.

┤ 보기 ├

정제수, 글리세린, 다이프로필렌글라이콜, 토코페릴아세테이트, 다이메티콘/비닐다이메티콘크로스폴리머, C12-14파레스-3, 벤질알콜, 향료

**해설** 벤질알콜은 보존제로서 사용상의 제한이 필요한 원료이다.

**100** 피부의 표피층에 존재하며 자외선을 차단하기 위한 색소를 형성하여 피부를 보호하는 기능을 담당하는 세포를 (　　　)(이)라고 한다.

**해설** 기저층에서 합성한 원료를 각질 형성 세포에 전달한다.

---

**정답** 95 알파-비사보롤 96 차광 용기 97 실마리 정보 98 모피질 99 벤질알콜, 1.0% 100 멜라닌 형성 세포(멜라노사이트)

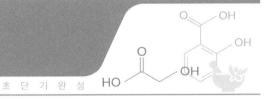

**01 화장품 제조업자의 내용과 거리가 먼 것은?**

① 소비자의 요청에 맞추어 화장품의 내용물은 소분하여 판매한다.
② 쥐·해충 및 먼지 등을 막을 수 있는 시설을 갖춘다.
③ 제조소, 시설 및 기구를 위생적으로 관리하고 오염되지 않도록 한다.
④ 제조관리기준서·제품표준서·제조관리기록서 및 품질관리기록서(전자문서 형식을 포함한다)를 작성·보관한다.
⑤ 화장품책임판매업자의 지도·감독 및 요청에 따른다.

해설 소비자의 요청에 맞추어 화장품의 내용물을 소분하여 판매하는 것은 맞춤형화장품 판매업의 업무에 해당한다.

**02 개인정보 보호법에서 '처리되는 정보에 의해서 알아볼 수 있는 사람'을 뜻하는 용어는?**

① 개인정보　　　　　　　② 처리　　　　　　　③ 정보주체
④ 개인정보처리자　　　　⑤ 개인정보호책임자

해설 정보주체는 처리되는 정보에 의해서 알아볼 수 있는 사람으로, 그 정보의 주체가 되는 사람을 의미한다.

**03 다음 중 화장품의 유형과 제품 종류가 바르게 연결된 것은?**

① 눈 화장용 제품류 : 헤어틴트
② 인체 세정용 제품류 : 물휴지
③ 기초화장용 제품류 : 셰이빙 크림
④ 두발용 제품류 : 아이메이크업 리무버
⑤ 면도용 제품군 : 클렌징 워터

해설 ① 눈 화장용 제품류 : 아이메이크업 리무버
③ 기초화장용 제품류 : 클렌징 오일, 워터
④ 두발용 제품류 : 헤어틴트
⑤ 면도용 제품군 : 셰이빙 크림

**04** 자외선 차단 기능성화장품에서 1시간 침수 후에도 자외선 차단지수가 50% 이상을 유지하는 제품에 한하여 표시할 수 있는 것은?

① SPF50 ② PA+++ ③ 내수성

④ 지속 내수성 ⑤ Non-Nano

해설 ① SPF는 UVB를 차단하는 기능이 있는 제품에 표시할 수 있다.
② PA은 UVA를 차단하는 기능이 있는 제품에 표시할 수 있다.
④ 지속 내수성은 2시간 침수 후에도 자외선 차단지수가 50% 이상을 유지하는 제품에 표시할 수 있다.
⑤ Non-Nano는 관리대상이 아니다.

**05** 색조 화장품에서 색감과 광택, 사용감 등을 조절할 목적으로 사용하는 안료는?

① 카르사민 ② 카올린 ③ 산화아연

④ 울트라마린 ⑤ 진주 광택 안료

해설 카올린은 체질 안료의 일종으로 발색단을 가지지 않아 색을 나타내지 않고 사용감 등을 조절하기 위해서 사용된다.
⑤ 진주 광택 안료는 메탈릭한 간섭색을 나타내는 원료이다.

**06** 다음에서 위해성 등급이 가장 높은 회수대상화장품을 고르면?

① 등록을 하지 아니한 자가 제조한 화장품 또는 제조ㆍ수입하여 유통ㆍ판매한 화장품

② 맞춤형화장품조제관리사를 두지 아니하고 판매한 맞춤형화장품

③ 기능성화장품의 기능성을 나타나게 하는 주원료 함량이 기준치에 부적합한 경우

④ 사용기한 또는 개봉 후 사용기간을 위조ㆍ변조한 화장품

⑤ 기준 이상의 미생물이 검출된 화장품

해설 기준 이상의 미생물이 검출된 화장품은 화장품 안전기준을 위반한 것으로 나 등급에 해당하며, 나머지들은 다 등급에 해당한다. 나 등급보다 다 등급이 낮다.

**07** 화장품 책임판매업자의 안전관리정보의 신속보고와 정기보고의 보고 주기로 적절하게 짝지어진 것은?

| | 신속보고 | 정기보고 |
|---|---|---|
| ① | 15일 | 3개월 |
| ② | 15일 | 6개월 |
| ③ | 1개월 | 1년 |
| ④ | 3개월 | 30일 |
| ⑤ | 6개월 | 15일 |

해설 신속보고와 정기보고는 보고 기간에 대한 규정이 다르다. 신속보고는 15일 이내이고, 정기보고는 6개월마다(매 반기 종료 후) 보고한다.

정답 04 ③ 05 ② 06 ⑤ 07 ②

**08** 다음의 성분 중 피막을 형성하기에 적절한 고분자 성분은?

① 잔탄검        ② 카보머        ③ 비즈왁스

④ 고급지방산        ⑤ 폴리비닐피롤리돈

해설   피막을 형성하기에 적절한 고분자 성분은 폴리비닐피롤리돈이다.
      ①, ② 잔탄검과 카보머는 점도 증가를 위해 많이 사용된다.
      ③, ④ 비즈왁스와 고급지방산은 유성성분의 일종이다.

**09** 우수화장품 제조기준 중 화장품 작업장 내 직원의 위생 기준에 적합하지 <u>않은</u> 것은?

① 피부에 외상이 있거나 질병에 걸린 직원은 화장품의 품질에 영향을 주지 않는다는 품질관리 책임자의 소견이 있기 전까지는 격리해야 한다.

② 음식물 등을 반입해서는 아니 된다.

③ 청정도에 맞는 적절한 작업복, 모자와 신발을 착용하고 필요할 경우는 마스크, 장갑을 착용한다.

④ 작업 전에 복장점검을 하고 적절하지 않을 경우는 시정한다.

⑤ 기준 및 절차를 준수할 수 있도록 교육훈련을 받아야 한다.

해설   피부에 외상이 있거나 질병에 걸린 직원은 화장품의 품질에 영향을 주지 않는다는 의사의 소견이 있기 전까지는 격리해야 한다.

**10** 우수화장품 제조기준에서 작업장의 곤충, 해충이나 쥐를 막을 원칙으로 옳지 <u>않은</u> 것은?

① 벽, 천장, 창문, 파이프 구멍에 틈이 없도록 한다.

② 골판지, 나무 부스러기를 일정 구역에 보관한다.

③ 벽, 천장, 창문, 파이프 구멍에 틈이 없도록 한다.

④ 폐수구에는 트랩을 설치한다.

⑤ 빛이 밖으로 새어나가지 않게 한다.

해설   골판지, 나무 부스러기를 방치하지 않는다. 방치하게 될 경우 벌레의 집이 된다.

**11** 우수화장품 제조기준에서 원료, 내용물 및 포장재 입고 기준으로 〈보기〉의 빈칸에 들어갈 내용은?

┤ 보기 ├

원자재 용기에 ( )이/가 없는 경우에는 관리번호를 부여하여 보관하여야 한다.

① 제조번호        ② 라벨        ③ 성적서

④ 사용기한        ⑤ 시험기록서

해설   원자재 용기에 제조번호가 없는 경우에는 관리번호를 부여하여 보관하여야 한다.

**12** 입고된 원료, 내용물 및 포장재의 품질관리 기준에서 기준일탈의 조사과정의 순서로 적합한 것은?

( ㄱ )－( ㄴ )－( ㄷ )－재시험－결과 검토－재발 방지책

| | ㄱ | ㄴ | ㄷ |
|---|---|---|---|
| ① | Laboratory Error 조사 | 추가 시험 | 재검체 채취 |
| ② | Laboratory Error 조사 | 재검체 채취 | 추가 시험 |
| ③ | 추가 시험 | Laboratory Error 조사 | 재검체 채취 |
| ④ | 재검체 채취 | 추가 시험 | Laboratory Error 조사 |
| ⑤ | 재검체 채취 | Laboratory Error 조사 | 추가 시험 |

해설 ㄱ. Laboratory Error 조사 : 담당자의 실수, 분석기기 문제 등의 여부 조사
ㄴ. 추가 시험 : 오리지널 검체를 대상으로 다른 담당자가 실시
ㄷ. 재검체 채취 : 오리지널 검체가 아닌 다른 검체 채취

**13** 다음 중 유통화장품의 안전관리기준에 대한 설명으로 옳지 않은 것은?

[안전관리 기준]
• 유해물질을 선정하고 허용한도를 설정
• 미생물에 대한 허용한도를 설정

① 화장품을 제조하면서 인위적으로 첨가하지 않았을 경우 안전기준을 충족한다.
② 제조과정 중 비의도적으로 이행된 경우 안전기준을 충족하지 않는다.
③ 보관과정 중 비의도적으로 이행된 경우 안전기준을 충족한다.
④ 포장재로부터 비의도적으로 이행된 경우 안전기준을 충족한다.
⑤ 기술적으로 완전한 제거가 불가능한 경우에만 검출한도가 적용된다.

해설 유통화장품 내에 유해물질 및 미생물이 허용치 이하로 검출되면 안전기준을 충족한 제품이다. 만약 유해물질과 미생물이 제조과정 중 비의도적으로 이행된 경우에는 안전기준을 충족하지만 의도적으로 첨가하는 경우는 안전기준을 위반하는 것이다.

**14** 맞춤형화장품 판매업의 신고 시 제출해야 할 내용과 거리가 먼 것은?

① 맞춤형화장품 판매 가격
② 맞춤형화장품 판매업자의 상호 및 소재지
③ 맞춤형화장품 조제관리사의 성명, 생년월일
④ 맞춤형화장품 조제관리사의 자격증 번호
⑤ 맞춤형화장품 판매업을 신고한 자

해설 맞춤형화장품 신고서에 포함된 내용은 맞춤형화장품 판매업소의 소재지를 관할하는 지방식품의약품안전청장에게 제출한다. 이때, 품목의 판매 가격은 신고 사항이 아니다.

정답 12 ① 13 ② 14 ①

**15** 맞춤형화장품 조제관리사가 화장품 안전성 확보 및 품질관리를 위해 받아야 하는 교육 주기는?

① 15일             ② 3개월             ③ 6개월

④ 1년             ⑤ 2년

**해설** 맞춤형화장품 조제관리사는 화장품 안전성 확보 및 품질관리를 위해 책임판매관리자와 함께 매년 교육을 받아야 한다.

**16** 미백기능성 고시 성분 및 그 함량으로 옳은 것은?

① 에칠헥실메톡시신나메이트 – 7.5%    ② 페녹시에탄올 – 1%        ③ 옥토크릴렌 – 10%

④ 알부틴 – 2~5%             ⑤ 닥나무추출물 – 10%

**해설** ①, ③ 에칠헥실메톡시신나메이트, 옥토크릴렌은 자외선 차단성분이다.
② 페녹시에탄올은 보존제이다.
⑤ 닥나무추출물도 피부 미백기능의 기능성 원료이며 함량은 2%이다.

**17** 다음 〈보기〉에서 설명하는 피부 타입은?

┤ 보기 ├

- 2가지 이상의 타입이 공존한다.
- T-zone 주위로 지성 피부의 특성을 나타낸다.
- U-zone 주위로 건성 피부의 특성을 나타낸다.

① 정상 피부             ② 지성 피부             ③ 건성 피부

④ 복합성 피부             ⑤ 민감성 피부

**해설** 복합성 피부는 T-zone 주위로 피지선의 활동이 활발한 상태이나, U-zone을 중심으로는 분비량이 적어서 두 가지 타입의 고민을 같이 나타낸다.

**18** 다음 〈보기〉에서 설명하는 모발의 구조는?

┤ 보기 ├

모발의 85~90%를 차지하고 멜라닌 색소를 보유하여 탄력, 질감, 색상 등 주요 특성을 나타낸다.

① 모표피             ② 모피질             ③ 모수질

④ 모간             ⑤ 모근

**해설** 모피질에 대한 내용으로 모피질 세포들은 그 사이의 간충 물질로 결합되어 있으며, 가로 방향으로는 절단하기 어려우나 세로 방향으로는 잘 갈라진다.

**정답**   15 ④   16 ④   17 ④   18 ②

**19** 〈보기〉 중 화장품의 안정성 실험의 종류와 조건에 대한 설명으로 옳은 것은?

┤ 보기 ├

ㄱ. 장기보존 시험 – 6개월 이상 시험하는 것을 원칙 – 실온보관 화장품 : 온도 25±2℃
ㄴ. 가속 시험 – 온도 순환(–15~45℃)을 통한 냉동 · 해동 조건 실시
ㄷ. 가혹 시험 – 6개월 이상 시험하는 것을 원칙 – 온도 40±2℃
ㄹ. 개봉 후 안전성 시험 – 6개월 이상 시험하는 것을 원칙 – 3로트 이상에 대하여 시험하는 것을 원칙

① ㄱ, ㄷ　　　　　　　　② ㄱ, ㄹ　　　　　　　　③ ㄴ, ㄹ
④ ㄴ, ㄴ　　　　　　　　⑤ ㄷ, ㄹ

해설 ㄴ. 가속 시험은 장기보존 시험보다 온도를 15℃ 높여야 하며, 6개월 이상 시험하는 것을 원칙으로 하고 온도는 40±2℃가 적당하다.
ㄷ. 가혹 시험은 온도 순환(–15~45℃)을 통해 냉동 · 해동 조건을 실시한다.

**20** 화장품 책임판매업자 A씨는 위해(危害)를 끼치거나 끼칠 우려가 있는 B화장품이 유통 중인 사실을 알게 되었다. 그러나 브랜드 평판 하락을 우려해서 해당 화장품의 회수 조치를 하는 데에 필요한 조치를 취하지 않았다. 이때 받게 되는 처분은?

① 3년 이하의 징역 또는 3천만원 이하의 벌금
② 2년 이하의 징역 또는 2천만원 이하의 벌금
③ 1년 이하의 징역 또는 1천만원 이하의 벌금
④ 200만원 이하의 벌금
⑤ 100만원 이하의 과태료

해설 화장품 책임판매업자는 위해 화장품을 회수하거나 회수하는 데에 필요한 조치를 하여야 한다. 이를 위반할 시 200만원 이하의 벌금에 처해진다.

**21** 〈보기〉와 같은 경우 화장품법에 따라 받게 되는 처분은?

┤ 보기 ├

제품별로 안전과 품질을 입증할 수 있는 안전성 자료를 작성 · 보관하지 않고, 영유아 또는 어린이가 사용할 수 있는 화장품임을 표시 · 광고하려는 경우

① 3년 이하의 징역 또는 3천만원 이하의 벌금
② 2년 이하의 징역 또는 2천만원 이하의 벌금
③ 1년 이하의 징역 또는 1천만원 이하의 벌금
④ 200만원 이하의 벌금
⑤ 100만원 이하의 과태료

해설 어린이가 화장품을 잘못 사용하여 인체에 위해를 끼치는 사고가 발생하지 아니하도록 안전용기 · 포장을 사용한 것을 위반한 경우와 마찬가지로 1년 이하의 징역 또는 1천만원 이하의 벌금의 행정 처분을 받는다.

정답　19 ②　20 ④　21 ③

**22** 〈보기〉와 같은 경우 화장품법에 따라 받게 되는 처분은?

┤ 보기 ├

맞춤형화장품 조제관리사를 고용하여 맞춤형화장품 판매업을 신고한 뒤 즉시 해고하여 맞춤형화장품 조제관리사 없이 맞춤형화장품을 영업하다가 적발된 경우

① 3년 이하의 징역 또는 3천만원 이하의 벌금
② 2년 이하의 징역 또는 2천만원 이하의 벌금
③ 1년 이하의 징역 또는 1천만원 이하의 벌금
④ 200만원 이하의 벌금
⑤ 100만원 이하의 과태료

해설 화장품제조업 또는 화장품책임판매업을 등록을 위법하게 한 경우와 마찬가지로 가장 큰 행정 처분인 3년 이하의 징역 또는 3천만원 이하의 벌금을 받는다.

**23** 기능성 제품의 효능·효과와 유효성 및 기능을 입증하는 시험 중 올바르게 짝지어진 것은?

① 주름을 완화－IGA등급 개선 시험
② 미백에 도움－UVA에 의한 색소침착 억제 실험
③ 자외선으로부터 피부를 보호－세포 내 콜라겐 생성 시험
④ 여드름성 피부를 완화하는 데 도움－티로시나아제 활성 억제 실험
⑤ 탈모증상 완화에 도움－Phototrichogram 사진 촬영 분석 시험

해설 ① 주름을 완화－세포 내 콜라겐 생성 시험
    ② 미백에 도움－티로시나아제 활성 억제 실험
    ③ 자외선으로부터 피부를 보호－UVA에 의한 색소침착 억제 실험
    ④ 여드름성 피부를 완화하는 데 도움－IGA등급 개선 시험

**24** 세포 또는 조직에 대한 품질 및 안전성 확보에 필요한 정보를 확인할 수 있도록 〈보기〉의 내용을 포함한 세포·조직 채취 및 (        )를 작성·보존하여야 한다. 괄호 안에 들어갈 적절한 문서는?

┤ 보기 ├

• 채취한 의료기관 명칭
• 채취 연월일
• 공여자 식별 번호
• 공여자의 적격성 평가 결과
• 동의서
• 세포 또는 조직의 종류, 채취방법, 채취량, 사용한 재료 등의 정보

① 품질성적서                  ② 판매내역서                  ③ 독성시험자료
④ 판매신고서                  ⑤ 검사기록서

해설 공여자는 건강한 성인으로서 감염증이나 질병으로 진단되지 않은 것을 확인하는 적격성 평가 결과를 확보해야 한다. 즉, 세포·조직 채취 및 검사기록서를 작성 후 보관해야 한다.

정답  22 ①  23 ⑤  24 ⑤

**25** 인체세포조직 배양액 안전기준 중 채취, 배양시설 및 환경의 관리 사항으로 옳지 <ins>않은</ins> 것은?

① 제조공정 중 오염을 방지하는 등 위생관리를 위한 제조위생관리 기준서를 작성하고 이에 따라야 한다.
② 인체 세포 · 조직 배양액을 제조하는 배양시설은 청정등급 1B(Class 10,000) 이상의 구역에 설치하여야 한다.
③ 제조 시설 및 기구는 정기적으로 점검하여 관리되어야 한다.
④ 인체 세포 · 조직은 채취 혹은 보존에 필요한 위생상의 관리가 가능한 배양기관에서 채취된 것만을 사용한다.
⑤ 제조 시설 및 기구는 작업에 지장이 없도록 배치되어야 한다.

> **해설** 인체 세포 · 조직은 채취 혹은 보존에 필요한 위생상의 관리가 가능한 의료기관에서 채취된 것만을 사용한다.

**26** 인체 세포 · 조직 배양액 안전기준에 적합한 경우 이를 화장품에 사용할 수 있다. 다음 중 용어의 정의로 적절하지 <ins>않은</ins> 것은?

① "공여자 적격성검사"란 공여자에 대하여 문진, 검사 등에 의한 진단을 실시하여 해당 공여자가 세포배양액에 사용되는 세포 또는 조직을 제공하는 것에 대해 적격성이 있는지를 판정하는 것을 말한다.
② "공여자"란 배양액에 사용되는 세포 또는 조직을 제공하는 사람을 말한다.
③ "청정등급"이란 부유입자 및 미생물이 유입되거나 잔류하는 것을 통제하여 일정 수준 이하로 유지되도록 관리하는 구역의 관리수준을 정한 등급을 말한다.
④ "인체 세포 · 조직 배양액"은 인체에서 유래된 세포 또는 조직을 배양한 후 세포와 조직을 포함하는 배양액을 말한다.
⑤ "윈도우 피리어드(window period)"란 감염 초기에 세균, 진균, 바이러스 및 그 항원 – 항체 – 유전자 등을 검출할 수 없는 기간을 말한다.

> **해설** "인체 세포 · 조직 배양액"은 인체에서 유래된 세포 또는 조직을 배양한 후 세포와 조직을 제거하고 남은 액을 말한다.

**27** 총 호기성 생균수 시험법은 화장품 중 총 호기성 생균(세균 및 진균)수를 측정하는 시험방법이다. 다음 중 세균수를 분석하는 방법과 조건으로 적절한 것은?

| | 분석 방법 | 조건 |
|---|---|---|
| ① | 한천평판도말법 | 30~35℃, 5일 |
| ② | 한천평판희석법 | 30~35℃, 48시간 |
| ③ | 한천평판도말법 | 20~25℃, 48시간 |
| ④ | 한천평판희석법 | 35~42℃, 48시간 |
| ⑤ | 한천평판희석법 | 30~35℃, 5일 |

> **해설** 한천평판희석법과 한천평판도말법은 고체 배지에서 미생물을 배양하여 콜로니(균집락)의 수를 확인할 수 있는 방법이다. 세균은 30~35℃에서 48시간 배양하여 확인하고, 진균은 20~25℃에서 5일 배양 후 확인한다.

**28** 반영구 염모방식인 산성 염모제의 적절한 pH는?

① pH 3~3.5　　　　② pH 4~4.5　　　　③ pH 5~5.5
④ pH 6~6.5　　　　⑤ pH 7~7.5

> **해설** 모발 단백질의 등전점인 pH 3.7 이하로 내려가면 모발은 + 전하를 가지게 된다. 음전하를 가지는 색소가 모발 표면에 결합하는 원리에 의해 pH는 모발 단백질의 등전점보다 낮아야 한다. 즉, 반영구 염모방식인 산성 염모제의 적절한 수치는 pH 3~3.5이다.

**정답** 25 ④　26 ④　27 ②　28 ①

**29** 퍼머넌트웨이브용 및 헤어스트레이트너 제품의 안전기준은 아래와 같다. 이를 확인하기 위한 시험방법에서 A와 B에 적절한 것을 순서대로 나열한 것은?

[안전기준]

| 냉 2욕식 1제(치오글리콜릭 애시드 및 그 염류) ||
|---|---|
| 알카리(0.1N 염산 소비) | 검체 1ml에서 7ml 이하 |
| 산성에서 끓인 후의 환원성 물질 | 2~11% |

[시험법]

| 알카리 | 검체 10ml에 물을 넣어 100ml로 만든다. 이 검액 20ml에 0.1N 염산으로 적정하며 지시약 색상의 변화를 관찰한다(지시약 A 사용). |
|---|---|
| 산성에서 끓인 후의 환원성 물질 | 검액 20ml에 물 50%, 황산 5ml를 넣고 가열하여 5분간 끓인다. 식힌 후 0.1N 요오드액으로 적정한다(지시약 B 사용). |

| | A | B |
|---|---|---|
| ① | 메칠레드시액 | 전분지시액 |
| ② | 황산 | 메칠레드시액 |
| ③ | 전분지시액 | 요오드액 |
| ④ | 염산 | 요오드액 |
| ⑤ | 요오드액 | 전분지시액 |

해설 1제 내의 알카리 성분을 확인하기 위해 염산을 가해서 메칠레드시액으로 적정한다. 또한 환원성 물질을 적정하기 위해서는 요오드를 사용하여 전분지시액으로 적정한다.

**30** 화장품의 안전관리 기준의 퍼머넌트웨이브제에 대한 규정에서 시스테인, 시스테인염류 또는 아세틸시스테인을 주성분으로 하는 냉 2욕식 퍼머넌트웨이브용 제품의 시스테인의 관리 기준에서 A에 해당하는 것은?

| 환원성 물질 | 시스테인, 시스테인염류 또는 아세틸시스테인 ||
|---|---|---|
| 사용 조건 | 냉 2욕식(실온 사용) | 가온 2욕식(60도 이하) |
| 알카리 (0.1N 염산 소비) | 검체 1ml에서 12ml 이하 | 검체 1ml에서 9ml 이하 |
| 시스테인 | A | 1.5~5.5% |
| 환원후의 환원성 물질 | 0.65% 이하 | 0.65% 이하 |
| 공통 | 중금속 20ug/g, 비소 5ug/g, 철 2ug/g 이하 ||

① 3.0~7.5%  ② 6.5%  ③ 1.5~5%
④ 4%  ⑤ 0.65%

해설 냉 2욕식 퍼머넌트제품 1제 내의 시스테인 함량의 범위는 3.0~7.5%로 규정되고, 가온 2욕식의 경우 1.5~5.5%로 제한된다.

정답 29 ① 30 ①

**31** 화장품의 안전관리 기준의 퍼머넌트웨이브제에 대한 규정에서 시스테인, 시스테인염류 또는 아세틸시스테인을 주성분으로 하는 가온 2욕식 퍼머넌트웨이브용 제품(사용 시 약 60℃ 이하로 가온 조작하여 사용하는 것)의 제1제의 적절한 pH는?

① pH 2.5~4.5　　　　　② pH 4~10.5　　　　　③ pH 4~9.5
④ pH 5~5.5　　　　　　⑤ pH 8~9.5

해설 시스테인을 주성분으로 하는 가온 2욕식의 제1제는 pH 4.0~9.5의 범위를 가진다. 이보다 낮은 온도에서 진행하며 시스테인을 주성분으로 하는 냉 2욕식 제1제는 pH 8.0~9.5 사이의 범위를 가진다.

**32** 다음 〈보기〉 중 퍼머 시 사용할 수 있는 환원제 2가지로 옳은 것은?

┤ 보기 ├

ㄱ. 시스테인　　　　　　　　　　　ㄴ. 과산화수소수
ㄷ. 치오글라이콜릭애시드　　　　　ㄹ. 베헨트리늄 클로라이드
ㅁ. 살리실릭애시드

① ㄱ, ㄷ　　　　　　　② ㄱ, ㄹ　　　　　　　③ ㄴ, ㄹ
④ ㄷ, ㅁ　　　　　　　⑤ ㄹ, ㅁ

해설 모발 단백질 사이의 이황화결합(disulfide bond)을 자르는 것은 모발 단백질이 환원되는 것으로 정의하기 때문에 시스테인 혹은 치오글라이콜릭애시드를 사용한다. 이후 모발의 형태를 변형시키고 과산화수소수 제제로 다시 이황화결합을 만들어주는 산화 과정을 통해서 종료한다.
　ㄹ. 베헨트리늄 클로라이드는 양이온성 계면활성제로 모발 코팅 등에 사용된다.
　ㅁ. 살리실릭애시드는 여드름 피부를 완화하는 데 도움을 주는 기능성 고시원료로 사용된다.

**33** 사용상의 제한이 필요한 염모제의 성분이 <u>아닌</u> 것은?

① 퀴닌　　　　　　　　② 과산화수소수　　　　　③ 니트로-p-페닐렌디아민
④ p-아미노페놀　　　　⑤ 레조시놀

해설 퀴닌은 샴푸에서 0.5%까지의 사용한도가 있는 사용상의 제한이 필요한 원료이고 기타제품에 사용하지 못하나, 염모제 성분은 아니다. 나머지는 염모제에 사용되는 사용상의 제한이 있는 원료에 속한다.
　② 과산화수소 - 12%
　③ 니트로-p-페닐렌디아민 - 3%
　④ p-아미노페놀 - 0.9%
　⑤ 레조시놀 - 2%

**34** 내용량이 50ml 또는 50g 초과인 제품의 경우 표기해야 하는 내용으로 올바르지 <u>않은</u> 것은?

① 중량　　　　　　　　② 분리배출 표시　　　　③ 표시성분
④ 제조번호　　　　　　⑤ 사용 시의 주의사항

해설 표시성분은 50ml 이하 제품의 2차 포장 기재사항으로 전성분을 표시해야 한다.

**35** 기능성화장품의 식약처 기능성 고시 원료와 그 함량으로 적합한 것은?

① 옥토크릴렌 − 8%

② 아데노신 − 1~2%

③ 벤질알콜 − 1%

④ 닥나무 추출물 − 2%

⑤ 니트로−p−페닐렌디아민 − 3%

해설 아데노신은 주름개선 기능성 원료이지만 0.04%의 함량 제한을 가진다. 니트로−p−페닐렌디아민은 염모제 성분, 벤질알콜은 보존제, 옥토크릴렌은 자외선 차단 성분으로 사용상의 제한이 있는 원료이다.

**36** 작업소의 공기조절의 4대 요소와 관리기기가 바르게 연결된 것은?

① 청정도 − 공기정화기　　② 실내온도 − 가습기　　③ 향기 − 디퓨저

④ 습도 − 송풍기　　⑤ 기류 − 열교환기

해설 ② 실내온도 − 열교환기
　　③ 향은 CGMP의 공기조절요소에 해당하지 않는다.
　　④ 습도 − 가습기
　　⑤ 기류 − 송풍기

**37** 표시 · 광고 관련 행정처분 중 1차 위반 시 처분이 다른 하나는?

① 기능성화장품 심사 없이 주름개선 표시 · 광고

② 여드름을 치료하는 화장품을 표시 · 광고

③ 유기농화장품에 적합하지 않은 제품을 표시 · 광고

④ 아토피 협회인증을 표시 · 광고

⑤ 부작용이 전혀 없다고 표시 · 광고

해설 화장품으로 여드름을 치료한다는 등 의약품으로 오인하게 하는 표시 · 광고를 하는 경우 1차 위반 시 판매 및 광고 정지 3개월의 처분을 받는다. 나머지는 2개월의 처분을 받는다.

**38** 화장품의 내용량 기준 및 표시사항에 적합한 것은?

① 제품 3개를 가지고 시험할 때 그 평균 내용량은 표기량에 대하여 95% 이상 되어야 한다.

② 화장비누는 수분함량중량과 건조중량을 표시해야 한다.

③ 기준치를 벗어날 경우 6개의 평균 내용량이 기준치 이상 되어야 한다.

④ 화장비누는 수분함량중량을 시험한다.

⑤ 내용량은 1차 포장의 필수 기재사항이다.

해설 ① 제품 3개를 가지고 시험할 때 그 평균 내용량은 표기량에 대하여 97% 이상 되어야한다.
　　③ 기준치를 벗어날 경우 9개의 평균 내용량이 기준치 이상 되어야 한다.
　　④ 화장비누는 건조중량을 기준으로 시험한다. 표시는 수분함량과 건조중량을 표시한다.
　　⑤ 내용량은 2차 포장의 필수 기재사항이다.

정답　35 ④　36 ①　37 ②　38 ②

**39** 화장품 전성분 표시제도의 표시방법에서 거리가 먼 것은?

① 글자 크기 : 1포인트 이상

② 표시 순서 : 제조에 사용된 함량이 많은 것부터 기입

③ 순서 예외 : 1% 이하로 사용된 성분, 착향료, 착색제는 함량 순으로 기입하지 않아도 됨

④ 표시 제외 : 원료 자체에 이미 포함되어있는 미량의 보존제 및 안정화제

⑤ 향료 표시 : 착향제는 "향료"라고 기입한다.

**해설** 화장품 전성분 표시 글자는 알아볼 수 있는 5포인트 이상의 크기로 기입해야 한다.

**40** 표피에서 분화도가 가장 낮은 단계에 있는 것은?

① 각질층　　　　　　　② 투명층　　　　　　　③ 과립층

④ 유극층　　　　　　　⑤ 기저층

**해설** 표피층의 각질형성세포는 각질층을 만들기 위해서 기저층에서 분화해 나간다. 즉 기저층의 분화도가 가장 낮다.

**41** 다음 중 사용상의 제한이 있는 자외선차단제 및 그 함량으로 옳은 것은?

① 알파비사보롤 : 0.5%

② 글루타랄 : 0.1%

③ 티타늄디옥사이드 : 25%

④ 세틸피리듐 클로라이드 : 0.08%

⑤ 트리클로카반 : 0.2%

**해설** 티타늄디옥사이드는 자외선을 산란시키는 무기자외선 차단소재이다.
　　　① 알파비사보롤은 미백기능성 소재이다.
　　　②, ④, ⑤ 글루타랄, 세틸피리듐 클로라이드, 트리클로카반은 사용상의 제한이 있는 보존제이다.

**42** 다음 중 알레르기 유발 가능성이 있는 향료 25종에 포함되는 성분이 아닌 것은?

① 신나밀알코올　　　　② 브로모신남알　　　　③ 벤질신나메이트

④ 헥실신남알　　　　　⑤ 아밀신나밀알코올

**해설** 브로모신남알은 방충제에 쓰이는 성분이다.

**43** 화장품을 제조하면서 비의도적으로 유도된 물질의 검출 허용한도로 잘못 연결된 것은?

① 철 : 2ug/g 이하

② 안티몬 : 10ug/g 이하

③ 카드뮴 : 5ug/g 이하

④ 납 : 20ug/g(일반 제품)

⑤ 프탈레이트류 : 100ug/g 이하

**해설** 철은 유해화학물질에 해당하지 않아 화장품에서 검출되어도 무방하다. 산화철은 색조화장품의 안료로 사용된다.

**44** 다음 〈보기〉 중 화장품에서 사용이 금지된 프탈레이트의 원료로 짝지어진 것은?

┤ 보기 ├

ㄱ. 디에틸프탈레이트　　　　　　　　　ㄴ. 부틸벤질프탈레이트
ㄷ. 디부틸프탈레이트　　　　　　　　　ㄹ. 디메틸프탈레이트
ㅁ. 디에틸헥실프탈레이트

① ㄱ, ㄷ, ㅁ　　　　　　② ㄱ, ㄹ, ㅁ　　　　　　③ ㄴ, ㄹ, ㅁ
④ ㄴ, ㄷ, ㅁ　　　　　　⑤ ㄷ, ㄹ, ㅁ

해설　ㄴ, ㄷ, ㅁ는 화장품 배합 금지 원료이며 비의도적으로 들어간 경우 합이 100ppm 이하로 관리되어야 한다. 디에틸프탈레이트, 디메틸 프탈레이트는 매니큐어, 모발스프레이 등에 사용된다.


**45** 화장품 사용 시 알러지, 피부 자극 등이 발생하였다. 이 경우 화장품 선택에서 가장 중요하게 고려해야 할 품질 속성은 무엇인가?

① 안전성　　　　　　　　② 안정성　　　　　　　　③ 유효성
④ 사용성　　　　　　　　⑤ 약효성

해설　화장품은 약리작용은 없더라도 소비자가 안심하고 사용할 수 있는 안전성을 가장 중요하게 고려해야 할 특성이다.


**46** 위해성 평가에 대한 내용 중 옳은 것은?

① 비발암성의 안전역이 100 이상이면 안전하다고 판단한다.
② 발암성 물질의 평생발암 위험도가 100 이상이면 안전하다고 판단한다.
③ 노출평가는 실험 및 문헌 연구로 독성물질의 유해성 정도를 확인하는 과정이다.
④ 임산부를 대상으로 평가를 실시할 수 없다.
⑤ 위험성 확인은 화장품 내의 농도, 사용량 등으로 인체에 흡수되는 용량을 결정하는 단계이다.

해설　② 발암성 물질의 평생발암 위험도가 $10^{-5}$ 이하이면 안전하다고 판단한다.
　　　③ 위험성 확인 단계는 실험 및 문헌 연구로 독성물질의 유해성 정도를 확인하는 과정이다.
　　　④ 특정 집단에 노출될 가능성이 클 경우 어린이 및 임산부 등 민감집단이나 고위험집단을 대상으로 위해성 평가를 실시할 수 있다.
　　　⑤ 노출평가는 화장품 내의 농도, 사용량 등으로 인체에 흡수되는 용량을 결정하는 단계이다.


**47** 맞춤형화장품 판매영업장의 폐업 시 개인정보의 파기 원칙에 적합하지 <u>않은</u> 것은?

① 인쇄물, 서면 형태의 기록은 파쇄한다.
② 개인정보를 파기할 때에는 복구 또는 재생되지 아니하도록 조치한다.
③ 전자적 파일 형태인 경우 복원이 불가능한 방법으로 영구 삭제한다.
④ 기록물, 그 밖의 기록매체인 경우 소각한다.
⑤ 인쇄물, 서면일 경우는 사본을 제작·보관한다.

해설　기록 매체의 경우 파쇄 소각으로 없애고 사본을 남기지 않는다.

---

정답　44 ④　45 ①　46 ①　47 ⑤

**48** 다음 〈보기〉 중 얼굴과 손에 반점이 생기고 이와 비슷한 유해사례가 지속적으로 발생할 경우 책임판매업자가 해야 하는 일은?

┤ 보기 ├

ㄱ. 식약처장에게 즉시 보고
ㄴ. 회수
ㄷ. 6일 안에 계획서 보고
ㄹ. 지방식품의약품안전청장에게 회수계획서 제출
ㅁ. 2달 안에 회수

① ㄱ, ㄷ, ㅁ        ② ㄱ, ㄴ, ㄹ        ③ ㄴ, ㄹ, ㅁ
④ ㄴ, ㄷ, ㅁ        ⑤ ㄷ, ㄹ, ㅁ

**해설** 얼굴과 손에 반점이 생기고 이와 비슷한 유해사례가 지속적으로 발생될 경우 나 등급에 해당하므로, 책임판매업자는 식약처장에게 즉시 보고한 후 5일 안에 회수계획서를 제출하고, 30일 이내에 회수하여야 한다.

**49** 맞춤형화장품을 사용한 고객에게 부작용이 나타났을 경우, 맞춤형화장품 판매업자가 취해야 하는 조치로 올바른 것은?

① 혼합 · 소분에 사용된 내용물 · 원료의 내용 및 특성을 소비자에게 설명한다.
② 식품의약품안전처장에게 지체 없이 보고한다.
③ 맞춤형화장품 사용 시의 주의사항을 소비자에게 설명한다.
④ 혼합에 사용할 시설, 기구를 점검한다.
⑤ 판매내역서를 보관한다.

**해설** 부작용 발생 시 맞춤형화장품 판매업자는 식품의약품안전처장에게 지체 없이 보고해야 한다. 나머지는 기본적인 맞춤형화장품 판매업자의 의무이다.

**50** 친구의 추천으로 주름화장품 에센스를 썼는데 효과가 없고 피부에 알러지가 발생하였다. 맞춤형화장품 조제관리사가 〈보기〉의 전성분을 확인한 후 할 수 있는 설명과 거리가 먼 것은?

┤ 보기 ├

정제수, 글리세린, 알부틴, 벤질알코올, 히알루론산, 리모넨, 페녹시에탄올, 유화제, 부틸렌글라이콜, 참깨오일

① 주름개선 성분이 없습니다.
② 알부틴 부작용이 있을 수 있습니다.
③ 리모넨 성분에 의해서 알레르기가 있을 수 있습니다.
④ 벤질알콜은 방부제로 사용되었습니다.
⑤ 참깨오일이 있어서 알러지가 있을 수 있습니다.

**해설** 참깨오일은 알러지 관련 주의 내용에 해당사항이 없다.
    ① 알부틴은 미백기능성 고시성분으로 위 화장품에는 주름개선 기능성 성분이 함유되어 있지 않다.
    ② 알부틴은 부작용에 유의해야 한다.

**51** 색소 침착을 막아주는 물질 중 자외선 차단제를 사용할 때 자외선을 흡수하는 성질이 <u>다른</u> 것은?

① 호모살레이트        ② 에칠헥실메톡시신나메이트        ③ 아보벤존

④ 벤조페논-3        ⑤ 티타늄디옥사이드

> **해설** 무기자외선 차단제인 티타늄디옥사이드는 자외선을 산란시키고, 나머지는 유기자외선 차단제로서 자외선을 흡수하여 열에너지로 변환시킨다.

**52** 피부에서 작용하는 효소 중 효소의 반응을 위해서 구리를 필요로 하는 효소는?

① 티로시나아제        ② 콜라게나아제        ③ 엘라스티나아제

④ 젤라티나아제        ⑤ 스트로멜라이신

> **해설** ②, ④, ⑤ 콜라게나아제, 젤라티나아제, 스트로멜라이신(콜라게네이즈 활성화) 등은 아연을 필요로 한다.
> ③ 엘라스티나아제는 금속 이온 없이 활성을 나타낸다.

**53** 화장품 표시 – 광고 규정에 따른 용기 기재사항에서 다음과 같은 50ml 초과 제품의 1차 포장에 기입해야 하는 기재사항이 <u>아닌</u> 것은?

제품명 : A로션
제조번호 : 1234

┤ 보기 ├

ㄱ. 화장품 사용 시 주의사항        ㄴ. 사용기한
ㄷ. 책임판매업자의 상호        ㄹ. 용량/중량
ㅁ. 전성분

① ㄱ, ㄴ, ㄹ        ② ㄱ, ㄹ, ㅁ        ③ ㄴ, ㄹ, ㅁ

④ ㄴ, ㄷ, ㅁ        ⑤ ㄷ, ㄹ, ㅁ

> **해설** 화장품 사용 시 주의사항, 용량/중량, 전성분은 2차 포장 기재사항에 해당한다.

**54** 피부 자극에 의해서 발생하는 대표적인 현상이 <u>아닌</u> 것은?

① 부종        ② 흑화        ③ 통증

④ 홍조        ⑤ 발열

> **해설** 피부 자극에 의한 염증 반응은 면역반응의 일종으로 발생한다. 흑화는 멜라닌 형성이 증가한 경우로 피부 자극에 의한 직접적인 현상은 아니다.

**정답**    51 ⑤    52 ①    53 ②    54 ②

**55** 다음 중 세포 내 소기관 중 호흡을 담당하는 것은?

① 골지체
② 엑소좀
③ 엔도좀
④ 미토콘드리아
⑤ 핵

해설 ① 골지체 : 물질의 저장 및 분비에 관여
② 엑소좀(세포 바깥 소체) : 세포 내 물질을 외부로 전달
③ 엔도좀 : 세포 내에서 형성된 막 구조, 세포 내 전달 담당
⑤ 핵 : 유전정보 보관

**56** 다음 〈보기〉는 맞춤형 화장품 매장에서의 대화이다. 구매할 수 있는 제품에 해당하는 유형이 <u>아닌</u> 것은?

┤ 보기 ├

점원 : 저번 제품은 잘 쓰셨나요?
고객 : 네, 좋았습니다.
점원 : 그럼 지난번 걸로 드릴까요?
고객 : 아니요, 이번에는 다른 유형으로 10ml 소분해주세요.

① 흑채
② 제모왁스
③ 손소독제
④ 외음부세정제
⑤ 데오드란트

해설 손소독제는 의약외품으로 화장품의 영역이 아니다.

**57** 영유아용 화장품에 사용된 함량을 표시해야 하는 성분은?

① 페녹시에탄올
② 글리세린
③ 카나우바왁스
④ 비이온성 계면활성제
⑤ 팔미틱애시드

해설 사용상의 제한이 있는 원료인 방부제(페녹시에탄올)를 영유아용 제품에 사용한 경우 그 함량을 표시해야 한다.

**58** 피부 조직에 대한 설명 중 옳지 <u>않은</u> 것은?

① 케라티노사이트 : 표피층을 구성하고 각질을 형성한다.
② 멜라노사이트 : 멜라닌 색소를 형성하여 피부색을 결정한다.
③ 모세혈관 : 표피, 진피까지 혈관을 분포한다.
④ 교원세포 : 진피층에서 콜라겐 등의 물질을 합성한다.
⑤ 소한선 : 체온을 조절하는 땀을 분비한다.

해설 모세혈관은 진피까지 분포한다.

정답  55 ④  56 ③  57 ①  58 ③

**59** 피부자극이 가장 낮은 계면 활성제의 분류는?

① 음이온계 계면활성제      ② 비이온계 계면활성제      ③ 양이온계 계면활성제

④ 양쪽성 계면활성제      ⑤ 친수성 계면활성제

해설 비이온성 계면활성제는 피부자극이 낮아 화장품 제조에 가장 많이 사용된다.

**60** 알코올, 비타민, 고급지방산 중 지용성인 것들로 올바르게 구성되어 있는 것은?

① 세틸알코올, 토코페롤, 라우릭애씨드

② 이소스테아릴알코올, 아스코빅애씨드, 팔미틱애씨드

③ 세틸알코올, 아스코빅애씨드, 스테아릭애씨드

④ 에틸알코올, 토코페롤, 라우릭애씨드

⑤ 에틸알코올, 판토테닉애씨드, 스테아릭애씨드

해설 세틸알코올, 라우릭애씨드, 비타민 E(토코페롤)은 지용성이고, 비타민C(아스코빅애씨드), 비타민 B5(판토테닉애씨드), 에틸알코올은 수용성이다.

**61** 다음 〈보기〉중 주름개선 기능성 크림을 광고할 수 있는 내용으로 옳지 못한 것을 모두 고른 것은?

┤ 보기 ├

ㄱ. 이 화장품의 주름 개선 효과는 정말 최고입니다!

ㄴ. 피부에 탄력을 주어 주름 개선에 효과가 있답니다.

ㄷ. 홍길동 피부과 의사가 추천한 크림입니다.

ㄹ. 폴리에톡실레이티드레틴아마이드가 0.2퍼센트 함유되어 있습니다.

ㅁ. 포름알데하이드가 함유되어 있지 않습니다.

① ㄱ, ㄷ, ㅁ      ② ㄱ, ㄹ, ㅁ      ③ ㄴ, ㄹ, ㅁ

④ ㄴ, ㄷ, ㅁ      ⑤ ㄷ, ㄹ, ㅁ

해설 유효성과 관련하여 피부에 탄력을 주어 주름 개선에 효과가 있다는 표현은 가능하다. 또한 식약처에 보고한 경우, 고시 성분인 폴리에톡실레이티드레틴아마이드 함유에 대한 표현은 가능하다.

    ㄱ. 최고, 최상 등의 배타적인 표현은 광고할 수 없다.

    ㄷ. 의사 등이 추천한다는 내용은 광고할 수 없다.

    ㅁ. 제품에 특정성분이 있지 않다는 표현은 시험 분석자료로 입증을 해야 가능하다.

**62** 계면활성제 음이온, 양이온, 비이온, 양쪽성 각각의 원료와 맞게 연결된 것은?

① 실리콘계 : 코코암포글리시네이트
② 양쪽성 : 글리세릴모노스테아레이트
③ 양이온 : 다이메티콘코폴리올
④ 비이온 : 세테아디모늄클로라이드
⑤ 음이온 : 암모늄라우릴설페이트

해설 ① 실리콘계 : 다이메티콘코폴리올
② 양쪽성 : 코코암포글리시네이트
③ 양이온 : 세테아디모늄클로라이드
④ 비이온 : 글리세릴모노스테아레이트

**63** 화장품을 제조하면서 비의도적으로 유도된 물질의 검출 허용 한도로 잘못 연결된 것은?

① 수은 : 1ug/g 이하　　② 카드뮴 : 5ug/g 이하　　③ 비소 : 5ug/g 이하
④ 니켈 : 10ug/g(일반 제품)　　⑤ 납 : 20ug/g(일반 제품)

해설 비소의 경우 10ug/g으로 유지되어야 한다.

**64** 화장품 내의 미생물의 허용 한도로 적합한 것은?

① 기타화장품 : 대장균 1,000개/g(mL) 이하
② 눈화장용 제품류 : 총호기성생균수 1,000개/g(mL) 이하
③ 물휴지 : 세균 및 진균수 각각 100개/g(mL) 이하
④ 영유아 제품류 : 총호기성생균수 1,000개/g(mL) 이하
⑤ 기타화장품 : 총호기성생균수 10,000개/g(mL) 이하

해설 ①, ⑤ 기타화장품 : 총호기성생균수 1,000개/g(mL) 이하, 대장균 등의 병원성 미생물 불검출
②, ④ 눈화장용 제품류 및 영유아 제품류 : 총호기성생균수 500개/g(mL) 이하

**65** 다음 중 화장품 내에 인위적으로 화장품을 제조하면서 비의도적으로 유도된 물질의 검출 허용 한도에 대한 안전관리기준에 적합한 것은?

① 프탈레이트류 : 10ug/g　　② 메탄올 : 0.02(v/v)%　　③ 디옥산 : 100ug/g
④ 포름알데하이드 : 2ug/g　　⑤ 옥토크릴렌 : 3%

해설 ① 프탈레이트류 100ug/g
② 메탄올 : 0.2(v/v)%
④ 포름알데하이드 20ug/g
⑤ 옥토크릴렌은 자외선 차단 성분으로 사용상의 제한이 있는 원료에 속한다.

**66** 노화 피부에 대한 설명으로 옳지 <u>않은</u> 것은?

① 표피가 두꺼워졌다.

② 히알루론산 합성이 감소하였다.

③ 콜라겐의 합성이 감소하였다.

④ 자외선을 많이 받은 부위가 노화가 빠르게 진행되었다.

⑤ 콜라겐 분해효소의 활성이 증가했다.

해설 노화에 따라서 표피의 두께는 감소하게 된다.

**67** 다음 〈보기〉의 전성분 표기 중 자료 제출 생략이 가능한 기능성화장품 원료로 옳은 것은?

───┤ 보기 ├───

정제수, 글리세린, 페녹시에탄올, 유용성감초추출물, 카보머, 녹차추출물, 폴리에톡실레이티드레틴아마이드, 향료

① 페녹시에탄올, 유용성감초추출물

② 글리세린, 페녹시에탄올

③ 유용성감초추출물, 카보머

④ 유용성감초추출물, 폴리에톡실레이티드레틴아마이드

⑤ 폴리에톡실레이티드레틴아마이드, 향료

해설 유용성감초추출물은 미백기능성 고시 성분이고, 폴리에톡실레이티드레틴아마이드는 주름개선기능성 고시 성분이므로 자료 제출 생략이 가능한 기능성화장품 원료이다. 글리세린(보습제) 페녹시에탄올(방부제), 녹차추출물(일반 효능 성분), 향료(향 성분)는 자료를 제출해야 하는 원료이다.

**68** 맞춤형화장품조제관리사 A씨가 보습에센스를 만들었다. 여기에 향료를 0.2%를 배합하였는데, 다음은 그 향료의 조성 목록이다. 이때 향료로 표기하지 않고 따로 알레르기 유발물질로서 기재해야 하는 것을 〈보기〉에서 <u>모두</u> 고른 것은?

[향료의 조성]
- 알콜 10%
- 1.2 헥산 디올 5%
- 시트랄 1%
- 글리세린 0.1%

- 리모넨 10%
- 시트로넬롤 5%
- 벤질알콜 0.1%

───┤ 보기 ├───

ㄱ. 1.2 헥산 디올
ㄷ. 벤질알콜
ㅁ. 시트로넬롤

ㄴ. 리모넨
ㄹ. 시트랄

① ㄱ, ㄷ, ㅁ       ② ㄱ, ㄹ, ㅁ       ③ ㄴ, ㄹ, ㅁ
④ ㄴ, ㄷ, ㅁ       ⑤ ㄷ, ㄹ, ㅁ

해설 씻어내지 않는 제품 중 0.001%를 초과하여 함유하면 알러지 유발 가능성이 있는 25종의 향료 성분은 별도로 표시해야 한다. 향료를 0.2% 사용하면 최종적으로 리모넨 0.02%, 시트랄 0.002%, 시트로넬롤 0.01%가 되어 모두 표시해야 한다.

정답   66 ①   67 ④   68 ③

**69** 다음 〈보기〉 중 개인정보 보호법에서 정하는 민감 정보에 해당하는 것은?

┤ 보기 ├

ㄱ. 주민등록번호
ㄴ. 여권번호
ㄷ. 유전자 검사로 얻어진 유전정보
ㄹ. 건강 등 성생활에 대한 정보
ㅁ. 사상, 신념 및 정치적 견해

① ㄱ, ㄷ, ㅁ
② ㄱ, ㄹ, ㅁ
③ ㄴ, ㄹ, ㅁ
④ ㄴ, ㄷ, ㅁ
⑤ ㄷ, ㄹ, ㅁ

**해설** 정보주체의 사생활을 침해할 우려가 있는 개인정보들을 민감 정보라 하고, 개인을 고유하게 구별하게 하는 주민등록번호와 여권번호 등은 고유식별 정보라고 한다.

**70** 기능성화장품의 안전성 자료에 대한 실험법과 방법이 바르게 연결된 것은?

① 1차 피부 자극 시험 : Inhibition zone test
② 피부감작 시험 : Maximization test
③ 유전독성 시험 : Draize test
④ 안점막 자극 시험 : Adjuvant and strip method
⑤ 광독성 시험 : Oral mucosal irritation test

**해설** ① 미생물 억제 시험 테스트 : Inhibition zone test
③ 안점막자극 시험 : Draize test
④ 광독성 시험 : Adjuvant and strip method
⑤ 구강 점막 자극 테스트 : Oral mucosal irritation test

**71** 섬유아 세포가 생산하지 <u>않는</u> 것은?

① 콜라겐
② 히알루론산
③ 엘라스틴
④ 콘드로이친황산
⑤ 케라틴

**해설** 케라틴 단백질은 각질의 주요 성분으로, 각질형성세포(케라티노사이트)가 생성한다.

**72** 작업장의 청정도 등급 및 관리 기준 중 각 등급에 해당하는 관리 기준으로 옳은 것은?

① 1등급 : 환기장치
② 2등급 : 낙하균 30개/hr 또는 부유균 200개/m³
③ 3등급 : 공기순환 20회/hr 이상
④ 4등급 : pre filter, 온도 조절
⑤ 5등급 : 낙하균 10개/hr 또는 부유균 20개/m³

**해설** 등급 수가 낮을수록 엄격한 관리를 한다.
① 1등급 : 낙하균 10개/hr 또는 부유균 20개/m³, 공기순환 20회/hr 이상
③ 3등급 : pre filter, 온도 조절
④ 4등급 : 환기장치

**정답** 69 ⑤ 70 ② 71 ⑤ 72 ②

**73** 유기농 화장품에서 사용할 수 <u>없는</u> 화학 – 생물학적인 공정은?

① 오존 분해         ② 설폰화         ③ 비누화

④ 자연발효         ⑤ 에스텔화

> **해설** 설폰화, 탈색 · 탈취, 방사선 조사, 수은화합물을 사용한 처리, 포름알데히드 사용, 에틸렌옥사이드 사용 등은 유기농 화장품에서 금지된 제조공정이다. 오존 분해, 비누화, 자연발효, 에스텔화는 허용된 공정이다.


**74** 멜라닌 색소 이동에 직접적으로 관여하지 <u>않는</u> 단백질은?

① 키네신         ② 액틴         ③ par-3

④ 리포폴리사카라이드         ⑤ 미오신

> **해설** 리포폴리사카라이드는 그람음성균의 외부를 구성하는 것으로서 지질다당류로 불린다.


**75** 다음 〈보기〉 중 우수화장품 제조기준(CGMP)의 용어로 옳은 것은?

> ─────────────── 보기 ───────────────
>
> ㄱ. 일탈 : 제조 또는 품질관리 활동 등의 미리 정하여진 기준을 벗어나 이루어진 행위
> ㄴ. 평가 : 규정된 합격 판정 기준에 일치하지 않는 검사, 측정 또는 시험결과
> ㄷ. 재검토 : 적합 판정기준을 벗어난 완제품, 벌크제품 또는 반제품을 재처리하여 품질이 적합한 범위에 들어오도록 하는 작업
> ㄹ. 공정관리 : 제조공정 중 적합판정기준의 충족을 보증하기 위하여 공정을 모니터링하거나 조정하는 모든 작업
> ㅁ. 회수 : 판매한 제품 가운데 품질 결함이나 안전성 문제 등으로 나타난 제조번호의 제품을 판매소로 거두어들이는 활동

① ㄱ, ㄷ, ㅁ         ② ㄱ, ㄹ, ㅁ         ③ ㄴ, ㄹ, ㅁ

④ ㄴ, ㄷ, ㅁ         ⑤ ㄷ, ㄹ, ㅁ

> **해설** ㄴ. 규정된 합격 판정 기준에 일치하지 않는 검사, 측정 또는 시험결과는 '기준일탈'이다.
> ㄷ. 적합 판정기준을 벗어난 완제품, 벌크제품 또는 반제품을 재처리하여 품질이 적합한 범위에 들어오도록 하는 것은 '재작업'이다.


**76** 다음 〈보기〉 중 동물실험을 실시한 화장품이 허용되는 경우는?

> ─────────────── 보기 ───────────────
>
> ㄱ. 동물실험대체법이 존재하나 데이터의 정확성을 위해 실시한 경우
> ㄴ. 화장품 수출을 위하여 수출 상대국의 법령에 따라 동물실험이 필요한 경우
> ㄷ. 유해성이 없는 원료에 대해 마케팅을 위한 데이터를 확보하기 위한 경우
> ㄹ. 수입하려는 상대국의 법령에 따라 제품 개발에 동물실험이 필요한 경우
> ㅁ. 다른 법령에 따라 동물실험을 실시하여 개발된 원료를 화장품의 제조 등에 사용하는 경우

① ㄱ, ㄷ, ㅁ         ② ㄱ, ㄹ, ㅁ         ③ ㄴ, ㄹ, ㅁ

④ ㄴ, ㄷ, ㅁ         ⑤ ㄷ, ㄹ, ㅁ

> **해설** ㄱ. 동물실험대체법이 존재하지 아니하여 동물실험이 필요한 경우 동물실험을 실시할 수 있다.
> ㄷ. 국민보건상 위해 우려가 제기되는 화장품 원료 등에 대한 위해평가를 하기 위하여 필요한 경우 동물실험을 실시할 수 있다.


**정답** 73 ②    74 ④    75 ②    76 ③

**77** 다음 중 물과 가장 유사한 수준의 표면 장력을 가지는 성분은?

① 헥센　　　　　　　　② 글리세린　　　　　　　③ 벤젠
④ 에탄올　　　　　　　　⑤ 아세톤

해설 물은 수소결합에 의해 분자 간의 인력이 커서 표면장력이 크다(71.97). 글리세린도 유사한 표면 장력을 가지며(63), 나머지 성분들은 인력이 약해서 표면장력이 작다.
　　① 헥센(18.4)
　　③ 벤젠(29)
　　④ 에탄올(22.27)
　　⑤ 아세톤(23.7)

**78** 남성형 탈모에 관련된 효소로, 테스토스테론을 디히드로테스토스테론으로 변환시키는 효소는?

① 5-알파-환원효소　　　② 아로마테이즈　　　　　③ 콜라게네이즈
④ 젤라티네이즈　　　　　⑤ 엘라스테이즈

해설 남성호르몬인 테스토스테론이 디히드로테스토스테론으로 변환되면 남성호르몬 수용체에 더 강하게 작용한다. 남성호르몬의 활성이 강할수록 모발의 성장기가 짧아서 경모가 연모로 바뀌는 탈모가 진행된다.
　　② 아로마테이즈는 남성호르몬을 여성호르몬으로 변환시킨다.
　　③ 콜라게네이즈는 콜라겐을 분해하는 효소이다.
　　④ 젤라티네이즈는 단일 가닥 콜라겐인 젤라틴을 분해하는 효소이다.
　　⑤ 엘라스테이즈는 엘라스틴을 분해하는 효소이다.

**79** 화장품에 사용할 수 <u>없는</u> 알코올류는?

① 벤질알코올
② 클로로부탄올
③ 2,2,2-트리브로모에탄올
④ 이소프로필벤질페논
⑤ 2, 4-디클로로벤질알코올

해설 2,2,2-트리브로모에탄올은 화장품에 사용할 수 없는 원료로, 마취제 성분이다. 나머지 알코올류는 사용상의 제한이 있는 살균보존제 성분이다.

**80** 다음 중 가 등급 위해성 화장품을 고르면?

① 화장품에 사용할 수 없는 원료를 사용한 화장품
② 신고를 하지 아니한 자가 판매한 맞춤형화장품
③ 맞춤형화장품 조제관리사를 두지 아니하고 판매한 맞춤형화장품
④ 등록을 하지 아니한 자가 제조한 화장품 또는 제조·수입하여 유통·판매한 화장품
⑤ 이물이 혼입되었거나 부착되어 보건위생상 위해를 발생할 우려가 있는 화장품

해설 가, 나, 다 등급 중 가 등급이 가장 위해도가 높다. ①은 가 등급이고, 나머지는 다 등급에 해당한다.

---

정답　77 ②　78 ①　79 ③　80 ①

**81** 화장품은 일반 화장품과 ( ⊙ )으로 분류되고 ( ⊙ )은 주름개선, 미백, 자외선 차단 등 11개의 기능을 가진다.

> **해설** 기능성화장품은 화장품법 및 시행규칙에서 지정한 효능·효과를 따르면서, 식약처에서 품질과 안전성 및 효능을 심사받은 화장품을 뜻한다.

**82** 개인정보처리자의 영상정보처리기기(CCTV) 설치·운영 제한에서 영상정보처리기기를 설치·운영하는 자(이하 "영상정보처리기기운영자"라 함)는 정보주체가 쉽게 인식할 수 있도록 다음의 사항이 포함된 안내판을 설치해야 한다. 다음의 안내판에 추가적으로 고시해야 할 것을 작성하시오.

| CCTV 설치안내 | |
|---|---|
| 설치 목적 | 시설 안전 관리 |
| 설치 장소 | XX 빌딩 |
| 촬영 시간 | 24시간 연속 촬영 및 녹화 |
| 책임자 | 관리자 01-234-567 |

> **해설** 영상정보처리기기는 일정한 공간에 지속적으로 설치되어 사람 또는 사물의 영상 등을 촬영하거나 이를 유·무선망을 통하여 전송하는 장치이다. 따라서 촬영 범위에 대해서도 고시해야 한다. 매장에서 외부인이 출입할 수 있는 곳은 개인정보보호 원칙을 적용받는다.

**83** 사용상의 제한이 있는 원료 중 기타원료에 대한 내용을 기입하시오.

┤ 보기 ├

- 베헨트리모늄클로라이드의 사용 한도는 단일 성분으로 혹은 세트리모늄클로라이드 또는 스테아트리모늄클로라이드와 혼합하여 사용하는 경우는 혼합 사용의 합으로서 사용 후 씻어내는 두발용 제품류 및 두발 염색용 제품류에 (      )%이다.
- 베헨트리모늄클로라이드를 세트리모늄클로라이드 또는 스테아트리모늄클로라이드와 혼합하여 사용하는 경우, 세트리모늄클로라이드 또는 스테아트리모늄클로라이드의 사용 한도는 사용 후 씻어내는 두발용 제품류 및 두발 염색용 제품류에 (      )%이다.

> **해설** 베헨트리모늄클로라이드와 세트리모늄클로라이드는 양이온을 띄는 성질로 모발에 달라붙어 두발용 제품이나 두발용 염색제품에 사용된다. 하지만 피부 자극 등의 위험성이 있어 함량의 제한이 있다.

**84** 허브식물의 잎이나 꽃을 수증기 증류법으로 증류하면 물과 함께 휘발성 오일 성분이 증류되어 나온다. 이러한 오일 성분은 주로 (      ) 계열 혼합물로서 고유의 향기를 가지며 화장품에서 천연향료로 많이 사용된다. 아로마 테라피 등에서 자주 사용되는 이러한 천연오일을 통칭하여 정유라고 한다. 〈보기〉 중 정유에 해당하는 것을 고르시오.

┤ 보기 ├

| | | | | |
|---|---|---|---|---|
| 모노테르펜 | 고급알콜 | 고급지방산 | 에스터오일 | 실리콘 오일 |
| 중성지방 | 왁스 | 세라마이드 | 플라보노이드 | |

> **해설** 피톤치드라고 불리는 식물 유래 성분은 천연향과 다양한 기능을 나타낸다. 모노테르펜을 기본 구조로 두 개가 결합하면 다이테르펜, 세 개가 결합하면 트리테르펜이 된다. 대표적으로 모노테르펜(제라니올, 멘솔), 다이테르펜(카디넨, 편백), 트리테르펜(아시아틱 애시드) 등의 성분이 있다.

---

**정답** 81 기능성화장품 82 촬영 범위 83 5.0, 2.5 84 모노테르펜

**85** 피부에서 햇빛을 흡수할 때 생성되는 비타민은 비타민 ( ㉠ )이다. 지질을 구성하는 ( ㉡ )의 일종의 성분을 전구체로 사용하여 합성된다.

> **해설** 우리 몸에 풍부한 지질을 구성하는 콜레스테롤의 일종인 7−dehydrocholesterol이 피부에서 자외선을 흡수하여 구조가 비타민 D로 변형된다.

**86** 다음 3가지 위반사항에 대한 처벌 기준에 공통적으로 적용되는 기간을 작성하시오.

> • 화장품책임판매업소의 소재지 변경을 등록하지 않은 경우 : 판매 업무 정지 (         )개월
> • 화장품 제조소의 소재지 변경을 등록하지 않은 경우 : 제조업무 정지 (         )개월
> • 책임판매관리자를 두지 않은 경우 : 판매 업무 정지 (         )개월

> **해설** 각각 1차 위반에 해당하는 행정처분이므로 모두 정지 1개월의 처벌을 받는다. 위반 횟수가 증가할수록 처분 기준도 증가한다.

**87** 다음 〈보기〉는 용기에 대한 설명이다. 빈칸에 들어갈 말을 순서대로 작성하시오.

> ┤ 보기 ├
>
> • (        )용기 : 일상의 취급 또는 보통 보존상태에서 외부로부터 고형의 이물이 들어가는 것을 방지하고 고형의 내용물이 손실되지 않도록 보호할 수 있는 용기
> • (        )용기 : 일상의 취급 또는 보통 보존상태에서 액상 또는 고형의 이물 또는 수분이 침입하지 않고 내용물을 손실, 풍화, 조해 또는 증발로부터 보호할 수 있는 용기

> **해설** 밀폐용기의 내용물에 추가적으로 수분이 침입하는 것을 막고 내용물의 수분 손실까지 방지할 수 있는 용기를 기밀용기로 규정한다.

**88** 유통화장품 안전기준의 미생물한도 시험법에 따라서 로션의 미생물 한도를 측정을 위해 검체 전처리 과정이 끝난 0.1ml를 미생물 배양 고체 배지에 도말하여 확인한 결과 세균은 평균 62개 진균의 경우 평균 26개의 군집락이 형성되었다. 총 제품 ml당 호기성 생균수를 구하고 유통화장품 안전기준에 적합한지 적으시오.

| 검체 전처리 | 검체를 1/10로 희석 |
|---|---|
| 전처리한 검체 도말한 부피 | 0.1ml |
| 세균용 배지 집락 평균 | 62 |
| 진균용 배지 집락 평균 | 26 |
| 총 호기성 생균수 | (        )개/ml |
| 적합 여부 | 적합 / 부적합 |

> **해설** 검체 전처리를 위하여 미생물 배양 배지에 제품을 1/10로 희석하게 된다. 이를 0.1ml만 분주하게 되어 62+26=88, 88×100=8,800개가 된다. 이는 1,000개/ml로 관리되는 기준에 부적합하다.

---

**정답** 85 ㉠ D, ㉡ 콜레스테롤  86 1개월  87 밀폐, 기밀  88 8,800개, 부적합

**89** 다음 맞춤형화장품판매업자의 준수사항에서 알맞은 말을 순서대로 작성하시오.

> [혼합 소분의 안전관리 기준]
> 맞춤형화장품 조제에 사용하는 내용물 및 원료의 혼합·소분 ( ㉠ )에 대해 사전에 검토하여 최종 제품의 ( ㉡ ) 및 ( ㉢ )을/를 확보할 것

> 해설 최종 혼합된 맞춤형화장품이 유통화장품 안전관리 기준에 적합한지에 대한 품질과 안전성을 사전에 확인해야 하고, 적합한 범위 안에서 내용물 간(또는 내용물과 원료) 혼합이 가능하다.

**90** 치오글리콜산이 사용하는 기능성화장품의 기능을 작성하시오.

> 해설 치오글리콜산은 모발의 단백질 결합을 약화시켜 제모를 쉽게 하도록 도와주는 기능을 한다.

**91** 다음 〈보기〉는 '맞춤형화장품판매업 가이드라인' 중 일부이다. ㉠과 ㉡에 들어갈 말로 알맞은 것을 가이드라인에 제시된 정확한 용어로 작성하시오.

> ┤ 보기 ├
> • 혼합 소분 전에 혼합 소분된 제품을 담을 포장용기의 ( ㉠ ) 여부를 확인할 것
> • 맞춤형화장품판매업자는 판매량, 판매일자, 제조번호 및 사용기한 또는 개봉 후 사용기간이 기입된 ( ㉡ )을/를 보관해야 한다.

> 해설 내용물 또는 원료에 대한 품질성적서를 확인, 손을 소독하거나 세정, 포장용기의 오염 여부를 확인함으로써 혼합·소분 안전관리기준을 준수해야 한다. 또한 판매내역서를 통해 향후 발생할 수 있는 문제를 추적할 수 있도록 해야 한다.

**92** 〈보기〉는 기능성화장품 심사 시 제출해야 하는 안전성 관련 자료 중 '광독성 및 광감작성 시험자료'의 면제 사유이다. 빈칸에 들어갈 말을 작성하시오.

> ┤ 보기 ├
> 자외선에서 흡수가 없음을 입증하는 (      ) 시험자료를 제출하는 경우에는 면제한다.

> 해설 광독성과 광감작성은 자외선을 흡수할 수 있는 물질이 자외선을 흡수한 후 나타나는 변화로 그 이전에 나타나지 않던 독성과 감작성(알러지)을 일으키는지 확인하는 실험이다. 따라서 어떤 물질이 자외선을 흡수하지 않는 것을 입증하면 면제될 수 있다. 이때 흡광도란 어떤 물질이 특정한 파장의 빛을 흡수하는 것을 의미한다.

**93** 화장품 바코드 표시는 국내에서 화장품을 유통판매하고자 하는 (      )가 한다.

> 해설 화장품코드는 각자의 화장품을 식별하기 위하여 고유하게 설정된 번호로서 국가식별코드, 화장품제조업자 등의 식별코드, 품목코드 및 검증번호(Check Digit)를 포함한 12 또는 13자리의 숫자를 말한다. 국내에 유통되는 모든 화장품은 바코드를 표시해야 하며, 그 의무는 책임판매업자에게 있다.

---

정답 89 ㉠ 범위, ㉡ 품질, ㉢ 안전성 90 제모 혹은 체모 제거 91 ㉠ 오염, ㉡ 판매내역서 92 흡광도 93 책임판매업자

**94** 〈보기〉는 알러지 유발 가능성이 있는 향료를 사용한 경우 제품별로 표시해야 할 함량이다. 빈칸에 각각 들어갈 말을 작성하시오.

┌─────────────── 보기 ───────────────┐
│ • 사용 후 씻어내는 제품 : (          )% 초과          │
│ • 사용 후 씻어내지 않는 제품 : (          )% 초과      │
└─────────────────────────────────────┘

> **해설** 씻어내지 않는 크림과 같은 제품은 인체에 흡수될 가능성이 더 크기 때문에 씻어내는 제품보다 적은 함량이 들어가도 표시해야 한다. 알러지 유발 가능성이 있는 향료를 사용하는 경우 사용 후 씻어내는 제품은 0.01%, 사용 후 씻어내지 않는 제품은 0.001%를 초과하면 사용 향료를 표시해야 한다.

**95** 자외선 차단지수(SPF) (          ) 이하 제품의 경우 자료 제출이 면제된다. 단, 효능·효과를 기재 표시할 수 없다.

> **해설** 기능성화장품은 유효성을 입증하는 자료를 제출하여야 한다. 자외선 차단제품의 경우 SPF, PA, 내수성 등의 설정 근거 자료를 제출해야 한다. 다만, 자외선 차단지수(SFP) 10 이하의 제품의 경우 자료 제출이 면제된다.

**96** 다음 빈칸에 알맞은 단어를 화장품법에 근거한 정확한 용어로 작성하시오.

┌─────────────────────────────────────┐
│ [화장품 정의]                                      │
│ 화장품이란 인체를 청결·미화하여 매력을 더하고 용모를 밝게 변화시키거나 피부·( ㉠ )의 건강을 유지 또는 증진하기 위 │
│ 하여 인체에 바르고 문지르거나 뿌리는 등 이와 유사한 방법으로 사용되는 것으로 인체에 대한 작용이 경미한 것을 의미한다. │
│ ( ㉡ )(이)란 화장품의 용기·포장에 기재하는 문자·숫자·도형 또는 그림 등을 말한다. │
└─────────────────────────────────────┘

> **해설** 화장품은 피부뿐만 아니라, 모발에 사용되는 샴푸, 염색제 등도 포함된다. 화장품의 1차 포장 또는 2차 포장에 기재하는 것을 표시라고 하고 신문, TV등의 매체를 통해서 전달하는 정보는 광고라고 한다.

**97** 안전용기의 포장 규정에서 빈칸 안에 각각 들어갈 말로 적합한 것을 작성하시오.

┌─────────────────────────────────────┐
│ [안전용기 – 포장]                                   │
│ 어린이용 오일 등 개별 포장당 (          )류를 (          )퍼센트 이상 함유하고 운동점도가 21센티스톡스(섭씨 40도 기준) 이하인 │
│ 비에멀젼 타입의 액체 상태 제품                        │
└─────────────────────────────────────┘

> **해설** 어린이용 오일 등 개별 포장당 탄화수소류를 10퍼센트 이상 함유하고 운동점도가 21센티스톡스(섭씨 40도 기준) 이하인 비에멀젼 타입의 액체 상태 제품은 어린이가 투명한 유성성분 등을 물로 오인하여 먹는 경우를 방지하기 위해 포장 규정을 지켜야 한다.

**정답** 94 0.01, 0.001  95 10  96 ㉠ 모발, ㉡ 표시  97 탄화수소, 10

**98** 영유아 또는 어린이 사용 화장품을 표시·광고해야 할 때, 나이의 기준은 〈보기〉와 같다. 빈칸에 각각 들어갈 말을 작성하시오.

| |
|---|
| • 영유아 : 만 (　　　)세 이하 |
| • 어린이 : 만 (　　　)세 이상부터 만 (　　　)세 이하까지 |

**해설** 화장품의 1차 포장 또는 2차 포장에 영유아 또는 어린이가 사용할 수 있는 화장품임을 특정하여 표시하는 경우나 매체·수단에 영유아 또는 어린이가 사용할 수 있는 화장품임을 특정하여 광고하는 경우, 제품별로 안전과 품질을 입증할 수 있는 자료를 작성 및 보관해야 한다. 이때, 영유아는 만 3세 이하, 어린이는 만 4세 이상부터 만 13세 이하까지의 나이를 말한다.

**99** 피부의 pH는 피부의 상태에 따라 변할 수 있다. 이때 피부의 pH는 피부의 다양한 구조에서 (　　　)의 pH를 측정하는 것이다.

**해설** 피부는 외부로부터 미생물의 침입을 막기 위해서 산도를 pH4.5~5.5 정도의 범위로 낮게 유지한다. 피지에서 분비된 자유 지방산, 세포에서 전달된 수소 이온 등에 의해서 낮아지며 표피의 최외곽층인 각질층에서만 pH가 변화하게 된다.

**100** 피부는 외부 자극에 대한 감각을 인지하는 기능이 있다. 그중에서 촉각을 담당하는 세포를 〈보기〉에서 골라 작성하시오.

| 보기 |
|---|
| 크라우제, 멜라노사이트, 메르켈, 케라티노사이트, 루피니, 파치니, 교원세포 |

**해설** 메르켈 세포는 진피층에 존재하는 신경세포로 촉각을 담당한다. 크라우제는 냉각, 루피니는 온각, 파치니는 입각 등의 감각을 담당한다. 멜라노사이트는 멜라닌의 합성, 케라티노사이트는 표피층 형성, 교원세포는 진피층을 형성하는 역할을 한다.

**정답**　98 3, 4, 13　99 각질층　100 메르켈

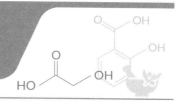

# 제3회 기출복원문제

맞 춤 형 화 장 품 　 조 제 관 리 사 　 2 주 　 합 격 　 초 단 기 완 성

**01** 맞춤형화장품 판매업을 하던 A씨는 개인사정으로 업체를 B씨에게 양도하기로 하였다. 이때 손님들의 개인정보도 함께 제공하기로 하였다. 이를 위해 정보주체의 동의를 받기 위해서 알려야 할 사항과 거리가 먼 것은?

① 개인정보를 제공받는 자
② 개인정보를 제공받는 자의 개인정보 이용 목적
③ 제공하는 개인정보 항목
④ 개인정보를 제공받는 자의 개인정보 보유 및 이용 기간
⑤ 개인정보보호법에 따라서 거부할 권리가 없다는 사실

**해설** 정보주체의 동의를 받기 위해 동의를 거부할 권리가 있다는 사실 및 동의 거부 시의 불이익을 알려야 한다.

**02** 다음 빈칸에 들어갈 말로 적절한 것은?

| 개인정보를 처리하기 위해서 법정 대리인의 동의를 받아야 하는 나이는 만 (　　　)세 미만이다. |
| --- |

① 3 　　　　　　　　　② 5 　　　　　　　　　③ 13
④ 14 　　　　　　　　　⑤ 18

**해설** 화장품의 경우는 만 3세 미만을 영유아로 분류, 만 13세 미만을 어린이 화장품 대상으로 한다. 안전용기는 5세 미만의 어린이를 대상으로 한다. 개인정보보호법은 만 14세 미만을 기준으로 한다.

**03** 개인정보의 처리에 관한 업무를 총괄해서 책임지는 사람을 뜻하는 것은?

① 개인정보처리자 　　　　② 개인정보 보호책임자 　　　　③ 정보주체
④ 제3자 　　　　　　　　⑤ 공공기관

**해설** 개인정보 보호책임자는 개인정보의 처리에 관한 업무를 총괄해서 책임지는 사람을 뜻한다.
　　① 개인정보처리자 : 업무를 목적으로 개인정보파일을 운용하기 위하여 스스로 또는 다른 사람을 통하여 개인정보를 처리하는 공공기관, 법인, 단체 및 개인
　　③ 정보주체 : 처리되는 정보에 의하여 알아볼 수 있는 사람으로서 그 정보의 주체가 되는 사람

**정답** 01 ⑤ 　02 ④ 　03 ②

**04** 다음 빈칸에 들어갈 말로 적절한 것은?

> 천연화장품은 중량 기준 천연 함량이 전체 제품의 (　　　)% 이상 함유되어야 한다.

① 5%　　　　　　　　　② 10%　　　　　　　　　③ 60%
④ 90%　　　　　　　　　⑤ 95%

해설 천연 함량은 95% 이상이 되어야 한다. 합성원료는 제품의 품질과 안전을 위해 5% 이하 허용된다.


**05** 신선한 유기농 원물 100g을 물로만 추출하여 1,000g의 추출물을 얻게 되었다. 이 원료의 유기농 함량 비율은 얼마인가?

① 100%　　　　　　　　② 90%　　　　　　　　　③ 50%
④ 30%　　　　　　　　　⑤ 10%

해설 물로만 추출한 원료의 경우 유기농 함량 비율(%)은 '(신선한 유기농 원물/추출물)×100'이므로 (100/1,000)×100＝10%이다.


**06** 다음 중 회수 대상 화장품 중 위해등급이 가장 높은 것을 고르면?

① 전부 또는 일부가 변패(變敗)된 화장품
② 이물이 혼입되었거나 부착되어 보건위생상 위해를 발생할 우려가 있는 화장품
③ 기능성화장품의 기능성을 나타나게 하는 주원료 함량이 기준치에 부적합한 화장품
④ 사용기한 또는 개봉 후 사용기간을 위조 · 변조한 화장품
⑤ 안전용기 · 포장 기준에 위반되는 화장품

해설 ①~④는 다 등급에 해당한다. ⑤는 나 등급에 해당하여 다 등급보다 더 높다.


**07** 작업소의 시설에 관한 규정 중 거리가 먼 것은?

① 제조하는 화장품의 종류 · 제형에 따라 적절히 구획 · 구분되어 있어 교차오염 우려가 없을 것
② 바닥, 벽, 천장은 가능한 청소하기 쉽게 매끄러운 표면을 지니고 소독제 등의 부식성에 저항력이 있을 것
③ 환기가 잘되고 청결할 것
④ 청소를 위해서 제품의 품질에 영향을 주지 않는 원료를 사용할 것
⑤ 수세실과 화장실은 접근이 쉬워야 하나 생산구역과는 분리되어 있어야 할 것

해설 청소를 위해서 제품의 품질에 영향을 주지 않는 소모품을 사용해야 한다. 이때 "소모품"이란 청소, 위생 처리 또는 유지 작업 동안에 사용되는 물품(세척제, 윤활제 등)을 말한다. 반면 "원료"란 벌크 제품의 제조에 투입하거나 포함되는 물질을 말한다.

정답　04 ⑤　05 ⑤　06 ⑤　07 ④

**08** CGMP의 품질관리 과정의 기준일탈의 조사 절차에서 아래 〈보기〉에 해당하는 것은?

┤ 보기 ├

• 1회 실시, 오리지널 검체로 실시
• 최초의 담당자와 다른 담당자가 실시

① laboratory error 조사　　　② 재발 방지책 수립　　　③ 추가시험
④ 재시험　　　　　　　　　　② 결과검토

**해설** 추가시험은 오리지널 검체를 대상으로 다른 담당자가 실시하는 시험이다.
　　① Laboratory error 조사 : 담당자의 실수, 분석기기 문제 등의 여부 조사
　　④ 재시험 : 재검체를 대상으로 다른 담당자가 실시(재검체 채취 : 오리지널 검체가 아닌 다른 검체 채취)


**09** CGMP의 품질관리 과정에서 표준품과 주요 시약의 용기에 기재해야 하는 사항이 <u>아닌</u> 것은?

① 명칭　　　　　　　　　　② 구입일　　　　　　　　　③ 보관조건
④ 사용기한　　　　　　　　⑤ 역가

**해설** 개봉일을 기재해야 한다. 사용기한 정보를 통해서 표준품과 시약의 사용기한 정보를 알 수 있다. 구입일은 필수적인 사항이 아니다.


**10** CGMP에서 기준일탈의 조사 결과에 따라서 진행하는 사항 중 〈보기〉의 괄호 안에 공통적으로 들어가는 내용은?

┤ 보기 ├

• 시험결과 기준일탈이라는 것이 확실하다면 제품 품질은 (　　　　)이다.
• 제품의 (　　　)이 확정되면 우선 해당 제품에 (　　　) 라벨을 부착한다.
• (　　　)보관소(필요 시 시건장치를 채울 필요도 있음)에 격리·보관한다.

① 일탈　　　　　　　　　　② 반제품　　　　　　　　　③ 재작업
④ 부적합　　　　　　　　　⑤ 교정

**해설** ① 일탈 : 제조 또는 품질관리 활동 등의 미리 정하여진 기준을 벗어나 이루어진 행위
　　② 반제품 : 제조공정 단계에 있는 것으로서 필요한 제조공정을 더 거쳐야 벌크 제품이 되는 것
　　③ 재작업 : 적합판정기준을 벗어난 완제품, 벌크 제품 또는 반제품을 재처리하여 품질이 적합한 범위에 들어오도록 하는 작업
　　⑤ 교정 : 규정된 조건하에서 측정기기나 측정 시스템에 의해 표시되는 값과 표준기기의 참값을 비교하여 이들의 오차가 허용범위 내에
　　　　있음을 확인하고, 허용범위를 벗어나는 경우 허용범위 내에 들도록 조정하는 것


**11** CGMP에서 기준일탈 제품의 재작업 원칙과 거리가 <u>먼</u> 것은?

① 기준일탈 제품은 폐기하는 것이 가장 바람직함
② 미리 정한 절차를 따라 확실한 처리를 하고 실시한 내용을 모두 문서에 남김
③ 재작업이란 배치 전체 또는 일부에 추가 처리를 하여 부적합품을 적합품으로 다시 가공하는 일
④ 제조일로부터 1년이 경과하지 않았거나 사용기한이 1년 이상 남아있는 경우만 가능
⑤ 변질·변패 또는 병원미생물에 오염된 경우는 반드시 품질보증 책임자의 승인이 필요함

**해설** 재작업은 변질·변패 또는 병원미생물에 오염되지 아니한 경우만 가능하다.

**정답**　08 ③　09 ②　10 ④　11 ⑤

**12** CGMP의 청정도 관리 등급은 숫자가 낮을수록 엄격히 관리되어야 한다. 다음의 시설 중 가장 엄격하게 관리되어야 하는 시설은?

① 포장재 보관소      ② 완제품 보관소      ③ 포장실

④ 제조실      ⑤ 갱의실

**해설** 화장품의 내용물이 노출되는 제조실은 2등급, 내용물이 노출되지 않는 포장실은 3등급, 내용물이 완전 폐색되는 일반 작업실인 포장재 보관소, 완제품 보관소, 갱의실 등은 4등급이다. 따라서 보기 중 가장 엄격하게 관리되어야 하는 시설은 제조실이다.


**13** CGMP의 원료, 내용물, 포장재의 보관 및 관리 기준에 적합하지 <u>않은</u> 것은?

① 원료와 포장재가 재포장될 때, 새로운 용기에는 원래와 구분되는 라벨링 부착
② 과도한 열기, 추위, 햇빛 또는 습기에 노출되어 변질되는 것을 방지
③ 원료와 포장재의 용기는 밀폐
④ 청소와 검사가 용이하도록 충분한 간격 유지
⑤ 바닥과 떨어진 곳에 보관

**해설** 원료와 포장재가 재포장될 때, 새로운 용기에는 원래와 동일한 라벨링을 부착해야 한다.


**14** 다음 중 유통화장품 안전기준상 pH 3.0~9.0의 기준을 지켜야 하는 것은?

① 영·유아용 샴푸      ② 세이빙 크림      ③ 메이크업 리무버
④ 클렌징 오일      ⑤ AHA를 함유한 토너

**해설** pH 기준의 경우 물을 포함하지 않는 제품과 바로 물로 씻어 내는 제품은 제외한다. 여기에는 영·유아용 세정용 제품도 포함된다. 단, AHA를 함유한 제품은 pH 규정을 지켜야 한다.


**15** 다음의 [품질 성적서]는 화장품 책임판매업자로부터 수령한 주름개선기능성 화장품(기초화장품 크림)의 시험 결과이다 맞춤형화장품 조제관리사의 조치로 적절한 것은?

[품질 성적서]

| 시험 항목 | 시험 결과 |
|---|---|
| 아데노신 | 표시량의 89% |
| 호기성 생균 | 10cfu/g |
| 니켈 | 5μg/g |
| pH | 5.5 |
| 내용량 | 표시량의 98% |

① 기능성화장품의 기능을 나타나게 하는 주원료의 함량이 기준치에 부적합하다.
② 제품내에 미생물은 검출되면 안 된다. 판매 금지 후 책임판매자를 통하여 회수 조치한다.
③ 유해불질의 검출한도에 적합하지 않다. 판매 금지 후 책임판매자를 통하여 회수 조치한다.
④ 유통화장품 안전관리기준에 pH에 적합하지 않다. 판매 금지 후 책임판매자를 통하여 회수 조치한다.
⑤ 내용량의 기준에 적합하지 않다. 판매 금지 후 책임판매자를 통하여 회수 조치한다.

---

**정답**   12 ④    13 ①    14 ⑤    15 ①

**16** CGMP의 제품 출하 흐름도에서 각각에 적합한 것으로 짝지어진 것은?

> [흐름도]
> 포장공정 → ( ㉠ ) 라벨 부착 → 임시 보관 → 시험 합격 → ( ㉡ ) 라벨 부착 → 보관 → 출하

| | ㉠ | ㉡ |
|---|---|---|
| ① | 임시보관 | 부적합 |
| ② | 격리 중 | 재처리 |
| ③ | 시험 중 | 합격 |
| ④ | 격리 중 | 합격 |
| ⑤ | 시험 중 | 부적합 |

**해설** 완제품의 규정 합격 판정을 위해 "시험 중" 라벨을 붙여서 임시 보관한다. 이후 판정에 합격한 경우 "합격" 라벨을 부착하고 출하를 위해 보관한다.

**17** 다음의 유해화학물질 중 물휴지가 다른 화장품에 비해서 특별히 관리되는 항목으로 짝지어진 것은?

> ┤ 보기 ├
> 비소, 수은, 안티몬, 메탄올, 포름알데하이드, 디옥산

① 메탄올 − 포름알데하이드      ② 비소 − 수은     ③ 안티몬 − 디옥산
④ 디옥산 − 수은     ⑤ 포름알데하이드 − 비소

**해설** • 메탄올 : 0.2(v/v)% 이하, 물휴지는 0.002(v/v)% 이하
    • 포름알데하이드 : 2,000µg/g 이하, 물휴지는 20µg/g 이하

**18** 다음의 유해화학물질 중 눈화장용 제품 및 색조화장용 제품에서 다른 화장품에 비해서 특별히 관리되는 항목은?

① 프탈레이트류     ② 비소     ③ 니켈
④ 수은     ⑤ 안티몬

**해설** 니켈의 검출 허용 한도는 눈화장용 제품에서 35µg/g 이하, 색조화장용 제품에서 30µg/g 이하, 그 밖의 제품에서 10µg/g 이하이다.

**정답** 16 ③   17 ①   18 ③

**19** 화장품 내의 미생물의 분석 결과 아래와 같은 결과를 확보하였다. 이 경우 유통화장품 안전관리 기준에 부적합한 제품은?

> [결과서]
> • 세균수 125개/g
> • 진균수 200개/g

① 영유아용 로션　　　　　② 아이새도우　　　　　③ 물휴지
④ 크림　　　　　　　　　　⑤ 마스카라

**해설** 총 생균수는 125＋200＝325개/g이다. 이 경우 물휴지를 제외한 다른 품목의 기준은 합격이지만 물휴지는 세균 및 진균수가 각각 100개/g가 되어야 한다.


**20** 다음 성분을 함유한 제품에 공통적으로 표시해야 하는 주의사항은?

> ┤ 보기 ├
> • 살리실릭애씨드 및 그 염류 함유 제품
> • 아이오도프로피닐부틸카바메이트(IPBC) 함유 제품

① 「인체적용시험자료」에서 구진과 경미한 가려움이 보고된 예가 있음
② 눈에 접촉을 피하고 눈에 들어갔을 때는 즉시 씻어낼 것
③ 이 성분에 과민한 사람은 신중히 사용할 것
④ 사용 시 흡입되지 않도록 주의할 것
⑤ 만 3세 이하 어린이에게는 사용할지 말 것

**해설** ① 알부틴 2% 이상 함유 제품
② 실버나이트레이트 함유 제품, 과산화수소 및 과산화수소 생성물질 함유 제품, 벤잘코늄클로라이드, 벤잘코늄브로마이드 및 벤잘코늄사카리네이트 함유 제품
③ 포름알데하이드 0.05% 이상 함유 제품
④ 스테아린산아연 함유 제품


**21** 다음의 [주의사항]을 공통적으로 표시해야 하는 제품군을 〈보기〉에서 모두 고른 것은?

> [주의사항]
> 프로필렌 글리콜(Propylene glycol)을 함유하고 있으므로 이 성분에 과민하거나 알려진 병력이 있는 사람은 신중히 사용할 것(프로필렌 글리콜 함유 제품만 표시)

> ┤ 보기 ├
> ㉠ 손 · 발의 피부연화 제품　　　　　㉡ 외음부 세정제
> ㉢ 체취 방지용 제품　　　　　　　　㉣ 미세한 알갱이가 함유되어 있는 스크럽 세안제
> ㉤ 손발톱용 제품류

① ㉠, ㉡　　　　　　　② ㉠, ㉢　　　　　　　③ ㉡, ㉤
④ ㉢, ㉣　　　　　　　⑤ ㉠, ㉤

**해설** ⓒ 체취 방지용 제품 : 털을 제거한 직후에는 사용하지 말 것

ⓔ 미세한 알갱이가 함유되어 있는 스크럽 세안제 : 세안제 : 알갱이가 눈에 들어갔을 때에는 물로 씻어내고, 이상이 있는 경우에는 전문의와 상담할 것

ⓜ 손발톱용 제품류 : 손발톱 및 그 주위 피부에 이상이 있는 경우에는 사용하지 말 것

## 22 다음의 계면활성제 중 구조상 그 성격이 가장 <u>다른</u> 것은?

① 소디움라우릴설페이트      ② 세테아디모늄 클로라이드      ③ 베헨트라이모늄 클로라이드

④ 벤잘코늄 클로라이드      ⑤ 폴리쿼너늄

**해설** ①은 음이온계 계면활성제이고 ②~⑤는 양이온계 계면활성제이다.

## 23 다음의 고분자 성분 중 도포 후 경화되어 표면에 막을 형성하는 대표적인 성분은?

① 잔탄검      ② 퀸시드검      ③ 카복시메틸 셀룰로오즈

④ 니트로셀룰로오즈      ⑤ 카보머

**해설** ④를 제외한 나머지 성분은 제형의 점도를 상승시키는 점증제 기능으로 사용된다.

## 24 다음 효능·효과 중 화장품에 금지된 표현은?

① 피부의 손상을 회복 또는 복구한다.

② 피부 거칢을 방지하고 살결을 가다듬는다.

③ 피부를 청정하게 한다.

④ 피부를 보호하고 건강하게 한다.

⑤ 피부에 수렴효과를 주며, 피부 탄력을 증가시킨다.

**해설** ①은 의약품으로 오인할 수 있어 금지된 효능·효과의 표현이다. ②~⑤는 기초화장용 제품류의 효능·효과이다.

## 25 다음 중 사용상의 제한이 있는 원료에 해당하지 <u>않는</u> 것은?

① 보존제      ② 자외선차단제      ③ 색조제품의 색소

④ 염모제 성분      ⑤ 향료

**해설** 기능과 함량에 제한이 있는 원료를 사용상의 제한이 있는 원료로 분류한다. 보존제, 자외선차단제, 염모제 성분 등은 [별표2]로 구분되어 맞춤형화장품 조제관리사는 배합하지 못하며, 색소도 종류와 함량이 제한되어 있다. 향료는 사용상의 제한성분이 아니다.

**정답**   22 ①   23 ④   24 ①   25 ⑤

**26** 다음의 성분 중 피부의 표피의 각질형성세포에 의해서 만들어지는 성분이 <u>아닌</u> 것으로 연결된 것은?

─────────────┤ 보기 ├─────────────

멜라닌, 세라마이드, 천연보습인자, 콜라겐, 케라틴, 히알루론산

① 멜라닌, 세라마이드, 천연보습인자
② 세라마이드, 천연보습인자, 콜라겐
③ 천연보습인자, 콜라겐, 케라틴
④ 콜라겐, 케라틴, 히알루론산
⑤ 콜라겐, 히알루론산, 멜라닌

> **해설** • 콜라겐, 히알루론산 : 섬유아세포(교원세포, 파이브로블라스트)
> • 멜라닌 : 멜라닌형성세포(멜라노사이트)

**27** 피부의 부속 기관 중 유성 성분을 분비하여 피부와 모발에 윤기를 부여하는 기관은?

① 표피　　　　　　　　② 진피　　　　　　　　③ 대한선
④ 피지선　　　　　　　⑤ 소한선

> **해설** 피지선에서 분비된 피지는 피부와 모발의 윤기를 부여한다.
> ① 표피는 외부의 이물질의 침입을 막고 내부의 수분을 보호한다.
> ② 진피는 탄력을 유지한다.
> ③, ⑤ 대한선, 소한선은 땀을 분비한다.

**28** 모발의 구조 중 〈보기〉의 기능을 하는 것으로 바르게 연결된 것은?

─────────────┤ 보기 ├─────────────

㉠ 모발의 구조를 만드는 세포
㉡ 모발의 구조를 만드는 세포에 영양을 공급하는 세포

| | ㉠ | ㉡ |
|---|---|---|
| ① | 모간 | 모모세포 |
| ② | 모피질 | 모유두 세포 |
| ③ | 모유두세포 | 모모세포 |
| ④ | 모모세포 | 모유두세포 |
| ⑤ | 모간 | 모근 |

> **해설** • 모간 : 피부에 노출된 모발
> • 모근 : 피부 속에 있는 모발
> • 모피질 : 모발의 90% 정도를 차지하여 탄력, 질감의 특성을 나타냄

**29** 맞춤형화장품 조제관리사가 다음의 내용으로 상담 시 피부색의 변화를 확인하기 위해서 필요한 기기와 추천해 줄 수 있는 제품을 적절히 연결한 것은?

> [상담]
> 고객 : 이번 여름 휴가 이후 피부색이 많이 짙어진 것 같습니다. 휴가 이전의 피부색과 비교하여 확인해 주시고 피부색을 밝게 하기 위해 적절한 제품을 추천해 주세요.

|   | 분석 기기 | 제품 |
|---|---|---|
| ① | Cutometer | 살리실릭애시드 함유 제품 |
| ② | Chromamater | 아데노신 함유 제품 |
| ③ | Corneometer | 비오틴 함유 제품 |
| ④ | Chromamater | 나이아신아마이드 함유 제품 |
| ⑤ | Corneometer | 아스코빌글루코사이드 함유 제품 |

**해설** • 분석 기기
　　－Cutometer : 탄력측정기
　　－Corneometer : 수분측정기
　　－Chromamater : 색차계(색상측정기)
　　• 제품
　　－살리실릭애시드 함유 제품 : 여드름 완화
　　－아데노신 함유 제품 : 주름 개선
　　－비오틴 함유 제품 : 탈모 증상의 완화
　　－아스코빌글루코사이드, 나이아신아마이드 함유 제품 : 피부 미백에 도움

**30** 다음 중 화장품에 금지된 효능 – 효과의 표현이 <u>아닌</u> 것은?

① 부작용이 전혀 없다.　　② 피하지방의 분해를 돕는다.　　③ 눈썹이 자란다.
④ 근육이 이완된다.　　⑤ 기미주근깨 완화에 도움이 된다.

**해설** ⑤의 표현은 미백기능성 화장품의 심사(보고) 자료로 입증하면 가능하다.

**31** 다음의 상담 내용을 바탕으로 맞춤형화장품 조제관리사가 할 수 있는 조치는?

> [상담]
> 고객 : 요즘 피부의 주름이 증가하고 있습니다. 야외 활동도 증가할 것 같아서 일광 화상도 걱정이 됩니다.

① 아데노신 함유 제품 내용물에 징크옥사이드의 배합으로 맞춤형화장품 제조
② 알부틴 함유 제품의 추천
③ 이산화티탄 함유 제품에 레티닐팔미테이트의 배합으로 맞춤형화장품 제조
④ 아데노신 함유 제품의 추천
⑤ 살리실릭애시드 함유 제품의 추천

**해설** 아데노신은 주름 개선 기능성 성분으로 기능성 화장품으로 인증받은 제품은 추천할 수 있다. 자외선 차단 성분(징크옥사이드)이나 기능성 화장품의 원료(레티닐팔미테이트, 살리실릭애시드) 등을 원료로 배합하는 것은 금지된다.

**정답** 29 ④　30 ⑤　31 ④

**32** 다음의 향료 중 맞춤형화장품 조제관리사가 배합할 수 **없는** 성분은?

① 파네솔            ② 아니스에탄올            ③ 나무이끼추출물

④ 리모넨            ⑤ 머스크 케톤

> 해설   머스크 케톤은 사용상의 제한이 있는 원료 [별표2]의 기타 사항에 포함된 원료이다. 따라서 맞춤형화장품 조제관리사가 배합할 수 없다.

**33** 〈보기〉의 빈칸에 들어갈 말로 가장 적절한 것은?

| 보기 |

간략한 표시가 가능한 화장품에는 2차 포장에 다음의 내용만 표시할 수 있다. 이 기준에 적합한 것은 (      )g 이하의 화장품 이다.

> [2차 포장]
> 제품명
> 책임판매업자 또는 맞춤형화장품판매업자의 상호
> 제조번호 및 사용기한
> 가격

① 10            ② 20            ③ 30

④ 40            ⑤ 50

> 해설   10g 이하의 제품은 간략한 표시가 가능하다. 견본품인 경우도 간략한 표시가 가능하다.

**34** 사용 기준이 지정·고시된 원료 중 보존제의 함량을 2차 포장에 기재해야 하는 경우는?

① 천연화장품으로 표시 – 광고하려는 경우
② 성분명을 제품 명칭의 일부로 사용한 경우
③ 기능성화장품의 경우
④ 만 3세 이하의 영유아용 제품류인 경우
⑤ 인체 세포 조직 배양액이 들어 있는 경우

> 해설   만 3세 이하의 영유아용 제품류인 경우 및 만 4세 이상부터 만 13세 이하까지의 어린이가 사용할 수 있는 제품임을 특정하여 표시·광고 하려는 경우 2차 포장에 기재해야 한다.

**35** 다음 중 보존제 함량 기준을 위반한 경우는?

① 페녹시에탄올 0.8%
② 트리클로산 0.1%
③ 징크피리치온 1%
④ 벤조익애씨드 0.4%
⑤ 세틸피리디늄클로라이드 0.04%

> 해설   징크피리치온은 함량이 0.5%로 제한된다.

---

정답   32 ⑤   33 ①   34 ④   35 ③

**36** 다음은 자외선 차단 기능성 화장품 내의 자외선 차단 성분의 함량을 분석한 결과이다. 함량 기준을 위반한 경우는?

① 드로메트리졸트리실록산 – 10%

② 옥토크릴렌 – 10%

③ 비스에칠헥실옥시페놀메톡시페닐트리아진 – 10%

④ 호모살레이트 – 10%

⑤ 벤조페논 – 3 – 10%

해설 벤조페논 – 3는 함량이 5%로 제한된다.

**37** 다음의 원료 중 맞춤형화장품 조제관리사가 배합할 수 있는 원료는?

① 건강틴크            ② 고추틴크            ③ 칸타리스틴크

④ 만수국꽃 추출물        ⑤ 올리브오일

해설 ①~④는 사용상의 제한이 있는 원료의 [별표2]에 해당하며, 따라서 맞춤형화장품 조제관리사가 배합할 수 없는 원료이다.

**38** 신선한 유기농 원물을 건조시킨 뿌리 성분을 이용하여 추출물을 제조하였다. 이때 건조성분의 중량을 신선한 원물로 환산하는 비율은 얼마인가?

① 1 : 2.5             ② 1 : 4.5             ③ 1 : 5

④ 1 : 8               ⑤ 1 : 10

해설 • 나무, 껍질, 씨앗, 견과류, 뿌리 : 1 : 2.5
 • 잎, 꽃, 지상부 : 1 : 4.5
 • 과일(예 살구, 포도) : 1 : 5
 • 물이 많은 과일(예 오렌지, 파인애플) : 1 : 8

**39** 다음의 고객의 상담에 따라서 맞춤형화장품 조제관리사가 조치를 취하지 못한 경우는?

① [고객] 피부가 건조하고 당기는 느낌을 받습니다. [추천] 글리세린을 추가 배합 제조

② [고객] 피부에 여드름의 고민이 있습니다. [추천] 살리실릭애시드 함유 제품 추천

③ [고객] 피부색이 짙어지고 칙칙해 집니다. [추천] 닥나무 추출물 함유 제품 추천

④ [고객] 피부에 각질이 일어나고 있습니다. [추천] AHA 함유 제품 추천

⑤ [고객] 피부에 화장품 사용 후 붉은 반점이 생겼습니다. [추천] 어성초 성분을 추가 배합 제조

해설 화장품 사용 후 붉은 반점이 생긴 경우는 해당 화장품 사용 중단 및 전문의와의 상담을 권고해야 한다.

**40** 다음 중 맞춤형화장품 조제관리사가 올바르게 업무를 진행한 경우는?

> ㉠ 일반인에 판매할 목적으로 출시된 화장품을 소분하여 판매하였다.
> ㉡ 화장품의 내용물에 쿠민 열매 오일을 첨가하여 판매하였다.
> ㉢ 화장품의 내용물에 히알루론산을 첨가하여 판매하였다.
> ㉣ 원료를 공급하는 화장품 책임판매업자가 기능성화장품에 대한 심사를 받은 원료와 내용물을 혼합하였다

① ㉠, ㉡　　　　　　　② ㉠, ㉢　　　　　　　③ ㉠, ㉣
④ ㉡, ㉢　　　　　　　⑤ ㉢, ㉣

해설 ㉠ 일반인에 판매할 목적으로 출시된 화장품을 소분하여 판매할 수 없고 맞춤형화장품을 위해 출시한 내용물만 소분, 혼합이 가능하다.
　　　㉡ 쿠민 열매 오일은 사용상의 제한이 있는 원료이다.

**41** 다음 〈보기〉의 설명에 적절한 용기의 재질은?

> ─────────────── 보기 ───────────────
> • 투명하고 광택이 있다.　　　　　• 내약품성이 우수하다.
> • 샴푸 등을 포장하는 데 사용된다.　• 단단하다.

① HDPE　　　　　　　② LDPE　　　　　　　③ PET
④ PP　　　　　　　　⑤ PS

해설 ① HDPE : 내약품성이 우수하고 단단하나 투명하지 않다.
　　　② LDPE : 탄력성이 있어 스퀴즈 타입의 용기에 쓰인다.
　　　④ PP : 뚜껑 등의 소재로 사용된다.
　　　⑤ PS : 충격방지용 외장포장재로 쓰이며 내약품성이 약하다.

**42** 다음 성분 중 알러지 유발 가능성이 있는 25종의 향료에 포함되지 <u>않는</u> 것은?

① 시트랄　　　　　　　② 멘톨　　　　　　　③ 쿠마린
④ 제라니올　　　　　　⑤ 파네솔

해설 멘톨은 탈모 증상의 완화에 도움을 주는 원료이다.

**43** 다음은 맞춤형화장품 조제관리사가 책임판매업자로부터 받은 썬크림 제형의 품질 성적서이다. 다음의 항목 중 안전기준에 적합하지 <u>않은</u> 것은?

[품질 성적서]

| 시험 항목 | 시험 결과 |
| --- | --- |
| 징크옥사이드 | 10% |
| 시녹세이트 | 7% |
| 수은 | 0.05μg/g |
| 호기성 생균수 | 15cfu/g |
| 페녹시 에탄올 | 0.5% |

① 징크옥사이드      ② 시녹세이트      ③ 수은
④ 호기성 생균수      ⑤ 페녹시 에탄올

해설 시녹세이트는 자외선 차단원료로 제한 농도는 5%이다.

**44** 퍼머넌트웨이브용 제품 및 헤어 스트레이너 제품의 공통적인 안전기준 중 〈보기〉의 빈칸에 적합한 것을 고르시오.

┤ 보기 ├
- 중금속 : ( ㉠ )
- ( ㉡ ) : 5ug/g
- 철 : 2ug/g

| | ㉠ | ㉡ |
| --- | --- | --- |
| ① | 5ug/g | 비소 |
| ② | 5ug/g | 납 |
| ③ | 10ug/g | 비소 |
| ④ | 20ug/g | 비소 |
| ⑤ | 10ug/g | 납 |

해설 중금속 20ug/g, 비소 5ug/g, 철 2ug/g 이하로 공통적으로 관리된다.

**45** 다음 중 맞춤형화장품의 변경 신고가 필요한 것이 <u>아닌</u> 것은?

① 맞춤형화장품 판매업자를 변경하는 경우
② 맞춤형화장품의 판매 품목을 변경하는 경우
③ 맞춤형화장품 판매업소의 상호를 변경하는 경우
④ 맞춤형화장품 조제관리사를 변경하는 경우
⑤ 맞춤형화장품 판매업소 소재지를 변경하는 경우

해설 판매 품목은 판매 신고 및 변경 신고 항목에 해당하지 않는다.

정답 43 ②   44 ④   45 ②

**46** 다음 중 화장품의 포장재에 대한 설명과 거리가 먼 것은?

① 포장재의 입고 시 품질을 입증할 수 있는 검증자료를 공급자로부터 공급받아야 한다.

② 포장재 보관소의 청정도 등급은 4등급이다.

③ 제품과 직접 접촉하는 것을 1차 포장이라고 한다.

④ 운송을 위해 사용되는 외부 박스를 포장재라고 한다.

⑤ 제품과 직접 접촉하지 않는 포장재를 2차 포장이라고 한다.

> 해설 포장재란 화장품의 포장에 사용되는 모든 재료를 말하며, 운송을 위해 사용되는 외부 포장재는 제외한 것이다. 제품과 직접적으로 접촉하는지 여부에 따라 1차 또는 2차 포장재로 분류한다.

**47** 다음 〈보기〉의 화장품 제형에 대한 설명으로 적합한 것은?

┤ 보기 ├

액체를 침투시킨 분자량이 큰 유기분자로 이루어진 반고형상의 제형

① 로션제                ② 침적마스크제                ③ 겔제
④ 에어로졸제            ⑤ 분말제

> 해설 ① 로션제 : 수상과 유상을 유화제를 이용하여 일정하게 만든 제형
> ② 침적마스크제 : 액제, 로션제, 크림제, 겔제 등을 부직포 등의 지지체에 침적하여 만든 것
> ④ 에어로졸제 : 원액을 같은 용기 또는 다른 용기에 충전한 분사제(액화기체, 압축기체 등)의 압력을 이용하여 안개 모양, 포말상 등으로 분출하도록 만든 것
> ⑤ 분말제 : 균질하게 분말상 또는 미립상으로 만든 것을 말하며, 부형제 등을 사용할 수 있는 것

**48** 다음 중 화장품의 분류로 적합하지 않은 것은?

① 아이크림(눈 주위 제품) – 기초화장용 제품

② 외음부세정제 – 인체 세정용 제품

③ 클렌징오일 – 인체 세정용 제품

④ 아이메이크업 리무버 – 인체 세정용 제품

⑤ 손발의 피부연화 제품 – 기초화장용 제품

> 해설 아이메이크업 리무버는 눈화장용 제품류로 구분된다.

**49** 다음의 전성분 표에서 성분을 그 기능상 다른 것으로 대체하려 한다. 잘못 이어진 것은?

┌─────────────────────────────────────────────┐
[전성분]
정제수, 글리세린, 카보머, 폴리솔베이트80, 카나우바왁스, 페녹시에탄올
└─────────────────────────────────────────────┘

① 글리세린 – 1,2 헥산디올       ② 카보머 – 잔탄검              ③ 폴리솔베이트80 – 솔비톨
④ 카나우바왁스 – 비즈왁스       ⑤ 페녹시에탄올 – 벤질알콜

정답   46 ④   47 ③   48 ④   49 ③

폴리솔베이트80는 유상과 수상을 안정하게 만드는 유화제이다 이는 솔비톨과 같은 보습제로 대체될 수 없다.
① 보습제
② 고분자 점증제
④ 유성성분(왁스)
⑤ 페녹시에탄올 보존제

**50** 다음은 맞춤형화장품 조제관리사가 내용물을 받을 때 확인한 제품의 품질성적서이다. 유통화장품 안전기준에 적합하지 않아 반품해야 하는 경우는?

[품질성적서 ㉠]

- 제형 : 일반 크림
- 미생물 : 호기성세균 900개/g
- 중금속 : 디옥산 20㎍/g, 비소 5㎍/g

[품질성적서 ㉡]

- 제형 : 눈화장제품
- 미생물 : 진균 200개/g
- 중금속 : 니켈 40㎍/g, 비소 5㎍/g

[품질성적서 ㉢]

- 제형 : 일반 크림
- 미생물 : 대장균 100개/g
- 중금속 : 안티몬 1㎍/g, 카드뮴 1㎍/g

[품질성적서 ㉣]

- 제형 : 일반 크림
- 미생물 : 호기성세균 200개/g
- 중금속 : 디옥산 20㎍/g, 카드뮴 1㎍/g

① ㉠, ㉡          ② ㉡, ㉢          ③ ㉢, ㉣
④ ㉠, ㉢          ⑤ ㉡, ㉣

해설 ㉡ 진균은 호기성세균에 포함되고 눈화장제품에서 검출 허용 한도는 500개/g이므로 정상이다. 그러나 눈화장제품에서 니켈의 검출 허용 한도가 35㎍/g이므로 40㎍/g인 제품은 안전기준에 적합하지 않다.
㉢ 병원성 미생물인 대장균은 검출되어서는 안 된다.

**51** 다음은 맞춤형화장품 조제관리사가 고객과의 상담을 통해서 제품을 추천해 준 내용이다. 정확하지 않은 것은?

① 주름에 대해서 고민을 상담한 고객에게 아데노신 함유 제품을 추천하였다.
② 탈모에 대한 고민을 상담한 고객에게 살리실릭애시드 함유 제품을 추천하였다.
③ 자외선에 의한 일광화상을 고민하는 고객에게 이산화티탄함유 제품을 추천하였다.
④ 여드름성 피부를 고민하는 고객에게 살리실릭애시드 함유 제품을 추천하였다.
⑤ 탈모에 대한 고민을 상담한 고객에게 비오틴 함유 제품을 추천하였다.

해설 살리실릭애시드를 함유한 제품은 여드름성 피부를 완화하는 데 도움을 주는 성분이다(인체세정용 제품에 한함).

**52** 천연화장품 및 유기농화장품에는 합성원료의 사용이 원칙적으로는 금지되나 제품의 품질과 안전을 위해서 허용되는 보존제 성분이 있다. 이에 해당하지 <u>않는</u> 것은?

① 벤조익애씨드 및 그 염류　　② 벤질알코올　　③ 살리실릭애씨드 및 그 염류

④ 소르빅애씨드　　⑤ 헥사미딘

> **해설** 헥사미딘은 사용상의 제한이 있는 보존제 성분이나 천연화장품 및 유기농화장품에 허용된 원료에는 속하지 않는다.

**53** 화장품의 CGMP 규정에서 시험용 검체를 채취하고 시험용 검체의 용기에 기재해야 하는 사항과 거리가 <u>먼</u> 것은?

① 명칭　　② 확인코드　　③ 사용기한

④ 제조번호　　⑤ 검체 채취 일자

> **해설** 사용기한 등은 완제품에 해당하는 내용이다. 검체는 완제품의 사용기한 경과 후 1년까지 보관하여야 하나, 완제품의 사용기한을 기입하지는 않는다.

**54** 1제와 2제로 구분된 퍼머넌트웨이브용 제품 및 헤어 스트레이너 제품에서 1제와 2제에 사용할 수 있는 환원성, 산화성 물질로 바르게 연결된 것은?

|  | 1제 | 2제 |
|---|---|---|
| ① | 과산화수소 | 시스테인 |
| ② | 치오글리콜릭애씨드 | 과산화수소 |
| ③ | 시스테인 | 치오글리콜릭애씨드 |
| ④ | 과산화수소 | 브롬산 나트륨 |
| ⑤ | 아세틸 시스테인 | 치오글리콜릭애씨드 |

> **해설** 1제의 환원성 물질(치오글리콜릭애씨드, 시스테인, 아세틸 시스테인 등)이 시스테인 결합을 깨고, 2제의 산화성 물질(과산화수소, 브롬산 나트륨 등)이 시스테인 결합을 다시 생성시킨다.

**55** 다음은 A제품과 B제품의 전성분과 함량이다. 이를 각각 60%와 40%로 혼합할 때 전성분 표로 적절한 것은?

> [제품 A]
> 정제수(90%), 올리브 오일(5%), 1,2-헥산다이올(5%)
> [제품 B]
> 정제수(84%), 글라이콜(10%), 녹차 추출물(6%)

① 정제수, 올리브 오일, 글라이콜, 녹차 추출물, 1,2-헥산다이올

② 정제수, 글라이콜, 올리브 오일, 녹차 추출물, 1,2-헥산다이올

③ 정제수, 글라이콜, 올리브 오일, 1,2-헥산다이올, 녹차 추출물

④ 올리브 오일, 녹차 추출물, 1,2-헥산다이올, 글라이콜, 정제수

⑤ 글라이콜, 녹차 추출물, 1,2-헥산다이올, 정제수

> **해설** 전성분은 많이 들어간 성분을 먼저 나오게 하여 순서대로 기입한다. 정제수(87.6%), 글라이콜(4%), 올리브 오일(3%), 1,2-헥산다이올(3%), 녹차 추출물(2.4%)

**정답** 52 ⑤　53 ③　54 ②　55 ②

**56** 다음 〈보기〉 중 CGMP의 용어의 정의가 바르게 연결된 것은?

┤ 보기 ├

㉠ 제조 및 품질과 관련한 결과가 계획된 사항과 일치하는지의 여부와 제조 및 품질관리가 효과적으로 실행되고 목적 달성에 적합한지 여부를 결정하기 위한 체계적이고 독립적인 조사

㉡ 제조 및 품질과 관련한 결과가 계획된 사항과 일치하는지의 여부와 제조 및 품질관리가 효과적으로 실행되고 목적 달성에 적합한지 여부를 결정하기 위한 회사 내 자격이 있는 직원에 의해 행해지는 체계적이고 독립적인 조사

㉢ 화장품의 포장에 사용되는 모든 재료를 말하며 제품과 직접적으로 접촉하는지 여부에 따라 1차 또는 2차로 분류

| | ㉠ | ㉡ | ㉢ |
|---|---|---|---|
| ① | 내부감사 | 감사 | 포장재 |
| ② | 감사 | 공정관리 | 소모품 |
| ③ | 위생관리 | 감사 | 포장재 |
| ④ | 감사 | 내부감사 | 소모품 |
| ⑤ | 감사 | 내부감사 | 포장재 |

해설 • 위생관리 : 대상물의 표면에 있는 바람직하지 못한 미생물 등 오염물을 감소시키기 위해 시행되는 작업 관리
• 공정관리 : 제조공정 중 적합판정기준의 충족을 보증하기 위하여 공정을 모니터링하거나 조정하는 모든 작업
• 소모품 : 청소, 위생 처리 또는 유지 작업 동안에 사용되는 물품(세척제, 윤활제 등)

**57** 메탄올은 유해화학물질로서 화장품 내의 검출 허용 한도로 지정하여 관리되는 물질이다. 그러나 〈보기〉와 같은 과정에 의해서 포함될 수 있다. 이때 빈칸에 들어갈 알맞은 농도는?

┤ 보기 ├

화장품 중 "메탄올"은 사용할 수 없는 원료이나, 에탄올을 화장품 원료로 사용한 제품의 경우 에탄올에 미량의 메탄올이 불순물로 포함될 수 있기 때문에 메탄올 관리가 필요하다. 이때 에탄올 및 이소프로필알콜의 변성제로서만 알콜 중 ( )%까지 사용된다.

① 1  ② 2  ③ 3
④ 4  ⑤ 5

해설 에탄올이 식용(술) 등으로 사용되는 것을 막기위해서 변성제를 첨가하는데, 이때 메탄올이 사용되기도 한다. 이 경우도 에탄올의 5% 이하로 첨가하는 것으로 규정하고 있다.

**58** 다음 〈보기〉에서 말하는 색재의 종류는?

┤ 보기 ├

콜타르 혹은 그 중간 생성물에서 유래되었거나 유기합성하여 얻은 색소 및 그 레이크, 염, 희석제와의 혼합물

① 착색안료  ② 백색안료  ③ 타르색소
④ 코치닐 색소  ⑤ 진주광택 안료

해설 ①, ②, ⑤ 색소가 아니고 안료에 속한다. ④ 코치닐 색소는 자연에서 얻어지는 색소이다.

정답 56 ⑤ 57 ⑤ 58 ③

**59** 다음 중 제품의 종류에 관계없이 0.7%까지 배합 가능한 원료는?

① 트리클로산
② 징크피리치온
③ 벤조익애씨드, 그 염류 및 에스텔류
④ 세틸피리디늄클로라이드
⑤ 페녹시에탄올

해설 ① 사용 후 씻어내는 인체세정용 제품류 등에 0.3% 제한
② 사용 후 씻어내는 제품에 징크피리치온 제한
③ 산으로서 0.5%
④ 0.08%


**60** 다음 중 퍼머넌트 웨이브 제품 및 헤어스트레이트너 제품의 사용상의 주의사항에 해당하지 <u>않는</u> 것은?

① 두피·얼굴·눈·목·손 등에 약액이 묻지 않도록 유의하고, 얼굴 등에 약액이 묻었을 때에는 즉시 물로 씻어낼 것
② 특이체질, 생리 또는 출산 전·후이거나 질환이 있는 사람 등은 사용을 피할 것
③ 머리카락의 손상 등을 피하기 위하여 용법·용량을 지켜야 하며, 가능하면 일부에 시험적으로 사용하여 볼 것
④ 알갱이가 눈에 들어갔을 때에는 물로 씻어내고, 이상이 있는 경우에는 전문의와 상담할 것
⑤ 섭씨 15도 이하의 어두운 장소에 보존하고, 색이 변하거나 침전된 경우에는 사용하지 말 것

해설 ④는 미세한 알갱이가 함유되어 있는 스크럽 세안제에 해당하는 내용이다.


**61** 화장품의 사용상의 주의사항에서 〈보기〉에 해당하는 성분은?

┤ 보기 ├

「인체적용시험자료」에서 구진과 경미한 가려움이 보고된 예가 있음

① 살리실릭애씨드 및 그 염류 함유 제품
② 아이오도프로피닐부틸카바메이트(IPBC) 함유 제품
③ 알부틴 2% 이상 함유 제품
④ 알루미늄 및 그 염류 함유 제품
⑤ 포름알데히드 0.05% 이상 함유 제품

해설 ①, ② 만 3세 이하 어린이에게는 사용하지 말 것
④ 알루미늄 및 그 염류를 함유하고 있으므로 신장질환이 있는 사람은 사용 전에 의사와 상의할 것
⑤ 이 성분에 과민한 사람은 신중히 사용할 것

**62** 〈보기〉는 화장품의 사용상의 주의사항이다. 이에 해당하는 성분은?

┤ 보기 ├

사용 시 흡입되지 않도록 주의할 것(기초화장용 제품류 중 파우더 제품에 한함)

① 과산화수소 및 과산화수소 생성물질 함유 제품
② 벤잘코늄클로라이드, 벤잘코늄브로마이드 및 벤잘코늄사카리네이트 함유 제품
③ 실버나이트레이트 함유 제품
④ 스테아린산아연 함유 제품
⑤ 카민 또는 코치닐추출물 함유 제품

해설 ①~③ 눈에 접촉을 피하고 눈에 들어갔을 때는 즉시 씻어낼 것
⑤ 이 성분에 과민하거나 알레르기가 있는 사람은 신중히 사용할 것

**63** 사용상의 제한이 있는 원료 중 땅콩오일에 대한 설명이다. 빈칸에 적합한 농도는?

땅콩오일, 추출물 및 유도체 : 원료 중 땅콩 단백질의 최대 농도는 (          )ppm을 초과하지 않아야 한다.

① 0.1                    ② 0.2                    ③ 0.3
④ 0.4                    ⑤ 0.5

해설 땅콩오일, 추출물 및 유도체는 사용상의 제한이 있는 원료 [별표2]에 해당하며, 맞춤형화장품 조제관리사가 배합할 수 없다. 원료 중 땅콩 단백질의 최대 농도는0.5ppm을 초과하지 않아야 한다.

**64** 외음부세정제의 사용상의 주의사항에 해당하지 않는 것은?

① 정해진 용법과 용량을 잘 지켜 사용할 것
② 만 13세 이하 어린이에게는 사용하지 말 것
③ 임신 중에는 사용하지 않는 것이 바람직함
④ 분만 직전의 외음부 주위에는 사용하지 말 것
⑤ 프로필렌글리콜을 함유하고 있으므로 이 성분에 과민하거나 알러지 병력이 있는 사람은 신중히 사용할 것

해설 외음부세정제는 만 3세 이하 어린이에게 사용하지 말아야 한다.

**65** 맞춤형화장품 조제관리사가 배합할 수 없는 자외선 차단 성분과 그 사용 한도가 적절히 연결된 것은?

① 호모살레이트, 5%            ② 벤조페논－8, 3%            ③ 티타늄디옥사이드, 20%
④ 벤질알콜, 1%               ⑤ 페녹시에탄올, 1%

해설 ①, ③ 자외선 차단 성분이다. 호모살레이트는 10%, 티타늄디옥사이드는 25%의 함량 제한을 가진다.
④, ⑤ 보존제 성분이다. 함량 제한은 바르게 표시되었다.

정답  62 ④   63 ⑤   64 ②   65 ②

**66** 위해화장품의 공표 명령을 받은 영업자는 지체 없이 일간신문 및 해당 영업장의 인터넷 홈페이지에 게시하여야 한다. 여기에 해당하지 **않는** 것은?

① 제품명          ② 제조번호          ③ 사용기한
④ 회수사유          ⑤ 회수량

해설 회수량은 실제로 시중에서 회수된 양을 말하며, 회수 종료 보고서에 작성하거나 공표해야 하는 내용에는 해당하지 않는다.


**67** 화장품이 미생물 한도 시험법에서 총 호기성 생균수는 세균과 진균수의 합으로 확인한다. 이때 한천평판도말법 검체 처리 후 각 배지의 배양 조건에 적합한 것은?

┤ 보기 ├

- 세균 : ( ㉠ )도, 48시간 배양
- 진균 : 20~25도, ( ㉡ )일간 배양

|   | ㉠ | ㉡ |
|---|---|---|
| ① | 20~25 | 1 |
| ② | 25~30 | 3 |
| ③ | 30~35 | 5 |
| ④ | 20~25 | 3 |
| ⑤ | 30~35 | 1 |

해설 세균이 자라는 데 적합한 온도는 30~35도이다 진균은 적어도 5일 배양한다.


**68** 10ml 초과 50ml 이하 화장품 용기의 2차 포장의 기재사항에 대한 설명으로 거리가 **먼** 것은?

① 기능성 화장품의 효능 – 효과를 나타나게 하는 원료는 표시해야 한다.
② 전성분 표시는 하지 않아도 된다.
③ 과일산은 표시하여야 한다.
④ 알러지 유발 향료 성분은 2차 포장에 반드시 기재해야 한다.
⑤ 보존제 성분은 표시해야 한다.

해설 알러지 유발 성분은 전성분 기재에 해당하여 기재하지 않아도 된다.
　　①, ③, ⑤ 표시성분에 해당하여 기재해야 한다.
　　② 전성분은 표시하지 않아도 된다. 다만, 모든 성분을 확인할 수 있는 전화번호나 홈페이지는 기재해야 한다.

---

정답  66 ⑤  67 ③  68 ④

**69** 다음 중 회수대상화장품의 위해등급이 다 등급에 해당하는 것은?

① 화장품에 사용할 수 없는 원료를 사용한 화장품

② 안전용기 · 포장 기준에 위반되는 화장품

③ 기능성화장품의 기능성을 나타나게 하는 주원료 함량이 기준치에 부적합한 경우

④ 기준이상의 미생물이 검출된 화장품

⑤ 기준이상의 유해물질이 검출된 화장품

해설 ① 가 등급
②, ④, ⑤ 나 등급

**70** 다음은 사용 후 씻어내는 제품에 포함된 착향제와 그 함량이다. 알러지 유발 성분으로 표기해야 하는 것은 몇 개인가?

파네솔(0.1%), 제라니올(0.05%), 신나밀알콜(0.01%), 벤질신남일알콜(0.005%), 벤조신나메이트(0.001%), 벤질벤조에이트(0.0005%)

① 2개                    ② 3개                    ③ 4개

④ 5개                    ④ 6개

해설 제시된 6가지 성분 모두 알러지 유발 가능성이 있는 원료 25종에 속한다. 다만 사용 후 씻어내는 제품에는 0.01%를 '초과'하여 함유된 경우에 성분명을 표시해야 하므로, 파네솔(0.1%), 제라니올(0.05%)가 이에 속한다.

**71** 자외선 차단 효과 측정 시 사용되는 "최소지속형즉시흑화량" 측정에 사용되는 자외선 A의 파장 범위는?

① 200~280                ② 280~300                ③ 320~400

④ 400~600                ⑤ 800~1,000

해설 자외선은 PA 수치를 산출하는 실험에 사용되고 피부색을 어둡게 만드는 원인이 된다. 이보다 파장인 짧은 것은 UVB(②), UVC(①)에 해당하고 ④는 가시광선, ⑤는 적외선의 영역에 해당한다.

**72** 화장품의 안전성 정보 관리 규정 중 중대한 유해사례에 해당하지 <u>않는</u> 것은?

① 사망을 초래하거나 생명을 위협하는 경우

② 입원 또는 입원 기간의 연장이 필요한 경우

③ 지속적 또는 중대한 불구나 기능 저하를 초래하는 경우

④ 선천적 기형 또는 이상을 초래하는 경우

⑤ 유해사례와 화장품 간의 인과관계 가능성 입증자료가 불충분한 것

해설 ①~④는 중대한 유해사례에 대한 설명이며, ⑤는 실마리 정보에 대한 설명이다.

---

**73** 책임판매업자의 안전성 정보 관리 규정 중 중대한 유해사례의 신속보고는 정보를 안 날부터 (　　　)일 이내에 이루어져야 한다.

① 7
② 15
③ 21
④ 30
⑤ 180

해설 유해사례 보고는 매반기 종료 후 보고하여야 하고 중대한 유해사례는 15일 이내에 신속 보고해야 한다.


**74** 화장품의 안정성 시험 중 실온(25도)보다 15도 이상 높게 설정하여 진행하는 시험법은?

① 장기보존시험
② 단기보존시험
③ 가속시험
④ 가혹시험
⑤ 개봉 후 안정성시험

해설 ①, ⑤ 제품의 사용조건에 맞는 실온에서 수행
④ −15에서 45도의 온도를 순환하며 진행
② 안정성 시험 조건에 속한 용어가 아님


**75** 화장품의 장기보존 및 가속시험에서 용기 적합성 시험에 해당하는 설명으로 옳은 것은?

① 균등성, 향취 및 색상, 사용감, 액상, 유화형, 내온성 시험
② 성상, 향, 사용감, 점도, 질량변화, 분리도, 유화상태, 경도 및 pH 등 제제의 물리·화학적 성질 평가
③ 정상적으로 제품 사용 시 미생물 증식을 억제하는 능력이 있음을 증명하는 미생물학적 시험 및 필요 시 기타 특이적 시험을 통해 미생물에 대한 안정성 평가
④ 제품과 용기 사이의 상호작용(용기의 제품 흡수, 부식, 화학적 반응 등)에 대한 적합성을 평가
⑤ 온도 순환(−15~45℃), 냉동−해동 또는 저온−고온의 가혹조건에서 평가

해설 ① 일반 시험
② 물리·화학적 시험
③ 미생물학적 시험
⑤ 장기보존 및 가속시험에 속하지 않는 가혹시험


**76** 다음 중 화장품 내의 미생물 허용 한도에 적합한 경우는?

① 총호기성생균수는 기타 제품의 경우 1,000개/g 이하, 녹농균은 불검출되어야 한다.
② 총호기성생균수는 영−유아 제품류의 경우 600개/g 이하, 대장균은 불검출되어야 한다.
③ 총호기성생균수는 물티슈의 경우 2,000개/g 이하, 황색포도상구균은 불검출되어야 한다.
④ 총호기성생균수는 눈화장제품류의 경우 500개/g 이하, 진균류는 불검출되어야 한다.
⑤ 총호기성생균수는 영−유아화장품의 경우 500개/g 이하, 세균류는 불검출되어야 한다.

해설 총 호기성 생균수는 영−유아용 제품류 및 눈화장용 제품류의 경우 500개/g 이하, 물휴지의 경우 100개/g 이하, 기타화장품은 1,000개/g 이하여야 하며, 병원성세균(대장균, 녹농균, 황색포도상구균)은 불검출되어야 한다. 호기성 생균에는 세균과 진균이 포함되어 관리되므로 세균과 진균류는 한도 내로 검출되어도 된다.


정답  73 ②  74 ③  75 ④  76 ①

**77** 다음의 비타민 혹은 비타민 유도체에서 사용상의 제한이 있는 원료 [별표2]에 해당하는 것은?

① 나이아신아마이드　　　　　② 레티놀　　　　　③ 토코페롤

④ 덱스판테놀　　　　　　　　⑤ 아스코빅애씨드

해설　토코페롤(비타민 E)의 사용 한도는 20%로 사용상의 제한이 있는 원료 중 [별표2]의 기타 항목에 해당한다.
　　①, ⑤ 나이아신아마이드(비타민 B3), 아스코빅애씨드(비타민 C) : 미백기능성 고시 원료
　　② 레티놀(비타민 A) : 주름 개선 기능성 고시 원료
　　④ 덱스판테놀(비타민 B5) : 탈모 증상의 완화 기능성 고시 원료

**78** 다음은 로션 형태의 맞춤형화장품에서 검출된 유해화학물질의 농도이다. 허용 한도에 적합한 것을 고르시오(모든 농도 단위는 $\mu g/g$).

① 납 10, 니켈 35, 수은 1　　② 납 20, 니켈 30, 수은 1　　③ 납 30, 니켈 20, 수은 5

④ 납 10, 니켈 10, 수은 1　　⑤ 납 30, 니켈 5, 수은 5

해설　• 납 : 점토를 원료로 사용한 분말 제품은 $50\mu g/g$ 이하, 그 밖의 제품은 $20\mu g/g$ 이하
　　• 니켈 : 눈화장용 제품은 $35\mu g/g$ 이하, 색조화장용 제품은 $30\mu g/g$이하, 그 밖의 제품은 $10\mu g/g$ 이하
　　• 수은 : $1\mu g/g$ 이하

**79** 다음 보존제의 기능을 할 수 있는 성분 중 폴리올의 구조를 가지고 보습제로도 사용되는 성분은?

① 클로로부탄올　　　　　② 글루타랄　　　　　③ 벤질알콜

④ 페녹시에탄올　　　　　⑤ 1,2 헥산 디올

해설　1,2 헥산 디올은 보습제의 기능을 하는 폴리올 구조의 물질로 water activity를 낮추어 미생물의 활동은 억제한 방식으로 사용된다. 나머지는 보존제로서 사용상의 제한이 있는 원료로 구분된다.

**80** 화장품의 안전관리 기준 중 내용량의 기준으로 적합한 것은?

| • 제품 ( ㉠ )를 가지고 시험할 때 그 평균 내용량이 표기량에 대하여 ( ㉡ ) 이상 |
| --- |
| • 기준치를 벗어난 경우 : 6개를 더 취하여 시험하여 평균 내용량이 기준치 이상 |

|  | ㉠ | ㉡ |
| --- | --- | --- |
| ① | 3개 | 95% |
| ② | 5개 | 95% |
| ③ | 3개 | 97% |
| ④ | 4개 | 97% |
| ⑤ | 5개 | 97% |

해설　화장비누의 경우 건조중량을 내용량으로 하지만 다른 모든 제품은 표기량을 기준으로 한다. 이때 제품 3개를 가지고 시험하여 표기량에 대하여 97% 이상을 나타내어야 내용량 기준의 합격이 된다.

**81** 보기의 메이크업리무버와 같은 제품이 속하는 화장품의 유형 분류는?

┤ 보기 ├

클렌징워터, 클렌징 오일, 클렌징 로션, 클렌징 크림

해설 폼클렌저, 액체 비누 등의 씻어내는 사용법의 제품은 인체세정용 제품류로 분류되며, 클렌징워터 등의 닦아내는 제품은 기초화장용제품류로 분류된다.

**82** 천연화장품 또는 유기농화장품으로 인증을 받은 인증사업자가 인증의 유효기간을 연장받으려는 경우에는 유효기간 만료 (　　　)일 전까지 그 인증을 한 인증기관에 식품의약품안전처장이 정하여 고시하는 서류를 갖추어 제출해야 한다.

해설 천연화장품 또는 유기농화장품으로 인증을 받으려는 화장품제조업자, 화장품책임판매업자 또는 연구기관등은 지정받은 인증기관에 식품의약품안전처장이 정하여 고시하는 서류를 갖추어 인증을 신청해야 한다. 이후 인증의 유효기간을 연장받으려고 할 때 만료 90일 전까지 제출해야 한다.

**83** 화장품의 정의를 이해하기 위해서 의약품의 기능과 대상을 비교하는 다음 표의 빈칸에 들어갈 말로 알맞은 것을 작성하시오.

| 구분 | 기능 | 대상 | 부작용 |
|---|---|---|---|
| 화장품 | 인체의 청결－미화 | 정상인 | 인정하지 않음 |
| 의약품 | (　　　)의 치료 | 환자 | 인정함 |

해설 화장품은 인체를 청결·미화하여 매력을 더하고 용모를 밝게 변화시키고 피부와 모발의 건강을 유지하고 증진한다. 이에 비해 의약품은 질병의 치료를 목적으로 한다.

**84** 책임판매관리자 및 맞춤형화장품 조제관리사는 보수교육을 매년 1회 받아야 한다. 이때 교육시간은 (　　　)시간 이상, (　　　)시간 이하로 한다.

해설 식약처장이 정한 교육실시기관에서 시행하고 4~8시간 동안의 교육을 매년 받아야 한다.

**85** 각질의 피부 장벽층을 통과하여 증발하는 수분을 측정하여 장벽의 세기와 건강을 측정하는 피부 분석법은 (　　　) 분석법이라고 한다.

해설 TEWL은 Trans Epidermal Water Loss의 약자이며, 수분의 증발량을 의미한다. 경피수분손실 분석법이라고도 한다.

정답 81 기초화장용제품류　82 90　83 질병　84 4, 8　85 TEWL 또는 경피수분손실

**86** 피부 세포 중 다음의 설명에 해당하는 세포의 이름을 〈보기〉에서 찾아 순서대로 기입하시오.

- ( ) : 에너지를 저장하고 피부에서 열의 발산을 억제하여 체온을 유지함
- ( ) : 진피층의 콜라겐섬유와 세포외 기질 등을 합성함

┤ 보기 ├

섬유아세포, 지방세포, 멜라닌세포, 각질형성세포, 랑게르한세포

**해설** • 멜라닌세포 : 멜라닌을 합성하여 피부색을 결정
  • 각질형성세포 : 표피를 구성하고 각질층으로 분화함
  • 랑게르한세포 : 표피에서 면역 기능을 담당

**87** 피부의 턴오버를 촉진시키는 성분 중 AHA에 해당하는 것을 〈보기〉에서 2개 고르시오.

┤ 보기 ├

살리실릭애씨드, 글라이콜릭애씨드, 락틱애씨드, 아세틱애씨드, 히알루로닉애씨드

**해설** AHA는 하이드록시애씨드의 alpha 위치에 OH(하이드록시)기가 있는 형태이다. 살리실릭애씨드는 턴오버를 촉진시키기는 하지만 BHA(betahydroxyacid)에 속한다. 아세틱애씨드와 히알루로닉애씨드는 OH(하이드록시)기가 없는 형태이다.

**88** 각질형성세포가 만드는 단백질의 일종으로, 표피 분화 과정에서 분해되어 천연보습인자 등의 성분을 구성하는 데 사용되는 단백질은?

**해설** 필라그린 단백질을 구성하는 아미노산 성분들이 분해되어 천연보습인자 내의 소듐 PCA 등을 구성한다.

**89** 화장품에 사용되는 보습제(humectant) 중 OH기가 3개가 있고 가장 보편적으로 사용되는 성분을 〈보기〉에서 고르시오.

┤ 보기 ├

폴리에틸렌글리콜, 글리세린, 솔비톨, 프로필렌글리콜

**해설** 글리세린(3개), 폴리레틸렌글리콜(2개 이하), 솔비톨(6개), 프로필렌글리콜(2개)

**90** 다음의 설명에서 나열되는 것과 같이 다양한 기능으로 사용되는 성분은?

- 비듬 및 가려움을 덜어주고 씻어내는 제품(샴푸 린스)에서 1.0%
- 탈모 증상의 완화에 사용되는 고시성분 (1.0%)
- 보존제로 사용 후 씻어내는 제품에 0.5%

**해설** 징크피리치온은 비듬의 원인균을 억제하는 효능이 있어 비듬 및 가려움을 억제한다.

---

**정답** 86 지방세포, 섬유아세포  87 글라이콜릭애씨드, 락틱애씨드  88 필라그린  89 글리세린  90 징크피리치온

**91** 〈보기〉는 안전용기 포장을 사용하여야 할 품목에 대한 설명이다. 빈칸에 들어갈 성분으로 알맞은 것을 순서대로 기입하시오.

┤ 보기 ├

- (        )을/를 함유하는 네일 에나멜 리무버 및 네일 폴리시 리무버
- 개별 포장당 (        )을/를 5% 이상 함유하는 액체 상태의 제품
- 어린이용 오일 등 개별 포장당 탄화수소류를 10% 이상 함유하고 운동점도가 21 센티스톡스(섭씨 40도 기준) 이하인 비에멀젼 타입의 액체 상태의 제품

**해설** 아세톤과 메틸살리실레이트의 경우 어린이가 오인하여 삼킬 경우 중독사고를 일으킬 수 있기 때문에, 이를 함유하는 제품은 안전용기포장을 하여야 한다.

**92** 책임판매업자는 다음에 해당하는 물질의 안정성 시험자료를 제품의 사용기한이 만료되는 날부터 1년간 보존해야 한다. 빈칸에 해당하는 것을 기입하시오.

- 레티놀(비타민 A) 및 그 유도체
- 아스코빅애시드(비타민 C) 및 그 유도체
- 토코페롤(비타민 E)
- (                )
- 효소

**해설** 안전성 시험은 화학적으로 불안정한 성분을 사용한 경우 사용기한 내 안정성을 확보하게 하는 것을 목적으로 한다. 과산화화합물 및 문제에 나열된 성분은 화학적으로 불안정한 것으로 잘 알려져 있다.

**93** 다음 〈보기〉와 같은 사용상의 주의사항을 작성해야 하는 제품의 pH는 얼마인가?

┤ 보기 ├

고농도의 AHA 성분이 들어 있어 부작용이 발생할 우려가 있으므로 전문의 등에게 상담할 것(AHA 성분이 10퍼센트를 초과하여 함유되어 있거나 산도가 (        )미만인 제품만 표시)

**해설** pH는 제품의 산도를 의미하며, 수치가 낮을수록 산도가 높은 것이다. 고농도의 AHA 성분은 제품의 pH를 낮게 되고, 이에 3.5 미만의 경우에는 〈보기〉와 같은 사용상의 주의사항을 표시한다.

**94** 기능성 화장품으로 인정받아 판매를 하려는 경우에는 심사를 받거나 보고서를 제출해야 한다. 이때 이미 심사를 받은 기능성 화장품과 〈보기〉 가~마의 항목이 동일한 경우에 가능하다. 빈칸에 알맞은 내용을 작성하시오.

┤ 보기 ├

가. 효능 · 효과가 나타나게 하는 원료의 종류 · 규격 및 함량(액상은 농도)
나. 효능 · 효과(SPF 측정값이 (        )% 이하 범위에 있는 경우 같은 효능 · 효과로 봄)
다. 기준(pH에 관한 기준 제외) 및 시험방법
라. 용법 · 용량                                        마. 제형

---

**정답** 91 아세톤, 메틸살리실레이트  92 과산화화합물  93 3.5  94 −20

**해설** 기능성 화장품은 유효성과 안전성을 검증받기 위해서 심사를 받는다. 그러나 기존에 이미 심사를 받은 경우와 동일하면 보고로 진행할 수 있는데, 그 효능에서 큰 차이가 없어야 하고 자외선 차단 제품의 경우 SPF 측정값이 −20% 이하인 경우 효능이 동일하다고 간주한다.

**95** 다음 〈보기〉의 기능성 화장품의 종류에서 빈칸 안에 적절한 것을 순서대로 기입하시오.

---| 보기 |---

- ( ) 증상의 완화에 도움을 주는 화장품. 다만, 코팅 등 물리적으로 모발을 굵게 보이게 하는 제품은 제외한다.
- ( )로 인한 붉은 선을 엷게 하는 데 도움을 주는 화장품

**해설** 탈모 증상의 완화는 기능성화장품의 범위이다. 모발을 굵게 하는 등의 설명에서 탈모 증상의 완화를 유추할 수 있다. 또한 튼살은 급작스러운 체중의 증가로 피부조직이 붉은 선을 나타내는 등과 같은 증상을 타내는 것이다.

**96** 책임판매 후 안전관리 기준(사후관리기준)에서 빈칸에 적절한 용어를 작성하시오.

화장품책임판매업자는 책임판매관리자에게 학회, 문헌, 그 밖의 연구보고 등에서 안전관리 정보를 수집·기록하도록 해야 한다. 이때 "안전관리 정보"란 화장품의 품질, 안전성·( ) 그 밖에 적정 사용을 위한 정보를 말한다.

**해설** 유효성은 화장품의 기능이 정상적으로 나타나는 것을 의미하며, 학회, 문헌, 그 밖의 연구보고 등에서 이에 문제가 없는지 확인해야 한다.

**97** 다음은 베이비 삼푸의 전성분이다. 이 중 함량을 기재−표시해야 하는 성분을 작성하시오.

[전성분]
정제수, 디소듐라우레스설포석시네이트, 포타슘코코일글리시네이트, 부틸렌글라이콜, 폴리쿼터늄−10, 알로베베라추출물, 1,2−헥산디올, 세틸피리디늄클로라이드

**해설** 만 3세 이하의 영유아용 제품류인 경우 사용기준이 지정·고시된 원료 중 보존제의 함량을 기재−표시하여야 한다. 문제의 〈전성분〉에서 '세틸피리디늄클로라이드'는 보존제 성분이다.
- 계면활성제 : 디소듐라우레스설포석시네이트, 포타슘코코일글리시네이트, 폴리쿼터늄−10
- 보습제 : 부틸렌글라이콜 1,2−헥산디올

**98** 화장품의 안전관리 기준에서 제형의 pH는 ( )~( ) 사이의 범위로 허용되어 있다. 이에 제외되는 품목은 ( )을 포함하지 하는 제품과 사용 후 곧바로 씻어내는 제품이다. 빈칸에 적절한 것을 순서대로 작성하시오.

**해설** 수소이온의 농도로 계산되는 pH는 물이 있는 제품에서 관리된다. 또한 7일 때 중성을 나타내고 산성의 경우 3까지, 염기성의 경우 9까지 허용 범위가 된다.

---

**정답** 95 탈모, 튼살 96 유효성 97 세틸피리디늄클로라이드 98 3, 9, 물

**99** 다음의 대화를 보고 추천해 줄 수 있는 최소의 SPF 수치와 손님이 원하는 성분을 2가지 기입하시오.

[대화]
손님 : 저는 10분 정도 햇빛을 받으면 화상을 입는 민감한 피부입니다. 그러나 휴가를 맞이하여 야외에서 4시간 정도 활동하고 싶습니다. 그러나 유기 자외선 차단제가 들어가 제품은 사용하고 싶지 않습니다. 어떤 성분이 들어있는 제품을 사용하면 될까요? SPF 수치는 어느 정도의 제품이 좋을지요?
조제관리사 : SPF (        ) 이상의 제품을 추천드립니다. 유기 자외선 차단제 성분이 아닌 (        )과/와 (        )이/가 들어간 제품을 사용하시면 됩니다.

해설 4시간을 분으로 환산하면 240분이다. 10분 만에 화상을 입는 사람 기준으로 피부에 닿는 UVB의 양을 1/24로 감소시켜야 하며 이는 SPF24 제품으로 가능하다(SPF에서의 24의 의미가 UVB를 1/24로 감소시킨다는 의미이다). 무기 자외선 차단 성분은 이산화티탄과 산화아연이 있다.

**100** 표시 · 광고 규정에서 아래의 빈칸에 해당하는 것을 작성하시오.

• 규정 : 의사 · 치과의사 · 한의사 · 약사 · 의료기관 또는 그 밖의 자가 이를 지정 · 공인 · 추천 · 지도 · 연구 · 개발 또는 사용하고 있다는 내용이나 이를 암시하는 등의 표시 · 광고를 하지 말 것
• 예외 : (        )화장품, 천연화장품 또는 유기농화장품 등을 인증 · 보증하는 기관으로서 식품의약품안전처장이 정하는 기관은 제외한다)

해설 무슬림의 윤리적 소비를 위한 인증 제도이다.

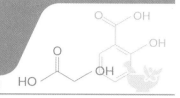

**01** 다음 중 작업장의 청정도 등급에 대한 설명으로 올바른 것은?

| 작업실 | 청정 공기순환 | 관리 기준 |
|---|---|---|
| ① 클린벤치 | 10회/hr 이상 | 낙하균 10개/hr 또는 부유균 20개/m³ |
| ② 원료 칭량실 | 환기장치 | 낙하균 20개/hr 또는 부유균 30개/m³ |
| ③ 포장실 | 10회/hr 이상 | 갱의, 포장재의 외부 청소 후 반입 |
| ④ 화장품 내용물이 노출되는 작업실 | 차압관리 | 낙하균 30개/hr 또는 부유균 200개/m³ |
| ⑤ 내용물 보관소 | 20회/hr 이상 | 낙하균 10개/hr 또는 부유균 20개/m³ |

해설 ① 클린벤치 : 20회/hr 이상
② 원료 칭량실 : 10회/hr 이상, 낙하균 30개/hr 또는 부유균 200개/m³
③ 포장실 : 차압관리
⑤ 내용물 보관소 : 10회/hr 이상, 낙하균 30개/hr 또는 부유균 200개/m³

**02** 〈보기〉에서 기준일탈 폐기 처리 과정을 순서대로 나열한 것은?

┤ 보기 ├

ㄱ. 기준일탈 조사
ㄴ. 기준일탈 처리
ㄷ. 시험, 검사, 측정에서 기준일탈 결과 나옴
ㄹ. 기준일탈 제품에 대해 불합격 라벨 첨부
ㅁ. '시험, 검사, 측정이 틀림없음'을 확인
ㅂ. 폐기처분
ㅅ. 격리보관

① ㄷ ‒ ㄱ ‒ ㅁ ‒ ㄴ ‒ ㄹ ‒ ㅅ ‒ ㅂ
② ㄷ ‒ ㄱ ‒ ㄴ ‒ ㅁ ‒ ㄹ ‒ ㅅ ‒ ㅂ
③ ㄷ ‒ ㄱ ‒ ㄴ ‒ ㄹ ‒ ㅁ ‒ ㅂ ‒ ㅅ
④ ㄱ ‒ ㄷ ‒ ㄹ ‒ ㅁ ‒ ㄴ ‒ ㅅ ‒ ㅂ
⑤ ㄱ ‒ ㄷ ‒ ㄴ ‒ ㅁ ‒ ㄹ ‒ ㅂ ‒ ㅅ

해설 기준일탈의 결과를 확인한 이후 기준일탈의 조사를 진행한다.

정답 01 ④ 02 ①

**03** 천연화장품의 용기와 포장에 사용할 수 없는 재질에 해당하는 것을 〈보기〉 중 <u>모두</u> 고르시오.

┤ 보기 ├

ㄱ. 폴리염화비닐(PVC)    ㄴ. AS수지
ㄷ. 폴리스티렌폼      ㄹ. 고밀도 폴리에틸렌(HDPE)
ㅁ. 스테인리스 스틸     ㅂ. 폴리스티렌

① ㄱ, ㄴ      ② ㄱ, ㄷ      ③ ㄱ, ㅂ
④ ㄴ, ㄷ      ⑤ ㄷ, ㅂ

**해설** 폴리염화비닐(PVC)과 폴리스티렌폼(Polystyrene foam)은 포장에 사용할 수 없도록 규정되어 있다.

**04** 회수대상 화장품을 회수 · 폐기한 후 지방식품의약품안전청장에게 제출해야 하는 문서로 〈보기〉 중 적절한 것을 모두 고르시오.

┤ 보기 ├

ㄱ. 폐기확인서      ㄴ. 회수확인서
ㄷ. 평가보고서      ㄹ. 폐기신고서
ㅁ. 회수계획서

① ㄱ, ㄴ, ㄷ    ② ㄱ, ㄴ, ㄹ    ③ ㄱ, ㄷ, ㄹ
④ ㄴ, ㄷ, ㄹ    ⑤ ㄴ, ㄹ, ㅁ

**해설** ㄹ. 폐기신고서는 적절한 명칭이 아니다. 폐기확인서가 공식적인 명칭이다.
   ㅁ. 회수계획서는 회수 전에 제출한다.

**05** 〈보기〉 중 알레르기 유발 성분의 표기로 옳지 <u>않은</u> 것은?

┤ 보기 ├

ㄱ. A성분, B성분, C성분, 향료, 쿠마린, 리날룰

ㄴ. A성분, B성분, C성분, 향료(쿠마린, 리날룰)

ㄷ. A성분, 향료, B성분, C성분, 쿠마린, 리날룰(함량 순으로 기재)

ㄹ. A성분, B성분, C성분, 리날룰, 쿠마린, 향료

ㅁ. A성분, 향료, B성분, C성분, 쿠마린, 리날룰(알레르기 유발 성분)

① ㄱ, ㄷ      ② ㄱ, ㅁ      ③ ㄴ, ㄷ
④ ㄴ, ㅁ      ⑤ ㄹ, ㅁ

**해설** 괄호를 사용하거나 알레르기 유발 성분이라는 것을 적을 필요는 없다.

**06** CGMP의 규정 중 작업장에 사용되는 세제의 종류와 사용법에 대해서 거리가 <u>먼</u> 것을 고르시오.

① 계면활성제는 세정제의 주요성분으로 이물을 제거한다. 알킬설페이트 등이 있다.

② 금속이온봉쇄제는 세정효과를 증가시키며, 소듐글루코네이트 등이 있다.

③ 유기폴리머는 세정제 잔류성을 강화시키며, 셀룰로오즈 유도체 등이 있다.

④ 용제는 계면활성제의 세정효과 증대의 특성이 있으며, 글리콜, 벤질알코올 등이 있다

⑤ 표백성분은 색상 개선과 살균작용이 있고, 대표적인 성분으로 4급 암모늄 화합물이 있다.

**해설** 표백성분은 색상 개선과 살균작용이 있고, 대표적인 성분으로 활성염소가 있다.


**07** CGMP의 규정 중 세척 후 판정하는 방법의 린스 정량법에 대한 설명과 거리가 <u>먼</u> 것은?

① 린스 액의 최적 정량을 위하여 HPLC법 이용

② 잔존물의 유무를 판정하기 위해서 박층 크로마토그래프법(TLC)에 의한 간편 정량법 실시

③ 린스액 중의 총유기탄소를 총유기탄소(Total Organic Carbon, TOC) 측정기로 측정

④ UV를 흡수하는 물질 잔존 여부 확인

⑤ 천 표면의 잔류물 유무로 세척 결과 판정(흰 천이나 검은 천)

**해설** ⑤는 닦아내기 판정에 대한 설명이다.


**08** 화장품의 품질의 유효성을 확보하기 위한 성분의 연결이 <u>잘못된</u> 것은?

① 생물학적 유효성 – 미백 : 알부틴 나이아신아마이드

② 화학적 유효성 – 자외선 차단 : 옥시벤존,

③ 화학적 유효성 – 자외선 차단 : 티타늄옥사이드, 징크옥사이드

④ 생물학적 유효성 – 주름 : 아데노신

⑤ 심리적 유효성 – 향에 의한 기분의 완화 : 자스민 향료

**해설** 자외선 차단제 중 티타늄옥사이드, 징크옥사이드는 물리적으로 자외선을 산란시킨다. 반면 유기 자외선 차단제는 자외선을 화학적으로 흡수한다.


**09** CGMP의 규정 중 설비의 이송파이프에 대한 설명으로 거리가 <u>먼</u> 것은?

① 파이프 시스템은 정상적으로 가동하는 동안 가득 차도록 하고 사용하지 않을 때는 배출하도록 고안되어야 함

② 오염시킬 수 있는 막힌 관(dead legs)이 없도록 함

③ 파이프 시스템은 축소와 확장을 최소화하도록 고안되어야 함

④ 메인 파이프에서 두 번째 라인으로 흘러가도록 밸브를 사용할 때 밸브는 데드렉(dead leg)을 방지하기 위해 주 흐름에 가능한 한 가깝게 위치해야 함

⑤ 밸브를 많이 설치하여 조절이 쉽도록 함

**해설** 시스템에서 밸브와 부속품이 일반적인 오염원이기 때문에 최소의 숫자로 설계되어야 한다.


**정답**  06 ⑤  07 ⑤  08 ③  09 ⑤

**10** 다음 모발에 대한 설명 중 거리가 <u>먼</u> 것을 고르시오.

① 모발의 주기는 성장기 – 휴지기 – 퇴행기를 반복한다.
② 모모세포는 모유두(毛乳頭) 조직 내에 있으면서 두발을 만들어 내는 세포이다
③ 모유두는 모세혈관이 엉켜 있으며 이를 통해 두발을 성장시키는 영양분과 산소를 운반하고 있다.
④ 모수질은 두발 중심 부근의 공동(속이 비어 있는 상태) 부위이다.
⑤ 큐티클층의 최외곽에는 에피큐티클 층이 있고 단백질 용해성의 약품(친유성, 알칼리 용액)에 대한 저항성이 가장 강한 성질을 나타낸다.

해설 모발의 주기는 성장기 – 퇴행기 – 휴지기를 반복한다.


**11** 다음 중 표피의 설명에 대한 것으로 거리가 <u>먼</u> 것은?

① 피부 장벽을 구성하여 외부 이물질의 침입을 막는다.
② 멜라닌을 합성하고 보유하여 피부색을 나타내고 자외선을 방어한다.
③ 콜라겐으로 구성되어 피부에 탄력을 부여한다.
④ 각질세포는 케라틴 단백질이 주요 구성 성분이다.
⑤ 천연보습 인자 성분을 포함하여 수분의 증발을 억제한다.

해설 '콜라겐으로 구성되어 피부에 탄력을 부여한다'는 표피가 아닌 진피의 기능이다.


**12** 다음은 새로운 립스틱 제품의 평가를 위해 소비자 20명을 대상으로 진행하는 관능평가이다. 해당하는 관능평가의 종류는?

[설문지]
제품의 정보가 가려져 있는 A 제품과 B 제품을 사용해 보시고 더 선호하는 제품을 A 혹은 B의 형태로 작성해 주세요.

① 일반인 – 맹검 – 분석　　② 일반인 – 비맹검 – 기호성　　③ 전문가 – 맹검 – 기호성
④ 전문인 – 비맹검 – 분석　　⑤ 일반인 – 맹검 – 기호성

해설 일반인을 대상으로 제품의 정보를 제공하지 않고(맹검), 선호 여부를 조사하는 기호성 분석이다.


**13** 〈보기〉의 맞춤형화장품의 혼합에 사용하는 기기의 특성에 해당하는 것을 고르시오.

┤ 보기 ├

'아지믹서'라고도 불리며 봉의 끝부분에 회전 날개가 붙어 있어 내용물을 혼합하는 데 사용할 수 있다.

① 스틱성형기　　② 오버헤드스터러　　③ 온도계
④ 핫플레이트　　⑤ 호모믹서

해설 ① 스틱성형기 : 립스틱 등의 성형
　　③ 온도계 : 온도의 측정
　　④ 핫플레이트 : 내용물 등의 가열
　　⑤ 호모믹서 : 회전 날개가 원통에 둘러싸인 형태로 내용물을 혼합

정답　10 ①　11 ③　12 ⑤　13 ②

**14** CGMP의 규정 중 적합 판정 기준을 벗어난 제품의 재작업 여부를 승인하는 사람은?

① 책임판매관리자      ② 맞춤형화장품 조제관리사      ③ 품질보증책임자

④ 화장품제조업자      ⑤ 화장품책임판내업자

**해설** 변질, 변패 여부 등을 확인하고 품질보증책임자에 의해서 승인된 경우에 재작업이 가능하다.

**15** 다음 〈보기〉의 용기의 특징에 해당하는 것을 바르게 연결하시오.

┤ 보기 ├

㉠ 반투명, 광택, 유연성 우수, 튜브 등에 사용
㉡ 내충격성 양호, 금속 느낌을 주기 위한 소재로 사용

| | ㉠ | ㉡ |
|---|---|---|
| ① | HDPE | PP |
| ② | PET | HDPE |
| ③ | PP | ABS |
| ④ | PET | PVC |
| ⑤ | LDPE | ABS |

**해설** • HDPE : 광택이 없으며 수분 투과가 적음
     • PET : 딱딱하며 투명성이 우수하고 광택, 내약품성이 우수함
     • PP : 반투명하며 광택, 내약품성이 우수하고 내충격성이 우수하여 잘 부러지지 않음
     • PVC : 투명하며 성형 가공성이 우수함

**16** 다음 중 음이온계 계면활성제에 해당하는 것은?

① 솔비탄라우레이트
② 소듐라우릴설페이트
③ 코카미도프로필베타인
④ 벤잘코늄클로라이드
⑤ 글리세릴 모노스테아레이트

**해설** • 비이온 : 솔비탄라우레이트, 글리세릴 모노스테아레이트
     • 양이온 : 벤잘코늄클로라이드
     • 양쪽성 : 코카미도프로필베타인

**17** 다음 [광고]의 밑줄 친 부분에서, 금지된 표현의 수( ㉠ ) 및 실증이 필요한 표현의 수( ㉡ )는 몇 개인지 바르게 연결된 것을 고르시오.

[광고]
이 크림은 A 병원장의 추천을 받았으며 부작용 없이 사용할 수 있습니다. 피부장벽 손상의 개선에 도움을 주며, 피부결이 20% 개선되고, 피부에 디톡스 효과를 가져옵니다(무 스테로이드).

|   | ㉠ | ㉡ |
|---|---|---|
| ① | 5 | 1 |
| ② | 4 | 2 |
| ③ | 3 | 3 |
| ④ | 2 | 4 |
| ⑤ | 1 | 5 |

해설 • 금지 표현 : 병원장의 추천, 부작용 없이, 디톡스 효과, 무 스테로이드
• 실증 대상 : 피부장벽 손상의 개선에 도움, 피부결이 20% 개선

**18** 다음 중 화장품에 금지된 효능 – 효과의 표현은?

① 붓기 완화　　　　　　② 다크서클 완화　　　　　　③ 콜라겐의 증가
④ 피부 혈행 개선　　　　⑤ 면역 강화

해설 ①~④는 표시광고 실증 대상에 해당한다. 실증자료로 입증하면 표현이 가능하다.

**19** 다음의 전성분 표에서 비즈왁스의 함량이 될 수 있는 것을 고르시오. (단, 사용상의 제한이 있는 원료 및 기능성 고시원료는 최대 함량을 사용함)

[전성분]
정제수, 올리브오일, 페녹시에탄올 비즈왁스, 폴리에톡실레이티드레틴아마이드

① 3%　　　　　　　　② 1.5%　　　　　　　　③ 0.4%
④ 0.1%　　　　　　　⑤ 0.05%

해설 전성분 표는 함량이 높은 순으로 기재한다. 페녹시에탄올은 1%, 폴리에톡실레이티드레틴아마이드는 0.2%가 최대 함량이다. 따라서 비즈왁스는 1% 이하 0.2% 이상으로 배합될 수 있다. 보기 중 이 사이에 있는 것은 0.4%가 유일하다.

**20** 유통화장품의 안전 기준에서 미생물과 유해물질의 허용한도에 대한 설명 중 (　　　)에 알맞은 것을 순서대로 나열한 것은?

> [유통화장품 안전기준]
> 화장품을 제조하면서 다음 각 호의 물질을 ( ㉠ )으로 첨가하지 않았으나, 제조 또는 보관 과정 중 포장재로부터 이행되는 등 ( ㉡ )으로 유래된 사실이 객관적인 자료로 확인되고 기술적으로 완전한 제거가 불가능한 경우

|   | ㉠ | ㉡ |
|---|---|---|
| ① | 비의도적 | 정상적 |
| ② | 인위적 | 비의도적 |
| ③ | 인위적 | 시험적 |
| ④ | 정상적 | 비의도적 |
| ⑤ | 시험적 | 정상적 |

해설 '인위적'으로 첨가하지 않고 '비의도적'으로 유래된 경우에 한한다.

**21** 로션에 쓸 수 없고, 샴푸에만 사용 가능한 성분으로 연결된 것은?

① 살리실릭애씨드 – 메칠이소치아졸리논
② 징크피리치온 – 메칠이소치아졸리논
③ 메칠이소치아졸리논 – 살리실릭애씨드
④ 벤제토늄클로라이드 – 징크피리치온
⑤ 트리클로카반 – 징크피리치온

해설 • 징크피리치온 : 사용 후 씻어내는 제품에 0.5%
　　 • 메칠이소치아졸리논 : 사용 후 씻어내는 제품에 0.0015%

**22** 다음 위해평가 과정의 용어에 해당하는 것을 순서에 따라 바르게 기입한 것은?

> • ( ㉠ ) : 위해요소에 노출됨에 따라 발생할 수 있는 독성의 정도와 영향의 종류 등을 파악
> • ( ㉡ ) : 위해요소 및 이를 함유한 화장품의 사용에 따른 건강상 영향에 대해 인체노출허용량(독성기준값) 및 노출 수준을 고려하여 사람에게 미칠 수 있는 위해의 정도와 발생 빈도 등을 정량적으로 예측

|   | ㉠ | ㉡ |
|---|---|---|
| ① | 위험성 확인 | 위해도 결정 |
| ② | 위해도 결정 | 위험성 결정 |
| ③ | 노출평가 | 위험성 결정 |
| ④ | 위험성 결정 | 위해도 결정 |
| ⑤ | 위험성 확인 | 노출평가 |

해설 • 위험성 결정 : 동물실험 결과 등으로부터 독성기준값을 결정
　　 • 노출평가 : 화장품의 사용으로 인해 위해요소에 노출되는 양 또는 노출 수준을 정량적 또는 정성적으로 산출

정답 　20 ②　21 ②　22 ①

**23** 다음의 보기에 해당하는 사용상의 주의사항을 표시해야 하는 제품은?

┤ 보기 ├

- 같은 부위에 연속해서 3초 이상 분사하지 말 것
- 가능하면 인체에서 20cm 이상 떨어져서 사용할 것
- 눈 주위 또는 점막 등에 분사하지 말 것

① 미세한 알갱이가 함유되어 있는 스크럽 세안제
② 손발톱용 제품류
③ 두발용 · 두발염색용 및 눈 화장용 제품류
④ 고압가스를 사용하는 에어로졸 제품
⑤ 체취 방지용 제품

해설 ① 미세한 알갱이가 함유되어 있는 스크럽 세안제 : 알갱이가 눈에 들어갔을 때에는 물로 씻어내고, 이상이 있는 경우에는 전문의와
상담할 것
② 손발톱용 제품류 : 손발톱 및 그 주위 피부에 이상이 있는 경우에는 사용하지 말 것
③ 두발용 · 두발염색용 및 눈 화장용 제품류 : 눈에 들어갔을 때에는 즉시 씻어낼 것
⑤ 체취 방지용 제품 : 털을 제거한 직후에는 사용하지 말 것

**24** 다음은 알부틴 로션제의 개별 기준 및 시험 방법에 대한 사항이다. 빈칸에 공통적으로 들어갈 성분은?

┤ 보기 ├

기능성화장품 약 1g을 정밀하게 달아 이동상을 넣어 분산시킨 다음 10mL로 하고 필요하면 여과하여 검액으로 한다. 따로
(     ) 표준품 약 10mg을 정밀하게 달아 이동상을 넣어 녹여 100mL로 한 액 1mL를 정확하게 취한 후, 이동상을 넣어 정확하
게 1,000mL로 한 액을 표준액으로 한다. 검액 및 표준액 각 20μL씩을 가지고 다음 조작 조건으로 액체크로마토그래프법에
따라 시험할 때 검액의 (     ) 피크는 표준액의 (     ) 피크보다 크지 않다(1ppm).

① 납 　　　　　　　　② 비소 　　　　　　　　③ 감광소
④ 히드로퀴논 　　　　⑤ 과산화수소

해설 히드로퀴논은 알부틴과 유사한 구조를 가진 성분으로 기미 치료 성분인 의약품에 해당한다. 알부틴 로션제에서 검출 한계를 정해 두고
있다.

**25** 안전용기, 포장이 필요한 제품으로 가장 거리가 먼 것을 고르시오.

① 아세톤을 함유하는 네일 에나멜 리무버 및 네일 폴리시 리무버
② 어린이용 오일 등 개별포장당 탄화수소류를 10퍼센트 이상 함유한 제품
③ 운동점도가 11센티스톡스(섭씨 40도 기준) 이하인 비에멀젼 타입의 액체 상태 제품
④ 개별포장당 메틸 살리실레이트를 5퍼센트 이상 함유하는 액체 상태의 제품
⑤ 만 5세 미만의 어린이가 개봉하기 어렵게 설계 · 고안된 용기나 포장

해설 운동점도가 21센티스톡스(섭씨 40도 기준) 이하인 비에멀젼 타입의 액체 상태 제품

정답 23 ④ 　24 ④ 　25 ③

**26** 맞춤형화장품 판매업자의 의무와 거리가 **먼** 것은?

① 맞춤형화장품 혼합, 소분에 사용된 내용물, 원료 특성 설명은 생략 가능하다.
② 맞춤형화장품 사용 시의 주의사항은 소비자에게 설명해야 한다.
③ 맞춤형화장품 사용과 관련된 부작용 발생 사례에 대해서는 지체 없이 식품의약품안전처장에게 보고해야 한다.
④ 맞춤형화장품 판매내역서를 작성, 보관하여야 한다.
⑤ 맞춤형화장품의 원료목록 및 생산실적 등을 기록·보관하여 관리해야 한다.

**해설** 혼합·소분에 사용된 내용물·원료의 내용 및 특성을 설명할 의무가 있다.


**27** 다음 중 맞춤형화장품 조제관리사가 배합할 수 **없는** 원료는?

① 라놀린　　　　　　② 파라핀　　　　　　③ 카나우바왁스
④ 올리브오일　　　　⑤ 소합향나무 발삼오일

**해설** 소합향나무 발삼오일은 사용상의 제한이 있는 원료 [별표2]에 0.6%로 함량 제한이 있다. 사용상의 제한이 있는 원료는 맞춤형화장품 조제관리사가 배합할 수 없다.


**28** 화장품의 포장에 기재해야 하는 사항 중 맞춤형화장품에는 생략이 가능한 항목은?

① 식품의약품안전처장이 정하는 바코드
② 기능성화장품의 경우 심사받거나 보고한 효능·효과, 용법·용량
③ 성분명을 제품 명칭의 일부로 사용한 경우 그 성분명과 함량
④ 인체 세포·조직 배양액이 들어 있는 경우 그 함량
⑤ 화장품에 천연 또는 유기농으로 표시·광고하려는 경우에는 원료의 함량

**해설** 식품의약품안전처장이 정하는 바코드, 수입화장품인 경우에는 제조국의 명칭, 제조회사명 및 그 소재지는 맞춤형화장품의 경우 생략이 가능하다.


**29** 다음의 표시 – 광고의 표현 중 화장품에 사용 가능한 것은?

① 메디슨　　　　　　② 드럭　　　　　　③ 코스메슈티컬
④ 거칢 방지　　　　　⑤ 피로회복

**해설** ④를 제외한 항목은 의약품으로 오인할 우려가 있어서 화장품에는 금지되는 표현이다.


**30** 화장품의 성분 중 피부에 조이는 느낌을 주는 기능을 하는 것은?

① 보존제　　　　　　② 보습제　　　　　　③ 수렴제
④ 점도조절제　　　　⑤ 분산제

**해설** ① 보존제 : 미생물의 번식을 방지하는 데 쓰이는 물질
　　② 보습제 : 피부 수분의 유지를 위해 사용되는 물질
　　④ 점도조절제 : 화장품의 점도를 유발하고 사용감을 높이는 물질
　　⑤ 분산제 : 안료를 분산시키는 목적으로 사용되는 계면활성제


**정답**　26 ①　27 ⑤　28 ①　29 ④　30 ③

**31** 다음의 보기에 해당하는 위해성을 가진 화장품의 회수 기간은?

┤ 보기 ├

맞춤형화장품 조제관리사를 두지 아니하고 판매한 맞춤형화장품

① 7일           ② 15일           ③ 30일
④ 3개월        ⑤ 6개월

**해설** 맞춤형화장품 조제관리사를 두지 아니하고 판매한 맞춤형화장품의 위해성은 다 등급에 해당한다. 이 경우 회수를 시작한 날부터 30일 이내에 회수해야 한다.

**32** 회수대상인 화장품임을 안 날부터 며칠 이내에 회수계획서를 지방식품의약안정청장에게 제출해야 하는가?

① 3일           ② 5일            ③ 7일
④ 15일         ⑤ 30일

**해설** 회수계획서는 5일 이내에 제출해야 하고 '해당 품목의 제조·수입기록서 사본', '판매처별 판매량·판매일 등의 기록', '회수 사유를 적은 서류'가 포함되어야 한다.

**33** 다음 중 "눈에 접촉을 피하고 눈에 들어갔을 때 즉시 씻어낼 것"이라는 사용상의 주의사항을 기입해야 하는 것으로 연결된 것은?

① 과산화수소수 함유 제품 – 스테아린산아연 함유 제품
② 과산화수소수 함유 제품 – 실버나이트레이트 함유 제품
③ 살리실릭애씨드 함유 제품 – 벤잘코늄클로라이드 함유 제품
④ 알부틴 2% 이상 함유 제품 – 벤잘코늄클로라이드 함유 제품
⑤ 카민 함유 제품 – 알부틴 2% 이상 함유 제품

**해설** • 과산화수소수 함유 제품, 실버나이트레이트 함유 제품, 벤잘코늄클로라이드 함유 제품 : 눈에 접촉을 피하고 눈에 들어갔을 때 즉시 씻어낼 것
      • 살리실릭애씨드 함유 제품 : 만 3세 이하 어린이에게는 사용하지 말 것
      • 알부틴 2% 이상 함유 제품 : 「인체적용시험자료」에서 구진과 경미한 가려움이 보고된 예가 있음
      • 카민 함유 제품 : 이 성분에 과민하거나 알레르기가 있는 사람은 신중히 사용할 것

**34** 다음은 화장품의 사용상 주의사항 중 공통사항에 해당하는 것이다. 빈칸에 들어갈 말로 적절히 연결된 것을 고르시오.

┤ 보기 ├

화장품 사용 시 또는 사용 후 ( )에 의하여 사용 부위에 붉은 반점, 부어오름 또는 가려움증 등의 이상 증상이나 부작용이 있는 경우 ( ) 등과 상담할 것

① 오남용 – 책임판매관리자
② 직사광선 – 책임판매관리자
③ 직사광선 – 전문의
④ 부작용 – 맞춤형화장품 조제관리사
⑤ 오남용 – 전문의

**해설** 화장품의 성분으로 인해 직사광선 등을 받을 때 자극이 커지는 경우가 있다. 부작용이 생기면 사용을 중단하고 전문의와 상담한다.

**정답**   31 ③   32 ②   33 ②   34 ③

**35** 다음의 기능 중 화장품의 표시 – 광고 기준에 적합하지 <u>않은</u> 것은?

① 여드름의 흔적을 제거한다.

② 피부의 거칠어짐을 방지하고 살결을 가다듬는다.

③ 피부를 청정하게 한다.

④ 피부에 수렴 효과를 준다.

⑤ 면도로 인한 상처를 방지한다.

해설 '여드름의 흔적을 제거한다.'는 의약품의 기능으로 화장품에는 사용하지 못한다.


**36** 책임판매업자의 안전성 정보 관리기준에서 중대한 유해사례와 거리가 <u>먼</u> 것은?

① 사망을 초래하거나 생명을 위협하는 경우

② 입원 또는 입원 기간의 연장이 필요한 경우

③ 지속적 또는 중대한 불구나 기능 저하를 초래하는 경우

④ 선천적 기형 또는 이상을 초래하는 경우

⑤ 사용 부위에 붉은 반점이 생기는 경우

해설 중대한 유해사례는 의학적으로 중요한 상황으로, ⑤는 이에 해당하지 않는다.


**37** 화장품의 사용 및 보관 방법 중 다음의 〈보기〉에 해당하는 것은?

┤ 보기 ├

섭씨 15도 이하의 어두운 장소에 보존하고, 색이 변하거나 침전된 경우에는 사용하지 말 것

① 고압가스를 사용하는 에어로졸 제품

② 알파 – 하이드록시애시드 함유 제품

③ 손 · 발의 피부연화 제품

④ 모발용 샴푸

⑤ 퍼머넌트 웨이브 제품 및 헤어스트레이트너 제품

해설 일반적인 화장품의 경우 '어린이의 손이 닿지 않는 곳에 보관할 것', '직사광선을 피해서 보관할 것' 등의 보관상 주의사항이 있으나, 퍼머넌트 웨이브 제품 및 헤어스트레이트너 제품은 '섭씨 15도 이하의 어두운 장소에 보존할 것'이라는 개별 주의사항이 있다.


**38** 다음 중 사용상의 제한이 있는 원료에 해당하지 <u>않는</u> 것은?

① 미생물의 성장을 억제한 보존제

② 자외선을 차단하는 자외선 차단제

③ 머리색을 변화시키는 산화 염모제

④ 색조 화장을 위한 색소

⑤ 주름 개선을 위한 기능성 화장품 고시 소재

해설 ①~④는 사용상의 제한이 있는 원료이므로 맞춤형화장품 조제관리사가 배합할 수 없다.


정답 35 ① 36 ⑤ 37 ⑤ 38 ⑤

**39** 피부의 수분을 증가시키는 성분 중 수분과 결합하는 능력이 좋아서 습윤제로 불리는 성분과 거리가 <u>먼</u> 것은?

① 글리세린          ② 부틸렌 글라이콜          ③ 락틱애씨드

④ 솔비톨          ⑤ 파라핀

해설 파라핀은 물과의 친화력이 없고 막을 형성하여 피부의 수분 증발을 억제한다. 밀폐제로 분류된다.

**40** 계면활성제의 친수성과 친유성의 비율에 따른 분류를 HLB라고 한다. 숫자가 클수록 친수성이 크다. 다음 중 기초적인 o/w 유화에 적합한 HLB의 범위는?

① 1~3          ② 4~6          ③ 7~9

④ 8~18          ⑤ 15~18

해설 ① 1~3 : 소포제
② 4~6 : w/o 유화
③ 7~9 : 분산제
⑤ 15~18 : 가용화제

**41** 다음의 안료 중 그 기능이 <u>다른</u> 것은?

① 마이카          ② 탈크          ③ 카올린

④ 이산화티탄          ⑤ 새리사이트

해설 이산화티탄은 피부를 희게 나타내게 하는 백색안료이다. 나머지는 희석, 광택, 사용감을 조절하는 체질안료이다.

**42** 작업장은 세척 이외에도 미생물의 존재를 가정하고 주기적으로 소독을 통하여 오염을 방지해야 한다. 이때 사용하기에 적합한 소독액은?

① 폴리올          ② 70% 에탄올          ③ 칼슘카보네이트

④ 글리콜          ⑤ 소듐글루코네이트

해설 ① 폴리올 : 유기폴리머. 세정 효과 증대
③ 칼슘카보네이트 : 연마제. 기계적 작용에 의한 세정 증대
④ 글리콜 : 용제, 계면활성제. 세정 효과 증대
⑤ 소듐글루코네이트 : 금속이온봉쇄제. 세정 효과 증대

**43** 작업장 내 직원의 위생을 위한 손 세제의 사용법에 대한 설명으로 거리가 <u>먼</u> 것은?

① 고형 타입의 핸드 워시는 주로 산성을 나타낸다.
② 흐르는 물을 이용하여 손을 세척한다.
③ 핸드새니타이저는 물을 사용하지 않고 세정 기능을 나타낸다.
④ 작업장 입실 전, 화장실 이용 이후 시행한다.
⑤ 종이타월 혹은 드라이어를 이용하여 건조한다.

해설 핸드 워시는 고형 타입 비누의 단점을 보완하기 위해 액상으로 구성되고 주로 알카리성을 띤다.

정답   39 ⑤   40 ④   41 ④   42 ②   43 ①

**44** 작업장의 위생 유지관리 활동에서 방충-방서의 대책과 거리가 먼 것은?

① 창문은 차광하고 야간에 빛이 밖으로 새어나가지 않게 함

② 폐수구에 트랩을 설치

③ 파이프는 받침대 등으로 고정하고 벽에 닿지 않게 함

④ 폐수구에 트랩을 설치

⑤ 골판지, 나무 부스러기를 방치하지 않음

해설 파이프는 받침대 등으로 고정하고 벽에 닿지 않게 하여 '청소가 용이하도록'한다.


**45** 화장품 제조 설비 중 〈보기〉의 설명에 해당하는 것은?

┤ 보기 ├

공정 단계 및 완성된 포뮬레이션 과정에서 공정 중인 또는 보관용 원료를 저장하기 위해 사용되는 용기

① 교반장치          ② 호스          ③ 제품충전기
④ 탱크            ⑤ 펌프

해설 ① 교반장치 : 제품의 균일성을 얻기 위해 혼합
② 호스 : 다른 위치로 제품을 전달
③ 제품충전기 : 완성된 내용물을 1차 용기에 넣기 위해 사용
⑤ 펌프 : 액체를 다른 지점으로 이동


**46** 원자재 입고 절차 중 육안 확인 시 물품에 결함이 있을 경우 취할 수 있는 조치와 거리가 먼 것은?

① 입고 보류          ② 격리보관          ③ 재작업
④ 폐기            ⑤ 공급업자에게 반송

해설 재작업은 직접 생산한 내용물에 대한 품질관리의 활동이다.


**47** 원자재의 입고 시 관리기준에서 빈칸에 적절한 것으로 연결된 것은?

┤ 보기 ├

자재의 입고 시 ( ㉠ ), 원자재 공급업체 ( ㉡ ) 및 현품이 서로 일치하여야 하며, 필요한 경우 운송 관련 자료를 추가적으로 확인할 수 있음

| | ㉠ | ㉡ |
|---|---|---|
| ① | 수입기록서 | 설명서 |
| ② | 성적서 | 판매내역서 |
| ③ | 신고서 | 신청서 |
| ④ | 구매요구서 | 성적서 |
| ⑤ | 구매요구서 | 계획서 |

해설 구매요구서에는 제조업자가 원자재 공급업자에게 요구하는 구매 품명별 규격이 명시되어 있다. 이와 원자재 공급업체에서 시험한 성적서를 비교하여야 한다.

**정답** 44 ③  45 ④  46 ③  47 ④

**48** 다음의 〈보기〉는 원료 및 포장재의 품질관리에 대한 사항이다. 빈칸에 들어갈 용어로 적절한 것은?

─── 보기 ───

허용 가능한 사용기한을 결정하기 위한 시스템을 확립해야 한다. 이러한 시스템은 물질의 정해진 사용기한이 지나면 해당 물질을 (      )하여 사용 적합성을 결정한다.

① 재작업　　　　　　　② 재평가　　　　　　　③ 폐기
④ 반송　　　　　　　　⑤ 격리

해설 재평가 방법을 확립해 두면 보관기한이 지난 원료를 재평가해서 사용할 수 있다.

**49** 완제품의 출고 전 품질관리를 위한 작업 중 〈보기〉에서 설명하는 것은?

─── 보기 ───

제품의 사용 중에 발생할지도 모르는 재검토 작업에 대비한다. 품질상에 문제가 발생하여 재시험이 필요할 때 또는 발생한 불만에 대처하기 위하여 품질 이외의 사항에 대한 검토가 필요하게 될 경우에 사용한다.

① 검체　　　　　　　　② 뱃치　　　　　　　　③ 벌크제품
④ 원자재　　　　　　　⑤ 보관용 검체

해설 보관용 검체는 제품 출시 이후 사용 중 발생하는 불만에 대한 재검토를 위해 보관하는 검체이다.

**50** 제품의 출고 기준에서 다음의 〈보기〉가 설명하는 원칙에 해당하는 것은?

─── 보기 ───

• 입고 및 출고 상황을 관리 · 기록해야 함
• 특별한 환경을 제외하고 재고품 순환은 오래된 것이 먼저 사용되도록 보증해야 함
• 나중에 입고된 물품이 사용기한이 짧은 경우 또는 특별한 사유가 발생할 경우, 먼저 입고된 물품보다 먼저 출고할 수 있음

① 재고관리　　　　　　② 출하　　　　　　　　③ 합격 판정
④ 반품　　　　　　　　⑤ 선입선출

해설 오래된 것이 먼저 사용되도록 하는 방식을 '선입선출'이라고 한다.

**51** 영유아 또는 어린이가 사용할 수 있는 화장품임을 표시 · 광고하려는 경우에는 제품별로 안전과 품질을 입증할 수 있는 제품별 안전성 자료를 작성 및 보관해야 한다. 다음의 (      )에 해당하는 것은?

• 제품 및 제조 방법에 대한 설명 자료
• 화장품에 대한 안전성 평가 자료
• 제품의 (      )에 대한 증명 자료

① 품질　　　　　　　　② 안정성　　　　　　　③ 함량
④ 적합성　　　　　　　⑤ 효능 · 효과

해설 가능성 화장품의 효능 · 효과 및 표시광고 실증 중 효능 · 효과에 대한 자료가 해당한다.

정답 48 ②　49 ⑤　50 ⑤　51 ⑤

**52** 유통화장품 안전기준 중 pH 3.0~9.0의 규제를 받지 않는 제품은?

① 영－유아용 크림　　　② 클렌징오일　　　③ 헤어로션
④ 유연 화장수　　　　　⑤ 바디로션

해설 물을 포함하지 않는 제품의 경우는 pH 기준에 해당하지 않는다.


**53** 다음은 물휴지의 제품 성적서이다. 유통화장품 안전 관리 기준에 위반된 경우는 <u>모두</u> 몇 개인가?

[성적서]
세균 10개/g
진균 120개/g
메탄올 0.2%
포름알데히드 500ug/g
수은 0.1ug/g

① 1　　　　　　　　　② 2　　　　　　　　　③ 3
④ 4　　　　　　　　　⑤ 5

해설 기준상 진균 100개/g 이하, 메탄올 0.0025% 이하, 포름알데히드 20ug/g 이하여야 하므로 3개 위반이다.


**54** 다음 중 총 호기성 생균수가 600개/g으로 검출될 경우 유통화장품 안전기준의 미생물의 한도에 부적합한 것은 총 몇 개인가?

┤ 보기 ├

영유아용 로션, 아이라이너, 립스틱, 쉐이빙 로션, 마스카라

① 1　　　　　　　　　② 2　　　　　　　　　③ 3
④ 4　　　　　　　　　⑤ 5

해설 눈화장 제품류(아이라이너, 마스카라), 영유아용 제품류(영유아용 로션)는 500개/g으로 관리되어야 한다.


**55** 다음 중 니켈이 34ug/g으로 검출되면 유통화장품 안전기준에 위배되는 제품의 개수는?

┤ 보기 ├

아이 메이크업 리무버, 폼 클렌저, 헤어토닉, 립밤, 파운데이션

① 1　　　　　　　　　② 2　　　　　　　　　③ 3
④ 4　　　　　　　　　⑤ 5

해설 • 눈화장용 제품(아이메이크업 리무버) : $35\mu g/g$ 이하
• 색조화장용 제품(립밤, 파운데이션) : $30\mu g/g$ 이하
• 그 밖의 제품(헤어토닉) : $10\mu g/g$ 이하

---

정답　52 ②　53 ③　54 ③　55 ④

**56** 다음은 내용량이 50g인 제품의 3개의 시험 결과이다. 표기량의 몇 %인지와 합격/불합격 여부를 바르게 연결한 것은?

┤ 보기 ├

• 제품 1 : 48g          • 제품 2 : 50g          • 제품 3 : 47g

① 98.7%, 합격                    ② 97.7%, 불합격                    ③ 97.7%, 합격

④ 96.7%, 합격                    ⑤ 96.7%, 불합격

해설 표기된 내용량 기준 97% 이상이 되어야 합격이다.

**57** CGMP 규정 중 혼합 및 소분의 위생관리 규정과 거리가 먼 것은?

① 청정도에 맞는 작업복, 모자 및 신발 착용
② 작업복 등은 목적과 오염도에 따라 세탁을 하고 필요에 따라 소독
③ 작업 전에 복장 점검을 하고 적절하지 않을 경우는 시정
④ 제조 및 보관지역 내에서만 음식 섭취
⑤ 제품 품질 및 안정성에 악영향을 미칠 수 있는 건강 조건을 가진 직원은 원료, 포장, 제품 또는 제품 표면에 직접 접촉 금지

해설 음식, 음료수 및 담배 등은 제조 및 보관 지역과 분리된 지역에서만 섭취

**58** 설비 기구의 유지관리를 위한 주요 활동에 대한 설명이다. 순서대로 바르게 나열된 것은?

ⓐ 부품의 정기 교체, 시정 실시를 지양
ⓑ 고장 시의 긴급 점검과 수리
ⓒ 계측기에 대한 교정

| | ㉠ | ㉡ | ㉢ |
|---|---|---|---|
| ① | 예방적 활동 | 정기 검정 | 유지보수 |
| ② | 유지보수 | 정기 검정 | 예방적 활동 |
| ③ | 외관 검사 | 기능측정 | 작동 점검 |
| ④ | 예방적 활동 | 유지보수 | 정기 검정 |
| ⑤ | 청소 | 유지보수 | 정기 검정 |

해설 ㉠ 문제가 생기기 전에 '예방적 활동'을 한다.
㉡ 고장 시 수리하는 것을 '유지보수'라 한다.
㉢ 계측기에 대한 교정이 '정기 검정'이다.
상기 사항이 유지관리의 기본적인 활동이다.

정답 56 ⑤  57 ④  58 ④

**59** 표피의 분류 중 진피층과 경계를 이루고 멜라닌 합성세포가 존재하는 층은?

① 각질층            ② 과립층            ③ 유극층

④ 기저층            ⑤ 망상층

해설 기저 – 유극 – 과립 – 각질층으로 분화되어 간다. 망상층은 진피층의 구조이다.

**60** 피부에서 기능을 하는 다양한 효소 중 주름 개선의 타겟이 되는 것과 거리가 먼 효소는?

① 콜라게네이즈        ② 젤라티네이즈        ③ 티로시네이즈

④ 스트로멜라이신      ⑤ 엘라스티나아제

해설 티로시네이즈는 피부색의 합성에 관여하여 미백 화장품과 관련이 있다.

**61** 다음의 피부 타입 중 〈보기〉의 설명에 해당하는 것은?

┤ 보기 ├

• 2가지 이상의 타입이 공존함
• T – zone 주위로는 피지 분비가 많음
• U – zone 주위로는 수분이 부족함

① 정상 피부         ② 지성 피부         ③ 건성 피부

④ 복합성 피부      ⑤ 민감성 피부

해설 건성과 지성의 복합적인 문제를 보이는 피부 타입을 복합성 피부라고 한다.

**62** 혼합, 소분 특성 분석에 필요한 기기 중 〈보기〉에서 설명하는 기기는?

┤ 보기 ├

반 고형 제품의 유동성을 측정할 때 사용

① pH 미터          ② 경도계           ③ 밸런스

④ 광학 현미경      ⑤ 온도계

해설 ③ 밸런스 : 무게를 측정한다.
　　④ 광학현미경 : 유화입자의 크기를 확인할 수 있다.

**63** 〈보기〉에서 설명하는 용기는?

┤ 보기 ├

일상의 취급 또는 보통 보존상태에서 액상 또는 고형의 이물 또는 수분이 침입하지 않음

① 밀폐용기        ② 기밀용기        ③ 안전용기
④ 밀봉용기        ⑤ 차광용기

해설 ① 밀폐용기 : 고형의 이물 침입 방지
③ 안전용기 : 만 5세 미만의 어린이가 개봉하기 어렵게 설계 · 고안된 용기나 포장
④ 밀봉용기 : 기체 또는 미생물의 침입 방지
⑤ 차광용기 : 광선의 투과를 방지

**64** 다음 〈보기〉 중 50ml 초과 제품의 1차 포장에 필수적인 기재사항이 아닌 것은 <u>모두</u> 몇 개인가?

┤ 보기 ├

제품명, 책임판매업자의 상호, 전성분, 용량/중량, 사용기한, 기능성화장품 문구

① 1        ② 2        ③ 3
④ 4        ⑤ 5

해설 전성분, 용량/중량, 기능성화장품 문구는 필수적인 사항이 아니다.

**65** 다음 중 해당 원료의 함량을 표시하여야 하는 대상이 <u>아닌</u> 것은?

① 성분명을 제품 명칭의 일부로 사용한 경우
② 화장품에 천연 또는 유기농으로 표시 · 광고하려는 경우
③ 인체 세포 · 조직 배양액이 들어있는 경우
④ 3세 이하의 영유아용 제품류에 보존제를 사용하는 경우
⑤ 알러지 유발 가능성이 있는 25종의 향료를 사용하는 경우

해설 알러지 유발 가능성이 있는 25종의 향료를 사용하는 경우 일정 이상의 함량이 들어가면 향료의 이름만 표시한다.

**66** 다음 중 맞춤형화장품에서 정하는 영업의 범위에 해당하는 것은?

① 책임판매업자가 소비자에게 판매할 목적으로 만든 내용물을 소분하여 판매
② 원료만을 가지고 제형을 제작하여 판매
③ 화장 비누를 소분하여 판매
④ 책임판매업자가 기능성화장품으로 심사받은 내용물을 소분하여 판매
⑤ 모발염색제를 소비자의 요구대로 섞어 조색하여 판매

해설 책임판매업자가 맞춤형화장품을 위해 제작한 내용물만 판매할 수 있다. 이때 고형 비누는 제외된다.

정답   63 ②   64 ③   65 ⑤   66 ④

**67** 맞춤형화장품 판매를 하기 위해서 지방식품의약품안전청장에 제출해야 하는 서류는?

① 맞춤형화장품 판매 신고서

② 맞춤형화장품 판매 등록서

③ 맞춤형화장품 판매 허가서

④ 맞춤형화장품 판매 보고서

⑤ 맞춤형화장품 판매 심사서

**해설** 화장품 제조업과 책임판매업은 등록 대상이다. 반면 맞춤형화장품 판매업은 신고 대상이다. 따라서 신고서를 제출한다.

**68** 다음 중 맞춤형화장품 조제관리사가 배합할 수 있는 원료는?

① 만수국꽃 추출물      ② 머스크케톤      ③ 비즈왁스

④ 시스테인      ⑤ 아데노신

**해설** 만수국꽃 추출물, 시스테인, 머스크케톤은 사용상의 제한이 있는 원료이며 아데노신은 기능성 고시원료이다. 이들은 배합할 수 없다.

**69** 맞춤형화장품 조제관리사는 〈보기〉의 두 가상의 제형 중 A를 60%, B를 40% 혼합하였다. 사용상의 제한이 있는 성분은 최대 함량을 배합하였다면, 올바른 전성분의 표시는?

┤ 보기 ├

- 제형 A : 정제수, 비타민 E, 페녹시에탄올
- 제형 B : 정제수, 이산화티탄, 마그네슘아스코빌포스페이트

① 정제수, 이산화티탄, 비타민 E, 페녹시에탄올, 마그네슘아스코빌포스페이트

② 정제수, 비타민 E, 이산화티탄, 마그네슘아스코빌포스페이트, 페녹시에탄올

③ 정제수, 이산화티탄, 페녹시에탄올, 비타민 E, 마그네슘아스코빌포스페이트

④ 정제수, 페녹시에탄올, 이산화티탄, 비타민 E, 마그네슘아스코빌포스페이트

⑤ 정제수, 비타민 E, 이산화티탄, 페녹시에탄올, 마그네슘아스코빌포스페이트

**해설** 전성분은 함량이 많은 순으로 표시된다. 두 제형 모두 정제수가 앞서 표기되었으므로 혼합 후에도 정제수가 가장 앞에 표시된다. 이후 함량의 제한이 있는 성분들은 이산화티탄 25%, 비타민 E 20%, 마그네슘아스코빌포스페이트 3%, 페녹시에탄올 1%가 들어갔으며, 6 : 4로 배합한 경우 비타민 E 12%, 이산화티탄 10% 마그네슘아스코빌포스페이트 1.2%, 페녹시에탄올 0.6%의 순서가 된다.

**70** 〈보기〉는 미백기능성 화장품의 기준 및 시험 방법에 대한 내용이다. ( )에 들어갈 적합한 성분은?

┤ 보기 ├

유용성감초추출물은 감초 Glycyrrhiza glabra L. var. glandulifera Regel et Herder, Glycyrrhiza uralensis Fisher 또는 그 밖의 근연식물(Leguminosae)의 뿌리를 무수 에탄올로 추출하여 얻은 추출물을 다시 에칠 아세테이트로 추출한 다음 추출액을 감압농축하여 건조한 유용성 추출물을 가루로 한 것이다. 이 원료는 정량할 때 ( )을/를 35.0% 이상 함유한다.

① 에탄올      ② 글라블리딘      ③ 알파 비사보롤

④ 고추틴크      ⑤ 머스크자일렌

**해설** 글라블리딘은 유용성 감초 추출물에서 미백의 효능을 내는 지표 물질이다.

**정답** 67 ①   68 ③   69 ②   70 ②

**71** 화장품 제형의 정의 중 〈보기〉에 해당하는 것은?

───────────────┤ 보기 ├───────────────

균질하게 미립상으로 만든 것을 말하며, 부형제 등을 사용할 수 있다.

① 에어로겔제          ② 겔제          ③ 로션제
④ 침적마스크제         ⑤ 분말제

해설 분말제는 가루 형태의 제제를 뜻한다.


**72** 다음은 화장품의 물리적 특성인 점도에 대한 설명이다. 빈칸에 적합한 것을 순서대로 나열한 것은?

───────────────┤ 보기 ├───────────────

• 액체가 일정 방향으로 운동할 때 내부마찰력이 발생하는데 이 성질을 점성이라고 한다.
• 점성은 면의 넓이 및 그 면에 대하여 수직 방향의 속도구배에 비례하고 그 비례정수를 (㉠)라 하며 일정 온도에 대하여 그 액체의 고유한 정수이다.
• 그 단위로는 (㉡)을/를 쓴다.

| | ㉠ | ㉡ |
|---|---|---|
| ① | 절대 점도 | 센티스톡스 |
| ② | 상대 점도 | 셀시우스 |
| ③ | 상대 점도 | 센티 포아스 |
| ④ | 상대 점도 | 센티 스톡스 |
| ⑤ | 절대 점도 | 센티 포아스 |

해설 절대 점도란 점도의 절대적인 수치를 의미한다. 흐르는 유동 상태에서 그 물질의 운동 방향에 거슬러 저항하는 끈끈한 정도를 절대적 크기로 나타낸 것으로, 유체 그 자체의 고유한 점성 저항력을 나타내는 지표로 쓰일 수 있다. 1cm 떨어진 평행한 판 사이에 유체가 1dyne의 힘을 받을 때 1초(1s) 사이에 유체가 1cm 이동하면 1포아스(P) 라고 나타낸다. 센티포아즈는 포아스의 1/100의 단위이다.


**73** 다음의 상담 내용을 바탕으로 맞춤형화장품 조제관리사가 분석에 사용할 수 있는 기기와 추천해 줄 수 있는 화장품이 바르게 연결된 것은?

[상담]
요즘 모발이 가늘어지고 머리가 빠지는 것 같습니다. 탈모 증상 완화에 도움을 줄 수 있는 적절한 제품이 있을지요?

① Phototrichogram, 아데노신 함유제품
② Sebumeter, 징크피리치온 함유제품
③ Friction meter, 엘 –멘톨 함유 제품
④ Corneometer, 비오틴 함유 제품
⑤ Phototrichogram, 덱스판테놀 함유 제품

해설 Phototrichogram은 모발의 수를 분석하는 데 사용된다. 탈모 증상 완화에 도움을 주는 기능성 화장품의 원료는 덱스판테놀, 비오틴, 엘–멘톨, 징크피리치온 등이 있다.

정답 71 ⑤    72 ⑤    73 ⑤

**74** 몸에서 나는 체취로 고민하는 소비자에게 그 원인을 설명하려고 한다. 다음에 해당하는 피부의 부속 기관과 적절한 추천 제품으로 연결된 것은?

> [피부 부속 기관]
> • 모공에 연결된 땀샘
> • 수분과 함께 단백질 등의 성분을 함유하여 체취를 구성
> • 세균 등에 의해 부패되면 악취를 형성하는 주요 원인

① 대한선, 데오도란트
② 소한선, 데오도란트
③ 피지선, 향낭
④ 소한선, 제모 왁스
⑤ 대한선, 손발의 피부연화제품

해설 대한선은 모공에 연결되어 있고 악취 형성에 주요 작용을 한다. 체취 방지용 제품에는 데오도란트가 있다.


**75** 다음 중 화장품제조업자가 갖추어야 할 시설기준과 거리가 먼 것은?

① 쥐ㆍ해충 및 먼지 등을 막을 수 있는 시설
② 작업대 등 제조에 필요한 시설 및 기구
③ 공기조절을 위한 공기정화 시설
④ 원료ㆍ자재 및 제품을 보관하는 보관소
⑤ 원료ㆍ자재 및 제품의 품질검사를 위하여 필요한 시험실

해설 공기조절을 위한 공기정화 시설은 CGMP의 사항이나 제조업자의 필수사항은 아니다.


**76** 다음 중 〈보기〉에서 설명하는 안정성 자료를 확보해야 하는 성분과 거리가 먼 것은?

┤ 보기 ├

> 다음 각 목의 어느 하나에 해당하는 성분을 0.5퍼센트 이상 함유하는 제품의 경우에는 해당 품목의 안정성시험 자료를 최종 제조된 제품의 사용기한이 만료되는 날부터 1년간 보존할 것

① 레티놀(비타민A) 및 그 유도체
② 아스코빅애시드(비타민C) 및 그 유도체
③ 비오틴(비타민 B)
④ 과산화화합물
⑤ 효소

해설 화학적으로 불안정한 성분을 사용한 경우 사용기한 내 안정성을 확보하게 하기 위함이다. 비오틴은 해당하지 않고 토코페롤(비타민E)이 안정성 자료가 필요하다.

**77** 다음 중 두발염색용 제품류에 속하지 <u>않는</u> 것은?

① 헤어틴트        ② 헤어컬러스프레이        ③ 염모제
④ 흑채        ⑤ 탈색용 제품

해설 흑채는 두발용 제품으로 분류된다.

**78** 정보주체의 동의 없이 개인정보를 이용할 수 있는 경우에 해당하지 <u>않는</u> 것은?

① 정보주체 또는 그 법정대리인이 의사표시를 할 수 없는 상태에 있거나 주소불명 등으로 사전 동의를 받을 수 없는 경우로서 명백히 정보주체 또는 제3자의 급박한 생명, 신체, 재산의 이익을 위하여 필요하다고 인정되는 경우
② 정보주체와의 계약의 체결 및 이행을 위하여 불가피하게 필요한 경우
③ 공공기관이 법령 등에서 정하는 소관 업무의 수행을 위하여 불가피한 경우
④ 법률에 특별한 규정이 있거나 법령상 의무를 준수하기 위하여 불가피한 경우
⑤ 정보주체의 권리가 개인정보처리자의 정당한 이익보다 우선하는 경우

해설 개인정보처리자의 정당한 이익을 달성하기 위하여 필요한 경우로서 명백하게 정보주체의 권리보다 우선하는 경우

**79** 다음 중 개인정보의 처리에 해당하지 <u>않는</u> 것은?

① 개인정보의 수집
② 개인정보의 보유
③ 개인정보의 파기
④ 개인정보가 기록된 우편물의 전달
⑤ 개인정보의 공개

해설 개인정보가 기록된 우편물을 전달하는 경우는 개인정보의 처리에 해당하지 않는다.

**80** 다음 중 개인정보에 해당하는 것은?

① 사망한 자의 정보
② 법인, 단체에 관한 정보
③ 개인사업자의 상호명
④ 법인, 단체의 대표자에 대한 정보
⑤ 사물에 관한 정보

해설 개인정보는 개인을 알아볼 수 있는 정보이다. 법인, 단체의 대표자에 대한 정보는 개인정보에 해당한다.

**81** 식품의약품안전처장은 화장품 제조 등에서 사용할 수 없는 원료를 지정하여 고시하여야 한다. 또한 보존제, (    ), 자외선차단제 등과 같이 특별한 사용상의 제한이 필요한 원료에 대하여는 그 사용 기준을 지정하여 고시하여야 한다.

해설 맞춤형화장품 조제관리사는 보존제, 자외선 차단제 등의 [별표2]에 해당하는 원료를 배합할 수 없다. 색소의 경우도 [별표2] 에는 해당하지 않으나 종류와 함량에 대한 사용 기준이 정해져 있다.

---

정답   **77** ④   **78** ⑤   **79** ④   **80** ④   **81** 색소

**82** 다음 〈보기〉는 포장 공간에 대한 설명이다. (    )에 들어갈 숫자로 적절한 것을 순서대로 작성하시오.

─┤ 보기 ├─

제품의 종류별 포장방법에 관한 기준에서 단위제품으로 두발 세정용 제품류의 포장 공간 비율은 (    )% 이하로 제한하며, 최대 (    )차 포장까지 가능하다.

**해설** 인체 및 두발 세정용 제품은 15%, 이하 기타 화장품은 10% 이하로 제한된다. 포장은 2차 포장까지 가능하다.

**83** 다음 〈보기〉는 CGMP의 용어에 대한 설명이다. (    )에 들어갈 말로 적절한 것은?

─┤ 보기 ├─

(    )이란, 규정된 조건하에서 측정기기나 측정 시스템에 의해 표시되는 값과 표준기기의 참값을 비교하여 이들의 오차가 허용범위 내에 있음을 확인하고, 허용범위를 벗어나는 경우 허용범위 내에 들도록 조정하는 것을 말한다.

**해설** 검사 · 측정 · 시험장비 및 자동화장치는 계획을 수립하여 정기적으로 교정 및 성능점검을 하고 기록해야 한다.

**84** 다음 〈보기〉의 빈칸에 들어갈 말로 적절한 것을 순서대로 작성하시오.

합성 원료는 천연화장품 및 유기농화장품 제조에 사용할 수 없는 것이 원칙이지만, 천연화장품 또는 유기농화장품의 품질 또는 안전을 위해 필요하나 따로 자연에서 대체하기 곤란한 원료는 (    )% 이내에서 사용할 수 있다. 이 경우에도 석유화학 부분은 (    )%를 초과할 수 없다.

**해설** 보존제, 변성제, 천연에서 석유화학용제로 추출된 일부 원료, 천연유래−석유화학유래를 모두 포함하는 원료 등이 해당한다.

**85** 다음의 맞춤형화장품 규정 중 빈칸에 들어갈 말로 적절한 것을 순서대로 작성하시오.

다음 각 목의 사항이 포함된 맞춤형화장품 판매내역서를 작성 · 보관할 것
가. 제조번호(식별번호)
나. 사용기한 또는 개봉 후 사용기간
다. (    ) 및 (    )

**해설** 품질내역서는 내용물, 원료 공급업체가 작성하고, 판매내역서는 맞춤형화장품 판매업자가 작성한다.

**86** 다음 기능성 화장품의 시험법에서 빈칸에 들어갈 말로 적절한 것을 순서대로 작성하시오.

제제를 만들 경우에는 따로 규정이 없는 한 그 보존 중 성상 및 품질의 기준을 확보하고 그 유용성을 높이기 위하여 부형제, 안정제, 보존제, 완충제 등 적당한 (    )를 넣을 수 있다. 검체의 채취량에 있어서 "약"이라고 붙인 것은 기재된 양의 ±(    )%의 범위를 뜻한다.

**해설** 첨가제는 해당 제제의 안전성에 영향을 주지 않아야 하며, 또한 기능을 변하게 하거나 시험에 영향을 주어서는 안 된다.

**정답** **82** 15, 2  **83** 교정  **84** 5, 2  **85** 판매량, 판매일자  **86** 첨가제, 10

**87** 다음 〈보기〉 중 '3세 이하 어린이에게 사용하지 말아야 한다'는 주의사항 표시 문구가 있어야 하는 성분을 모두 골라 적으시오.

---| 보기 |---

과산화수소, 살리실릭애씨드, 스테아린산아연, 아이오도프로피닐부틸카바메이트, 실버나이트레이트, 폴리에톡실레이티드레틴아마이드

**해설** • 과산화수소, 실버나이트레이트 : 눈의 접촉을 피하고 눈에 들어갔을 때는 즉시 씻어낼 것
• 스테아린산아연 : 사용 시 흡입되지 않도록 주의할 것
• 폴리에톡실레이티드레틴아마이드 :「인체적용시험자료」에서 경미한 발적, 피부건조, 화끈감, 가려움, 구진이 보고된 예가 있음

**88** 유성 원료는 피부 표면에 유성막을 형성하여 수분의 증발을 억제하고 피부를 유연하게 하는 원료이다. 그 기원에 따른 종류의 구분에는 동물 유래 원료, 식물 유래 원료와 함께 탄소와 수소만으로 구성되어 산화와 변질의 우려가 없는 (      ) 유래 원료가 있다.

**해설** 파라핀과 바셀린 등이 대표적인 성분이다.

**89** 다음 〈보기〉는 화장품 책임판매업자의 보고에 대한 의무이다. 빈칸에 들어갈 말로 적절한 것은?

---| 보기 |---

• 화장품책임판매업자는 생산 실적 또는 수입 실적을 식품의약품안전처장에게 보고하여야 한다.
• 화장품의 제조 과정에 사용된 (      )의 목록을 화장품의 유통 · 판매 전까지 보고해야 한다.

**해설** 화장품의 안전을 지키기 위한 사후관리 항목의 하나로 영업자의 의무 중 하나이다.

**90** 다음은 식품의약안전처장이 화장품의 안전한 사용을 위하여 행해야 하는 감독에 관련된 내용이다. 빈칸에 들어갈 말을 작성하시오.

시설기준에 적합하지 아니하거나 노후 또는 오손되어 있어 그 시설로 화장품을 제조하면 화장품의 안전과 품질에 문제의 우려가 있다고 인정되는 경우에는 화장품제조업자에게 그 시설의 (      )를 명하거나 해당 시설의 전부 또는 일부의 사용금지를 명할 수 있다.

**해설** 작업소, 보관소, 시험실 등이 없는 것과 같이 시설기준에 적합하지 않은 경우 개수 명령을 내리게 된다.

---

**정답** 87 살리실릭애씨드, 아이오도프로피닐부틸카바메이트  88 미네랄(광물성)  89 원료  90 개수

**91** 다음 〈구조식〉은 퍼머넌트웨이브용 제품 및 헤어 스트레이너 제품에서 제1제로 사용되는 환원성 물질의 구조식이다. 이와 같은 분자 구조를 갖는 성분을 〈보기〉에서 고르시오.

[구조식]

| 보기 |

과산화수소수, 브롬산나트륨, 시스테인, 아세틸시스테인, 치오글리콜릭애시드

해설 시스테인, 아세틸시스테인, 치오글리콜릭애시드는 환원성 물질이다. 그중 구조식은 치오글리콜릭애시드의 구조이다. 구조식에 나타나는 SH가 그 역할을 한다. 과산화수소수, 브롬산나트륨은 산화제로 제2제에서 사용된다.

**92** 다음은 향료의 전성분 표시 기준 중, 알러지 유발 가능성이 있는 성분명의 표기에 해당하는 규정이다. 빈칸에 들어갈 말로 적절한 것을 순서대로 작성하시오.

크림 제품(용량 400g)에 '시트로넬롤'이 0.02g 들어 있을 때 해당 알레르기 유발 성분이 제품의 내용량에서 차지하는 함량의 비율은 (　　　)%로, 사용 후 씻어내지 않는 제품의 알레르기 유발물질 표시 지침인 (　　　)%를 초과하므로 전성분에 표시하여야 한다.

해설 사용 후 씻어내지 않는 제품은 0.001%를 초과할 경우, 사용 후 씻어내는 제품은 0.01%를 초과할 경우 해당 성분을 표시한다. 크림은 씻어내지 않는 제품에 해당한다.

**93** 다음 〈보기〉의 빈칸에 들어갈 말로 적절한 것을 순서대로 작성하시오.

| 보기 |

알파-하이드록시애시드(α-hydroxyacid, AHA) 함유 제품의 사용 시 주의사항은 다음과 같다. (단, (　　　)% 이하의 AHA가 함유된 제품은 제외한다)

가. 햇빛에 대한 피부의 감수성을 증가시킬 수 있으므로 자외선 차단제를 함께 사용할 것(씻어내는 제품 및 두발용 제품은 제외한다)

나. 일부에 시험 사용하여 피부 이상을 확인

다. 고농도의 AHA 성분이 들어 있어 부작용이 발생할 우려가 있으므로 전문의 등에게 상담할 것(AHA 성분이 (　　　)%를 초과하여 함유되어 있거나 산도가 3.5 미만인 제품만 표시한다)

해설 글라이콜릭애씨드, 락틱애씨드 등의 성분을 AHA라고 한다. 피부의 턴오버를 촉진시키나, 부작용 등의 우려가 있어 농도에 따라서 주의사항을 표시하도록 관리된다.

정답  91 치오글리콜릭애시드  92 0.005, 0.001  93 0.5, 10

**94** CGMP의 용어에 대한 〈보기〉의 설명에서 빈칸에 들어갈 말로 적절한 것은?

| 보기 |

( )(이)란 적합 판정기준을 벗어난 완제품, 벌크제품 또는 반제품을 재처리하여 품질이 적합한 범위에 들어오도록 하는 것을 말한다. ( ) 처리 실시의 결정은 품질보증책임자가 한다.

해설 기준일탈 제품에 대해, 폐기하면 큰 손해가 발생하고 재작업을 해도 제품 품질에 악영향을 미치지 않을 때 실시한다.

**95** 화장품이 가져야 할 품질의 속성을 설명하는 것으로서, 〈보기〉의 빈칸에 공통으로 들어가는 단어를 작성하시오.

| 보기 |

- 열( ) : 다양한 온도 변화 조건에서 화장품 성분이 일정한 상태를 유지하는 성질
- 광( ) : 다양한 광 조건에서 화장품 성분이 일정한 상태를 유지하는 성질
- 산화( ) : 산소 및 기타 화학물질과의 산화 반응이 유발되지 않고 화장품 성분이 일정한 상태를 유지하는 성질

해설 안정성은 화장품 사용기간 중 변색, 변취, 변질 등의 품질의 변화가 없어야 하고 효능, 성분 등 또한 변질 없이 유지되어야 하는 물리/화학적 속성을 의미한다.

**96** 다음 '화장품의 표시 – 기재사항의 규정'에서 빈칸에 들어갈 말로 적절한 것을 순서대로 쓰시오.

성분명을 제품명에 사용했을 때 그 성분명과 ( )을/를 기재하여야 한다. 단, ( ) 제품은 제외한다.

해설 화장품의 2차 포장에 기재하는 사항으로 총리령으로 정한 것 중의 하나이다.

**97** 피부의 구조 중 하나로 콜라겐과 섬유아세포, 모세혈관 등이 분포하고 피부의 탄력을 결정하는 데 중요한 역할을 하는 것은?

해설 표피층보다 아래에 있다. 주로 콜라겐 섬유로 구성된다.

**98** 다음 빈칸에 들어갈 피부 성분의 명칭을 순서대로 작성하시오.

- ( ) 단백질 : 각질층과 모발의 대부분을 구성하는 섬유 구조의 단백질로 외부로부터의 이물질 침입을 방어한다.
- ( ) : 모공을 통해서 분비되는 성분 중의 하나로, 지방 성분으로 구성되며 피부와 모발의 윤기를 부여한다.

해설 케라틴 단백질은 피부장벽의 각질세포 대부분을 차지하고 있다.

정답 **94** 재작업 **95** 안정성 **96** 함량, 방향용 **97** 진피 **98** 케라틴, 피지

**99** 다음 빈칸에 들어갈 말로 적절한 것은?

> (      ) 제형 : 소량의 오일 등이 물에 용해되어 투명하게 보이는 제형으로, 스킨, 토너 등의 제형

해설 마이셀의 크기가 가시광선의 파장보다 작아서 투명하게 보인다.

**100** 다음 〈보기〉의 대화 1, 2에서 빈칸 ㉠과 ㉡에 들어갈 말로 적절한 것은?

―――――――――――――――| 보기 |―――――――――――――――

[대화 1]
- 소비자 : 퍼머넌트를 했는데 원하는 형태가 나오지 않았습니다. 어떤 문제가 있었는지요?
- 조제관리사 : ( ㉠ )은/는 모발의 대부분의 부피를 차지하고 퍼머넌트웨이브용 제품 및 헤어 스트레이너 제품의 산화 환원 기작이 일어나는 곳입니다. 이곳에 약품이 제대로 침투하지 않는 것 같습니다.

[대화 2]
- 소비자 : 모발을 염색하려 하였는데 암모니아 성분을 사용하지 않았더니 잘되지 않았습니다. 이유가 무엇인지요?
- 조제관리사 : 암모니아는 ( ㉡ )을/를 손상시켜 염료와 과산화수소가 속으로 잘 스며들 수 있도록 하는 역할을 합니다. 과산화수소는 ( ㉠ ) 속의 멜라닌 색소를 파괴하여 탈색을 잘 시키고 염색이 잘되게 합니다. ( ㉡ )은/는 화학적 저항성이 강하여 외부로부터 모발을 보호합니다.

해설 모피질(콜텍스)은 모표피로 둘러싸인 내부구조를 의미하며, 케라틴 섬유 구조를 가진 모피질 세포로 구성되어 튼튼하고 모발의 물리적인 성질을 결정한다. 모표피(큐티클)는 화학적 저항성이 강하여 외부로부터 모발을 보호하는 껍질의 역할을 한다. 퍼머넌트나 염색 시 이를 약하게 만들어야 약품의 침투가 쉽다.

P / A / R / T

01

# 화장품법의 이해

CHAPTER

# 01 화장품법

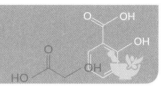

**학습목표**

- 화장품법령에 따라 화장품의 품질 요소인 안전성, 안정성, 유효성(기능성)과 이를 확보하기 위해 필요한 사항을 설명하고, 문제가 될 수 있는 상황을 예측할 수 있다.
- 화장품법령에 따라 영업자의 의무, 영업자별 준수사항 등을 설명할 수 있다.
- 화장품법령에 따라 화장품 포장에 기재 · 표시 사항, 표시 · 광고 준수사항을 설명할 수 있다.
- 화장품법령에 따라 제조 · 수입 · 판매 등의 금지에 대해 설명할 수 있다.
- 화장품법령에 따라 감독 및 벌칙 등에 대해 설명할 수 있다.

---

TOPIC **01** 화장품법의 입법 취지 표준교재 14p

## 1. 목적

화장품의 제조 · 수입 · 판매 및 수출 등에 관한 사항을 규정함으로써 국민 보건 향상과 화장품 산업의 발전에 기여

## 2. 구조

① 화장품법 : 국회에서 제정
② 화장품법 시행령 : 대통령이 제정
③ 화장품법 시행 규칙 : 장관이 제정

## 3. 법의 적용 순위

① 상위법 우선의 원칙 : 헌법 > 법률(화장품법) > 명령(화장품법 시행령) > 시행규칙(총리령, 부령)
② 신법 우선의 원칙 : 법률 개정 과정에서 개정 이전의 법과 내용이 배치될 경우, 부칙에 제한 내용을 설명하지 않은 이상 개정법을 따름

## 4. 화장품법 본문 구성

① 1장 총칙 : 화장품법의 목적 제시, 용어의 정의 및 사업 형식의 규정

② 2장 화장품의 제조유통 : 영업자의 의무 규정, 기능성화장품 심사, 위해 화장품의 회수 등

③ 3장 화장품의 취급 : 화장품의 제조 및 포장, 표시광고 등의 준수사항과 영업 및 판매 시의 금지사항 정의

④ 4장 감독 : 식품의약품안전처장 등 정부 기관의 의무를 규정

⑤ 5장 보칙 : 법률의 보완적인 세부 내용을 기재

⑥ 6장 벌칙 : 화장품법 위반자에 대한 벌칙 등의 징벌 사항 규정

## 5. 화장품법 열람 정보

① 국가법령정보센터(www.law.go.kr)에서 검색 가능

② 화장품법 시행령에서는 영업의 세부 종류를 규정함

③ 화장품법 시행규칙에서는 법률 시행에 필요한 세부적인 내용이 정의됨

---

TOPIC **02** **화장품의 정의 및 유형** 표준교재 14~15p

## 1. 화장품의 정의

① 기능 2020 기출 2019 기출

ㄱ 인체를 청결 · 미화하여 매력을 더하고 용모를 밝게 변화시킴

ㄴ 피부와 모발의 건강을 유지하고 증진함

② 방법 : 인체에 바르고 문지르거나 뿌리는 등의 방식 및 이와 유사한 것

③ 작용 : 인체에 대한 작용이 경미한 것

④ 제외 : 약품에 해당하는 물품 제외

## 2. 화장품 · 의약외품 · 의약품의 구분

| 구분 | 화장품 | 의약외품 | 의약품 |
|---|---|---|---|
| 대상 | 정상인 | 정상인 | 환자 |
| 목적 | 청결 · 미화 | 질병 예방, 위생 | 질병의 진단 · 치료 |
| 부작용 | 인정하지 않음 | 인정하지 않음 | 인정함 |
| 종류 | 크림, 헤어염색 | 치약, 반창고, 보건마스크 | 항생제, 스테로이드제 |

**개념톡톡** 👆

**화장품의 정의**

• 「화장품법」 제2조(정의)에 따라 다음과 같이 화장품을 정의할 수 있음

• 화장품 사용 목적
 – 인체를 청결 · 미화하여 매력 증진
 – 용모를 밝게 변화
 – 피부 · 모발의 건강을 유지 또는 증진

• 화장품 사용 방법 : 인체에 바르고 문지르거나 뿌리는 등의 유사한 방법으로 사용

• 화장품 작용 범위
 – 인체에 대한 작용이 경미한 것
 – 「약사법」 제2조제4호의 의약품에 해당하는 물품 제외

**합격콕콕** 👆

화장품과 의약품의 차이와 화장품을 사용하는 목적과 효능의 범위에 대해서도 확실하게 학습한다.

개념톡톡 👆

화장품은 인체를 대상으로 하는 것이다.
**예** 흑채, 분장용 제품 등도 포함

### 3. 화장품의 유형(화장품법 시행규칙 [별표 3], 의약품은 제외)

① 유형 분류

ⓐ 공산품 : 자격요건 없이 제조·판매 가능

ⓑ 화장품 : 자격요건을 갖춘 사람만 제조·판매 가능

ⓒ 변경내용 : 고형비누, 흑채, 제모왁스 등 인체를 대상으로 하는 제품이 공산품에서 화장품의 영역으로 변경되어 관리를 엄격히 함

ⓓ 해설 : 기초화장품이나 색조화장품 이외에도 세정, 목욕, 헤어, 방향, 손발톱, 면도, 체취방지, 제모 등 인체를 대상으로 하는 다양한 제품이 화장품의 유형으로 분류됨

ⓔ 참고 : 탈취제, 향초 등 생활공간을 대상으로 하나 인체의 건강을 위해 관리해야 하는 제품은 "안전확인대상 생활화학제품"으로 화장품이 아닌 별도의 영역에서 관리됨

② 법령

개념톡톡 👆

• 영유아화장품 : 만 3세 이하
• 어린이 화장품 : 만 4세~만 13세

> 가. 영·유아용(만 3세 이하의 어린이용을 말한다. 이하 같다) 제품류
>   1) 영·유아용 샴푸, 린스
>   2) 영·유아용 로션, 크림
>   3) 영·유아용 오일
>   4) 영·유아 인체 세정용 제품
>   5) 영·유아 목욕용 제품
>
> 나. 목욕용 제품류
>   1) 목욕용 오일·정제·캡슐
>   2) 목욕용 소금류
>   3) 버블 배스(bubble baths)
>   4) 그 밖의 목욕용 제품류
>
> 다. 인체 세정용 제품류
>   1) 폼 클렌저(foam cleanser)
>   2) 바디 클렌저(body cleanser)
>   3) 액체 비누(liquid soaps) 및 화장 비누(고체 형태의 세안용 비누)
>   4) 외음부 세정제
>   5) 물휴지. 다만, 「위생용품 관리법」(법률 제14837호) 제2조제1호 라목2)에서 말하는 「식품위생법」 제36조제1항제3호에 따른 식품접객업의 영업소에서 손을 닦는 용도 등으로 사용할 수 있도록 포장된 물티슈와 「장사 등에 관한 법률」 제29조에 따른 장례식장 또는 「의료법」 제3조에 따른 의료기관 등에서 시체(屍體)를 닦는 용도로 사용되는 물휴지는 제외한다.
>   6) 그 밖의 인체 세정용 제품류
>
> 라. 눈 화장용 제품류
>   1) 아이브로 펜슬(eyebrow pencil)
>   2) 아이 라이너(eye liner)
>   3) 아이 섀도(eye shadow)
>   4) 마스카라(mascara)
>   5) 아이 메이크업 리무버(eye make-up remover)
>   6) 그 밖의 눈 화장용 제품류

개념톡톡 👆

• 눈 화장용 제품류 : 아이 메이크업 리무버
• 인체 세정용 제품류 : 액체비누
• 기초화장용 제품류 : 클렌징 오일·워터
• 두발용 제품류 : 샴푸
• 면도용 제품류 : 세이빙 폼

마. 방향용 제품류
　1) 향수
　2) 분말향
　3) 향낭(香囊)
　4) 콜롱(cologne)
　5) 그 밖의 방향용 제품류

바. 두발 염색용 제품류
　1) 헤어 틴트(hair tints)
　2) 헤어 컬러스프레이(hair color sprays)
　3) 염모제
　4) 탈염 · 탈색용 제품
　5) 그 밖의 두발 염색용 제품류

사. 색조 화장용 제품류
　1) 볼연지
　2) 페이스 파우더(face powder), 페이스 케이크(face cakes)
　3) 리퀴드(liquid) · 크림 · 케이크 파운데이션(foundation)
　4) 메이크업 베이스(make-up bases)
　5) 메이크업 픽서티브(make-up fixatives)
　6) 립스틱, 립라이너(lip liner)
　7) 립글로스(lip gloss), 립밤(lip balm)
　8) 바디페인팅(body painting), 페이스페인팅(face painting), 분장용 제품
　9) 그 밖의 색조 화장용 제품류

아. 두발용 제품류
　1) 헤어 컨디셔너(hair conditioners)
　2) 헤어 토닉(hair tonics)
　3) 헤어 그루밍 에이드(hair grooming aids)
　4) 헤어 크림 · 로션
　5) 헤어 오일
　6) 포마드(pomade)
　7) 헤어 스프레이 · 무스 · 왁스 · 젤
　8) 샴푸, 린스
　9) 퍼머넌트 웨이브(permanent wave)
　10) 헤어 스트레이트너(hair straightner)
　11) 흑채
　12) 그 밖의 두발용 제품류

자. 손발톱용 제품류
　1) 베이스코트(basecoats), 언더코트(under coats)
　2) 네일폴리시(nail polish), 네일에나멜(nail enamel)
　3) 탑코트(topcoats)
　4) 네일 크림 · 로션 · 에센스
　5) 네일폴리시 · 네일에나멜 리무버
　6) 그 밖의 손발톱용 제품류

차. 면도용 제품류
　1) 애프터셰이브 로션(aftershave lotions)
　2) 남성용 탤컴(talcum)
　3) 프리셰이브 로션(preshave lotions)
　4) 셰이빙 크림(shaving cream)
　5) 셰이빙 폼(shaving foam)
　6) 그 밖의 면도용 제품류

개념톡톡
• 눈 화장용 : 마스카라 등
• 색조 화장용 : 파운데이션 등, 분장용 제품

카. 기초화장용 제품류
    1) 수렴 · 유연 · 영양 화장수(face lotions)
    2) 마사지 크림
    3) 에센스, 오일
    4) 파우더
    5) 바디 제품
    6) 팩, 마스크
    7) 눈 주위 제품
    8) 로션, 크림
    9) 손 · 발의 피부연화 제품  2019 기출
    10) 클렌징 워터, 클렌징 오일, 클렌징 로션, 클렌징 크림 등 메이크업 리무버
       2021 기출
    11) 그 밖의 기초화장용 제품류

타. 체취 방지용 제품류
    1) 데오도런트
    2) 그 밖의 체취 방지용 제품류

파. 체모 제거용 제품류
    1) 제모제
    2) 제모왁스
    3) 그 밖의 체모 제거용 제품류

---

TOPIC 03 **화장품의 유형별 특성** 표준교재 14~24p

## 1. 세부 기준 규정

① 개요 : 기본적인 화장품의 분류에 특정한 기능, 사용된 소재, 제작 방식
등에 따라서 추가적인 세부 기준을 정함

② 유형 구분
   ㄱ 기능성화장품
   ㄴ 천연화장품, 유기농화장품
   ㄷ 맞춤형화장품

## 2. 기능성화장품

① 목적 : 기능의 종류와 효능의 범위를 규정하여 안전성과 유효성을 확보
② 특징 : 식약처장에 안전성과 유효성을 인정받아야 판매 가능
③ 종류 : 11종의 유형이 존재(화장품법 시행규칙에 따른 분류)
④ 해설
   ㄱ "기미 · 주근깨 생성 억제로 피부의 미백에 도움을 주는 화장품"
     → 기능성화장품

**개념톡톡** 👆

• 화장품 : 인체 청결 · 미화, 피부 · 모
발의 건강 유지 · 증진
• 기능성화장품
  −총리령이 정한 11가지 효능 범위
  −안정성과 유효성 확보
• 맞춤형화장품
  −내용물과 내용물 혼합
  −내용물과 원료 혼합
  −내용물의 소분

ⓛ "기미 · 주근깨 치료제" → 의약품

ⓒ 부작용 등도 존재

⑤ 법령 <sub>2021 기출</sub> <sub>2020 기출</sub> <sub>2019 기출</sub>

> 가. 피부에 멜라닌색소가 침착하는 것을 방지하여 기미 · 주근깨 등의 생성을 억제함으로써 피부의 미백에 도움을 주는 기능을 가진 화장품
> 나. 피부에 침착된 멜라닌색소의 색을 엷게 하여 피부의 미백에 도움을 주는 기능을 가진 화장품
> 다. 피부에 탄력을 주어 피부의 주름을 완화 또는 개선하는 기능을 가진 화장품
> 라. 강한 햇볕을 방지하여 피부를 곱게 태워주는 기능을 가진 화장품
> 마. 자외선을 차단 또는 산란시켜 자외선으로부터 피부를 보호하는 기능을 가진 화장품
> 바. 모발의 색상을 변화[탈염(脫染) · 탈색(脫色)을 포함한다]시키는 기능을 가진 화장품. 다만, 일시적으로 모발의 색상을 변화시키는 제품은 제외한다.
> 사. 체모를 제거하는 기능을 가진 화장품. 다만, 물리적으로 체모를 제거하는 제품은 제외한다.
> 아. 탈모 증상의 완화에 도움을 주는 화장품. 다만, 코팅 등 물리적으로 모발을 굵게 보이게 하는 제품은 제외한다.
> 자. 여드름성 피부를 완화하는 데 도움을 주는 화장품. 다만, 인체세정용 제품류로 한정한다.
> 차. 피부장벽(피부의 가장 바깥쪽에 존재하는 각질층의 표피를 말한다)의 기능을 회복하여 가려움 등의 개선에 도움을 주는 화장품
> 카. 튼살로 인한 붉은 선을 엷게 하는 데 도움을 주는 화장품

## 3. 천연화장품 · 유기농화장품

① **목적** : 소재 및 제작 공정에 대한 기준을 정해 정확한 정보 제공

② **천연화장품** : 중량 기준 천연함량이 전체 제품에서 95% 이상 <sub>2019 기출</sub>

③ **유기농화장품** : 중량 기준 천연함량이 전체 제품에서 95% 이상이고, 유기농 함량이 전체 제품에서 10% 이상 <sub>2019 기출</sub>

④ **천연원료** : 유기농 원료+식물원료+동물원료+미네랄 원료(화석원료 기원물질 제외)

⑤ **유기농원료** : "친환경농어업 육성 및 유기식품 등의 관리 · 지원에 관한 법률"(국내법) 및 "외국정부" 및 "국제유기농업운동연맹에 등록된 인증기관"에 의해 인증받은 유기농수산물 및 이를 허용 방법에 따라 물리적 가공한 것

⑥ **유래원료** : 허용하는 화학적, 생물학적 공정에 따라서 ④~⑤의 원료를 가공한 원료

⑦ **천연함량비율(%)**

ⓞ 천연함량비율(%)＝물 비율＋천연원료 비율＋천연유래원료 비율

ⓛ 유기농 함량 계산 방법 : 유기농 함량 비율은 유기농 원료 및 유기농 유래 원료에서 유기농 부분에 해당되는 함량 비율로 계산함

**개념톡톡** 👆

- 천연화장품
  - 동식물 및 그 유래 원료
  - 천연함량 95% 이상
- 유기농화장품
  - 유기농 원료, 동식물 및 그 유래 원료
  - 천연함량 95% 이상. 유기농함량 10% 이상

1. 유기농 인증 원료의 경우 해당 원료의 유기농 함량으로 계산한다.
2. 유기농 함량 확인이 불가능한 경우 유기농 함량 비율 계산 방법은 다음과 같다.
　① 물, 미네랄 또는 미네랄유래 원료는 유기농 함량 비율 계산에 포함하지 않는다. 물은 제품에 직접 함유되거나 혼합 원료의 구성요소일 수 있다.
　② 유기농 원물만 사용하거나, 유기농 용매를 사용하여 유기농 원물을 추출한 경우 해당 원료의 유기농 함량 비율은 100%로 계산한다.
　③ 수용성 및 비수용성 추출물 원료의 유기농 함량 비율 계산 방법은 다음과 같다. 단, 용매는 최종 추출물에 존재하는 양으로 계산하며 물은 용매로 계산하지 않고, 동일한 식물의 유기농과 비유기농이 혼합되어 있는 경우 이 혼합물은 유기농으로 간주하지 않는다.
　　㉠ 수용성 추출물 원료의 경우
　　　• 1단계 : 비율(ratio)＝{신선한 유기농 원물/(추출물 − 용매)}
　　　　※ 비율(ratio)이 1이상인 경우 1로 계산
　　　• 2단계 : 유기농 함량 비율(%)＝[[비율(ratio)×(추출물 − 용매)/추출물}＋(유기농 용매/추출물)]×100
　　㉡ 물로만 추출한 원료의 경우 : 유기농 함량 비율(%)＝(신선한 유기농 원물/추출물)×100
　　㉢ 비수용성 원료인 경우 : 유기농 함량 비율(%)＝(신선 또는 건조 유기농 원물＋사용하는 유기농 용매)/(신선 또는 건조 원물＋사용하는 총 용매)×100
　　㉣ 신선한 원물로 복원하기 위해서는 실제 건조 비율을 사용하거나(이 경우 증빙자료 필요) 중량에 다음 일정 비율을 곱해야 한다. `2021 기출`

| 나무, 껍질, 씨앗, 견과류, 뿌리 | 1:2.5 |
|---|---|
| 잎, 꽃, 지상부 | 1:4.5 |
| 과일(예 살구, 포도) | 1:5 |
| 물이 많은 과일(예 오렌지, 파인애플) | 1:8 |

　④ 화학적으로 가공한 원료의 경우(예 유기농 글리세린이나 유기농 알코올의 유기농 함량 비율 계산)
　　㉠ 유기농 함량 비율(%)＝{(투입되는 유기농 원물 − 회수 또는 제거되는 유기농 원물)/(투입되는 총 원료 − 회수 또는 제거되는 원료)}×100
　　㉡ 최종 물질이 1개 이상인 경우 분자량으로 계산함

⑧ **포장 제한** : 천연화장품 및 유기농화장품의 용기와 포장에 폴리염화비닐(PVC ; Polyvinyl chloride), 폴리스티렌폼(Polystyrene foam)을 사용할 수 없음 `2021 기출`

⑨ **합성원료** : 원칙적으로 사용 금지이나 제품의 품질과 안전을 위해 5% 이하 허용 `2019 기출`

㉠ 보존제, 알콜 내 변성제

| 원료 | 제한 |
|---|---|
| 벤조익애씨드 및 그 염류(Benzoic Acid and its salts) | |
| 벤질알코올(Benzyl Alcohol) | |
| 살리실릭애씨드 및 그 염류(Salicylic Acid and its salts) | |
| 소르빅애씨드 및 그 염류(Sorbic Acid and its salts) | |
| 데하이드로아세틱애씨드 및 그 염류<br>(Dehydroacetic Acid and its salts) | |

| 원료 | 제한 |
|---|---|
| 데나토늄벤조에이트, 3급부틸알코올, 기타 변성제<br>(프탈레이트류 제외)<br>(Denatonium Benzoate and Tertiary Butyl Alcohol and other denaturing agents for alcohol (excluding phthalates)) | (관련 법령에 따라)<br>에탄올에 변성제로<br>사용된 경우에 한함 |
| 이소프로필알코올(Isopropylalcohol) | |
| 테트라소듐글루타메이트디아세테이트<br>(Tetrasodium Glutamate Diacetate) | |

ⓛ 천연원료에서 석유화학용제로 추출된 일부 원료(베타인 등)

다음의 원료는 천연 원료에서 석유화학 용제를 이용하여 추출할 수 있음

| 원료 | 제한 |
|---|---|
| 베타인(Betaine) | |
| 카라기난(Carrageenan) | |
| 레시틴 및 그 유도체(Lecithin and Lecithin derivatives) | |
| 토코페롤, 토코트리에놀(Tocopherol/ Tocotrienol) | |
| 오리자놀(Oryzanol) | |
| 안나토(Annatto) | |
| 카로티노이드/잔토필(Carotenoids/Xanthophylls) | |
| 앱솔루트, 콘크리트, 레지노이드<br>(Absolutes, Concretes, Resinoids) | 천연화장품에만 허용 |
| 라놀린(Lanolin) | |
| 피토스테롤(Phytosterol) | |
| 글라이코스핑고리피드 및 글라이코리피드<br>(Glycosphingolipids and Glycolipids) | |
| 잔탄검 | |
| 알킬베타인 | |

※ 석유화학 용제의 사용 시 반드시 최종적으로 모두 회수되거나 제거되어야 하며, 방향족, 알콕실레이트화, 할로겐화, 니트로젠 또는 황(DMSO 예외) 유래 용제는 사용이 불가함

ⓒ 천연유래, 석유화학 유래를 모두 포함하는 원료(카복시메틸 – 식물 폴리머 등)

| 분류 | 사용 제한 |
|---|---|
| 디알킬카보네이트(Dialkyl Carbonate) | |
| 알킬아미도프로필베타인(Alkylamidopropylbetaine) | |
| 알킬메칠글루카미드(Alkyl Methyl Glucamide) | |
| 알킬암포아세테이트/디아세테이트<br>(Alkylamphoacetate/Diacetate) | |

| 분류 | 사용 제한 |
|---|---|
| 알킬글루코사이드카르복실레이트<br>(Alkylglucosidecarboxylate) | |
| 카르복시메칠-식물 폴리머<br>(Carboxy Methyl – Vegetal polymer) | |
| 식물성 폴리머 – 하이드록시프로필트리모늄클로라이드<br>(Vegetal polymer – Hydroxypropyl Trimonium Chloride) | 두발/수염에<br>사용하는 제품에<br>한함 |
| 디알킬디모늄클로라이드(Dialkyl Dimonium Chloride) | 두발/수염에<br>사용하는 제품에<br>한함 |
| 알킬디모늄하이드록시프로필하이드로라이즈드식물성단백질<br>(Alkyldimonium Hydroxypropyl Hydrolyzed Vegetal protein) | 두발/수염에<br>사용하는 제품에<br>한함 |

- 석유화학 부분(petrochemical moiety의 합)은 전체 제품에서 2%를 초과할 수 없음 2021 기출
- 석유화학 부분(%)=석유화학 유래 부분 몰 중량/전체 분자량×100
- 이 원료들은 유기농이 될 수 없음

⑩ 천연화장품 및 유기농화장품에 사용되는 원료의 제조공정에 허용된 공정 및 금지된 공정
  ㉠ 허용된 공정
  - 물리적 공정 : 물리적 공정 시 물이나 자연에서 유래한 천연 용매로 추출해야 함

| 공정명 | 비고 |
|---|---|
| 흡수(Absorption)/흡착(Adsorption) | 불활성 지지체 |
| 탈색(Bleaching)/탈취(Deodorization) | 불활성 지지체 |
| 분쇄(Grinding) | |
| 원심분리(Centrifuging) | |
| 상층액분리(Decanting) | |
| 건조 (Desiccation and Drying) | |
| 탈(脫)고무(Degumming)/탈(脫)유(De–oiling) | |
| 탈(脫)테르펜(Deterpenation) | 증기 또는 자연적으로 얻어지는<br>용매 사용 |
| 증류(Distillation) | 자연적으로 얻어지는 용매 사용<br>(물, $CO_2$ 등) |
| 추출(Extractions) | 자연적으로 얻어지는 용매 사용<br>(물, 글리세린 등) |
| 여과(Filtration) | 불활성 지지체 |
| 동결건조(Lyophilization) | |
| 혼합(Blending) | |

| 공정명 | 비고 |
|---|---|
| 삼출(Percolation) | |
| 압력(Pressure) | |
| 멸균(Sterilization) | 열처리 |
| 멸균(Sterilization) | 가스 처리<br>($O_2$, $N_2$, Ar, He, $O_3$, $CO_2$ 등) |
| 멸균(Sterilization) | UV, IR, Microwave |
| 체로 거르기(Sifting) | |
| 달임(Decoction) | 뿌리, 열매 등 단단한 부위를 우려냄 |
| 냉동(Freezing) | |
| 우려냄(Infusion) | 꽃, 잎 등 연약한 부위를 우려냄 |
| 매서레이션(Maceration) | 정제수나 오일에 담가 부드럽게 함 |
| 마이크로웨이브(Microwave) | |
| 결정화(Settling) | |
| 압착(Squeezing)/분쇄(Crushing) | |
| 초음파(Ultrasound) | |
| UV 처치(UV Treatments) | |
| 진공(Vacuum) | |
| 로스팅(Roasting) | |
| 탈색(Decoloration, 벤토나이트, 숯가루,<br>표백토, 과산화수소, 오존 사용) | |

• 화학적 · 생물학적 공정 : 석유화학 용제의 사용 시 반드시 최종적
으로 모두 회수되거나 제거되어야 하며, 방향족, 알콕실레이트화,
할로겐화, 니트로겐 또는 황(DMSO 예외) 유래 용제는 사용이 불
가함 [2020 기출]

| 공정명 | 비고 |
|---|---|
| 알킬화(Alkylation) | |
| 아마이드 형성(Formation of amide) | |
| 회화(Calcination) | |
| 탄화(Carbonization) | |
| 응축/부가(Condensation/Addition) | |
| 복합화(Complexation) | |
| 에스텔화(Esterification)/<br>에스테르결합전이반응<br>(Transesterification)/<br>에스테르교환(Interesterification) | |
| 에틸화(Etherification) | |
| 생명공학기술(Biotechnology)/<br>자연발효(Natural fermentation) | |
| 수화(Hydration) | |

PART 01

PART 02

PART 03

PART 04

PART 05

PART 06

| 공정명 | 비고 |
|---|---|
| 수소화(Hydrogenation) | |
| 가수분해(Hydrolysis) | |
| 중화(Neutralization) | |
| 산화/환원(Oxydization/Reduction) | |
| 양쪽성물질의 제조공정(Processes for the Manufacture of Amphoterics) | 아마이드, 4기화반응(Formation of amide and Quaternization) |
| 비누화(Saponification) | |
| 황화(Sulphatation) | |
| 이온교환(Ionic Exchange) | |
| 오존분해(Ozonolysis) | |

ⓒ 금지되는 공정  2020 기출

| 공정명 | 비고 |
|---|---|
| 탈색, 탈취(Bleaching – Deodorisation) | 동물 유래 |
| 방사선 조사(Irradiation) | 알파선, 감마선 |
| 설폰화(Sulphonation) | |
| 에칠렌 옥사이드, 프로필렌 옥사이드 또는 다른 알켄 옥사이드 사용 (Use of ethylene oxide, propylene oxide or other alkylene oxides) | |
| 수은화합물을 사용한 처리(Treatments using mercury) | |
| 포름알데하이드 사용(Use of formaldehyde) | |

⑪ 인증 : 식품의약품안전처장은 천연화장품 및 유기농화장품의 품질제고를 유도하고 소비자에게 보다 정확한 제품정보가 제공될 수 있도록 식품의약품안전처장이 정하는 기준에 적합한 천연화장품 및 유기농화장품에 대하여 인증할 수 있음  2021 기출
  ⓐ 유효기간 : 인증을 받은 날부터 3년
  ⓑ 연장 신청 : 유효기간 만료 90일 전

## 4. 맞춤형화장품

① 종류
  ⓐ 제조 또는 수입된 화장품의 내용물에 다른 화장품의 내용물이나 식품의약품안전처장이 정하는 원료를 추가하여 혼합한 화장품
  ⓑ 제조 또는 수입된 화장품의 내용물을 소분(小分)한 화장품

② 해설 : 제조업자의 허가된 시설 안에서 제작되어야 했던 기존의 방식과 다른 형태의 화장품 규정

## 1. 개요

① **목적** : 화장품의 제조 및 유통 과정의 특성에 따른 영업 형태를 규정
② **종류** : 화장품제조업, 화장품책임판매업, 맞춤형화장품판매업
③ **관리방식**
  ㉠ 등록 혹은 신고를 통해서 결격사유자를 제한
  ㉡ 각 영업자의 의무를 규정하여 안전한 화장품의 유통을 추진

④ **결격사유**
  ㉠ 화장품제조업 2019 기출
   • 정신질환자, 마약중독자
   • 피성년후견인 또는 파산선고를 받고 복권되지 아니한 자
   • 화장품법 또는 보건범죄 단속에 관한 특별조치법 위반으로 금고 이상의 형을 선고받고 집행이 끝나지 않은 자
   • 등록이 취소되거나 영업소가 폐쇄된 이후 1년이 지나지 않은 자
  ㉡ 화장품책임판매업, 맞춤형화장품판매업 2019 기출
   • 피성년후견인 또는 파산선고를 받고 복권되지 아니한 자
   • 화장품법 또는 보건범죄 단속에 관한 특별조치법 위반으로 금고 이상의 형을 선고받고 집행이 끝나지 않은 자
   • 등록이 취소되거나 영업소가 폐쇄된 이후 1년이 지나지 않은 자
  ㉢ 맞춤형화장품 조제관리사
   • 정신질환자(전문의가 맞춤형화장품조제관리사로서 적합하다고 인정하는 사람은 제외), 마약중독자
   • 피성년후견인 또는 파산선고를 받고 복권되지 아니한 자
   • 화장품법 또는 보건범죄 단속에 관한 특별조치법 위반으로 금고 이상의 형을 선고받고 집행이 끝나지 않은 자
   • 맞춤형화장품 조제관리사의 자격이 취소된 날부터 3년이 지나지 아니한 자

**개념톡톡** 👆

| 구분 | 화장품 제조업 | 화장품 책임 판매업 | 맞춤형 화장품 판매업 | 맞춤형 화장품 조제 관리사 |
|---|---|---|---|---|
| 영업 | 등록 | 등록 | 신고 | – |
| 정신질환자 | 불가 | 가능 | 가능 | 불가 |
| 마약류 중독자 | 불가 | 가능 | 가능 | 불가 |
| 파산선고, 화장품법 등 위반, 등록취소, 영업소 폐쇄 | 불가 | 불가 | 불가 | 불가 |

## 2. 화장품제조업

① **정의** : 화장품의 전부 또는 일부를 제조(2차 포장 또는 표시만 하는 공정 제외)
② **해설** : 화장품의 제조에 필요한 시설 및 기구, 제조공정을 관리하며 원료로부터 화장품을 제작하는 영업 형태

개념톡톡 🔖

1차 포장은 화장품의 내용물과 직접 접촉하는 용기에 화장품 내용물을 담는 것으로, 타인이 제작한 화장품 내용물을 위생적으로 관리하는 것이 중요하다.

③ 영업의 구분

    ㉠ 화장품을 직접 제조하는 영업

    ㉡ 화장품 제조를 위탁받아 제조하는 영업

    ㉢ 화장품의 포장(1차 포장만 해당한다)을 하는 영업

④ 등록 : 등록신청서를 지방식품의약품안전청장에게 제출

⑤ 시설기준

    ㉠ 제조 작업을 하는 다음 시설을 갖춘 작업소

       • 쥐 · 해충 및 먼지 등을 막을 수 있는 시설

       • 작업대 등 제조에 필요한 시설 및 기구

       • 가루가 날리는 작업실은 가루를 제거하는 시설

    ㉡ 원료 · 자재 및 제품을 보관하는 보관소

    ㉢ 원료 · 자재 및 제품의 품질검사를 위하여 필요한 시험실

    ㉣ 품질검사에 필요한 시설 및 기구

⑥ 준수사항

    ㉠ 화장품책임판매업자의 지도 · 감독 및 요청에 따를 것

    ㉡ 제조관리기준서 · 제품표준서 · 제조관리기록서 및 품질관리기록서(전자문서 형식을 포함한다)를 작성 · 보관할 것

    ㉢ 제조소, 시설 및 기구를 위생적으로 관리하고 오염되지 아니하도록 할 것

## 3. 화장품책임판매업

① 정의 : 취급하는 화장품의 품질 및 안전 등을 관리하면서 이를 유통 · 판매하거나 수입대행형 거래를 목적으로 알선 · 수여(授與)하는 영업

② 해설

    ㉠ 화장품의 시장 출하에 전체적인 책임을 지는 영업자

    ㉡ 품질관리 및 책임판매 후 안전관리 등의 의무가 부여됨

    ㉢ 해외에서 수입한 경우도 해당 제품의 책임판매업자에게 책임이 부여됨

③ 영업의 구분

    ㉠ 화장품제조업자(법 제3조제1항에 따라 화장품제조업을 등록한 자)가 화장품을 직접 제조하여 유통 · 판매하는 영업

    ㉡ 화장품제조업자에게 위탁하여 제조된 화장품을 유통 · 판매하는 영업

    ㉢ 수입된 화장품을 유통 · 판매하는 영업

   ㉣ 수입대행형 거래(전자상거래 등에서의 소비자보호에 관한 법률 제2
    조제1호에 따른 전자상거래만 해당한다)를 목적으로 화장품을 알
    선·수여(授與)하는 영업

  ④ 등록 : 등록신청서를 지방식품의약품안전처장에게 제출

## 4. 맞춤형화장품판매업

  ① 정의 : 맞춤형화장품을 판매하는 영업
  ② 해설 : 화장품 내용물의 가공 과정의 위생적 관리 의무뿐만 아니라 새롭
   게 만들어진 화장품의 안전관리 의무가 동시에 부여되는 영업자
  ③ 영업의 구분   2019 기출
   ㉠ 제조 또는 수입된 화장품의 내용물에 다른 화장품의 내용물이나 식품
    의약품안전처장이 정하여 고시하는 원료를 추가하여 혼합한 화장품
    을 판매하는 영업
   ㉡ 제조 또는 수입된 화장품의 내용물을 소분(小分)한 화장품을 판매하
    는 영업
  ④ 신고 : 식품의약품안전처장에게 신고
  ⑤ 준수사항 : 맞춤형화장품 조제관리사를 고용하여야 함
  ⑥ 시설기준 : 맞춤형화장품의 혼합·소분 공간은 다른 공간과 구분 또는
   구획할 것

**개념톡톡** 👆

| 화장품<br>제조업 | 화장품<br>책임판매업 | 맞춤형<br>화장품<br>판매업 |
|---|---|---|
| [제조]<br>• 직접제조<br>• 위탁제조<br>[포장]<br>• 1차 포장 | [유통 판매]<br>• 직접 제조 후<br>• 위탁 제조 후<br>• 수입 후<br>[알선 수여]<br>• 수입대행형<br>  거래 목적 | [혼합]<br>• 내용물<br>  +내용물<br>• 내용물<br>  +원료<br>[소분]<br>• 내용물의<br>  소분 |

**합격콕콕** 👆

각 영업의 등록과 신고의 행정 처리적
차이에 대해 학습한다.

---

TOPIC **05**   **화장품의 품질 요소(안전성, 안정성, 유효성, 사용성)**
    2019 기출   표준교재 29p

## 1. 안전성(Safety)

  ① 알러지, 피부 자극, 트러블 등의 부작용 없이 안전하게 사용
  ② 많은 사람이 장시간 동안 지속적으로 사용함에 따라 주의해야 함

## 2. 안정성(Stability)

  ① 화장품 사용 기간 중 변색, 변취, 변질 등의 품질 변화가 없어야 함
  ② 효능, 성분 등의 변질 없이 함량이 유지되어야 함

**합격콕콕** 👆

안전성과 안정성, 유효성의 의미를 혼
동하지 않도록 학습하고, 반복해서 확
인한다.

## 3. 유효성(Efficacy)

① 화장품 사용 목적에 따른 기능을 충분히 나타내야 함
② 보습과 수분 공급, 세정 등의 기초 제품의 기능
③ 발색 및 색체 부여의 색조 제품의 기능
④ 자외선 차단, 모발 염색 등의 기능성화장품의 기능

## 4. 사용성(Usability)

① 사용감이 우수하고 편리해야 함
② 퍼짐성이 좋고 피부에 쉽게 흡수되어야 함

## 5. 화장품의 품질 관리 기준

① 용어의 정의
  ㉠ 품질관리 : 화장품의 책임판매 시 필요한 제품의 품질을 확보하기 위해서 실시하는 것
    • 화장품제조업자 및 제조에 관계된 업무(시험 · 검사 등의 업무를 포함한다)에 대한 관리 · 감독
    • 화장품의 시장 출하에 관한 관리
    • 그 밖에 제품의 품질의 관리에 필요한 업무
  ㉡ 시장출하 : 화장품책임판매업자가 제조를 하거나 수입한 화장품의 판매를 위해 출하하는 것

② 조직 및 인원
  ㉠ 화장품책임판매업자는 책임판매관리자를 두어야 함
  ㉡ 품질관리 업무를 적정하고 원활하게 수행할 능력이 있는 인력을 충분히 갖추어야 함

③ 문서 및 기록
  ㉠ 품질관리 절차서의 작성과 기록
  ㉡ 화장품책임판매업자는 품질관리 업무 절차서에 따라 업무를 수행

④ 책임판매관리자의 업무
  ㉠ 품질관리 업무를 총괄
  ㉡ 품질관리 업무가 적정하고 원활하게 수행되는 것을 확인
  ㉢ 화장품책임판매업자에게 문서로 보고
  ㉣ 화장품제조업자, 맞춤형화장품판매업자 등 관계자에게 문서로 연락, 지시

**개념톡톡** 👆

• 책임판매관리자의 업무 : 안전관리, 품질관리, 제조업자 감독
• 책임판매관리자의 자격기준
  - 의사, 약사
  - 이공계 및 화장품 관력학 학사
  - 화장품 관련 전문대 졸업 후 화장품
  - 제조/품질 관련 업무 1년 이상 종사
  - 간호학 관련 전문대 졸업 후 관련 과목 20학점 이수 후 화장품 제조/품질 관련 업무 1년 이상 종사
  - 화장품 제조/품질 관련 업무 2년 이상 종사
  - 식약처장 지정 과목 이수자

ⓜ 품질관리에 관한 기록 및 화장품제조업자의 관리에 관한 기록을 작성, 제조일(수입의 경우 수입일을 말한다)로부터 3년간 보관할 것

⑤ 책임판매업자의 보고의 의무
　　㉠ 화장품책임판매업자는 생산실적 또는 수입실적을 식품의약품안전처장에게 보고하여야 함
　　㉡ 화장품의 제조과정에 사용된 원료의 목록을 화장품의 유통·판매 전까지 보고해야 함 　2021 기출

---

TOPIC 06 　**화장품의 사후관리 기준** 　표준교재 35~45p

## 1. 용어의 정의

① 안전관리 정보 : 화장품의 품질, 안전성·유효성, 그 밖에 적정 사용을 위한 정보 　2021 기출
② 안전확보 업무 : 화장품책임판매 후 안전관리 업무 중 정보 수집, 검토 및 그 결과에 따른 필요한 조치에 관한 업무

## 2. 안전확보 업무에 관련된 조직 및 인원

① 화장품책임판매업자는 책임판매관리자를 두어야 함
② 안전확보 업무를 적정하고 원활하게 수행할 인원을 확보

## 3. 안전관리 정보 수집

책임판매관리자는 학회, 문헌, 그 밖의 연구보고 등에서 안전관리 정보를 수집·기록

## 4. 안전관리 정보의 검토 및 그 결과에 따른 안전확보 조치 – 책임판매관리자의 업무

① 수집한 안전관리 정보를 신속히 검토·기록할 것
② 수집한 안전관리 정보의 검토 후 안전확보 조치 시행
③ 필요한 경우 회수, 폐기, 판매정지 실시
④ 첨부문서의 개정, 식품의약품안전처장에게 보고
⑤ 안전확보 조치계획을 화장품책임판매업자에게 문서로 보고한 후 그 사본을 보관

PART 01

PART 02

PART 03

PART 04

PART 05

PART 06

## 5. 회수처리 – 책임판매관리자의 업무

① 회수한 화장품은 구분하여 일정 기간 보관한 후 폐기 등 적절한 방법으로 처리

② 회수 내용을 적은 기록을 작성하고 화장품책임판매업자에게 문서로 보고

## 6. 제품의 안정성 자료확보 `2019 기출`

① 목적 : 화학적으로 불안정한 성분을 사용한 경우 사용기한 내 안정성을 확보하게 함

② 내용 : 다음 각 목의 어느 하나에 해당하는 성분을 0.5퍼센트 이상 함유하는 제품의 경우에는 해당 품목의 안정성시험 자료를 최종 제조된 제품의 사용기한이 만료되는 날부터 1년간 보존할 것

  ㉠ 레티놀(비타민A) 및 그 유도체

  ㉡ 아스코빅애시드(비타민C) 및 그 유도체

  ㉢ 토코페롤(비타민E)

  ㉣ 과산화화합물 `2021 기출`

  ㉤ 효소

## 7. 화장품의 과태료 부과 대상 `2019 기출`

① 기능성화장품 심사 등 변경심사를 받지 않은 경우

② 화장품의 생산 실적 또는 수입 실적 또는 화장품 원료의 목록 등을 보고하지 아니한 경우

③ 동물 실험을 실시한 화장품 또는 동물 실험을 실시한 화장품 원료를 사용하여 제조 또는 수입한 화장품을 유통, 판매한 경우

④ 책임판매 관리자 및 맞춤형화장품 조제관리사의 교육이수 의무에 따른 명령을 위반한 경우

⑤ 화장품의 판매 가격을 표시하지 아니한 경우

⑥ 폐업 등의 신고를 하지 않은 경우

⑦ 식약청장이 지시한 보고를 하지 아니한 경우

⑧ 맞춤형화장품조제관리사 또는 이와 유사한 명칭을 사용한 자

⑨ 맞춤형화장품 원료의 목록을 보고하지 아니한 자

## 8. 화장품의 벌칙

> 다음의 사항을 위반한 자는 3년 이하의 징역 또는 3천만원 이하의 벌금

① 화장품제조업 또는 화장품책임판매업의 등록
② 맞춤형화장품판매업의 신고
③ 맞춤형화장품판매업자의 맞춤형화장품 조제관리사 고용  `2020 기출`
④ 기능성화장품의 심사 혹은 보고
⑤ 인증받지 못한 기능성화장품에 인증표시 및 이와 유사한 표시
⑥ **영업의 금지** : 다음에 해당하는 화장품을 판매(수입대행형 거래를 목적으로 하는 알선·수여를 포함한다)하거나 판매하기 위해 제조, 수입, 보관 또는 진열해서는 안 됨
　㉠ 전부 또는 일부가 변패(變敗)된 화장품
　㉡ 병원미생물에 오염된 화장품
　㉢ 이물이 혼입되었거나 부착된 것
　㉣ 화장품에 사용할 수 없는 원료를 사용하였거나 유통화장품 안전관리 기준에 적합하지 않은 화장품
　㉤ 보건위생상 위해가 발생할 우려가 있는 비위생적인 조건에서 제조되었거나, 시설기준에 적합하지 아니한 시설에서 제조된 것
　㉥ 용기나 포장이 불량하여 해당 화장품이 보건위생상 위해를 발생할 우려가 있는 것
　㉦ 사용기한 또는 개봉 후 사용기간(병행 표기된 제조연월일을 포함한다)을 위조·변조한 화장품
⑦ **판매 등의 금지** : 다음에 해당하는 화장품을 판매하거나 판매할 목적으로 보관 또는 진열해서는 안 됨
　㉠ 등록을 하지 아니한 자가 제조한 화장품 또는 제조·수입하여 유통·판매한 화장품
　㉡ 화장품의 포장 및 기재·표시 사항을 훼손(맞춤형화장품 판매를 위하여 필요한 경우는 제외한다) 또는 위조·변조한 것

> 다음의 사항을 위반한 자는 1년 이하의 징역 또는 1천만원 이하의 벌금

① 영유아 또는 어린이가 사용할 수 있는 화장품임을 표시·광고하려는 경우에는 제품별로 안전과 품질을 입증할 수 있는 자료의 작성 및 보관(화장품책임판매업자)  `2020 기출`
　㉠ 제품 및 제조방법에 대한 설명 자료

**개념톡톡**

- 벌칙
　– 3년 이하 징역 3천만원 이하 벌금
　– 1년 이하 징역 1천만원 이하 벌금
　– 200만원 이하 벌금
- 과태료 : 100만원 이하 과태료

PART 01
PART 02
PART 03
PART 04
PART 05
PART 06

    ⓛ 화장품의 안전성 평가 자료

    ⓒ 제품의 효능 · 효과에 대한 증명 자료

② 안전용기 · 포장을 사용(화장품책임판매업자 및 맞춤형화장품판매업자)

③ 부당한 표시 · 광고 행위 등의 금지

    ㉠ 의약품으로 잘못 인식할 우려가 있는 표시 또는 광고

    ⓛ 기능성화장품이 아닌 화장품을 기능성화장품으로 잘못 인식할 우려가 있거나 기능성화장품의 안전성 · 유효성에 관한 심사결과와 다른 내용의 표시 또는 광고

    ⓒ 천연화장품 또는 유기농화장품이 아닌 화장품을 천연화장품 또는 유기농화장품으로 잘못 인식할 우려가 있는 표시 또는 광고

    ⓔ 그 밖에 사실과 다르게 소비자를 속이거나 소비자가 잘못 인식하도록 할 우려가 있는 표시 또는 광고

④ 판매의 금지

    ㉠ 화장품 또는 의약품으로 잘못 인식할 우려가 있게 기재 · 표시된 화장품

    ⓛ 판매의 목적이 아닌 제품의 홍보 · 판매 촉진 등을 위하여 미리 소비자가 시험 · 사용하도록 제조 또는 수입된 화장품

    ⓒ 화장품의 용기에 담은 내용물을 나누어 판매(맞춤형판매업 기준에 맞는 경우 제외)

⑤ 표시 · 광고 내용의 실증에 따른 중지 명령 위반 : 영업자 또는 판매자가 제출기간 내에 이를 제출하지 아니한 채 계속하여 표시 · 광고를 하는 때에는 실증자료를 제출할 때까지 그 표시 · 광고 행위의 중지

⑥ 맞춤형화장품의 자격증의 대여

---

| 다음의 사항을 위반한 자는 200만원 이하의 벌금 |

① 영업자의 의무

    ㉠ 화장품제조업자 : 화장품의 제조와 관련된 기록 · 시설 · 기구 등 관리 방법, 원료 · 자재 · 완제품 등에 대한 시험 · 검사 · 검정 실시 방법 및 의무

    ⓛ 화장품책임판매업자 : 화장품의 품질관리기준, 책임판매 후 안전관리기준, 품질 검사 방법 및 실시 의무, 안전성 · 유효성 관련 정보사항 등의 보고 및 안전대책 마련 의무

    ⓒ 맞춤형화장품판매업자 : 맞춤형화장품 판매장 시설 · 기구의 관리 방법, 혼합 · 소분 안전관리기준의 준수 의무, 혼합 · 소분되는 내용물 및 원료에 대한 설명 의무

② 위해화장품의 회수 2020 기출
  ㉠ 위해 화장품을 회수하거나 회수하는 데에 필요한 조치를 해야 함
  ㉡ 회수계획을 식품의약품안전처장에게 미리 보고
③ 화장품의 기재사항 화장품의 1차 포장 또는 2차 포장에는 기재사항 기재 · 표시(단, 가격 위반의 경우는 과태료)
④ 천연화장품, 유기농 화장품 인증 유효기관이 경과한 화장품에 대해 인증 표시를 한 자
⑤ 보고와 검사, 시정명령, 개수명령, 회수 폐기 명령을 위반, 관계 공무원의 검사 · 수거 또는 처분을 거부 · 방해하거나 기피한 자

## 9. 동물실험을 한 화장품의 유통 판매 금지

① 화장품책임판매업자와 맞춤형화장품판매업자는 동물실험을 실시한 화장품 또는 동물실험을 실시한 화장품 원료를 사용하여 제조 또는 수입한 화장품을 유통 · 판매해서는 안 됨

② 예외사항 2020 기출
  ㉠ 보존제, 색소, 자외선차단제 등 특별히 사용상의 제한이 필요한 원료에 대하여 그 사용기준을 지정한 경우
  ㉡ 국민보건상 위해 우려가 제기되는 화장품 원료 등에 대한 위해평가를 하기 위하여 필요한 경우
  ㉢ 동물대체시험법이 존재하지 아니하여 동물실험이 필요한 경우
  ㉣ 화장품 수출을 위하여 수출 상대국의 법령에 따라 동물실험이 필요한 경우
  ㉤ 수입하려는 상대국의 법령에 따라 제품 개발에 동물실험이 필요한 경우
  ㉥ 다른 법령에 따라 동물실험을 실시하여 개발된 원료를 화장품의 제조 등에 사용하는 경우
  ㉦ 그 밖에 동물실험을 대체할 수 있는 실험을 실시하기 곤란한 경우로서 식품의약품안전처장이 정하는 경우

## 10. 행정처분

① 식품의약품안전처장은 다음의 위반행위에 대해 해당하는 행정처분을 내릴 수 있음
  ㉠ 등록을 취소하거나 영업소 폐쇄
  ㉡ 품목의 제조 · 수입 및 판매의 금지
  ㉢ 1년의 범위에서 기간을 정하여 그 업무의 전부 또는 일부에 대한 정지를 명함

개념톡톡 👆
• 동물실험 : 시험/연구를 위해 실험 동물을 대상으로 실시
• 실험 동물 : 실험을 목적으로 사육되는 척추동물(어류, 양서류, 파충류, 조류, 포유류)

PART 01
PART 02
PART 03
PART 04
PART 05
PART 06

② 변경사항의 등록 관련 처분기준(1차 위반)

| 변경 사항의 등록 관련 | 처분기준 |
|---|---|
| 1) 화장품제조업자·화장품책임판매업자(법인인 경우 대표자)의 변경 또는 그 상호(법인인 경우 법인의 명칭)의 변경 | 시정명령 |
| 2) 제조소의 소재지 변경 | 제조업무정지 1개월 |
| 3) 화장품책임판매업소의 소재지 변경 | 판매업무정지 1개월 |
| 4) 책임판매관리자의 변경 | 시정명령 |
| 5) 제조 유형 변경 | 제조업무정지 1개월 |
| 6) 화장품책임판매업을 등록한 자의 책임판매 유형 변경 | 경고 |
| 7) '수입대행형 거래' 화장품책임판매업을 등록한 자의 책임판매 유형 변경 | 수입대행업무정지 1개월 |

③ 제조 시설 관련 처분 기준(1차 위반) : 시설기준에 적합하지 아니하거나 노후 또는 오손되어 있어 그 시설로 화장품을 제조하면 화장품의 안전과 품질에 문제의 우려가 있다고 인정되는 경우에는 화장품제조업자에게 그 시설의 개수를 명하거나 해당 시설의 전부 또는 일부의 사용금지를 명할 수 있음 2021 기출

④ 제조 시설 관련 처분 기준(1차 위반)

| 제조 시설 관련 | 처분기준 |
|---|---|
| 1) 제조 또는 품질검사에 필요한 시설 및 기구의 전부가 없는 경우 | 제조업무정지 3개월 |
| 2) 작업소, 보관소 또는 시험실 중 어느 하나가 없는 경우 | 개수명령 |
| 3) 해당 품목의 제조 또는 품질검사에 필요한 시설 및 기구 중 일부가 없는 경우 | 개수명령 |
| 4) 쥐·해충 및 먼지 등을 막을 수 있는 시설 위반 | 시정명령 |
| 5) 작업대 등 제조에 필요한 시설 및 기구 가루가 날리는 작업실은 가루를 제거하는 시설 위반 | 개수명령 |

⑤ 맞춤형화장품 판매업의 변경 신고 관련 처분기준(1차 위반)

| 맞춤형화장품 판매업의 변경 신고 관련 | 처분기준 |
|---|---|
| 1) 맞춤형화장품판매업자의 변경신고를 하지 않은 경우 | 시정명령 |
| 2) 맞춤형화장품판매업소 상호의 변경신고를 하지 않은 경우 | 시정명령 |
| 3) 맞춤형화장품판매업소 소재지의 변경신고를 하지 않은 경우 | 판매업무정지 1개월 |
| 4) 맞춤형화장품조제관리사의 변경신고를 하지 않은 경우 | 시정명령 |

⑥ 화장품 결격사유 관련 처분기준(1차 위반)

| 화장품 결격사유 관련 | 처분기준 |
|---|---|
| 등록(제조, 판매업) 및 신고(맞춤형화장품판매업) 결격사유 위반 | 등록취소 |

⑦ 화장품 안전성 관련 처분기준(1차 위반)

| 화장품 안전성 관련 | 처분기준 |
|---|---|
| 1) 국민보건에 위해를 끼쳤거나 끼칠 우려의 화장품을 제조·수입한 경우 | 제조 또는 판매업무 정지 1개월 |
| 2) 심사를 받지 않거나 거짓으로 보고한 기능성화장품을 판매한 경우 | 판매업무정지 6개월 |
| 3) 보고하지 않은 기능성화장품을 판매한 경우 | 판매업무정지 3개월 |
| 4) 영유아 또는 어린이 화장품의 제품별 안전성 자료를 작성 또는 보관하지 않은 경우 | 판매 또는 해당 품목판매업무 정지 1개월 |
| 5) 안전용기·포장에 관한 기준을 위반한 경우 | 해당 품목 판매업무정지 3개월 |
| 6) 회수 대상 화장품을 회수하지 않거나 회수하는 데에 필요한 조치를 하지 않은 경우 | 판매 또는 제조업무 정지 1개월 |
| 7) 회수계획을 보고하지 않거나 거짓으로 보고한 경우 | 판매 또는 제조업무 정지 1개월 |
| 8) 전부 또는 일부가 변패(變敗)되거나 이물질이 혼입 또는 부착된 화장품 | 해당 품목 판매업무정지 1개월 |
| 9) 병원미생물에 오염된 화장품 | 해당 품목 판매업무정지 3개월 |
| 10) 화장품의 제조 등에 사용할 수 없는 원료를 사용한 화장품 | 해당 품목 판매업무정지 3개월 |
| 11) 사용상의 제한이 필요한 원료에 대하여 식품의약품안전처장이 고시한 용기준을 위반한 화장품 | 해당 품목 판매업무정지 3개월 |

⑧ 표시광고 위반한 경우 처분기준(1차 위반) 2021 기출 2020 기출

| 표시광고 위반한 경우(1) | 처분기준 |
|---|---|
| – 의약품으로 잘못 인식할 우려가 있는 내용, 제품의 명칭 및 효능·효과 등에 대한 표시·광고를 하지 말 것<br>– 기능성화장품, 천연화장품 또는 유기농화장품이 아님에도 불구하고 제품의 명칭, 제조방법, 효능·효과 등에 관하여 기능성화장품, 천연화장품 또는 유기농화장품으로 잘못 인식할 우려가 있는 표시·광고를 하지 말 것<br>– 사실 유무와 관계없이 다른 제품을 비방하거나 비방한다고 의심이 되는 표시·광고를 하지 말 것 | 해당 품목 판매업무 정지 3개월 (표시위반) 또는 해당 품목 광고업무정지 3개월 (광고위반) |

| 표시광고 위반한 경우(2) | 처분기준 |
|---|---|
| – 의사·치과의사·한의사·약사·의료기관 또는 그 밖의 자(할랄화장품, 천연화장품 또는 유기농화장품 등을 인증·보증하는 기관으로서 식품의약품안전처장이 정하는 기관은 제외한다)가 이를 지정·공인·추천·지도·연구·개발 또는 사용하고 있다는 내용이나 이를 암시하는 등의 표시·광고를 하지 말 것<br>– 외국제품을 국내제품으로 또는 국내제품을 외국제품으로 잘못 인식할 우려가 있는 표시·광고를 하지 말 것 | 해당 품목 판매업무 정지 2개월 (표시위반) 또는 해당 품목 광고업무정지 2개월 (광고위반) |

개념톡톡 👆
• 표시 : 화장품의 1차, 2차 포장에 기입한 문구 등
• 광고 : 인터넷, 신문 등의 매체로 광고하는 것

PART 01
PART 02
PART 03
PART 04
PART 05
PART 06

| 표시광고 위반한 경우(2) | 처분기준 |
|---|---|
| − 외국과의 기술제휴를 하지 않고 외국과의 기술제휴 등을 표현하는 표시 · 광고를 하지 말 것<br>− 경쟁상품과 비교하는 표시 · 광고는 비교 대상 및 기준을 분명히 밝히고 객관적으로 확인될 수 있는 사항만을 표시 · 광고해야 하며, 배타성을 띤 "최고" 또는 "최상" 등의 절대적 표현의 표시 · 광고를 하지 말 것<br>− 사실과 다르거나 부분적으로 사실이라고 하더라도 전체적으로 보아 소비자가 잘못 인식할 우려가 있는 표시 · 광고 또는 소비자를 속이거나 소비자가 속을 우려가 있는 표시 · 광고를 하지 말 것<br>− 품질 · 효능 등에 관하여 객관적으로 확인될 수 없거나 확인되지 않았는데도 불구하고 이를 광고하거나 화장품의 범위를 벗어나는 표시 · 광고를 하지 말 것<br>− 저속하거나 혐오감을 주는 표현 · 도안 · 사진 등을 이용하는 표시 · 광고를 하지 말 것<br>− 국제적 멸종위기종의 가공품이 함유된 화장품임을 표현하거나 암시하는 표시 · 광고를 하지 말 것 | 해당 품목 판매업무 정지 2개월<br>(표시위반) 또는<br>해당 품목<br>광고업무정지 2개월<br>(광고위반) |

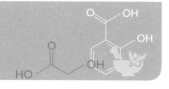

CHAPTER
**02** 개인정보보호법

PART 01
PART 02
PART 03
PART 04
PART 05
PART 06

**학습**목표
- 고객관리 프로그램을 운용하기 위한 기본 개념인 개인정보보호법 및 관련 법령에서 보호하는 개인정보의 개념 등을 설명할 수 있다.
- 개인정보보호법에 따라 고객으로부터 수령해야 하는 개인정보 수집·제공 동의서를 작성하고 민감정보, 고유식별정보를 구분할 수 있다.
- 개인정보보호법에 의거하여 고객정보의 보관, 폐기 등 관리방법 및 절차를 설명할 수 있고, 고객정보의 비밀보장, 유출방지 방안을 마련할 수 있다.
- 개인정보보호법에 따라 매장 내 영상정보처리기기 설치 및 운영 방법을 알고 있다.

---

TOPIC **01** 개인정보보호법에 근거한 고객정보 입력 표준교재 47~53p

## 1. 개인정보보호법

① **목적** : 개인정보의 처리 및 보호에 관한 사항을 정하여 개인의 자유와 권리를 보호

② **용어의 정의**
ㄱ 개인정보 : 살아 있는 개인에 관한 정보로서 성명, 주민등록번호 및 영상 등을 통하여 개인을 알아볼 수 있는 정보
ㄴ 처리 : 개인정보의 수집, 생성, 연계, 연동, 기록, 저장, 보유, 가공, 편집, 검색, 출력, 정정(訂正), 복구, 이용, 제공, 공개, 파기(破棄), 그 밖에 이와 유사한 행위
ㄷ 정보주체 : 처리되는 정보에 의하여 알아볼 수 있는 사람으로서 그 정보의 주체가 되는 사람
ㄹ 개인정보처리자 : 업무를 목적으로 개인정보파일을 운용하기 위하여 스스로 또는 다른 사람을 통하여 개인정보를 처리하는 공공기관, 법인, 단체 및 개인

③ **원칙** 2019 기출
ㄱ 목적 이외의 용도 활용 금지
ㄴ 정확성, 완전성 및 최신성을 보장

**합격콕콕**
개인정보보호법의 필요성과 취지를 확인하고 이를 반드시 지켜야 함을 명심하여 학습한다.

**개념톡톡**
- 개인정보가 아닌 사례 : 사망한 자의 정보, 사물에 관한 정보, 법인, 단체에 관한 정보, 개인사업자의 상호명, 사업장주소, 사업자등록번호, 납세액 등 사업체 운영과 관련한 정보
- 개인정보 처리가 아닌 사례 : 다른 사람이 처리하고 있는 개인정보를 단순히 전달, 전송, 통과만 시켜주는 행위(우체부의 개인정보가 기록된 우편물을 전달)

ⓒ 안전하게 관리

ⓔ 개인정보의 처리에 관한 사항을 공개하고 열람청구권 등 정보주체의
권리를 보장

ⓜ 사생활 침해를 최소화

ⓑ 익명처리가 가능하면 익명처리

④ **정보주체의 권리**

㉠ 정보제공을 받을 권리

㉡ 동의 여부, 동의 범위 선택, 결정의 권리

㉢ 열람을 요구할 권리

㉣ 처리정지, 정정, 삭제 및 파기요구 권리

㉤ 개인정보처리에 의한 발생한 피해를 신속하고 공정하게 구제받을 권리

**개념톡톡** 👆

개인정보의 수집 및 이용은 정보주체
의 동의를 받은 경우 가능하다.

## 2. 개인정보의 입력

① **개인정보를 수집, 이용할 수 있는 경우** `2019 기출`

㉠ 정보주체의 동의를 받은 경우(다음의 내용을 정보주체에 알려야 함)

• 개인정보의 수집 · 이용 목적

• 개인정보의 항목

• 개인정보의 보유 및 이용기간

• 동의를 거부할 권리가 있다는 사실 및 동의 거부 시의 불이익

㉡ 법률에 특별한 규정이 있거나 법령상 의무를 준수하기 위하여 불가피
한 경우

㉢ 공공기관이 법령 등에서 정하는 소관 업무의 수행을 위하여 불가피한
경우

㉣ 정보주체와의 계약의 체결 및 이행을 위하여 불가피하게 필요한 경우

㉤ 정보주체 또는 그 법정대리인이 의사표시를 할 수 없는 상태에 있거
나 주소불명 등으로 사전 동의를 받을 수 없는 경우로서 명백히 정보
주체 또는 제3자의 급박한 생명, 신체, 재산의 이익을 위하여 필요하
다고 인정되는 경우

㉥ 개인정보처리자의 정당한 이익을 달성하기 위하여 필요한 경우로서
명백하게 정보주체의 권리보다 우선하는 경우(이 경우 개인정보처리
자의 정당한 이익과 상당한 관련이 있고 합리적인 범위를 초과하지
아니하는 경우에 한함)

② 개인정보의 수집 제한
　　㉠ 목적에 필요한 최소한의 정보를 수집
　　㉡ 최소한의 개인정보라는 입증책임은 개인정보처리자에 있음
　　㉢ 최소한의 정보 외의 개인정보 수집에는 동의하지 아니할 수 있다는
　　　사실을 알려야 함

③ 개인정보를 제3자에게 제공할 수 있는 경우
　　㉠ 정보주체의 동의를 받은 경우(다음의 내용을 정보 주체에 알려야 함)
　　　• 개인정보를 제공받는 자
　　　• 개인정보를 제공받는 자의 개인정보 이용 목적
　　　• 제공하는 개인정보 항목
　　　• 개인정보를 제공받는 자의 개인정보 보유 및 이용 기간
　　　• 동의를 거부할 권리가 있다는 사실 및 동의 거부 시의 불이익
　　㉡ 개인정보를 수집한 목적 범위 이내인 경우

④ 개인정보처리자에게 개인정보를 제공받은 자는 목적 이외의 용도 이용
　　및 제3자 제공 금지(다음 경우는 예외)
　　㉠ 정보주체에게 별도 동의를 받은 경우
　　㉡ 다른 법률에 의한 특별규정이 있는 경우

⑤ 동의받는 내용 : 동의 사항을 구분하여 정보주체가 명확히 인지하게 해
　　야 함
　　㉠ 개인정보의 수집 · 이용 목적, 수집 · 이용하려는 개인정보의 항목
　　㉡ 계약 체결 등을 위하여 정보주체의 동의 없이 처리할 수 있는 개인정
　　　보와 동의가 필요한 개인정보를 구분해야 함(이 경우 동의 없이 처리
　　　할 수 있는 개인정보라는 입증책임은 개인정보처리자가 부담)
　　㉢ 만 14세 미만 아동의 개인정보를 처리하기 위하여 법정대리인의 동
　　　의를 받아야 함
　　㉣ 표시 방법
　　　• 글씨의 크기 : 9포인트 이상
　　　• 다른 내용보다 20% 이상 크게
　　　• 글씨의 색깔, 굵기 또는 밑줄 등을 통하여 그 내용이 명확히 표시되
　　　　도록 할 것

⑥ 동의를 받는 방법
　　㉠ 동의 내용이 적힌 서면을 정보주체에게 직접 발급하거나 우편, 팩스
　　　등의 방법으로 전달 후 정보주체가 서명하거나 날인한 동의서를 받는
　　　방법

개념톡톡 👆

개인정보보호법에 따르면 만 (　)세
미만의 아동은 법정대리인의 동의를
받아야 한다.

답 : 14

개념톡톡 👆

개인정보처리자는 개인정보를 수집 ·
이용에 대한 동의를 받을 때 중요한
내용의 글자 크기는 (　)포인트 이
상으로 하고, 동의서 내 다른 내용보
다 (　)% 이상 크게 표기해야 한다.

답 : 9, 20

PART 01
PART 02
PART 03
PART 04
PART 05
PART 06

ⓛ 전화를 통하여 동의 내용을 정보주체에게 알리고 동의의 의사표시를 확인하는 방법

ⓒ 전화를 통하여 동의 내용을 정보주체에게 알리고 정보주체에게 인터넷 주소 등을 통하여 동의 사항을 확인하도록 한 후 다시 전화를 통하여 그 사항에 대한 동의의 의사표시를 확인하는 방법

ⓔ 인터넷 홈페이지 등에 동의 내용을 게재하고 정보주체가 동의 여부를 표시하도록 하는 방법

ⓜ 동의 내용이 적힌 전자우편을 발송하여 정보주체로부터 동의의 의사표시가 적힌 전자우편을 받는 방법

## 3. 개인정보의 처리제한

**개념톡톡** 🖐

• 개인정보 : 민감정보, 고유 식별 정보
• 개인정보 처리 동의 : 별도의 동의를 추가로 받아야 함

① **민감정보의 처리제한** : 정보 주체의 사생활을 현저히 침해할 개인정보는 처리금지 　2020 기출

ⓐ 사상·신념, 노동조합·정당의 가입 및 탈퇴, 정치적 견해

ⓑ 건강, 성생활 등에 대한 정보

ⓒ 유전자 검사 등의 결과로 얻어진 유전정보

② **고유식별정보의 처리제한** : 개인을 고유하게 구별하기 위해 구별된 개인정보는 처리금지 　2020 기출

ⓐ 주민등록번호

ⓑ 여권번호

ⓒ 운전면허의 면허번호

ⓜ 외국인등록번호

※ 개인정보처리 동의 이외에 추가적인 별도의 동의를 받은 경우 처리 가능

## 4. 영상정보처리기기의 설치·운영 제한

**개념톡톡** 🖐

**영상정보처리기기**
일정한 공간에 지속적으로 설치되어 사람 또는 사물의 영상 등을 촬영하거나 이를 유·무선망을 통하여 전송하는 일체의 장치로써 폐쇄회로 텔레비전(CCTV) 및 네트워크 카메라를 의미한다.

① **적용범위** : 영상정보처리기기 운영자가 공개된 장소에 설치·운영하는 영상정보처리기기와 이 기기를 통하여 처리되는 개인영상정보를 대상으로 함

② **설치 운영 허가** : 다음 경우에만 가능하고 공개된 장소에서는 금함

ⓐ 법령에서 구체적으로 허용하고 있는 경우

ⓑ 범죄의 예방 및 수사를 위하여 필요한 경우

ⓒ 시설안전 및 화재 예방을 위하여 필요한 경우

ⓔ 교통단속을 위하여 필요한 경우

ⓜ 교통정보의 수집·분석 및 제공을 위하여 필요한 경우

③ **안내판의 설치** : 영상정보처리기기 운영자는 정보주체가 영상정보처리기기가 설치·운영 중임을 쉽게 알아볼 수 있도록 다음 각 호의 사항을 기재한 안내판 설치 등 필요한 조치를 해야 함

　㉠ 기재사항　2020 기출
- 설치목적 및 장소
- 촬영범위 및 시간
- 관리책임자의 성명 또는 직책 및 연락처
- 영상정보처리기기 설치·운영에 관한 사무를 위탁하는 경우, 수탁자의 명칭 및 연락처

　㉡ 안내판은 누구라도 용이하게 판독할 수 있게 설치돼야 하며, 이 범위 내에서 영상정보처리기기 운영자가 안내판의 크기, 설치위치 등을 자율적으로 정함

④ **보관 및 파기**

　㉠ 영상정보처리기기 운영자는 수집한 개인영상정보를 영상정보처리기기 운영·관리 방침에 명시한 보관 기간이 만료한 때에는 지체 없이 파기(다른 법령에 특별한 규정이 있는 경우에는 그렇지 않음)

　㉡ 영상정보처리기기 운영자가 그 사정에 따라 보유 목적의 달성을 위한 최소한의 기간을 산정하기 곤란한 때에는 보관 기간을 개인영상정보 수집 후 30일 이내

　㉢ 개인영상정보의 파기 방법
- 개인영상정보가 기록된 출력물(사진 등) 등은 파쇄 또는 소각
- 전자기적(電磁氣的) 파일 형태의 개인영상정보는 복원이 불가능한 기술적 방법으로 영구 삭제

---

**개념톡톡** 🔍
- 운영·관리방침에 보관기간 명시된 경우 : 보관기간 만료 후 지체 없이 파기
- 보관기간을 산정하기 곤란한 경우 : 정보 수집 후 30일

---

TOPIC **02** 개인정보보호법에 근거한 고객정보 관리 표준교재 54~56p

## 1. 안전 조치의 의무

개인정보가 분실, 도난, 유출, 위조, 변조, 훼손되지 않도록 해야 함

## 2. 안정성 확보 조치 시행

① 개인정보의 안전한 처리를 위한 내부 관리계획의 수립·시행
② 개인정보에 대한 접근 통제 및 접근 권한의 제한 조치

③ 개인정보를 안전하게 저장·전송할 수 있는 암호화 기술의 적용 또는 이에 상응하는 조치
④ 개인정보 침해사고 발생에 대응하기 위한 접속기록의 보관 및 위조·변조 방지를 위한 조치
⑤ 개인정보에 대한 보안프로그램의 설치 및 갱신
⑥ 개인정보의 안전한 보관을 위한 보관시설의 마련 또는 잠금장치의 설치 등 물리적 조치

## 3. 개인정보의 처리 방침의 수립

다음 사항이 포함된 개인정보 처리 방침을 수립해야 함

| 필수적 기재사항 | 임의적 기재사항 |
|---|---|
| • 개인정보의 처리 목적<br>• 개인정보의 처리 및 보유 기간<br>• 개인정보의 제3자 제공에 관한 사항(해당되는 경우에만 정함)<br>• 개인정보처리의 위탁에 관한 사항(해당되는 경우에만 정함)<br>• 정보주체와 법정대리인의 권리·의무 및 그 행사 방법에 관한 사항<br>• 처리하는 개인정보의 항목<br>• 개인정보의 파기에 관한 사항<br>• 개인정보 보호책임자에 관한 사항<br>• 개인정보 처리 방침의 변경에 관한 사항<br>• 개인정보의 안전성 확보조치에 관한 사항<br>• 개인정보 자동 수집 장치의 설치·운영 및 그 거부에 관한 사항 | • 정보주체의 권익침해에 대한 구제방법<br>• 개인정보의 열람청구를 접수·처리하는 부서<br>• 영상정보처리기기 운영·관리에 관한 사항(개인정보 보호법 제25조제7항에 따른 '영상정보처리기기 운영·관리방침'을 개인정보처리방침에 포함하여 정하는 경우) |

## 4. 개인정보보호책임자의 지정 및 업무 범위

① 개인정보보호 계획의 수립 및 시행
② 개인정보처리 실태 및 관행의 정기적인 조사 및 개선
③ 개인정보처리와 관련한 불만의 처리 및 피해 구제
④ 개인정보 유출 및 오용·남용 방지를 위한 내부통제시스템의 구축
⑤ 개인정보보호 교육 계획의 수립 및 시행
⑥ 개인정보 파일의 보호 및 관리·감독

## 5. 개인정보 유출의 통지

유출 확인 시 정보주체에게 다음을 알려야 함
① 유출된 개인정보의 항목
② 유출된 시점과 그 경위

③ 유출로 인하여 발생할 수 있는 피해를 최소화하기 위하여 정보주체가 할 수 있는 방법 등에 관한 정보

④ 개인정보처리자의 대응조치 및 피해 구제 절차

⑤ 정보주체에게 피해가 발생한 경우 신고 등을 접수할 수 있는 담당 부서 및 연락처

## 6. 개인정보의 파기

① 보유기간의 경과, 개인정보의 처리 목적 달성 등 그 개인정보가 불필요하게 되었을 때 파기

② 개인정보를 파기할 때에는 복구 또는 재생되지 아니하도록 조치

③ 전자적 파일 형태인 경우에는 복원이 불가능한 방법으로 영구 삭제

④ 기록물, 인쇄물, 서면, 그 밖의 기록매체인 경우는 파쇄 또는 소각

PART 01
PART 02
PART 03
PART 04
PART 05
PART 06

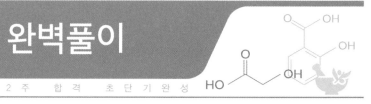

※ 문항 출처 : 식품의약품안전처 맞춤형화장품조제관리사 교수 · 학습 가이드('20.12.30.)

**01** 「화장품법 시행규칙」 [별표 3]에 따라 화장품의 포장에 표시하여야 하는 사용 시의 주의사항으로 옳은 것은?

| 화장품 종류 | 사용 시의 주의 사항 |
|---|---|
| ① 팩 | 알갱이가 눈에 들어갔을 때에는 물로 씻어내고, 이상이 있는 경우에는 전문의와 상담할 것 |
| ② 두발염색용 제품 | 눈, 코, 입 등에 닿지 않도록 주의하여 사용할 것 |
| ③ 외음부 세정제 | 정해진 용법과 용량을 잘 지켜 사용할 것 |
| ④ 퍼머넌트웨이브 제품 | 밀폐된 실내에서 사용할 때에는 반드시 환기할 것 |
| ⑤ 체취방지용 제품 | 만 3세 이하의 영 · 유아에게는 사용하지 말 것 |

정답 | ③
해설 | ① 팩 : 눈 주위를 피해서 사용할 것
　　　② 두발염색용 제품 : 눈에 들어갔을 때에는 즉시 씻어낼 것
　　　④ 퍼머넌트웨이브 제품 : 두피 · 얼굴 · 눈 · 목 · 손 등에 약액이 묻지 않도록 유의하고, 얼굴 등에 약액이 묻었을 때에는 즉시 물로 씻어낼 것
　　　⑤ 체취방지용 제품 : 털을 제거한 직후에는 사용하지 말 것

**02** 「개인정보보호법」 제17조제2항에 따라 고객의 개인정보를 제3자에게 제공 시 고객에게 알리고 동의를 구하여야 한다. 〈보기〉에서 개인정보보호법에 따라 고객에게 반드시 알려야 하는 사항을 모두 고른 것은?

| 보기 |
|---|
| ㄱ. 개인정보를 제공받는 자　　　　ㄴ. 개인정보 제공 동의 일자<br>ㄷ. 제공하는 개인정보의 항목　　　ㄹ. 제공받은 개인정보 보관 방법<br>ㅁ. 개인정보의 이용 목적 |

① ㄱ, ㄴ, ㄹ　　　　　　② ㄱ, ㄷ, ㅁ　　　　　　③ ㄱ, ㄹ, ㅁ
④ ㄴ, ㄷ, ㄹ　　　　　　⑤ ㄴ, ㄷ, ㅁ

정답 | ②
해설 | 개인정보 제공 동의 일자 및 제공받은 개인정보 보관 방법은 반드시 알려야 하는 항목이 아니다.

**03** 화장품법상 등록이 아닌 신고가 필요한 영업의 형태로 옳은 것은?

① 화장품제조업        ② 화장품수입업        ③ 화장품책임판매업

④ 화장품수입대행업        ⑤ 맞춤형화장품판매업

정답 | ⑤

해설 | 화장품제조업과 화장품책임판매업(수입, 수입대행은 책임판매업에 속한다)은 등록을 하여야 한다. 하지만 맞춤형화장품 판매업은 등록이 아닌 신고를 하는 영업의 형태이다.

**04** 고객 상담 시 개인정보 중 민감정보로 옳은 것은?

① 여권법에 따른 여권번호

② 주민등록법에 따른 주민등록번호

③ 출입국관리법에 따른 외국인등록번호

④ 도로교통법에 따른 운전면허의 면허번호

⑤ 유전자검사 등의 결과로 얻어진 유전 정보

정답 | ⑤

해설 | ①~④는 개인을 고유하게 구별하는 정보인 고유식별정보에 해당한다. 정보 주체의 사생활을 현저히 침해할 개인정보는 민감정보라고 하며, ⑤가 이에 해당한다.

**05** 화장품책임판매업자가 「화장품법」에 따라 영유아 또는 어린이가 사용할 수 있는 화장품임을 표시광고하려는 경우에는 제품별로 안전과 품질을 입증할 수 있는 자료를 〈보기〉와 같이 작성 · 보관하여야 한다. (　　) 안에 들어갈 말을 쓰시오.

┤ 보기 ├

ㄱ. 제품 및 제조방법에 대한 설명 자료

ㄴ. 화장품의 (　　) 자료

ㄷ. 제품의 효능 · 효과에 대한 증명 자료

정답 | 안전성 평가

해설 | 안전성 평가 자료는 원료 및 제품의 안전성 자료 및 제품의 안정성 평가 자료 등이 포함된다.

**06** 「화장품법 시행규칙」 제17조에 의하면, 화장품 원료 등의 위해평가는 다음 각 호의 확인 · 결정 · 평가 등의 과정을 거쳐 실시한다. (　　) 안에 들어갈 말을 쓰시오

- 위해요소의 인체 내 독성을 확인하는 위험성 확인 과정
- 위해요소의 인체노출 허용량을 산출하는 위험성 결정 과정
- 위해요소가 인체에 노출된 양을 산출하는 ( ㉠ ) 과정
- 제1호부터 제3호까지의 결과를 종합하여 인체에 미치는 위해 영향을 판단하는 ( ㉡ ) 과정

정답 | ㉠ 노출평가, ㉡ 위해도 결정

해설 | 위해평가는 '위험성 확인 → 위험성 결정 → 노출평가 → 위해도 결정'의 순서로 실시한다. 노출평가는 화장품 등을 통하여 사람이 바르거나 섭취하는 위해요소의 양 또는 수준을 정량적 또는 정성적으로 산출하는 과정이다. 위해도 결정은 위험성 확인, 위험성 결정 및 노출평가 결과를 근거로 하여 평가대상 위해요인이 인체건강에 미치는 위해영향 발생과 위해 정도를 정량적 또는 정성적으로 예측하는 과정이다.

**07** 맞춤형화장품판매업소에서 제조수입된 화장품의 내용물에 다른 화장내용물이나 식품의약품안전처장이 정하는 원료를 추가하여 혼합하거나 제조 또는 수입된 화장품의 내용물을 소분(小分)하는 업무에 종사하는 자를 ( ㉠ )(이)라고 한다. ㉠에 들어갈 용어를 기입하시오.

정답 | 맞춤형화장품조제관리사
해설 | 맞춤형화장품 판매업을 하려고 하는 자는 반드시 맞춤형화장품조제관리사를 고용하여 영업하여야 된다.

**08** 〈보기〉는 「화장품법 시행규칙」 제18조 1항에 따른 안전용기·포장을 사용하여야 할 품목에 대한 설명이다. 빈칸에 들어갈 알맞은 성분의 종류를 기입하시오.

┌─────────── 보기 ───────────┐

ㄱ. 아세톤을 함유하는 네일 에나멜 리무버 및 네일 폴리시 리무버

ㄴ. 개별 포장당 메틸 살리실레이트를 5% 이상 함유하는 액체상태의 제품

ㄷ. 어린이용 오일 등 개별 포장당 (　　　)류를 10% 이상 함유하고 운동점도가 21 센티스톡스(섭씨 40도 기준) 이하인 비에멀전 타입의 액체상태의 제품

└──────────────────────────┘

정답 | 탄화수소
해설 | 탄화수소는 오일의 형태적인 특성을 규정하며 이를 물로 오인하여 어린이가 마시는 등의 행위를 방지하기 위해서 안전용기를 사용해야 한다.

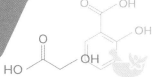

**01** 다음 중 화장품에 포함되지 <u>않는</u> 것은?

① 향낭            ② 목욕용 소금            ③ 흑채

④ 향초            ⑤ 데오도런트

**해설** 향초는 생활공간을 대상으로 하여 화장품의 영역이 아니다.

**02** 제품의 영역과 대상 및 기능이 잘못 짝지어진 것은?

| | 구분 | 대상 | 기능 |
|---|---|---|---|
| ① | 화장품 | 정상인 | 청결과 미화 |
| ② | 의약외품 | 환자 | 위생과 질병의 예방 |
| ③ | 기능성화장품 | 정상인 | 청결과 미화 |
| ④ | 의약품 | 환자 | 질병의 치료 |
| ⑤ | 의약외품 | 정상인 | 위생관리 |

**해설** 의약외품은 환자가 아닌 정상인을 대상으로 하는 영역이다.
③ 기능성화장품도 화장품의 영역에 포함되어 청결과 미화를 목적으로 한다.

**03** 기능성화장품의 분류로 거리가 <u>먼</u> 것은?

① 피부장벽의 기능을 회복하여 가려움 등의 개선에 도움을 주는 크림
② 튼살로 인한 붉은 선을 엷게 하는 데 도움을 주는 크림
③ 여드름성 피부를 완화하는 데 도움을 주는 크림
④ 피부에 탄력을 주어 피부의 주름을 완화 또는 개선하는 기능을 가진 크림
⑤ 탈모 증상의 완화에 도움을 주는 화장품

**해설** 여드름성 피부를 완화하는 데 도움을 주는 화장품은 인체 세정용 제품류로 한정된다.

**정답**   01 ④   02 ②   03 ③

**04** 천연화장품의 구성 중 천연원료에 포함되지 <u>않는</u> 것은?

① 유기농원료        ② 식물원료        ③ 동물원료

④ 화석연료 기원 원료        ⑤ 미네랄 원료

해설 천연원료에 미네랄 원료는 포함되나 화석연료 기원 원료는 제외된다.


**05** 화장품 제조업의 영업 형태와 거리가 <u>먼</u> 것은?

① 화장품을 직접 제조하는 영업

② 화장품 제조를 위탁받아 제조하는 영업

③ 화장품을 1차 포장하는 영업

④ 수입된 화장품을 유통 · 판매하는 영업

⑤ 화장품의 전부 또는 일부를 제조하는 영업

해설 ④는 책임판매자의 영업 형태이다.


**06** 화장품 제조업 등록을 위한 시설기준과 거리가 <u>먼</u> 것은?

① 원료 · 자재 및 제품을 보관하는 보관소

② 원료 · 자재 및 제품의 품질검사를 위하여 필요한 시험실

③ 품질검사에 필요한 시설 및 기구

④ 공기의 습도와 온도를 관리하는 시설 및 기구

⑤ 쥐 · 해충 및 먼지 등을 막을 수 있는 시설

해설 ④는 우수화장품제조기준(CGMP)에 해당하나 법률상의 의무는 아니다.     .


**07** 화장품책임판매의 영업 형태와 거리가 <u>먼</u> 것은?

① 화장품을 직접 제조하여 유통 · 판매하는 영업

② 화장품제조업자에게 위탁하여 제조된 화장품을 유통 · 판매하는 영업

③ 수입된 화장품의 내용물을 소분(小分)한 화장품을 판매하는 영업

④ 수입된 화장품을 유통 · 판매하는 영업

⑤ 수입대행형 거래를 하는 영업

해설 ③은 맞춤형화장품판매업자의 영업 범위이다.

**08** 화장품 벌칙의 위반사항 중 3년 이하의 징역과 3천만원 이하의 벌금에 해당하는 위반사항이 <u>아닌</u> 것은?

① 맞춤형화장품판매업 신고 위반
② 기능성화장품 심사 위반
③ 화장품에 사용할 수 없는 원료를 사용한 화장품 판매
④ 화장품책임판매업의 등록 위반
⑤ 안전용기 – 포장 사용 위반

해설 ⑤는 1년 이하의 징역 또는 1천만원 이하의 벌금 사항에 해당한다.

**09** 화장품 책임판매업자는 동물실험을 실시한 원료를 사용해서는 안 되지만 예외 사항이 존재한다. 다음 중 예외 사항과 거리가 <u>먼</u> 것은?

① 사용상의 제한이 필요한 원료에 대하여 그 사용기준이 지정된 경우
② 국민 보건상 위해 우려가 제기되는 화장품 원료 등에 대한 위해 평가를 하는 데 필요한 경우
③ 동물대체시험법이 존재하나 비용상의 문제로 동물실험을 진행한 경우
④ 화장품 수출을 위하여 수출 상대국의 법령에 따라 동물실험이 필요한 경우
⑤ 다른 법령에 따라 동물실험을 실시하여 개발된 원료를 화장품의 제조 등에 사용하는 경우

해설 동물대체시험법이 존재하지 아니하여 동물실험이 필요한 경우에는 동물실험이 가능하다. 동물대체시험법이 존재하면 대체실험을 실시해야 한다.

**10** CCTV를 설치하기 위한 안내판의 기재사항이 <u>아닌</u> 것은?

① 정보주체의 직책 및 연락처  ② 설치 목적  ③ 설치 장소
④ 촬영 범위  ⑤ 촬영 시간

해설 CCTV의 안내판에는 정보주체가 아닌 관리책임자의 성명, 직책 및 연락처를 기재해야 한다.

**11** 개인정보 처리 동의를 받을 때 중요한 내용을 표시하는 글자의 크기는 얼마 이상 되어야 하는가?

① 6포인트  ② 7포인트  ③ 8포인트
④ 9포인트  ⑤ 10포인트

해설 개인정보 처리 동의를 받을 때 중요한 내용을 표시하는 글자는 9포인트 이상으로, 다른 글씨보다 20% 이상 크게 작성해야 한다.

**12** 유기농화장품 원료의 가공에 사용할 수 있는 공정에 해당하는 것이 <u>아닌</u> 것은?

① 알킬화  ② 응축  ③ 에텔화
④ 비누화  ⑤ 포름알데하이드 사용

해설 탈색, 탈취, 방사선조사, 설폰화, 에칠렌옥사이드 사용, 수은화합물 처리, 포름알데하이드 사용 등은 금지된 공정이다.

PART 01

PART 02

PART 03

PART 04

PART 05

PART 06

정답  08 ⑤  09 ③  10 ①  11 ④  12 ⑤

**13** 개인정보처리 동의를 받는 경우 정보주체에게 알려야 할 내용과 거리가 <u>먼</u> 것은?

① 개인정보의 수집 및 이용목적
② 개인정보의 항목
③ 최소한의 개인정보 수집이라는 입증 책임이 정보주체에 있다는 공지
④ 동의를 거부할 권리가 있다는 사실 및 동의 거부 시의 불이익
⑤ 개인정보의 보유 및 이용기간

해설 "최소한의 개인정보"라는 입증 책임은 개인정보처리자가 져야 한다.

**14** 화장품 제조업자의 준수사항이 <u>아닌</u> 것은?

① 제조관리기준서 등을 작성·보관한다.
② 시설기준에 적합한 제조소를 갖춘다.
③ 제조소를 위생적으로 관리하고 오염되지 않게 한다.
④ 책임판매업자의 요청에 따르지 않고 독립적으로 수행해야 한다.
⑤ 제조관리기록서 및 품질관리기록서 등을 작성·보관한다.

해설 책임판매업자의 지도, 감독 및 요청에 따라야 한다.

**15** 개인정보의 유출 시 정보주체에게 알려야 할 사항과 거리가 <u>먼</u> 것은?

① 유출된 개인정보의 항목
② 유출로 인하여 발생할 수 있는 피해를 최소화하기 위하여 정보주체가 할 수 있는 방법
③ 개인정보처리자의 대응조치 및 피해 구제 절차
④ 정보주체에게 피해가 발생한 경우 신고할 수 있는 전문기관의 연락처
⑤ 유출된 시점과 그 경위

해설 피해 발생 시 개인정보처리 담당 부서 및 연락처를 알려야 하고, 개인정보처리자가 전문기관에 신고하여야 한다.

**16** 화장품 책임판매업자가 품질관리 업무를 위해 선임해야 할 인력은?

① 맞춤형화장품 조제관리자  ② 화장품 책임판매관리자  ③ 화장품 제조관리자
④ 화장품 품질관리자  ⑤ 화장품 위생관리자

해설 책임판매관리자가 품질관리 업무를 총괄한다.

**17** 화장품법상 등록이 아닌 신고가 필요한 영업의 형태로 옳은 것은?

① 화장품 제조업  ② 화장품 수입업  ③ 화장품 책임판매업
④ 맞춤형화장품 판매업  ⑤ 화장품 수입 대행형 거래업

해설 맞춤형화장품 판매업은 맞춤형화장품 신고서의 제출이 필요하다. 화장품 수입업, 수입 대행업 등은 책임판매업에 해당하여 등록이 필요하며, 화장품 제조업도 등록이 필요하다.

---

정답 13 ③ 14 ④ 15 ④ 16 ② 17 ④

**18** 기능성 화장품의 분류에 속하지 <u>않는</u> 것은?

① 자외선을 차단 또는 산란시켜 자외선으로부터 피부를 보호하는 기능을 가진 화장품

② 모발의 색상을 변화[탈염(脫染)·탈색(脫色)을 포함한다]시키는 기능을 가진 화장품(다만, 일시적으로 모발의 색상을 변화시키는 제품은 제외한다)

③ 물리적으로 체모를 제거하는 화장품

④ 탈모 증상의 완화에 도움을 주는 화장품(다만, 코팅 등 물리적으로 모발을 굵게 보이게 하는 제품은 제외한다)

⑤ 튼살로 인한 붉은 선을 엷게 하는 데 도움을 주는 화장품

해설 체모를 제거하는 기능을 가진 화장품은 기능성 화장품에 해당하지만 물리적으로 체모를 제거하는 제품은 제외된다.

**19** 아래의 조건이 정의하는 화장품의 분류 기준은?

[기준]
중량 기준 천연 함량이 전체 제품에서 95% 이상이고, 유기농 함량이 전체 제품에서 10% 이상

① 천연 화장품　　　　　② 한방 화장품　　　　　③ 유기농 화장품
④ 기능성 화장품　　　　⑤ 무기 화장품

해설 유기농 화장품은 천연 함량과 유기농 함량을 동시에 만족해야 한다.

**20** 다음 중 화장품의 과태료 부과 대상이 <u>아닌</u> 것은?

① 동물 실험을 실시한 화장품 또는 동물 실험을 실시한 화장품 원료를 사용하여 제조 또는 수입한 화장품을 유통, 판매한 경우

② 책임판매 관리자 및 맞춤형화장품 조제관리사의 교육이수 의무에 따른 명령을 위반한 경우

③ 화장품의 판매 가격을 표시하지 아니한 경우

④ 소비자가 화장품의 반품을 요구한 경우

⑤ 식약청장이 지시한 보고를 하지 아니한 경우

해설 ④의 경우 과태료 부과 대상이 아닌 경미한 사항이다.

**21** 화장품의 효능 성분 등의 변질 없이 함량이 유지되어야 하는 특징을 안정성이라고 한다. 아래의 규정에 해당하는 성분이 <u>아닌</u> 것은?

해당하는 성분을 0.5퍼센트 이상 함유하는 제품의 경우에는 해당 품목의 안정성시험 자료를 최종 제조된 제품의 사용기한이 만료되는 날부터 1년간 보존할 것

① 카보머　　　　　　　② 토코페롤(비타민E)　　　③ 과산화화합물
④ 효소　　　　　　　　⑤ 아스코빅애시드(비타민C) 및 그 유도체

해설 카보머는 제형의 점도를 향상시키는 고분자 소재로 안정성 평가 대상은 아니다.

---

정답　18 ③　19 ③　20 ④　21 ①

PART 01

PART 02

PART 03

PART 04

PART 05

PART 06

**22** 개인정보보호법의 용어의 정의 중 "처리되는 정보에 의하여 알아볼 수 있는 사람"을 의미하는 것은?

① 개인정보 처리자        ② 정보주체        ③ 제3자
④ 법정 대리인        ⑤ 개인정보 보호 책임자

해설 정보주체는 처리되는 정보에 의하여 알아볼 수 있는 사람으로서 그 정보의 주체가 되는 사람이다.
　　① 개인정보 처리자 : 개인정보파일을 운용하는 사람


**23** 개인정보 처리 동의를 받을 때 주의 사항과 거리가 먼 것은?

① 내용 : 개인정보의 수집·이용 목적, 수집·이용하려는 개인정보의 항목을 포함
② 내용 : 계약 체결 등을 위하여 정보주체의 동의 없이 처리할 수 있는 개인정보와 동의가 필요한 개인정보 구분
③ 대리 : 만 18세 미만 미성년의 개인정보를 처리하기 위하여 법정대리인의 동의를 받아야 함
④ 표시방법 : 글씨의 크기는 9포인트 이상
⑤ 표시방법 : 다른 내용보다 20퍼센트 이상 크게

해설 만 14세 미만 아동의 경우 대리인의 동의를 받아야 한다.


**24** 개인정보 처리 동의 이외에 별도의 동의를 받아야 하는 고유식별정보에 해당하는 것은?

① 정치적 견해
② 건강에 대한 정보
③ 유전자 검사 등으로 얻어진 유전정보
④ 사상과 신념
⑤ 운전면허 번호

해설 ①~④와 같은 민감정보는 개인정보처리 동의 이외에 별도의 동의를 받아도 처리가 불가하고, 고유식별정보는 처리가 가능하다.


**25** 개인정보 처리 방침에서 필수적인 사항이 <u>아닌</u> 것은?

① 개인정보의 처리 목적
② 개인정보의 처리 및 보유 기간
③ 정보주체의 권익 침해에 대한 구제 방법
④ 개인정보의 파기에 관한 사항
⑤ 개인정보 보호책임자에 관한 사항

해설 정보주체의 권익 침해에 대한 구제 방법은 임의적 기재사항에 해당하고, 나머지는 필수적 기재사항에 해당한다.

정답   22 ②   23 ③   24 ⑤   25 ③

**26** 신선한 유기농 원료 A의 10g을 물로만 추출하여 1,000g의 추출물 B를 제조하였다. 추출물 B의 유기농 함량 비율은?

① 0.01%
② 0.1%
③ 1%
④ 10%
⑤ 100%

해설 물로만 추출한 원료의 경우 계산법은 다음과 같다.
유기농 함량 비율(%) = (신선한 유기농 원물/추출물) × 100
따라서 B의 유기농 함량 비율은 (10/1,000) × 100 = 1%이다.

**27** 다음의 〈보기〉의 결격사유에 해당하면 자격이 되지 않는 것으로 묶인 것은?

┤ 보기 ├

정신 질환자, 마약류 중독자

① 화장품 책임판매업자 – 화장품 제조업자
② 화장품 책임판매업자 – 맞춤형화장품 조제관리사
③ 맞춤형화장품 조제관리사 – 화장품 제조업자
④ 맞춤형화장품 판매업자 – 맞춤형화장품 조제관리사
⑤ 화장품 제조업자 – 맞춤형화장품 판매업자

해설 정신 질환자, 마약류 중독자 및 맞춤형화장품 조제관리사와 화장품 제조업자의 결격 사유가 된다.

**28** 다음 중 개인정보에 해당하지 않는 것은?

① 사망한 자의 정보
② CCTV에 기록된 개인 연상정보
③ 유전자 검사에 의한 유전정보
④ 법인, 단체의 대표자에 대한 정보
⑤ 여권번호

해설 개인정보는 살아있는 사람에 대한 정보를 의미한다.

**29** 다음의 〈보기〉는 천연원료에서 석유화학용제로 추출된 원료이다. 천연화장품이 되기 위해서는 보기의 원료를 합하여 총 몇 %까지 배합이 가능한가?

┤ 보기 ├

베타인, 카리기난, 라놀린, 잔탄검

해설 합성원료는 제품의 품질과 안전을 위해 5% 이하 허용된다.

정답  26 ③  27 ③  28 ①  29 5%

PART 01
PART 02
PART 03
PART 04
PART 05
PART 06

**30** 개인정보 처리법에서 영상정보처리기기운영자가 그 사정에 따라 보유 목적의 달성을 위한 최소한의 기간을 산정하기 곤란한 때에는 보관 기간을 개인영상정보 수집 후 (　　　)일 이내로 한다.

> **해설** 영상정보처리기기운영자는 수집한 개인영상정보를 영상정보처리기기 운영·관리 방침에 명시한 보관 기간이 만료한 때에는 지체없이 파기하여야 한다. 이때 보관 기간을 산정하기 어려울 때는 30일로 한다.

**31** 유기농화장품이란 중량 기준 천연 함량이 전체 제품에서 95% 이상이고 유기농 함량이 전체 제품에서 (　　) 이상인 경우에 해당한다.

**32** 화장품의 품질요소 중 화장품 사용기간 중 변색, 변취, 변질 등의 품질 변화가 없고 효능, 성분 등의 변질 없이 함량이 유지되어야 하는 특성을 (　　　)이라고 한다.

> **해설** '안전성'과 헷갈리지 않도록 주의한다.

**33** 개인정보처리자는 개인정보가 분실·도난·유출·위조·변조 또는 훼손되지 아니하도록 다음의 사항이 포함된 (　　　　　)을 정하여 내부관리계획을 수립하여야 한다.

- 개인정보의 처리 목적
- 개인정보의 처리 및 보유 기간
- 정보주체와 법정대리인의 권리·의무 및 그 행사 방법에 관한 사항
- 처리하는 개인정보의 항목
- 개인정보의 파기에 관한 사항

**34** 천연화장품과 유기농 화장품을 정의하는 기준 중 (　　　)에 해당하는 것을 기입하시오.

천연함량 비율 = (　　　) 비율 + 천연원료 비율 + 천연유래원료 비율

> **해설** • 천연원료 : 유기농원료 + 식물원료 + 동물원료 + 미네랄원료(화석원료 기원물질 제외)
> • 천연유래원료 : 허용하는 화학적, 생물학적 공정에 천연원료를 가공한 원료

**35** 살아있는 개인에 관한 정보로서 성명, 주민등록번호 및 영상 등을 통하여 개인을 알아볼 수 있는 정보를 뜻하는 것은?

# PART

# 02

# 화장품 제조 및 품질관리

# CHAPTER 01 화장품 원료의 종류와 특성

**학습목표**

• 화장품 원료의 종류 및 성분별 특성을 설명할 수 있다.
• 화장품 성분이 가져야 할 기본적인 조건을 설명할 수 있다.
• 화장품 성분에 대한 법 규제 현황을 고려하여 화장품에 사용될 성분을 결정할 수 있다.
• 화장품 성분별 특성에 따른 취급 및 보관 방법을 설명할 수 있다.
• 화장품 각 성분의 안전성을 설명할 수 있다.
• 제품 내 화장품 성분을 구분하여 설명할 수 있다.

---

**TOPIC 01 화장품 원료의 종류** 표준교재 62~63p

## 1. 화장품의 역사

① 어원

   ㉠ 영문 Cosmetic은 우주, 조화를 뜻하는 그리스어 'Kosmos'에서 유래

   ㉡ Cosmeticos : 조화롭게 하다, 잘 정돈하다

② 고대의 화장 행위 기록

   ㉠ 고구려 쌍용총 고분 : 얼굴에 연지를 찍은 여인 그림(색조화장)

   ㉡ 읍루 지방 : 춥고 건조한 지역에서 고형의 돼지기름(라드)를 얼굴에 발랐다는 기록(기초화장)

   ㉢ 고대의 화장품 성분 : 천연에서 구할 수 있는 형태의 성분을 가공하여 이용

※ 고대부터 사용되었던, 자연에서 얻은 화장품 원료

| 유성원료 | | 수성원료 | | 색재 | |
|---|---|---|---|---|---|
| 라드 | 올리브 오일 | 꽃수 | 창포물 | 홍화 | 숯(미묵) |

③ 현대 화장품의 원료

    ㉠ 화학 산업의 발달로 합성 성분들이 새롭게 개발됨

    ㉡ 천연 유래 재료들의 품질이 개선되고 균일한 특성이 유지됨

④ 현대 화장품의 제형

    ㉠ 유화 기술 및 성분의 발달로 사용기간 동안 안정한 제형이 유지됨

    ㉡ 사용성이 좋은 형태의 제형으로 지속적으로 개선됨

**개념톡톡**

**현대 화장품**

수성원료와 유성원료를 혼합하여 한 번에 공급하며, 섞이지 않는 두 성분을 혼합하기 위해 계면활성제를 사용한다.

## 2. 기초화장품의 구성 원료

① 목적 : 피부의 수분과 유분을 공급하여 피부의 건강한 대사 활동을 유지

② 구성 원료  `2019 기출`

    ㉠ 수성원료 : 피부에 수분 공급

    ㉡ 유성원료 : 피부 표면의 수분 증발을 억제하고 유연함 유지

    ㉢ 계면활성제 : 유성원료와 수성원료가 잘 섞이게 하여 제형을 안정하게 유지

    ㉣ 보습제 : 피부 표면 및 내부에서 수분 보유를 촉진

    ㉤ 폴리머 : 제형의 점도를 증가시켜 안정하게 하고 사용감을 조정

    ㉥ 방부제 : 미생물의 증식을 억제하여 화장품의 품질 유지

    ㉦ 활성원료 : 주름개선, 미백, 자외선 차단, 턴오버 촉진 등의 활성을 나타냄

    ㉧ 향료 : 후각의 감각을 조정하여 향취 개선

    ㉨ 기타 첨가제 : 산화방지제 및 금속 이온 봉쇄제

**개념톡톡**

**활성 원료 중 비타민 분류**

| 구분 | 종류 |
| --- | --- |
| 지용성 | • 비타민 A(레티놀)<br>• 비타민 D<br>• 비타민 E(토코페롤) |
| 수용성 | • 비타민 C<br>• 비타민 B 류 |

## 3. 색조화장품의 구성 원료

① 목적 : 피부에 색상을 부여해 색조 및 입체감을 부여

② 기초 화장품의 구성 원료에 추가하여 색재가 사용됨

    ※ 색재 : 색상을 나타내는 소재

**개념톡톡**

• 산화방지제 : BHT, BHA, 비타민 E, 코엔자임 Q10
• 금속이온 봉쇄제 : 이디티에이(EDTA)
• 수렴제(피부에 조이는 느낌을 부여) : 에탄올

---

**TOPIC 02**  **화장품에 사용된 성분의 특성**  `표준교재 66~69, 75~86p`

## 1. 수성원료

① 정제수

    ㉠ 화장품의 주원료로 가장 많이 사용되는 성분

**합격콕콕**

수성원료와 유성원료, 계면활성제의 관계를 파악하기 위해 피부의 구조 및 특성을 간략히 알아두어야 한다.

PART 01

PART 02

PART 03

PART 04

PART 05

PART 06

ⓛ 이온교환수지로 정제한 이온교환수를 자외선 램프로 멸균한 뒤 사용

　　　ⓒ 세균에 오염되지 않게 사용

　　　ⓔ 금속이온 $Ca^{2+}$나 $Mg^{2+}$ 등에 오염되지 않게 사용

　② 에탄올

　　　㉠ 휘발성의 무색 투명 액체

　　　ⓛ 향료나 유기화합물 등을 녹여 쓰는 용매

　　　ⓒ 수렴, 청결, 가용화, 건조 촉진제로 사용

　　　ⓔ 변성알콜 : 소량의 변성제를 에탄올에 첨가하여 술맛을 떨어뜨림으로써 음주에는 적합하지 않지만 그 외 다른 용도로 사용할 수 있도록 함

　③ 기타

　　　㉠ 특정한 제조 방식으로 수상원료를 제작하여 정제수 대신 사용하여 표시하는 경우도 있음(정확한 지표 성분의 함량이 정해져 있지 않음)

　　　ⓛ 꽃수(Floral water) : 꽃 원물을 뜨거운 스팀으로 가열한 후 휘발성 성분과 물을 냉각시켜 획득

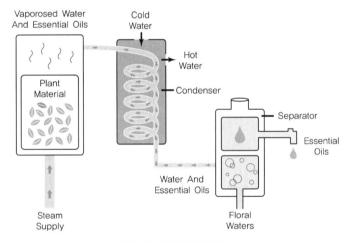

**▌플로랄 워터의 제작법 ▌**

　　　ⓒ 효모 발효 여과물

　　　　• 효모 발효를 통해 생성된 유익한 성분을 활용하기 위해 사용

　　　　• 발효 후 배양액은 여과 과정을 거쳐 미생물을 제거한 뒤 사용하여야 함

## 2. 유성원료

　① 기능

　　　㉠ 피부 표면의 수분 증발을 억제하여 피부 보호

　　　ⓛ 피부를 유연하고 광택 있게 함

© 천연 유성원료 : 동식물로부터 추출

② 합성 유성원료 : 광물에서 추출하거나 합성을 통해 제작

| | 식물성 유지<br>: 올리브 | 동물성 유지<br>: 에뮤 | 동물성 유지<br>: 라드 | 동물성 왁스<br>: 밀납 | 식물성 왁스<br>: 카나우바 |
|---|---|---|---|---|---|
| 천연<br>유성<br>원료 | | | | | |
| | 탄화수소<br>: 파라핀 | 탄화수소<br>: 스쿠알란 | 고급 알콜<br>: 세틸 알콜 | 에스테르 오일<br>: IPM | 실리콘 오일<br>: 디메치콘 |
| 합성<br>유성<br>원료 | | | | | |

▌ 대표적인 유성원료의 분류와 형태 ▌

② 천연 유성원료

　㉠ 식물 유래 유지류 – 액상 유지류(오일)
- 식물의 열매 뿌리 등에서 얻어낸 성분
- 피부 흡수가 더디고 산화 부패하는 단점이 있음
- 주로 중성지방(Triglyceride)으로 구성됨
- 결합된 지방산의 불포화도가 높을수록 녹는점이 낮아 상온에서 액상(오일)의 형태 유지
- 결합된 자유지방산의 구조가 식물마다 다양함

　㉡ 동물 유래 유지류 – 액상 유지류(오일)
- 주로 중성지방으로 구성됨
- 결합한 지방산의 포화도가 낮아서 동물 유래라도 액상을 유지함
- 대표 성분 : 에뮤 오일

　㉢ 동물 유래 유지류 – 고상 유지류
- 주로 중성지방으로 구성됨
- 결합한 지방산의 구조가 포화되어 있어 분자 간 결합력이 높아 상온에서 고형 형태 유지
- 대표 성분 : 라드(돼지기름)

　㉣ 식물 유래 유지류 – 고상 유지류
- 주로 중성지방으로 구성됨
- 결합한 지방산의 구조가 포화되어 있어 분자 간 결합력이 높아 상온에서 고형 형태 유지
- 대표 성분 : 쉐어버터

개념톡톡 👆

유지류는 중성지방(Triglyceride)으로 불리며, 자연에서 얻어지는 대부분은 유성 성분이다. 유지류는 글리세린에 지방산 3개가 결합한 형태를 띤다.
- 포화 : C−C(단일결합)
- 불포화 : C＝C(이중결합)

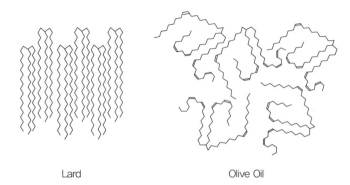

Lard Olive Oil

▌중성지방의 골격은 같으나 결합된 지방산의 포화도에 따라

형상이 변화함▌

　　ⓜ 왁스

　　　　• 실온에서 고체인 유성성분

　　　　• 고급 지방산과 고급 알콜이 결합된 에스테르 형태의 골격구조

　　　　• 동·식물성 오일에 비해 변질이 적어 안정성이 높음

　　　　• 립스틱, 크림, 파운데이션 등의 고형화에 사용

　　　　• 식물 유래 : 카나우바 왁스, 칸데릴라 왁스

　　　　• 동물 유래 : 밀납(벌집), 라놀린(양털 유래) 왁스

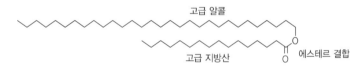

고급 알콜

고급 지방산　에스테르 결합

▌왁스의 기본 분자 구조▌

　③ 합성 유성원료(미네랄, 광물성 원료) 　2021 기출

　　ⓐ 탄화수소

　　　　• 주로 석유나 광물질에서 추출함

　　　　• 탄소와 수소만으로 구성되어(탄화수소) 화학적으로 반응성이 낮아 산화나 변질에 우려가 없는 구조

　　　　• 무색, 무미, 무취의 특성

　　　　• 유분감이 많고 피부의 수분 증발 억제

Paraffin Wax

▌탄화수소의 기본 구조▌

개념톡톡 👆

탄화수소의 길이가 긴 것을 "고급"이라는 표현을 사용하며, 포화된 탄화수소의 길이가 길기 때문에 분자 간 패킹이 잘되어 고체를 유지한다.

• 대표성분

| 파라핀 | 탄소 수 15개 이상으로 상온에서 고체인 탄화수소 |
|---|---|
| 유동 파라핀 | 탄소 수 5~15개로 상온에서 액체인 탄화수소 |
| 바셀린 | 석유 원유로부터 정제한 반고체상의 탄화수소 혼합물 |
| 스쿠알란 | • 상어 혹은 식물에서 얻어진 스쿠알렌의 이중결합 구조를 수소로 포화시켜 스쿠알란으로 제작<br>• 액상의 탄화수소<br>• 피부 퍼짐성과 친화력이 좋음 |

Squalene

Squalane

▌ 스쿠알렌 및 스쿠알란의 구조 ▌

개념톡톡 👆

• 파라핀 : 마사지, 클렌징 등
• 유동 파라핀 : 크림, 립스틱 등
• 바셀린 : 크림, 립스틱, 메이크업 등

ⓛ 에스테르 오일

• 유지류에 비해 산뜻한 사용감을 가지고 번들거림이 없어 화장품에 많이 사용됨

• 지방산과 알코올의 중합으로 이루어진 에스테르 결합을 기본 구조로 함

• 왁스와 구조의 형태는 유사하나 탄화수소의 길이가 짧아서 상온에서 액상을 유지

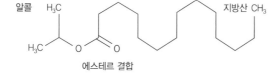

알콜 $H_3C$ 지방산 $CH_3$

$H_3C$ O O

에스테르 결합

▌ 에스테르 오일(이소프로필 미리스테이트) ▌

ⓒ 실리콘 오일

• 실록산 결합($Si-O-Si$)을 기본 구조로 가짐

• 분자량에 따라서 여러 가지 점도의 성분을 얻을 수 있음

• 끈적거림이 없고 사용감이 가벼움

Dimethicone                    Cyclomethicone

▌ 선형의 디메치콘과 원형의 사이클로메치콘 구조 ▌

ⓔ 고급 알콜 및 고급 지방산

- 친유성 성분(탄화수소 구조)과 친수성 성분을 동시에 가지고 있음
- 유화를 안정화하기 위한 유화보조제로 주로 사용됨
- 거품력과 세정력 증진을 위해서도 사용됨

  ※ 해설 : 탄화수소의 길이가 긴 것은 "고급"이라는 표현을 사용한다.

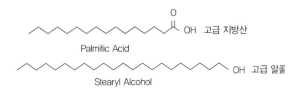

Palmitic Acid 고급 지방산

Stearyl Alcohol 고급 알콜

‖ **고급 지방산과 고급 알콜의 구조** ‖

④ 유성성분의 분자 구조에 따른 분류와 기능

| 구분 | 특징 | 종류 |
|---|---|---|
| 유지류 | • 고급 지방산과 트리글리세라이드<br>• 동식물에 널리 분포<br>• 쉽게 산화되는 단점 | • 식물성 오일 : 올리브 오일 등<br>• 동물성 오일 : 밍크, 에뮤 등 |
| 왁스(Wax) | • 고급 지방산과 고급 알코올의 에스터<br>• 천연에서 얻어 사용<br>• 고체 상태의 유용성분 | • 식물성 왁스 : 카나우바 등<br>• 동물성 왁스 : 밀납, 라놀린 등 |
| 탄화수소<br>(Hydrocarbon) | • C 15 이상의 포화탄화수소<br>• 주로 석유, 광물질 등에서 추출<br>• 산화, 변질 등의 우려가 없음 | • 액상 : 유동 파라핀, 스쿠알란<br>• 고상 : 파라핀, 바셀린 |
| 고급 지방산<br>(Higher fatty acid) | • RCOOH<br>• 천연 유지, 밀납 등의 분해로 얻음<br>• 비누 제조 및 유화제로 사용 | • 비누 등 : 라우르산<br>• 화장품 : 팔미트산, 스테아르산 |
| 고급 알코올<br>(Higher alcohol) | • R–OH<br>• 화장품 점도 조절, 유화 보조제(유화 안정) | • 세틸, 스테아릴, 이소스테아릴, 알콜 등<br>• 유화보조제 |
| 에스테르(Ester) | • R–CO–O–R′<br>• 피부에 유연성을 주고 산뜻한 촉감을 줌<br>• 화장품 유성원료로 많이 사용 | 이소프로필 미리스테이트, 세틸 에틸 헥사노에이트 |
| 실리콘 오일 | • –Si–O–Si– 실록산 결합<br>• 무색, 무취, 내수성<br>• 끈적임 없고 가벼우며 퍼짐성이 좋음 | • 디메치콘<br>• 사이클로메치콘 : 휘발성 오일로 끈적임이 없음 |

## 3. 보습제

① 특징

ⓐ 물과의 친화력이 좋아 피부에 수분을 장시간 잡아 줄 수 있는 성분

ⓑ 친수성 성분으로 물에 잘 용해됨

ⓒ 피부 표면이나 속에 침투하여 수분의 증발을 억제함

ⓔ 분자 구조에 하이드록시 그룹(OH) 구조가 많아 수분과 친화력이
　좋음

② 보습제의 구분과 특징

　㉠ 폴리올(Polyol) : 보편적으로 가장 많이 사용됨
　㉡ 천연보습인자(Natural moisturizing factor) : 각질층에 존재하는
　　수용성 성분
　㉢ 고분자 보습제 : 진피층에서 수분을 잡고 있는 성분

③ 화장품의 피부 구분 방식

　㉠ 물과 친화력이 없는 유성원료는 피부 표면에 오일막을 형성하여 피부
　　내부로부터의 수분 증발을 억제하는 방식(Occlusive)
　㉡ 물과 친화력이 좋은 보습제는 내부에서 수분을 잡아 주어 증발을 억제
　　하는 방식(Humectant)

## 4. 계면활성제

① **도입 배경** : 유성성분과 수성성분을 하나의 제형에서 동시에 공급하는
　현대 화장품의 형식
② **역할** : 섞이지 않는 유성성분과 수성성분이 안정하게 혼합되도록 유지
③ **구조** : 친수성 성질과 친유성 성질을 하나의 분자 내에 모두 보유

‖ 계면활성제 구조 ‖

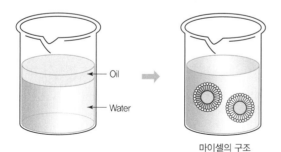

마이셀의 구조

‖ 계면활성제에 의한 수상 · 유상의 혼합 ‖

개념톡톡 🌀

| 구분 | 종류 |
| --- | --- |
| 폴리올 | 글리세린, 폴리레틸렌글리콜, 프로필렌글리콜, 솔비톨 |
| 천연보습인자 | 아미노산, 요소, 젖산, 피톨리돈 카르본산염 |
| 고분자 보습제 | 히알루론산, 콘드로이친황산, 가수분해 콜라겐 |

PART 01
PART 02
PART 03
PART 04
PART 05
PART 06

합격콕콕 👆

계면활성제의 종류에 따른 제품 예시를 파악하고 각 제품의 특성을 중심으로 학습한다.

개념톡톡 🔊 2021 기출

| 분류 | 계면활성제 대표성분 |
|------|------------------|
| 음이온 | • SLS(Sodium Lauryl Sulfate)<br>• SLES(Sodium Laureth Sulfate) |
| 양이온 | • 세테아디모늄 클로라이드<br>• 베헨트라이모늄 클로라이드<br>• 벤잘코늄 클로라이드<br>• 폴리쿼너늄 |
| 양쪽성 | • 코카미도프로필 베타인 |
| 비이온 | • 글리세릴 모노스테아레이트 |

개념톡톡 🔊

| HLB 값 | 적용 |
|--------|------|
| 1~3 | 소포제 |
| 4~6 | w/o 유화 |
| 7~9 | 분산제 |
| 8~18 | o/w 유화 |
| 15~18 | 가용화제 |

④ 종류

㉠ 친수성 성분의 특성에 따른 분류

- 음이온성 : 합성세제나 비누 등, 기포생성력 우수
- 양이온성 : 살균작용, 대전 방지 기능 헤어린스 및 트리트먼트
- 양쪽이온성 : 용액의 pH에 따라 결정됨, 피부 자극이 적어 유아용 세정제품에 사용
- 비이온성 : 거품성이 낮고 낮은 농도에서도 활성을 나타내며 피부 자극이 적어 화장품에 주로 적용

㉡ 친수성 친유성 비율에 따른 분류

- HLB(Hydrophile Lipophile Balance) : 친수성과 친유성의 비율을 수치화함, HLB 1~20 범위
- 숫자가 클수록 친수성 성질이 강함(유상을 수상에 유화시키기에 유리, o/w형, HLB 8~18)
- 숫자가 작을수록 친유성 성질이 커서 유상에 우선적으로 용해됨(수상을 유상에 유화시키기에 유리, w/o형, HLB 4~6)

## 5. 고분자(폴리머)

① 정의 : 기본 구조체가 반복되어 분자량이 높은 물질

② 기능 및 종류 2019 기출

㉠ 점증제 : 제형의 점도를 향상시켜 제형의 안정성을 증가시키거나 사용감을 변화

- 천연 유래 : 잔탄검(미생물 발효 다당류 폴리머), 퀸시드검(식물 유래 다당류 폴리머) 등
- 합성 원료 : 카복시메틸 셀룰로오즈(CMC), 카보머 등

❙ 점도의 증가로 안정성의 개선 및 사용감 변화 추구 ❙

ⓛ 피막제 : 도포 후 경화되어(굳어서) 막을 형성하여 표면을 코팅하는
데 사용
- 니트로셀룰로오즈, 폴리비닐 알콜, 폴리비닐피롤리돈 등
- 네일 에나멜, 헤어스프레이 등에 적용됨

## 6. 색재

① **정의** : 색조 제품에서 색상을 나타내기 위하여 사용되는 원료
② **구분**
ㄱ 염료 : 물이나 유기 용매에 분자 하나하나 용해된(소금물 형식) 형태
로 발색(유기분자)
ⓛ 안료 : 물이나 유기 용매에 용해되지 않고 입자를 이루어 분산된 형
태(흙탕물 형식)로 발색(주로 광물질)
ⓒ 기타
- 레이크 : 유기분자 염료를 고체의 기질에 금속염 등으로 결합시켜
제작  2019 기출
- 유기안료 : 합성될 때부터 물과 유기 용매에 녹지 않는 형태
③ **염료(Dye)**
ㄱ 특징
- 용매(물, 에탄올, 오일)에 용해된 상태로 발색
- 물에 녹으면 수용성 염료, 오일에 녹으면 유용성 염료
- 유기 단분자로 분자 구조의 구성에 따라서 발색하는 색상이 결
정됨
- 유기 단분자인 염료는 피부에 침투하기 좋아 착색은 쉬우나, 외부
의 빛 또는 열에 의해 분해되거나 변형되기 쉬움
ⓛ 천연 염료
- 자연계의 동물이나 식물 등에서 추출에서 사용
- 주로 색을 나타내기 위해서 사용됨
- 코치닐 색소(Cochineal, Carminic acid) : 연지벌레에서 추출한
붉은색 색소로 립스틱, 틴트, 딸기우유 등에 사용됨
- 카르사민 색소(Carthamin) : 홍화 꽃잎에서 추출한 붉은색 색소
ⓒ 합성 염료(타르색소)  2019 기출
- 화학 기술의 발전으로 색을 나타내는 유기 분자 구조를 합성하여
제작
- 석유에서 분리된 성분을 기반으로 만들어져 타르색소라고 명명함
- 자연에서 얻을 수 없는 다양한 색상을 얻을 수 있음

PART 01
PART 02
PART 03
PART 04
PART 05
PART 06

- 필요한 모든 색소를 모두 자연에서 얻으려 할 경우, 오히려 그 동·식물의 멸종을 가져올 우려가 있어 불가피한 선택으로 자리 잡음
- 대표적인 타르색소의 구분

| 구분 | 특징 |
|------|------|
| 아조계 염료<br>(Azo dye) | • 대부분 허가염료<br>• 발색단으로 아조기($-N=N-$)를 가짐<br>• 설폰산염의 경우 수용성 |
| 잔틴계 염료<br>(Xanthene dye) | • 산-락톤형 : 유용성 예 적색 218<br>• 산-퀴노이드형 : 수용성 예 적색 104<br>• 염기형 : 고채도, 우수 착색 예 적색 213 |
| 퀴놀린계 염료<br>(Quinoline dye) | 유용성 황색 204호, 수용성 황색 203호 2가지만 허가됨 |
| 트리페닐계 메탄 염료<br>(Triphenyl methane dye) | • 2개 이상의 술폰산염으로 수용성 우수<br>• 녹색, 청색, 자색이 많음<br>• 내광성은 떨어짐 |
| 안트라퀴논계 염료<br>(Anthraquinone dye) | • 수용성 : 술폰산염 보유 예 녹색 201<br>• 유용성 : 술폰산염 없음 예 녹색 202 |
| 기타 | • 인디고계 : 청색 2호<br>• 니트로계 : 황색 403호<br>• 피렌계 : 목색 204호<br>• 니트로소계 : 녹색 401호 |

④ 안료(Pigment)

ㄱ) 특징

- 용매(물, 에탄올, 오일)에 녹지 않는 상태로 발색
- 주로 광물질로 구성(일종의 돌가루 등의 형태)
- 내구성과 내열성, 그리고 빛에 대한 저항성 면에서 염료에 비해 훨씬 우수
- 색을 나타내는 분자들이 응집되어 있어 발색이 우수
- 제형 내에 안정하게 분산시켜야 하는 단점
- 발색뿐만 아니라 흰색을 나타내거나 색조 조절 및 사용감 조절, 메탈릭한 광채를 나타내는 데 사용

ㄴ) 착색 안료

- 화장품에 색상을 부여하는 기능
- 광물 내 구성된 금속의 상태에 따라서 색상이 결정됨

| 적색 산화철 | 황색 산화철 |
|------------|------------|
| • Red oxide of iron($Fe_2O_3$), 적철광 (Hematite)<br>• 인도 벵갈 지방에서 기원하여 '벵가라'라 불림 | Yellow oxide of iron[$FeO(OH)$, $H_2O$], 침철광(Goethite) |

| 흑색 산화철 | 울트라 마린 |
|---|---|
| Black oxide of iron($Fe_3O_4$), 자철광(Magnetite) | • 황($S^{3-}$)에 의해 푸른색을 나타내는 광물<br>• Sulfur－containing sodium－silicate ($Na_{8-10}Al_6\ Si_6O_{24}S_{2-4}$)<br>• 울트라 마린 : 바다를 건너 수입되어 온 것이라는 어원(Ultramarinus, literally "beyond the sea") |

- 기타 : 카본블랙, 산화크롬 등의 원료
ⓒ 백색 안료
  - 피부를 하얗게 나타낼 목적으로 사용하는 원료
  - 커버력을 주는 목적으로도 사용
  - 특정한 파장의 빛을 흡수하는 것이 아니라 빛을 산란시켜 흰색을 나타냄
  - 굴절률이 높은 물질이 산란 정도가 높아 흰색을 잘 나타냄
  - 이산화티탄(Titinium Dioxide, $TiO_2$), 산화아연(Zinc Oxide, ZnO)의 두 가지 원료가 주로 사용
ⓔ 체질 안료(Extender pigment)
  - 색을 나타내거나 흰색을 나타내는 안료 이외에 제형을 구성하여, 희석제로서의 역할
  - 색감과 광택, 사용감 등을 조절할 목적으로 적용
  - 발색단이 없어 색상을 나타내지 않고 흰색을 나타내나, 백색 안료 정도의 흰색을 띠지는 않음
  - 파우더 제품의 경우 높은 비율을 차지함
  - 주요 안료

| 마이카 | • 백운모에서 유래<br>• 박편상의 입자로 퍼짐성, 윤기, 감촉이 좋음 |
|---|---|
| 탈크 | • 활석을 분쇄한 것<br>• 베이비파우더류에 많이 쓰임 |
| 카올린 | • 중국 도자기 원료인 고령토(kaolin)에서 유래<br>• 유·수분의 흡수성이 좋음 |
| 기타 | 세리사이트, 무수규산 등 |

ⓜ 진주 광택 안료
  - 메탈릭한 느낌의 광채를 부여하기 위한 안료
  - 굴절률이 다른 두 가지 물질의 두께를 조절하여 간섭색을 구현(보강간섭)

PART 01
PART 02
PART 03
PART 04
PART 05
PART 06

## 1. 화장품 원료 지정에 관한 규정

① 개요 : 화장품에 사용할 수 있는 성분에 관한 규정

② 네가티브 리스트 제도

　㉠ 화장품에 사용할 수 없는 성분 및 사용상의 제한이 있는 물질을 제외하고 모든 물질을 사용할 수 있도록 하는 자율성을 부여하는 규정

　㉡ 화장품을 책임판매하는 업체에 사고 발생 시의 책임을 부여함

③ **사용할 수 없는 성분** : 의약품 원료, 안정상에 문제가 있는 물질 등 사용해서는 안 되는 성분을 리스트업함

④ **사용상의 제한이 있는 성분** : 보존제, 자외선차단제 등은 고시된 성분과 목적 이외에는 사용할 수 없음

## 2. 소비자의 안전을 위한 성분 정보 표시제도

① 화장품 전성분 표시제도

　㉠ 방식 : 화장품 제조에 사용된 모든 물질을 화장품 용기 및 포장에 한글로 표시함

　㉡ 목적

　　• 소비자의 알권리 보장

　　• 부작용 발생 시 원인 규명 용이

　　• 화장품 제조 시 보다 안전한 소재를 사용하도록 유도

　㉢ 표시 방법 ｜2020 기출｜

　　• 글자 크기 : 5포인트 이상

　　• 표시 순서 : 제조에 사용된 함량 순으로 많은 것부터 기입 ｜2019 기출｜

　　• 착향제는 "향료"로 기입 ｜2019 기출｜

　　• 혼합 원료는 혼합된 원료의 개별 성분 기재

　　• 메이크업용 제품, 눈 화장용 제품, 염모용 제품 및 매니큐어용 제품에서 호수별로 착색제가 다르게 사용된 경우 「± 또는 +/−」의 표시 뒤에 사용된 모든 착색제 성분을 공동으로 기재 가능

　　• pH 조절 목적으로 사용되는 성분은 그 성분을 표시하는 대신 중화반응의 생성물로 표시 가능

　　• 표시할 경우 기업의 정당한 이익을 현저히 해할 우려가 있는 성분의 경우에는 그 사유의 타당성에 대하여 식품의약품안전청장의 사전 심사를 받은 경우에 한하여 「기타 성분」으로 기재 가능

   ⓔ 표시 제외
    • 원료 자체에 이미 포함되어 있는 미량의 보존제 및 안정화제
    • 제조 과정에서 제거되어 최종 제품에 남아 있지 않는 성분(예 휘발
     성 용매)

② 원료 성분의 한글 기재 표시 방법
  ⓐ 식품의약품안전처의 화장품 관련 고시에 수재된 원료의 경우 동 고시
   에 따른 한글 명칭 기재 · 표시
  ⓑ 상기 화장품 관련 고시에 수재되지 아니한 원료의 경우 (사)대한화장
   품협회의 「화장품 성분 사전」에 따른 한글 명칭 기재 · 표시
  ⓒ 수재되지 아니한 원료의 경우 한글 일반명을 우선 기재 · 표시하되
   「화장품 성분 사전」에 해당 원료의 한글 명칭이 조속히 수재될 수
   있도록 조치
    예 "기능성화장품 기준 및 시험방법" 등에 "아데노신"이라는 성분명이 사용되면 이를 따름
    ※ 화장품 성분 사전(Cosmetic Ingredient Dictionary)은 대한화장품협회 홈페이지
     (www.kcia.or.kr)에서 확인 가능
  ⓓ 「화장품 성분 사전」의 목적은 동일 물질에 동일한 이름을 부여하기
   위한 사전의 기능
  ⓔ 성분 사전에 등록되어도 안전성을 담보한 것을 의미하는 것은 아님

PART 01
PART 02
PART 03
PART 04
PART 05
PART 06

CHAPTER

# 02 화장품의 기능과 품질

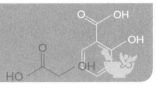

**학습**목표

- 화장품의 유형과 각 효과를 구분하여 설명할 수 있다.
- 맞춤형화장품 혼합에 사용되는 원료의 인정 범위를 기술할 수 있으며, 이를 통해 실제 맞춤형화장품 제조에 적용할 수 있다.
- 화장품 원료의 원료품질성적서 내 포함되는 세부 사항들의 종류 및 관련 내용을 해석하고, 적절성을 판단할 수 있다.

TOPIC **01** 화장품의 효과 표준교재 88~99p

## 1. 화장품 효과의 범위

① 화장품법의 화장품 효과 정의 : 인체를 청결·미화하여 매력을 더하고 용모를 밝게 변화시키거나 피부·모발의 건강을 유지 또는 증진

② 화장품법에서는 다음에 해당하는 표시·광고를 금지하여 소비자를 보호함
  ㉠ 용기·포장 또는 첨부문서에 의학적 효능·효과 등이 있는 것으로 오인될 우려가 있는 표시 또는 광고
  ㉡ 기능성화장품의 안전성·유효성에 관한 심사를 받은 범위를 초과하거나 심사결과와 다른 내용의 표시 또는 광고
  ㉢ 기능성화장품이 아닌 것으로서 기능성화장품으로 오인될 우려가 있는 표시 또는 광고
  ㉣ 기타 소비자를 기만하거나 오인시킬 우려가 있는 표시 또는 광고

③ 화장품법 시행규칙에서는 효능·효과를 표시할 수 있는 문구를 제한함
  ㉠ 기능성화장품의 효능·효과 범위를 규정
  ㉡ 기능성화장품이 아닌 일반 화장품의 경우 표시할 수 있는 효능·효과 범위를 규정

## 2. 화장품 표시 · 광고의 범위 및 준수사항

① 표시 : 화장품의 용기(1차 포장) 및 포장재에 정보를 기입하는 행위
② 광고 : TV, 온라인 매체 등을 통하여 정보를 전달하는 행위
③ 표시 · 광고 시 준수 사항 2020 기출
    ㉠ 의약품으로 오인하게 할 우려가 있는 표시 · 광고를 하지 말 것
    ㉡ 기능성화장품이 아닌 것으로서 기능성화장품으로 오인시킬 우려가 있는 효능 · 효과 표시 및 화장품의 유형별 효능 · 효과의 범위를 벗어나는 표시 · 광고를 하지 말 것
    ㉢ 의사 · 치과의사 · 한의사 · 약사 또는 기타의 자가 이를 지정 · 공인 · 추천 · 지도 또는 사용하고 있다는 내용 등의 표시 · 광고를 하지 말 것
    ㉣ 외국 제품을 국내 제품으로, 또는 국내 제품을 외국 제품으로 오인하게 할 우려가 있는 표시 · 광고를 하지 말 것
    ㉤ 불법적으로 외국 상표 · 상호를 사용하는 광고나 외국과의 기술제휴를 하지 아니하고 외국과의 기술제휴 등을 표현하는 표시 · 광고를 하지 말 것
    ㉥ 경쟁상품과 비교하는 표시 · 광고는 비교 대상 및 기준을 분명히 밝히고 객관적으로 확인될 수 있는 사항만을 표시 · 광고해야 하며, 배타성을 띤 "최고" 또는 "최상" 등의 절대적 표현의 표시 · 광고를 하지 말 것
    ㉦ 사실과 다르거나 부분적으로 사실이라고 하더라도 전체적으로 보아 소비자가 오인할 우려가 있는 표시 · 광고 또는 소비자를 속이거나 소비자가 속을 우려가 있는 표시 · 광고를 하지 말 것
    ㉧ 품질 · 효능 등에 관하여 객관적으로 확인될 수 없거나 확인되지 아니하였음에도 불구하고 이를 광고하거나 효능 · 효과의 범위를 초과하는 표시 · 광고를 하지 말 것
    ㉨ 저속하거나 혐오감을 주는 표현을 한 표시 · 광고를 하지 말 것
    ㉩ 국제적 멸종위기종의 동 · 식물의 가공품이 함유된 화장품을 표현 또는 암시하는 표시 · 광고를 하지 말 것
    ㉪ 사실 여부와 관계없이 다른 제품을 비방하거나 비방한다고 의심이 되는 광고를 하지 말 것
④ 화장품의 유형별 효능 · 효과의 범위 : 다음 유형별 효능 · 효과의 범위 내에서 표시 · 광고 가능

| 화장품의 유형 | 효능 · 효과 |
|---|---|
| 어린이용 제품류 (의약외품에 해당하는 것 제외) | • 어린이 두피 및 머리카락을 청결하게 하고 유연하게 한다. • 어린이 피부의 건조를 방지하고 유연하게 한다. |

**개념톡톡** 👆

| | |
|---|---|
| 어린이용 | • 어린이용 샴푸 • 어린이용 로션 및 크림 • 어린이용 오일 • 기타 어린이용 제품류 |
| 목욕용 | • 목욕용 오일. 정. 염류 • 목욕용 캅셀 • 바블바스 • 바디클렌저 • 기타 목욕용 제품류 |

PART 01
PART 02
PART 03
PART 04
PART 05
PART 06

화장품(제품)과 관련된 효능 및 효과를
연관 지어 학습해야 한다.

| 화장품의 유형 | | 효능 · 효과 |
|---|---|---|
| | | • 어린이 피부의 거칠음을 방지한다.<br>• 어린이 피부를 건강하게 유지한다. |
| 목욕용 제품류<br>(의약외품에 해당하는 것 제외) | | • 피부를 맑고 깨끗하게 하고 유연하게 한다.<br>• 몸에서 향기로운 냄새가 나게 한다.<br>• 목욕 후에 상쾌감을 준다. |
| 눈 화장용<br>제품류 | • 아이브로우<br>• 아이라이너<br>• 아이섀도<br>• 마스카라<br>• 아이메이크업 리무버<br>• 기타 눈 화장용 제품류 | • 색채효과로 눈 주위를 아름답게 한다.<br>• 눈의 윤곽을 선명하게 하고 아름답게 한다.<br>• 눈썹을 아름답게 한다.<br>• 눈썹, 속눈썹을 보호한다.<br>• 눈두덩의 피부를 보호한다.<br>• 눈 화장을 지워준다(아이메이크업 리무버에 한함). |
| 방향용<br>제품류 | • 향수, 분말향, 향낭, 코롱<br>• 기타 방향용 제품류 | 좋은 냄새가 나는 효과를 준다. |
| 염모용<br>제품류<br>(의약외품에<br>해당하는 것<br>제외) | • 헤어틴트<br>• 헤어칼라스프레이<br>• 기타 염모용 제품류 | 머리카락을 일시적으로 착색시킨다. |
| 메이크업용<br>제품류 | • 볼연지<br>• 페이스파우더(케익)<br>• 파운데이션(리퀴드, 크림, 케익)<br>• 메이크업베이스<br>• 메이크업픽서티브<br>• 립스틱(크림, 펜슬)<br>• 립글로스<br>• 기타 메이크업 제품류(바디 페인팅, 분장용 제품 포함) | • 피부에 색조효과를 준다.<br>• 피부를 보호하고 건조를 방지한다.<br>• 피부가 수분이나 오일성분으로 번들거리는 것과 피부의 결점을 감추어준다.<br>• 피부의 거칠어짐을 방지한다.<br>• 메이크업의 효과를 지속시킨다(메이크업픽서티브에 한함).<br>• 립스틱 및 립글로스<br>• 입술에 색조효과를 준다.<br>• 입술에 윤기를 주고 부드럽게 한다.<br>• 입술을 건강하게 보존한다.<br>• 입술을 보호하고 건조를 방지한다.<br>• 분장용 효과를 준다. |
| 두발용<br>제품류 | • 헤어컨디셔너<br>• 헤어토닉<br>• 헤어그루밍에이드<br>• 헤어크림<br>• 헤어오일<br>• 포마드<br>• 헤어스프레이<br>• 헤어무스<br>• 기타 두발용 제품류 | • 머리카락에 윤기와 탄력을 준다.<br>• 두피 및 머리카락을 건강하게 유지시킨다.<br>• 손상된 머리카락을 보호한다.<br>• 머리카락의 거칠어짐 · 갈라짐을 방지한다.<br>• 머리카락을 부드럽게 한다.<br>• 머리카락에 수분 · 지방을 공급하여 유지시켜준다(헤어토닉 제외).<br>• 정전기의 발생을 방지하여 쉽게 머리를 단정하게 한다(헤어토닉 제외).<br>• 두피를 깨끗하게 하고 가려움을 없어지게 해준다(헤어토닉에 한함).<br>• 머리카락의 세팅 효과를 유지한다.<br>• 원하는 두발 형태를 만든다. |

| 화장품의 유형 | | 효능 · 효과 |
|---|---|---|
| | • 샴푸<br>• 린스 | • 두피 및 머리카락을 깨끗하게 씻어주고, 비듬 및 가려움을 덜어준다.<br>• 머리카락을 부드럽게 한다.<br>• 두피 및 머리카락을 건강하게 유지시킨다.<br>• 머리카락에 윤기를 준다.<br>• 정전기의 발생을 방지하여 쉽게 머리를 단정하게 한다.<br>• 손상된 모발을 보호한다. |
| | 퍼머넌트웨이브 | • 머리카락에 웨이브를 형성시킨다.<br>• 머리카락을 변형시켜 일정한 형으로 유지시킨다. |
| | 헤어스트레이트너 | 웨이브한 머리카락, 말리기 쉬운 머리카락과 곱슬머리를 펴는 데 사용한다. |
| 매니큐어용 제품류 | • 베이스코트 및 언더코트<br>• 네일폴리시 및 네일에나멜<br>• 탑코트<br>• 네일크림(액상, 로션)<br>• 네일폴리시 리무버 및 네일에나멜 리무버<br>• 기타 매니큐어용 제품류 | • 베이스코트 및 언더코트, 네일폴리시 및 네일에나멜, 탑코트<br>　－손톱을 아름답게 한다.<br>　－네일에나멜을 바르기 전에 네일에나멜의 피막밀착성을 좋게 한다(베이스코트 및 언더코트에 한함).<br>　－네일에나멜을 바른 후에 손톱에 광택을 준다(탑코트에 한함).<br>　－네일에나멜을 바른 후에 색감과 광택을 늘린다(네일폴리시에 한함).<br>• 네일크림<br>　－손톱의 수분과 유분을 보충시킨다.<br>　－손톱을 보호하고 건강하게 보존한다.<br>　－큐티클층, 손 · 발톱 주위의 피부를 유연하게 한다.<br>• 네일폴리시 리무버 및 네일에나멜 리무버<br>　－손톱 화장을 지운다. |
| 면도용 제품류 | • 애프터세이브로션<br>• 남성용탈쿰<br>• 프리세이브로션<br>• 셰이빙크림<br>• 수염유연제<br>• 기타 면도용 제품류 | • 애프터세이브로션 및 남성용탈쿰<br>　－면도 후 면도자국을 방지하여 피부를 가다듬는다.<br>　－피부에 수분을 공급하고 조절하여 촉촉함을 주며, 유연하게 한다.<br>　－피부를 보호하고 건강하게 한다.<br>　－면도로 인한 상처를 방지한다.<br>　－면도 후 이완된 모공을 수축시켜 피부를 건강하게 한다.<br>• 수염유연제, 프리세이브로션 및 셰이빙크림<br>　－턱수염을 부드럽게 하여 면도를 용이하게 한다.<br>　－피부를 유연하게 하여 면도에 의한 피부자극을 줄이고 면도를 용이하게 한다. |

PART 02

PART 03

PART 04

PART 05

PART 06

| 화장품의 유형 | | 효능 · 효과 |
| --- | --- | --- |
| 기초 화장용 제품류 (의약외품에 해당하는 것 제외) | • 유연화장수<br>• 마사지크림<br>• 영양화장수<br>• 수렴화장수<br>• 영양오일(리퀴드)<br>• 파우더<br>• 세안용 화장품<br>• 바디화장품(로션, 오일, 크림, 파우더)<br>• 팩<br>• 아이크림<br>• 기타 기초화장용 제품류 | • 피부 거칠음을 방지하고 살결을 가다듬는다.<br>• 피부를 청정하게 한다.<br>• 피부에 수분을 공급하고 조절하여 촉촉함을 주며, 유연하게 한다.<br>• 피부를 보호하고 건강하게 한다.<br>• 피부에 수렴효과를 주며, 피부 탄력을 증가시킨다.<br>• 피부 화장을 지워준다(세안용 화장품에 한함). |

⑤ 의약품으로 오인할 수 있어 금지된 효능 · 효과 관련 표현 예시 2021 기출

| 구분 | 금지 표현 |
| --- | --- |
| 질병 진단 · 치료 · 경감 · 처치 또는 예방, 의학적 효능 · 효과 관련 | • 아토피<br>• 모낭충<br>• 심신피로 회복<br>• 건선<br>• 노인소양증<br>• 살균 · 소독<br>• 항염 · 진통<br>• 해독<br>• 이뇨<br>• 항암<br>• 항진균 · 항바이러스<br>• 근육 이완<br>• 통증 경감<br>• 면역 강화, 항알러지<br>• 찰과상, 화상 치료 · 회복<br>• 관절, 림프선 등 피부 이외 신체 특정 부위에 사용하여 의학적 효능, 효과 표방<br>• 여드름<br>• 기미, 주근깨(과색소침착증)<br>• 항균<br>• 임신선, 튼살<br>• 기저귀 발진<br>• 피부 독소를 제거한다(디톡스, detox).<br>• 피부의 손상을 회복 또는 복구한다.<br>• 상처로 인한 반흔을 제거 또는 완화한다.<br>• ○○○의 흔적을 없애준다.<br>　예 여드름, 흉터의 흔적을 제거한다.<br>• 홍조, 홍반을 개선, 제거한다.<br>• 가려움을 완화한다(피부 건조에 기인한 가려움 완화는 제외).<br>• 뾰루지를 개선한다. |
| 모발 관련 표현 | • 발모<br>• 탈모 방지, 양모<br>• 모발의 손상을 회복 또는 복구한다.<br>• 제모에 사용한다. |

| 구분 | 금지 표현 |
|---|---|
| | • 빠지는 모발을 감소시킨다.<br>• 모발 등의 성장을 촉진 또는 억제한다.<br>• 모발의 두께를 증가시킨다.<br>• 속눈썹, 눈썹이 자란다. |
| 생리활성 관련 | • 혈액순환, 피부재생, 세포재생<br>• 호르몬 분비 촉진 등 내분비 작용<br>• 유익균의 균형 보호<br>• 질내 산도 유지, 질염 예방<br>• 땀 발생을 억제한다.<br>• 세포 성장을 촉진한다.<br>• 세포 활력(증가), 세포 또는 유전자(DNA) 활성화 |
| 신체 개선 표현 | • 다이어트, 체중 감량<br>• 피하지방 분해<br>• 얼굴 윤곽 개선, V라인, 체형 변화<br>• 몸매 개선, 신체 일부를 날씬하게 한다.<br>• 가슴에 탄력을 주거나 확대시킨다.<br>• 얼굴 크기가 작아진다. |
| 원료 관련 표현 | 원료 관련 설명 시 의약품 오인 우려 표현 사용 |
| 기타 | 메디슨(medicine), 드럭(drug), 코스메슈티컬 등을 사용한 의약품 오인 우려 표현 |

⑥ 표시 광고 관련 개정 사항

| 구분 | 현행 | 개정 |
|---|---|---|
| 모발 관련<br>금지 표현<br>완화 | (금지 표현)<br>빠지는 모발을<br>감소시킨다. | (광고 실증 시 가능한 표현)<br>빠지는 모발을 감소시킨다.<br>(기능성화장품 효력자료에 포함됨) |
| | 모발의 손상을 회복<br>또는 복구한다. | 모발의 손상을 개선한다. |
| 광고<br>실증 대상<br>추가 | 〈추가〉 | • 피부장벽 손상의 개선에 도움<br>• 피부 피지분비 조절<br>• 미세먼지 차단, 미세먼지 흡착 방지<br>• 모발의 손상을 개선한다.<br>• 빠지는 모발을 감소시킨다. |
| 기타 | (금지 표현)<br>얼굴 윤곽개선, V라인,<br>필러(filler) | (색조 화장용 제품류 등으로서) '연출한다'는 의미의<br>표현을 함께 나타내는 경우 제외 |
| 외국어<br>광고 제한 | 〈신설〉 | 가이드라인 사용금지 표현과 동일/유사한 의미의<br>영어 및 제2외국어 표현도 제한됨을 명시 |

개념톡톡 👆

이 · 미용사가 머리카락 염색을 위하여 염모제를 혼합하거나 퍼머넌트웨이브를 위하여 관련 액제를 혼합하는 행위, 네일아티스트 등이 네일아트 서비스를 위하여 매니큐어 액을 혼합하는 행위 등은 맞춤형화장품의 혼합 · 판매행위에 해당하지 않는다. 다만, 이 · 미용 전문가가 고객에게 직접 염색 · 퍼머넌트웨이브 또는 네일아트 서비스를 해주기 위해서가 아니라, 소비자에게 판매할 목적으로 제품을 혼합 · 소분하는 행위는 맞춤형화장품의 적용대상이 될 수 있다(맞춤형화장품판매업 질의응답집 2020.7. 식약처 발행).

⑦ 화장품 표시광고 실증에 대한 규정

| 분류 | 표현 | 입증 자료 |
|------|------|-----------|
| 화장품 표시 · 광고 실증에 관한 규정 | • 여드름성 피부에 사용에 적합<br>• 항균(인체세정용 제품에 한함)<br>• 일시적 셀룰라이트 감소<br>• 붓기 완화<br>• 다크서클 완화<br>• 피부 혈행 개선 | 인체적용시험 자료 |
| | 피부노화 완화, 안티에이징, 피부노화 징후 감소 | 인체적용시험 자료 혹은 인체외 시험자료 |
| | • 콜라겐 증가, 감소 또는 활성화<br>• 효소 증가, 감소 또는 활성화 | 기능성화장품에서 해당 기능을 실증한 자료 |
| | 기미, 주근깨 완화에 도움 | 미백 기능성화장품 심사(보고) 자료 |
| 효능 · 효과 · 품질 | 화장품의 효능 · 효과에 관한 내용 | 인체적용시험 자료 또는 인체외 시험자료 |
| | 시험 · 검사와 관련된 표현<br>예 피부과 테스트 완료 | 인체적용시험 자료 또는 인체외 시험자료 |
| | 제품에 특정성분이 들어 있지 않다는 '무(無)○○' 표현 | 시험분석자료 |
| | 타 제품과 비교하는 내용의 표시 · 광고<br>예 "○○보다 지속력이 5배 높음" | 인체적용시험 자료 또는 인체외 시험자료 |

## TOPIC 02 판매 가능한 맞춤형화장품의 구성 표준교재 100~101p

### 1. 제조 · 수입된 화장품의 내용물에 다음을 추가하여 혼합한 경우 2019 기출

① 다른 화장품의 내용물
② 식품의약품안전처장이 정한 원료

### 2. 제조 또는 수입된 화장품의 내용물을 소분(小分)하는 경우 2019 기출

① 맞춤형화장품에 사용되는 내용물은 맞춤형화장품의 혼합 및 소분에 사용할 목적으로 화장품 책임판매업자로부터 직접 제공받은 것
② 시중 유통 중인 제품을 임의로 구입하여 맞춤형화장품 혼합 · 소분의 용도로 사용할 수 없음
③ 신고된 판매장에서 소비자에게 맞춤형화장품을 판매하는 형태(예 온라인, 오프라인 판매)에 대해서는 화장품 법령에서 별도로 제한은 없음

## 1. 법적 의무 : 화장품 제조업자의 준수사항

① **시험 · 검사의 의무** : 원료 및 자재의 입고부터 완제품의 출고까지 필요한 시험 · 검사를 하도록 규정

② **품질성적서로 대체** : 원료 공급자의 검사 결과를 신뢰할 수 있는 경우 해당 성적서로 시험 · 검사 또는 검정을 대체

## 2. 화장품 원료에 대한 품질 성적서 요건

① 제조업체의 원료에 대한 자가품질검사 또는 공인검사기관 성적서

② 책임판매업체의 원료에 대한 자가품질검사 또는 공인검사기관 성적서

③ 원료업체의 원료에 대한 공인검사기관 성적서

④ 원료업체의 원료에 대한 자가품질검사 시험성적서 중 대한화장품협회의 '원료공급자의 검사결과 신뢰 기준 자율규약' 기준에 적합한 것

## 3. 원료 공급자의 검사결과 신뢰 기준 자율규약

① **원료 공급자** : 화장품 원료를 직접 제조하는 제조회사 또는 제조하거나 수입된 화장품 원료를 화장품 제조업자에 판매하는 판매회사

② **원료 공급자의 검사결과** : 원료 공급자가 직접 시험하거나 외부에 위탁하여 시험한 시험성적서

③ **신뢰 기준**

ㄱ 원료 공급자가 GMP, ISO 9000 또는 이와 동등 이상의 품질보증시스템을 구축

ㄴ 원료에 대해서 적어도 3로트에 대하여 시험성적서의 신뢰성을 확인한 경우

ㄷ 품질검사의 위탁이 가능하도록 규정된 기관에서 시험 · 검사한 시험성적서를 제공하는 경우

PART 01
PART 02
PART 03
PART 04
PART 05
PART 06

# CHAPTER 03 화장품 사용제한 원료

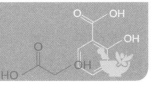

**학습목표**

- 다양한 원료 중 화장품에 사용할 수 없는 원료를 설명할 수 있다.
- 다양한 원료 중 화장품에 사용제한이 필요한 원료 및 사용한도를 설명할 수 있다.
- 착향제 성분 중 알레르기를 유발하는 고시 성분을 설명할 수 있다.
- 착향제 성분 중 알레르기를 유발하는 고시 성분의 표기 기준에 대해 설명하고, 이를 적용할 수 있다.

---

TOPIC 01 화장품에 사용되는 사용제한 원료의 종류 및 사용 한도 표준교재 113~115p

## 1. 법적 근거

① 화장품법 '화장품의 안전기준'에서 원료에 대한 기준을 설정함

② 대상 : 보존제, 색소, 자외선 차단제 등

③ 방법 : 사용 기준을 지정하여 고시함(고시된 원료 이외에는 사용할 수 없음)

## 2. 보존제의 사용 기준(원료의 종류와 사용 한도)

① 보존제 : 화장품이 보관·사용되는 기간 동안 미생물 성장을 억제해서 화장품의 품질을 유지하는 성분

② 사용 이유

　㉠ 미생물은 공기, 동식물, 광물 등 자연계에 광범위하게 존재

　㉡ 화장품의 제조 과정 중 1차 오염 가능

　㉢ 소비자가 손 또는 도구를 이용하여 사용하는 경우 2차 오염 가능

③ 평가 및 규제

　㉠ 미생물을 억제하는 성질의 인체에 유해 여부 평가 후 "사용 가능한 보존제 및 사용 한도"를 정해 규제 **예** 파라벤류

　㉡ 유해한 경우 사용금지 원료로 지정 **예** 페닐파라벤 `2019 기출`

**합격콕콕**

보존제와 그 사용기준은 반복해서 등장하는 개념으로 암기보다 이해를 중심으로 학습하여야 한다.

④ 사용 한도 및 사용할 수 없는 제품의 규정
  ㉠ 흡입될 수 있는 노출 경로의 제품일 경우 유해성이 달라짐
  ㉡ 씻어내는 제품의 경우 기타 제품에 비해 잔류도가 낮아 위해도가 달라질 수 있음

⑤ 보존제의 사용 한도와 적용 가능 제품에 대한 규정(일부)

| 원료명 | 사용 한도 | 비고 |
|---|---|---|
| 글루타랄(펜탄－1,5－디알) | 0.1% | 에어로졸(스프레이에 한함) 제품에는 사용 금지 |
| 데하이드로아세틱애시드(3－아세틸 6－메칠피란－2,4(3H)－디온) 및 그 염류 | 데하이드로아세틱애시드로서 0.6% | 에어로졸(스프레이에 한함) 제품에는 사용 금지 |
| 4,4－디메칠－1,3－옥사졸리딘(디메칠옥사졸리딘) | 0.05%(다만, 제품의 pH는 6을 넘어야 함) | － |
| 디브로모헥사미딘 및 그 염류(이세치오네이트 포함) | 디브로모헥사미딘으로서 0.1% | － |
| 디아졸리디닐우레아(N－(히드록시메칠)－N－(디히드록시메칠－1,3－디옥소－2,5－이미다졸리디닐－4)N－(히드록시메칠)우레아) | 0.5% | － |
| 디엠디엠하이단토인(1,3－비스(히드록시메칠)－5,5－디메칠이미다졸리딘－2,4－디온) | 0.6% | － |
| 2,4－디클로로벤질알코올 | 0.15% | － |
| 3,4－디클로로벤질알코올 | 0.15% | － |
| 메칠이소치아졸리논 | 사용 후 씻어내는 제품에 0.0015% (단, 메칠클로로이소치아졸리논 및 메칠이소치아졸리논 혼합물과 병행사용 금지) | 기타 제품에는 사용 금지 |
| 메칠클로로이소치아졸리논과 메칠이소치아졸리논 혼합물(염화마그네슘과 질산마그네슘 포함) | 사용 후 씻어내는 제품에 0.0015%(메칠클로로이소치아졸리논:메칠이소치아졸리논 = 3:1 혼합물로서) | 기타 제품에는 사용 금지 |

※ 59종 150여 개의 성분이 규정됨

## 3. 자외선 차단제의 종류 및 사용기준

① 목적 : UVB와 UVA로부터 피부를 보호하기 위한 소재 사용  2019 기출

PART 01
PART 02
PART 03
PART 04
PART 05
PART 06

개념톡톡

| 염류 | 소듐, 포타슘, 칼슘, 암모늄, 에탄올아민, 클로라이드, 브로마이드, 설페이트, 아에세티으, 베타인 등 |
|---|---|
| 에스텔류 | 메칠, 에칠, 푸로필 이소프로필, 이소부틸, 페닐 |

　　　　　㉠ UVB : UV 영역 중 파장의 길이가 짧고(280~310mm) 에너지가 크
　　　　　며 일광화상을 유발함

　　　　　㉡ UVA : UV 영역 중 파장이 길고(310~400mm) 피부를 흑화시키며
　　　　　광노화를 유발함

　　② 종류
　　　　㉠ 유기 자외선 차단제
　　　　　• 유기분자의 구조가 자외선을 흡수한 뒤 열에너지 형태로 전환시키
　　　　　는 방식
　　　　　• 자극의 우려가 있음
　　　　　• 백탁 없이 사용 가능
　　　　㉡ 무기 자외선 차단제
　　　　　• 무기 입자에 의해 자외선을 산란시키는 형식
　　　　　• 백탁현상 발생
　　　　　• 자극에 대한 우려가 적음
　　　　　• 종류 : 이산화티탄($TiO_2$)과 산화아연($ZnO$)이 사용됨
　　　　　• 한도 : 25%까지 사용 가능

　　③ 예외 : 제품의 변색 등을 방지하기 위해 자외선을 차단제를 0.5% 미만으
　　　로 사용한 경우는 자외선 차단 제품으로 인정하지 않음

　　④ 자외선 차단제의 원료와 사용 한도 지정
　　　　㉠ 자외선을 흡수한 뒤 광독성 등을 유발할 유해성, 유기 분자구조 자체
　　　　가 생체에 영향을 줄 유해성 등을 고려
　　　　㉡ 위해성 여부를 판단하여 허용 여부와 사용 농도를 결정
　　　　㉢ 위해한 경우 사용금지 원료로 지정(PABA류, 접촉성 알러지 유발)

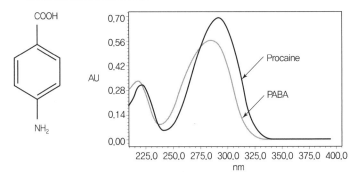

PABA(Para Amino Benzoic Acid)

사용금지 원료 : 4-아미노벤조익 애시드 및 $NH_2$ 기를 가지는 에텔

**‖ PABA의 구조와 UV 흡수 영역 ‖**

**개념톡톡**

제품의 변색방지를 위해 (　　)% 미만
으로 사용한 것은 자외선 차단 제품으
로 인정하지 않는다.

답 : 0.5

⑤ 자외선 차단 제품의 기능 규정

    ㉠ SPF(Sun Protection Factor) <u>2021 기출</u> <u>2019 기출</u>

        • 대상 : UVB 차단에 의한 홍반 생성 감소를 측정함

        • 정의 : 제품을 바른 피부의 최소 홍반량/제품을 바르지 않은 피부의 최소 홍반량

        • MED(Minimal Erythema Dosage) : 피부 홍반을 발생시키는 최소의 UVB의 양

    ㉡ PA(Protection Factor of UVA)

        • 대상 : UVA 차단에 의한 피부 흑화 방지 기능을 측정함

        • 정의 : 제품을 바른 피부의 최소 흑화량/제품을 바르지 않은 피부의 최소 흑화량

        • MPPD(Minimal Persistent Pigment darkning Dose) : 피부를 흑화시키는 최소 UVA의 양

    ㉢ 자외선 차단지수(SPF) 10 이하 제품의 경우 자료 제출 면제. 단, 효능 · 효과를 기재 표시할 수 없음 <u>2020 기출</u>

⑥ 법령정보에서 확인할 수 있는 자외선 차단제 제한 원료

| 원료명 | 사용 한도 |
|---|---|
| 드로메트리졸트리실록산 | 15% |
| 드로메트리졸 | 1.0% |
| 디갈로일트리올리에이트 | 5% |
| 디소듐페닐디벤즈이미다졸테트라설포네이트 | 산으로서 10% |
| 디에칠헥실부타미도트리아존 | 10% |
| 디에칠아미노하이드록시벤조일헥실벤조에이트 | 10% |
| 로우손과 디하이드록시아세톤의 혼합물 | 로우손 0.25%, 디하이드록시아세톤 3% |
| 메칠렌비스-벤조트리아졸릴테트라메칠부틸페놀 | 10% |
| 4-메칠벤질리덴캠퍼 | 4% |
| 멘틸안트라닐레이트 | 5% |
| 벤조페논-3(옥시벤존) | 5% |
| 벤조페논-4 | 5% |
| 벤조페논-8(디옥시벤존) | 3% |
| 부틸메톡시디벤조일메탄 | 5% |
| 비스에칠헥실옥시페놀메톡시페닐트리아진 | 10% |
| 시녹세이트 | 5% |
| 에칠디하이드록시프로필파바 | 5% |
| 옥토크릴렌 | 10% |
| 에칠헥실디메칠파바 | 8% |

**개념톡톡** 😊

1의 에너지로 홍반이 생기는 피부가 제품을 바르고 50의 에너지에 홍반이 발생하는 경우 SPF는 50/1＝50

**개념톡톡** 😊

1의 에너지로 홍반이 생기는 피부가 제품을 바르고 16의 에너지에 흑화 시작 시 PA는 16/1＝＋＋＋＋(16배)[＋(2배), ＋＋(4배), ＋＋＋(8배)]

| 원료명 | 사용 한도 |
|---|---|
| 에칠헥실메톡시신나메이트 | 7.5% |
| 에칠헥실살리실레이트 | 5% |
| 에칠헥실트리아존 | 5% |
| 이소아밀p메톡시신나메이트 | 10% |
| 폴리실리콘-15(디메치코디에칠벤잘말로네이트) | 10% |
| 징크옥사이드 | 25% |
| 테레프탈릴리덴디캠퍼설포닉애시드 및 그 염류 | 산으로서 10% |
| 티이에이-살리실레이트 | 12% |
| 티타늄디옥사이드 | 25% |
| 페닐벤즈이미다졸설포닉애시드 | 4% |
| 호모살레이트 | 10% |

## 4. 색소

① 목적 : 색소에 의한 위해성 여부 판단 후 사용할 수 있는 대상과 함량을 정의

② 종류 : 천연색소, 타르색소 및 염료

③ 정의

ㄱ 색소 : 화장품이나 피부에 색을 띠게 하는 것을 주요 목적으로 하는 성분

ㄴ 타르색소 : 콜타르 혹은 그 중간 생성물에서 유래되었거나 유기합성 하여 얻은 색소 및 그 레이크, 염, 희석제와의 혼합물 2021 기출

ㄷ 눈 주위 : 눈썹, 눈썹 아래쪽 피부, 눈꺼풀, 속눈썹 및 눈(안구, 결막 낭, 윤문상 조직을 포함)을 둘러싼 뼈의 능선 주위

④ 레이크의 종류

ㄱ 타르색소의 나트륨, 칼륨, 알루미늄, 바륨, 칼슘, 스트론튬 또는 지르 코늄염(염이 아닌 것은 염으로 하여)을 기질에 확산시켜서 만든 것

ㄴ 사용 한도 및 사용할 수 없는 방식, 사용 가능 방식 등에 대한 규정

| 연번 | 색소 | 사용제한 |
|---|---|---|
| 1 | • 녹색 204호*(피라닌콘크, Pyranine conc) CI 59040<br>• 8-히드록시-1,3,6-피렌트리설폰산의 트리나트륨염<br>• 사용 한도 0.01% | 눈 주위 및 입술에 사용할 수 없음 |
| 2 | • 녹색 401호(나프톨그린 B, Naphthol green B) CI 10020<br>• 5-이소니트로소-6-옥소-5,6-디히드로-2-나 프탈렌설폰산의 철염 | 눈 주위 및 입술에 사용할 수 없음 |

| 연번 | 색소 | 사용제한 |
|---|---|---|
| 3 | • 등색 206호(디요오드플루오레세인, Diiodofluorescein) CI 45425:1<br>• 4',5'-디요오드-3',6'-디히드록시스피로(이소벤조푸란-1(3H), 9'-(9H)크산텐)-3-온 | 눈 주위 및 입술에 사용할 수 없음 |
| 4 | • 등색 207호(에리트로신 옐로위시 NA, Erythrosine Yewllowish NA) CI 45425<br>• 9-(2-카르복시페닐)-6-히드록시-4,5-디요오드-3H-크산텐-3-온의 디나트륨염 | 눈 주위 및 입술에 사용할 수 없음 |
| 5 | • 자색 401호(알리주롤퍼플, Alizurol purple) CI 60730<br>• 1-히드록시-4-(2-설포-p-톨루이노)-안트라퀴논의 모노나트륨염 | 눈 주위 및 입술에 사용할 수 없음 |
| 6 | • 적색 205호(리톨레드, Lithol red) CI 15630<br>• 2-(2-히드록시-1-나프틸아조)-1-나프탈렌설폰산의 모노나트륨염 | 눈 주위 및 입술에 사용할 수 없음 |
| 55 | • 황색 407호(패스트라이트옐로우 3G, Fass light yellow) CI 18820<br>• 3-메틸-4-페닐아조-1-(4-설포페닐)-5-피라졸론의 모노나트륨염 | 적용 후 바로 씻어내는 제품 및 염모용 화장품에만 사용 |
| 57 | 등색 401호(오렌지 401, Orange no. 401) CI 11725 | 점막에 사용할 수 없음 |
| 103 | 염기성 갈색 16호(Basic brown 16) CI 12250 | 염모용 화장품에만 사용 |
| 104 | 염기성 청색 99호(Basic blue 99) CI 22250 | 염모용 화장품에만 사용 |
| 105 | • 염기성 적색 76호(Basic red 76) CI 12245<br>• 사용 한도 2% | 염모용 화장품에만 사용 |

※ 사용할 수 있는 안료(Pigment)도 규정함

## 5. 염모의 방식과 사용 가능한 원료

① 산화 염모

㉠ 원리

- 일반적인 색소는 분자량이 커서 모발 속으로 침투하기 어려움
- 알칼리제에 의해서 모발의 구조를 연화시킴
- 작은 크기의 중간체와 색소 전구체들이 모발 침투
- 산화제의 의해서 중간체와 전구체가 결합 반응을 일으켜 색을 나타내는 최종 구조 생성
- 이 구조는 분자량이 커져서 모발에서 빠져나오기가 어려워 오래 지속됨

**개념톡톡** 😊

산화제의 사용 유무에 따라 산화 염모와 비산화 염모로 나뉜다.

ⓒ 색소 : 사용상의 제한이 있는 원료에 사용 가능한 염모제 성분과 함량이 고시됨

ⓒ 장점 : 모발 속에 색소가 침투하여 잔류하여 색상이 오래 지속

ⓔ 단점 : 사용법이 복잡함

② 비산화 염모

　ⓐ 원리

　　• 건강한 모발의 pH는 4.5~5.5이며, 모발이 가지는 단백질의 등전점(전하가 중성인 pH)은 pH 3.67

　　• pH 3~3.5 정도의 제형을 도포하여 모발이 + 전하를 띠게 한 다음 − 전하를 가지는 색소와 결합시킴

　ⓑ 색소 : 화장품의 색소 종류와 기준에 있는 성분 사용 가능

　ⓒ 장점 : 사용법이 간단함

　ⓔ 단점 : 모발의 표면에 주로 잔류하며 지속성이 떨어짐

---

**TOPIC 02 착향제(향료) 성분 중 알러지 유발 성분** 표준교재 116~119p

### 1. 향료의 성분

① **구조** : 동식물 등의 자연계에서 추출하거나 화학적 합성의 형태로 제작되는 유기분자

② **성질** : 분자량 50~300 정도의 크기로 휘발성이 큼

③ **기능** : 후각신경의 후각 수용체(Olfactory receptor)에 결합하여 작용

④ **구성** : 다종의 방향 분자들을 조합하여 조합향을 구성

### 2. 향료의 전성분 표시

① "향료"로 표시 : 들어간 성분이 영업상의 비밀일 경우 고려

② 예외 : 알러지 유발 가능성이 있는 성분은 성분명 표기 2020 기출 2019 기출

　ⓐ 사용 후 세척되는 제품 : 0.01% 초과 함유하는 경우

　ⓑ 사용 후 세척되는 제품 이외의 화장품 : 0.001% 초과 함유하는 경우

　ⓒ 알러지 유발 가능성이 있는 25종의 향료 성분 리스트

1) 아밀신남알(CAS No 122 - 40 - 7)
2) 벤질알코올(CAS No 100 - 51 - 6)
3) 신나밀알코올(CAS No 104 - 54 - 1)
4) 시트랄(CAS No 5392 - 40 - 5)
5) 유제놀(CAS No 97 - 53 - 0)
6) 하이드록시시트로넬알(CAS No 107 - 75 - 5)
7) 이소유제놀(CAS No 97 - 54 - 1)
8) 아밀신나밀알코올(CAS No 101 - 85 - 9)
9) 벤질살리실레이트(CAS No 118 - 58 - 1)
10) 신남알(CAS No 104 - 55 - 2)
11) 쿠마린(CAS No 91 - 64 - 5)
12) 제라니올(CAS No 106 - 24 - 1)
13) 아니스에탄올(CAS No 105 - 13 - 5)
14) 벤질신나메이트(CAS No 103 - 41 - 3)
15) 파네솔(CAS No 4602 - 84 - 0)
16) 부틸페닐메칠프로피오날(CAS No 80 - 54 - 6)
17) 리날룰(CAS No 78 - 70 - 6)
18) 벤질벤조에이트(CAS No 120 - 51 - 4)
19) 시트로넬롤(CAS No 106 - 22 - 9)
20) 헥실신남알(CAS No 101 - 86 - 0)
21) 리모넨(CAS No 5989 - 27 - 5)
22) 메칠2 - 옥티노에이트(CAS No 111 - 12 - 6)
23) 알파 - 이소메칠이오논(CAS No 127 - 51 - 5)
24) 참나무이끼추출물(CAS No 90028 - 68 - 5)
25) 나무이끼추출물(CAS No 90028 - 67 - 4)

## 3. 사용상의 제한이 있는 향료

① 대상 : 머스크 동물 향을 모사하기 위해 화학적으로 합성한 향료 성분
② 원인 : 피부 자극의 우려
③ 제한

| 원료명 | 사용 한도 |
|--------|-----------|
| 머스크자일렌 | • 향수류<br>　- 향료 원액을 8% 초과하여 함유하는 제품에 1.0%<br>　- 향료 원액을 8% 이하로 함유하는 제품에 0.4%<br>• 기타 제품에 0.03% |
| 머스크캐톤 | • 향수류<br>　- 향료 원액을 8% 초과하여 함유하는 제품에 1.4%<br>　- 향료 원액을 8% 이하로 함유하는 제품에 0.56%<br>• 기타 제품에 0.042% |

PART 01
PART 02
PART 03
PART 04
PART 05
PART 06

합격콕콕

사용상 제한이 필요한 원료, 사용할 수 없는 원료, 영업범위와 관련된 원료는 반드시 알아야 할 필수 내용이므로 암기와 이해를 목표로 학습한다.

# CHAPTER 04 화장품 관리

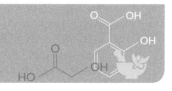

**학습**목표

- 화장품 용기 및 포장에 대한 법적인 기준을 설명하고, 이를 적용할 수 있다.
- 원료 및 화장품의 안전성에 대해 이해하고 적절한 보관조건을 적용할 수 있다.
- 화장품 용기 및 포장에 담긴 표시사항에 대한 종류 및 그 목적에 대해 설명할 수 있다.
- 원하는 사용기한과 보관조건에 적합한 용기 및 용량을 결정할 수 있다.
- 미생물의 오염에 대한 영향 및 환경모니터링을 설명하고 이를 적용할 수 있다.
- 화장품의 사용상 주의사항에 관한 법령을 적용할 수 있다.
- 기능성 화장품 사용상 주의사항, 부작용과 사용 및 보관조건의 인과관계를 설명할 수 있다.
- 화장품 안전성 정보관리 규정에 대해 설명하고 부작용 발생 시 이를 적용할 수 있다.

---

**합격콕콕** 👆

화장품 포장용기와 관련된 환경 이슈를 함께 알아두면 학습에 도움이 된다.

**개념톡톡** 👆

**사용기한**
화장품이 제조된 날부터 적절한 보관 상태에서 제품이 고유의 특성을 간직한 채 소비자가 안정적으로 사용할 수 있는 최소한의 기한을 말한다.

---

TOPIC **01** 화장품의 보관 및 취급 방법 표준교재 134p

## 1. 보관 및 취급 방법

① 일반적인 화장품
　㉠ 사용 후에는 반드시 마개를 닫을 것
　㉡ 유아·소아의 손이 닿지 않는 곳에 보관할 것
　㉢ 고온 또는 저온의 장소 및 직사광선이 닿는 곳에는 보관하지 말 것

② 개별 화장품 : 퍼머넌트 웨이브 제품 및 헤어스트레이트너 제품
　㉠ 섭씨 15도 이하의 어두운 장소에 보존
　㉡ 색이 변하거나 침전된 경우에는 사용하지 말 것

## 2. 사용기한

① 일반적인 화장품
　㉠ 제품의 포장 용기에 명시된 사용기한 내에 사용
　㉡ 제품의 포장 용기에 명시된 개봉 후 사용기간(개봉 후 사용기한을 기재할 경우 제조연월일을 병행 표기) 내에 사용

② 개별 화장품 : 퍼머넌트웨이브 제품 및 헤어스트레이트너 제품
　㉠ 개봉한 제품은 7일 이내에 사용
　㉡ 에어로졸 제품이나 사용 중 공기유입이 차단되는 용기는 제외

**화장품의 사용방법** 표준교재 134p

## 1. 일반적인 화장품

인체에 바르고 문지르거나 뿌리는 등 이와 유사한 방법으로 사용

## 2. 개별적으로 주의해야 할 화장품의 사용방법

① **외음부 세정제** : 정해진 용법과 용량을 잘 지켜 사용할 것

② **고압가스를 사용하는 에어로졸 제품**

㉠ 같은 부위에 연속해서 3초 이상 분사하지 말 것

㉡ 가능하면 인체에서 20cm 이상 떨어져서 사용할 것

㉢ 눈 주위 또는 점막 등에 분사하지 말 것

㉣ 자외선 차단제의 경우 얼굴에 직접 분사하지 말고 손에 덜어 얼굴에 바를 것

③ **고압가스를 사용하지 않는 분무형 자외선 차단제** : 얼굴에 직접 분사하지 말고 손에 덜어 얼굴에 바를 것

> **개념톡톡** 👆
>
> 내용물에 이상이 생긴 경우에는 사용을 금지한다.
> • 내용물의 색상이 변하였을 때
> • 내용물에서 불쾌한 냄새가 날 때
> • 내용물의 층이 분리되었을 때

TOPIC 03 **화장품 사용 시의 주의사항** 표준교재 134~137p

## 1. 목적

소비자에게 화장품 사용 시의 주의사항을 간결하고 명확하게 전달

## 2. 방법

화장품의 포장에 기재 · 표시되어야 하는 사용 시의 주의사항을 제정

## 3. 내용

주의사항, 사용방법, 보관방법, 부작용 발생 시 대처 방법 등을 표시

## 4. 분류

① **공통사항** : 기능성 화장품을 포함하여 모든 화장품에 적용 2019 기출

㉠ 화장품 사용 시 또는 사용 후 직사광선에 의하여 사용 부위가 붉은 반점, 부어오름 또는 가려움증 등의 이상 증상이나 부작용이 있는 경우 전문의 등과 상담할 것

ⓛ 상처가 있는 부위 등에는 사용을 자제할 것 `2019 기출`

ⓒ 보관 및 취급 시의 주의사항

- 어린이의 손이 닿지 않는 곳에 보관할 것

- 직사광선을 피해서 보관할 것

② 개별사항 : 제품의 특성에 따라서 추가적으로 표시해야 되는 내용 규정

※ 제품의 종류 예시

> 스크럽 세안제, 팩, 손발톱용 제품류, 두발용ㆍ두발염색용 및 눈 화장용 제품류, 모발용 샴푸, 퍼머넌트 웨이브 제품 및 헤어스트레이트너 제품, 외음부 세정제, 손ㆍ발의 피부연화 제품(요소제제의 핸드크림 및 풋크림), 체취 방지용 제품, 에어로졸 제품, 고압가스를 사용하지 않는 분무형 자외선 차단제, 알파-하이드록시애시드($\alpha$-hydroxyacid, AHA) 함유 제품(0.5% 이상 함유)

ⓐ 미세한 알갱이가 함유되어 있는 스크럽 세안제 : 알갱이가 눈에 들어 갔을 때에는 물로 씻어내고, 이상이 있는 경우에는 전문의와 상담할 것

ⓑ 손발톱용 제품류 : 손발톱 및 그 주위 피부에 이상이 있는 경우에는 사용하지 말 것

ⓒ 두발용ㆍ두발염색용 및 눈 화장용 제품류 : 눈에 들어갔을 때에는 즉시 씻어낼 것

ⓓ 모발용 샴푸

- 눈에 들어갔을 때에는 즉시 씻어낼 것

- 사용 후 물로 씻어내지 않으면 탈모 또는 탈색의 원인이 될 수 있으므로 주의할 것

ⓔ 퍼머넌트웨이브 제품 및 헤어스트레이트너 제품

- 두피ㆍ얼굴ㆍ눈ㆍ목ㆍ손 등에 약액이 묻지 않도록 유의하고, 얼굴 등에 약액이 묻었을 때에는 즉시 물로 씻어낼 것

- 특이체질, 생리 또는 출산 전ㆍ후이거나 질환이 있는 사람 등은 사용을 피할 것

- 머리카락의 손상 등을 피하기 위하여 용법ㆍ용량을 지켜야 하며, 가능하면 일부에 시험적으로 사용하여 볼 것

- 섭씨 15도 이하의 어두운 장소에 보존하고, 색이 변하거나 침전된 경우에는 사용하지 말 것

- 개봉한 제품은 7일 이내에 사용할 것(에어로졸 제품이나 사용 중 공기유입이 차단되는 용기는 표시하지 않음)

- 제2단계 퍼머액 중 그 주성분이 과산화수소인 제품은 검은 머리카락이 갈색으로 변할 수 있으므로 유의하여 사용할 것

ⓕ 외음부 세정제

- 정해진 용법과 용량을 잘 지켜 사용할 것

**개념톡톡** 👆

**염모제 사용 시 주의사항**

염모제의 사용 중 목욕이나 머리를 적시면 눈에 들어갈 수 있으므로 주의하고, 눈에 들어갔을 경우 미지근한 물로 15분 이상 씻어내고, 곧바로 안과 전문의의 진찰을 받아야 한다(임의로 안약 사용 금지).

- 만 3세 이하 어린이에게는 사용하지 말 것 2021 기출
- 임신 중에는 사용하지 않는 것이 바람직하며, 분만 직전의 외음부 주위에는 사용하지 말 것
- 프로필렌 글리콜(Propylene glycol)을 함유하고 있으므로 이 성분에 과민하거나 알러지 병력이 있는 사람은 신중히 사용할 것(프로필렌 글리콜 함유 제품만 표시)

Ⓢ 손 · 발의 피부연화 제품(요소제제의 핸드크림 및 풋크림)
- 눈, 코 또는 입 등에 닿지 않도록 주의하여 사용할 것
- 프로필렌 글리콜(Propylene glycol)을 함유하고 있으므로 이 성분에 과민하거나 알러지 병력이 있는 사람은 신중히 사용할 것(프로필렌 글리콜 함유 제품만 표시)

ⓞ 체취 방지용 제품 : 털을 제거한 직후에는 사용하지 말 것

Ⓩ 고압가스를 사용하는 에어로졸 제품(무스의 경우 상위 4개 사항은 제외)
- 같은 부위에 연속해서 3초 이상 분사하지 말 것
- 가능하면 인체에서 20cm 이상 떨어져서 사용할 것
- 눈 주위 또는 점막 등에 분사하지 말 것(다만, 자외선 차단제의 경우 얼굴에 직접 분사하지 말고 손에 덜어 얼굴에 바를 것)
- 분사가스는 직접 흡입하지 않도록 주의할 것
- 보관 및 취급상의 주의사항

  > 1) 불꽃길이 시험에 의한 화염이 인지되지 않는 것으로서 가연성 가스를 사용하지 않는 제품
  >   - 섭씨 40도 이상의 장소 또는 밀폐된 장소에 보관하지 말 것
  >   - 사용 후 남은 가스가 없도록 하고 불 속에 버리지 말 것
  >
  > 2) 가연성 가스를 사용하는 제품
  >   - 불꽃을 향하여 사용하지 말 것
  >   - 난로, 풍로 등 화기 부근 또는 화기를 사용하고 있는 실내에서 사용하지 말 것
  >   - 섭씨 40도 이상의 장소 또는 밀폐된 장소에서 보관하지 말 것
  >   - 밀폐된 실내에서 사용한 후에는 반드시 환기를 할 것
  >   - 불 속에 버리지 말 것

ⓒ 고압가스를 사용하지 않는 분무형 자외선 차단제 : 얼굴에 직접 분사하지 말고 손에 덜어 얼굴에 바를 것

ⓚ 알파-하이드록시애시드(α-hydroxyacid, AHA)(이하 "AHA"라 한다) 함유 제품(0.5퍼센트 이하의 AHA가 함유된 제품은 제외)
- 햇빛에 대한 피부의 감수성을 증가시킬 수 있으므로 자외선 차단제를 함께 사용할 것(씻어내는 제품 및 두발용 제품은 제외)
- 일부에 시험 사용하여 피부 이상을 확인할 것

- 고농도의 AHA 성분이 들어 있어 부작용이 발생할 우려가 있으므로 전문의 등에게 상담할 것(AHA 성분이 10퍼센트를 초과하여 함유되어 있거나 산도가 3.5 미만인 제품만 표시)

ㅌ 그 밖에 화장품의 안전정보와 관련하여 기재 · 표시하도록 식품의약품안전처장이 정하여 고시하는 사용 시의 주의사항

③ 화장품의 안전 정보 관련 사용상의 주의사항(성분별) **2021 기출**

| 대상 성분 | 주의사항 |
|---|---|
| 과산화수소 및 과산화수소 생성물질 함유 제품 | 눈에 접촉을 피하고 눈에 들어갔을 때는 즉시 씻어낼 것 |
| 벤잘코늄클로라이드, 벤잘코늄브로마이드 및 벤잘코늄사카리네이트 함유 제품 | 눈에 접촉을 피하고 눈에 들어갔을 때는 즉시 씻어낼 것 |
| 스테아린산아연 함유 제품 (기초화장용 제품류 중 파우더 제품에 한함) | 사용 시 흡입되지 않도록 주의할 것 |
| 살리실릭애씨드 및 그 염류 함유 제품 (샴푸 등 사용 후 바로 씻어내는 제품 제외) | 만3세 이하 어린이에게는 사용하지 말 것 |
| 실버나이트레이트 함유 제품 | 눈에 접촉을 피하고 눈에 들어갔을 때는 즉시 씻어낼 것 |
| 아이오도프로피닐부틸카바메이트(IPBC) 함유 제품 (목욕용제품, 샴푸류 및 바디클렌저 제외) | 만 3세 이하 어린이에게는 사용하지 말 것 |
| 알루미늄 및 그 염류 함유 제품 (체취방지용 제품류에 한함) | 알루미늄 및 그 염류를 함유하고 있으므로 신장질환이 있는 사람은 사용 전에 의사와 상의할 것 |
| 알부틴 2% 이상 함유 제품 | 「인체적용시험자료」에서 구진과 경미한 가려움이 보고된 예가 있음 |
| 글라이콜릭애씨드, 락틱애씨드 및 시트릭애씨드 등 알파-하이드록시애씨드 ($\alpha$-hydroxy acid, AHA) 함유 제품 (0.5% 이하의 AHA가 함유된 제품은 제외) | • 알파-하이드록시애씨드(AHA)를 함유하고 있어 햇빛에 대한 피부의 감수성을 증가시킬 수 있으므로 자외선 차단제를 함께 사용할 것(씻어내는 제품 및 두발용 제품 제외)<br>• AHA를 함유하고 있으므로 처음 사용하는 경우에는 적은 부위에 발라 피부이상을 확인할 것<br>• 고농도의 AHA 성분이 들어 있으므로 사용 전에 피부과전문의 등에게 상담할 것 (AHA 성분을 10% 초과하여 함유하거나 산도 3.5 미만의 제품에 한함) |
| 카민 또는 코치닐추출물 함유 제품 | 이 성분에 과민하거나 알레르기가 있는 사람은 신중히 사용할 것 |
| 포름알데히드 0.05% 이상 함유 제품 | 이 성분에 과민한 사람은 신중히 사용할 것 |
| 폴리에톡실레이티드레틴아마이드 0.2% 이상 함유 제품 | 「인체적용시험자료」에서 경미한 발적, 피부건조, 화끈감, 가려움, 구진이 보고된 예가 있음 |

CHAPTER

# 05 위해 사례 판단 및 보고

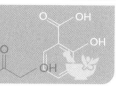

**학습**목표
- 위해평가의 용어, 필요성, 세부 방법 및 절차에 대해 설명할 수 있다.
- 화장품 원료 및 제품의 위해여부 판단에 대한 관련 법령에 대해 설명할 수 있다.

PART 01
PART 02
PART 03
PART 04
PART 05
PART 06

TOPIC **01** 위해 여부 판단 표준교재 144~145p

## 1. 일반 사항

화장품은 제품 설명서, 표시사항 등에 따라 정상적으로 사용하거나 또는 예측 가능한 사용 조건에 따라 사용하였을 때 인체에 안전하여야 한다.

## 2. 위해성 평가

① **대상** : 국내외에서 유해물질이 포함된 것으로 알려진 화장품 원료
② **의무** : 식품의약안전처장은 위해 요소를 평가하여 위해 여부를 결정해야 함
③ **조치** : 화장품 제조에 사용할 수 없는 원료로 지정하거나 사용기준을 지정

## 3. 유해성과 유해물질

① 용어의 정의
   ㉠ 유해성 : 화학물질의 독성 등 사람의 건강이나 환경에 좋지 아니한 영향을 미치는 화학물질 고유의 성질
   ㉡ 위해성 : 유해성이 있는 화학물질에 노출되는 경우 사람의 건강이나 환경에 피해를 줄 수 있는 정도
   ㉢ 유해물질 : 유해성을 가진 화학물질

② 유해성의 종류

　㉠ 생식 · 발생 독성 : 자손 생성을 위한 기관의 능력 감소 및 개체의 발달 과정에 부정적인 영향을 미침

　㉡ 면역 독성 : 면역 장기에 손상을 주어 생체 방어기전 저해

　㉢ 항원성 : 항원으로 작용하여 알러지 및 과민반응 유발

　㉣ 유전 독성 : 유전자 및 염색체에 상해를 입힘

　㉤ 발암성 : 장기간 투여 시 암(종양)의 발생

　㉥ 전신 독성 : 생체 내 다양한 장기 조직에 손상 유발 **예** 간 독성

　㉦ 피부 일차 자극 : 피부 접촉 후 홍반, 가피 형성, 부종 등 국소 부위에 일어나는 자극

　㉧ 피부 감작성 : 피부에 반복적으로 노출되었을 경우 나타날 수 있는 홍반 및 부종 등의 면역학적 피부 과민 반응

## 4. 위해평가의 원리

① 배경이론

　㉠ 원리
　　• 유해물질이 흡수되었다고 해서 모두 위해한 결과를 유발하는 것은 아님
　　• 독성이 강한 물질도 적은 양에 노출되면 유해성을 나타내지 않음
　　• 양의 개념이 중요

　㉡ 용량 : 물질이 체내 흡수 이후 '분포 – 대사 – 배출' 과정을 통해 생체 내에 특정 농도로 존재함

　㉢ 용량/반응 곡선 : 생물체가 유해물질에 반응하는 반응률(%)과 용량을 그래프로 표시

　㉣ 한계용량 : 유해물질에 대한 어떠한 반응이나 영향이 관찰되지 않는 용량

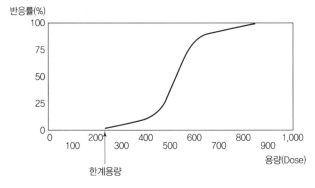

**‖ 용량 – 반응률 곡선 ‖**

② **위해평가** : 인체가 화장품 사용으로 유해요소에 노출되었을 때 발생할 수 있는 위해 영향과 발생 확률을 과학적으로 예측하는 일련의 과정

③ **진행 단계** 2019 기출

   ㉠ 위험성 확인(Hazard Identification) 2021 기출

     • 독성실험 및 역학연구 등 문헌을 통해 화학적 · 미생물적 · 물리적 위해요인의 유해성, 독성 및 그 정도와 영향 등을 파악하고 확인하는 과정

     • 어떤 유해물질이 어떠한 독성을 가지는지 확인하는 과정 예 간 독성 등

   ㉡ 위험성 결정(Hazard Characterization)

     • 위해요소의 노출량과 유해영향 발생과의 관계를 정량적으로 규명하는 단계로, 동물실험 등의 불확실성 등을 고려하여 독성값(NOAEL) 또는 인체안전기준(TDI, ADI, RfD 등)을 결정

     • 확인된 독성에 대해 동물실험 등에서 한계용량 등을 파악하여 안전하다고 판단되는 용량 결정

   ㉢ 노출평가(Exposure Assessment) 2019 기출

     • 화장품 등을 통하여 사람이 바르거나 섭취하는 위해요소의 양 또는 수준을 정량적 및(또는) 정성적으로 산출하는 과정

     • 화장품 내 농도, 사용량 등을 분석하여 인체에 흡수되는 용량을 결정

   ㉣ 위해도 결정(Risk Characterization) 2021 기출 2019 기출

     • 위험성 확인, 위험성 결정 및 노출평가 결과를 근거로 하여 평가 대상 위해요인이 인체 건강에 미치는 위해영향 발생과 위해 정도를 정량적 또는 정성적으로 예측하는 과정

     • 안전하다고 판단되는 양과 흡수되는 양을 비교하여 위해도 결정

④ **특수한 사항의 규정** : 현재의 과학기술 수준 또는 자료 등의 제한이 있거나 신속한 위해성 평가가 요구될 경우 인체적용제품의 위해성 평가 실시

   ㉠ 위해요소의 인체 내 독성 등 확인과 인체노출 안전기준 설정을 위하여 국제기구 및 신뢰성 있는 국내 · 외 위해성평가기관 등에서 평가한 결과를 준용하거나 인용 가능

   ㉡ 인체노출 안전기준의 설정이 어려울 경우 위해요소의 인체 내 독성 등 확인과 인체의 위해요소 노출 정도만으로 위해성 예측

   ㉢ 인체적용제품의 섭취, 사용 등에 따라 사망 등의 위해가 발생하였을 경우 위해요소의 인체 내 독성 등의 확인만으로 위해성 예측

**개념톡톡**

• 위험성 확인 : 위해요소의 인체 내 독성을 확인
• 위험성 결정 : 위해요소의 인체 노출 허용량을 산출(인체노출 안전 기준 설정)
• 노출 평가 : 위해요소가 인체에 노출된 양을 산출(노출되어 있는 정도 산출)
• 위해도 결정 : 이전단계의 결과를 종합하여 미치는 위해 영향을 판단

ⓔ 인체의 위해요소 노출 정도를 산출하기 위한 자료가 불충분하거나 없는 경우 활용 가능한 과학적 모델을 토대로 노출 정도 산출

ⓜ 특정 집단에 노출될 가능성이 클 경우 어린이 및 임산부 등 민감 집단 및 고위험 집단을 대상으로 위해성 평가 실시 `2020 기출`

## 5. 위해평가 세부사항

① 위해도 결정 : 유해성의 종류에 따라 위해성 평가 방식이 달라짐

② 비발암성 독성의 사례(전신 독성, 면역 독성, 항원성 독성, 생식 독성 등)

　ⓐ 최대무독성량(NOAEL ; No Observed Adverse Effect Level) : 유해 작용이 관찰되지 않는 최대 투여량

　ⓑ 전신노출량(SED ; Systemic Exposure Dosage) : 하루에 화장품을 사용할 때 흡수되어 혈류로 들어가 전신적으로 작용할 것으로 예상하는 양

　ⓒ 안전역(MOS ; Margin of Safety) : '최대무독성량 대비 전신노출량의 비율'로 숫자가 커질수록 위험한 농도 대비 전신노출량이 적어 안전하다고 판단함

　　※ MOS = NOAEL / SED

　ⓓ 안전역을 계산한 값이 100 이상이면 위해 가능성이 낮다고 판단

　　※ 동물실험에서 확인된 최대무독성량에 비해 사람에 대해서는 10배 더 적게, 어린이 등을 고려해서 추가로 10배 더 적게 노출된 경우(10×10배 = 100배) 안전하다고 판단

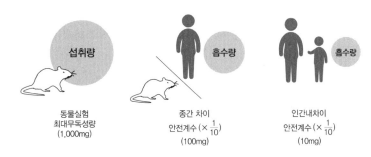

**∥ 안전역이 100 이상인 경우 안전하다고 판단 ∥**

③ 발암성 독성의 사례

　ⓐ T25 : 동물 실험 시 25% 개체에 종양이 유발되는 농도

　ⓑ HT25 : T25를 사람에 대한 것으로 환산한 농도

　ⓒ 전신노출량(SED ; Systemic Exposure Dosage)

　ⓓ 평생발암위험도(Lifetime Cancer Risk) = SED/HT25/0.25

　ⓔ 평생발암위험도가 $10^{-5}$ 이하이면 위해 가능성이 낮다고 판단

**개념톡톡** 🖐

동물이 기본적으로 가지는 발암도가 있어, 이를 넘어서는 25%의 개체에서 발암을 일으키는 농도를 확인하고 이를 토대로 안전한 농도를 도출하는 방식(일반적인 전신독성 등에서의 NOAEL을 구하는 방식과 구별됨)이며, 노출량과 HT25가 MOS 대비 역수로 되어 있어 숫자가 작을수록 안전하다.

④ 피부 감작성의 사례

   ⊙ 수용 가능 노출 수준(AEL) : 최대 무감작 유도 용량을 피부 감작 평가계수로 나눈 값

   ⓛ 소비자 노출 수준 : 체표면적당 화장품 사용량과 대상 성분의 농도를 고려함

   ⓒ 안전역＝수용 가능 노출 수준 / 소비자 노출 수준

   ⓔ 안전역이 1 이상이면 안전하다고 판단

   ⓜ 전신에 해당하지 않고 노출된 피부만을 고려하여 SED와 달리 체중 등을 고려하지 않음

   ※ 유해성에 따른 위해도 결정 방법

| 비발암성 물질의 위해도 결정 | $안전역 = \dfrac{NOAEL}{전신노출량(SED)} \geq 100$ : 위해 우려 낮음 |
|---|---|
| 발암성 물질의 위해도 결정 | $평생발암위험도(LCR) = \dfrac{전신노출량(SED)}{HT25/0.25} < 10^{-5}$ : 위해 우려 낮음 |
| 피부감작성 물질의 위해도 결정 | $안전역 = \dfrac{수용 가능 노출 수준(AEL)}{소비자 노출 수준(CEL)} \geq 1$ : 위해 우려 낮음 |

⑤ 전신노출량(SED)의 결정

   ⊙ 비발암성 및 발암성 독성은 전신노출량을 도출함

   ⓛ 화장품 1일 사용량 : 화장품의 종류에 따라 하루에 사용하는 양이 다름

   ⓒ 잔류지수(Retension factor) : 제품의 형태에 따라서 피부와 접촉하는 시간이 다름

     • 크림과 같은 리브온 제품 : 1(사용량이 그대로 반영)

     • 메이크업 리무버와 같은 세정 제품 : 0.1

     • 샤워젤이나 비누 같은 세정 제품 : 0.01

   ⓔ 흡수율 : 피부 흡수율에 대한 특별한 자료가 없는 경우 50%로 가정

   ⓜ 제품 내 농도 : 평가 대상 화장품 제품 내의 원료 농도

   ⓗ 체중 : 60kg을 기준으로 계산

   ⓢ 전신노출량(SED)＝(화장품 1일 사용량×잔류지수×제품 내 농도×흡수율) / 체중

   ※ 제품의 유형에 따른 추정 일일 사용량과 잔류지수

| 제품 유형 | 추정 일일 사용량(g) | 잔류 지수 (Retention factor) |
|---|---|---|
| 바디로션 | 7.82 | 1.0 |
| 얼굴 크림 | 1.54 | 1.0 |
| 핸드 크림 | 2.16 | 1.0 |

PART 01
PART 02
PART 03
PART 04
PART 05
PART 06

| 제품 유형 | 추정 일일 사용량(g) | 잔류 지수 (Retention factor) |
|---|---|---|
| 액체 파운데이션 | 0.51 | 1.0 |
| 메이크업 리무버 | 5.00 | 0.1 |
| 아이섀도 | 0.02 | 1.0 |
| 마스카라 | 0.025 | 1.0 |
| 아이라이너 | 0.005 | 1.0 |
| 립스틱, 입술보호제 | 0.057 | 1.0 |
| 샤워 젤 | 18.67 | 0.01 |
| 손 세척 비누 | 20.00 | 0.01 |
| 샴푸 | 10.46 | 0.01 |
| 헤어 컨디셔너 | 3.92 | 0.01 |
| 헤어스타일링 제품 | 4.00 | 0.1 |
| 반영구정 염색제 및 로션 | 35mL(per applicantion) | 0.1 |
| 산화성/영구적 염색제 | 100mL(per applicantion) | 0.1 |

## TOPIC 02 위해 사례 보고 표준교재 139~145p

### 1. 책임판매 후 안전 관리 기준 : 책임판매관리자의 의무

① 안전관리 정보 수집 : 학회, 문헌, 그 밖의 연구보고 등에서 정보를 수집 · 기록

② 안전 확보 조치

㉠ 안전관리 정보를 신속히 검토 · 기록

㉡ 조치가 필요하다고 판단될 경우 회수, 폐기, 판매정지 또는 첨부문서의 개정

㉢ 식품의약품안전처장에게 보고

### 2. 화장품 안전성 정보관리 규정 : 효율적인 안전성 관련 정보 관리

① 용어의 정의

㉠ 유해 사례(AE ; Adverse Event / Adverse Experience) 2019 기출

• 화장품의 사용 중 발생한 바람직하지 않고 의도되지 아니한 징후, 증상 또는 질병

• 당해 화장품과 반드시 인과관계를 가져야 하는 것은 아님

ⓛ 중대한 유해 사례(Seriouse AE) 2019 기출
- 사망을 초래하거나 생명을 위협하는 경우
- 입원 또는 입원기간의 연장이 필요한 경우
- 지속적 또는 중대한 불구나 기능 저하를 초래하는 경우
- 선천적 기형 또는 이상을 초래하는 경우
- 기타 의학적으로 중요한 상황

ⓒ 실마리 정보(Signal) : 유해 사례와 화장품 간의 인과관계 가능성이 있다고 보고된 정보로서 그 인과관계가 알려지지 아니하거나 입증자료가 불충분한 것 2019 기출

ⓔ 안전성 정보 : 화장품과 관련하여 국민보건에 직접 영향을 미칠 수 있는 안전성 · 유효성에 관한 새로운 자료, 유해 사례 정보 등

② 유해 사례 보고(책임판매업자)

ⓖ 신속보고 규정 2019 기출
- 일시 : 정보를 안 날로부터 15일 이내
- 보고 : 식품의약안전처장에게 보고
- 대상
  - 중대한 유해 사례 또는 이와 관련하여 식품의약품안전처장이 보고를 지시한 경우
  - 판매 중지나 회수에 준하는 외국정부의 조치 또는 이와 관련하여 식품의약품안전처장이 보고를 지시한 경우

ⓛ 정기보고 규정
- 일시 : 매 반기 종료 후(6개월)
- 보고 : 식품의약품안전처장에게 보고
- 대상 : 신속보고 대상이 아닌 경우

개념톡톡 👆
- 신속보고
  - 중대한 유해사례
  - 정보를 안 날부터 15일 이내
- 정기보고
  - 신속보고 대상이 아닌 경우
  - 매 반기 종료 후

TOPIC 03 위해 화장품의 회수 및 위해 등급

1. 회수 대상 화장품의 종류 2019 기출

① 안전용기 사용기준에 위반되는 화장품

② 화장품 내용물의 위반
  ⓖ 전부 또는 일부가 변패(變敗)된 화장품, 병원미생물에 오염된 화장품
  ⓛ 이물이 혼입되었거나 부착되어 보건위생상 위해를 발생할 우려가 있는 화장품

PART 01
PART 02
PART 03
PART 04
PART 05
PART 06

ⓒ 화장품에 사용할 수 없는 원료를 사용한 화장품

ⓔ 유통화장품 안전관리 기준에 적합하지 아니한 화장품 : 기준 이상의 유해물질 및 기준 이상의 미생물 검출 등(내용량의 기준에 관한 부분은 제외)

ⓜ 사용기한 또는 개봉 후 사용기간을 위조 · 변조한 화장품

③ 영업자의 의무 위반

ⓐ 등록을 하지 아니한 자가 제조한 화장품 또는 제조 · 수입하여 유통 · 판매한 화장품

ⓑ 신고를 하지 아니한 자가 판매한 맞춤형화장품

ⓒ 맞춤형화장품 조제관리사를 두지 아니하고 판매한 맞춤형화장품

## 2. 회수 대상 화장품의 위해 등급 2019 기출

① **구분** : 위해성이 높은 순서에 따라 가 등급, 나 등급 및 다 등급으로 구분

② **등급별 예시**

| 가 등급 | 화장품에 사용할 수 없는 원료를 사용한 화장품 |
|---|---|
| 나 등급 | • 유통화장품 안전관리 기준에 적합하지 않은 것<br>• 기준 이상의 유해물질 및 기준 이상의 미생물 검출 등<br>• 개별 화장품 안전기준에 적합하지 않은 것(단, 내용량의 기준에 관한 부분과 기능성화장품의 기능성 주원료 함량이 기준치에 부적합한 경우는 제외한다)<br>　예 어린이 제품 pH, 비누 내 알칼리 함량 등<br>• 안전용기 · 포장 기준에 위반되는 화장품 |
| 다 등급 | • 전부 또는 일부가 변패(變敗)된 화장품, 병원미생물에 오염된 화장품<br>• 이물이 혼입되었거나 부착되어 보건위생상 위해를 발생할 우려가 있는 화장품<br>• 기능성화장품의 기능성을 나타나게 하는 주원료 함량이 기준치에 부적합한 경우<br>• 사용기한 또는 개봉 후 사용기간을 위조 · 변조한 화장품<br>• 등록을 하지 아니한 자가 제조한 화장품 또는 제조 · 수입하여 유통 · 판매한 화장품<br>• 신고를 하지 아니한 자가 판매한 맞춤형화장품<br>• 맞춤형화장품 조제관리사를 두지 아니하고 판매한 맞춤형화장품 |

## 3. 위해 화장품의 회수 계획 및 회수 절차 2020 기출

① **대상** : 화장품을 회수하거나 회수하는 데에 필요한 조치를 하려는 영업자

② **조치** : 해당 화장품에 대하여 즉시 판매 중지 등의 필요한 조치

③ 회수 대상 화장품이라는 사실을 안 날부터 5일 이내에 회수계획서를 지방식품의약품안전청장에게 제출

ⓐ 해당 품목의 제조 · 수입기록서 사본

ⓑ 판매처별 판매량 · 판매일 등의 기록

ⓒ 회수 사유를 적은 서류

---

**개념톡톡**

위해 화장품의 공표명령을 받은 영업자는 지체 없이 발생 사실 또는 다음 사항을 전국보급으로 하는 1개 이상의 일반일간신문 및 해당 영업장의 인터넷 홈페이지에 게재하고 식품의약품안전처의 인터넷 홈페이지에 게재 요청한다(단, 위해성 등급 다 등급의 경우 일반일간신문에의 게재 생략 가능).
• 화장품을 회수한다는 내용의 표제
• 제품명
• 회수 대상 화장품의 제조번호
• 사용기한 또는 개봉 후 사용기간
• 회수 사유, 회수 방법
• 회수하는 영업자의 명칭, 전화번호, 주소 그 밖에 회수에 필요한 사항

④ 위해성 등급에 따른 회수 기간

    ㉠ 가 등급 : 회수를 시작한 날부터 15일 이내

    ㉡ 나 등급 또는 다 등급 : 회수를 시작한 날부터 30일 이내

## 4. 위해 화장품의 폐기

① 회수한 화장품을 폐기하려는 경우 : 지방식품의약품안전청장에게 제출할 서류(폐기신청서에 회수계획서와 회수 확인서)

② 폐기확인서를 2년간 보관함

## 5. 회수 종료 후의 절차

① 지방식품의약품안전청장에게 제출 : 회수종료신고서

② 첨부 서류 2021 기출

- 회수확인서
- 폐기확인서(폐기한경우만 해당)
- 평가보고서

PART 01

PART 02

PART 03

PART 04

PART 05

PART 06

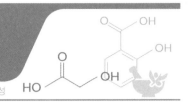

※ 문항 출처 : 식품의약품안전처 맞춤형화장품조제관리사 교수 · 학습 가이드('20.12.30.)

**01** 〈보기〉는 맞춤형화장품 조제관리사 A와 고객 B의 대화이다. 고객의 이야기를 듣고 나서 맞춤형화장품 조제관리사가 제시한 성분으로 옳은 것은?

┤ 보기 ├

고객 : 최근 광고에서 효능이 좋다고 하는 프리미엄급 화장품을 백화점에서 구매했어요. 그런데 아쉽게도 끈적임이 있고, 퍼짐성이 좋지 않습니다. 또한 가볍게 발라지질 않아서 불편함을 겪고 있고, 심지어 광택도 너무 없습니다. 다만, 동물성 원료는 피했으면 좋겠네요. 제게 추천할 만한 성분이 들어갈 맞춤형화장품을 조제해주실 수 있을까요?

조제관리사 : 고객님의 요구를 반영해서 동물성 원료가 아닌 성분으로 맞춤형화장품을 조제해 드리겠습니다.

① 라놀린(lanolin)
② 비즈왁스(beeswax)
③ 라다넘 오일(cistus ladaniferus oil)
④ 에뮤 오일(emu oil)
⑤ 밍크 오일(mink oil)

정답 | ③
해설 | 라놀린, 비즈왁스, 에뮤 오일, 밍크 오일은 동물성 성분이므로 라다넘 오일 성분을 제시하는 것이 바람직하다.

**02** 〈보기〉는 어떤 미백 기능성화장품의 전성분표시를 화장품법 제10조에 따른 기준에 맞게 표시한 것이다. 해당 제품은 식품의약품안전처에 자료 제출이 생략되는 기능성화장품 미백 고시 성분과 사용상의 제한이 필요한 원료를 최대 사용 한도로 제조하였다. 이때, 유추 가능한 녹차 추출물 함유 범위(%)는?

┤ 보기 ├

정제수, 사이클로펜타실록세인, 글리세린, 닥나무추출물, 소듐하이알루로네이트, 녹차추출물, 다이메티콘, 다이메티콘/비닐다이메티콘크로스폴리머, 세틸피이지/피피지 – 10/1다이메티콘, 올리브오일, 호호바오일, 토코페릴아세테이트, 페녹시에탄올, 스쿠알란, 솔비탄세스퀴올리에이트, 알란토인

① 7~10                    ② 5~7                    ③ 3~5
④ 1~2                     ⑤ 0.5~1

정답 | ④
해설 | 닥나무추출물의 최대 함량은 2%이다. 〈보기〉의 전성분표에서 녹차추출물은 닥나무추출물 보다 뒤에 있기 때문에 닥나무추출물보다 적게 함유되었음을 알 수 있다. 또한 사용상의 제한이 있는 원료인 페녹시에탄올의 최대 함량은 1%이다. 녹차추출물은 페녹시에탄올의 앞에 있기 때문에 1%보다 많이 사용되었음을 알 수 있다. 따라서 유추 가능한 녹차추출물의 함유 범위는 1~2% 사이이다.

**03** 피부결이 매끄럽지 못해 고민하는 고객에게 글라이콜릭애씨드(Glycolic Acid)를 5.0% 첨가한 필링에센스를 맞춤형 화장품으로 추천하였다. 〈보기 1〉은 맞춤형화장품의 전성분이며, 이를 참고하여 고객에게 설명해야 할 주의사항을 〈보기 2〉에서 <u>모두</u> 고른 것은?

─────┤ 보기 1 ├─────

정제수, 에탄올, 글라이콜릭애씨드, 피이지-60하이드로제네이티드캐스터오일, 버지니아풍년화수, 세테아레스-30, 1,2-헥산다이올, 부틸렌글라이콜, 파파야열매추출물, 로즈마리잎추출물, 살리실릭애씨드, 카보머, 트리에탄올아민, 알란토인, 판테놀, 향료

─────┤ 보기 2 ├─────

ㄱ. 화장품을 사용 시 또는 사용 후 직사광선에 의하여 사용부위가 붉은 반점, 부어오름 또는 가려움증 등의 이상 증상이나 부작용이 있는 경우 전문의 등과 상담할 것

ㄴ. 알갱이가 눈에 들어갔을 때에는 물로 씻어내고 이상이 있는 경우에는 전문의와 상담할 것

ㄷ. 햇빛에 대한 피부의 감수성을 증가시킬 수 있으므로 자외선차단제를 함께 사용할 것

ㄹ. 만 3세 이하 어린이에게는 사용하지 말 것

ㅁ. 사용 시 흡입하지 않도록 주의할 것

ㅂ. 신장 질환이 있는 사람은 사용 전에 의사, 약사, 한의사와 상의할 것

① ㄱ, ㄴ, ㅂ        ② ㄱ, ㄷ, ㄹ        ③ ㄴ, ㄷ, ㅂ

④ ㄷ, ㄹ, ㅁ        ⑤ ㄹ, ㅁ, ㅂ

정답 | ②

해설 | ㄱ. 일반적인 화장품 모두에 해당하는 주의사항으로 글라이콜릭애씨드 함유 제품에도 적용된다.

ㄷ. 글라이콜릭애씨드, 락틱애씨드 및 시트릭애씨드 등 알파-하이드록시애씨드($\alpha$-hydroxy acid, AHA) 함유 제품에 대한 주의사항이다.

ㄹ. 살리실릭애씨드 함유 제품의 주의사항이다.

ㄴ. 스크러브 세안제 사용상의 주의사항이다.

ㅁ. 스테아린산아연 함유 제품의 주의사항이다.

ㅂ. 알루미늄 및 그 염류 함유 제품의 주의사항이다.

**04** 화장품에 사용되는 원료의 특성에 대한 설명으로 옳은 것은?

① 금속이온봉쇄제는 주로 점도 증가, 피막 형성 등의 목적으로 사용된다.

② 계면활성제는 계면에 흡착하여 계면의 성질을 현저히 변화시키는 물질이다.

③ 고분자화합물은 원료 중에 혼입되어 있는 이온을 제거할 목적으로 사용된다.

④ 산화방지제는 수분의 증발을 억제하고 사용감촉을 향상시키는 등의 목적으로 사용된다.

⑤ 유성원료는 산화되기 쉬운 성분을 함유한 물질에 첨가하여 산패를 막을 목적으로 사용된다.

정답 | ②

해설 | ① 금속이온봉쇄제는 원료 중에 혼입되어 있는 이온을 제거할 목적으로 사용된다.

③ 고분자화합물은 주로 점도 증가, 피막 형성 등의 목적으로 사용된다.

④ 산화방지제는 산화되기 쉬운 성분을 함유한 물질에 첨가하여 산패를 막을 목적으로 사용된다.

⑤ 유성원료는 수분의 증발을 억제하고 사용감촉을 향상시키는 등의 목적으로 사용된다.

PART 01

PART 02

PART 03

PART 04

PART 05

PART 06

**05** 맞춤형화장품의 내용물 및 원료에 대한 품질검사결과를 확인해 볼 수 있는 서류로 옳은 것은?

① 품질규격서 　　　　　② 품질성적서 　　　　　③ 제조공정도

④ 포장지시서 　　　　　⑤ 칭량지시서

정답 | ②

해설 | 맞춤형화장품 판매업자가 맞춤형화장품의 내용물 및 원료 입고 시 화장품 책임판매업자가 제공하는 품질성적서를 구비하여야 하며, 원료 품질관리 여부를 확인할 때 품질성적서에 명시된 제조번호, 사용기한 등을 주의 깊게 검토하여야 한다.


**06** 〈보기〉에서 (　　　　) 안에 들어갈 말을 순서대로 쓰시오.

┤ 보기 ├

화장품 원료로 이용되는 계면활성제는 친수부의 종류에 따라 비이온성, 양이온성, 음이온성 및 양쪽성 계면활성제로 분류된다. 이러한 계면활성제 중에서 '세테아디모늄클로라이드(ceteardim – onium chloride)'는 모발에 대한 컨디셔닝 효과가 있어서 린스 등에 사용되는 원료로 ( ㉠ ) 계면활성제로 분류되며, 피부자극이 적어서 기초화장품에 자주 사용되는 소르비탄(sorbitan) 혹은 피이지(peg, polyethylene glycol) 계열의 원료는 ( ㉡ ) 계면활성제로 분류된다.

정답 | ㉠ 양이온, ㉡ 비이온

해설 | 모발은 음이온을 나타내어 양이온 계면활성제를 사용할 경우 모발 표면에 잔류하게 된다. 비이온은 전하를 나타내지 않지만, 물과 친한 성질(친수성)을 가진 기초화장품 제형을 제작할 때 많이 사용된다.


**07** 〈보기〉는 화장품법 시행규칙 제12조 제11호에 명시된 화장품 책임판매업자의 준수사항에 대한 내용이다. (　　　　) 안에 들어갈 해당 법률에서 기재된 용어를 한글로 쓰시오.

┤ 보기 ├

다음 각 목의 어느 하나에 해당하는 성분을 0.5퍼센트 이상 함유하는 제품의 경우에는 해당 품목의 안정성 시험 자료를 최종 제조된 제품의 사용기한이 만료되는 날부터 1년간 보존할 것

가. 레티놀(Retinol, 비타민 A) 및 그 유도체

나. 아스코빅애씨드(Ascorbic Acid, 비타민C) 및 그 유도체

다. ( ㉠ )

라. 과산화화합물

마. ( ㉡ )

정답 | ㉠ 토코페롤(비타민 E), ㉡ 효소

해설 | 화학적으로 불안정한 성분을 사용한 경우 사용기한 내 안정성을 확보하게 하기 위해 안정성 시험 자료를 확보해야 한다.

**08** 〈보기〉는 기능성화장품 심사에 관한 규정에 따라 자료제출이 면제되는 경우를 설명한 것이다. (     ) 안에 공통으로 들어갈 말을 쓰시오.

──────────┤ 보기 ├──────────

신규 기능성화장품 심사를 위해 자료를 제출할 때 유효성 또는 기능에 관한 자료 중 인체 적용 시험 자료를 제출하는 경우 (     )의 제출을 면제할 수 있다. 다만, 이 경우에는 (     )의 제출을 면제받은 성분에 대해서는 효능·효과를 기재·표시할 수 없다.

정답 | 효력 시험 자료
해설 | 기능성화장품의 기능을 입증하는 자료를 유효성 자료라고 한다. 인체 적용 시험 자료는 최종 제형을 가지고 인체에 대한 실험을 실시한다. 효력 시험은 주로 인체 외 실험을 진행한다.

**09** 〈보기〉에서 ㉠에 들어갈 용어를 기입하시오.

──────────┤ 보기 ├──────────

계면활성제의 종류 중 모발에 흡착하여 유연효과나 대전 방지 효과, 모발의 정전기 방지, 린스, 살균제, 손 소독제 등에 사용되는 것은 ( ㉠ ) 계면활성제이다.

정답 | 양이온
해설 | 계면활성제의 종류 중 양이온은 모발에 흡착하여 유연효과나 대전 방지에 효과적이다. 참고로 음이온 계면활성제는 주로 세정의 목적으로 사용되며, 비이온은 자극이 적어 화장품의 유화에 사용되고 유아용 세정제 등에 주로 쓰인다.

**10** 〈보기〉에서 맞춤형화장품 조제관리사가 올바르게 업무를 진행한 경우를 모두 고르시오.

──────────┤ 보기 ├──────────

ㄱ. 고객으로부터 선택된 맞춤형화장품을 맞춤형화장품 조제관리사가 매장 조제실에서 직접 조제하여 전달하였다.
ㄴ. 맞춤형화장품조제관리사는 썬크림을 조제하기 위하여 에틸헥실메톡시신나메이트를 10%로 배합, 조제하여 판매하였다.
ㄷ. 책임판매업자가 기능성화장품으로 심사 또는 보고를 완료한 제품을 맞춤형화장품조제관리사가 소분하여 판매하였다.
ㄹ. 맞춤형화장품 구매를 위하여 인터넷 주문을 진행한 고객에게 맞춤형화장품조제관리사는 전자상거래 담당자에게 직접 조제하여 제품을 배송까지 진행하도록 지시하였다.

정답 | ㄱ, ㄷ
해설 | ㄴ. 에틸헥실메톡시신나메이트는 자외선 차단기능의 사용상의 제한원료로 맞춤형 화장품 조제관리사가 배합할 수 없다.
ㄹ. 전자상거래 담당자가 조제하면 안 되며, 맞춤형화장품 조제관리사가 직접 수행해야 한다.

PART 01

PART 02

PART 03

PART 04

PART 05

PART 06

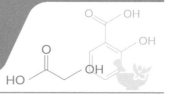

**01** 위해 화장품의 회수와 관련하여 회수 대상 화장품이라는 사실을 안 날부터 며칠 이내에 회수계획서를 지방식품의약안전처장에게 제출해야 하는가?

① 5일　　　　　　　　　② 15일　　　　　　　　　③ 30일
④ 6개월　　　　　　　　⑤ 1년

> **해설** 회수 대상 화장품의 회수계획서는 지방식품의약품안전처장에게 5일 이내에 제출해야 한다. 참고로 유해사례의 신속보고는 15일 이내에 하고 유해사례의 정기보고는 6개월마다 실시한다.

**02** 위해화장품의 회수와 관련하여 가 등급 화장품의 회수 기간은?

① 5일　　　　　　　　　② 15일　　　　　　　　　③ 30일
④ 6개월　　　　　　　　⑤ 1년

> **해설** 나, 다 등급 회수 기간은 30일 이내이며 가 등급은 15일 이내이다.

**03** 의약품으로 잘못 인식할 우려가 있는 내용, 제품의 명칭 및 효능·효과 등에 대해 표시한 경우 1차 위반의 행정처분 기준은?

① 해당 품목 판매 업무 정지 3개월
② 해당 품목 광고 업무 정지 3개월
③ 해당 품목 판매 업무 정지 2개월
④ 해당 품목 광고 업무 정지 2개월
⑤ 해당 품목 판매 업무 정지 1개월

> **해설** 표시·광고 위반에서 표시 위반은 판매 업무 정지이며, 광고 위반은 광고 업무 정지이다. 그중 의약품으로 잘못 인식하게 한 경우는 3개월에 해당하고, 표시 위반이기 때문에 판매 업무 정지에 해당한다.

**04** 다음 중 산화 염모제에서 사용 가능한 산화제와 거리가 먼 것은?

① 과산화수소　　　　　② 과탄산나트륨　　　　　③ p-페닐렌디아민
④ 과붕산나트륨　　　　⑤ 과붕산나트륨 1수화물

> **해설** p-페닐렌디아민은 중간체의 역할을 하며 산화제에 의해 산화된 후 다른 성분들과 결합하여 발색한다.

**정답** 01 ① 　 02 ② 　 03 ① 　 04 ③

**05** 의사 · 치과의사 · 한의사 · 약사 · 의료기관이 이를 지정 · 공인 · 추천 · 지도 · 연구 · 개발 또는 사용하고 있다는 내용이나 이를 암시하는 등의 광고를 한 경우 1차 위반의 행정처분 기준은?

① 해당 품목 판매 업무 정지 3개월

② 해당 품목 광고 업무 정지 3개월

③ 해당 품목 판매 업무 정지 2개월

④ 해당 품목 광고 업무 정지 2개월

⑤ 해당 품목 판매 업무 정지 1개월

해설 표시 · 광고 위반에서 표시 위반은 판매 업무 정지이며, 광고 위반은 광고 업무 정지이다. 그중 의사 · 치과의사 · 한의사 · 약사 · 의료
기관이 이를 지정 · 공인 · 추천 · 지도 · 연구 · 개발 또는 사용하고 있다는 내용이나 이를 암시하게 한 경우는 2개월에 해당하고, 광고
위반이기 때문에 광고 업무 정지에 해당한다.

**06** 계면활성제의 친수성 부위에 따른 분류 중 세정력과 기포형성력이 우수해 세정용 제품에 주로 쓰이는 계면활성제는?

① 음이온성 계면활성제      ② 양이온성 계면활성제      ③ 양쪽 이온성 계면활성제

④ 비이온성 계면활성제      ⑤ 친수성 계면활성제

해설 ③ 양쪽 이온성은 음이온성에 비해 자극이 적어 유아용 세정제에 주로 쓰인다.
④ 비이온성 계면활성제는 화장품 제조에 가장 많이 사용된다.

**07** 안료 중 마이카 혹은 탈크 등과 같이 색감과 광택, 사용감 등을 조절할 목적으로 사용하는 것은?

① 백색 안료      ② 착색 안료      ③ 체질 안료

④ 진주 광택 안료      ⑤ 채색 안료

해설 ① 백색 안료는 피부를 희게 나타내기 위해 사용된다.
② 착색 안료(벵가라, 울트라마린 등)는 색을 나타내기 위해서 사용된다.
④ 진주 광택 안료는 메탈릭한 광채를 나타내기 위해 사용된다.

**08** 유해성의 설명에 대해서 옳은 것을 〈보기〉에서 모두 고르시오.

┤ 보기 ├

ㄱ. 생식 · 발생 독성 : 자손 생성을 위한 기관의 능력 감소 및 개체의 발달과정에 부정적인 영향을 미침
ㄴ. 면역 독성 : 면역 장기에 손상을 주어 생체 방어기전 저해
ㄷ. 항원성 : 항원으로 작용하여 알러지 및 과민반응 유발
ㄹ. 유전 독성 : 장기간 투여 시 암(종양)의 발생
ㅁ. 발암성 : 유전자 및 염색체에 상해를 입힘

① ㄱ, ㄹ, ㅁ      ② ㄱ, ㄴ, ㄷ      ③ ㄱ, ㄷ, ㄹ

④ ㄴ, ㄷ, ㄹ      ⑤ ㄷ, ㅁ, ㄹ

해설 ㄹ. 유전 독성은 유전자 및 염색체에 상해를 입히는 것을 말한다.
ㅁ. 발암성은 장기간 투여 시 암(종양)이 발생하는 것을 말한다.

**09 화장품 표시·광고의 범위 및 준수사항과 거리가 먼 것은?**

① 용기·포장 또는 첨부문서에 의학적 효능·효과 등이 있는 것으로 오인될 우려가 있는 표시 또는 광고 금지
② 경쟁상품에 관한 비교 실험을 토대로 "최고" 또는 "최상" 등의 절대적 표현의 표시·광고는 가능
③ 기능성화장품이 아닌 것으로서 기능성화장품으로 오인될 우려가 있는 표시 또는 광고 금지
④ 의사·치과의사·한의사·약사가 이를 지정·공인·추천·지도 또는 사용하고 있다는 내용의 표시·광고 금지
⑤ 저속하거나 혐오감을 주는 표현을 한 표시·광고를 하지 말 것

해설 배타성을 띤 "최고" 또는 "최상" 등의 절대적 표현을 사용한 표시·광고를 해서는 안 된다.


**10 아래의 설명에 해당하는 유성성분은?**

- 실록산 결합(Si−O−Si)을 기본 구조로 갖는다.
- 끈적거림이 없고 사용감이 가볍다.

① 에스테르 오일(이소프포필 미리스테이트 등)
② 에뮤 오일
③ 실리콘 오일
④ 쉐어버터
⑤ 올리브 오일

해설 실리콘 오일은 유지류에 비해 산뜻한 사용감을 가지고 끈적임과 번들거림이 없어 화장품에 많이 사용되는 유성성분이다.
　　① 에스테르 오일 : 지방산과 알코올의 중합으로 이루어진 구조를 기본으로 하는 합성오일
　　② 에뮤 오일 : 동물에서 얻은 유지류로 상온에서 액체로 존재함
　　④ 쉐어버터 : 식물에서 얻은 유지류로 상온에서 고체로 존재함
　　⑤ 올리브 오일 : 식물에서 얻은 유지류로 상온에서 액체로 존재함


**11 다음 〈보기〉 중 맞춤형화장품 조제관리사가 올바르게 업무를 진행한 경우를 모두 고르시오.**

┤ 보기 ├

ㄱ. 고객으로부터 선택된 맞춤형화장품을 조제관리사가 매장 조제실에서 직접 조제하여 전달하였다
ㄴ. 조제관리사는 주름개선 제품을 조제하기 위하여 아데노신을 1%로 배합, 조제하여 판매하였다.
ㄷ. 조제제품의 보존기간 향상을 위해서 보존제를 1% 추가하여 제조하였다.
ㄹ. 제조된 화장품을 용기에 소분하여 판매하였다.

① ㄱ, ㄴ　　　　　　　　② ㄱ, ㄷ　　　　　　　　③ ㄱ, ㄹ
④ ㄴ, ㄷ　　　　　　　　⑤ ㄴ, ㄹ

해설 ㄴ. 아데노신은 식약청장이 고시한 주름개선 소재로 맞춤형화장품 조제에 쓸 수 없다.
　　ㄷ. 보존제는 사용상의 제한이 있는 원료이므로 혼합할 수 없다.

**12** 다음 피부의 수분 유지를 위해 사용되는 성분 중 성격이 <u>다른</u> 하나는?

① 글리세린        ② 히알루론산        ③ 에뮤 오일

④ 솔비톨        ⑤ 프로필렌글리콜

해설 에뮤 오일 등의 유성성분은 피부 표면에 유성막을 형성하여 수분의 증발을 억제한다(occlusive). 반면 수분과 친화력이 있는 수성성분은 수분과의 결합으로 수분의 증발을 억제한다(humectant).

**13** 화장품 전성분 표시제도의 표시 방법으로 옳지 <u>않은</u> 것은?

① 글자 크기 : 5포인트 이상

② 표시 순서 : 제조에 사용된 함량이 적은 순으로 기입

③ 순서 예외 : 1% 이하로 사용된 성분, 착향료, 착색제는 함량 순으로 기입하지 않아도 됨

④ 표시 제외 : 원료 자체에 이미 포함되어 있는 미량의 보존제 및 안정화제

⑤ 표시 제외 : 제조 과정에서 제거되어 최종 제품에 남아 있지 않은 성분

해설 표시 순서는 사용된 함량이 많은 순으로 기입해야 한다.

**14** 피부를 흑화시키는 최소의 UVA 에너지를 뜻하는 PA는 다음과 같이 정의된다. 빈칸에 들어갈 말로 적절한 것은?

| PA = 제품을 바른 후의 (     ) / 제품을 바르기 전의 (     ) |
| --- |

① MED        ② MPPD        ③ SPF

④ UVC        ⑤ 아보벤존

해설 MPPD는 최소 흑화량(Minimal Persistent Pigment Dosage)으로서 피부에 자외선을 조사할 때 멜라노사이트에 의해서 멜라닌이 형성되는 최소의 에너지를 뜻한다. PA(Protection Factor of UVA)는 피부의 흑화를 방지하는 정도를 나타내는 자외선 차단 수치이며 제품을 바른 후의 MPPD / 제품을 바르기 전의 MPPD로 나타낸다.

**15** 화장품과 관련하여 국민 보건에 직접 영향을 미칠 수 있는 안전성 · 유효성에 관한 새로운 자료, 유해 사례 정보를 뜻하는 것은?

① 실마리 정보        ② 안전성 정보        ③ 안정성 정보

④ 유해성 정보        ⑤ 위해도 정보

해설 ① 실마리 정보 : 유해사례와 화장품 간의 인과관계 가능성이 있다고 보고된 정보로서 그 인과관계가 알려지지 아니하거나 입증자료가 불충분한 것

정답   12 ③   13 ②   14 ②   15 ②

**16** 회수 대상 화장품에 해당하지 <u>않는</u> 것은?

① 사용기한 또는 개봉 후 사용기간을 위조 · 변조한 화장품
② 등록하지 아니한 자가 제조한 화장품 또는 제조 · 수입하여 유통 · 판매한 화장품
③ 신고하지 아니한 자가 판매한 맞춤형화장품
④ 맞춤형화장품 조제관리사를 두지 아니하고 판매한 맞춤형화장품
⑤ 소비자가 클레임을 제기한 화장품

**해설** ①~④는 회수 대상 위해등급 중 다 등급에 해당한다.

**17** 회수 대상 화장품 중 가장 위해성이 높은 등급에 해당하는 화장품은?

① 화장품에 사용할 수 없는 원료를 사용한 화장품
② 전부 또는 일부가 변패(變敗)된 화장품
③ 병원미생물에 오염된 화장품
④ 이물이 혼입되었거나 부착되어 보건위생상 위해가 발생할 우려가 있는 화장품
⑤ 사용기한 또는 개봉 후 사용기간을 위조 · 변조한 화장품

**해설** 가 등급(①)은 위해성이 가장 높은 것으로 취급된다. ②~⑤는 다 등급에 해당한다.

**18** 다음 〈보기〉에 해당하는 사용상의 주의사항에 해당하는 화장품의 유형은?

┤ 보기 ├

가. 눈에 들어갔을 때는 즉시 씻어낼 것
나. 사용 후 물로 씻어내지 않으면 탈모 또는 탈색의 원인이 될 수 있으므로 주의할 것

① 모발용 샴푸
② 퍼머넌트웨이브 제품 및 헤어스트레이트너 제품
③ 두발용, 두발염색용 및 눈 화장용 제품류
④ 미세한 알갱이가 함유되어 있는 스크러브세안제
⑤ 손 · 발의 피부연화 제품

**해설** 모발에 사용하고 씻어내는 방식의 제품에 적용되는 주의사항이다.

**19** 장기간 투여 시 암(종양)의 발생을 유발할 수 있는 위험성을 무엇이라 하는가?

① 생식 발생 독성　　　　　② 면역 독성　　　　　③ 항원성
④ 유전 독성　　　　　　　⑤ 발암성

**해설** 발암성에 대한 설명이며 참고로 위험성을 확인하는 과정은 위해도 평가의 가장 첫 번째 순서이다.
　　　① 생식 발생 독성 : 자손을 형성시키는 기관 및 태아의 발달 과정에 영향을 주는 독성
　　　② 면역 독성 : 면역기관에 손상을 주어 면역기능이 저하되는 독성
　　　③ 항원성 : 면역체계에 항원으로 작용하여 알러지 등의 면역과민반응을 일으키는 독성
　　　④ 유전 독성 : DNA 등의 유전체에 손상을 주는 독성

**정답** 　16 ⑤　17 ①　18 ①　19 ⑤

**20** 색을 나타내는 유기 분자 구조를 합성하여 제작한 것으로 자연에서 얻을 수 없는 다양한 색상을 구현할 수 있는 색재는?

① 착색안료　　　　　　　② 백색안료　　　　　　　③ 타르색소

④ 코치닐 색소　　　　　　⑤ 진주광택 안료

해설　타르색소는 석유에서 분리된 성분을 기반으로 만들어진다.

**21** 다음의 원료 중 물과의 친화력을 통해 피부에 수분을 잡아주는 보습제에 해당하는 것은?

① 카보머　　　　　　　　② 글리세린　　　　　　　③ 실리콘 오일

④ 올리브 오일　　　　　　⑤ 양이온계 계면활성제

해설　글리세린은 피부에 수분을 잡아주는 보습제의 원료로 가장 많이 사용되는 원료이다.
　　　① 카보머는 고분자의 일종으로 제형의 점도를 향상시킨다.
　　　③, ④ 실리콘 오일과 올리브 오일은 피부에 유막을 형성시키는 작용을 하고 수분과의 친화력은 없다.
　　　⑤ 양이온계 계면활성제는 모발표면에 결합하여 정전기 등을 방지하는 작용을 한다.

**22** 샴푸에 알러지 유발 가능성이 있는 향료 성분이 들어갔을 때, 몇 %를 초과한 경우에 표시해야 하는가?

① 1%　　　　　　　　　② 0.1%　　　　　　　　③ 0.01%

④ 0.001%　　　　　　　⑤ 0.0001%

해설　샴푸는 사용 후 세척되는 제품으로 분류되므로 0.01%를 초과하여 함유했을 때 표시해야 한다.

**23** 다음 중 사용상의 제한이 있는 향료 성분은?

① 나무이끼추출물　　　　② 참나무이끼추출물　　　③ 리모넨

④ 헥실신남알　　　　　　⑤ 머스크자일렌

해설　머스크 동물 향을 모사하기 위해 화학적으로 합성한 향료는 사용상의 제한이 있는 원료에 해당한다. 또한 향료 성분에는 알러지 유발 가능성으로 표시해야 하는 25종의 성분이 있다.

**24** 자외선 차단 성분과 그 최대 함량으로 옳은 것은?

① 에칠헥실메톡시신나메이트 : 1%

② 페녹시에탄올 : 1%

③ 옥토크릴렌 : 10%

④ 레티놀 : 1%

⑤ 세틸에틸헥사노에이트 : 5%

해설　보존제와 자외선 차단제 및 일반 소재의 구분이 필요하다.
　　　① 에칠헥실메톡시신나메이트의 경우 7.5%가 최대 함량이다.
　　　② 페녹시에탄올은 보존성분이다.
　　　④ 레티놀은 주름개선 기능성 고시성분이다.
　　　⑤ 세틸에틸헥사노에이트는 에스터오일로서 기본적으로 사용되는 유성성분으로 제한이 없다.

정답　20 ③　21 ②　22 ③　23 ⑤　24 ③

**25** 위해도의 평가를 위한 데이터로 하루 동안 화장품을 사용했을 때 흡수되어 전신에 걸쳐 작용되는 양을 뜻하는 것은?

① SED ② NOAEL ③ MOS
④ Retension Factor ⑤ Adverse Event

해설 SED에 대한 설명으로 Systemic Exposure Dosage의 약자이다.
⑤ Adverse Event는 중대한 유해사례를 의미한다.


**26** 화장품 책임판매업자의 안전관리 정보에서 정기보고의 보고 주기는?

① 15일 ② 1개월 ③ 3개월
④ 6개월 ⑤ 1년

해설 신속보고에 해당하지 않는 사항은 정기보고에 해당하며 6개월을 주기로 보고한다. 참고로 신속보고는 15일 이내에 보고한다.


**27** 자외선 차단 성분과 그 최대 사용 한도로 옳은 것은?

① 에칠헥실메톡시신나메이트 : 7.5 %
② 아데노신 : 1%
③ 페녹시에탄올 : 1%
④ 옥토크릴렌 : 5%
⑤ 알파비사보롤 : 5%

해설 자외선 차단제의 종류별로 사용한도가 규정되어 있다.
② 아네노신은 주름개선 기능성 고시성분이다.
③ 페녹시에탄올은 보존성분이다.
④ 옥토크릴렌은 자외선 차단 성분이나 제한 함량은 5%가 아니라 10%이다.
⑤ 알파비사보롤은 미백 기능성 고시성분이다.


**28** 방부제 성분과 그 최대 사용 한도로 옳은 것은?

① 글루타랄 : 0.1% ② 아데노신 : 1% ③ 나이아신아마이드 : 1%
④ 옥토크릴렌 : 5% ⑤ 알파비사보롤 : 5%

해설 기능성 고시원료에 해당하는 원료명과 구분이 필요하다.
② 아네노신은 주름개선 기능성 고시성분이다.
③ 나이아신아마이드는 미백 기능성 고시 원료이고 함량은 2~5%이다.
④ 옥토크릴렌은 자외선 차단 성분이며 제한 함량은 10%이다.
⑤ 알파비사보롤은 미백 기능성 고시성분이다.


**29** 자외선의 파장 중 일광화상을 유발하여 홍반을 발생시키는 역할을 하는 파장대는?

① 400~500nm ② 310~400nm ③ 280~310nm
④ 240~280nm ⑤ 210~240nm

해설 UVB(280~310nm)의 영역에 해당하는 자외선으로 SPF의 지수를 산출하는 데 사용된다.


정답 25 ① 26 ④ 27 ① 28 ① 29 ③

**30** 다음 광고 문구의 밑줄 친 부분에서, 금지된 표현의 수 ( ㉠ )개 및 실증이 필요한 표현의 수 ( ㉡ )개는 몇 개인지 바르게 연결된 것은?

> [광고]
> 이 로션은 A 아토피 협회의 추천을 받은 제품으로 명현현상이 있을 수 있으나 안심하고 사용 가능합니다. 피부의 세포성장을 촉진하고, 피부장벽손상에 개선에 도움을 줍니다(무 벤조피렌).

|   | ㉠ | ㉡ |
|---|---|---|
| ① | 5 | 0 |
| ② | 4 | 1 |
| ③ | 3 | 2 |
| ④ | 2 | 3 |
| ⑤ | 1 | 4 |

**해설** 금지표현으로 아토피의 추천, 명현현상이 있을 수 있으나, 피부의 세포성장, 무 벤조피렌이 있고, 실증대상은 피부장벽손상에 개선에 도움이므로 ㉠은 4개, ㉡은 1개이다.

**31** 다음의 전성분 표에서 비즈왁스의 함량이 될 수 있는 것은? (단, 사용상의 제한이 있는 원료 및 기능성 고시원료는 최대함량을 사용하였다.)

> [전성분]
> 정제수, 비즈왁스, 에칠헥실메톡시신나메이트, 비즈왁스, 닥나무 추출물

① 10%　　　　　② 8%　　　　　③ 3%

④ 1.5%　　　　　⑤ 0.4%

**해설** 전성분 표는 함량이 높은 순으로 기재한다. 이때 에칠헥실메톡시신나메이트는 7.5%, 닥나무추출물은 2%가 최대함량이다. 따라서 비즈왁스는 7.5% 이하 2% 초과로 배합될 수 있다. 이 사이에 있는 것은 3%가 유일하다.

**32** 다음 중 입술에 사용하는 제품에는 쓸 수 없는 원료로 연결된 것은?

① 살리실릭애씨드 – 아이오도프로피닐부틸카바메이트
② 에칠라우로일알지네이트하이드로클로라이드 – 아이오도프로피닐부틸카바메이트
③ 아이오도프로피닐부틸카바메이트 – 헥사미딘
④ 벤제토늄클로라이드 – 헥사미딘
⑤ 트리클로카반 – 에칠라우로일알지네이트하이드로클로라이드

**해설** 에칠라우로일알지네이트하이드로클로라이드는 입술에 사용되는 제품 및 에어로졸 스프레이 사용 금지이고, 아이오도프로피닐부틸카바메이트도 입술에 사용되는 제품, 에어로졸제품, 바디로션 및 바디크림에는 사용이 금지된 원료이다.

정답　30 ②　31 ③　32 ②

**33** 다음의 사용상의 주의사항에 들어갈 적절한 것을 기입하시오.

| 대상 성분 | 주의사항 |
|---|---|
| 스테아린산아연 함유 제품 | 사용 시 (          )되지 않도록 주의할 것 |

해설 기초화장용 제품류 중 파우더 제품에 한하여, 호흡기로 흡입하지 않도록 주의를 해야 한다.

**34** 화장품을 회수하거나 회수하는 데에 필요한 조치를 하려는 영업자는 아래의 사항이 포함된 (          )을/를 지방식품의약품안전청장에게 제출해야 한다.

- 해당 품목의 제조 · 수입기록서 사본
- 판매처별 판매량 · 판매일 등의 기록
- 회수 사유를 적은 서류

해설 영업자는 해당 화장품에 대하여 즉시 판매 중지 등의 필요한 조치를 취하고, 지방식품의약품안전청장에게 회수계획서를 5일 이내에 제출해야 한다.

**35** 염모의 방식 중 작은 크기의 중간체와 전구체가 모발에 들어간 뒤 산화제에 의해서 색을 만드는 성분이 생성되는 방식으로서 색상이 오래 지속되는 염모 방식을 (          ) 염모라고 한다.

해설 과산화수소 등의 산화제에 의해서 중간체와 전구체가 결합하여 색상을 형성한다. 산성 염모 방식에 비해 효과가 오래 지속되어 영구 염모라고도 한다.

**36** 다음 〈보기〉에서 ㉠에 들어가기 적합한 용어를 작성하시오.

┤ 보기 ├

( ㉠ )(이)란 화장품의 사용 중 발생한 바람직하지 않고 의도되지 아니한 징후 중 '사망을 초래하거나 생명을 위협하는 경우', '입원 또는 입원기간의 연장이 필요한 경우', '지속적 또는 중대한 불구나 기능저하를 초래하는 경우', '선천적 기형 또는 이상을 초래하는 경우'에 해당한다.

**37** 위해평가를 위한 요소들의 명칭을 기입하시오.

- 유해 작용이 관찰되지 않는 최대 투여량 : 최대무독성량
- ( ㉠ ) : 하루에 화장품을 사용할 때 흡수되어 혈류로 들어가서 전신적으로 작용할 것으로 예상하는 양
- ( ㉡ ) : 최대무독성량 대비 ( ㉠ )의 비율로, 숫자가 커질수록 위험한 농도 대비 ( ㉠ )이 작아 안전하다고 판단함
- ( ㉡ ) = 최대무독성량 / ( ㉠ )

해설 '안전역 = 최대무독성량/전신노출량'으로 정의되고, 안전역이 100 이상인 경우 위해하지 않다고 판단한다.

정답 **33** 흡입 **34** 회수계획서 **35** 산화 **36** 중대한 유해 사례 **37** ㉠ 전신노출량 ㉡ 안전역

**38** 전성분 표시제도에서 향을 나타내는 성분인 착향제는 개별 성분명 대신 다른 명칭을 기입할 수 있다. 이때 무엇이라고 기입하는가?

**39** 화장품의 안료에 대한 다음 설명 중 빈칸에 들어갈 말로 옳은 것은?

> • 백색 안료 : 피부를 희게 표현하는 기능의 안료
> • 착색 안료 : 피부에 색을 부여하는 데 사용되는 안료
> • (      ) 안료 : 제형을 구성하여, 희석제로서의 역할, 색감과 광택, 사용감 등을 조절할 목적으로 사용되는 안료

해설 마이카, 탈크 등의 예시가 있다.

**40** 위해성 평가의 단계 중 "독성실험 및 역학연구 등 문헌을 통해 화학적·미생물적·물리적 위해요인의 유해성, 독성 및 그 정도와 영향 등을 파악하고 확인하는 과정"을 (      ) 확인이라고 한다.

해설 어떤 유해물질이 어떠한 독성(예 간 독성 등)을 가지는지 확인하는 과정이다.

**41** 화장품 제조에 사용된 모든 물질을 화장품 용기 및 포장에 한글로 표시하는 제도를 뜻하는 것은?

해설 소비자의 알 권리를 보장하고 부작용 발생 시 원인 규명을 용이하게 하는 것이 목적이다.

PART 01

PART 02

PART 03

PART 04

PART 05

PART 06

정답 38 향료  39 체질  40 위험성  41 화장품 전성분 표시 제도

PART

# 03

# 유통화장품의 안전관리

**CHAPTER 01 우수화장품 제조 및 품질관리 기준(CGMP)**

**개념톡톡**

GMP는 품질이 고도화된 우수식품·의약품을 제조하기 위한 여러 요건을 구체화한 것으로 원료의 입고에서부터 출고에 이르기까지 품질관리의 전반에 지켜야 할 규범이다.

## 1. GMP의 정의 및 종류 표준교재 158~159p

① 정의
  ㉠ 좋은 제품(Good)을 제조(Manufacturing)하기 위한 실행 규정(Practice)
  ㉡ 품질이 보장된 우수한 제품을 제조·공급하기 위하여 제조소의 구조·설비를 규정(Hardware)
  ㉢ 원자재의 구입부터 제조·포장 등 모든 공정관리와 출하에 이르기까지 제조 및 품질관리 전반에 걸쳐 지켜야 할 사항을 규정(Software)

② 기원 : 탈리노마드라는 입덧 치료제에 의한 기형아 사건을 계기로 안전한 제품이 제조되기 위한 시스템을 구축함

③ 종류 : 의약품에서 시작하여 다양한 분야로 확대됨
  ㉠ 우수화장품 제조 및 품질관리 기준(Cosmetic GMP, CGMP)
  ㉡ 우수의약품 제조 및 품질관리 기준(current GMP, cGMP)

④ 목적
  ㉠ 소비자 보호
  ㉡ 제품의 품질 보증

⑤ GMP 3대 요소
  ㉠ 인위적 과오의 최소화
  ㉡ 미생물 및 교차오염으로 인한 품질 저하 방지
  ㉢ 고도의 품질 관리 체계 확립

## 2. 문서화(4대 기준서)

① 목적 : GMP 활동을 정확하게 실시하는 것
② 원칙 : 화장품 제조의 모든 것을 문서에 남기고 문서화된 증거만 믿음

③ 종류

    ㉠ 제품표준서 : 해당 품목의 모든 정보를 포함

    ㉡ 제조관리기준서 : 제조 과정에 착오가 없도록 규정

    ㉢ 품질관리기준서 : 품질 관련 시험사항 규정

    ㉣ 제조위생관리기준서 : 작업소 내 위생관리를 규정

PART 01
PART 02
PART 03
PART 04
PART 05
PART 06

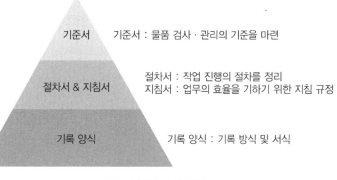

‖ CGMP 관련 문서 체계 ‖

‖ CGMP 4대 기준서 ‖

## 3. 법적 근거

① **국내** : 우수화장품 제조관리 기준을 제조업자에게 "권장"할 수 있으나 법적 의무는 없음

② **유럽** : 의무사항

③ **미국, 일본, 중국** : 법적 의무는 아님

## 4. 근거 문헌

① **근거** : 식약처에서 제작한 "우수화장품 제조 및 품질관리 기준(CGMP) 해설서"

② **주요 내용**

    ㉠ 인적 자원 : 인적 구성 및 구성원의 책임과 위생 규정

개념톡톡 👆

- 제품표준서 : 제품명, 효능 · 효과, 원료명, 제조지시서 등
- 제조관리기준서 : 제조공정에 관한 사항, 시설 및 기구관리에 대한 사항, 원자재관리에 관한 사항, 완제품관리에 대한 사항 등
- 품질관리기준서 : 시험지시서, 시험검체 채취 방법 및 주의사항, 표준품 및 시약관리 등
- 제조위생관리기준서 : 작업원 수세, 소독법, 복장의 규격, 청소 등

합격콕콕 🐝

우수화장품 제조 및 품질관리 기준(CGMP)에 대한 해설서는 식품의약품안전처 홈페이지(www.mfds.go.kr)에서 확인할 수 있다.

ⓛ 시설 : 시설의 구축과 시설의 운영 측면 규정

ⓒ 품질관리 : 원료 및 제품의 검사 및 폐기처리 등을 규정

## 5. 주요 용어의 정의 2020 기출

1) "제조"란 원료 물질의 칭량부터 혼합, 충전(1차 포장), 2차 포장 및 표시 등의 일련의 작업을 말한다.
2) "품질보증"이란 제품이 적합 판정 기준에 충족될 것이라는 신뢰를 제공하는 데 필수적인 모든 계획되고 체계적인 활동을 말한다.
3) "일탈"이란 제조 또는 품질관리 활동 등의 미리 정하여진 기준을 벗어나 이루어진 행위를 말한다.
4) "기준일탈(out-of-specification)"이란 규정된 합격 판정 기준에 일치하지 않는 검사, 측정 또는 시험결과를 말한다.
5) "원료"란 벌크 제품의 제조에 투입하거나 포함되는 물질을 말한다.
6) "원자재"란 화장품 원료 및 자재를 말한다.
7) "불만"이란 제품이 규정된 적합판정기준을 충족시키지 못한다고 주장하는 외부 정보를 말한다.
8) "회수"란 판매한 제품 가운데 품질 결함이나 안전성 문제 등으로 나타난 제조번호의 제품(필요 시 여타 제조번호 포함)을 제조소로 거두어들이는 활동을 말한다.
9) "오염"이란 제품에서 화학적, 물리적, 미생물학적 문제 또는 이들이 조합되어 나타내는 바람직하지 않은 문제의 발생을 말한다.
10) "청소"란 화학적인 방법, 기계적인 방법, 온도, 적용시간과 이러한 복합된 요인에 의해 청정도를 유지하고 일반적으로 표면에서 눈에 보이는 먼지를 분리, 제거하여 외관을 유지하는 모든 작업을 말한다.
11) "유지관리"란 적절한 작업 환경에서 건물과 설비가 유지되도록 정기적·비정기적인 지원 및 검증 작업을 말한다.
12) "주요 설비"란 제조 및 품질 관련 문서에 명기된 설비로 제품의 품질에 영향을 미치는 필수적인 설비를 말한다.
13) "교정"이란 규정된 조건 하에서 측정기기나 측정 시스템에 의해 표시되는 값과 표준기기의 참값을 비교하여 이들의 오차가 허용범위 내에 있음을 확인하고, 허용범위를 벗어나는 경우 허용범위 내에 들도록 조정하는 것을 말한다.
14) "제조번호" 또는 "뱃치번호"란 일정한 제조단위분에 대하여 제조관리 및 출하에 관한 모든 사항을 확인할 수 있도록 표시된 번호로서 숫자·문자·기호 또는 이들의 특정적인 조합을 말한다.
15) "반제품"이란 제조공정 단계에 있는 것으로서 필요한 제조공정을 더 거쳐야 벌크 제품이 되는 것을 말한다.
16) "벌크 제품"이란 충전(1차 포장) 이전의 제조 단계까지 끝낸 제품을 말한다. 2019 기출
17) "제조단위" 또는 "뱃치"란 하나의 공정이나 일련의 공정으로 제조되어 균질성을 갖는 화장품의 일정한 분량을 말한다.
18) "완제품"이란 출하를 위해 제품의 포장 및 첨부문서의 표시공정 등을 포함한 모든 제조공정이 완료된 화장품을 말한다.
19) "재작업"이란 적합판정기준을 벗어난 완제품, 벌크 제품 또는 반제품을 재처리하여 품질이 적합한 범위에 들어오도록 하는 작업을 말한다.
20) "포장재"란 화장품의 포장에 사용되는 모든 재료를 말하며 운송을 위해 사용되는 외부 포장재는 제외한 것이다. 제품과 직접적으로 접촉하는지 여부에 따라 1차 또는 2차 포장재라고 말한다. 2019 기출
21) "적합판정기준"이란 시험 결과의 적합 판정을 위한 수적인 제한, 범위 또는 기타 적절한 측정법을 말한다.

개념톡톡 💡

(     )은/는 판매한 제품 가운데 안전성 문제가 발생하여 다시 제조소로 거두어들이는 것을 말한다.
답 : 회수

개념톡톡 💡

(     )은/는 적합판정기준을 벗어난 완제품을 재처리하여 품질이 적합한 범위에 들어오도록 하는 작업을 말한다.
답 : 재작업

22) "소모품"이란 청소, 위생 처리 또는 유지 작업 동안에 사용되는 물품(세척제, 윤활제 등)을 말한다.
23) "관리"란 적합판정기준을 충족시키는 검증을 말한다.
24) "제조소"란 화장품을 제조하기 위한 장소를 말한다.
25) "건물"이란 제품, 원료 및 포장재의 수령, 보관, 제조, 관리 및 출하를 위해 사용되는 물리적 장소, 건축물 및 보조 건축물을 말한다.
26) "위생관리"란 대상물의 표면에 있는 바람직하지 못한 미생물 등 오염물을 감소시키기 위해 시행되는 작업을 말한다.
27) "출하"란 주문 준비와 관련된 일련의 작업과 운송 수단에 적재하는 활동으로 제조소 외로 제품을 운반하는 것을 말한다.

PART 01

PART 02

PART 03

PART 04

PART 05

PART 06

CHAPTER
## 02 작업장 위생관리

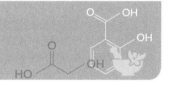

**학습목표**

• 작업장의 위생기준에 대해서 설명할 수 있다.
• 청결한 작업장의 위생 상태를 식별하고, 위생의 유지 · 관리 방법을 설명할 수 있다.
• 작업장의 위생 기준에 따라 청결한 작업장의 상태를 구현 · 유지 · 관리할 수 있다.
• 작업장의 위생 유지를 위한 세제의 종류와 세정 방법에 대해 설명할 수 있다.
• 작업장의 소독을 위한 소독제의 종류와 소독 방법을 설명할 수 있다.

---

TOPIC **01** 작업장의 위생 기준 표준교재 160~164p

## 1. 건물에 대한 규정

① 건물은 다음과 같이 위치, 설계, 건축 및 이용되어야 함
  ㉠ 제품이 보호되도록 할 것
  ㉡ 청소가 용이하도록 하고 필요한 경우 위생관리 및 유지관리가 가능하도록 할 것
  ㉢ 제품, 원료 및 포장재 등의 혼동이 없도록 할 것

② 건물은 제품의 제형, 현재 상황 및 청소 등을 고려하여 설계하여야 함

## 2. 시설에 대한 규정

① 작업소는 다음에 적합하여야 함
  ㉠ 제조하는 화장품의 종류 · 제형에 따라 적절히 구획 · 구분되어 있어 교차오염 우려가 없을 것
  ㉡ 바닥, 벽, 천장은 가능한 청소하기 쉽게 매끄러운 표면을 지니고 소독제 등의 부식성에 저항력이 있을 것
  ㉢ 환기가 잘되고 청결할 것
  ㉣ 외부와 연결된 창문은 가능한 열리지 않도록 할 것

**개념톡톡** ✋

**작업소 시설 기준**
• 구획, 구분 : 교차오염 방지
• 매끄러운 표면 : 부식저항
• 환기 : 창문 열지 않도록
• 접근 쉬운 화장실 : 생산구역과 분리
• 적절한 조명
• 입증된 세척, 소독제
• 품질에 영향 없는 소모품

ⓜ 작업소 내의 외관 표면은 가능한 매끄럽게 설계하고, 청소, 소독제의 부식성에 저항력이 있을 것

ⓑ 수세실과 화장실은 접근이 쉬워야 하나 생산구역과 분리되어 있을 것

ⓢ 작업소 전체에 적절한 조명을 설치하고, 조명이 파손될 경우를 대비하여 제품을 보호할 수 있는 처리 절차를 마련할 것

ⓞ 제품의 오염을 방지하고 적절한 온도 및 습도를 유지할 수 있는 공기조화시설 등 적절한 환기시설을 갖출 것

ⓩ 각 제조구역별 청소 및 위생관리 절차에 따라 효능이 입증된 세척제 및 소독제를 사용할 것

ⓒ 제품의 품질에 영향을 주지 않는 소모품을 사용할 것

② 제조 및 품질관리에 필요한 설비 등은 다음에 적합하여야 함

　ⓐ 사용목적에 적합하고 청소가 가능하며, 필요한 경우 위생 · 유지관리가 가능하여야 함. 자동화시스템을 도입한 경우도 또한 같음

　ⓑ 사용하지 않는 연결 호스와 부속품은 청소 등 위생관리를 하며, 건조한 상태로 유지하고 먼지, 얼룩 또는 다른 오염으로부터 보호할 것

　ⓒ 설비 등은 제품의 오염을 방지하고 배수가 용이하도록 설계 · 설치하며, 제품 및 청소 소독제와 화학반응을 일으키지 않을 것

　ⓓ 설비 등의 위치는 원자재나 직원의 이동으로 인하여 제품의 품질에 영향을 주지 않도록 할 것

　ⓔ 용기는 먼지나 수분으로부터 내용물을 보호할 수 있을 것

　ⓕ 제품과 설비가 오염되지 않도록 배관 및 배수관을 설치하며, 배수관은 역류되지 않아야 하고, 청결을 유지할 것

　ⓖ 천장 주위의 대들보, 파이프, 덕트 등은 가급적 노출되지 않도록 설계하고, 파이프는 받침대 등으로 고정하고 벽에 닿지 않게 하여 청소가 용이하도록 설계할 것

　ⓗ 시설 및 기구에 사용되는 소모품은 제품의 품질에 영향을 주지 않도록 할 것

## 3. 공기 조절의 세부 규정

① **정의** : 공기의 온도, 습도, 공중미립자, 풍량, 풍향, 기류의 전부 또는 일부를 자동적으로 제어하는 일

② **목적** : 온도 및 습도 유지, 제품의 오염 방지

PART 01

PART 02

PART 03

PART 04

PART 05

PART 06

**개념톡톡** 👆

**소모품**
청소, 위생 처리 또는 유지 작업 동안에 사용되는 물품으로 세척제, 윤활제 등이 있다.

③ 공기 조절의 4대 요소 2020 기출

| 구분 | 4대 요소 | 대응 설비 |
|---|---|---|
| 1 | 청정도 | 공기정화기 |
| 2 | 실내 온도 | 열교환기 |
| 3 | 습도 | 가습기 |
| 4 | 기류 | 송풍기 |

④ 청정도 등급
  ㉠ 구조 조건 및 관리 기준에 따라 등급이 분류됨 : 1~4등급
  ㉡ 화장품 원료와 내용물이 노출되는 제조실과 충전실 등은 2등급으로 관리
  ㉢ 청정도 등급에 따른 구조 조건 및 관리 기준 2021 기출

| 청정도 등급 | 대상 시설 | 해당 작업실 | 청정공기 순환 | 구조 조건 | 관리 기준 (환경모니터링) | 작업 복장 |
|---|---|---|---|---|---|---|
| 1 | 청정도 엄격 관리 | Clean bench | 20회/hr 이상 또는 차압 관리 | Pre－filter, Med－filter, HEPA－filter, Clean bench/booth, 온도 조절 | 낙하균 10개/hr 또는 부유균 20개/m$^3$ | 작업복, 작업모, 작업화 |
| 2 | 화장품 내용물이 노출되는 작업실 | 제조실, 성형실, 충전실, 내용물보관소, 원료 청정실, 미생물시험실 | 10회/hr 이상 또는 차압 관리 | Pre－filter, Med－filter (필요 시 HEPA－filter), 분진발생실 주변 양압 · 제진 시설 | 낙하균 30개/hr 또는 부유균 200개/m$^3$ | 작업복, 작업모, 작업화 |
| 3 | 화장품 내용물이 노출되지 않는 곳 | 포장실 | 차압 관리 | Pre－filter, 온도 조절 | 갱의, 포장재의 외부 청소 후 반입 | 작업복, 작업모, 작업화 |
| 4 | 일반 작업실 (내용물 완전폐색) | 포장재보관소, 완제품보관소, 관리품보관소, 원료보관소, 갱의실, 일반시험실 | 환기 장치 | 환기(온도 조절) | － | － |

⑤ 필터의 종류와 규정
  ㉠ 필터를 통해 외기를 순환시키고 도입함
  ㉡ 정해진 기능을 검사하여 관리 및 보수를 해야 함
  ㉢ 필요한 경우 교체

② 필터의 종류와 기능

| P/F | PRE Filter(세척 후 3~4회 재사용)<br>• Medium Filter 전처리용<br>• Media : Glass Fiber, 부직포<br>• 압력손실 : 9mmAq 이하<br>• 필터입자 : 5$\mu$m |
|---|---|
| M/F | Medium Filter<br>• Media : Glass Fiber<br>• HEPA Filer 전처리용<br>• B/D 공기정화, 산업공장 등에 사용<br>• 압력손실 : 16mmAq 이하<br>• 필터입자 : 0.5$\mu$m |
| H/F | HEPA(High Efficiency Particulate) Filter<br>• 0.3$\mu$m의 분진 99.97% 제거<br>• Media : Glass Fiber<br>• 반도체공장, 병원, 의약품, 식품산업에 사용<br>• 압력손실 : 24mmAq 이하<br>• 필터입자 : 0.3$\mu$m |

⑩ 필터의 형태 및 특징

| 구분 | Pre filter | Pre bag filter | Medium filter | Medium bag filter | HEPA filter | |
|---|---|---|---|---|---|---|
| 사진 | | | | | | |
| 특징 | • HEPA, Medium 등의 전처리용<br>• 대기 중 먼지 등 인체에 해를 미치는 미립재(10~30$\mu$m)를 제거<br>• 압력손실이 낮고 고효율로 Dust 포집량이 큼<br>• 물 또는 세제로 세척하여 사용 가능하므로 경제적(재사용 2~3회)<br>• 두께 조정과 재단이 용이하여 교환 또는 취급이 쉬움<br>• Bag type은 처리용량을 4배 이상 높일 수 있음 | • 포집효율 95%를 보증하는 중고성능 Filter<br>• Clean Room, 정밀기계 공업 등에 있어 Hepa Filter 전처리용<br>• 공기정화, 산업공장 등에 있어 최종 Filter로 사용<br>• Frame은 P/Board or G/Steel 등으로 제작되어 견고함<br>• Bag type은 먼지 보유 용량이 크고 수명이 긺<br>• Bag type은 포집효율이 높고 압력 손실이 적음 | | | • 사용온도 최고 250℃에서 0.3$\mu$m입자들 99.97% 이상 포집<br>• 포집 성능을 장시간 유지할 수 있는 Filter<br>• 필름, 의약품 등의 제조 Line에 사용<br>• 반도체, 의약품 Clean Oven에 사용 | |

⑥ 차압

ㄱ 원리 : 등급이 낮은 작업실의 공기가 높은 등급으로 흐르지 못하게 함

ㄴ 실압 높은 순서 : 2급지 → 3급지 → 4급지

ㄷ 분진 및 악취 발생 시설 : 해당 작업실을 음압으로 관리, 오염방지책 마련

## TOPIC 02 작업장의 위생 상태 표준교재 160~163p

① 곤충, 해충이나 쥐를 막을 수 있는 대책을 마련하고 정기적으로 점검 · 확인
② 제조, 관리 및 보관 구역 내의 바닥, 벽, 천장 및 창문은 항상 청결하게 유지
③ 제조시설이나 설비의 세척에 사용되는 세제 또는 소독제는 효능이 입증된 것
   을 사용하고, 잔류하거나 적용하는 표면에 이상을 초래하지 아니하여야 함
④ 제조시설이나 설비는 적절한 방법으로 청소하여야 하며, 필요한 경우 위생
   관리 프로그램을 운영

## TOPIC 03 작업장의 위생 유지관리 활동 표준교재 165~167p

개념톡톡 🤔

유지관리의 주요사항
• 예방적 실시
• 설비마다 절차서 작성(유지기준 포함)
• 연간계획을 가지고 실행
• 책임 내용이 명확해야 함

### 1. 작업소의 위생 유지 원칙

① 건물, 시설 및 주요 설비는 정기적으로 점검하여 화장품의 제조 및 품질
   관리에 지장이 없도록 유지 · 관리 · 기록하여야 함
② 결함 발생 및 정비 중인 설비는 적절한 방법으로 표시하고, 고장 등 사용
   이 불가할 경우 표시하여야 함
③ 세척한 설비는 다음 사용 시까지 오염되지 아니하도록 관리하여야 함
④ 모든 제조 관련 설비는 승인된 자만이 접근 · 사용하여야 함
⑤ 제품의 품질에 영향을 줄 수 있는 검사 · 측정 · 시험장비 및 자동화장치
   는 계획을 수립하여 정기적으로 교정 및 성능점검을 하고 기록해야 함
⑥ 유지관리 작업이 제품의 품질에 영향을 주어서는 안 됨

### 2. 방충 · 방서 세부 대책

① 원칙
   ㉠ 벌레가 좋아하는 것을 제거
   ㉡ 빛이 밖으로 새어나가지 않게 할 것
   ㉢ 조사 및 구제

② 대책의 구체적인 예
   ㉠ 벽, 천장, 창문, 파이프 구멍에 틈이 없도록 함
   ㉡ 개방할 수 있는 창문을 만들지 않음
   ㉢ 창문은 차광하고 야간에 빛이 밖으로 새어나가지 않게 함
   ㉣ 배기구, 흡기구에 필터를 부착

ⓜ 폐수구에 트랩을 설치

ⓗ 문 하부에는 스커트를 설치

ⓢ 골판지, 나무 부스러기를 방치하지 말 것(벌레의 집이 됨)

ⓞ 실내압을 외부(실외)보다 높게 할 것(공기조화장치)

ⓩ 청소와 정리정돈을 할 것

ⓒ 해충, 곤충의 조사와 구제를 실시

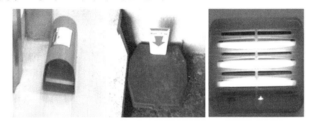

▌방충 · 방서 장치의 사례 ▌

PART 01

PART 02

PART 03

PART 04

PART 05

PART 06

TOPIC 04 작업장의 위생 유지를 위한 세제 및 소독제의 종류와
사용법 표준교재 173~174p

## 1. 세제와 소독제의 규정

① 청소와 세제와 소독제는 확인되고 효과적이어야 함

② 관리 방법

  ㉠ 적절한 라벨을 통해 명확하게 확인되어야 함

  ㉡ 원료, 포장재 또는 제품의 오염을 방지하기 위해서 적절히 선정, 보
  관, 관리 및 사용되어야 함

## 2. 세척 대상 및 확인 방법

① 세척 대상 물질

  ㉠ 화학물질(원료, 혼합물), 미립자, 미생물

  ㉡ 동일 제품, 이종 제품

  ㉢ 쉽게 분해되는 물질, 안정된 물질

  ㉣ 세척이 쉬운 물질, 세척이 곤란한 물질

  ㉤ 불용물질, 가용물질

  ㉥ 검출이 곤란한 물질, 쉽게 검출할 수 있는 물질

② 세척 대상 설비
  ㉠ 설비, 배관, 용기, 호스, 부속품
  ㉡ 단단한 표면(용기 내부), 부드러운 표면(호스)
  ㉢ 큰 설비, 작은 설비
  ㉣ 세척이 곤란한 설비, 용이한 설비

③ 세척 확인 방법
  ㉠ 육안 확인
  ㉡ 천으로 문질러 부착물로 확인
  ㉢ 린스액의 화학 분석

④ 린스 정량법 2021 기출
  ㉠ 린스 액을 선정하여 설비 세척
  ㉡ 린스 액의 현탁도를 확인하고, 필요 시 다음 중에서 적절한 방법을 선택하여 정량, 결과 기록
    • 린스 액의 최적 정량을 위하여 HPLC법 이용
    • 잔존물의 유무를 판정하기 위해서 박층 크로마토그래프법(TLC)에 의한 간편 정량법 실시
    • 린스 액 중의 총 유기 탄소를 총유기탄소(Total Organic Carbon, TOC) 측정기로 측정
    • UV를 흡수하는 물질 잔존 여부 확인

## 3. 설비 세척의 원칙

① 위험성이 없는 용제(물이 최적)로 세척
② 가능한 한 세제를 사용하지 말 것
③ 증기 세척이 좋은 방법임
④ 브러시 등으로 문질러 지우는 것을 고려할 것
⑤ 분해할 수 있는 설비는 분해해서 세척
⑥ 세척 후는 반드시 "판정"할 것
⑦ 판정 후의 설비는 건조·밀폐해서 보존할 것
⑧ 세척의 유효기간을 설정할 것

## 4. 세제의 특징

① 요건
  ㉠ 우수한 세정력
  ㉡ 표면 보호

ⓒ 세정 후 표면에 잔류물이 없는 건조 상태

ⓔ 사용 및 계량의 편리성

ⓜ 적절한 기포 거동

ⓗ 인체 및 환경 안전성

ⓢ 충분한 저장 안정성

② 세제의 구성성분 2021 기출

| 구성 성분 | 기능 및 특징 | 대표 성분 |
|---|---|---|
| 계면활성제 | 세정제의 주요성분<br>이물질 제거 | 알킬벤젠설포네이트(ABS), 알칸설포네이트(SAS), 알파올레핀설포네이트(AOS), 알킬설페이트(AS), 비누(Soap), 알킬에톡시레이트(AE), 지방산알칸올아미드(FAA),알킬베테인(AB)/알킬설포베테인(ASB) |
| 연마제 | 기계적 마찰 작용에<br>의한 세정효과 | 칼슘카보네이트(Calcium Carbonate), 클레이, 석영 |
| 표백제 | 색상개선 및 살균 | 활성염소 또는 활성염소 생성 물질 |
| 살균제 | 미생물의 살균 | 4급암모늄 화합물, 양성계면활성제, 알코올류, 산화물, 알데히드류, 페놀유도체 |
| 금속이온봉쇄제 | 세정효과 증대 | 소듐트리포스페이트(Sodium Triphosphate), 소듐사이트레이트(Sodium Citrate), 소듐글루코네이트(Sodium Gluconate) |
| 용제 | 세정효과 증대 | 알코올(Alcohol), 글리콜(Glycol), 벤질알코올(Benzyl Alcohol) |
| 유기 폴리머 | 세정효과 증대 및<br>잔류성 강화 | 셀룰로오스 유도체(Cellulose derivative), 폴리올(Polyol) |

PART 01
PART 02
PART 03
PART 04
PART 05
PART 06

CHAPTER
**03** 작업자 위생관리

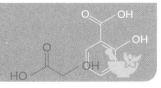

**학습목표**

• 작업장의 위생관리를 위한 작업장 내 직원의 위생기준을 설명할 수 있다.
• 작업장 내 직원의 위생 상태를 판정하고, 청결한 상태를 구현·유지할 수 있다.
• 혼합·소분 시 작업장 내 직원의 위생관리 규정에 대해 설명하고 이를 적용할 수 있다.
• 작업장 내 직원의 위생 유지를 위한 세제의 종류와 사용법을 설명할 수 있다.
• 작업장 내 직원의 소독을 위한 소독제의 종류와 사용법을 설명할 수 있다.
• 작업장 내 직원 복장의 청결 상태에 관한 기준을 설명하고, 이를 판단할 수 있다.

---

TOPIC **01** **작업장 내 직원의 위생 기준 설정** 표준교재 175p

## 1. 원칙

① 적절한 위생관리 기준 및 절차 마련

   ㉠ 직원의 작업 시 복장, 직원 건강 상태 확인

   ㉡ 직원에 의한 제품의 오염 방지에 관한 사항

   ㉢ 직원의 손 씻는 방법

   ㉣ 직원의 작업 중 주의사항

   ㉤ 방문객 및 교육훈련을 받지 않은 직원의 위생관리

② 기준 및 절차를 준수할 수 있도록 교육 훈련

**개념톡톡** 👆

• 신규 직원 : 위생 교육
• 기존 직원 : 정기적 교육
  －복장·건강 상태
  －제품 오염 방지
  －손 씻기
  －작업 중 주의사항
  －방문객 및 교육 훈련을 받지 않은
    직원 위생관리

## 2. 세부 내용 2019 기출

① 적절한 위생관리 기준 및 절차를 마련하고 제조소 내의 모든 직원은 이를 준수해야 함
② 작업소 및 보관소 내의 모든 직원은 화장품의 오염을 방지하기 위해 규정된 작업복을 착용해야 하고 음식물 등을 반입해서는 안 됨
③ 피부에 외상이 있거나 질병에 걸린 직원은 건강이 양호해지거나 화장품의 품질에 영향을 주지 않는다는 의사의 소견이 있기 전까지는 화장품과 직접적으로 접촉되지 않도록 격리되어야 함

④ 제조구역별 접근권한이 없는 작업원 및 방문객은 가급적 제조, 관리 및 보관구역 내에 들어가지 않도록 하고, 불가피한 경우 사전에 직원 위생에 대한 교육 및 복장 규정에 따르도록 하고 감독하여야 함

**합격콕콕** 😊

복장 관리의 경우 실제 실무 환경에서의 사례를 활용한 문제가 출제되므로 실무와 연결하여 학습하는 것이 좋다.

TOPIC **02** 혼합 · 소분 시 위생관리 규정  표준교재 179~180p

## 1. 제품에 악영향을 미칠 수 있는 직원

① 제품 품질 및 안정성에 악영향을 미칠 수 있는 건강 조건을 가진 직원 : 원료, 포장, 제품 또는 제품 표면에 직접 접촉 금지

② 명백한 질병 또는 노출된 피부에 상처가 있는 직원 : 증상이 회복되거나 의사가 제품 품질에 영향을 끼치지 않을 것이라고 진단할 때까지 제품과 직접적인 접촉 금지

## 2. 모든 직원의 작업복 등 착용

① 직원은 작업 중의 위생관리상 문제가 되지 않도록 청정도에 맞는 적절한 작업복, 모자 및 신발을 착용하고 필요할 경우는 마스크, 장갑을 착용

② 작업복 등은 목적과 오염도에 따라 세탁을 하고 필요에 따라 소독

③ 작업 전에 복장 점검을 하고 적절하지 않을 경우는 시정할 것

## 3. 기타 규정

① 직원은 별도의 지역에 의약품을 포함한 개인적인 물품을 보관

② 음식, 음료수 및 담배 등은 제조 및 보관 지역과 분리된 지역에서만 섭취하거나 흡연 가능

## 4. 방문객과 훈련받지 않은 직원

① 제조, 관리, 보관구역으로 들어가면 반드시 동행

② 안내자 없이는 접근이 허용되지 않음

③ 방문객은 적절한 지시에 따라야 함

④ 필요한 보호 설비를 갖추어야 함

⑤ 혼자서 돌아다니거나 설비 등을 만지는 등의 일이 없도록 해야 함

⑥ 제조, 관리, 보관구역으로 들어갈 경우 반드시 기록서에 기록

⑦ 소속, 성명, 방문 목적과 입 · 퇴장 시간 및 자사 동행자를 기록

**개념톡톡** 👆

**혼합 · 소분 시 위생관리 규정**
• 혼합 · 소분 전에 사용되는 내용물 또는 원료에 대한 품질성적서 확인
• 혼합 · 소분 전에 손 소독 또는 세정
• 혼합 · 소분 전에 제품을 담을 포장 용기의 오염 여부 확인
• 혼합 · 소분에 사용되는 장비 또는 기구 등은 사용 전에 위생 상태를 확인하고, 사용 후에는 오염이 없도록 세척

PART 01
PART 02
PART 03
PART 04
PART 05
PART 06

## 1. 손세제의 구성

① 고형 타입의 비누

② 액상타입의 핸드 워시(hand wash)

③ 물을 사용하지 않는 핸드새니타이저(hand sanitizer)

## 2. 사용법 : 적절한 주기와 방법으로 시행

① 시기 : 입실 전, 오염되었을 때, 화장실 사용 이후

② 방법

  ㉠ 흐르는 물에 세척

  ㉡ 비누를 이용하여 세척

  ㉢ 타월 또는 드라이어로 건조

  ㉣ 건조 후 소독제 도포(70% 에탄올 등)

## 3. 인체 세정제의 종류

① 비누베이스 : 알카리성 비누가 주성분

② 계면활성제 베이스 : 계면활성제가 주세정성분인 약산성, 중성타입

③ 혼합 베이스 : 액체비누와 계면활성제를 조합한 중성타입

CHAPTER

# 04 설비 및 기구관리

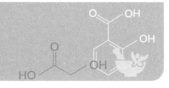

학습목표
- 설비·기구의 위생기준을 설명할 수 있다.
- 설비 및 기구의 위생 상태를 판정하고 기록 관리할 수 있다.
- 설비 및 기구의 오염물질 제거 및 소독 방법을 설명하고 이를 적용할 수 있다.
- 설비·기구의 구성 재질을 구분 및 관리하고, 원료 및 내용물과의 상용성을 설명할 수 있다.
- 설비·기구를 유지·관리하고 폐기 기준을 설명할 수 있으며, 폐기 기록을 관리할 수 있다.

PART 01
PART 02
PART 03
PART 04
PART 05
PART 06

TOPIC 01 설비·기구의 위생 기준 설정 표준교재 189~191p

## 1. 유지관리 기준

① 예방적 활동(Preventive activity) : 주요 설비 및 시험장비 대상
  ㉠ 부품 정기 교체
  ㉡ 시정 실시(망가지고 수리하는 것)를 지양

② 유지보수(Maintenance) : 고장 시의 긴급 점검과 수리
  ㉠ 기능이 변화해도 좋으나 제품 품질에 영향이 없도록 해야 함
  ㉡ 사용할 수 없을 때는 사용 불능 표시

③ 정기 검·교정(Calibration) : 제품 품질에 영향을 주는 계측기에 대한 교정

**개념톡톡** 🌱

**설비·기구 위생 기준**
- 건조상태 유지
- 먼지, 수분으로부터 내용물을 보호하는 용기
- 역류하지 않는 배수관

## 2. 설비 유지관리 주요사항

① 예방적 실시(Preventive Maintenance)가 원칙
  ㉠ 설비마다 절차서를 작성
  ㉡ 계획을 가지고 실행(연간계획이 일반적)
  ㉢ 책임 내용을 명확하게 할 것
  ㉣ 유지하는 "기준"은 절차서에 포함
  ㉤ 점검체크시트를 사용하면 편리함

② 점검 항목

　　㉠ 외관 검사 : 더러움, 녹, 이상 소음, 이취 등

　　㉡ 작동 점검 : 스위치, 연동성 등

　　㉢ 기능 측정 : 회전수, 전압, 투과율, 감도 등

　　㉣ 청소 : 외부 표면, 내부

　　㉤ 부품 교환, 개선(제품 품질에 영향을 미치지 않는 것이 확인되면 적극적으로 개선)

**합격콕콕** 👆

각 설비의 세척 및 소독 방법에 대한 이유 및 장단점 등을 파악해 두어야 한다.

---

TOPIC **02** 　설비의 세척과 위생처리 및 구성 재질의 구분

표준교재 199~204p

## 1. 탱크

① **기능** : 공정 중이거나 보관하는 원료 저장

② **구성재질**

　　㉠ 온도 · 압력 범위가 조작 전반과 모든 공정 단계의 제품에 적합해야 함

　　㉡ 제품에 해로운 영향을 미쳐서는 안 됨

　　㉢ 제품(포뮬레이션 또는 원료 또는 생산공정 중간생산물)과의 반응으로 부식되거나 분해를 초래하는 반응이 있어서는 안 됨

　　㉣ 제품 또는 제품 제조 과정, 설비 세척, 유지관리 등에 사용되는 다른 물질이 스며들어서는 안 됨

　　㉤ 세제 및 소독제와 반응해서는 안 됨

③ **세척 방법**

　　㉠ 탱크는 세척하기 쉽게 고안

　　㉡ 제품에 접촉하는 모든 표면은 검사와 기계적인 세척을 하기 위해 접근할 수 있는 것

　　㉢ 세척을 위해 부속품 해체가 용이

　　㉣ 최초 사용 전에 모든 설비는 세척되어야 하고 사용목적에 따라 소독되어야 함

## 2. 펌프(Pumps)

① **기능**

　　㉠ 액체를 한 지점에서 다른 지점으로 이동하기 위해 사용

　　㉡ 제품을 혼합(재순환 및 또는 균질화)하기 위해서도 사용

**개념톡톡** 👆

**펌프의 설계**
• 원심력을 이용하는 방법 : 낮은 점도의 액체에 사용 **예** 물, 청소용제
• 양극적인 이동 : 점성이 있는 액체에 사용 **예** 미네랄 오일, 에멀전

② 구성 재질

　ⓐ 펌프는 많이 움직이는 젖은 부품들

　ⓑ 하우징(housing)과 날개차(impeller)는 닳는 특성 때문에 다른 재질로 만들어져야 함

　ⓒ 펌핑된 제품으로 인해 젖게 되는 개스킷(gasket), 패킹(packing) 그리고 윤활제가 있음

　ⓓ 젖은 부품들은 모든 온도 범위에서 제품과 사용성에서 적합해야 함

③ 세척 방법

　ⓐ 허용된 작업 범위에 대해 라벨을 확인

　ⓑ 효과적인 청소와(세척과) 위생을 위해 각각의 펌프 디자인을 검증

　ⓒ 철저한 예방적 유지관리 절차를 준수

## 3. 혼합과 교반 장치(Mixing and agitation equipment)

① 기능 : 제품의 균일성을 얻기 위해 물리적으로 혼합하는 장치

② 재질

　ⓐ 믹서의 재질이 믹서를 설치할 모든 젖은 부분 및 탱크와의 공존이 가능한지를 확인

　ⓑ 봉인(seal)과 개스킷에 의해서 제품과의 접촉으로부터 분리되어 있는 내부 패킹과 윤활제를 사용

　ⓒ 봉함(씰링), 개스킷, 패킹 등이 유지되는지, 그리고 윤활제가 새서 제품을 오염시키지는 않는지 확인

③ 세척 방법

　ⓐ 구성 설비에서 쉽게 제거될 수 있는 혼합기를 선택

　ⓑ 풋베어링, 조절장치 받침, 주요 진로, 고정나사 등을 쉽게 청소하기 위해서 배치를 고려

## 4. 호스(Hoses)

① 기능 : 한 위치에서 또 다른 위치로 제품을 전달

② 재질

　ⓐ 강화된 식품등급의 고무 또는 네오프렌

　ⓑ TYGON 또는 강화된 TYGON

　ⓒ 폴리에칠렌 또는 폴리프로필렌

　ⓓ 나일론

　ⓔ 작동의 전반적인 범위의 온도와 압력에 적합

ⓑ 제품에 적합한 제재

※ 호스 구조는 위생적인 측면이 고려되어야 함

③ 세척 방법

ㄱ 호스와 부속품의 안쪽과 바깥쪽 표면은 모두 제품과 직접 접하기 때문에 청소의 용이성을 고려하여 설계

ㄴ 투명한 재질은 청결과 잔금 또는 깨짐 같은 문제에 대한 호스의 검사를 용이하게 함

ㄷ 짧은 길이의 경우는 청소, 건조, 취급이 쉽고 제품이 축적되지 않게 하기 때문에 선호됨

ㄹ 세척제(예 스팀, 세제, 소독제 및 용매)들이 호스와 부속품 제재에 적합한지 검토

ㅁ 부속품의 해체와 청소가 용이하도록 설계

ㅂ 가는 부속품의 사용은 가는 관이 미생물 또는 교차오염 문제를 일으킬 수 있게 하며 청소하기 어렵게 만들기 때문에 최소화

ㅅ 일상적인 호스 세척 절차의 문서화가 확립되어야 함

## 5. 칭량 장치(Weighing device)

① **기능** : 원료, 제조과정 재료, 완제품 등이 요구되는 성분표의 양과 기준을 만족하는지를 보증하기 위해 중량적으로 측정

② 재질

ㄱ 계량적 눈금의 노출된 부분들은 칭량 작업에 간섭하지 않을 경우 보호적인 피복제 사용

ㄴ 계량적 눈금 레버 시스템은 동봉물을 깨끗한 공기와 동봉하고 제거함으로써 부식과 먼지로부터 효과적으로 보호될 수 있음

③ **세척방법** : 칭량 장치의 기능을 손상시키지 않기 위해서 적절한 주의가 필요

## 6. 제품 충전기(Product filler)

① **기능** : 제품을 1차 용기에 넣기 위해서 사용

② 재질

ㄱ 조작 중의 온도 및 압력이 제품에 영향을 끼치지 않아야 함

ㄴ 제품에 나쁜 영향을 끼치지 않아야 함

ㄷ 제품 혹은 어떠한 청소 또는 위생처리작업에 의해 부식되거나, 분해되거나, 스며들게 해서는 안 됨

② 용접, 볼트, 나사, 부속품 등의 설비구성요소 사이에 전기·화학적
　　　반응이 일어나지 않도록 구축되어야 함

③ 세척 방법

　　㉠ 제품 충전기는 청소, 위생 처리 및 정기적인 검사가 용이하도록 설계
　　　(여러 제품을 교차 생산하거나 미생물 오염 우려가 있는 제품인 경우
　　　특히 중요)

　　㉡ 충전기는 조작 중에 제품이 뭉치는 것을 최소화하도록 설계

　　㉢ 설비에서 물질이 완전히 빠져나가도록 설계

　　㉣ 제품이 고여서 설비의 오염이 생기는 사각지대가 없도록 해야 함

　　㉤ 고온세척 또는 화학적 위생처리 조작을 할 때 구성 물질과 다른 설계
　　　조건에 있어 문제가 일어나지 않아야 함

　　㉥ 청소를 위한 충전기의 해체가 용이한 것이 권장됨

　　㉦ 청소와 위생처리 과정의 효과는 적절한 방법으로 확인되어야 함

PART 01

PART 02

PART 03

PART 04

PART 05

PART 06

# CHAPTER 05 원료, 내용물 및 포장재관리

**학습목표**

- 화장품 내용물 및 원료의 특성에 따른 입고 기준을 설명할 수 있다.
- 포장재 종류 및 규격서에 따른 입고 기준을 설명할 수 있다.
- 입고된 원료 및 내용물, 포장재의 품질관리 기준 및 보관 조건을 설명할 수 있다.
- 보관 중인 원료 및 내용물, 포장재의 사용을 위한 출고 기준을 설명할 수 있다.
- 원료 및 내용물, 포장재의 폐기 기준 및 절차에 대해 설명할 수 있다.
- 원료 및 내용물의 사용기한을 확인하고 판정할 수 있다.
- 원료 및 내용물, 포장재의 개봉 후 사용기한을 확인하고 판정할 수 있다.
- 원료 및 내용물, 포장재의 품질 특성을 고려한 변질 상태를 판단할 수 있다.

---

## TOPIC 01 원료, 내용물 및 포장재 입고 기준 표준교재 208~211p

### 1. 입고 관리 목표와 방식

① **목적** : 화장품의 제조와 포장에 사용되는 모든 원료 및 포장재의 부적절하고 위험한 사용, 혼합 또는 오염을 방지

② **방식**

ㄱ 해당 물질의 검증, 확인, 보관, 취급, 및 사용을 보장할 수 있도록 절차 수립

ㄴ 외부로부터 공급된 원료 및 포장재는 규정된 완제품 품질 합격판정기준을 충족해야 함

③ **관리에 필요한 사항**

ㄱ 중요도 분류

ㄴ 공급자 결정

ㄷ 발주, 입고, 식별 · 표시, 합격 · 불합격 판정, 보관, 불출

ㄹ 보관 환경 설정

ㅁ 사용기한 설정

ㅂ 정기적 재고관리

ㅅ 재평가

ㅇ 재보관

④ 원칙
- ㉠ 모든 원료와 포장재는 품질을 입증할 수 있는 검증자료를 공급자로부터 공급받아야 함
- ㉡ 보증의 검증은 주기적으로 관리되어야 하며, 모든 원료와 포장재는 사용 전에 관리되어야 함

## 2. 입고 관리 기준

① 제조업자는 원자재 공급자에 대한 관리감독을 적절히 수행하여 입고관리가 철저히 이루어지도록 하여야 함
② 원자재의 입고 시 구매요구서, 원자재 공급업체 성적서 및 현품이 서로 일치하여야 하며, 필요한 경우 운송 관련 자료를 추가적으로 확인할 수 있음
③ 원자재 용기에 제조번호가 없는 경우에는 관리번호를 부여하여 보관하여야 함
④ 원자재 입고 절차 중 육안 확인 시 물품에 결함이 있을 경우 입고를 보류하고 격리보관 및 폐기하거나 원자재 공급업자에게 반송하여야 함
⑤ 입고된 원자재는 "적합", "부적합", "검사 중" 등으로 상태를 표시하여야 하나, 동일 수준의 보증이 가능한 다른 시스템이 있다면 대체할 수 있음
⑥ 원자재 용기 및 시험기록서의 필수적 기재 사항 2019 기출
- ㉠ 원자재 공급자가 정한 제품명
- ㉡ 원자재 공급자명
- ㉢ 수령일자
- ㉣ 공급자가 부여한 제조번호 또는 관리번호

### 개념톡톡 👆

제조번호는 제조관리 및 출하에 관한 모든 사항을 확인할 수 있도록 표시한 번호로 숫자, 문자, 기호 또는 이들의 특징적인 조합을 말한다.

### 개념톡톡 👆

- 원료 · 포장대 보관소 : 적합 판정 받은 원료 · 포장재 보관
- 부적합 보관소 : 입고 불합격품 보관 후 반품

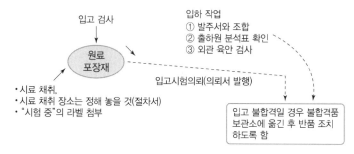

**‖ 원료 및 포장재의 입고 시 주의사항 ‖**

## 1. 보관 및 관리 원칙

① 보관 원칙
  ㉠ 보관 조건은 각각의 원료와 포장재의 세부 요건에 따라 적절한 방식으로 정의 예 냉장, 냉동보관
  ㉡ 원료와 포장재가 재포장될 때, 새로운 용기에는 원래와 동일한 라벨링 부착
  ㉢ 원료의 경우 원래의 용기와 같은 물질 혹은 적용할 수 있는 다른 대체 물질로 만들어진 용기를 사용

② 보관 조건
  ㉠ 각각의 원료와 포장재에 적합하게 보관
  ㉡ 과도한 열기, 추위, 햇빛 또는 습기에 노출되어 변질되는 것을 방지
  ㉢ 물질의 특징 및 특성에 맞도록 보관, 취급
  ㉣ 특수한 보관 조건은 적절하게 준수, 모니터링
  ㉤ 원료와 포장재의 용기는 밀폐
  ㉥ 청소와 검사가 용이하도록 충분한 간격 유지
  ㉦ 바닥과 떨어진 곳에 보관

③ 재포장 : 원료와 포장재가 재포장될 경우, 원래의 용기와 동일하게 표시

④ 판정 이후 관리
  ㉠ 허가되지 않거나, 불합격 판정을 받거나, 의심스러운 물질의 허가되지 않은 사용을 방지
  ㉡ 물리적 격리(quarantine)나 수동 컴퓨터 위치 제어 등의 방법을 사용

## 2. 보관환경관리

① 출입 제한 : 원료 및 포장재 보관소의 출입 제한
② 오염 방지 : 시설 대응, 동선 관리가 필요
③ 방충 · 방서 대책
④ 온도, 습도 : 필요시 설정

## 3. 재고관리

① 허용 가능한 보관기한을 결정하기 위한 문서화된 시스템을 확립

② 보관기한이 규정되어 있지 않은 원료는 품질 부문에서 적절한 보관기한을 설정

③ 해당 물질을 재평가하여 사용 적합성을 결정하는 단계들을 포함

④ 원칙적으로 원료공급처의 사용기한을 준수하여 보관기한을 설정

⑤ 사용기한 내에서 자체적인 재시험 기간과 최대 보관기한을 설정 · 준수

⑥ 사용기한은 사용 시 확인이 가능하도록 라벨에 표시

## 4. 보관 · 관리 기준

① 원자재, 반제품 및 벌크 제품은 품질에 나쁜 영향을 미치지 아니하는 조건에서 보관하여야 하며 보관기한을 설정하여야 함

② 원자재, 반제품 및 벌크 제품은 바닥과 벽에 닿지 아니하도록 보관하고, 선입선출에 의하여 출고할 수 있도록 보관하여야 함

③ 원자재, 시험 중인 제품 및 부적합품은 각각 구획된 장소에서 보관하여야 하나, 서로 혼동을 일으킬 우려가 없는 시스템에 의하여 보관되는 경우에는 그러하지 아니함

④ 설정된 보관기한이 지나면 사용의 적절성을 결정하기 위해 재평가시스템을 확립하여야 하며, 동 시스템을 통해 보관기한이 경과한 경우 사용하지 않도록 규정하여야 함

---

**TOPIC 03 입고된 원료, 내용물 및 포장재 출고 기준**
표준교재 217~219p

## 1. 출고 원칙

① 해당 제품이 규격서를 준수함

② 지정된 권한을 가진 자에 의해 승인된 것임을 확인하는 절차서를 수립함

③ 절차서는 보관, 출하, 회수 시 완제품의 품질을 유지할 수 있도록 보장함

## 2. 완제품 관리 항목

① 보관

② 검체 채취

③ 보관용 검체

---

**개념톡톡**

**반제품의 보관 기준**

• 품질이 변하지 않도록 적당한 용기에 넣어 지정된 장소에서 보관하고 용기에 다음을 표시해야 한다.
  – 명칭 또는 확인코드
  – 제조번호
  – 완료된 공정명
  – 보관조건(필요한 경우)

• 최대 보관기한을 설정해야 하며, 최대 보관기한에 가까워진 반제품은 완제품 제조 전에 품질 이상, 변질 여부 등을 확인해야 한다.

**개념톡톡**

**벌크제품의 보관 기준**

• 남은 벌크는 재보관 · 재사용할 수 있으므로, 다음 제조 때 우선 사용해야 한다.

• 남은 벌크는 적합한 용기를 사용하여 밀폐해야 한다.

• 재보관 시 재보관임을 표시하는 라벨을 부착해야 하며, 원래 보관 환경에서 보관해야 한다.

• 변질되기 쉬운 벌크는 재사용하지 않고, 여러 번 재보관하는 벌크는 조금씩 나누어 보관해야 한다.

④ 제품 시험

⑤ 합격·출하 판정

⑥ 출하

⑦ 재고 관리

⑧ 반품

## 3. 문서 관리

제품 관리를 충분히 실시하기 위해서는 다음의 문서 관리가 필요함

① 기초적인 검토 결과를 기재한 CGMP 문서

② 작업에 관계되는 절차서

③ 각종 기록서

④ 관리 문서

## 4. 시험 및 판정

① 시장 출하 전에, 모든 완제품은 설정된 시험 방법에 따라 관리함

② 합격판정기준에 부합하여야 함

③ 뱃치에서 취한 검체가 합격 기준에 부합했을 때만 완제품의 뱃치를 불출할 수 있음

## 5. 절차서의 요건

① 완제품의 적절한 보관, 취급 및 유통을 보장하는 절차서를 수립함

② 적절한 보관 조건

③ 불출된 완제품, 검사 중인 완제품, 불합격 판정을 받은 완제품은 각각의 상태에 따라 지정된 물리적 장소에 보관하거나 미리 정해진 자동 적재 위치에 저장

④ 수동 또는 전산화 시스템의 특징

㉠ 재질 및 제품의 관리와 보관은 쉽게 확인할 수 있는 방식으로 수행

㉡ 재질 및 제품의 수령과 철회는 적절히 허가되어야 함

㉢ 유통되는 제품은 추적이 용이해야 함

㉣ 달리 규정된 경우가 아니라면, 재고 회전은 선입선출 방식으로 사용 및 유통되어야 함

**개념톡톡** 👆

**적절한 보관 조건**
• 적당한 조명
• 적당한 온도, 습도
• 정렬된 통로 및 보관 구역 등

⑤ 파레트에 적재된 모든 재료(또는 기타 용기 형태)의 표시 사항

    ㉠ 명칭 또는 확인 코드

    ㉡ 제조번호

    ㉢ 제품의 품질을 유지하기 위해 필요할 경우, 보관 조건

    ㉣ 불출 상태

## 6. 점검 작업

① **목적** : 완제품 재고의 정확성을 보증, 규정된 합격판정기준에 만족됨을 확인

② **검체 채취** : 제품 시험용 및 보관용 검체를 채취(충분한 수량 확보)

    ㉠ 제품 검체 채취

      • 담당 : 품질관리 부서에서 실시

      • 검체 채취자에게 검체 채취 절차 및 검체 채취 시의 주의사항을 교육 · 훈련

    ㉡ 보관용 검체

      • 목적 : 제품의 사용 중에 발생할지도 모르는 재검토 작업에 대비

      • 재검토 작업 : 품질상에 문제가 발생하여 재시험이 필요할 때 또는 발생한 불만에 대처하기 위하여 품질 이외의 사항에 대한 검토가 필요하게 될 경우

      • 재시험이나 불만 사항의 해결을 위하여 사용

③ **보관용 검체 주의 사항** 2019 기출

    ㉠ 제품을 그대로 보관

    ㉡ 각 뱃치를 대표하는 검체를 보관

    ㉢ 일반적으로는 각 뱃치별로 제품 시험을 2번 실시할 수 있는 양을 보관

    ㉣ 제품이 가장 안정한 조건에서 보관

    ㉤ 사용기한 경과 후 1년간 또는 개봉 후 사용기간을 기재하는 경우에는 제조일로부터 3년간 보관

PART 01
PART 02
PART 03
PART 04
PART 05
PART 06

**개념톡톡**

• 검체 : 제품 시험을 위해 사용
• 보관용 검체 : 제품의 사용 중에 발생할지도 모르는 재검토 작업에 대비하기 위해 사용

## 7. 제품의 입고 보관, 출하의 흐름 `2019 기출`

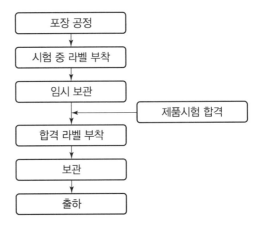

**▌제품 입고, 보관, 출하 흐름도 ▌**

## 8. 제품의 보관 환경

① 출입제한
② 오염방지 : 시설 대응, 동선 관리가 필요
③ 방충 · 방서 대책
④ 온도 · 습도 · 차광
　㉠ 필요한 항목 설정
　㉡ 안정성 시험 결과, 제품표준서 등을 토대로 제품마다 설정

## 9. 출고 기준

① 완제품은 적절한 조건하의 정해진 장소에서 보관하여야 함
② 주기적으로 재고 점검을 수행해야 함
③ 완제품은 시험결과 적합으로 판정되고 품질보증부서 책임자가 출고 승인한 것만을 출고하여야 함
④ 출고는 선입선출방식으로 하되, 타당한 사유가 있는 경우에는 그러지 아니할 수 있음(나중에 입고된 물품이 사용기한이 짧은 경우 또는 특별한 사유가 발생할 경우, 먼저 입고된 물품보다 먼저 출고할 수 있음)
⑤ 출고할 제품은 원자재, 부적합품 및 반품된 제품과 구획된 장소에서 보관하여야 함(다만 서로 혼동을 일으킬 우려가 없는 시스템에 의하여 보관되는 경우에는 그러하지 아니할 수 있음)

**개념톡톡** 👆

**완제품의 관리 항목**
보관, 검체 채취, 보관용 검체, 제품 시험, 합격 · 출하 판정, 출하, 재고 관리, 반품

## 입고된 원료, 내용물 및 포장재의 품질관리(폐기 기준, 사용기한, 변질) 표준교재 220~229p

### 1. 품질관리

품질관리 프로그램의 핵심은 제조공정의 각 단계에서 제품 품질을 보장하고, 공정에서 발생한 문제를 확인할 수 있도록 원자재, 반제품 및 완제품에 대한 시험업무를 문서화된 종합적인 절차로 마련하고 준수하는 것임

### 2. 품질관리 원칙

① 원자재, 반제품 및 완제품에 대한 적합 기준 마련
② 제조번호별로 시험기록 작성 · 유지
③ 적합한 것을 확인하기 위하여 문서화되고 적절한 시험방법을 사용
④ 시험 결과에 따라 적합 또는 부적합을 분명히 기록
⑤ 데이터의 손쉬운 복구 및 추적이 가능한 방식으로 보관

### 3. 시험 원칙

① **목적** : 합격판정기준을 만족하는 제품을 확인
② **시험방법** : 계획된 목적을 위해 규정되고, 적절하여야 하며 이용 가능해야 함
③ 설정된 시험결과는 시험 물질이 적합한지 부적합한지 아니면 추가적인 시험기간 동안 보류될 것인지를 결정하기 위해 평가되어야 함

### 4. 시험성적서

① 시험의 결과는 시험성적서에 정리
② 뱃치별로 원료, 포장재, 벌크제품, 완제품에 대한 시험의 모든 것을 기록
③ **기록 사항** : 검체 데이터, 분석법 관련 기록, 시험 데이터와 시험 결과
④ 시험 기록을 검토한 후 적합, 부적합, 보류를 판정

### 5. 기준일탈 조사

① **정의** : 미확인 원인에 대하여 조사를 실시하고 시험 결과를 재확인
② **순서** : 책임자에게 기준일탈을 보고한 뒤 조사

③ 판정

　　㉠ 책임자에 의해 이행

　　㉡ 검체의 일탈(deviation), 부적합(rejection) 또는 이후의 평가를 위한 보류(pending)를 명확하게 결정

**개념톡톡** 👆

**기준일탈 조사**

• Laboratory error 조사 : 담당자의 실수, 분석기기 문제 등의 여부 조사
• 추가시험 : 오리지널 검체를 대상으로 다른 담당자가 실시
• 재검체 채취 : 오리지널 검체가 아닌 다른 검체 채취
• 재시험 : 재검체를 대상으로 다른 담당자가 실시

**개념톡톡** 👆

**사전에 정해 놓을 것**

• Laboratory error 조사의 내용
• 추가시험의 내용과 실행자
• 재시험의 방법과 회수
• 결과 검토의 책임자

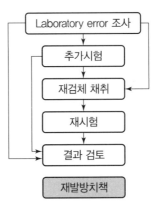

• Laboratory error 조사
　– 분석 절차 실수(담당자 실수)
　– 분석기기의 문제(고장 등)
　– 조제액의 문제
　– 절차서의 문제
• 추가시험
　– 1회 실시, 오리지널 검체로 실시
　– 최초의 담당자와 다른 담당자가 중복 실시
• 재검체 채취
　– 절차서에 따라 실시
• 재시험
　– 절차서에 따라 실시
　– 최초의 담당자와 다른 담당자가 중복 실시
• 결과 검토
　– 품질보증책임자가 실시하고 결과를 승인함
• 기타
　– 실수를 발견하지 못해도 재시험을 실시하는 경우가 있음
　　(어떻게 해도 기준일탈 결과를 납득할 수 없을 때)

‖ 기준일탈 조사 절차 ‖

## 6. 기준일탈 조사 결과

　① 시험결과 기준일탈이라는 것이 확실하다면 제품 품질은 "부적합"임

　② 제품의 부적합이 확정되면 우선 해당 제품에 부적합 라벨을 부착(식별 표시)

　③ 부적합보관소(필요시 시건장치를 채울 필요도 있음)에 격리 · 보관

　④ 부적합의 원인인 제조, 원료, 오염, 설비 등을 종합적으로 조사

　⑤ 조사 결과를 근거로 부적합품의 처리 방법(폐기처분, 재작업, 반품)을 결정하고 실행

## 7. 사용기한

① 원료 및 포장재의 허용 가능한 사용기한을 결정하기 위해 문서화된 시스템을 확립
② 사용기한이 규정되어 있지 않은 원료와 포장재는 품질 부문에서 적절한 사용기한을 정할 수 있음
③ 이러한 시스템은 물질의 정해진 사용기한이 지나면 해당 물질을 재평가하여 사용 적합성을 결정하는 단계들을 포함해야 함
④ 이 경우에도 최대 사용기한을 설정하는 것이 바람직함

## 8. 품질관리 기준

① 품질관리를 위한 시험업무에 대해 문서화된 절차를 수립하고 유지하여야 함
② 원자재, 반제품 및 완제품에 대한 적합 기준을 마련하고 제조번호별로 시험기록을 작성·유지하여야 함
③ 시험결과 적합 또는 부적합인지를 분명히 기록하여야 함
④ 원자재, 반제품 및 완제품은 적합 판정이 된 것만을 사용하거나 출고하여야 함
⑤ 정해진 보관 기간이 경과된 원자재 및 반제품은 재평가하여 품질기준에 적합한 경우 제조에 사용할 수 있음
⑥ 모든 시험이 적절하게 이루어졌는지 시험기록을 검토한 후 적합, 부적합, 보류를 판정하여야 함
⑦ 기준일탈이 된 경우는 규정에 따라 책임자에게 보고한 후 조사하여야 함
⑧ 조사결과 책임자에 의해 일탈, 부적합, 보류가 명확히 판정되어야 함
⑨ **표준품과 주요 시약의 용기에는 다음 사항을 기재하여야 함**
　　㉠ 명칭
　　㉡ 개봉일
　　㉢ 보관조건
　　㉣ 사용기한
　　㉤ 역가, 제조자의 성명 또는 서명(직접 제조한 경우에 한함)

TOPIC **05** 입고된 원료, 내용물 및 포장재의 폐기 절차

## 1. 기준일탈 제품

① 정의 : 원료와 포장재, 벌크제품과 완제품이 적합 판정기준을 만족시키
지 못하는 경우

② 처리 원칙

㉠ 기준일탈 제품은 폐기하는 것이 가장 바람직함

㉡ 미리 정한 절차를 따라 확실한 처리를 하고 실시한 내용을 모두 문서
에 남김

㉢ 기준일탈이 된 완제품 또는 벌크 제품은 재작업 가능

㉣ 재작업 : 뱃치 전체 또는 일부에 추가 처리(한 공정 이상의 작업을 추
가하는 일)를 하여 부적합품을 적합품으로 다시 가공하는 일

## 2. 재작업

① 재작업의 원칙

㉠ 폐기하면 큰 손해가 되는 경우

㉡ 권한 소유자에 의한 원인 조사

㉢ 재작업을 해도 제품 품질에 악영향을 미치지 않는 것을 예측함

② 재작업 절차

㉠ 재작업 처리 실시의 결정은 품질보증책임자가 실시

㉡ 승인이 끝난 재작업 절차서 및 기록서에 따라 실시

㉢ 재작업한 최종 제품 또는 벌크 제품의 제조기록, 시험기록을 충분히
남김

㉣ 품질이 확인되고 품질보증책임자의 승인을 얻을 수 있을 때까지 재작
업품은 다음 공정에 사용할 수 없고 출하할 수 없음 `2021 기출`

## 3. 폐기 처리 기준

① 품질에 문제가 있거나 회수·반품된 제품의 폐기 또는 재작업 여부는 품
질보증 책임자에 의해 승인되어야 함 `2021 기출`

② 재작업은 그 대상이 다음을 모두 만족한 경우에 할 수 있음

㉠ 변질·변패 또는 병원미생물에 오염되지 아니한 경우

㉡ 제조일로부터 1년이 경과하지 않았거나 사용기한이 1년 이상 남아
있는 경우

③ 재입고할 수 없는 제품의 폐기 처리 규정을 작성하여야 하며, 폐기 대상은 따로 보관하고 규정에 따라 신속하게 폐기하여야 함

**개념톡톡** 🖐️

**폐기확인서의 포함 내용**
• 폐기 의뢰자 : 상호, 대표자, 전화번호
• 폐기 현황 : 제품명, 제조번호 및 제조일자, 사용기한 또는 개봉 후 사용기간, 포장단위, 폐기량
• 폐기 사유 등 : 폐기 사유, 폐기 일자, 폐기 장소, 폐기 방법

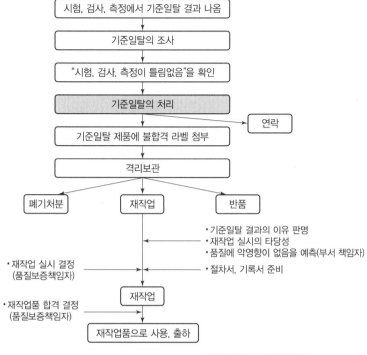

‖ **기준일탈 제품의 처리** ‖  2021 기출  2019 기출

CHAPTER

# 06 유통화장품 안전관리 기준

TOPIC **01** 유통화장품 안전관리 기준 제정 목적 표준교재 212~213p

## 1. 범위

화장품 안전기준 등에 관한 규정 중 제조된 화장품의 안전관리에 대한 기준

## 2. 목적

화장품의 제조 또는 수입 및 안전관리에 적정을 기함

## 3. 범위

제품 내 오염, 내용량의 판단, 개별제품의 안전에 대한 내용을 규정

TOPIC **02** 유해물질과 미생물의 관리

## 1. 목적

화장품 제작 중 유해물질이나 미생물의 오염 한도를 제한함(검출 허용 한도)

## 2. 사례 2021 기출

① 화장품을 제조하면서 유해화학물질과 미생물을 인위적으로 첨가하지 않았을 경우

② 제조 또는 보관 과정 중 포장재로부터 이행되는 등 비의도적으로 유래된 경우

③ 기술적으로 완전한 제거가 불가능한 경우

## 3. 유해 화학 물질의 허용 한도 2020 기출 2019 기출

① 납 : 점토를 원료로 사용한 분말제품은 $50\mu g/g$ 이하, 그 밖의 제품은 $20\mu g/g$ 이하

② 니켈 : 눈화장용 제품은 $35\mu g/g$ 이하, 색조화장용 제품은 $30\mu g/g$ 이하, 그 밖의 제품은 $10\mu g/g$ 이하

③ 비소 : $10\mu g/g$ 이하

④ 수은 : $1\mu g/g$ 이하

⑤ 안티몬 : $10\mu g/g$ 이하

⑥ 카드뮴 : $5\mu g/g$ 이하

⑦ 디옥산 : $100\mu g/g$ 이하

⑧ 메탄올 : $0.2(v/v)\%$ 이하, 물휴지는 $0.002(v/v)\%$ 이하

⑨ 포름알데하이드 : $2000\mu g/g$ 이하, 물휴지는 $20\mu g/g$ 이하

⑩ 프탈레이트류(디부틸프탈레이트, 부틸벤질프탈레이트 및 디에칠헥실프탈레이트에 한함) : 총 합으로서 $100\mu g/g$ 이하

## 4. 미생물의 허용 한도 2019 기출

① 총호기성생균수는 영·유아용 제품류 및 눈화장용 제품류의 경우 500개/g(mL) 이하

② 물휴지의 경우 세균 및 진균수는 각각 100개/g(mL) 이하

③ 기타 화장품의 경우 1,000개/g(mL) 이하

④ 병원성 세균인 대장균(Escherichia Coli), 녹농균(Pseudomonas aeruginosa), 황색포도상구균(Staphylococcus aureus)은 불검출

---

**합격콕콕**

관련 법률에서 정하고 있는 원료 및 허용 한도, 미생물 한도 등은 시험에 출제될 가능성이 매우 높은 내용이므로 전반적으로 파악하여야 한다.

**개념톡톡**

미생물의 수는 균집락수(Colony Forming Unit ; CFU)을 측정한다.

**개념톡톡**

호기성 생균에는 세균과 진균이 포함된다.

## TOPIC 03 내용량의 기준

### 1. 목적

표시된 함량의 신뢰도 확보

### 2. 측정 및 규정 `2019 기출`

① 제품 3개를 가지고 시험할 때 그 평균 내용량이 표기량에 대하여 97% 이상(다만, 화장비누의 경우 건조중량을 내용량으로 함)
② ①의 기준치를 벗어날 경우 : 제품 6개를 더 취하여 총 9개의 평균 내용량이 ①의 기준치 이상
③ 그 밖의 특수한 제품 : 「대한민국약전」(식품의약품안전처 고시)을 따를 것

## TOPIC 04 개별 제품 기준

### 1. pH 기준

**개념톡톡** 🖐

pH 기준은 물을 포함하는 제품에 한해 관리된다.

① 대상 : 눈 화장용 제품류, 색조화장용 제품류, 두발용 제품류(샴푸, 린스 제외), 면도용 제품류(셰이빙 크림, 셰이빙 폼 제외), 기초화장용 제품류(클렌징 워터, 클렌징 오일, 클렌징 로션, 클렌징 크림 등 메이크업 리무버 제품 제외) 중 액, 로션, 크림 및 이와 유사한 제형
② 기준 : pH 3.0~9.0 `2021 기출`
③ 제외
　㉠ 물을 포함하지 않는 제품과 사용 후 곧바로 물로 씻어 내는 제품은 제외 `2021 기출`
　㉡ 세정 제품(영·유아용 샴푸, 영·유아용 린스, 영·유아 인체 세정용 제품, 영·유아 목욕용 제품)

### 2. 화장 비누 `2019 기출`

① 유리알칼리 0.1% 이하
② 유지류나 오일에 수산화나트륨들을 첨가하여 제조(이때 알카리성분이 0.1% 이하로 남아 있게 유지해야 함)

## 3. 영 · 유아 제품

① 영 · 유아 또는 어린이가 사용할 수 있는 화장품임을 표시 · 광고하려는
경우에는 제품별로 안전과 품질을 입증할 수 있는 다음의 자료(제품별
안전성 자료)를 작성 및 보관

㉠ 제품 및 제조방법에 대한 설명 자료

㉡ 화장품의 안전성 평가 자료

㉢ 제품의 효능 · 효과에 대한 증명 자료

② 연령 기준  2020 기출

㉠ 영 · 유아 : 만 3세 이하

㉡ 어린이 : 만 4세 이상부터 만 13세 이하까지

## 4. 퍼머넌트웨이브용 제품 및 헤어스트레이너 제품

① 사용 원리 : 모발의 구조 형성에 중요한 이황화 결합을 절단한 후 퍼머
혹은 스트레이트 형식의 구조로 변환하고 다시 이 황화결합을 생성시켜
구조를 유지하게 함

㉠ 제1제의 기능 : 모발 사이의 이황화결합을 절단(환원시킨다)

㉡ 안전 기준 : 퍼머넌트 제품

| 환원성 물질 | 치오글리콜릭애씨드 또는 그염류 | | |
|---|---|---|---|
| 사용 조건 | 냉 2욕식<br>(실온 사용) | 가온 2욕식<br>(60도 이하) | 냉 1욕식 |
| pH | 4.5~9.6 | 4.5~9.3 | 9.4~9.6 |
| 알카리<br>(0.1N 염산 소비) | 검체 1ml에서<br>7ml 이하 | 검체 1ml에서<br>5ml 이하 | 검체 1ml에서<br>3.5~4.6ml |
| 산성에서 끓인 후<br>환원성 물질 | 2~11% | 1~5% | 3.0~3.3% |
| 산성에서 끓인 후<br>환원성 물질 이외 환원성<br>물질 | 1ml 중<br>0.1N 요오드<br>소비<br>0.6ml 이하 | 1ml 중<br>0.1N 요오드<br>소비<br>0.6ml 이하 | 1ml 중<br>0.1N 요오드<br>소비<br>0.6ml 이하 |
| 환원 후의 환원성 물질 | 4% 이하 | 4% 이하 | 0.5% 이하 |
| 공통 | 중금속 20 ug/g, 비소 5ug/g, 철 2ug/g 이하 | | |

개념톡톡 👆

**퍼머넌트웨이브 및 스트레이너 제품
성분**

| 기능 | 종류 |
|---|---|
| 환원제 | 치오글리콜릭애씨드 및 염류<br>시스테인, 시스테인 염류 및<br>아세틸 시스테인 |
| 산화제 | 브롬산 나트륨, 과산화수소수 |

| 환원성 물질 | 시스테인, 시스테인염류 또는 아세틸시스테인 | |
|---|---|---|
| 사용 조건 | 냉 2욕식<br>(실온 사용) | 가온 2욕식<br>(60도 이하) |
| pH  2020 기출 | 8.0 ~9.5 | 4.0~9.5 |
| 알카리<br>(0.1N 염산 소비) | 검체 1ml에서<br>12 ml 이하 | 검체 1ml에서<br>9ml 이하 |
| 시스테인 | 3.0~7.5% | 1.5 ~5.5% |
| 환원 후의 환원성 물질 | 0.65% 이하 | 0.65% 이하 |
| 공통 | 중금속 20 ug/g, 비소 5ug/g, 철 2ug/g 이하 | |

ⓒ 제2제 : 모발사이의 이황화 결합 생성(산화시킨다)

| 산화제 | 브롬산나트륨 | 과산화수소수 |
|---|---|---|
| 사용 조건 | 냉 2욕식(실온 사용), 가온 2욕식(60도 이하), 냉 1욕식 | |
| pH | 4.0~10.5 | 2.5~4.5 |
| 중금속 | 20ug/g 이하 | |
| 산화력(1인 1회 분량) | 3.5 이상 | 0.8~3.0 |

ⓔ 제1제와 2제의 혼합 방식 : 혼합 후 40℃로 발열되어 사용하는 것, 온도는 14~20℃

| 환원성 물질 | 치오글리콜릭애씨드 또는 그염류 | |
|---|---|---|
| 사용 조건 | 1제의 1 발열2욕식<br>(1,2제 혼합 방식) | 1제의 1과 1제의 2를<br>3:1로 혼합 후 |
| pH | 4.5~9.5 | 4.5~9.4 |
| 알카리<br>(0.1N 염산 소비) | 검체 1ml에서<br>10ml 이하 | 검체 1ml에서<br>7ml 이하 |
| 산성에서 끓인 후<br>환원성 물질 | 8.0~19% | 2.0~11% |
| 산성에서 끓인 후<br>환원성 물질이외 환원성 물질 | 1ml 중<br>0.1N 요오드 소비<br>0.8ml 이하 | 1ml 중<br>0.1N 요오드 소비<br>0.6ml 이하 |
| 환원 후의 환원성 물질 | 0.5%이하 | 3.2~4% |
| 공통 | 중금속 20 ug/g, 비소 5ug/g, 철 2ug/g 이하 | |
| 산화제 | 과산화수소수 2.7~3% | |
| pH | 2.5~4.5 | |
| 중금속 | 20ug/g 이하 | |

② 시험 방법(제1제) : 치오글라이콜릭애씨드 2020 기출

ㄱ 알카리 : 검체 10ml에 물을 넣어 100ml로 제조. 이 검액 20ml에 0.1N 염산으로 적정하며 지시약의 생상의 변화를 관찰함(지시약 : 메칠레드시액 사용)

개념톡톡 👆

퍼머넌트웨이브 및 스트레이너 제품 조건

| 방식 | 온도 |
|---|---|
| 냉 2욕식 | 실온 사용 |
| 가온 2욕식 | 60도 이하 |
| 냉 1욕식 | 실온 사용 |

ⓛ 산성에서 끓인 후의 환원성 물질 : ㉠ 검액 20ml에 물 50%, 황산 5ml 넣고 가열하여 5분간 끓임. 식힌 다음 0.1N 요오드액으로 적정(지시약 : 전분시약 3ml). 소비량 'A'ml로 하면 함량(%)= 0.4606×A

ⓒ 산성에서 끓인 후의 환원성 물질 이외의 환원성 물질

- 물 50ml+30% 황산 5ml+0.1N 요오드액 25ml+㉠ 검액 20ml 섞고 15분간 방치[0.1N 치오황산나트륨액으로 적정(지시약 : 전분시액 3ml)]. 이때 소비량 'B'ml
- 물 70ml 에 30% 황산 5ml를 넣고 0.1N 요오드액 25ml 넣고 검액과 같은 방식으로 진행. 이때 소비량을 'C'ml
- 검체 1mL 중의 산성에서 끓인 후의 환원성 물질이외의 환원성 물질에 대한 0.1N 오드액의 소비량(mL)={(C−B)−A}/2

ⓔ 환원 후의 환원성 물질

- ㉠ 검액 20ml에 1N 염산 30ml, 아연가루 1.5g 넣어 교반 후 흡인여과
- 잔류물을 3회 세척한 액을 여액과 합함
- 이 액을 5분간 가열 후 식힘
- 0.1N 요오드액으로 적정(지시약 : 전분지시액 3ml) : 'D'ml
- 환원 후의 환원성 물질의 함량(%)=4.556×(D−A)/검체체취량(ml 또는 g)

③ **시험 방법(제1제) : 시스테인**

㉠ 시스테인

- 검체 10ml+물 40ml+5N 염산 20ml를 2시간 환류 후 물을 넣어 100ml로 제조
- 검액 20를 취해 묽은 염산으로 중화(지시약 : 메칠오렌지시액)
- 요오드화칼륨 4g 및 묽은 염산 5ml 넣음
- 0.1N 요오드액 10ml 넣고 암소 방치 후 치오황산 나트륨으로 적정(지시약 : 전분시액 3ml). 이때 소비량 'G'ml
- 검체 없는 공시액 : 'H'ml
- 시스테인의 함량(%)=1.2116×2×(H−G)

㉡ 환원 후의 환원성 물질(시스틴)

- 검체 10ml에 물을 넣어 100ml 검액 제조
- 검액 10ml에 1N 염산 30ml alc 아연가루 1.5g 넣고 교반 후 흡인 여과
- 잔류물을 3회 세척한 액을 여액과 합함
- 요오드화 칼륨 4g 넣고 녹임

- 0.1N 요오드액 10ml를 넣고 암소 방치
- 0.1N 치오황산나트륨으로 적정(지시약 : 전분시액 3ml). 이때 소비량을 'I'ml
- 검체 없는 공시액 : 'J'ml
- 따로 검액 10ml를 취하여 필요시 묽은 염산으로 중화(지시약 : 메칠오렌지시액)
- 요오드화칼륨 4g 및 묽은 염산 5ml를 넣어 녹임
- 0.1N 요오드액 10ml 넣고 20분간 암소 방치
- 0.1N 치오황산나트륨으로 적정(지시약 : 전분시액 1ml). 이때 소비량 : 'K'ml
- 검체 없는 공시액 : 'L'ml
- 환원 후의 환원성물질의 함량(%) $= 1.2015 \times \{(J-I)-(L-K)\}$

④ 시험 방법(제2제)
  ㉠ 산화력 : 브롬산나트륨 함유 제제
   - 1인 1회 분량의 1/10 검체에 물을 넣어 200ml로 제조
   - 이 용액 20ml를 취하고 묽은 황산 10ml를 넣음
   - 여기에 요오드화칼륨 시액 10ml를 넣고 5분간 이두운 곳에 방치
   - 0.1N 치오황산나트륨액으로 적정(지시약 : 전분시액 3ml). 이때 소비액 'E'ml
   - 1인 1회 분량의 산화력 $= 0.278 \times E$
  ㉡ 산화력 : 과산화수소수 함유 제제
   - 검체 1mL에 물 10ml 및 30% 황산 5ml 추가
   - 요오드화칼륨시액 5ml 넣고 30분간 어두운 곳 방치
   - 0.1N 치오황산나트륨으로 적정(지시약 : 전분시액 3ml). 이때 소비액 'F'ml
   - 1인 1회 분량의 산화력 $= 0.0017007 \times F \times$ 1인 1회 분량(ml)

※ 메칠레드, 메칠오렌지 시액 등은 pH의 변화에 따라서 색이 변하는 성질을 이용한다.
※ 전분시액은 요오드와 반응하여 청자색으로 변하는 성질을 이용한다.

## 1. 중금속 분석법 `2019 기출`

① 납 : 디티존법, 원자흡광분광기(AAS)법, 유도결합플라즈마분광기(ICP)법, 유도결합플라즈마 – 질량분석기(ICP – MS)법

② 니켈 : 원자흡광분광기(AAS)법, 유도결합플라즈마분광기(ICP)법, 유도결합플라즈마 – 질량분석기(ICP – MS)법

③ 비소 : 비색법, 원자흡광분광기(AAS)법, 유도결합플라즈마분광기(ICP)법, 유도결합플라즈마 – 질량분석기(ICP – MS)법

④ 안티몬 : 원자흡광분광기(AAS)법, 유도결합플라즈마분광기(ICP)법, 유도결합플라즈마 – 질량분석기(ICP – MS)법

⑤ 카드뮴 : 유도결합플라즈마 – 질량분석기(ICP – MS)법

⑥ 수은 : 수은분해장치를 이용한 방법, 수은분석기를 이용한 방법

※ 유도결합플라즈마 – 질량분석기(ICP – MS)법은 납, 니켈, 비소, 안티몬 등의 분석에 공통적으로 이용됨

## 2. 유해 유기물 분석

① 디옥산 : 기체크로마토그라피법

② 메탄올 : 푹신아황산법, 기체크로마토그라피법, 기체크로마토그라피 – 질량분석기법

③ 포름 알데히드 : 액체크로마토그래프법

④ 프탈레이트 : 기체크로마토그래프 – 수소염이온화검출기를 이용한 방법, 기체크로마토그래프 – 질량분석기를 이용한 방법

## 3. 화장품 미생물 한도 시험법

① 총호기성 생균수 시험 : 화장품 속의 호기성 세균과 진균수의 합을 확인하는 시험

② 시험 순서 : 검체 전처리 → 적합성 시험 → 본시험

③ 검체 전처리

　㉠ 목적 : 방부제 등을 충분히 희석하여 실험의 정확도 향상

　㉡ 방식 : 검체에 희석액, 분산제, 용매 등을 첨가하여 충분히 분산

　㉢ 희석 비율 : 1/10 정도

---

**개념톡톡** 👆

**미생물 한도 시험**

• 검체를 1/10로 희석한 후 0.1㎖를 도말한다.

• 고체 배지 콜로니 수의 100배에 해당하는 미생물 수가 화장품 검체 1㎖ 속에 있다.

④ 적합성 시험

    ㉠ 화장품 전처리 과정으로 항균물질이 충분히 중화되었는지 확인

    ㉡ 희석액과 배지가 오염되지 않았는지 무균상태 확인

⑤ 본시험 2020 기출

    ㉠ 세균

       • 배지 : 대두카제인소화액배지(액체) 혹은 대두카제인소화한천 배지(고체)

       • 조건 : 30~35℃, 48시간 배양 2021 기출

    ㉡ 진균

       • 배지 : 사부로포도당액체배지 혹은 사부로포도당한천배지(고체)

       • 조건 : 20~25℃, 5일간 배양 2021 기출

    ㉢ 한천 평판 도말법(고체 배지 위에 도말하는 방식)

       • 최소 2개의 평판 배지

       • 부피 : 0.1ml를 도말

    ㉣ 한천 평판 희석법(페트리 접시에 검액과 45℃로 식혀 액체 상태인 배지를 넣고 혼합하여 굳힘)

       • 최소 2개의 페드리 접시에 실험

       • 검액 1ml와 45℃로 식혀 액체 상태인 배지 15ml 혼합

    ㉤ 결과 해석 : 균집락수(Colony Forming Unit ; CFU)을 측정함

       예 CFU 88개란 0.1㎖ 도말한 희석 검체 내의 세균수이다. 희석 검체 내에는 880CFU/㎖의 세균이 존재한다. 희석 검체는 원래 화장품을 1/10 희석한 것이므로 원 화장품에는 8800CFU/㎖의 세균이 존재한다.

## 4. 인체 세포 배양액 안전기준

① 용어의 정의 2020 기출

    ㉠ 인체 세포 · 조직 배양액 : 인체에서 유래된 세포 또는 조직을 배양한 후 세포와 조직을 제거하고 남은 액

    ㉡ 공여자 : 배양액에 사용되는 세포 또는 조직을 제공하는 사람

    ㉢ 공여자 적격성검사 : 공여자에 대하여 문진, 검사 등에 의한 진단을 실시하여 해당 공여자가 세포 배양액에 사용되는 세포 또는 조직을 제공하는 것에 대해 적격성이 있는지를 판정

    ㉣ 윈도우 피리어드(window period) : 감염 초기에 세균, 진균, 바이러스 및 그 항원 · 항체 · 유전자 등을 검출할 수 없는 기간

**개념톡톡** 👆

인체에서 유래된 세포 또는 조직을 직접 사용하는 것은 불가하며, 배양 후 배양액만 사용 가능하다.

⑩ 청정등급 : 부유입자 및 미생물이 유입되거나 잔류하는 것을 통제
　　　　하여 일정 수준 이하로 유지되도록 관리하는 구역의 관리 수준을 정
　　　　한 등급

② 일반사항
　　　㉠ 누구든지 세포나 조직을 주고받으면서 금전 또는 재산상의 이익을
　　　　취할 수 없음
　　　㉡ 특정인의 세포 또는 조직을 사용하였다는 내용의 광고를 할 수 없음
　　　㉢ 체취 혹은 보존에 필요한 위생상의 관리가 가능한 의료기관에서 채
　　　　취된 것만 사용
　　　㉣ 채취하는 의료기관 및 인체 세포·조직 배양액을 제조하는 자는 업
　　　　무 수행에 필요한 문서화된 절차를 수립하고 유지해야 하며 그에 따
　　　　른 기록 보존
　　　㉤ 화장품 제조·수입자는 안전하고 품질이 균일한 인체 세포·조직
　　　　배양액이 제조될 수 있도록 관리·감독을 철저히 함

③ **공여자의 적격성검사**
　　　㉠ 공여자는 건강한 성인으로서 다음과 같은 감염증이나 질병으로 진
　　　　단되지 않아야 함
　　　　• B형간염바이러스(HBV), C형간염바이러스(HCV), 인체면역결
　　　　　핍바이러스(HIV), 인체T림프영양성바이러스(HTLV), 파보바이
　　　　　러스B19, 사이토메가로바이러스(CMV), 엡스타인 – 바 바이러
　　　　　스(EBV) 감염증
　　　　• 전염성 해면상뇌증 및 전염성 해면상뇌증으로 의심되는 경우
　　　　• 매독트레포네마, 클라미디아, 임균, 결핵균 등의 세균에 의한 감염증
　　　　• 패혈증 및 패혈증으로 의심되는 경우
　　　　• 세포·조직의 영향을 미칠 수 있는 선천성 또는 만성질환인 경우
　　　㉡ 의료기관에서는 윈도우 피리어드를 감안한 관찰기간 설정 등 공여
　　　　자 적격성검사에 필요한 기준서를 작성하고 이에 따라야 함

④ 세포·조직의 채취 및 검사 : 다음의 내용을 포함한 세포·조직 채취 및
　검사기록서 작성·보존 2020 기출
　　• 채취한 의료기관 명칭
　　• 채취 연월일
　　• 공여자 식별 번호
　　• 공여자의 적격성 평가 결과
　　• 동의서
　　• 세포 또는 조직의 종류, 채취 방법, 채취량, 사용한 재료 등의 정보

**개념톡톡** 👆

인체 세포 조직의 채취는 의료기관만
가능하지만 인체 세포 조직의 배양은
의료기관이 아니라도 가능하다.

⑤ 인체 세포·조직 배양액의 제조
  ㉠ 다음의 내용을 포함한 인체 세포·조직 배양액의 기록서를 작성·보존
    • 채취(보관을 포함한다)한 기관의 명칭
    • 채취 연월일
    • 검사 등의 결과
    • 세포 또는 조직의 처리 취급 과정
    • 공여자 식별 번호
    • 사람에게 감염성 및 병원성을 나타낼 가능성이 있는 바이러스 존재 유무 확인 결과
  ㉡ 인체 세포·조직 배양액 원료규격 기준서를 작성하고, 인체에 대한 안전성이 확보된 물질 여부를 확인해야 하며, 이에 대한 근거 자료를 보존
  ㉢ 제조기록서는 다음의 사항이 포함되도록 작성·보존
    • 제조번호, 제조연월일, 제조량
    • 사용한 원료의 목록, 양 및 규격
    • 사용된 배지의 조성, 배양 조건, 배양 기간, 수율
    • 각 단계별 처리 및 취급 과정
  ㉣ 인체 세포·조직 배양액 제조 과정에 대한 작업 조건, 기간 등에 대한 제조관리 기준서를 포함한 표준지침서를 작성하고 이에 따라야 함

⑥ 인체 세포·조직 배양액의 시험검사
  ㉠ 인체 세포·조직 배양액의 품질을 확보하기 위하여 다음의 항목을 포함한 인체 세포·조직 배양액 품질관리 기준서를 작성하고 이에 따라 품질검사를 해야 함
    • 성상
    • 무균시험
    • 마이코플라스마 부정시험
    • 외래성 바이러스 부정시험
    • 확인시험
    • 순도시험(기원 세포 및 조직 부재시험 등)
  ㉡ 품질관리에 필요한 각 항목별 기준 및 시험 방법은 과학적으로 그 타당성이 인정돼야 함
  ㉢ 인체 세포·조직 배양액의 품질관리를 위한 시험검사는 매 제조번호마다 실시하고, 그 시험성적서를 보존해야 함

※ 문항 출처 : 식품의약품안전처 맞춤형화장품조제관리사 교수·학습 가이드('20.12.30.)

PART 01

PART 02

PART 03

PART 04

PART 05

PART 06

**01** 〈보기〉는 맞춤형화장품판매업자의 준수사항의 일부이다. (          ) 안에 들어갈 말로 옳은 것은?

┤ 보기 ├

최종 혼합, 소분된 맞춤형화장품은 소비자에게 제공되는 '유통화장품'이므로 그 안전성을 확보하기 위하여 화장품법 제8조 및 식품의약품안전처 고시 ( ㉠ )의 제6조에 따른 ( ㉡ )을/를 준수해야 한다.

| | ㉠ | ㉡ |
|---|---|---|
| ① | 화장품 안전기준 등에 관한 규정 | 유통화장품의 안전관리기준 |
| ② | 우수화장품 제조 및 품질관리 기준 | 화장품 안전기준 등에 관한 규정 |
| ③ | 유통화장품의 안전관리기준 | 화장품의 색소 종류와 기준 및 시험방법 |
| ④ | 화장품 전성분 표시지침 | 화장품 중 배합금지성분 분석법 |
| ⑤ | 우수화장품 제조 및 품질관리 기준 | 유통화장품의 안전관리기준 |

정답 | ①

해설 | 화장품 안전기준 등에 대한 규정의 제6조에 따른 유통화장품의 안전관리기준은 국내에서 제조, 수입 또는 유통되는 모든 화장품에 대하여 적용한다. 책임판매업자가 유통하는 화장품뿐만 아니라 맞춤형화장품에도 해당한다.

**02** 〈보기〉에서 맞춤형화장품 조제에 필요한 원료 및 내용물 관리에 대한 옳은 설명을 모두 고른 것은?

┤ 보기 ├

ㄱ. 내용물 및 원료의 제조번호를 확인한다.
ㄴ. 내용물 및 원료의 입고 시 품질관리 여부를 확인한다.
ㄷ. 내용물 및 원료의 사용기한 또는 개봉 후 사용기한을 확인한다.
ㄹ. 내용물 및 원료 정보는 기밀이므로 소비자에게 설명하지 않을 수 있다.
ㅁ. 책임판매업자와 계약한 사항과 별도로 내용물 및 원료의 비율을 다르게 할 수 있다.

① ㄱ, ㄴ, ㄷ          ② ㄱ, ㄴ, ㄹ          ③ ㄱ, ㄷ, ㅁ
④ ㄴ, ㅁ, ㄹ          ⑤ ㄷ, ㅁ, ㄹ

정답 | ①

해설 | ㄹ. 맞춤형화장품의 내용물 및 원료 정보를 소비자에게 설명하여야 한다.
     ㅁ. 책임판매업자와 계약한 사항에 맞추어 내용물 및 원료의 비율을 정해야 한다.

**03** 다음 〈품질성적서〉는 화장품 책임판매업자로부터 수령한 맞춤형화장품의 시험 결과이고, 〈보기〉는 2중 기능성 화장품 제품의 전성분 표시이다. 이를 바탕으로 맞춤형화장품 조제관리사 A가 고객 B에게 할 수 있는 상담으로 옳은 것은?

〈품질성적서〉

| 시험 항목 | 시험 결과 |
|---|---|
| 아데노신(Adenosine) | 104% |
| 에칠아스코빌에텔(Ethyl Ascorbyl Ether) | 95% |
| 납(Lead) | 10㎍/g |
| 비소(Arsenic) | 불검출 |
| 수은(Mercury) | 불검출 |
| 포름알데하이드(Formaldehyde) | 불검출 |

┤ 보기 ├

정제수, 글리세린, 다이메치콘, 스테아릭애씨드, 스테아릴알코올, 폴리솔베이트60, 솔비탄올리에이트, 하이알루로닉애씨드, 에칠아스코빌에텔, 페녹시에탄올, 아데노신, 아스코빌글루코사이드, 카보머, 트리에탄올아민, 스쿠알란

① B : 이 제품은 자외선 차단 효과가 있습니까?
  A : 네. 2중 기능성 화장품으로 자외선 차단 효과가 있습니다.
② B : 이 제품 성적서에 납이 검출된 것으로 보이는데 판매 가능한 제품인가요?
  A : 죄송합니다. 당상 판매 금시 후 책임판매사를 통하여 회수 조치하도록 하겠습니다.
③ B : 이 제품은 성적서를 보니까 보존제 무첨가 제품으로 보이네요?
  A : 네. 저희 제품은 모두 보존제를 사용하지 않습니다. 안심하고 사용하셔도 됩니다.
④ B : 요즘 주름 때문에 고민이 많네요. 이 제품은 주름 개선에 도움이 될까요?
  A : 네. 이 제품은 주름뿐만 아니라 미백에도 도움을 주는 기능성 화장품입니다.
⑤ B : 이 제품은 아데노신이 104%나 함유되어 있네요? 더 좋은 제품인가요?
  A : 네. 아데노신이 100% 넘게 함유된 제품으로 미백에 더욱 큰 효과를 주는 제품입니다.

정답 | ④
해설 | 주름개선 기능성 고시 성분인 아데노신을 사용하고, 미백 기능성 고시 성분인 에틸아스코빌에텔과 아스코빌글루코사이드를 사용하고 있으므로 고객에게 할 수 있는 상담은 ④이다.
  ① 전성분에 자외선차단 성분은 없다.
  ② 납의 허용한도는 20ug/g으로 적합하다.
  ③ 페녹시 에탄올의 보존제를 사용하였다.
  ⑤ 아데노신은 주름개선 기능성 화장품이다 표시량의 90% 이상을 함유해야 한다.

**04** 〈보기〉는 우수화장품 제조 및 안전관리 기준(CGMP) 제21조 및 제22조의 내용이다. 검체의 채취 및 보관과 폐기처리 기준을 모두 고른 것은?

---
보기
---

ㄱ. 완제품의 보관용 검체는 적절한 보관조건하에 지정된 구역 내에서 제조단위별로 사용기한 경과 후 1년간 보관하여야 한다. 다만, 개봉 후 사용기간을 기재하는 경우에는 제조일로부터 3년간 보관하여야 한다.

ㄴ. 재작업은 그 대상이 다음 각 호를 모두 만족한 경우에 할 수 있다. 1. 변질·변패 또는 병원미생물에 오염되지 아니한 경우, 2. 제조일로부터 2년이 경과하지 않았거나 사용기한이 1년 이상 남아있는 경우

ㄷ. 원료와 포장재, 벌크제품과 완제품이 적합판정기준을 만족시키지 못할 경우 "기준일탈 제품"으로 지칭한다. 기준일탈 제품이 발생했을 때는 신속히 절차를 정하고, 정한 절차를 따라 확실한 처리를 하고 실시한 내용을 모두 문서에 남긴다.

ㄹ. 재작업의 절차 중 품질이 확인되고 품질보증책임자의 승인을 얻을 수 있을 때까지 재작업품은 다음 공정에 사용할 수 없고 출하할 수 없다.

ㅁ. 품질에 문제가 있거나 회수·반품된 제품의 폐기 또는 재작업 여부는 화장품책임판매업자에 의해 승인되어야 한다.

① ㄱ, ㄷ　　　　　　　② ㄱ, ㄹ　　　　　　　③ ㄴ, ㄹ
④ ㄴ, ㅁ　　　　　　　⑤ ㄷ, ㅁ

정답 | ②

해설 | ㄴ. 재작업은 그 대상이 다음의 경우를 모두 만족한 경우에 할 수 있다.
　　　• 변질·변패 또는 병원미생물에 오염되지 아니한 경우
　　　• 제조일로부터 1년이 경과하지 않았거나 사용기한이 1년 이상 남아있는 경우
　　ㄷ. 기준일탈 제품이 발생하였을 때는 미리 정해진 절차에 따라서 해야 한다(신속히 절차를 정하는 것이 아님).
　　ㅁ. 품질에 문제가 있거나 회수·반품된 제품의 폐기 또는 재작업 여부는 품질보증책임자에 의해 승인되어야 한다.

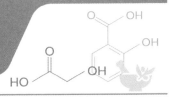

**01** 화장품의 미생물 한도 시험에서 검체를 전처리할 때 분산제, 용매 등을 이용하여 충분히 분산시킨다. 이때의 희석 비율은?

① 1/2                  ② 1/5                  ③ 1/10

④ 1/100             ⑤ 1/1,000

**해설** 제품 내의 방부제를 충분히 희석하여 실험의 정확도를 향상하기 위해서 검체를 희석하며 이때 희석 비율은 1/10이다.

**02** 화장품의 미생물 한도 시험에서 진균의 수를 확인하기 위한 배양 조건으로 적합한 것은?

① 사부로포도당한천배지(고체) : 20~25℃

② 사부로포도당한천배지(고체) : 30~35℃

③ 대두카제인소화한천배지(고체) : 20~25℃

④ 대두카제인소화한천배지(고체) : 35~45℃

⑤ 사부로포도당한천배지(고체) : 35~45℃

**해설** 참고로 세균의 경우 대두카제인소화한천배지(고체)는 30~35℃가 적절하고 진균의 경우 사부로포도당한천배지(고체)는 20~25℃가 적절하다.

**03** 다음 중 인체세포배양액을 화장품 원료로 사용할 경우 인체세포배양액의 안전기준과 거리가 <u>먼</u> 것은?

① 인체 세포 · 조직 배양액은 인체에서 유래된 세포 또는 조직을 배양한 후 세포와 조직을 분쇄한 액이다.

② 공여자 적격성검사는 공여자에 대하여 문진, 검사 등에 의한 진단을 실시하여 해당 공여자가 세포배양액에 사용되는 세포 또는 조직을 제공하는 것에 대해 적격성이 있는지를 판정한다.

③ 누구든지 세포나 조직을 주고받으면서 금전 또는 재산상의 이익을 취할 수 없다.

④ 특정인의 세포 또는 조직을 사용하였다는 내용의 광고를 할 수 없다.

⑤ 채취 혹은 보존에 필요한 위생상의 관리가 가능한 의료기관에서 채취된 것만을 사용한다.

**해설** 인체 세포 · 조직 배양액은 인체에서 유래된 세포 또는 조직을 배양한 후 세포와 조직을 제거하고 남은 액을 말한다.

**04** 퍼머넌트웨이브 제품에서 모발 사이의 이황화결합을 절단하는 화학적 과정을 뜻하는 용어와 그 소재가 바르게 연결된 것은?

① 산화 – 치오글리콜릭애씨드  ② 환원 – 시스테인  ③ 중화 – 과산화수소

④ 산화 – 시스테인  ⑤ 환원 – 브롬산나트륨

해설 모발 사이의 이황화결합을 절단하는 과정을 환원이라 하며, 이런 화학적 반응은 환원제에 의해서 일어난다. 환원제로는 치오글리콜릭애씨드와 시스테인 등이 사용된다. 참고로 모발의 구조를 변화시킨 후 다시 이황화결합을 생성시키는 과정을 산화라 하며, 과산화수소나 브롬산나트륨이 사용된다.

**05** 다음 퍼머넌트웨이브 제품의 안전기준에서 가장 높은 pH 범위를 보이는 것은?

① 냉 2욕식 – 치오글리콜산  ② 가온 2욕식 – 치오글리콜산  ③ 냉 2욕식 – 시스테인

④ 가온 2욕식 – 시스테인  ⑤ 냉 1욕식 – 치오글리콜산

해설 냉 1욕식 – 치오글리콜산의 안전기준은 pH 9.4~9.6으로 ①~⑤ 중 가장 높다.
　　① 냉 2욕식 – 치오글리콜산 : pH 4.5~9.6
　　② 가온 2욕식 – 치오글리콜산 : pH 4.5~9.3
　　③ 냉 2욕식 – 시스테인 : pH 8.0~9.5
　　④ 가온 2욕식 – 시스테인 : pH 4.5~9.5

**06** 우수화장품 제조 및 품질관리 기준의 4대 기준서에서 해당 품목의 모든 정보를 포함하는 기준서는?

① 제품표준서  ② 제조관리기준서  ③ 품질관리기준서

④ 제조위생관리기준서  ⑤ 제조지시서

해설 제품표준서는 제품명, 효능ㆍ효과, 원료명, 제조지시서 등 해당 품목의 모든 정보를 포함한다.

**07** 원료 및 포장재의 입고 관리기준에 적합한 조치를 〈보기〉에서 모두 고르면?

┤ 보기 ├

ㄱ. 원자재 공급자에 대한 관리감독을 적절히 수행
ㄴ. 구매요구서, 원자재 공급업체 성적서 및 현품이 서로 일치하는지 확인
ㄷ. 육안 확인 시 물품에 결함이 있을 경우 재작업 실시
ㄹ. 원자재 용기에 제조번호가 없는 경우에는 원자재 공급업자에게 반송
ㅁ. 입고된 원자재는 "적합", "부적합", "검사 중" 등으로 상태를 표시

① ㄱ, ㄴ, ㄷ  ② ㄱ, ㄷ, ㄹ  ③ ㄱ, ㄴ, ㅁ

④ ㄴ, ㅁ, ㄹ  ⑤ ㄷ, ㅁ, ㄹ

해설 ㄷ. 원자재 입고 절차 중 육안 확인 시 물품에 결함이 있을 경우 입고를 보류하고 격리보관 및 폐기하거나 원자재 공급업자에게 반송하여야 한다.
　　ㄹ. 원자재 용기에 제조번호가 없는 경우에는 관리번호를 부여하여 보관하여야 한다.

**08** 작업소의 시설에 관한 규정 중 거리가 <u>먼</u> 것은?

① 제조하는 화장품의 종류·제형에 따라 적절히 구획·구분되어 있어 교차오염 우려가 없을 것

② 바닥, 벽, 천장은 가능한 청소하기 쉽게 매끄러운 표면을 지니고 소독제 등의 부식성에 저항력이 있을 것

③ 외부와 연결된 창문은 가능한 열리지 않도록 할 것

④ 수세실과 화장실은 접근이 쉽도록 하여 생산구역과 분리되지 않게 할 것

⑤ 제품의 오염을 방지하고 적절한 온도 및 습도를 유지할 수 있는 공기조화시설 등 적절한 환기시설을 갖출 것

> 해설 수세실과 화장실은 접근이 쉬워야 하나 생산구역과는 분리되어 있어야 한다.

**09** 〈보기〉에서 입고된 이후 원료, 내용물 및 포장재 보관 과정에서 기준일탈 제품의 처리 원칙에 적합한 조치를 <u>모두</u> 고르면?

┤ 보기 ├

ㄱ. 기준일탈 제품은 내용물과 포장재가 적합판정기준을 만족시키지 못한 경우를 의미한다.

ㄴ. 사용기한이 1년 이내로 남은 제품은 재작업할 수 있다.

ㄷ. 변질·변패 또는 병원미생물에 오염되지 아니한 경우에만 재작업할 수 있다.

ㄹ. 기준일탈 제품은 재작업할 수 없다.

ㅁ. 기준일탈 제품은 폐기하는 것이 가장 바람직하나 폐기하면 큰 손해가 되는 경우 재작업이 가능하다.

① ㄱ, ㄴ, ㄷ          ② ㄱ, ㄷ, ㄹ          ③ ㄱ, ㄷ, ㅁ

④ ㄴ, ㅁ, ㄹ          ⑤ ㄷ, ㅁ, ㄹ

> 해설 ㄴ. 제조일로부터 1년이 경과하지 않았거나 사용기한이 1년 이상 남아 있는 경우, 변질·변패 또는 병원미생물에 오염되지 아니한 경우에 재작업이 가능하다.
> ㄹ. 폐기하면 큰 손해인 경우, 제품 품질에 악영향을 주지 않는 경우에 한하여 재작업이 가능하다.

**10** 〈보기〉 중 우수화장품 제조기준에서 정의하는 주요 용어의 의미가 바르게 연결된 것을 고르면?

┤ 보기 ├

ㄱ. 일탈 : 제조 또는 품질관리 활동 등의 미리 정하여진 기준을 벗어나 이루어진 행위이다.

ㄴ. 제조 : 물질의 칭량부터 혼합, 충전(1차 포장), 2차 포장 및 표시 등의 일련의 작업이다.

ㄷ. 포장재 : 화장품의 포장에 사용되는 모든 재료를 말하며 주로 운송을 위해 사용되는 외부 포장재에 해당한다.

ㄹ. 제조소 : 제품, 원료 및 포장재의 수령, 보관, 제조, 관리 및 출하를 위해 사용되는 물리적 장소, 건축물 및 보조 건축물이다.

ㅁ. 벌크 제품 : 충전(1차 포장) 이전의 제조 단계까지 끝낸 제품

① ㄱ, ㄴ, ㅁ          ② ㄱ, ㄷ, ㄹ          ③ ㄱ, ㄷ, ㅁ

④ ㄴ, ㄷ, ㅁ          ⑤ ㄷ, ㅁ, ㄹ

> 해설 ㄷ. 포장재란 화장품의 포장에 사용되는 모든 재료를 말하며 운송을 위해 사용되는 외부 포장재는 제외한 것이다. 제품과의 직접적 접촉 여부에 따라 1차 또는 2차 포장재로 구분한다.
> ㄹ. 제조소는 화장품을 제조하기 위한 장소이며 주어진 설명은 건물에 대한 것이다.

**11** 다음 중 차압을 통해 작업실 공기의 흐름을 조절할 때 가장 낮은 압력을 유지하여 외부로의 공기 흐름을 차단해야 하는 작업실은?

① 제조실        ② 충전실        ③ 원료 칭량실

④ 악취 · 분진 발생 시설        ⑤ 내용물 보관소

해설   주변을 오염시킬 우려가 있는 작업실은 음압으로 관리하여 공기가 시설 밖으로 나가지 않게 해야 한다.


**12** 작업장 내 직원의 위생 기준과 거리가 <u>먼</u> 것은?

① 청정도에 맞는 적절한 작업복, 모자 및 신발을 착용하고 필요할 경우는 마스크, 장갑을 착용한다.
② 피부에 외상이 있거나 질병에 걸린 직원은 화장품의 품질에 영향을 주지 않는다는 의사의 소견이 있기 전까지는 화장품과 직접적으로 접촉되지 않도록 격리되어야 한다.
③ 작업 전에 복장 점검을 하고 적절하지 않을 경우는 시정한다.
④ 방문객과 훈련받지 않은 직원도 필요한 보호 설비를 갖춘다면 안내자 없이 접근 가능하다.
⑤ 음식물을 반입해서는 안 된다.

해설   방문객과 훈련받지 않은 직원은 안내자 없이는 접근이 허용되지 않는다.


**13** 완제품의 보관용 검체를 보관하는 방법과 거리가 <u>먼</u> 것은?

① 제품이 가장 안정한 조건에서 보관한다.
② 각 뱃치를 대표하는 검체를 보관한다.
③ 일반적으로는 각 뱃치별로 제품 시험을 2번 실시할 수 있는 양을 보관한다.
④ 사용기한 경과 후 3년간 또는 개봉 후 사용기간을 기재하는 경우에는 제조일로부터 1년간 보관한다.
⑤ 제품을 그대로 보관한다.

해설   사용기한 경과 후 1년간 또는 개봉 후 사용기간을 기재하는 경우에는 제조일로부터 3년간 보관한다.


**14** 〈보기〉 중 작업장의 위생 유지를 위한 세제 및 소독제의 규정으로 적합한 것은?

| 보기 |

ㄱ. 청소와 세제와 소독제는 확인되고 효과적이어야 한다.
ㄴ. 분해할 수 있는 설비는 분해해서 세척한다.
ㄷ. 증기세척은 표면의 이상을 초래할 수 있어서 사용하지 않는다.
ㄹ. 잔류하거나 적용하는 표면에 이상을 초래하지 아니하여야 한다.
ㅁ. 항상 세제를 사용하여 세척하여야 한다.

① ㄱ, ㄴ, ㄷ        ② ㄱ, ㄴ, ㄹ        ③ ㄱ, ㄷ, ㅁ

④ ㄴ, ㄷ, ㅁ        ⑤ ㄷ, ㅁ, ㄹ

해설   ㄷ. 증기세척은 권장되는 형식의 세척 방법이다.
      ㅁ. 가능한 한 세제를 사용하지 않는다.

정답   11 ④   12 ④   13 ④   14 ②

**15** 〈보기〉 중 각 설비에 대한 세척을 위한 조건과 구성 재질에 대한 내용으로 적합한 것은?

┤ 보기 ├

ㄱ. 탱크 : 제조물과의 반응으로 부식을 고려하여 정기 교체 가능한 소재를 사용한다.
ㄴ. 교반장치 : 믹서를 설치할 모든 젖은 부분 및 탱크와의 공존이 가능한지를 확인한다.
ㄷ. 제품 충전기 : 제품에 의해서나 어떠한 청소 또는 위생처리작업에 의해 부식되거나 분해되거나 스며들게 해서는 안 된다.
ㄹ. 교반장치 : 제품과의 접촉을 고려하여 제품의 품질에 영향을 미치지 않는 패킹과 윤활제를 사용한다.
ㅁ. 칭량장치 : 계량적 눈금의 노출된 부분들은 칭량 작업에 간섭하지 않는다면 보호적인 피복제를 사용한다.

① ㄱ, ㄴ, ㄷ      ② ㄱ, ㄴ, ㄹ      ③ ㄱ, ㄷ, ㅁ
④ ㄴ, ㄷ, ㅁ      ⑤ ㄷ, ㄹ, ㅁ

해설 ㄱ. 탱크는 제조물과 반응하여 부식이 일어나지 않는 소재를 사용한다.
ㄹ. 교반장치는 봉인(seal)과 개스킷에 의해서 제품과의 접촉으로부터 분리되어 있는 내부 패킹과 윤활제를 사용한다.

**16** 다음 중 화장품을 제조하면서 비의도적으로 유도된 물질의 검출 허용 한도에 대한 안전관리 기준이 <u>없는</u> 것은?

① 수은      ② 안티몬      ③ 산화철
④ 디옥산      ⑤ 비소

해설 비소 10ppm 이하, 안티몬 10ppm 이하, 수은 1ppm 이하, 디옥산 100ppm 이하로 유지되어야 한다. 산화철은 착색제로 사용된다.

**17** 화장품을 제조하면서 비의도적으로 유도된 물질의 검출 허용 한도로 적합한 것은?

① 디옥산 : 1,000ppm 이하
② 납 : 점토를 원료로 사용한 분말제품은 100ppm 이하, 그 밖의 제품은 200ppm 이하
③ 수은 : 10ppm 이하
④ 비소 : 10ppm 이하
⑤ 안티몬 : 100ppm 이하

해설 디옥산 100ppm 이하, 수은 1ppm 이하 , 안티몬 10ppm 이하, 납은 점토를 원료로 사용한 분말제품의 경우 50ppm 이하, 그 밖의 제품은 20ppm 이하로 유지되어야 한다.

**18** 화장품 제품 내 미생물 한도 기준으로 적합한 것은?

① 눈 화장용 제품류 : 500개/g
② 어린이 제품 : 1,000개/g
③ 크림 : 2,000개/g
④ 에센스 : 3,000개/g
⑤ 토너 : 5,000개/g

해설 병원성 미생물(화농균, 녹농균, 대장균)은 검출되면 안 되고, 어린이 제품과 눈 화장용 제품은 500개/g이며 기타 제품은 1,000개/g이다.

정답   **15** ④   **16** ③   **17** ④   **18** ①

**19** 제품의 pH 관리 기준 중 pH 3.0~9.0으로 유지되어야 하는 제품이 <u>아닌</u> 것은?

① 셰이빙 폼   ② 에센스   ③ 헤어젤
④ 바디로션   ⑤ 영양 크림

해설 셰이빙 폼처럼 곧바로 물로 씻어내는 제품은 제외한다.

**20** 유통화장품 안전관리기준에서 물휴지의 경우 세균 및 진균수의 한도는 최대 얼마인가?

① 10개/g   ② 50개/g   ③ 100개/g
④ 1,000개/g   ⑤ 2,000개/g

해설 물휴지는 기타 화장품보다 세균 및 진균수에 대해 엄격한 관리기준인 100개/g 이하의 한도를 가진다.

**21** 유통화장품 안전관리기준 중 내용량 기준에서 빈칸 ㉠과 ㉡에 각각 들어갈 말로 옳은 것은?

> • 제품 ( ㉠ )개를 가지고 시험할 때 그 평균 내용량이 표기량에 대하여 97% 이상(다만, 화장비누의 경우 건조중량을 내용량으로 한다)
> • 기준치를 벗어날 경우 : ( ㉡ )개의 평균 내용량이 제1호의 기준치 이상

① ㉠ 3, ㉡ 6   ② ㉠ 3, ㉡ 9   ③ ㉠ 4, ㉡ 8
④ ㉠ 5, ㉡ 8   ⑤ ㉠ 5, ㉡ 10

해설 제품 3개로 측정한 후 기준치를 벗어나는 경우 6개를 더 취하여 총 9개의 평균 내용량을 측정한다.

**22** 유통화장품 안전관리 기준 중 허용되는 유해물질의 오염 발생 사례에 해당하지 <u>않는</u> 것은?

① 화장품을 제조하면서 오염물질을 인위적으로 첨가하지 않는 경우
② 제조 중 포장재로부터 이행되는 등 비의도적으로 유래된 경우
③ 보관 과정 중 포장재로부터 이행되는 등 비의도적으로 유래된 경우
④ 기술적으로 완전한 제거가 불가능한 경우
⑤ 제거 비용이 많이 발생하는 경우

해설 기술적으로 제거가 가능하다면 비용과 무관하게 제거하여야 한다.

**23** 다음 중 화장품을 제조하면서 비의도적으로 유도된 물질의 검출 허용 한도에 대한 안전관리 기준이 <u>없는</u> 것은?

① 디옥산   ② 메탄올   ③ 포름알데하이드
④ 아보벤존   ⑤ 프탈레이트류

해설 아보벤존은 유기자외선 차단제 성분으로 사용된다.

PART 01
PART 02
PART 03
PART 04
PART 05
PART 06

정답  19 ①  20 ③  21 ②  22 ⑤  23 ④

**24** 유통화장품 안전관리기준상 일반적인 화장품이 유지하여야 하는 pH의 범위는? (단, 물을 포함하지 않는 제품과 사용한 후 곧바로 물로 씻어 내는 제품은 제외)

① pH 2.0~8.0          ② pH 4.0~8.0          ③ pH 3.0~9.0

④ pH 4.0~10.0         ⑤ pH 5.0~8.0

해설 일반적인 화장품은 pH 3.0~9.0을 유지해야 한다.


**25** 유통화장품 안전기준 등에 관한 규정에서 포름알데하이드 성분을 분석할 수 있는 방법으로 가장 적절한 것은?

① 디티존법

② 원자흡광광도법

③ 유도결합플라즈마분광기

④ 유도결합플라즈마 – 질량분석기를 이용한 방법(ICP – MS)

⑤ 액체크로마토그라피법

해설 액체크로마토그라피법을 제외한 나머지는 주로 중금속 성분을 분석하는 데 사용된다.


**26** 우수화장품제조기준 중 화장품 작업장 내 직원의 위생 기준에 적합한 것은?

> ㄱ. 청정도에 맞는 적절한 작업복, 모자와 신발을 착용하고 필요할 경우는 마스크, 장갑을 착용한다.
> ㄴ. 피부에 외상이 있거나 질병에 걸린 직원은 마스크, 장갑을 착용한다.
> ㄷ. 음식물 반입은 불가능하다.
> ㄹ. 방문객과 훈련받지 않은 직원은 필요한 보호 설비를 갖춘다면 안내자 없이도 접근이 가능하다.
> ㅁ. 적절한 위생관리 기준 및 절차를 마련하고 제조소 내의 모든 직원은 이를 준수해야 한다.

① ㄱ, ㄴ, ㄷ          ② ㄱ, ㄴ, ㅁ          ③ ㄴ, ㄷ, ㅁ

④ ㄷ, ㄹ, ㅁ          ⑤ ㄱ, ㄷ, ㅁ

해설 ㄴ. 피부에 외상이 있거나 질병에 걸린 직원은 화장품과 직접적으로 접촉되지 않도록 격리되어야 한다.
　　 ㄹ. 방문객과 훈련받지 않은 직원은 안내자 없이는 접근이 불가능하다.


**27** 다음 중 보관용 검체의 주의사항으로 적합한 것은?

① 제품을 그대로 보관한다.

② 각 뱃치보다는 하나의 제품에 하나의 검체를 보관한다.

③ 일반적으로는 각 뱃치별로 제품 시험을 1번 실시할 수 있는 양을 보관한다.

④ 사용기한 경과 후 1년간 또는 개봉 후 사용기간을 기재하는 경우에는 제조일로부터 2년간 보관한다.

⑤ 제품에 가장 가혹한 조건에서 보관한다.

해설 ② 배치마다 대표 제품을 보관한다.
　　 ③ 2번 실시할 수 있는 양을 보관한다.
　　 ④ 제조일로부터 3년간 보관한다.
　　 ⑤ 가장 안정한 조건에서 보관한다.

---

정답　24 ③　25 ⑤　26 ⑤　27 ①

**28** 원자재 용기 및 시험기록서의 필수적인 기재사항이 <u>아닌</u> 것은?

① 원자재 공급자가 정한 제품명

② 원자재 공급자명

③ 수령일자

④ 공급자가 부여한 제조번호 또는 관리번호

⑤ 공급자가 부여한 사용기한

해설 공급자가 부여한 사용기한은 기재하지 않아도 된다.

**29** 다음 〈보기〉의 우수화장품 품질관리기준에서 기준일탈 제품의 폐기 처리 순서를 나열한 것으로 옳은 것은?

┤ 보기 ├

ㄱ. 격리 보관
ㄴ. 기준일탈 조사
ㄷ. 시험, 검사, 측정에서 기준일탈 결과 나옴
ㄹ. 폐기처분 또는 재작업 또는 반품
ㅁ. 기준일탈 제품에 불합격 라벨 첨부
ㅂ. 시험, 검사, 측정의 틀림없음 확인
ㅅ. 기준일탈의 처리

① ㄷ → ㄴ → ㅂ → ㅅ → ㄹ → ㄱ → ㅁ

② ㅁ → ㄴ → ㅂ → ㄷ → ㅅ → ㄱ → ㄹ

③ ㅅ → ㄴ → ㄹ → ㄷ → ㅁ → ㅂ → ㄱ

④ ㄷ → ㄴ → ㅂ → ㅅ → ㅁ → ㄱ → ㄹ

⑤ ㅅ → ㄴ → ㅂ → ㄷ → ㅁ → ㄹ → ㄱ

해설 기준일탈 조사란 일탈 원인에 대해서 조사를 실시하고 시험결과를 재확인하는 과정이다. 측정에서 일탈 결과가 나올 경우 기준일탈을 조사하게 된다. 측정이 틀림없음이 확인되면 기준일탈의 처리를 진행한다.

**30** 장업장의 설비 세척의 원칙과 거리가 <u>먼</u> 것은?

① 위험성이 없는 용제(물이 최적)로 세척한다.

② 가능한 한 세제를 사용하지 않는다.

③ 증기 세척은 좋은 방법이다.

④ 브러시 등은 파손을 고려하여 사용하지 않는다.

⑤ 분해할 수 있는 설비는 분해해서 세척한다.

해설 가능하면 브러시 등으로 문질러 지우는 것을 고려한다.

**31** 제조시설의 청정도 등급 중 포장재 보관소는 어떤 등급으로 관리되어야 하는가?

① 1등급      ② 2등급      ③ 3등급

④ 4등급      ⑤ 5등급

해설 포장재 보관소와 같이 내용물이 완전 폐색되는 일반작업실은 4등급으로 관리한다.

PART 01

PART 02

PART 03

PART 04

PART 05

PART 06

**32** 방충 및 방서의 방법으로 틀린 것은?

① 배기구, 흡기구에 필터를 단다.
② 개방할 수 있는 창문을 만든다.
③ 문 하부에는 스커트를 설치한다.
④ 골판지, 나무 부스러기를 방치하지 않는다.
⑤ 실내압을 외부보다 높인다.

해설 개방할 수 있는 창문은 만들지 않는다.


**33** 다음 〈보기〉에서 설명하는 공기조절 장치에 사용되는 필터는?

┤ 보기 ├

• Hepa Filter 전처리용 　　　　　　　　　• 필터 입자 0.5um

① Pre filter　　　　　② Pre Bag filter　　　　　③ Ultra filter
④ Medium Bag filter　　　⑤ Nano Filter

해설 Medium Bag filter는 빌딩의 공기정화나 산업공장 등에도 이용된다.


**34** 우수화장품의 제조관리 기준에서 원료 물질의 총량부터 혼합, 충전(1차 포장), 2차 포장 및 표시 등의 일련의 작업을 뜻하는 것은?

① 제조　　　　　　② 기준일탈　　　　　　③ 오염
④ 출하　　　　　　⑤ 위생관리

해설 ④ '출하'란 주문 준비와 관련된 일련의 작업과 운송 수단에 적재하는 활동으로 제조소 외로 제품을 운반하는 것을 말한다.


**35** 기준일탈의 조사 결과 기준일탈이 확실하다면 취해야 할 조치와 거리가 <u>먼</u> 것은?

① 시험 결과가 기준일탈이라는 것이 확실하다면 제품 품질을 '일탈'로 판정한다.
② 제품의 부적합이 확정되면 우선 해당 제품에 부적합 라벨을 부착(식별표시)한다.
③ 부적합 보관소(필요시 시건장치를 채울 필요도 있다)에 격리 보관한다.
④ 부적합의 원인 조사를 시작하고 제조 · 원료 · 오염 · 설비 등 종합적인 원인을 조사한다.
⑤ 조사 결과를 근거로 부적합품의 처리 방법(폐기처분, 재작업, 반품)을 결정하고 실행한다.

해설 조사 결과가 확실하다면 제품 품질은 '부적합'으로 판정한다.

**36** CGMP 규정 중 작업장의 설비 세척을 위한 세제의 구성 성분에서 〈보기〉에 해당하는 것은?

┤ 보기 ├

- 기능 : 색상개선 및 살균
- 대표성분 : 활성염소 또는 활성염소 생성 물질

① 계면활성제      ② 표백제      ③ 금속이온봉쇄제
④ 연마제      ⑤ 유기폴리머

해설 활성염소가 색을 나타는 성분을 화학적으로 분해하여 표백의 기능을 한다.

**37** CGMP 규정 중 다음의 관리기준으로 유지되어야 하는 곳은?

[관리기준]
낙하균 10개/hr 또는 부유균 20개/m$^3$

① 갱의실      ② 포장실      ③ 성형실
④ 제조실      ⑤ 클린벤치

해설 청정도 등급 1등급 시설인 클린벤치에 해당한다. 2등급에 해당하는 성형실과 제조실은 낙하균 30개/hr 또는 부유균 200개/m$^3$로 관리되어야 한다. 나머지 3등급(포장실), 4등급(갱의실)은 균에 대한 규정은 없다.

**38** 다음 중 총호기성 생균수가 720개/g으로 검출되면 유통화장품 안전기준의 미생물의 한도에 부적합한 것의 개수는?

┤ 보기 ├

영유아용 크림, 물휴지, 아이브로우, 립스틱, 볼연지

① 1      ② 2      ③ 3
④ 4      ⑤ 5

해설 영유아제품류(영유아용 크림, 로션)과 눈화장 제품류(아이브로우)는 500개/g 이하가 기준이고 물휴지는 세균 및 진균수가 각각 100개/g 이하가 기준이다. 따라서 〈보기〉 중 미생물의 한도에 부적합한 것은 3개이다.

PART 01
PART 02
PART 03
PART 04
PART 05
PART 06

**39** 기능성 화장품 로션 제형의 품질성적서이다. 다음의 항목 중 안전기준에 적합하지 않는 것은?

[품질 성적서]

| 시험 항목 | 시험 결과 |
|---|---|
| 이산화티탄 | 10% |
| 에칠헥실메톡시신나메이트 | 7% |
| 비소 | 15μg/g |
| 호기성 생균수 | 900cfu/g |
| 페녹시 에탄올 | 0.5% |

① 이산화티탄      ② 에칠헥실메톡시신나메이트      ③ 비소
④ 호기성 생균수      ⑤ 페녹시 에탄올

**해설** 비소는 $10\mu g/g$가 제한 농도이므로 안전기준에 적합하지 않다.

**40** 인체 세포 배양액 안전기준에서 배양액에 사용되는 세포 또는 조직을 제공하는 사람을 뜻하는 용어를 적으시오.

**해설** 배양액에 사용되는 세포 또는 조직을 제공하는 사람을 공여자라고 한다. 공여자에 대하여 문진, 검사 등에 의한 진단을 실시하여 해당 공여자가 세포 배양액에 사용되는 세포 또는 조직을 제공하는 것에 대해 적격성이 있는지를 판정하고 사용해야 한다.

**41** 유통화장품 안전기준의 미생물 한도 시험법에 따라서 로션의 미생물 한도를 측정하기 위해 검체 전처리 과정이 끝난 0.1ml를 미생물 배양 고체 배지에 분주하여 확인한 결과, 세균은 평균 6개, 진균의 경우 평균 3개의 군집락이 형성되었다. 총 제품 ml당 호기성 생균 수를 구하고, 유통화장품 안전기준에 적합한지 적으시오.

**해설** 검체 전처리를 위하여 미생물 배양 배지에 제품을 1/10로 희석한다. 이때 0.1ml만 분주하게 되어서 6+3=9, 9×100=900개가 되므로 1,000개/ml로 관리되는 기준에 적합하다.

---

**정답** 39 ③   40 공여자   41 900개, 적합

P / A / R / T

# 04

# 맞춤형화장품의 이해

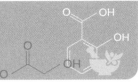

# CHAPTER 01 맞춤형화장품의 개요

**학습목표**

- 화장품법에 근거하여 맞춤형화장품과 일반 화장품의 차이를 구분하여 설명할 수 있다.
- 화장품법에 근거하여 맞춤형화장품판매업자의 준수사항과 맞춤형화장품조제관리사의 역할과 책임을 설명할 수 있다.
- 화장품법 및 관련 규정에 근거하여 화장품제조업, 화장품책임판매업, 맞춤형화장품판매업 각각의 등록 또는 신고 절차와 영업범위의 차이를 설명할 수 있다.
- 식품의약품안전처의 화장품 안전기준 등에 관한 규정에 대해 설명할 수 있다.
- 화장품법에 근거하여 화장품의 유효성 및 기능성 화장품에 대해 설명할 수 있다.
- 화장품법과 관련 규정에 근거하여 화장품에 요구되는 안정성이 무엇인지 설명할 수 있다.

---

## TOPIC 01 맞춤형화장품의 정의 표준교재 255~256p

### 개념톡톡 🖐

**맞춤형화장품에 사용할 수 없는 내용물**

- 책임판매업자가 소비자에게 그대로 유통하려고 제조/수입한 화장품
- 판매의 목적이 아닌 홍보 등을 위해 시험 사용하도록 제조/수입한 화장품

### 1. 맞춤형화장품

① 제조 또는 수입된 화장품의 내용물에 다른 화장품의 내용물을 추가하여 혼합한 화장품
② 제조 또는 수입된 화장품의 내용물에 식품의약품안전처장이 정하는 원료를 추가하여 혼합한 화장품
③ 제조 또는 수입된 화장품의 내용물을 소분(小分)한 화장품
④ **맞춤형화장품 판매업** : 맞춤형화장품을 판매하는 영업

### 개념톡톡 🖐

| 구분 | 제출 서류 |
|------|-----------|
| 기본 | ① 맞춤형화장품판매업 신고서<br>② 맞춤형화장품조제관리사 자격증 사본(2인 이상 신고 가능) |
| 기타<br>구비<br>서류 | ① 사업자등록증 및 법인등기부 등본(법인에 포함)<br>② 건축물관리대장<br>③ 임대차계약서(임대의 경우에 한함)<br>④ 혼합·소분의 장소·시설 등을 확인할 수 있는 세부 평면도 및 상세 사진 |

### 2. 맞춤형화장품의 신고

① **제출** : 맞춤형화장품 판매업소의 소재지를 관할하는 지방식품의약품안전청장
② **서식** : 맞춤형화장품 판매 신고서
③ **내용**
　㉠ 맞춤형화장품 판매업을 신고한 자(이하 "맞춤형화장품 판매업자"라 한다)의 성명 및 생년월일(법인인 경우에는 대표자의 성명 및 생년월일)
　㉡ 맞춤형화장품 판매업자의 상호 및 소재지

    © 맞춤형화장품 판매업소의 상호 및 소재지

    ② 맞춤형화장품 조제관리사의 성명, 생년월일 및 자격증 번호

## 3. 맞춤형화장품 판매업의 변경신고

① **제출** : 맞춤형화장품판매업소의 소재지를 관할하는 지방식품의약품안
    전청장

② **변경신고 사례**

    ㉠ 맞춤형화장품 판매업자를 변경하는 경우

    ㉡ 맞춤형화장품 판매업소의 상호 또는 소재지를 변경하는 경우

    ㉢ 맞춤형화장품 조제관리사를 변경하는 경우

## 4. 자격증 대여 등의 금지

① 맞춤형화장품조제관리사는 다른 사람에게 자기의 성명을 사용하여 맞춤
    형화장품조제관리사 업무를 하게 하거나 자기의 맞춤형화장품 조제관리
    사 자격증을 양도 또는 대여하여서는 안 됨

② 다른 사람의 맞춤형화장품 조제관리사 자격증을 양수하거나 대여받아
    이를 사용하여서는 안 됨

## 5. 유사 명칭의 사용금지

맞춤형화장품 조제관리사가 아닌 자는 맞춤형화장품 조제관리사 또는 이와
유사한 명칭을 사용하지 못함

## 6. 자격의 취소

① 거짓이나 그 밖의 부정한 방법으로 맞춤형화장품조제관리사의 자격을
    취득한 경우

② 결격사유자가 취득한 경우

③ 다른 사람에게 자기의 성명을 사용하여 맞춤형화장품조제관리사 업무를
    하게 하거나 맞춤형화장품 조제관리사 자격증을 양도 또는 대여한 경우

④ 거짓이나 그 밖의 부정한 방법으로 자격시험에 응시한 사람 또는 자격시
    험에서 부정행위를 한 사람에 대하여는 그 자격시험을 정지시키거나 합
    격을 무효로 함. 이 경우 자격시험이 정지되거나 합격이 무효가 된 사람
    은 그 처분이 있은 날부터 3년간 자격시험에 응시할 수 없음

## 7. 등록의 취소

맞춤형화장품판매업자가 시설기준을 갖추지 아니하게 된 경우

**개념톡톡** 🌀

총리령에 따라 식품의약품안전처장에
게 맞춤형화장품 판매업을 신고하고,
변경 시에도 신고한다.

① 소비자의 직·간접적인 요구에 따라 기존 화장품의 특정 성분의 혼합이 이루어져야 함 : 기존 화장품 제조는 공급자의 결정에 따라 일방적으로 생산

② 기본 제형(유형을 포함한다)이 정해져 있어야 하고, 기본 제형의 변화가 없는 범위 내에서 특정 성분의 혼합이 이루어져야 함 : 제조의 과정을 통하여 기본 제형(유형) 결정

③ '브랜드명(제품명을 포함한다)'이 있어야 하고, 브랜드명의 변화가 없이 혼합이 이루어져야 함 : 타사 브랜드에 특정 성분을 혼합하여 새로운 브랜드로 판매 금지

④ 화장품법에 따라 등록된 업체에서 공급된 특정 성분을 혼합하는 것을 원칙으로 하되, 화학적인 변화 등 인위적인 공정을 거치지 않는 성분의 혼합도 가능함 : 원칙적으로 안전성 및 품질관리에 대한 일차적인 검증 성분 사용

⑤ 책임판매업자가 특정 성분의 혼합 범위를 규정하고 있는 경우에는 그 범위 내에서 특정 성분의 혼합이 이루어져야 함 : 사전 조절 범위에 대하여 제품 생산 전에 안전성 및 품질관리 가능

⑥ 기존 표시·광고된 화장품의 효능·효과에 변화가 없는 범위 내에서 특정 성분의 혼합이 이루어져야 함

⑦ 원료 등만을 혼합하는 경우는 제외 : 기본 제형 없이 원료로 제형을 만드는 경우 맞춤형화장품이 아님

**1. 맞춤형화장품의 안전성·유효성·안정성 확보를 위한 가이드 라인**

① 오염 방지를 위하여 혼합행위를 할 때에는 단정한 복장을 하며 혼합 전·후에는 손을 소독하거나 씻도록 함

② 전염성 질환 등이 있는 경우에는 혼합행위를 하지 아니하도록 함

③ 혼합하는 장비 또는 기기는 사용 전·후에는 세척 등을 통하여 오염 방지를 위한 위생관리를 할 수 있도록 함

④ 완제품 및 원료의 입고 시 제조소, 품질관리 여부를 확인하고 필요한 경우에는 품질성적서를 구비할 수 있도록 함

⑤ 완제품 및 원료의 입고 시 사용기한을 확인하고 사용기한이 지난 제품은 사용하지 않도록 함

⑥ 사용하고 남은 제품은 개봉 후 사용기한을 정하고 밀폐를 위한 마개사용 등 비의도적인 오염방지를 할 수 있도록 함

⑦ 판매장 또는 혼합·판매 시 오염 등의 문제가 발생했을 경우에는 세척, 소독, 위생관리 등을 통하여 조치를 취하기 바람

⑧ 원료 등은 가능한 직사광선을 피하는 등 품질에 영향을 미치지 않는 장소에서 보관하도록 할 것

⑩ 혼합 후에는 물리적 현상(층 분리 등)에 대하여 육안으로 이상 유무를 확인하고 판매하도록 함

## 2. 맞춤형화장품판매의 사후관리

맞춤형화장품 혼합·판매에 대한 모니터링, 수거검사 등 실시

## 3. 맞춤형화장품에 사용할 수 있는 원료

① 맞춤형화장품에 사용할 수 없는 원료를 제외하고 사용 가능

② 맞춤형화장품에 사용할 수 없는 원료

ㄱ 화장품에 사용할 수 없는 원료

ㄴ 화장품에 사용상의 제한이 필요한 원료

ㄷ 식품의약품안전처장이 고시한 기능성화장품의 효능·효과를 나타내는 원료

※ 다만, 맞춤형화장품판매업자에게 원료를 공급하는 화장품책임판매업자가 「화장품법」 제4조에 따라 해당 원료를 포함하여 기능성화장품에 대한 심사를 받거나 보고서를 제출한 경우는 제외

③ "식품의약품안전처장이 정하는 원료"를 "화장품 안전기준 등에 대한 규정"으로 정함

ㄱ 기본적인 화장품에 적용되는 "사용할 수 없는 원료"(스테로이드 등)는 사용할 수 없음

ㄴ 기본적인 화장품에 적용되는 "사용상의 제한이 필요한 원료"(자외선 차단제, 보존제 등)는 사용할 수 없음 2019 기출

ㄷ 사용상의 제한이 필요한 원료 중 자외선 차단제, 보존제 등([별표 2])은 사용할 수 없음

㉣ 식품의약품안전처장은 보존제, 색소, 자외선차단제 등과 같이 특별히 사용상의 제한이 필요한 원료에 대하여는 그 사용기준을 지정하여 [별표 2] 및 "화장품의 색소 종류와 기준 및 시험방법"으로 화장품에 사용할 수 있는 화장품의 색소 종류를 정하고 있음(맞춤형화장품에 사용할 수 없는 원료는 [별표 2]만 해당)

※ 주름개선 식약처 고시 원료  2019 기출

| 연번 | 성분명 | 함량 |
|---|---|---|
| 1 | 레티놀 | 2,500IU/g |
| 2 | 레티닐팔미테이트 | 10,000IU/g |
| 3 | 아데노신 | 0.04% |
| 4 | 폴리에톡실레이티드레틴아마이드 | 0.05~0.2% |

※ 피부미백 식약처 고시 원료  2019 기출

| 연번 | 성분명 | 함량 |
|---|---|---|
| 1 | 닥나무추출물 | 2% |
| 2 | 알부틴 | 2~5% |
| 3 | 에칠아스코빌에텔 | 1~2% |
| 4 | 유용성감초추출물 | 0.005% |
| 5 | 아스코빌글루코사이드 | 2% |
| 6 | 마그네슘아스코빌포스페이트 | 3% |
| 7 | 나이아신아마이드 | 2~5% |
| 8 | 알파-비사보콜 | 0.5% |
| 9 | 아스코빌테트라이소팔미테이트 | 2% |

▌식품의약품안전처장이 고시한 기능성화장품의 효능·효과를 나타내는 원료 ▌

※ 탈모 증상의 완화에 도움을 주는 고시 성분 [9조 별표 9] : 덱스판테놀, 비오틴, 엘 멘톨, 징크피리치온, 징크피리치온 액 50%
※ 여드름성 피부 완화에 도움을 주는 고시성분 [9조 별표 8] : 살리실릭애시드
※ 체모를 제거하는 기능을 가진 제품의 성분 및 함량 : 치오글리콜산 80%. 산으로서 3.0~4.5%, pH 7.0~12.7 미만

## 4. 기본적인 화장품의 안전성 · 유효성 · 안정성

① 안전성(Safety) : 알러지, 피부 자극, 트러블 등의 부작용 없이 안전하게 장시간 동안 지속적으로 사용함에 따라 주의해야 함

② 유효성(Efficacy) : 화장품 사용 목적에 따른 기능을 충분히 나타내야 하고, 보습과 수분 공급, 세정 등 기초 제품의 기능을 하여야 함

③ 안정성(Stability) : 화장품 사용기간 중 변색, 변취, 변질 등의 품질의 변화가 없어야 하고 효능, 성분 등 또한 변질 없이 함량이 유지되어야 함

## 5. [별표 2] 사용상의 제한이 필요한 원료

### ① 보존제 성분

| 원료명 | 사용한도 | 비고 |
|---|---|---|
| 글루타랄(펜탄−1,5−디알) | 0.1% | 에어로졸<br>(스프레이에 한함)<br>제품에는 사용금지 |
| 데하이드로아세틱애씨드(3−아세틸−6−메칠피란−2,4(3H)−디온) 및 그 염류 | 데하이드로아세틱애씨드로서<br>0.6% | 에어로졸<br>(스프레이에 한함)<br>제품에는 사용금지 |
| 4,4−디메칠−1,3−옥사졸리딘<br>(디메칠옥사졸리딘) | 0.05%<br>(다만, 제품의 pH는 6을<br>넘어야 함) | |
| 디브로모헥사미딘 및 그 염류<br>(이세치오네이트 포함) | 디브로모헥사미딘으로서 0.1% | |
| 디아졸리디닐우레아<br>(N−(히드록시메칠)−N−(디히드록시메칠−1,3−디옥소−2,5−이미다졸리디닐−4)−N′−(히드록시메칠)우레아) | 0.5% | |
| 디엠디엠하이단토인<br>(1,3−비스(히드록시메칠)−5,5−디메칠이미다졸리딘−2, 4−디온) | 0.6% | |
| 2,4−디클로로벤질알코올 | 0.15% | |
| 3,4−디클로로벤질알코올 | 0.15% | |
| 메칠이소치아졸리논<br>2021 기출 | 사용 후 씻어내는 제품에<br>0.0015%<br>(단, 칠클로로이소치아졸리논과<br>메칠이소치아졸리논 혼합물의<br>병행 사용금지) | 기타 제품에는<br>사용금지 |
| 메칠클로로이소치아졸리논과<br>메칠이소치아졸리논<br>혼합물(염화마그네슘과<br>질산마그네슘 포함) | 사용 후 씻어내는 제품에<br>0.0015%<br>(메칠클로로이소치아졸리논 :<br>메칠이소치아졸리논＝3:1<br>혼합물로서) | 기타 제품에는<br>사용금지 |
| 메텐아민(헥사메칠렌테트라아민) | 0.15% | |
| 무기설파이트 및<br>하이드로젠설파이트류 | 유리 $SO_2$로 0.2% | |
| 벤잘코늄클로라이드, 브로마이드<br>및 사카리네이트 | • 사용 후 씻어내는 제품에 벤잘코늄클로라이드로서 0.1%<br>• 기타 제품에 벤잘코늄클로라이드로서 0.05% | |
| 벤제토늄클로라이드 | 0.1% | 점막에 사용되는<br>제품에는 사용금지 |
| 벤조익애씨드, 그 염류 및 에스텔류 | 산으로서 0.5%<br>(다만, 벤조익애씨드 및 그<br>소듐염은 사용 후 씻어내는<br>제품에는 산으로서 2.5%) | |

| 원료명 | 사용한도 | 비고 |
|---|---|---|
| 벤질알코올 | 1.0%<br>(다만, 두발 염색용 제품류에<br>용제로 사용할 경우에는 10%) | |
| 벤질헤미포름알 | 사용 후 씻어내는 제품에<br>0.15% | 기타 제품에는<br>사용금지 |
| 보레이트류(소듐보레이트,<br>테트라보레이트) | 밀납, 백납의 유화 목적으로<br>사용 시 0.76%<br>(이 경우, 밀납·백납 배합량의<br>1/2을 초과할 수 없다) | 기타 목적에는<br>사용금지 |
| 5-브로모-5-나이트로-1,3-<br>디옥산 | 사용 후 씻어내는 제품에 0.1%<br>(다만, 아민류나 아마이드류를<br>함유하고 있는 제품에는<br>사용금지) | 기타 제품에는<br>사용금지 |
| 2-브로모-2-나이트로프로판-<br>1,3-디올(브로노폴) | 0.1% | 아민류나<br>아마이드류를<br>함유하고 있는<br>제품에는 사용금지 |
| 브로모클로로펜(6,6-디브로모<br>-4,4-디클로로-2,2'-메칠렌<br>-디페놀) | 0.1% | |
| 비페닐-2-올(o-페닐페놀)<br>및 그 염류 | 페놀로서 0.15% | |
| 살리실릭애씨드 및 그 염류 | 살리실릭애씨드로서 0.5% | 영유아용 제품류 또는<br>만 13세 이하 어린이가<br>사용할 수 있음을<br>특정하여 표시하는<br>제품에는 사용금지<br>(다만, 샴푸는 제외) |
| 세틸피리디늄클로라이드 | 0.08% | |
| 소듐라우로일사코시네이트 | 사용 후 씻어내는 제품에 허용 | 기타 제품에는<br>사용금지 |
| 소듐아이오데이트 | 사용 후 씻어내는 제품에 0.1% | 기타 제품에는<br>사용금지 |
| 소듐하이드록시메칠아미노<br>아세테이트<br>(소듐하이드록시메칠글리시네이트) | 0.5% | |
| 소르빅애씨드(헥사-2,4-디에노<br>익 애씨드) 및 그 염류 | 소르빅애씨드로서 0.6% | |
| 아이오도프로피닐부틸카바메이트<br>(아이피비씨) | • 사용 후 씻어내는 제품에 0.02%<br>• 사용 후 씻어내지 않는 제품에<br>0.01%<br>• 다만, 데오드란트에 배합할 경<br>우에는 0.0075% | • 입술에 사용되는 제<br>품, 에어로졸(스프레<br>이에 한함) 제품, 바디<br>로션 및 바디크림에<br>는 사용금지<br>• 영유아용 제품류 또<br>는 만 13세 이하 어린<br>이가 사용할 수 있음<br>을 특정하여 표시하<br>는 제품에는 사용금지<br>(목욕용 제품, 샤워젤류<br>및 샴푸류는 제외) |

| 원료명 | 사용한도 | 비고 |
|---|---|---|
| 알킬이소퀴놀리늄브로마이드 | 사용 후 씻어내지 않는 제품에 0.05% | |
| 알킬(C12−C22)트리메칠암모늄 브로마이드 및 클로라이드 (브롬화세트리모늄 포함) | 두발용 제품류를 제외한 화장품에 0.1% | |
| 에칠라우로일알지네이트 하이드로클로라이드 | 0.4% | 입술에 사용되는 제품 및 에어로졸 (스프레이에 한함) 제품에는 사용금지 |
| 엠디엠하이단토인 | 0.2% | |
| 알킬디아미노에칠글라이신하이드 로클로라이드용액(30%) | 0.3% | |
| 운데실레닉애씨드 및 그 염류 및 모노에탄올아마이드 | 사용 후 씻어내는 제품에 산으로서 0.2% | 기타 제품에는 사용금지 |
| 이미다졸리디닐우레아(3,3′−비스 (1−하이드록시메칠−2,5−디옥소 이미다졸리딘−4−일)−1,1′메칠 렌디우레아) | 0.6% | |
| 이소프로필메칠페놀(이소프로필크 레졸, o−시멘−5−올) | 0.1% | |
| 징크피리치온 2021 기출 | 사용 후 씻어내는 제품에 0.5% | 기타 제품에는 사용금지 |
| 쿼터늄−15 (메텐아민 3−클로로알릴클로라이드) | 0.2% | |
| 클로로부탄올 | 0.5% | 에어로졸 (스프레이에 한함) 제품에는 사용금지 |
| 클로로자이레놀 | 0.5% | |
| p−클로로−m−크레졸 | 0.04% | 점막에 사용되는 제품에는 사용금지 |
| 클로로펜(2−벤질−4 −클로로페놀) | 0.05% | |
| 클로페네신(3−(p−클로로페녹시) −프로판−1,2−디올) | 0.3% | |
| 클로헥시딘, 그 디글루코네이트, 디아세테이트 및 디하이드로클로라이드 | • 점막에 사용하지 않고 씻어내는 제품에 클로헥시딘으로서 0.1%<br>• 기타 제품에 클로헥시딘으로서 0.05% | |
| 클림바졸[1−(4−클로로페녹시)− 1−(1H−이미다졸릴)−3,3−디메 칠−2−부타논] | 두발용 제품에 0.5% | 기타 제품에는 사용금지 |
| 테트라브로모−o−크레졸 | 0.3% | |

| 원료명 | 사용한도 | 비고 |
|---|---|---|
| 트리클로산 | 사용 후 씻어내는 인체세정용 제품류, 데오드란트(스프레이 제품 제외), 페이스파우더, 피부 결점을 감추기 위해 국소적으로 사용하는 파운데이션 (예 블레미쉬컨실러)에 0.3% | 기타 제품에는 사용금지 |
| 트리클로카반(트리클로카바닐리드) | 0.2% (다만, 원료 중 3,3′, 4,4′-테트라클로로아조벤젠 1ppm 미만, 3,3′, 4,4′-테트라클로로아족시벤젠 1ppm 미만 함유하여야 함) | |
| 페녹시에탄올 2019 기출 | 1.0% | |
| 페녹시이소프로판올(1-페녹시프로판-2-올) | 사용 후 씻어내는 제품에 1.0% | 기타 제품에는 사용금지 |
| 포믹애씨드 및 소듐포메이트 | 포믹애씨드로서 0.5% | |
| 폴리(1-헥사메칠렌바이구아니드)에이치씨엘 | 0.05% | 에어로졸(스프레이에 한함) 제품에는 사용금지 |
| 프로피오닉애씨드 및 그 염류 | 프로피오닉애씨드로서 0.9% | |
| 피록톤올아민(1-하이드록시-4-메칠-6(2,4,4-트리메칠펜틸)2 피리돈 및 그 모노에탄올아민염) | 사용 후 씻어내는 제품에 1.0%, 기타 제품에 0.5% | |
| 피리딘-2-올 1-옥사이드 | 0.5% | |
| p-하이드록시벤조익애씨드, 그 염류 및 에스텔류(다만, 에스텔류 중 페닐은 제외) | • 단일성분일 경우 0.4%(산으로서) • 혼합사용의 경우 0.8%(산으로서) | |
| 헥세티딘 | 사용 후 씻어내는 제품에 0.1% | 기타 제품에는 사용금지 |
| 헥사미딘(1,6-디(4-아미디노페녹시)-n-헥산) 및 그 염류(이세치오네이트 및 p-하이드록시벤조에이트) | 헥사미딘으로서 0.1% | |

※ 염류 : 소듐, 포타슘, 칼슘, 마그네슘, 암모늄, 에탄올아민, 클로라이드, 브로마이드, 설페이트, 아세테이트, 베타인 등 2019 기출

※ 에스텔류 : 메칠, 에칠, 프로필, 이소프로필, 부틸, 이소부틸, 페닐

② 자외선 차단 성분

| 원료명 | 사용한도 |
|---|---|
| 드로메트리졸트리실록산 | 15% |
| 드로메트리졸 | 1.0% |
| 디갈로일트리올리에이트 | 5% |
| 디소듐페닐디벤즈이미다졸테트라설포네이트 | 산으로서 10% |
| 디에칠헥실부타미도트리아존 | 10% |
| 디에칠아미노하이드록시벤조일헥실벤조에이트 | 10% |

| 원료명 | 사용한도 |
|---|---|
| 로우손과 디하이드록시아세톤의 혼합물 | 로우손 0.25%, 디하이드록시아세톤 3% |
| 메칠렌비스-벤조트리아졸릴테트라메칠부틸페놀 | 10% |
| 4-메칠벤질리덴캠퍼 | 4% |
| 멘틸안트라닐레이트 | 5% |
| 벤조페논-3(옥시벤존) | 5% |
| 벤조페논-4 | 5% |
| 벤조페논-8(디옥시벤존) | 3% |
| 부틸메톡시디벤조일메탄 | 5% |
| 비스에칠헥실옥시페놀메톡시페닐트리아진 | 10% |
| 시녹세이트 | 5% |
| 에칠디하이드록시프로필파바 | 5% |
| 옥토크릴렌 2019 기출 | 10% |
| 에칠헥실디메칠파바 | 8% |
| 에칠헥실메톡시신나메이트 | 7.5% |
| 에칠헥실살리실레이트 | 5% |
| 에칠헥실트리아존 | 5% |
| 이소아밀-p-메톡시신나메이트 | 10% |
| 폴리실리콘-15(디메치코디에칠벤잘말로네이트) | 10% |
| 징크옥사이드 | 25% |
| 테레프탈릴리덴디캠퍼설포닉애씨드 및 그 염류 | 산으로서 10% |
| 티이에이-살리실레이트 | 12% |
| 티타늄디옥사이드 | 25% |
| 페닐벤즈이미다졸설포닉애씨드 | 4% |
| 호모살레이트 | 10% |

※ 다만, 제품의 변색 방지를 목적으로 그 사용 농도가 0.5% 미만인 것은 자외선 차단 제품으로 인정하지 아니한다.

※ 염류 : 양이온염으로 소듐, 포타슘, 칼슘, 마그네슘, 암모늄 및 에탄올아민, 음이온염으로 클로라이드, 브로마이드, 설페이트, 아세테이트 등

③ 염모제 성분  2020 기출

| 원료명 | 사용할 때 농도상한 | 비고 |
|---|---|---|
| p-니트로-o-페닐렌디아민 | 산화염모제에 1.5% | 기타 제품에는 사용금지 |
| 니트로-p-페닐렌디아민 | 산화염모제에 3.0% | 기타 제품에는 사용금지 |
| 2-메칠-5-히드록시에칠아미노페놀 | 산화염모제에 0.5% | 기타 제품에는 사용금지 |
| 2-아미노-4-니트로페놀 | 산화염모제에 2.5% | 기타 제품에는 사용금지 |

**개념톡톡** 👆

**염료 중간체 성분**
• p-아미노페놀
• 톨루엔-2,5-디아민
• p-페닐렌디아민

| 원료명 | 사용할 때 농도상한 | 비고 |
|---|---|---|
| 2-아미노-5-니트로페놀 | 산화염모제에 1.5% | 기타 제품에는 사용금지 |
| 2-아미노-3-히드록시피리딘 | 산화염모제에 1.0% | 기타 제품에는 사용금지 |
| 4-아미노-m-크레솔 | 산화염모제에 1.5% | 기타 제품에는 사용금지 |
| 5-아미노-o-크레솔 | 산화염모제에 1.0% | 기타 제품에는 사용금지 |
| 5-아미노-6-클로로-o-크레솔 | • 산화염모제에 1.0%<br>• 비산화염모제에 0.5% | 기타 제품에는 사용금지 |
| m-아미노페놀 | 산화염모제에 2.0% | 기타 제품에는 사용금지 |
| o-아미노페놀 | 산화염모제에 3.0% | 기타 제품에는 사용금지 |
| p-아미노페놀 | 산화염모제에 0.9% | 기타 제품에는 사용금지 |
| 염산 2,4-디아미노페녹시에탄올 | 산화염모제에 0.5% | 기타 제품에는 사용금지 |
| 염산 톨루엔-2,5-디아민 | 산화염모제에 3.2% | 기타 제품에는 사용금지 |
| 염산 m-페닐렌디아민 | 산화염모제에 0.5% | 기타 제품에는 사용금지 |
| 염산 p-페닐렌디아민 | 산화염모제에 3.3% | 기타 제품에는 사용금지 |
| 염산 히드록시프로필비스(N-히드록시에칠-p-페닐렌디아민) | 산화염모제에 0.4% | 기타 제품에는 사용금지 |
| 톨루엔-2,5-디아민 | 산화염모제에 2.0% | 기타 제품에는 사용금지 |
| m-페닐렌디아민 | 산화염모제에 1.0% | 기타 제품에는 사용금지 |
| p-페닐렌디아민 | 산화염모제에 2.0% | 기타 제품에는 사용금지 |
| N-페닐-p-페닐렌디아민 및 그 염류 | 산화염모제에 N-페닐-p-페닐렌디아민으로서 2.0% | 기타 제품에는 사용금지 |
| 피크라민산 | 산화염모제에 0.6% | 기타 제품에는 사용금지 |
| 황산 p-니트로-o-페닐렌디아민 | 산화염모제에 2.0% | 기타 제품에는 사용금지 |
| p-메칠아미노페놀 및 그 염류 | 산화염모제에 황산염으로서 0.68% | 기타 제품에는 사용금지 |
| 황산 5-아미노-o-크레솔 | 산화염모제에 4.5% | 기타 제품에는 사용금지 |

| 원료명 | 사용할 때 농도상한 | 비고 |
|---|---|---|
| 황산 m-아미노페놀 | 산화염모제에 2.0% | 기타 제품에는 사용금지 |
| 황산 o-아미노페놀 | 산화염모제에 3.0% | 기타 제품에는 사용금지 |
| 황산 p-아미노페놀 | 산화염모제에 1.3% | 기타 제품에는 사용금지 |
| 황산 톨루엔-2,5-디아민 | 산화염모제에 3.6% | 기타 제품에는 사용금지 |
| 황산 m-페닐렌디아민 | 산화염모제에 3.0% | 기타 제품에는 사용금지 |
| 황산 p-페닐렌디아민 | 산화염모제에 3.8% | 기타 제품에는 사용금지 |
| 황산 N,N-비스(2-히드록시에칠)-p-페닐렌디아민 | 산화염모제에 2.9% | 기타 제품에는 사용금지 |
| 2,6-디아미노피리딘 | 산화염모제에 0.15% | 기타 제품에는 사용금지 |
| 염산 2,4-디아미노페놀 | 산화염모제에 0.5% | 기타 제품에는 사용금지 |
| 1,5-디히드록시나프탈렌 | 산화염모제에 0.5% | 기타 제품에는 사용금지 |
| 피크라민산 나트륨 | 산화염모제에 0.6% | 기타 제품에는 사용금지 |
| 황산 2-아미노-5-니트로페놀 | 산화염모제에 1.5% | 기타 제품에는 사용금지 |
| 황산 o-클로로-p-페닐렌디아민 | 산화염모제에 1.5% | 기타 제품에는 사용금지 |
| 황산 1-히드록시에칠-4,5-디아미노피라졸 | 산화염모제에 3.0% | 기타 제품에는 사용금지 |
| 히드록시벤조모르포린 | 산화염모제에 1.0% | 기타 제품에는 사용금지 |
| 6-히드록시인돌 | 산화염모제에 0.5% | 기타 제품에는 사용금지 |
| 1-나프톨($\alpha$-나프톨) | 산화염모제에 2.0% | 기타 제품에는 사용금지 |
| 레조시놀 | 산화염모제에 2.0% | – |
| 2-메칠레조시놀 | 산화염모제에 0.5% | 기타 제품에는 사용금지 |
| 몰식자산 | 산화염모제에 4.0% | – |
| 카테콜(피로카테콜) | 산화염모제에 1.5% | 기타 제품에는 사용금지 |
| 피로갈롤 | 염모제에 2.0% | 기타 제품에는 사용금지 |

| 원료명 | 사용할 때 농도상한 | 비고 |
|---|---|---|
| 과붕산나트륨<br>과붕산나트륨일수화물<br>과산화수소수<br>과탄산나트륨 | 염모제(탈염 · 탈색 포함)에서<br>과산화수소로서 12.0% | − |

④ 기타

| 원료명 | 사용한도 | 비고 |
|---|---|---|
| 감광소(다음 원료의 합계량임)<br>• 감광소 101호(플라토닌)<br>• 감광소 201호(쿼터늄−73)<br>• 감광소 301호(쿼터늄−51)<br>• 감광소 401호(쿼터늄−45)<br>• 기타의 감광소 | 0.002% | − |
| (다음 원료의 합계량임)<br>건강틴크<br>칸타리스틴크<br>고추틴크 2021 기출 | 1% | − |
| 과산화수소 및 과산화수소<br>생성물질 | • 두발용 제품류에 과산화수<br>소로서 3%<br>• 손톱경화용 제품에 과산화<br>수소로서 2% | 기타 제품에는<br>사용금지 |
| 글라이옥살 | 0.01% | − |
| α−다마스콘(시스−로즈<br>케톤−1) | 0.02% | − |
| 디아미노피리미딘옥사이드<br>(2, 4−디아미노−피리미딘−3<br>−옥사이드) | 두발용 제품류에 1.5% | 기타 제품에는<br>사용금지 |
| 땅콩오일, 추출물 및 유도체<br>2021 기출 | − | 원료 중 땅콩단백질의<br>최대 농도는 0.5ppm을<br>초과하지 않아야 함 |
| 라우레스−8, 9 및 10 | 2% | − |
| 레조시놀 | • 산화염모제에 용법 · 용량<br>에 따른 혼합물의 염모성분<br>으로서 2.0%<br>• 기타제품에 0.1% | − |
| 로즈 케톤−3 | 0.02% | − |
| 로즈 케톤−4 | 0.02% | − |
| 로즈 케톤−5 | 0.02% | − |
| 시스−로즈 케톤−2 | 0.02% | − |
| 트랜스−로즈 케톤−1 | 0.02% | − |
| 트랜스−로즈 케톤−2 | 0.02% | − |
| 트랜스−로즈 케톤−3 | 0.02% | − |
| 트랜스−로즈 케톤−5 | 0.02% | − |

| 원료명 | 사용한도 | 비고 |
|---|---|---|
| 리튬하이드록사이드 | • 헤어스트레이트너 제품에 4.5%<br>• 제모제에서 pH 조정 목적으로 사용되는 경우 최종 제품의 pH는 12.7 이하 | 기타 제품에는 사용금지 |
| 만수국꽃 추출물 또는 오일 | • 사용 후 씻어내는 제품에 0.1%<br>• 사용 후 씻어내지 않는 제품에 0.01% | • 원료 중 알파 테르티에닐(테르티오펜) 함량은 0.35% 이하<br>• 자외선 차단제품 또는 자외선을 이용한 태닝(천연 또는 인공)을 목적으로 하는 제품에는 사용금지<br>• 만수국아재비꽃 추출물 또는 오일과 혼합 사용 시 '사용 후 씻어내는 제품'에 0.1%, '사용 후 씻어내지 않는 제품'에 0.01%를 초과하지 않아야 함 |
| 만수국아재비꽃 추출물 또는 오일 | • 사용 후 씻어내는 제품에 0.1%<br>• 사용 후 씻어내지 않는 제품에 0.01% | • 원료 중 알파 테르티에닐(테르티오펜) 함량은 0.35% 이하<br>• 자외선 차단제품 또는 자외선을 이용한 태닝(천연 또는 인공)을 목적으로 하는 제품에는 사용금지<br>• 만수국꽃 추출물 또는 오일과 혼합 사용 시 '사용 후 씻어내는 제품'에 0.1%, '사용 후 씻어내지 않는 제품'에 0.01%를 초과하지 않아야 함 |
| 머스크자일렌 | • 향수류<br>  – 향료원액을 8% 초과하여 함유하는 제품에 1.0%<br>  – 향료원액을 8% 이하로 함유하는 제품에 0.4%<br>• 기타 제품에 0.03% | – |
| 머스크케톤 | • 향수류<br>  – 향료원액을 8% 초과하여 함유하는 제품 1.4%<br>  – 향료원액을 8% 이하로 함유하는 제품 0.56%<br>• 기타 제품에 0.042% | – |
| 3 – 메칠논 – 2 – 엔니트릴 | 0.2% | – |

PART 01
PART 02
PART 03
PART 04
PART 05
PART 06

| 원료명 | 사용한도 | 비고 |
|---|---|---|
| 메칠 2-옥티노에이트<br>(메칠헵틴카보네이트) | 0.01%<br>(메칠옥틴카보네이트와 병용 시 최종제품에서 두 성분의 합은 0.01%, 메칠옥틴카보네이트는 0.002%) | – |
| 메칠옥틴카보네이트<br>(메칠논-2-이노에이트) | 0.002%<br>(메칠 2-옥티노에이트와 병용 시 최종제품에서 두 성분의 합이 0.01%) | – |
| p-메칠하이드로신나믹알데하이드 | 0.2% | – |
| 메칠헵타디에논 | 0.002% | – |
| 메톡시디시클로펜타디엔카르복스알데하이드 | 0.5% | – |
| 무기설파이트 및<br>하이드로젠설파이트류 | 산화염모제에서 유리 $SO_2$로 0.67% | 기타 제품에는<br>사용금지 |
| 베헨트리모늄 클로라이드<br><br>2020 기출 | (단일성분 또는 세트리모늄 클로라이드, 스테아트리모늄 클로라이드와 혼합사용의 합으로시)<br>• 사용 후 씻어내는 두발용 제품류 및 두발 염색용 제품류에 5.0%<br>• 사용 후 씻어내지 않는 두발용 제품류 및 두발 염색용 제품류에 3.0% | 세트리모늄 클로라이드 또는 스테아트리모늄 클로라이드와 혼합 사용하는 경우 세트리모늄 클로라이드 및 스테아트리모늄 클로라이드의 합은 '사용 후 씻어내지 않는 두발용 제품류'에 1.0% 이하, '사용 후 씻어내는 두발용 제품류 및 두발 염색용 제품류'에 2.5% 이하여야 함) |
| 4-tert-부틸디하이드로신남알데하이드 | 0.6% | – |
| 1,3-비스(하이드록시메칠)이미다졸리딘-2-치온 | 두발용 제품류 및 손발톱용 제품류에 2%<br>(다만, 에어로졸(스프레이에 한함) 제품에는 사용금지) | 기타 제품에는<br>사용금지 |
| 비타민 E(토코페롤) 2021 기출 | 20% | – |
| 살리실릭애씨드 및 그 염류 | • 인체세정용 제품류에 살리실릭애씨드로서 2%<br>• 사용 후 씻어내는 두발용 제품류에 살리실릭애씨드로서 3% | • 영유아용 제품류 또는 만 13세 이하 어린이가 사용할 수 있음을 특정하여 표시하는 제품에는 사용금지(다만, 샴푸는 제외)<br>• 기능성화장품의 유효성분으로 사용하는 경우에 한하며 기타 제품에는 사용금지 |

개념톡톡

베헨트리모늄 클로라이드, 세트리모늄 클로라이드, 스테아트리모늄 클로라이드는 양이온성 고분자 물질로, 모발의 모호를 위해 사용될 수 있으나 사용상의 제한원료이다.

| 원료명 | 사용한도 | 비고 |
|---|---|---|
| 세트리모늄 클로라이드, 스테아트리모늄 클로라이드 2020 기출 | (단일성분 또는 혼합사용의 합으로서)<br>• 사용 후 씻어내는 두발용 제품류 및 두발용 염색용 제품류에 2.5%<br>• 사용 후 씻어내지 않는 두발용 제품류 및 두발 염색용 제품류에 1.0% | – |
| 소듐나이트라이트 | 0.2% | 2급, 3급 아민 또는 기타 니트로사민형성물질을 함유하고 있는 제품에는 사용금지 |
| 소합향나무(Liquidambar orientalis) 발삼오일 및 추출물 | 0.6% | – |
| 수용성 징크 염류(징크 4-하이드록시벤젠설포네이트와 징크피리치온 제외) | 징크로서 1% | – |
| 시스테인, 아세틸시스테인 및 그 염류 | 퍼머넌트웨이브용 제품에 시스테인으로서 3.0~7.5%(다만, 가온 2욕식 퍼머넌트웨이브용 제품의 경우에는 시스테인으로서 1.5~5.5%, 안정제로서 치오글라이콜릭애씨드 1.0%를 배합할 수 있으며, 첨가하는 치오글라이콜릭애씨드의 양을 최대한 1.0%로 했을 때 주성분인 시스테인의 양은 6.5%를 초과할 수 없다) | – |
| 실버나이트레이트 | 속눈썹 및 눈썹 착색 용도의 제품에 4% | 기타 제품에는 사용금지 |
| 아밀비닐카르비닐아세테이트 | 0.3% | – |
| 아밀시클로펜테논 | 0.1% | – |
| 아세틸헥사메칠인단 | 사용 후 씻어내지 않는 제품에 2% | – |
| 아세틸헥사메칠테트라린 | • 사용 후 씻어내지 않는 제품 0.1%(다만, 하이드로알콜성 제품에 배합할 경우 1%, 순수향료 제품에 배합할 경우 2.5%, 방향크림에 배합할 경우 0.5%)<br>• 사용 후 씻어내는 제품 0.2% | – |
| 알에이치(또는 에스에이치)올리고펩타이드-1(상피세포성장인자) | 0.001% | – |
| 알란토인클로로하이드록시알루미늄(알클록사) | 1% | – |

| 원료명 | 사용한도 | 비고 |
|---|---|---|
| 알릴헵틴카보네이트 | 0.002% | 2-알키노익애씨드 에스텔 (예 메칠헵틴카보네이트) 을 함유하고 있는 제품에는 사용금지 |
| 알칼리금속의 염소산염 | 3% | - |
| 암모니아 | 6% | - |
| 에칠라우로일알지네이트 하이드로클라이드 | 비듬 및 가려움을 덜어주고 씻어내는 제품(샴푸)에 0.8% | 기타 제품에는 사용금지 |
| 에탄올 · 붕사 · 라우릴황산나트륨 (4 : 1 : 1)혼합물 | 외음부세정제에 12% | 기타 제품에는 사용금지 |
| 에티드로닉애씨드 및 그 염류(1-하이드록시에칠리덴- 디-포스포닉애씨드 및 그 염류) | • 두발용 제품류 및 두발염색 용 제품류에 산으로서 1.5% <br>• 인체 세정용 제품류에 산으 로서 0.2% | 기타 제품에는 사용금지 |
| 오포파낙스 | 0.6% | - |
| 옥살릭애씨드, 그 에스텔류 및 알칼리 염류 | 두발용제품류에 5% | 기타 제품에는 사용금지 |
| 우레아 | 10% | - |
| 이소베르가메이트 | 0.1% | - |
| 이소사이클로제라니올 | 0.5% | - |
| 징크페놀설포네이트 | 사용 후 씻어내지 않는 제품에 2% | - |
| 징크피리치온 <br> 2021 기출 | 비듬 및 가려움을 덜어주고 씻어내는 제품(샴푸, 린스) 및 탈모증상의 완화에 도움을 주 는 화장품에 총 징크피리치온 으로서 1.0% | 기타 제품에는 사용금지 |
| 치오글라이콜릭애씨드, 그 염류 및 에스텔류 | • 퍼머넌트웨이브용 및 헤어 스트레이트너 제품에 치오 글라이콜릭애씨드로서 11% (다만, 가온2욕식 헤어스트 레이트너 제품의 경우에는 치오글라이콜릭애씨드로서 5%, 치오글라이콜릭애씨드 및 그 염류를 주성분으로 하 고 제1제 사용 시 조제하는 발열 2욕식 퍼머넌트웨이 브용 제품의 경우 치오글라 이콜릭애씨드로서 19%에 해당하는 양) <br>• 제모용 제품에 치오글라이 콜릭애씨드로서 5% <br>• 염모제에 치오글라이콜릭 애씨드로서 1% <br>• 사용 후 씻어내는 두발용 제 품류에 2% | 기타 제품에는 사용금지 |

| 원료명 | 사용한도 | 비고 |
|---|---|---|
| 칼슘하이드록사이드 | • 헤어스트레이트너 제품에 7%<br>• 제모제에서 pH조정 목적으로 사용되는 경우 최종 제품의 pH는 12.7 이하 | 기타 제품에는 사용금지 |
| Commiphora erythrea engler var. glabrescens 추출물 및 오일 | 0.6% | – |
| 쿠민(Cuminum cyminum) 열매 오일 및 추출물<br>2020 기출 | 사용 후 씻어내지 않는 제품에 쿠민 오일로서 0.4% | – |
| 퀴닌 및 그 염류 | • 샴푸에 퀴닌염으로서 0.5%<br>• 헤어로션에 퀴닌염로서 0.2% | 기타 제품에는 사용금지 |
| 클로라민T | 0.2% | – |
| 톨루엔 | 손발톱용 제품류에 25% | 기타 제품에는 사용금지 |
| 트리알킬아민, 트리알칸올아민 및 그 염류 | 사용 후 씻어내지 않는 제품에 2.5% | – |
| 트리클로산 | 사용 후 씻어내는 제품류에 0.3% | 기능성화장품의 유효성분으로 사용하는 경우에 한하며 기타 제품에는 사용금지 |
| 트리클로카반<br>(트리클로카바닐리드) | 사용 후 씻어내는 제품류에 1.5% | 기능성화장품의 유효성분으로 사용하는 경우에 한하며 기타 제품에는 사용금지 |
| 페릴알데하이드 | 0.1% | – |
| 페루발삼(Myroxylon pereirae의 수지) 추출물(extracts), 증류물(distillates) | 0.4% | – |
| 포타슘하이드록사이드 또는 소듐하이드록사이드 | • 손톱표피 용해 목적일 경우 5%, pH 조정 목적으로 사용되고 최종 제품이 제5조 제5항에 pH 기준이 정하여 있지 아니한 경우에도 최종 제품의 pH는 11 이하<br>• 제모제에서 pH 조정 목적으로 사용되는 경우 최종 제품의 pH는 12.7 이하 | – |
| 폴리아크릴아마이드류 | • 사용 후 씻어내지 않는 바디화장품에 잔류 아크릴아마이드로서 0.00001%<br>• 기타 제품에 잔류 아크릴아마이드로서 0.00005% | – |
| 풍나무(Liquidambar styraciflua) 발삼오일 및 추출물 | 0.6% | – |
| 프로필리덴프탈라이드 | 0.01% | – |

| 원료명 | 사용한도 | 비고 |
|---|---|---|
| 하이드롤라이즈드밀단백질 | | 원료 중 펩타이드의 최대 평균분자량은 3.5kDa 이하이어야 함 |
| 트랜스-2-헥세날 | 0.002% | - |
| 2-헥실리덴사이클로펜타논 | 0.06% | - |

※ 염류 : 소듐, 포타슘, 칼슘, 마그네슘, 암모늄, 에탄올아민, 클로라이드, 브로마이드, 설페이트, 아세테이트, 베타인 등
※ 에스텔류 : 메칠, 에칠, 프로필, 이소프로필, 부틸, 이소부틸, 페닐

## TOPIC 04 맞춤형화장품 판매업자의 의무 표준교재 258p

### 1. 의미

맞춤형화장품 판매업자에게는 맞춤형화장품 판매장 시설·기구의 관리 방법, 혼합·소분 안전관리기준의 준수 의무, 혼합·소분되는 내용물 및 원료에 대한 설명 의무 등이 있음

### 2. 판매장 시설·기구의 관리 방법, 혼합·소분 안전관리기준의 준수 의무

① 맞춤형화장품 판매장 시설·기구를 정기적으로 점검하여 보건위생상 위해가 없도록 관리할 것
② 다음의 혼합·소분 안전관리기준을 준수할 것 2020 기출
  ㉠ 혼합·소분 전에 혼합·소분에 사용되는 내용물 또는 원료에 대한 품질성적서를 확인할 것
  ㉡ 혼합·소분 전에 손을 소독하거나 세정할 것(다만, 혼합·소분 시 일회용 장갑을 착용하는 경우에는 그렇지 않음)
  ㉢ 혼합·소분 전에 혼합·소분된 제품을 담을 포장용기의 오염 여부를 확인할 것
  ㉣ 혼합·소분에 사용되는 장비 또는 기구 등은 사용 전에 그 위생 상태를 점검하고, 사용 후에는 오염이 없도록 세척할 것
  ㉤ 혼합·소분 전에 내용물 및 원료의 사용기한 또는 개봉 후 사용기간을 확인하고, 사용기한 또는 개봉 후 사용기간이 지난 것은 사용하지 아니할 것

ⓑ 혼합 · 소분에 사용되는 내용물의 사용기한 또는 개봉 후 사용기간을 초과하여 맞춤형화장품의 사용기한 또는 개봉 후 사용기간을 정하지 말 것

ⓢ 맞춤형화장품 조제에 사용하고 남은 내용물 및 원료는 밀폐를 위한 마개를 사용하는 등 비의도적인 오염을 방지할 것

ⓞ 소비자의 피부상태나 선호도 등을 확인하지 아니하고 맞춤형화장품을 미리 혼합 · 소분하여 보관하거나 판매하지 말 것

ⓩ 최종 혼합 · 소분된 맞춤형화장품은 「화장품법」 제8조 및 「화장품 안전기준 등에 관한 규정(식약처 고시)」 제6조에 따른 유통화장품의 안전관리 기준을 준수할 것. 특히, 판매장에서 제공되는 맞춤형화장품에 대한 미생물 오염관리를 철저히 할 것(예 주기적 미생물 샘플링 검사)

③ 다음의 사항이 포함된 맞춤형화장품 판매내역서(전자문서로 된 판매내역서를 포함한다)를 작성 · 보관할 것  `2020 기출`

ⓖ 제조번호(맞춤형화장품의 경우 식별번호를 제조번호로 함)

ⓛ 사용기한 또는 개봉 후 사용기간

ⓒ 판매일자 및 판매량  `2021 기출`

④ 원료 및 내용물의 입고, 사용, 폐기 내역 등에 대하여 기록 · 관리할 것

⑤ 맞춤형화장품의 원료목록 및 생산실적 등을 기록 · 보관하여 관리할 것

## 3. 혼합 · 소분되는 내용물 및 원료에 대한 설명 의무

① 맞춤형화장품 판매 시 다음의 사항을 소비자에게 설명할 것

ⓖ 혼합 · 소분에 사용된 내용물 · 원료의 내용 및 특성

ⓛ 맞춤형화장품 사용 시의 주의사항

② 맞춤형화장품 사용과 관련된 부작용 발생 사례에 대해서는 지체 없이 식품의약품안전처장에게 보고할 것

> **맞춤형화장품의 부작용 사례 보고(「화장품 안전성 정보관리 규정」에 따른 절차 준용)**
> 맞춤형화장품 사용과 관련된 중대한 유해사례 등 부작용 발생 시 그 정보를 알게 된 날로부터 15일 이내 식품의약품안전처 홈페이지를 통해 보고하거나 우편 · 팩스 · 정보통신망 등의 방법으로 보고해야 한다.
> ① 중대한 유해사례 또는 이와 관련하여 식품의약품안전처장이 보고를 지시한 경우 : 「화장품 안전성 정보관리 규정(식약처 고시)」별지 제1호 서식
> ② 판매중지나 회수에 준하는 외국정부의 조치 또는 이와 관련하여 식품의약품안전처장이 보고를 지시한 경우 : 「화장품 안전성 정보관리 규정(식약처 고시)」별지 제2호 서식

**개념톡톡**
- 품질내역서 : 내용물, 원료 공급업체 작성
- 판매내역서 : 맞춤형화장품 판매업자 작성

**개념톡톡**
식별번호는 맞춤형화장품의 혼합 · 소분에 사용되는 내용물 또는 원료의 제조번호와 혼합 · 소분기록을 추적할 수 있도록 맞춤형화장품판매업자가 숫자 · 문자 · 기호 또는 이들의 특징적인 조합으로 부여한 번호이다.

**개념톡톡**
맞춤형화장품 판매장의 조제관리사로 지방식품의약품안전청에 신고한 맞춤형화장품 조제관리사는 매년 4시간 이상, 8시간 이하의 집합교육 또는 온라인 교육을 식약처에서 정한 교육실시 기관에서 이수할 것

PART 01
PART 02
PART 03
PART 04
PART 05
PART 06

### 4. 맞춤형화장품 판매업자 및 책임판매관리자 등의 의무

① 맞춤형화장품 판매업자는 화장품 관련 법령 및 제도(화장품의 안전성 확보 및 품질관리에 관한 내용을 포함한다)에 관한 교육을 받아야 함

② 책임판매관리자 및 맞춤형화장품 조제관리사는 화장품의 안전성 확보 및 품질관리에 관한 교육을 매년 받아야 함

③ 화장품책임판매업자는 총리령으로 정하는 바에 따라 화장품의 생산실적 또는 수입실적, 화장품의 제조과정에 사용된 원료의 목록 등을 식품의약품안전처장에게 보고하여야 함. 이 경우 원료의 목록에 관한 보고는 화장품의 유통·판매 전에 하여야 함

④ 맞춤형화장품판매업자는 총리령으로 정하는 바에 따라 맞춤형화장품에 사용된 모든 원료의 목록을 매년 1회 식품의약품안전처장에게 보고하여야 함

### 5. 맞춤형화장품판매업소의 시설기준

맞춤형화장품의 품질·안전확보를 위하여 아래 시설기준을 권장

① 맞춤형화장품의 혼합·소분 공간은 다른 공간과 구분 또는 구획할 것

② 맞춤형화장품 간 혼입이나 미생물오염 등을 방지할 수 있는 시설 또는 설비 등을 확보할 것

③ 맞춤형화장품의 품질유지 등을 위하여 시설 또는 설비 등에 대해 주기적으로 점검·관리할 것

### 6. 맞춤형화장품판매업소의 위생관리

① 작업자 위생관리

　㉠ 혼합·소분 시 위생복 및 마스크(필요 시) 착용

　㉡ 피부 외상 및 증상이 있는 직원은 건강 회복 전까지 혼합·소분 행위 금지

　㉢ 혼합 전·후 손 소독 및 세척

② 맞춤형화장품 혼합·소분 장소의 위생관리

　㉠ 맞춤형화장품 혼합·소분 장소와 판매 장소는 구분·구획하여 관리

　㉡ 적절한 환기시설 구비

　㉢ 작업대, 바닥, 벽, 천장 및 창문 청결 유지

　㉣ 혼합 전·후 작업자의 손 세척 및 장비 세척을 위한 세척시설 구비

　㉤ 방충·방서 대책 마련 및 정기적 점검·확인

---

**개념톡톡** 👆

• 구분 : 선, 그물망, 줄 등으로 충분한 간격을 두어 착오나 혼동이 일어나지 않도록 되어 있는 상태

• 구획 : 동일 건물 내에서 벽, 칸막이, 에어커튼 등으로 교차오염 및 외부 오염물질의 혼입이 방지될 수 있도록 되어 있는 상태

※ 다만, 맞춤형화장품조제관리사가 아닌 기계를 사용하여 맞춤형화장품을 혼합하거나 소분하는 경우에는 구분·구획된 것으로 봄

③ 맞춤형화장품 혼합 · 소분 장비 및 도구의 위생관리

　ㄱ 사용 전 · 후 세척 등을 통해 오염 방지

　ㄴ 작업 장비 및 도구 세척 시에 사용되는 세제 · 세척제는 잔류하거나 표면 이상을 초래하지 않는 것을 사용

　ㄷ 세척한 작업 장비 및 도구는 잘 건조하여 다음 사용 시까지 오염 방지

　ㄹ 자외선 살균기를 이용할 경우

　　• 충분한 자외선 노출을 위해 적당한 간격을 두고 장비 및 도구가 서로 겹치지 않게 한 층으로 보관

　　• 살균기 내 자외선램프의 청결 상태를 확인 후 사용

④ 맞춤형화장품 혼합 · 소분 장소, 장비 · 도구 등 위생 환경 모니터링

　ㄱ 맞춤형화장품 혼합 · 소분 장소가 위생적으로 유지될 수 있도록 맞춤형화장품 판매업자는 주기를 정하여 판매장 등의 특성에 맞도록 위생관리 할 것

　ㄴ 맞춤형화장품 판매업소에서는 작업자 위생, 작업환경위생, 장비 · 도구 관리 등 맞춤형화장품 판매업소에 대한 위생 환경 모니터링 후 그 결과를 기록하고 판매업소의 위생 환경 상태를 관리할 것

## 7. 고객 개인 정보의 보호

① 맞춤형화장품 판매장에서 수집된 고객의 개인정보는 개인정보보호법령에 따라 적법하게 관리할 것

② 수집된 고객의 개인정보는 개인정보보호법에 따라 분실, 도난, 유출, 위조, 변조 또는 훼손되지 않도록 취급하여야 한다. 아울러 이를 당해 정보주체의 동의 없이 타 기관 또는 제3자에게 정보를 공개하여서는 아니 될 것

**개념톡톡**

맞춤형화장품판매장에서 판매내역서 작성 등 판매관리 등의 목적으로 고객 개인의 정보를 수집할 경우 개인정보 보호법에 따라 개인 정보 수집 및 이용목적, 수집 항목 등에 관한 사항을 안내하고 동의를 받아야 한다.

PART 01
PART 02
PART 03
PART 04
PART 05
PART 06

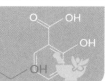

## CHAPTER 02 피부 및 모발 생리 구조

**학습목표**

- 피부의 해부조직학적 구조와 각각의 주요 기능, 세포생물학적 특성을 설명할 수 있다.
- 화장품 부작용이 피부의 어떤 세포생물학적 특성으로 인하여 발생할 수 있는지를 설명할 수 있다.
- 모발의 해부조직학적 구조와 각각의 주요 기능 및 세포생물학적 특성을 설명할 수 있다.
- 정상적인 두피와 비정상적인 두피를 구분하고 각각의 특징 및 증상을 설명할 수 있다.
- 탈모, 비듬 등의 두피 및 모발 이상 증상의 종류에 대해 설명할 수 있다
- 피부 상태 분석법의 종류에 대해 설명하고 이에 따라 실제로 피부 및 모발의 상태를 분석할 수 있다.

---

**TOPIC 01 피부의 생리 구조** 표준교재 266~271p

### 1. 피부의 개념

① 인체의 구성

ㄱ 계통(system) : 연관성 있는 기관들이 모여서 일련의 기능을 수행하는 단위

- 피부 계통
- 뼈대(골격) 계통
- 근육 계통
- 신경계통
- 순환(심혈관계) 계통
- 림프(면역) 계통
- 소화기 계통
- 호흡 계통
- 비뇨 계통
- 생식 계통
- 내분비 계통

ㄴ 세포 : 모든 생물체의 구조적, 기능적 기본 단위

| 기능 | 분화, 증식, 대사과정을 수행 |
|---|---|
| 구성 | 단백질, 지질, 핵산 등의 생체 분자로 구성 |
| 계통 구조 | 세포 – 조직 – 장기 – 계통의 순서로 구조를 형성 |

**개념톡톡** 👆

- 순환 계통 : 몸 안의 각 기관에 영양과 산소, 에너지 등을 공급하고, 생명 활동으로 생기는 이산화탄소, 노폐물 등을 호흡 계통이나 비뇨 계통으로 전달하여 몸 밖으로 배출하도록 하는 혈액이나 림프액 같은 체액의 흐름을 담당하는 계통이다.
- 림프 계통 : 혈액에서 조직으로 들어가 고여 있는 액체를 모아 빼내며 이 계통은 병원균이 몸에 퍼지지 않도록 막아 감염을 예방하는 세포들로 구성된다.

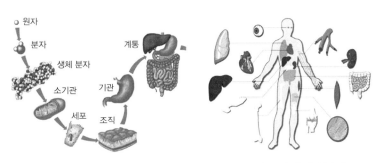

| 기관, 장기의 구성 | 신체(Body)의 기관(장기) |

┃ 세포 – 조직 – 기관 – 계통을 이루는 신체 구조 ┃

② **피부계** : 인체의 외부를 덮어 내부를 보호하는 독립적인 계통

ㄱ 물리적 특징

| 면적 | 1.2~2.2㎡ |
|---|---|
| 부피 | 2.4~3.6L |
| 무게 | 4kg(몸무게의 16%, 뇌, 간과 함께 가장 많은 무게를 가지는 장기) |

ㄴ 생리적 기능

| 보호 기능 | 외부 물질의 침입 방어, 충격 · 마찰 등에서 보호(미생물, 화학물질, 자외선 등) |
|---|---|
| 체온 조절 | 땀 발산, 혈관 축소 및 확장으로 체온 유지 |
| 배설 기능 | 피지와 땀의 분비로 체내 노폐물 배설 |
| 감각 기능 | 온도, 촉각, 통증 등을 감지 |
| 합성 기능 | 7 – 디하이드록시 콜레스테롤이 피부에서 자외선을 받아 비타민 D로 변환 |
| 감각 기능 | • 냉각 : 크라우제<br>• 온각 : 루피니<br>• 촉각 : 메르켈<br>• 압각 : 파치니 |

ㄷ 인체 내부에서의 위치

| 배치 | 뼈 – 근육 – 지방 – 피부의 구조로 구성 |
|---|---|
| 변화 | 피부계뿐만 아니라 골격, 근육, 지방이 노화에 따라 변하여 외형을 결정 |

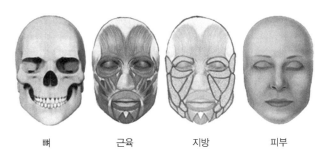

| 뼈 | 근육 | 지방 | 피부 |

┃ 피부와 내부의 조직의 구성 ┃

## 2. 피부의 구조

① 외부 구조

ㄱ 소릉(Hill) : 피부에서 튀어나온 부분

ㄴ 소구(Furrow) : 피부에서 우묵하게 들어간 부분

ㄷ 모공

| 기능 | 모발(털), 피지, 대한선에서 분비되는 땀이 나오는 구멍 |
|---|---|
| 위치 | 소구와 소구가 만나는 곳에 위치 |

ㄹ 한공

| 기능 | 소한선에서 분비되는 땀이 나오는 구멍 |
|---|---|
| 위치 | 소릉에 위치 |

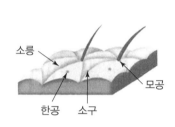

**‖ 외부에서 확인 가능한 피부의 구조 ‖**

② 내부 구조

| 구성 | 표피 – 진피 – 피하조직의 독립적인 조직이 순서대로 배열됨 |
|---|---|
| 표피 | • 피부의 가장 외부에 존재하는 층<br>• 유해물질을 차단하는 장벽 역할 |
| 진피 2021 기출 | • 피부의 가장 많은 부분을 차지<br>• 피부 탄력을 유지 |
| 피하조직 | 지방세포로 구성되어 단열, 충격 흡수, 뼈와 근육 보호의 역할 |

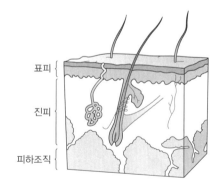

표피

진피

피하조직

**‖ 피부의 세부 구조(표피 – 진피 – 피하조직) ‖**

③ 피부의 부속기관

　ㄱ 모발(털)

| 특성 | 모공 하부(모근)에서 모발 구조로 분화되어 모공 밖(모간)까지 성장 |
| --- | --- |
| 기능 | 체온 유지, 피부 보호 |

　ㄴ 피지선

| 특성 | 모공에 연결되어 있고 피지 분비를 담당 |
| --- | --- |
| 기능 | • 지방 성분의 피지 분비<br>• 피부 및 모발에 윤기 부여　2021 기출 |

　ㄷ 대한선(아포크린한선)

| 특성 | 모공에 연결된 땀샘 |
| --- | --- |
| 기능 | 수분과 함께 단백질 등의 성분을 함유하여 체취를 구성, 세균 등에 의해 부패되면 악취를 형성하는 주요 원인 |

　ㄹ 소한선(에크린한선)

| 특성 | 독립적인 한공을 통해 분비되는 땀샘 |
| --- | --- |
| 기능 | 체온 유지의 기능에 핵심적인 역할, 무색, 무취의 땀 분비 |

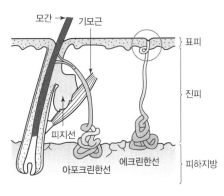

∥ 피부의 주요 부속 기관의 구조와 위치 ∥

## 3. 피부의 구조적 특성과 역할

① 표피의 특성

　ㄱ 구성 : 기저층 – 유극층 – 과립층 – 각질층

　ㄴ 기능 : 피부장벽의 기능을 하는 각질층을 구성하기 위해 분화

　ㄷ 특징 : 세포들이 밀착되어 있는 구조

개념톡톡

**피부의 부속기관**

모발, 피지선, 대한선은 모공을 공유하고, 소한선은 별도의 한공을 이용한다.

PART 01
PART 02
PART 03
PART 04
PART 05
PART 06

CHAPTER 02 피부 및 모발 생리 구조　303

| 세포 | 주로 각질형성세포(Keratinocyte)로 구성됨 |
|---|---|
| 분화(Differentiation) | 세포의 특성이 변화하여 다른 형태의 세포가 되는 것 |
| 증식(Proliferation) | 동일한 세포의 특성을 유지하며 세포의 수가 늘어나는 것 |
| 분화 과정 2020 기출 | 기저층 → 유극층 → 과립층 →각질층으로 분화함 |
| 분화 기간 | • 기저층 → 각질층까지 분화하는 데 2주<br>• 각질층으로 2주간 존재하다 탈락함 |
| 각화 과정 | 피부 표피의 각질형성 세포가 분화하여 각질을 형성하는 과정 |

ⓔ 표피 구성층의 역할

| 각질층 | • 피부의 최외곽을 구성<br>• 생명 활동 없이 죽은 세포로 구성<br>• 피부장벽의 핵심 구조 |
|---|---|
| 과립층 | 피부장벽 형성에 필요한 성분을 제작하여 분비 |
| 유극층 | • 표피에서 가장 두꺼운 층<br>• 상처 발생 시 재생을 담당 |
| 기저층 | • 진피층과의 경계를 형성<br>• 1층으로 구성<br>• 표피층 형성에 필요한 새로운 세포를 형성 |

② 진피이 특성 2020 기출

ⓐ 구성 : 콜라겐, 엘라스틴과 같은 단백질 섬유, 히알루론산과 같은 당 성분 등이 대부분을 차지하며 이를 제작하는 섬유아세포가 존재함

ⓑ 세포 : 섬유아세포(교원세포, Fibroblast)가 주요 기능 담당 2021 기출

ⓒ 특징 : 유두층과 망상층으로 구성

| 유두층 | • 표피와 접해 있음<br>• 섬유조직이 적어 표피로 혈액 및 체액 공급이 용이함 |
|---|---|
| 망상층 | 섬유조직이 많고 대부분 진피를 구성하는 부분임 |

**▌ 진피층의 형태와 구성 성분 ▌**

## 4. 표피의 주요 특성

① 피부장벽

ⓐ 피부장벽 : 각질층으로 구성된 피부 보호 구조의 명칭

| 기능 | • 피부 수분의 증발 억제<br>• 외부의 미생물, 오염물질의 침입 방지 |
|---|---|
| 구성 | 각질세포와 세포 간 지질로 구성 |
| 성분 | 케라틴 단백질(58%), 천연보습인자(31%), 지질(11%) |
| 특징 | • 벽돌과 시멘트 구조(Brick & Mortar)<br>• 장벽 기능 손상 시 피부 트러블 발생 |

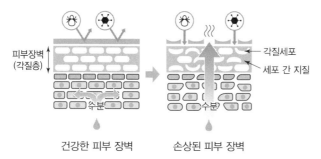

**‖ 피부 장벽의 구조 ‖**

ⓑ 각질세포와 천연보습인자

| 구성 | 케라틴 단백질로 구성된 물리적 장벽과 수분을 잡아주는 천연보습인자(NMF ; Natural Moisturizing Factor)로 구성 |
|---|---|
| 특징 | 피부 표면 대부분의 면적을 구성 |
| 천연보습인자<br>2021 기출 | • 필라그린과 같은 단백질이 표피 분화 과정에서 분해되어 아미노산을 구성<br>• 그 외 이온, 유기산, 단당류 등과 같이 수분과의 친화력이 좋은 물질로 구성<br>• 각질세포 내에 수분을 잡아주는 역할 |

| 천연보습인자 구성 성분 | 함유량(%) |
|---|---|
| 아미노산, 펩타이드 | 40 |
| 소듐 PCA | 12 |
| 젖산, 락틱산 | 12 |
| 우레아, 요소 | 7 |
| 이온($Cl^-$, $Na^+$, $K^+$, $Ca^{2+}$, $Mg^{2+}$, $Po_4{}^{3-}$) | 18.5 |
| 단당류 | 8.5 |
| 암모니아, 글루코사민, 크레아틴 | 1.5 |
| 기타 | 0.5 |

**‖ 천연보습인자의 구성 성분 ‖**

PART 01
PART 02
PART 03
PART 04
PART 05
PART 06

ⓒ 세포 간 지질의 특성 및 구성

| 기능 | 지질성분으로 구성되어 수분의 증발을 억제 |
|---|---|
| 구성 | • 세라마이드(40~50%), 지방산(30%), 콜레스테롤(15%) 등으로 구성 2019 기출<br>• 친수성성분과 친유성성분이 배열됨<br>• 이들이 반복되는 라멜라구조(교대구조)를 형성 |
| 특징 | • 세라마이드가 부족한 경우 피부장벽이 약화되는 경우가 많음(아토피 환자 등)<br>• 계면활성제가 있는 세정제 등을 사용하면 세포 간 지질이 같이 씻겨나가 장벽이 약화됨 |

ⓔ 피부장벽과 화장품과의 관계 : 수분, 보습제, 유성성분을 적절히 공급하여 피부의 수분을 유지하여 건강하게 하는 것이 기초화장품의 기본적인 기능

| 수분 | • 외부 환경의 변화에 따라서 피부의 수분 양은 변화하게 됨<br>• 표피 및 진피의 살아있는 세포층에서는 수분의 함량이 일정(약 70%)<br>• 죽어 있는 세포인 각질층은 외부 환경이나 장벽기능에 따라 수분의 함량이 변화함 |
|---|---|
| 보습제 | 수분을 잘 잡는 글리세린과 같은 성분은 천연보습인자의 역할을 함 |
| 유성성분 | 피부 외부에 유성막을 형성하여 수분의 증발을 억제함 |

※ 보습 : 피부의 수분이 적절하게 유지되어야 피부의 대사과정이 건강하게 유지됨

② pH

| 구성 | 각질층 외곽은 pH 4.5에서 5.3을 유지, 각질층 깊이 들어갈수록 pH 7로 변화함 2020 기출 |
|---|---|
| 원리 | 피지 내의 지방산, 세포의 능동적인 수소이온 펌프 작용으로 생성 |
| 기능 | 외부의 적(미생물)에 대한 화학적인 방어 |
| 특징 | 각질 내 다양한 피부 기능(각질 턴오버 등)이 낮아져 있는 pH에 맞추어짐 |
| 중요성 | pH가 정상의 범위를 벗어나면 기능에 이상이 생김 |

③ 피부색
   ㉠ 피부색의 결정 요인

| 색소 | 빛을 흡수하여 색을 나타내는 성분 |
|---|---|
| 종류 | • 주로 피부 표피 멜라닌 색소의 양이 피부색을 결정<br>• 혈액 헤모글로빈이 붉은색을 나타내게 함(염증 등에 의한 혈류량의 증가로 피부가 붉어짐) |
| 분류 | 멜라닌 색소의 합성 정도가 인종별로 다르며 이것이 피부색을 결정 |

표피의 각질층은 외부 환경에 따라 수분함유량이 변화하지만 나머지 층의 수분은 일정하게 유지된다.

합격콕콕

일반적으로 알고 있는 피부 관련 문제 상황과 피부의 구조 및 세포 등을 연결하여 이해한다.

ⓒ 멜라닌 세포(멜라노사이트) 2019 기출

| 위치 | 표피의 기저층에 존재 |
|---|---|
| 구조 | 수지상(나뭇가지 형태)으로 표피 속으로 뻗어 있음 |
| 기능 | 멜라닌 색소를 합성하여 표피세포에 전달 |
| 전달 | 멜라노좀이라는 소기관 속에서 합성하여 멜라노좀의 형태로 각질 형성 세포에 전달 |
| 조절 | 자외선 등에 반응하여 합성량이 증가됨(동양인 기준) |

ⓒ 멜라닌의 기능

| 기능 | • 자외선을 흡수하여 피부를 보호(피부의 외곽측인 표피층에 존재하는 이유)<br>• 진피층에는 존재하지 않음 |
|---|---|
| 합성 | 타이로신이라는 아미노산을 기반으로 제작됨 |
| 효소 | Tyrosinase 등의 효소가 담당 |

ⓒ 기능성화장품과의 관계

| 미백 기능성 화장품 | • 멜라닌 합성을 조절하여 피부를 밝게 하는 데 도움을 줌<br>• 피부에 침착된 멜라닌 색소의 색을 엷게 하여 피부의 미백에 도움을 주는 기능을 가진 화장품 |
|---|---|
| 기미 · 주근깨 | • 피부에 부분적으로 멜라닌 합성이 균일하지 않으면 기미 · 주근깨가 형성<br>• 피부에 멜라닌 색소가 침착하는 것을 방지하여 기미 · 주근깨 등의 생성을 억제함으로써 피부의 미백에 도움을 주는 기능을 가진 화장품 |

**개념톡톡**

| 기작 | 성분 |
|---|---|
| 티로시나제 활성 억제 | • 유용성 감초 추출물<br>• 알파-비사보롤<br>• 닥나무 추출물<br>• 알부틴 |
| 산화된 Tyrosine 환원 | • 에칠아스코빌에텔<br>• 아스코빌글루코사이드<br>• 아스코빌테트라이소팔미테이트<br>• 마그네슘아스코빌포스페이트 |
| 멜라닌 이동 억제 | 나이아신 아마이드 |

| 타이로신 아미노산에서 시작되는 멜라닌 합성 과정 |

PART 01 / PART 02 / PART 03 / PART 04 / PART 05 / PART 06

## 5. 진피의 주요 특성

### ① 섬유 구조 성분

#### ㉠ 콜라겐

| 비율 | • 진피 섬유 성분의 90% 차지<br>• 진피 중 가장 많은 성분(75%) |
|---|---|
| 기능 | • 물리적 압력에 저항하여 진피의 구조를 유지<br>• 자체적인 탄성을 가지지는 않음 |
| 구성 | • 3개의 펩타이드가 기본 나선 구조를 구성<br>• 기본 나선 구조가 묶여서 굵은 섬유 구조를 형성 |

#### ㉡ 엘라스틴

| 비율 | 진피 섬유 성분의 2~3% 차지 |
|---|---|
| 기능 | 콜라겐에 비해 가늘고 신축성이 높음(자체 길이의 1.5배까지 늘어남) |
| 구성 | • 펩타이드가 연결되어 탄성을 가지는 기본 구조 형성<br>• 기본 구조가 모여 섬유 구조 구성<br>• 섬유 구조가 콜라겐 섬유 사이를 연결 |

### ② 기질물질(Ground Substance)

| 정의 | 진피 내 결합 섬유와 세포 사이를 채우고 있는 물질 |
|---|---|
| 기능 | 수분 보유력이 뛰어나 진피 내의 수분을 보존하는 기능을 말함 |
| 구성 | 당－단백질 복합체로 존재(GAG ; glycosaminoglycans) |
| 대표 성분 | 히알루론산(hyaluronic acid), 콘드로이친 황산(chondroitin sulfate) |

## 6. 피부의 효소 　2020 기출

| 분류 | 효소명 | 특징 |
|---|---|---|
| 색소 합성 효소 | 티로시네이즈 | 멜라닌의 합성에 관여, 구리이온 필요 |
| 섬유 단백질 분해 효소 | 콜라게네이즈 | 콜라겐 구조의 분해, 아연이온 필요 |
| | 젤라티네이즈 | 젤라틴 구조(단일가닥 콜라겐) 분해, 아연이온 필요 |
| | 스트로멜라이신 | 콜라겐분해소의 활성화, 아연이온 필요 |
| | 엘라스티나아제 | 엘라스틴 구조의 분해 |

# 모발의 생리 구조 <sub>표준교재 272~277p</sub>

## 1. 모발(털)의 특성

① 기능 : 보호, 노폐물의 배출, 감각

② 구조 : 케라틴 단백질로 이루어짐(80~90%)

③ 분포 : 전신에 150만 개 정도 분포(손바닥 및 입술 등의 특정 부분 제외)

## 2. 모발의 구조

① 모발의 구조

㉠ 모간

| 모간 | 피부 표면에 노출된 모발 |
|---|---|
| 구조 | 모표피, 모피질, 모수질로 구성 |

㉡ 모근

| 모근 | 피부 속에 있는 모발 |
|---|---|
| 모낭 | 모근을 둘러싸고 있으며 모발을 만드는 기관 |
| 모모세포 | 모발의 구조를 만드는 세포 |
| 모유두 | • 진피에서 유래한 세포<br>• 모낭 속에 있는 모모세포 등에 영양 공급 |

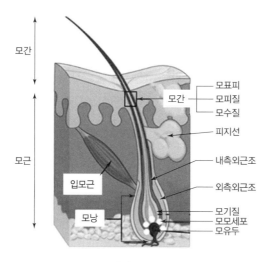

‖ 모발의 구조 ‖

**개념톡톡** 

**모발**

1일에 0.3~0.5mm 정도 자라며 나이, 성별, 환경 등에 따라 자라는 속도가 조금씩 다르다. 모발은 약산성을 띠고 있어 산에는 비교적 강하나 알칼리에 약하며 이 특징을 이용해 모발 관련 시술을 적용한다.

**합격콕콕** 

모발 및 두피와 관련된 화학적 결합에 대해 이해해야 한다.

② 모간의 구조

　　㉠ 모표피(Cuticle) 2021 기출

| 구성 | 편상의 무핵세포가 비늘 모양으로 겹쳐져 있음 |
|---|---|
| 기능 | 화학적 저항성이 강하여 외부로부터 모발을 보호 |
| 구조 | • 사람의 경우 5~10층을 이룸<br>• 1개의 세포가 모발의 1/2~1/3을 덮고 있음<br>• 약 20%만 노출되고 80%는 다른 세포에 겹쳐져 있음 |
| 특징 | • 최외곽 부분에 지질이 결합되어 있음<br>• 멜라닌 색소가 없음<br>• 열, 마찰, 세정제 등에 손상될 경우 거칠게 느껴지게 됨 |

**개념톡톡** 👆

모피질이 친수성이라 흡수성과 흡습성을 가진다. 따라서 퍼머넌트, 염색 시술 시 모피질의 결합이 약해져 모발 손상이 발생한다.

　　㉡ 모피질(Cortex) 2019 기출

| 구성 | 각화된 모피질 세포와 결합 물질로 구성 |
|---|---|
| 기능 | 모발의 85~90%를 차지하고 멜라닌 색소를 보유하여 탄력, 질감, 색상 등 주요 특성을 나타냄 |
| 구조 | • 모피질 세포는 세로 방향의 케라틴 단백질 섬유 구조로 형성<br>• 모피질 세포들은 그 사이의 간층 물질로 결합되어 있음<br>• 가로 방향으로 절단하기는 어려우나 세로 방향으로는 잘 갈라짐 |

　　㉢ 모수질

| 구성 | • 벌집 모양의 세포로 구성<br>• 멜라닌 색소 포함 |
|---|---|
| 특징 | • 모발의 가장 안쪽을 구성<br>• 경모에는 있으나 연모에는 없음 |

## 3. 모발의 성장

① 모발 주기 : 성장기(3~6년) → 퇴화기(30~45일) → 휴지기(4~5개월, 탈모) → 성장기 반복 2021 기출

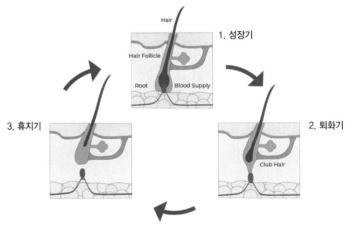

‖ 모발의 성장 주기 ‖

⊙ 성장기

| 비율 | 80~90%를 차지 |
|------|----------------|
| 특징 | 모모세포 등에 의한 모발 성장 활동이 활발하고 모발이 지속적으로 자라나는 시기 |
| 기간 | • 성장 속도와 성장기 기간에 비례하여 모발의 길이가 결정됨<br>• 머리카락 3~5년(12mm/개월), 눈썹 3~5개월(5.4mm/개월), 수염 2~3년(11.4 mm/개월) |

ⓛ 퇴화기

| 비율 | 1% 정도를 차지 |
|------|----------------|
| 특징 | 대사과정이 느려지며 성장이 정지됨 |

ⓒ 휴지기

| 비율 | 10~15%를 차지 |
|------|----------------|
| 특징 | 모발 – 피부 결합력이 약화되어 물리적 충격에 탈모됨 |

**개념톡톡** 🔖

**모발의 성장주기**
• 성장기 : 3~6년
• 퇴행기 : 약 3주
• 휴지기 : 3~4개월

② 연모와 경모

⊙ 연모(Vellus hair), 솜털

| 특징 | 모수질이 없으며 멜라닌 색소가 적어 갈색을 띰 |
|------|----------------|
| 주기 | 90%를 telogen으로 보냄(길이가 길지 않음) |
| 위치 | • 갓 태어났을 때 보유<br>• 경모로 바뀌지 않은 곳에 존재함 |

ⓛ 경모(Terminal hair)

| 특징 | • 일반적인 모발, 모수질이 있고 멜라닌 색소가 많음<br>• 연모(Vellus hair)는 성장과 함께 생후 5~6개월 후 경모(Terminal hair)로 바뀜<br>• 출생 후 모발 기관은 추가 생성되지 않고 연모가 경모로 바뀜 |
|------|----------------|
| 주기 | • 3~6년을 in anagen으로 보냄<br>• 길이가 김 |

③ 탈모

⊙ 원형 탈모증(Alopecia areata)

| 특징 | 머리카락이 불규칙적 · 국소적으로 빠진 것 |
|------|----------------|
| 원인 | • 정신적 외상, 자가면역, 감염 등<br>• 자연 치유됨 |

ⓛ 휴지기 탈모(Telogen effluvium)

| 특징 | 10% 수준의 휴지기가 20% 수준으로 늘어난 것 |
|------|----------------|
| 원인 | • 견인성(머리를 땋거나 묶음)<br>• 산후, 약물성 등(원인 요인 제거 시 개선) |

PART 01
PART 02
PART 03
PART 04
PART 05
PART 06

ⓒ 성장성 탈모(Anagen effluvium)

| 특징 | 성장기에 있는 모발이 영향을 받음 |
|---|---|
| 원인 | • 항암제 탈모 : 세포분열이 활발한 조직에 항암제가 작용하여 탈모<br>• 남성형 탈모 : 남성 호르몬의 작용이 머리카락과 수염의 성장에 반대의 역할 |
| 두피 | • 남성 호르몬에 반응하여 경모가 연모로 변화(머리카락이 얇아짐)<br>• 주로 이마 부분부터 반응 |
| 얼굴 | 남성 호르몬에 반응하여 연모가 경모로 변화(수염이 굵어짐) |

TOPIC 03 피부 및 모발의 상태 분석 표준교재 277~278p

## 1. 피부 분석의 목적

① 분석의 목적

㉠ 다양한 분석 기법을 토대로 피부 유형 분석

㉡ 맞춤형화장품 제작에 필요한 자료로 활용

② 분석의 효과

㉠ 피부 유형과 피부 상태 파악

㉡ 분석 내용을 토대로 적합한 제품 선택

㉢ 관리 방향과 적합한 프로그램 선정

## 2. 기기를 이용한 분석

① 피부의 상태를 수치로 나타내어 객관화함

② 수분

| 기기 | 피부 수분 측정기(Corneometer) |
|---|---|
| 원리 | • 피부 표면의 전기전류도 측정<br>• 수분 함량이 많을수록 전류가 많이 흐르는 원리 |
| 주의 | • 일정한 온도와 습도의 실내 조건을 갖춤<br>• 피시험자의 땀 등에 의해 영향을 받기 때문에 안정을 취한 뒤 측정함 |
| 특징 | 화장품 내의 보습제 등에 의해서 수치가 증가함 |

개념톡톡 😊

**피부 분석 방법**
• 문진법 : 설문이나 대면 질문을 통해 피부 상태 분석
• 견진법 : 육안을 통해 피부 상태 분석
• 촉진법 : 손으로 누르거나 만져서 피부 상태 분석
• 기기를 이용한 판독법 : 유수분 측정기, 우드램프, pH측정기 등을 통해 피부 상태 분석

③ 피부장벽

| 기기 | 경피 수분 손실 측정기(TEWL ; Trans Epidermal Water Loss) |
|---|---|
| 원리 | • 피부장벽을 통해서 증발하는 수분의 양을 측정<br>• 수분 증발도가 높을수록 피부장벽이 좋지 않음을 의미 |
| 주의 | 민감성 피부인 사람의 경우 때 타올 등으로 각질을 제거한 경우 증발도가 높아짐 |
| 특징 | 화장품 도포 직후에는 제형 내의 수분이 증발하게 되어 장벽이 손상된 것으로 측정되므로 일정한 시간 이후에 확인 |

④ 탄력

| 기기 | 피부 탄력 측정기(Cutometer) |
|---|---|
| 원리 | • 음압(펌프로 공기를 빨아들임)으로 피부를 당겼을 때 피부가 당겨지는 정도를 판단<br>• 압력을 제거하였을 때 피부가 되돌아가는 정도를 판단 |
| 특징 | • 기기마다 고유의 수치를 제공<br>• 진피 조직의 치밀함이 탄력을 결정<br>• 노화 등에 따라서 탄력이 감소함 |

⑤ 주름

| 기기 | 안면 진단기, Primos 등 |
|---|---|
| 원리 | • 주름 부위를 사진으로 촬영한 후 이미지 데이터를 바탕으로 주름을 수치화<br>• 깊은 주름의 경우 길이가 길고 색상이 진하게 나타남 |
| 주의 | • 표정에 의해 주름이 변할 수 있어 일정한 측정 필요<br>• 눈썹이나 속눈썹 등의 이미징 간섭을 피해서 측정 부위를 선정 |

⑥ 색상

| 기기 | 색차계(Chromameter) |
|---|---|
| 원리 | 피부 표면에 일정한 빛을 조사한 후 피부에 흡수되어 변화한 빛을 측정 |
| 특징 | • 멜라닌의 합성 변화에 따른 피부색 변화를 주로 측정<br>• L값 : 피부의 밝음을 측정, 수치가 높을수록 흰색(White)<br>• a값 : 피부의 붉음을 측정, 수치가 높을수록 붉은색(Red)<br>• b값 : 피부의 노란 기를 측정, 수치가 높을수록 노란색(Yellow) |
| 주의 | 피부 염증 등에 의해서도 붉은 기가 증가할 수 있지만, 혈행 개선 등에 의해서도 변화할 수 있어 적절한 해석이 필요함 |

⑦ 광택

| 기기 | 표면 광택 측정기기(Gloss meter) |
|---|---|
| 원리 | • 피부 표면에서의 빛의 정반사 비율을 측정<br>• 표면이 고르게 존재할수록 입사각과 반사각이 일정한 정반사가 증가<br>• 표면이 고르지 않을수록 다양한 방향으로 빛을 반사하는 난반사가 증가 |

| 특징 | • 피지 분비량이 과다한 경우 피부 표면에 균일한 오일막을 형성하여 광택 증가<br>• 수분공급이 잘되어 건조 각질량이 감소하고 그로 인해 표면이 균일해질 때도 광택 증가 |
|---|---|
| 주의 | 광택의 증가 및 감소는 미적인 기준에 따라서 달라짐<br>**예** 매트한 화장을 한 경우 광택이 감소됨 |

⑧ pH

| 기기 | pH 분석기 |
|---|---|
| 원리 | 탐침기 끝부분의 수소이온 농도를 검출하여 pH 계산 |
| 특징 | • 탐침기 끝이 평평한 경우 표면의 pH 측정 가능<br>• 각질층에서의 pH 측정<br>• 알칼리 비누 등을 사용하면 pH가 정상에서 벗어남 |
| 주의 | • 기기에 따라서 센서의 pH의 보정이 필요함<br>• 탐침기를 보관용액에 함침되게 유지하여 보관할 것 |

⑨ 거칠기 측정기

| 기기 | 피부 거칠기 측정기(Friction meter) |
|---|---|
| 원리 | • 원판이 피부 표면에서 회전하며 마찰력을 측정<br>• 마찰이 클수록 피부가 거칠다고 판단 |

⑩ 피지 측정기

| 기기 | 피지 측정기(Sebumeter) |
|---|---|
| 원리 | • 피지를 흡수할 수 있는 테이프를 일정한 압력으로 일정한 시간 동안 피부에 접촉<br>• 테이프에 피지가 흡수된 후 투명하게 변화한 정도를 기기로 수치화 |

⑪ 안면 진단기

| 기기 | 안면 진단기 |
|---|---|
| 원리 | • 다양한 빛의 영역을 활용하여 피부 상태를 이미징함<br>• 가시광선 : 주름, 피부결, 모공 등을 확인<br>• 편광 : 표피층의 색소 침착 등을 확인(각질층의 산란된 빛을 제거하여 색소 관찰 가능)<br>• 자외선 : 모공, 여드름균, 피지 등을 확인 |

⑫ 모발 두피 진단기

| 기기 | 확대경, phototrichogram 등 |
|---|---|
| 원리 | • 두피 표면의 각질 탈락<br>• 붉은 기 등을 확대하여 확인<br>• 동일한 지역의 모발 수 변화를 수치적으로 계산 |

**개념톡톡** 👆

**모발 진단 방법**
• 모발당김검사 : 모발을 두 손가락으로 집어 당겨 탈모 증상 판단
• 모주기검사 : 포토트리코그램을 통해 모발의 성장 속도와 밀도를 종합적으로 분석
• 모간검사 : 모발에 붙어있는 피부를 모아 염색 후 현미경으로 모발 상태 분석
• 조직검사 : 4mm 펀치를 이용해 모유두가 포함된 조직을 채취하여 모발 상태 분석
• 모발분석 : 모발의 전반적 상태를 종합적으로 진단

## 3. 피부타입별 특징

| | |
|---|---|
| 정상 피부 | • 유 · 수분의 밸런스가 좋음<br>• 피부 표면이 매끄럽고 부드러움<br>• 화장의 지속력이 좋음 |
| 지성 피부 | • 피지 분비가 많아 번들거림<br>• 화장이 잘 먹지 않고 지워짐<br>• 모공이 막혀 면포와 여드름이 쉽게 생성됨 |
| 건성 피부 | • 건조하고 윤기가 없음<br>• 당김이 심함<br>• 거칠어 보이고 잔주름이 많음 |
| 복합성 피부 | • 2가지 이상의 타입이 공존함<br>• T-zone 주위로는 지성 피부의 특성이 나타남<br>• U-zone 주위로는 건성 피부의 특성이 나타남 |
| 민감성 피부 | • 피부장벽이 약화된 사람<br>• 외부 환경에 따라 자극반응이 심함<br>• 붉어지기 쉽고 가려움이 많음 |

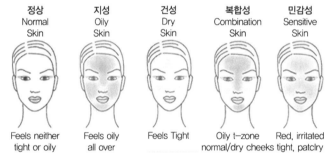

| 정상<br>Normal<br>Skin | 지성<br>Oily<br>Skin | 건성<br>Dry<br>Skin | 복합성<br>Combination<br>Skin | 민감성<br>Sensitive<br>Skin |
|---|---|---|---|---|
| Feels neither<br>tight or oily | Feels oily<br>all over | Feels Tight | Oily t-zone<br>normal/dry cheeks | Red, irritated<br>tight, patclry |

‖ 피부 타입별 분류 ‖

PART 01

PART 02

PART 03

PART 04

PART 05

PART 06

CHAPTER
## 03 관능평가 방법과 절차 표준교재 280~281p

**학습목표**
• 화장품 관능평가에 대해서 정의할 수 있다.
• 맞춤형화장품의 관능평가의 종류와 절차를 설명하고, 이를 수행할 수 있다.

## 1. 관능평가(Sensory Evaluation)

화장품의 질을 촉각 등을 이용한 감지를 통해 분석(인간의 감각으로 물건의 질을 판단)

## 2. 화장품의 소비자 선호도 조사상 관능평가

① 종류

㉠ 채점 척도 시험법

| 기준 설정 | 퍼짐성, 부드러움 느낌, 끈적임 없는 정도, 유분감 없는 정도, 선호도 등을 선정 |
|---|---|
| 척도 설정 | 대단히 강하다(6점)~대단히 약하다(1점) 등의 형식 |

㉡ 순위 시험법 : 여러 시료를 제시하여 기호도에 따라서 순위를 정하게 하는 방법

② 대상 : 소수 전문가 집단의 평가, 다양한 인원의 패널 평가

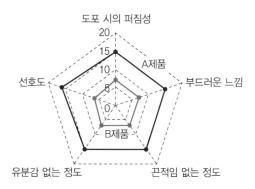

채점 척도 시험

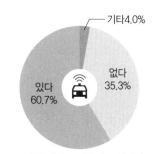

B 제품 대비 A 제품의 구입의사

순위 시험

┃ 관능평가에 의한 소비자 선호도 조사 ┃

③ 구분 2021 기출

| 맹검 사용시험<br>(Blind use test) | 제품의 정보를 제공하지 않는 제품 사용시험 |
|---|---|
| 비맹검 사용시험<br>(Concept use test) | 제품의 정보를 제공하고 제품에 대한 인식 및 효능이 일치하는지를 조사하는 시험 |
| 기호형 평가 | 좋고 싫음을 주관적으로 판단 |
| 분석형 평가 | 표준품 및 한도품 등 기준과 비교하여 합격품, 불량품을 객관적으로 평가, 선별하거나 사람의 식별력 등을 조사 |

## 3. 화장품 제조 품질관리 절차상 관능평가

① 성상 : 색상, 향취, 투명도

② 형태 : 점도, 경도, 윤기

③ 사용감 : 미끌거림, 수분감, 오일감, 끈적임

④ 포장상태 : 펌핑력, 씰링, 유출 여부, 이물질

개념톡톡 👆

관능평가 요소
탁도, 변취, 분리, 점도, 경도

PART 01

PART 02

PART 03

PART 04

PART 05

PART 06

# CHAPTER 04 제품 상담 및 제품 안내

표준교재 282~288p

**학습목표**

• 맞춤형화장품에서 발생할 수 있는 부작용과 그 대처방법에 대하여 고객에게 설명할 수 있다.
• 화장품 안전성 정보관리 규정을 설명하고 문제발생 시 대처할 수 있다.
• 맞춤형화장품 사용 시 주의사항을 고객에게 설명할 수 있다.

## 1. 제품 상담의 기본 원칙

① 판매장에서는 소비자에게 맞춤형화장품 혼합판매에 사용된 원료 성분, 배합 목적 및 배합 한도 등에 관한 정보를 제공하도록 함
② 판매장에서는 자율적으로 혼합 판매된 제품의 사용기한을 정하고 이를 소비자에게 알려주도록 함
③ 판매장에서는 혼합·판매 시 사용기한 등에 대하여 첨부 문서 등을 활용하여 제공하도록 함
④ 사용 중 이상이 있는 경우에는 원칙적으로 판매장에 책임이 있음을 알려주도록 함

## 2. 맞춤형화장품의 효과 및 부작용

① 기능
  ㉠ 인체를 청결·미화하여 매력을 더하고 용모를 밝게 변화시킴
  ㉡ 피부와 모발의 건강을 유지하고 증진함

② **부작용** : 화장품의 사용 시의 주의사항 안내
  ㉠ 화장품 사용 시 또는 사용 후 직사광선에 의하여 사용 부위에 붉은 반점, 부어오름 또는 가려움증 등의 이상 증상이나 부작용이 있는 경우 전문의 등과 상담할 것
  ㉡ 상처가 있는 부위 등에는 사용을 자제할 것

**개념톡톡**

**부작용 종류와 현상**
• 가려움 : 참을 수 없이 피부를 긁고 싶은 충동
• 따끔거림 : 바늘로 찌르는 듯한 느낌
• 부종 : 피부나 피하조직이 부은 상태
• 염증 : 생체조직의 방어 반응의 하나로, 주로 세균에 의한 감염이 많으며 붉거나 농이 지는 현상
• 인설 : 표피의 각질이 은백색의 부스러기처럼 탈락하는 현상
• 자통 : 찌르고 따끔거리는 것과 같은 통증
• 작열감 : 피부가 화끈거리거나 쓰린 느낌
• 홍반 : 모세혈관의 확장이나 충혈로 인해 피부가 국소적으로 붉게 변하는 현상

ⓒ 보관 및 취급 시의 주의사항

- 어린이의 손이 닿지 않는 곳에 보관할 것
- 직사광선을 피해서 보관할 것

## 3. 배합 금지 사항

화장품 배합 금지 원료를 사용하지 않음을 안내함

## 4. 사용 제한 사항

① 화장품에 사용상의 제한이 필요한 원료 : 주로 자외선 차단제와 보존제
② 식품의약품안전처장이 고시한 기능성 화장품의 효능·효과를 나타내는
원료를 사용하지 않음을 안내함

## 5. 기능성 화장품의 기준 및 시험 방법

① 목적 : 화장품의 기본적인 제형과 단위의 정의 및 품질관리의 측면에 대
한 이해에 도움이 되는 개념을 이해

② 통칙
　ⓐ 화장품 제형의 정의　2021 기출

- 로션제 : 유화제 등을 넣어 유성성분과 수성성분을 균질화하여 점
  액상으로 만든 것
- 액제 : 화장품에 사용되는 성분을 용제 등에 녹여서 액상으로 만든 것
- 크림제 : 유화제 등을 넣어 유성성분과 수성성분을 균질화하여 반
  고형상으로 만든 것
- 침적마스크제 : 액제, 로션제, 크림제, 겔제 등을 부직포 등의 지
  지체에 침적하여 만든 것
- 겔제 : 액체를 침투시킨 분자량이 큰 유기분자로 이루어진 반고형상
- 에어로졸제 : 원액을 같은 용기 또는 다른 용기에 충전한 분사제
  (액화기체, 압축기체 등)의 압력을 이용하여 안개모양, 포말상 등
  으로 분출하도록 만든 것
- 분말제 : 균질하게 분말상 또는 미립상으로 만든 것을 말하며, 부
  형제 등을 사용할 수 있음

PART 01
PART 02
PART 03
PART 04
PART 05
PART 06

ⓛ 제제를 만들 경우에는 따로 규정이 없는 한 그 보존 중 성상 및 품질의 기준을 확보하고 그 유용성을 높이기 위하여 부형제, 안정제, 보존제, 완충제 등 적당한 첨가제를 넣을 수 있음. 다만, 첨가제는 해당 제제의 안전성에 영향을 주지 않아야 하며, 또한 기능을 변하게 하거나 시험에 영향을 주어서는 아니 됨 2021 기출

ⓒ 통칙 및 일반시험법에 쓰이는 시약, 시액, 표준액, 용량분석용표준액, 계량기 및 용기는 따로 규정이 없는 한 일반시험법에서 규정하는 것을 쓴다. 또한 시험에 쓰는 물은 따로 규정이 없는 한 정제수로 함

ⓔ 시험에서 용질이 '용매에 녹는다 또는 섞인다'라 함은 투명하게 녹거나 임의의 비율로 투명하게 섞이는 것을 말하며 섬유 등을 볼 수 없거나 있더라도 매우 적음

ⓜ 검체의 채취량에 있어서 '약'이라고 붙인 것은 기재된 양의 ±10%의 범위를 뜻함 2021 기출

ⓗ 액성을 산성, 알칼리성 또는 중성으로 나타낸 것은 따로 규정이 없는 한 리트머스지를 써서 검사함. 액성을 구체적으로 표시할 때에는 pH 값을 쓰며, 미산성, 약산성, 강산성, 미알칼리성, 약알칼리성, 강알칼리성 등으로 기재한 것은 산성 또는 알칼리성의 정도의 개략(槪略)을 뜻하는 것으로 pH의 범위는 다음과 같음

| 미산성 | 약 5~약 6.5 | 미알칼리성 | 약 7.5~약 9 |
|---|---|---|---|
| 약산성 | 약 3~약 5 | 약알칼리성 | 약 9~약 11 |
| 강산성 | 약 3 이하 | 강알칼리성 | 약 11 이하 |

③ 일반 시험법

ⓐ 점도 2021 기출

- 액체가 일정 방향으로 운동할 때 그 흐름에 평행한 평면의 양측에 내부마찰력이 일어나고 이 성질을 점성이라고 함
- 점성은 면의 넓이 및 그 면에 대하여 수직 방향의 속도구배에 비례함. 그 비례정수를 절대점도라 하고 일정 온도에 대하여 그 액체의 고유한 정수임. 그 단위로서는 포아스 또는 센티포아스를 씀
- 절대점도를 같은 온도의 그 액체의 밀도로 나눈 값을 운동점도라고 말하고 그 단위로는 스톡스 또는 센티스톡스를 씀

ⓛ 기능성 화장품 각조

| 유용성 감초추출물 | • 이 원료는 감초 Glycyrrhiza glabra L. var. glandulifera Regel et Herder, Glycyrrhiza uralensis Fisher 또는 그 밖의 근연식물(Leguminosae)의 뿌리를 무수 에탄올로 추출하여 얻은 추출물을 다시 에칠 아세테이트로 추출한 다음 추출액을 감압농축하여 건조한 유용성 추출물을 가루로 한 것이다.<br>• 이 원료는 정량할 때 글라브리딘(C20H20O4 : 324.38) 35.0% 이상을 함유한다. |
|---|---|
| 알부틴 함유 제형<br>내의 히드로퀴논<br>2021 기출 | • 기능성화장품 약 1g을 정밀하게 달아 이동상을 넣어 분산시킨 다음 10mL로 하고 필요하면 여과하여 검액으로 한다.<br>• 따로 히드로퀴논 표준품(C6H6O2) 약 10mg을 정밀하게 달아 이동상을 넣어 녹여 100mL로 한 액 1mL를 정확하게 취한 후, 이동상을 넣어 정확하게 1000mL로 한 액을 표준액으로 한다.<br>• 검액 및 표준액 각 20 $\mu$L씩을 가지고 다음 조작조건으로 액체 크로마토그래프법에 따라 시험할 때 검액의 히드로퀴논 피크는 표준액의 히드로퀴논 피크보다 크지 않다(1ppm). |

④ 기능성화장품 심사 규정

ⓐ 대상 : 기능성화장품으로 인정받아 판매 등을 하려는 화장품제조업자, 화장품책임판매업자

ⓑ 내용 : 안전성 및 유효성에 관하여 식품의약품안전처장의 심사를 받거나 식품의약품안전처장에게 보고서를 제출하여야 함

ⓒ 유효성 자료 : 기능성화장품의 기능이 있다는 것을 증명하는 자료

| 효력 시험 자료<br>2019 기출 | 기능을 나타내기 위한 원료 등에 대하여 실험 |
|---|---|
| 인체 적용 시험자료<br>2020 기출 | 효능 성분이 포함된 최종 제형을 이용하여 인체 대상 실험 |

ⓓ 안전성 자료 : 인체에 부작용 없이 안전하다는 것을 입증하는 자료
2021 기출   2020 기출   2019 기출

| 단회 투여 독성시험 자료 | Single dose toxicity test |
|---|---|
| 1차 피부 자극시험 자료 | Skin irritation test |
| 안(眼)점막 자극 또는 그 밖의<br>점막 자극시험 자료 | Draize test |
| 피부 감작성시험(感作性試驗)<br>자료 | Maximization test |
| 광독성(光毒性) 및 광감작성<br>시험 자료 | Adjuvant & Strip method<br>(자외선 흡수가 없음을 입증하는 흡광도 시험자료를 제출하는 경우에는 면제함) |
| 인체 첩포시험(貼布試驗)<br>자료 | Patch test |
| 반복투여독성 · 생식독성<br>또는 유전독성 등 필요한<br>독성시험 자료 | Repeated dose toxicity test, Reproductive and developmental toxicity test<br>(살균보존제, 자외선차단제, 타르색소 등에 한함) |

합격콕콕

기능성화장품 고시원료 첨가에 대한 부분을 명확하게 숙지해야 한다.

개념톡톡

인체외시험
실험실의 배양 접시, 인체로부터 분리한 모발 및 피부, 인공 피부 등 인위적 환경에서 시험 물질과 대조 물질 처리 후 결과를 측정하는 것이다.

PART 01
PART 02
PART 03
PART 04
PART 05
PART 06

| 흡입독성시험 자료 | Inhalation Toxicology test<br>(분무제의 분사원료의 경우에 한하며, 의약품 · 의약외품에 이미 사용되었던 원료의 경우에는 면제함 |
|---|---|

⑤ 기능성 화장품의 보고 규정

   ⑦ 대상 : 이미 심사를 받은 기능성화장품 및 식품의약품안전처장이 고시한 기능성화장품

   ⓛ 규정 : 다음의 항목이 동일한 경우에 가능함 2021 기출

     • 효능 · 효과가 나타나게 하는 원료의 종류 · 규격 및 함량 액상은 농도

     • 효능 · 효과 (SPF 측정값이 −20% 이하 범위에 있는 경우 같은 효능 · 효과로 봄)

     • 기준(pH에 관한 기준 제외) 및 시험방법

     • 용법 · 용량

     • 제형(기능성화장품의 경우에는 액제(Solution), 로션제(Lotion) 및 크림제(Cream)를 같은 제형으로 봄)

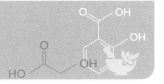

# CHAPTER 05 혼합 및 소분

PART 01

PART 02

PART 03

PART 04

PART 05

PART 06

**학습**목표

• 맞춤형화장품의 내용물 및 원료의 물리화학적 특성을 설명할 수 있다.
• 혼합 시 제형의 안정성을 감소시키는 요인들을 설명할 수 있다.
• 맞춤형화장품의 각 원료의 배합 한도를 분석할 수 있고, 금지 원료가 무엇인지 식별할 수 있다.
• 맞춤형화장품의 원료 및 내용물의 규격을 설명할 수 있다.
• 맞춤형화장품의 다양한 제형과 사용 목적에 따른 혼합·소분에 적합한 도구·기기 리스트를 작성할 수 있다.
• 맞춤형화장품의 혼합 및 소분에 사용되는 장비 및 도구를 관련 규정에 따라 사용하고 관리할 수 있다.

---

TOPIC 01 **원료 및 제형의 물리적 특성** 표준교재 295~297p

## 1. 화장품의 제조 원리

① 목적 : 수상성분과 유상성분을 하나의 제형으로 공급

② 특징

• 수상성분과 유상성분은 서로 섞이지 않는 성질이 있어 이들을 안정적으로 혼합되어 있게 하기 위해서 화학적으로는 계면활성제 성분이 포함되어야 함

• 물리적으로는 호모, 믹서 등으로 마이셀을 작게 나누어 줘야 함

③ 마이셀(미셀, Micelle) : 계면활성제가 일정한 농도 이상(임계마이셀농
　도)으로 유지되면 일정한 형태로 모인 집합체를 형성함

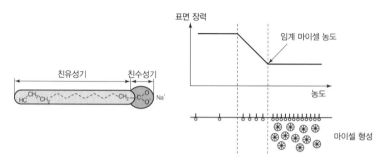

임계 마이셀 농도(CMC, Critical Micelle Concentration)

**‖ 계면활성제에 의한 마이셀의 형성 ‖**

④ 구분 : 최종적인 제형의 형태에 따라서 3가지로 구분됨

| | |
|---|---|
| 가용화 제형 | 소량의 오일이 수상에 혼합되어 있어 투명한 형상을 보이는 제형 |
| 유화 제형 | 다량의 유상과 수상이 혼합되어 우윳빛 색을 나타내는 제형 |
| 분산 제형 | 다량의 안료(고체입자)들이 수상이나 유상에 균일하게 혼합되어 있는 제형(주로 색조 제품) |

## 2. 가용화

| | |
|---|---|
| 정의 | 물에 녹지 않는 소량의 성분을 투명한 상태로 용해시키는 것 |
| 제형 | 스킨, 토너, 헤어토닉, 향수 |
| 특징 | 마이셀의 크기가 가시광선 파장(400~800nm)보다 작아 빛을 투과해 투명하게 보임 |

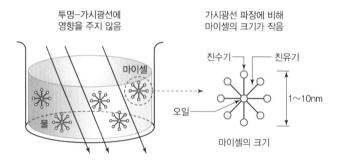

**‖ 가용화 제형의 특징 ‖**

## 3. 유화

### ① 개요

| 정의 | 다량의 유상과 수상이 혼합되어 있음 |
|---|---|
| 제형 | 로션, 에센스, 크림 등 |
| 특징 | 유화입자의 크기는 가시광선 파장보다 커서 빛을 산란시켜 우유처럼 백탁화되어 보임 |

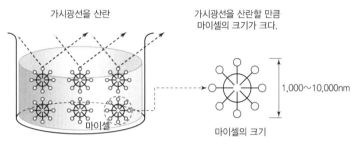

**∥ 유화의 원리와 특징 ∥**

### ② 유화의 종류(내상과 연속상의 특성에 따라 정의)

| o/w 제형 | • 수중유적형(水中油滴型, oil-in-water type) : 대부분의 일반 기초 화장품<br>• 물을 연속상으로 하고 오일이 분산됨 |
|---|---|
| w/o 제형 | • 유중수적형(油中水滴型, water-in-oil type) : 색조화장품, 선크림 등(워터프루프 기능 부여)<br>• 오일을 연속상으로 하고 물이 분산됨 |

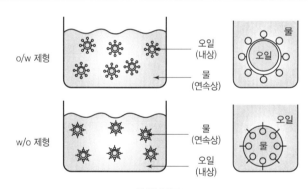

**∥ 유화 종류 ∥**

### ③ 에멀전 형태의 구별법

| 전기전도도 | 수상의 전도도 높음(전류가 흐르면 o/w 제형) |
|---|---|
| 희석법 | 물이나 오일에 희석(물에 떨어뜨렸을 때 잘 섞이면 o/w 제형) |
| 염색법 | 염료를 통한 시각적 확인(친수성 염료를 떨어뜨려 잘 섞이면 o/w 제형) |

## 4. 분산

| 정의 | 액상의 제형에 고체의 안료를 고르게 분산시켜 두는 기술 |
|------|------------------------------------------------|
| 제형 | 파운데이션, 메이크업 베이스 등 |
| 기기 | 볼밀, 롤러밀과 같은 물리적 교반기를 이용 |

## 5. 화장품 안정성 시험의 종류

① 시험의 목적 : 화장품의 저장방법 및 사용기한을 설정하기 위하여 경시 변화에 따른 품질의 안정성을 평가하여 화장품의 안정성을 확보함으로써 안전하고 우수한 제품을 공급

② 시험의 종류 2020 기출

　㉠ 장기 보존 시험 : 장기간에 걸쳐 물리 · 화학적, 미생물학적 안정성 및 용기 적합성을 확인

　㉡ 가속 시험 : 단기간의 가속조건이 물리 · 화학적, 미생물학적 안정성 및 용기 적합성에 미치는 영향을 평가

　㉢ 가혹 시험 : 가혹조건에서 화장품의 분해과정 및 분해산물 등을 확인, 일반적으로 개별 화장품의 취약성, 예상되는 운반, 보관, 진열 및 사용 과정에서 뜻하지 않게 일어날 가능성이 있는 가혹한 조건에서의 품질 변화를 검토

　㉣ 개봉 후 안전성 시험 : 화장품 사용 시에 일어날 수 있는 오염 등을 고려한 사용기한을 설정하기 위하여 장기간에 걸쳐 물리 · 화학적, 미생물학적 안정성 및 용기 적합성을 확인하는 시험

## 6. 화장품 안정성 시험의 시험 조건

① 장기 보존 시험

　㉠ 로트 선정 : 3로트 이상

　㉡ 보존조건

　　• 실온보관 화장품 : 온도 25±2℃, 상대습도 60±5% 또는 30±2℃, 상대습도 66±5%

　　• 냉장보관 화장품 : 5±3℃

　㉢ 시험 기간 : 6개월 이상 진행하는 것이 원칙

② 가속 시험 2020 기출

　㉠ 로트 선정 : 3로트 이상

개념톡톡 😊

**안정성 시험**
• 장기보존 시험 : 실온보관, 6개월 이상
• 가속 시험 : 장기보존 시험보다 15도 높게
• 가혹 시험 : 온도순환, 가혹조건

ⓒ 보존조건 : 장기 보존 시험의 지정 저장 온도보다 15℃ 이상 높은 온도

2021 기출

- 실온보관 화장품 : 온도 40±2℃, 상대습도 75±5%
- 냉장보관 화장품 : 25±2℃, 상대습도 60±5%

ⓒ 시험 기간 : 6개월 이상 진행하는 것이 원칙

③ 가혹 시험

ⓒ 로트 선정 : 검체의 특성에 따라

ⓒ 시험 조건 : 광선, 온도, 습도 3가지 조건을 검체의 특성을 고려하여 결정함

- 온도순환(−15~45℃)
- 냉동−해동 또는 저온−고온의 가혹조건

④ 개봉 후 안정성 시험

ⓒ 로트 선정 : 3로트 이상

ⓒ 보존조건 : 제품의 사용 조건을 고려하여, 적절한 온도, 시험 기간 및 측정 시기를 설정하여 시험(예 계절별로 각각의 연평균 온도, 습도 등의 조건을 설정 가능)

ⓒ 시험 기간 : 6개월 이상 진행하는 것이 원칙

## 7. 안정성 시험의 시험 항목

① 장기보존 시험 및 가속 시험

ⓒ 일반시험 : 균등성, 향취 및 색상, 사용감, 액상, 유화형, 내온성 시험

ⓒ 물리 · 화학적 시험 : 성상, 향, 사용감, 점도, 질량 변화, 분리도, 유화상태, 경도 및 pH 등 제제의 물리 · 화학적 성질 평가

ⓒ 미생물학적 시험 : 정상적으로 제품 사용 시 미생물 증식을 억제하는 능력이 있음을 증명하는 미생물학적 시험 및 필요 시 기타 특이적 시험을 통해 미생물에 대한 안정성 평가

ⓒ 용기적합성 시험 : 제품과 용기 사이의 상호작용(용기의 제품 흡수, 부식, 화학적 반응 등)에 대한 적합성을 평가 2021 기출

② 가혹 시험 : 보존 기간 중 제품의 안전성이나 기능성에 영향을 확인할 수 있는 품질관리상 중요한 항목 및 분해산물의 생성 유무 확인

③ 개봉 후 안정성 시험 : 개봉 전 시험 항목과 미생물 한도 시험, 살균보존제, 유효성 성분 시험 수행. 다만, 개봉할 수 없는 용기로 되어 있는 제품(스프레이 등), 일회용 제품 등은 개봉 후 안정성 시험을 수행할 필요가 없음

**개념톡톡**

**안정성 시험의 측정시기**
- 장기보존 시험
  - 1년간 : 3개월마다
  - 2년 : 6개월마다
  - 2년 이후 : 1년마다
- 가속 시험 : 최소 3번 측정
- 개봉 후 안정성 시험
  - 1년간 : 3개월마다
  - 2년 : 6개월마다
  - 2년 이후 : 1년마다

PART 01
PART 02
PART 03
PART 04
PART 05
PART 06

## 1. 혼합 시의 주의 사항

| 규정 | 기본 제형(유형을 포함)이 정해져 있어야 하고, 기본 제형의 변화가 없는 범위 내에서 특정 성분의 혼합이 이루어져야 함 |
|---|---|
| 주의 | • 초기 제형 설계상의 계면활성제 등이 소화할 수 없을 정도의 배합으로 제형의 안정성이 깨지는 경우<br>• 연속상이 아닌 내상의 원료를 배합할 경우 충분한 물리적 힘을 가해 안정한 마이셀의 형성 유도 |

## 2. 배합 한도 및 금지 원료

① 화장품에 사용할 수 없는 원료

② 화장품에 사용상의 제한이 필요한 원료

③ 식품의약품안전처장이 고시한 기능성화장품의 효능 · 효과를 나타내는 원료

## 1. 원료 및 내용물의 품질관리

| 목적 | 품질관리는 화장품 품질보증에서 중요한 역할을 함 |
|---|---|
| 방식 | 원료 및 내용물의 적합 기준(시험 규격)을 마련하고 적절한 시험 방법을 사용해야 함 |
| 주요 내용 | • 내용물 및 원료의 제조번호를 확인함<br>• 내용물 및 원료의 입고 시 품질관리 여부를 확인함<br>• 내용물 및 원료의 사용기한 또는 개봉 후 사용기한을 확인함 |

**개념톡톡** 😊

**pH의 범위**
• 미산성 : 약 5.0~6.5
• 약산성 : 약 3.0~5.0
• 강산성 : 약 3.0 이하
• 미알칼리성 : 약 7.5~9.0
• 약알칼리성 : 약 9.0~11.0
• 강알칼리성 : 약 11.0 이상

## 2. 적절한 시험 방법

① pH 측정 : 원료 및 내용물 내의 수소이온 농도

| 내용물 | 영 · 유아용 제품류(영 · 유아용 샴푸, 영 · 유아용 린스, 영 · 유아 인체 세정용 제품, 영 · 유아 목욕용 제품 제외), 눈화장용 제품류, 색조화장용 제품류, 두발용 제품류(샴푸, 린스 제외), 면도용 제품류(셰이빙 크림, 셰이빙 폼 제외), 기초화장용 제품류(클렌징 워터, 클렌징 오일, 클렌징 로션, 클렌징 크림 등 메이크업 리무버 제품 제외) 중 액체, 로션, 크림 및 이와 유사한 제형의 액상 제품은 pH 기준이 3.0~9.0이어야 함. 다만, 물을 포함하지 않는 제품과 사용한 후 곧바로 물로 씻어내는 제품은 제외함 |
|---|---|
| 측정법 | 내용물 2ml를 30ml의 물에 희석하여 측정 |

② 색상 : 원료 및 내용물의 변색 여부 확인

③ 점도 : 원료 및 내용물의 흐름성 확인

PART 01
PART 02
PART 03
PART 04
PART 05
PART 06

## TOPIC 04 혼합 소분에 필요한 기구 사용 표준교재 304p

### 1. 화장품 혼합의 원리

① 목적 : 수상과 유상의 균일한 혼합을 통한 안정한 마이셀의 형성

② 방식

| 화학적 안정화 | 계면활성제의 사용 |
|---|---|
| 물리적 안정화 | 믹서를 이용한 혼합 |

③ 기타

　㉠ 상온에서 고형인 크림 등은 가온하여(60~70℃) 액상으로 만든 뒤 혼합

　㉡ 수상원료와 유상원료를 분리하여 각각 먼저 혼합한 뒤에 둘을 혼합

### 2. 교반기(디스퍼, Disper) 2021 기출

① 구조 : 날(블레이드)이 돌아가면서 혼합

② 특징 : 호모 믹서에 비해서 분산력은 약함

③ 적용 : 수상원료 믹스 자체, 유상원료 믹스 자체를 교반시킬 때 주로 사용됨

④ 아지믹서(agi-mixer), 프로펠러믹서(propeller mixer), 분산기(disper mixer)라고도 함

⑤ 내용물에 내용물을 또는 내용물에 특정 성분을 혼합 및 분산 시 사용하며 점증제를 물에 분산 시 사용

**개념톡톡**

**디스퍼**
주로 가용화 제품이나 간단한 물질을 혼합할 때 사용하는 교반기로, 고속 교반에 의해 균질하게 분산시킬 때 유용하다.

### 3. 호모 믹서(Homo mixer)

① 구조 : 고정되어 있는 스테이터 주위를 로테이터가 밀착되어 회전하면서 혼합

② 특징 : 일반 교반기에 비해서 분산력이 강함

③ 적용 : 수상원료와 유상원료를 분산하여 마이셀의 형성을 유도함

**개념톡톡**

**호모 믹서(호모게나이저)**
주로 물과 기름을 유화시켜 안정한 상태로 유지하기 위해 사용하는 교반기로, 분산상의 크기를 작고 균일하게 혼합시킬 때 유용하다.

### 4. 타 산업의 기기 중 응용 가능한 기기

① 기기 : 공자전 교반기
② 원리 : 고속으로 진동하며 회전하여 교반(공전과 자전)

### 5. 특성 분석 기기

① pH 미터 : 원료 및 내용물의 산도 측정
② 경도계(rheometer) : 액체 및 반고형 제품의 유동성 측정
③ 점도계(viscometer) : 내용물 및 원료의 점도 측정

### 6. 기타 혼합에 사용되는 기기

① 스틱성형기 : 립스틱 및 선스틱 등 스틱 타입 내용물을 성형할 때 사용
② 핫플레이트 : 내용물 및 특정 성분의 온도를 올릴 때 사용
③ 스파츌라, 헤라 : 성분의 무게를 측정하거나 덜어낼 때 사용

CHAPTER
# 06 충진 및 포장

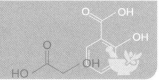

PART 01

PART 02

PART 03

PART 04

PART 05

PART 06

학습목표
- 맞춤형화장품의 종류 및 특징에 적합한 충진 및 포장 방법을 설명하고 사용할 수 있다.
- 화장품법 및 규정에 근거하여 맞춤형화장품에 표시 및 기재되어야 할 사항들을 열거할 수 있다.
- 화장품 내용물 또는 원료의 입고 및 보관 방법과 절차를 설명할 수 있다.
- 판매장 내 원료 및 내용물의 재고 파악을 위한 표준운영절차(SOP)를 작성하고 이에 따라 관리할 수 있다.

---

TOPIC **01** 제품에 맞는 충진 방법과 포장 방법 표준교재 310~313p

## 1. 포장 용기의 사용 목적

① 온도, 습도, 광, 미생물 등의 외부 환경으로부터 내용물을 보호

② 제작 · 운반 · 보관할 때에 내용물의 손실 방지

③ 소비자가 사용하기에 쉽게 설계

④ 용기의 조건

| 과정 | 조건 |
|------|------|
| 제작 | • 직 · 간접적인 화학적 영향 방지<br>• 세균이나 곰팡이 등 미생물에 의한 오염 방지<br>• 작업 공정 시 다른 물질에 대한 직 · 간접적 환경 오염 방지 |
| 유통 | • 품질 보호를 위한 강도<br>• 용기 구성 성분이 내용물과 접촉 시 용출, 확산 또는 침투되는 것을 방지<br>• 산소, 자외선 등 외부 변질 요인 차단<br>• 가공 공정 후 내용물의 향기 유지 |

## 2. 용기 타입별 특징

① 자 타입

| 특징 | 크림 등 경도가 있는 제형을 담기에 유리함 |
|------|------|
| 주의 | • 에멀전, 로션 등 점도가 작은 제형은 흘러내릴 수 있어 주의가 필요함<br>• 손으로 떠서 쓰는 형태가 많아 미생물에 대한 대비가 잘되어 있어야 함 |
| 재질 | 유리 혹은 HDPE 등 단단한 소재를 사용 |

개념톡톡 👆

**충진**
빈 공간을 채우거나 빈 곳에 집어넣어서 채운다는 의미로, 화장품 용기에 내용물을 넣어 채우는 작업을 말한다.

② 튜브 타입

   ⊙ 특징

      • 자 타입에 담기 어려운 저점도의 제형 및 펌프가 되지 않는 제형에 적합함

      • 손 등이 닿지 않아 위생적 보관 가능

   ⓒ 재질

      • LDPE 등의 탄력이 있는 튜브 형태가 많이 쓰임

      • 알루미늄 등의 재질은 의약품의 연고와 같이 한번 토출되면 형태를 유지해서 공기의 유입이나 자외선 등이 잘 차단되는 특성을 나타냄

   ⓒ 포장법 : 튜브 속에 내용물을 넣고 뒷부분을 실링하여 제작함

   ⓔ 공통 재질 특성

| 종류 | • 폴리에틸렌 PE, HDPE와 LDPE 등으로 나누어짐<br>• HDPE : 단단한 용기에 사용됨<br>• LDPE : 탄력 있는 용기에 사용됨 |
|---|---|
| 장점 | • 환경 유해물질을 배출하지 않아서 생수통 등에 쓰일 만큼 안전함<br>• 가볍고 단단하며 산, 알칼리, 열 등에 안정하여 다양한 용도로 사용됨 |

③ 펌프 타입

| 특징 | • 저점도 제형의 토출에 유리<br>• 손 등이 닿지 않아 위생적 보관 가능 |
|---|---|
| 구조 | 밸브의 기능을 이용하여 용기 속의 내용물을 토출함 |
| 주의 | • 스테인리스 재질의 스프링이 존재하고 내용물에 접촉하게 됨<br>• 내부의 튜브가 닿지 않는 부분은 토출되지 않음(뒤집힌 경우) |
| 재질 | 뚜껑 등에는 폴리프로필렌(PP) 재질이 많이 사용됨 |

④ 에어리스 타입

| 특징 | • 펌핑 시 용기 아래쪽의 플레이트 자체가 올라오는 형식으로 토출<br>• 점도가 낮은 제형에 적합(크림 형식의 경도가 높은 제형은 불가함) |
|---|---|
| 장점 | • 제형 내 공기 유입이 적고, 뒤집어도 토출이 가능<br>• 제형의 형태를 유지하기에 유리 |

## 3. 포장재의 종류 및 특징 `2021 기출`

| 포장재의 종류 | 특성 | 주요 용도 |
|---|---|---|
| 저밀도 폴리에틸렌<br>(LDPE) | 반투명, 광택, 유연성 우수 | 병, 튜브, 마개, 패킹 등 |
| 고밀도 폴리에틸렌<br>(HDPE) | 광택 없음, 수분 투과 적음 | 화장수, 유화 제품, 린스 등의 용기, 튜브 |
| 폴리프로필렌(PP) | 반투명, 광택, 내약품성 우수,<br>내충격성 우수, 잘 부러지지 않음 | 캡 |
| 폴리스티렌(PS) | 딱딱함, 투명, 광택, 치수 안정성 우수, 내약품성이 나쁨 | 콤팩트, 스틱 용기, 캡 등 |

| 포장재의 종류 | 특성 | 주요 용도 |
|---|---|---|
| AS 수지 | 투명, 광택, 내충격성, 내유성 우수 | 콤팩트, 스틱 용기 등 |
| ABS 수지 | 내충격성 양호, 금속 느낌을 주기 위한 소재로 사용 | 금속 느낌을 주기 위한 도금 소재로 사용 |
| PVC | 투명, 성형 가공성 우수 | 리필 용기, 샴푸 용기, 린스 용기 등 |
| PET | 딱딱함, 투명성 우수, 광택, 내약품성 우수 | 스킨, 로션, 크림, 샴푸, 린스 등의 용기 |
| 알루미늄 | 가공성 우수 | 립스틱, 콤팩트, 마스카라, 스프레이 등 |
| 스테인리스 스틸 | 부식이 잘 되지 않음, 금속성 광택 우수 | 부식되면 안 되는 용기, 광택 용기 |

PART 01
PART 02
PART 03
PART 04
PART 05
PART 06

## TOPIC 02 용기 기재 사항 표준교재 314~317p

## 1. 화장품 표시 – 광고 규정에 따른 용기 기재 사항(용어의 정의)

① 목적 : 화장품의 안전한 사용을 위한 정보 제공

② 용어의 정의 2019 기출

| 표시 | 화장품의 용기 · 포장에 기재하는 문자 · 숫자 · 도형 |
|---|---|
| 1차 포장 | 화장품 내용물과 직접 접촉하는 용기 |
| 2차 포장 | 1차 포장을 수용하는 1개 이상의 보호재 및 포장(첨부문서 포함) |
| 사용기한 | 화장품이 제조된 날부터 적절한 보관 상태에서 제품의 고유한 특성을 유지한 채 소비자가 사용할 수 있는 최소한의 기한 |

## 2. 기재 사항 세부 규정

① 기본 사항(50ml 초과 제품)

| 1차 포장 | • 제품명<br>• 제조업자 및 책임판매업자의 상호<br>• 제조번호 및 사용기한 2019 기출<br>• 분리배출 표시 |
|---|---|
| 2차 포장 | • 제품명<br>• 제조업자 및 책임판매업자의 상호/주소<br>• 제조번호 및 사용기한<br>• 전성분<br>• 용량/중량<br>• 기능성화장품 관련 문구<br>• 사용 시의 주의사항<br>• 분리배출 표시<br>• 총리령으로 정하는 사항 |

**개념톡톡** 🖐

**2차 포장 기재사항**

| 구분 | 전성분 | 분리배출 |
|---|---|---|
| 10ml 이하 | × | × |
| 10~30ml | 표시성분 | × |
| 30~50ml | 표시성분 | O |
| 50ml 초과 | O | O |

② 예외 사항(10ml 초과 50ml 이하 제품) 2020 기출

| | |
|---|---|
| 1차 포장 | • 제품명<br>• 제조업자 및 책임판매업자의 상호<br>• 제조번호 및 사용기한 |
| 2차 포장 | • 제품명<br>• 제조업자 및 책임판매업자의 상호/주소<br>• 제조번호 및 사용기한<br>• 표시 성분(지정 성분) : 전성분을 기재하지 않더라도 다음의 성분은 표시해야 함<br>– 타르색소, 금박, 과일산(AHA)<br>– 샴푸와 린스에 들어 있는 인산염의 종류<br>– 기능성화장품의 경우 그 효능 · 효과가 나타나게 하는 원료<br>– 식품의약품안전처장이 사용 한도를 고시한 화장품의 원료(다만, 모든 성분을 확인할 수 있는 전화번호나 홈페이지 주소 등 기재)<br>• 용량/중량<br>• 기능성화장품 관련 문구<br>• 사용 시의 주의사항<br>• 총리령으로 정하는 사항 |

③ 간략한 표시가 가능한 화장품

㉠ 내용량이 10ml 이하 또는 10g 이하인 화장품

㉡ 판매의 목적이 아닌 제품의 선택 등을 위하여 미리 소비자가 시험 · 사용하도록 제조 또는 수입된 화장품

| | |
|---|---|
| 1차 포장 | • 제품명<br>• 책임판매업자 또는 맞춤형화장품판매업자의 상호<br>• 제조번호 및 사용기한 |
| 2차 포장 | • 제품명<br>• 책임판매업자 또는 맞춤형화장품판매업자의 상호<br>• 제조번호 및 사용기한<br>• 가격(견본품, 비매품 등의 표시) |

④ 총리령으로 정하는 사항(㉠, ㉥은 맞춤형화장품 제외)

㉠ 식품의약품안전처장이 정하는 바코드

㉡ 기능성화장품의 경우 심사받거나 보고한 효능 · 효과, 용법 · 용량

㉢ 성분명을 제품 명칭의 일부로 사용한 경우 그 성분명과 함량(방향용 제품은 제외한다) 2021 기출

㉣ 인체 세포 · 조직 배양액이 들어 있는 경우 그 함량

㉤ 화장품에 천연 또는 유기농으로 표시 · 광고하려는 경우에는 원료의 함량

㉥ 수입화장품인 경우에는 제조국의 명칭, 제조회사명 및 그 소재지

㉦ 다음 품목의 경우는 사용기준이 지정 · 고시된 원료 중 보존제의 함량

- 만 3세 이하의 영유아용 제품류인 경우 2021 기출
- 만 4세 이상부터 만 13세 이하까지의 어린이가 사용할 수 있는 제품임을 특정하여 표시 · 광고하려는 경우

**개념톡톡**

**화장품바코드**

개개의 화장품을 식별하기 위하여 고유하게 설정된 번호로서 국가식별코드, 화장품제조업자 등의 식별코드, 품목코드 및 검증번호(Check Digit)를 포함한 12 또는 13자리의 숫자를 말한다. 국내에 유통되는 모든 화장품은 바코드를 표시해야 하며, 그 의무는 책임판매업자에게 있다.

⑤ 자원의 절약과 재활용 촉진에 관한 법률
  ㉠ 기본 사항(30ml 초과 제품) : 1차, 2차 포장에 분리배출 표시
  ㉡ 30ml 이하 제품 : 분리배출 표시 의무 없음

## 3. 맞춤형화장품 표시 규정

① 브랜드명(제품명 포함)이 있어야 함
② 브랜드명의 변화 없이 혼합이 이루어져야 함
③ 타사 브랜드에 특정 성분을 혼합하여 새로운 브랜드로 판매하는 것을 금지함

**개념톡톡** 🧠

**1차 포장 표시 예외**
소비자가 화장품의 1차 포장을 제거하고 사용하는 고형비누

PART 01
PART 02
PART 03
PART 04
PART 05
PART 06

---

**TOPIC 03 용기 규정** 표준교재 30, 121, 129p

## 1. 안전용기 · 포장 2019 기출

① 정의 : 만 5세 미만의 어린이가 개봉하기 어렵게 설계 · 고안된 용기나 포장
② 품목
  ㉠ 아세톤을 함유하는 네일 에나멜 리무버 및 네일 폴리시 리무버
  ㉡ 어린이용 오일 등 개별포장당 탄화수소류를 10퍼센트 이상 함유하고 운동점도가 21센티스톡스(섭씨 40도 기준) 이하인 비에멀젼 타입의 액체 상태 제품
  ㉢ 개별포장당 메틸 살리실레이트를 5퍼센트 이상 함유하는 액체 상태의 제품
  ㉣ 제외 : 일회용 제품, 용기 입구 부분이 펌프 또는 방아쇠로 작동되는 분무용기 제품, 압축 분무용기 제품(에어로졸 제품 등)
③ 제품의 포장재질 · 포장방법에 관한 기준 등에 관한 규칙
  ㉠ 목적 : 포장폐기물의 발생을 억제하고 재활용을 촉진하기 위하여 제품을 제조 · 수입 또는 판매하는 자가 지켜야 할 제품의 포장재질 · 포장방법에 관한 기준 및 합성수지재질로 된 포장재의 연차별 줄이기 기준 등에 관한 사항을 규정함을 목적으로 함

ⓒ 세부 내용  2021 기출

| 구분 | 내용 |
|------|------|
| 단위 제품 | • 인체 및 두발 세정용 제품류 : 공간비율 15% 이하, 횟수 2차 이하<br>• 그 밖의 화장품류(방향제 포함) : 공간비율 10% 이하, 횟수 2차 이하 |
| 종합 제품 | 화장품류 : 공간비율 25% 이하, 횟수 2차 이하 |

## 2. 용기의 구분

① 밀폐용기(Well-closed container)

  ㉠ 일상의 취급 또는 보통 보존 상태에서 외부로부터 고형의 이물이 들어가는 것을 방지

  ㉡ 고형의 내용물이 손실되지 않도록 보호할 수 있는 용기

  ㉢ 밀폐용기로 규정되어 있는 경우에는 기밀용기도 쓸 수 있음

② 기밀용기(Tight container)

  ㉠ 일상의 취급 또는 보통 보존 상태에서 액상 또는 고형의 이물 또는 수분이 침입하지 않음

  ㉡ 내용물을 손실, 풍화, 조해 또는 증발로부터 보호할 수 있는 용기

  ㉢ 기밀용기로 규정되어 있는 경우에는 밀봉용기도 쓸 수 있음

③ 밀봉용기(Hermetic container) : 일상의 취급 또는 보통의 보존 상태에서 기체 또는 미생물이 침입할 염려가 없는 용기

④ 차광용기(Light resistant container) : 광선의 투과를 방지하는 용기 또는 투과를 방지하는 포장을 한 용기

# 식약처 예시문항 완벽풀이

맞 춤 형 화 장 품 　 조 제 관 리 사 　 2 주 　 합 격 　 초 단 기 완 성

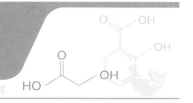

※ 문항 출처 : 식품의약품안전처 맞춤형화장품조제관리사 교수 · 학습 가이드('20.12.30.)

PART 01
PART 02
PART 03
PART 04
PART 05
PART 06

**01 맞춤형화장품 조제 과정 중 내용물과 원료를 혼합할 때 사용되는 기구는?**

① 비중계(density meter)　　② pH 측정기(pH meter)　　③ 균질화기(homogenizer)

④ 점도계(viscometer)　　⑤ 레오메터(rheometer)

정답 | ③

해설 | 비중계, pH 측정기, 점도계, 레오미터 등은 제형의 물리적 성질을 측정하는 기기이다. 균질화기(homomixer)는 스테이터 사이를 로테이터가 회전하며 원료와 내용물을 균질하게 혼합하는 기구이다.

**02 화장품 표시 광고 시 준수해야 할 사항으로 옳지 않은 것은?**

① "최고" 또는 "최상" 등 배타성을 띄는 표현의 표시 광고를 하지 말 것

② 의사, 치과의사, 한의사, 약사 등이 광고 대상을 지정, 공인, 추천하지 말 것

③ 국제적 멸종위기종의 가공품이 함유된 화장품임을 표시 광고하지 말 것

④ 비교 대상 및 기준을 밝히고 객관적인 사실을 경쟁상품과 비교하는 표시 광고를 하지 말 것

⑤ 사실 유무와 상관없이 다른 제품을 비방하거나, 비방으로 의심되는 광고를 하지 말 것

정답 | ④

해설 | 경쟁상품과 비교하는 표시 · 광고는 비교 대상 및 기준을 분명히 밝히고 객관적으로 확인될 수 있는 사항만을 표시 · 광고한 경우 가능하다.

**03 맞춤형화장품에 혼합 가능한 화장품 원료로 옳은 것은?**

① 아데노신　　② 라벤더오일　　③ 징크피리치온

④ 페녹시에탄올　　⑤ 메칠이소치아졸리논

정답 | ②

해설 | 아데노신은 주름 개선 기능성 고시 원료로서 사용 가능하다.
　　　③~⑤ 사용상의 제한이 있는 보존제이므로 맞춤형화장품에 혼합 불가

**04** 〈보기〉에서 화장품을 혼합 · 소분하여 맞춤형화장품을 조제 · 판매하는 과정에 대한 설명으로 옳은 것을 모두 고른 것은?

┤ 보기 ├

ㄱ. 맞춤형화장품조제관리사가 고객에게 맞춤형화장품이 아닌 일반화장품을 판매하였다.

ㄴ. 메틸살리실레이트(methyl salicylate)를 5% 이상 함유하는 액체 상태의 맞춤형화장품을 일반용기에 충전 · 포장하여 고객에게 판매하였다.

ㄷ. 맞춤형화장품판매업으로 신고한 매장에서 맞춤형화장품조제관리사가 200㎖의 향수를 소분하여 50㎖ 향수를 조제하였다.

ㄹ. 맞춤형화장품판매업으로 신고한 매장에서 맞춤형화장품조제관리사가 맞춤형화장품을 조제할 때 미생물에 의한 오염을 방지하기 위해 페녹시에탄올(phenoxyethanol)을 추가하였다.

ㅁ. 맞춤형화장품판매업자에게 원료를 공급하는 화장품책임판매업자가 화장품법 제4조에 따라 해당원료를 포함하여 기능성화장품에 대한 심사를 받거나 보고서를 제출한 경우, 식품의약품안전처장이 고시한 기능성화장품의 효능 · 효과를 나타내는 원료를 내용물에 추가하여 맞춤형화장품을 조제할 수 있다.

① ㄱ, ㄴ, ㄹ　　　　　　② ㄱ, ㄷ, ㄹ　　　　　　③ ㄱ, ㄷ, ㅁ
④ ㄴ, ㄷ, ㅁ　　　　　　⑤ ㄴ, ㄹ, ㅁ

정답 | ③

해설 | ㄴ. 메틸살리실레이트(Methyl Salicylate)를 5% 이상 함유하는 액체 상태의 맞춤형화장품은 안전용기에 충전 · 포장하여야 한다.
　　　ㄹ. 페녹시에탄올(Phenoxyethanol)은 보존제 성분으로 사용상의 제한이 있는 원료이므로 맞춤형화장품 조제관리사가 혼합할 수 없다.

**05** 피부의 표피를 구성하고 있는 층을 순서대로 바르게 나열한 것은?

① 기저층, 유극층, 과립층, 각질층
② 기저층, 유두층, 망상층, 각질층
③ 유두층, 망상층, 과립층, 각질층
④ 기저층, 유극층, 망상층, 각질층
⑤ 과립층, 유두층, 유극층, 각질층

정답 | ①

해설 | 표피층 형성을 위해 필요한 세포들이 기저층에서 분화하여 최종적으로는 각질층을 형성한다. 기저층은 1층으로 되어 있고, 유극층은 표피에서 가장 많은 부분을 차지한다. 이후 과립층에서는 각질 형성에 필요한 성분을 형성하여 각질층에 분비한다.

**06** (　　　) 안에 들어갈 용어를 한글로 쓰시오.

┤ 보기 ├

색소 침착이란 생체 내에 색소가 과도하게 침착되어 정상적인 피부가 갈색이나 흑갈색으로 변하는 색소 변성을 뜻한다. (　　　)은/는 후천적 색소 침착증으로, 일반적으로 30세 이후의 여자에게 잘 생기며 햇볕 노출부에 발생하고, 임신이나 경구피임약과 관련성이 높다고 알려져 있다. 이러한 증상으로 고민하는 고객에게는 미백에 도움을 주는 고시형 원료로 등재되어 있으며, 멜라닌 색소 생성을 저해하는 물질이며, 비타민 b군에 속하는 나이아신아마이드(niacinamide)를 함유한 제품을 추천할 수 있다.

정답 | 기미

해설 | 피부에 멜라닌색소가 침착하는 것을 방지하여 기미 · 주근깨 등의 생성을 억제함으로써 피부의 미백에 도움을 주는 기능을 가진 화장품은 기능성화장품으로 규정되어 있다. 주근깨는 유전적 요소도 작용하는 것으로 알려져 있다.

**07** 다음은 고객 상담 결과에 따른 맞춤형화장품 에센스의 최종 성분 비율이다.

| | |
|---|---|
| 정제수 | 74.4% |
| 알로에추출물 | 10.0% |
| 베타-글루칸 | 5.0% |
| 부틸렌글라이콜 | 5.0% |
| 글리세린 | 3.0% |
| 하이드록시에틸셀룰로오스 | 1.0% |
| 카보머 | 0.5% |
| 벤조페논-4 | 0.1% |
| 벤질알코올 | 0.5% |
| 다이소듐이디티에이 | 0.2% |
| 향료 | 0.3% |

〈대화〉에서 ㉠과 ㉡에 각각 들어갈 말을 기입하시오.

┤ 대화 ├

A : 제품에 사용된 보존제는 어떤 성분이고 문제가 없나요?
B : 제품에 사용된 보존제는 ( ㉠ )입니다. 해당 성분은 화장품법에 따라 보존제로 사용될 경우 ( ㉡ )% 이하로 사용하도록 하고 있습니다. 해당 성분은 한도 내로 사용되었으며, 쓰는 데 문제는 없습니다.

정답 | ㉠ 벤질알코올, ㉡ 1.0
해설 | 보존제는 사용상의 제한이 있는 원료에 속하고, 벤질알코올은 1%의 함량 제한을 가진다.

**08** 〈보기〉는 「기능성화장품 기준 및 시험방법」[별표 9]의 일부로서 '탈모 증상의 완화에 도움을 주는 기능성화장품'의 원료 규격의 신설을 주요 내용으로 고시한 일부 원료에 대한 설명이다. 설명에 해당하는 원료명을 한글로 쓰시오.

┤ 보기 ├

- 분자식(분자량) : $C_{10}H_{20}O$ 156.27)
- 정량할 때 98.0~101.0%를 함유한다. 무색의 결정으로 특이하고 상쾌한 냄새가 있고 맛은 처음에는 쏘는 듯하고 나중에는 시원하다. 에탄올(ethanol) 또는 에테르(ether)에 썩 잘 녹고 물에는 매우 녹기 어려우며 실온에서 천천히 승화한다.
- 확인시험
  1) 이 원료는 같은 양의 캠퍼(camphor), 포수클로랄(chloral hydrate) 또는 치몰(thymol)과 같이 섞을 때 액화한다.
  2) 이 원료 1g에 황산 20㎖를 넣고 흔들어 섞을 때 액은 혼탁하고 황적색을 나타내나 3시간 방치할 때, 냄새가 없는 맑은 기름층이 분리된다.

정답 | 엘-멘톨
해설 | 비오틴, 엘-멘톨, 징크피리치온, 덱스판테놀 등은 탈모 증상의 완화에 도움을 주는 원료이다. 그중 멘톨은 냉감 수용체를 자극하여 시원한 느낌이 든다.

PART 01
PART 02
PART 03
PART 04
PART 05
PART 06

**09** 〈보기〉는 맞춤형화장품의 전성분 표시이다. 소비자에게 사용된 성분에 대해 설명하기 위하여 사용상의 제한이 필요한 보존제에 해당하는 성분을 〈보기〉에서 골라 기입하시오.

─┤ 보기 ├─

정제수, 글리세린, 다이프로필렌글라이콜, 토코페릴아세테이트, 다이메티콘/비닐다이메티콘크로스폴리머, C12−14파레스 −3, 페녹시에탄올, 향료

정답 | 페녹시에탄올
해설 | 페녹시에탄올은 미생물 등의 성장을 억제하는 보존제이며 사용상의 제한이 있는 원료로 1%의 함량제한을 가진다. 맞춤형화장품 조제관리사가 배합하는 것은 금지된다.

**10** 〈보기〉는 유통화장품의 안전관리기준 중 pH에 대한 내용이다. 〈보기〉 기준의 예외가 되는 두 가지 제품을 기입하시오.

─┤ 보기 ├─

영·유아용 제품류(영·유아용 샴푸, 영·유아용 린스, 영·유아 인체 세정용 제품, 영·유아 목욕용 제품 제외), 눈 화장용 제품류, 색조 화장용 제품류, 두발용 제품류(샴푸, 린스 제외), 면도용 제품류(셰이빙 크림, 셰이빙폼 제외), 기초화장용 제품류 (클렌징 워터, 클렌징 오일, 클렌징 로션, 클렌징 크림 등 메이크업 리무버 제품 제외) 중 액, 로션, 크림 및 이와 유사한 제형의 액상제품은 pH 기준이 3.0~9.0이어야 한다.

정답 | 물을 포함하지 않는 제품, 사용 후 곧바로 씻어 내는 제품
해설 | pH는 수소이온농도에 따른 산성 및 염기성 등의 성질을 나타낸다. 물이 없는 제품에서는 pH를 나타낼 필요가 없고, 사용 후 바로 씻어 내는 제품에서도 피부에 미치는 영향이 적다고 판단하여 pH 안전기준을 적용받지 않는다.

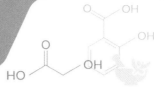

PART 01

PART 02

PART 03

**PART 04**

PART 05

PART 06

**01** 진피에서 섬유아세포가 생산하여 수분 보유 등의 기능을 담당하는 기질 물질에 해당하는 것은?

① 콜라겐          ② 콘드로이친          ③ 엘라스틴

④ 세라마이드          ⑤ 케라틴

해설 콘드로이친은 히알루론산 성분과 함께 섬유아세포가 형성하여 수분을 보유하는 역할을 하는 기질 물질로 분류된다.
　①, ③ 콜라겐과 엘라스틴은 섬유아세포가 형성하여 피부의 탄력을 부여하는 단백질 섬유이다.
　④, ⑤ 세라마이드과 케라틴는 표피의 성분이다.

**02** 맞춤형화장품 판매업의 위반 사항의 행정처분 중 판매업무정지 1개월(1차 위반의 경우)에 해당하는 것은?

① 맞춤형화장품 판매업 신고 결격사유 위반

② 맞춤형화장품판매업자의 변경신고를 하지 않은 경우

③ 맞춤형화장품판매업소 상호의 변경신고를 하지 않은 경우

④ 맞춤형화장품판매업소 소재지의 변경신고를 하지 않은 경우

⑤ 맞춤형화장품조제관리사의 변경신고를 하지 않은 경우

해설 맞춤형화장품판매업소 소재지의 변경신고를 하지 않은 경우 판매업무정지 1개월(1차 위반의 경우)의 행정처분을 받는다.
　① 등록취소
　②, ③, ⑤ 시정명령

**03** 기능성화장품의 안전성 자료 중 특정 물질이 자외선을 흡수한 후 자극을 발생시키는지 확인하는 시험은?

① 1차 피부 자극시험          ② 피부감작성시험          ③ 유전독성시험

④ 안점막 자극시험          ⑤ 광독성시험

해설 ① 1차 피부 자극시험 : 피부 도포 시 자극 발생 여부 확인
　② 피부감작성시험 : 알러지 발생 여부 확인
　③ 유전독성시험 : DNA 등에 손상을 주는지 확인
　④ 안점막 자극시험 : 눈의 점막에 자극을 주는지 확인

정답　01 ②　02 ④　03 ⑤

**04** 다음 품목의 경우 그 함량을 표시해야 하는 성분은?

> • 만 3세 이하의 영유아용 제품류인 경우
> • 만 4세 이상부터 만 13세 이하까지의 어린이가 사용할 수 있는 제품임을 특정하여 표시·광고하려는 경우

① 나이아신아마이드      ② 옥토크릴렌      ③ 벤잘코늄클로라이드
④ 아데노신      ⑤ 호모살레이트

**해설** 보존제(벤잘코늄클로라이드)의 함량은 표시해야 한다.
    ①. ④ 기능성 고시 원료
    ②, ⑤ 자외선 차단제

**05** 10ml 초과 50ml 이하 제품에 전성분 대신 기재하는 표시성분에 해당하지 <u>않는</u> 것은?

① AHA      ② 타르색소      ③ 나이아신아마이드
④ 징크옥사이드      ⑤ 히알루론산

**해설** 히알루론산은 보습을 위한 일반적인 성분으로 표시하지 않아도 된다. AHA, 타르색소, 나이아신아마이드(기능성화장품의 경우 그 효능·효과가 나타나게 하는 원료), 징크옥사이드(식품의약품안전처장이 사용 한도를 고시한 화장품의 원료)는 표시해야 한다.

**06** 모발의 성장주기 중 모발 성장 등의 대사과정이 가장 활발한 시기로 80~90%의 비율을 차지하는 것은?

① 성장기      ② 휴지기      ③ 퇴화기
④ 퇴행기      ⑤ 휴식기

**해설** 성장기는 모발의 성장주기 중 모발 성장 등의 대사과정이 가장 활발한 시기로 80~90%의 비율을 차지한다.
    ③ 퇴화기 : 성장기와 휴지기의 중간 단계로 대사과정이 느려지기 시작하는 단계이다. 약 1% 정도의 비율을 차지한다.

**07** 진피층을 구성하는 당 – 단백질을 구성하는 성분으로, 수분을 보유하는 성질이 뛰어나며 화장품의 보습 원료로도 사용되는 당 구조물은?

① 케라틴      ② 콜라겐      ③ 엘라스틴
④ 히알루론산      ⑤ 멜라닌

**해설** 피부 진피는 섬유구조 단백질과 기질물질로 주로 구성되고 이들의 합성을 담당하는 섬유아세포가 존재한다. 섬유구조 단백질 중 가장 많은 비율을 차지하는 것은 콜라겐 섬유이며, 이들 사이를 엘라스틴 단백질이 연결하여 탄력을 유지한다. 히알루론산, 콘드로이친 등은 당 구조물과 결합한 단백질 성분으로 구성된 당–단백질의 기질물질이며, 이들은 진피층에 존재하면서 수분을 보유하고 있다.

**08** 맞춤형화장품 혼합의 기본원칙으로 옳은 것을 〈보기〉에서 고르면?

┤ 보기 ├

ㄱ. 화장품법에 따라 등록된 업체에서 공급된 특정 성분을 혼합하는 것을 원칙으로 한다.
ㄴ. 책임판매업자가 특정 성분의 혼합 범위를 규정하고 있는 경우에는 그 범위 내에서 특정 성분의 혼합이 이루어져야 한다.
ㄷ. 기존 표시 · 광고된 화장품의 효능 · 효과에 변화가 생기면 반드시 소비자에게 안내해야 한다.
ㄹ. 소비자의 직 · 간접적인 요구에 따라 기존 화장품의 특정 성분의 혼합이 이루어져야 한다.
ㅁ. 특정 성분이 혼합되어 기본제형의 유형이 변화한 경우는 안정성을 확인하여 사용기한을 설정한다.

① ㄱ, ㄴ, ㄷ         ② ㄱ, ㄴ, ㄹ         ③ ㄱ, ㄷ, ㄹ
④ ㄴ, ㄷ, ㄹ         ⑤ ㄷ, ㅁ, ㄹ

**해설** ㄷ. 맞춤형화장품은 책임판매자가 공급한 내용물에서 표시 · 광고된 화장품의 효능 · 효과가 변화하여서는 안 된다. 즉, 내용물을 혼합하거나 원료를 혼합하여 효능 · 효과에 변화가 생기는 것은 혼합의 기본원칙에 위배된다.
       ㅁ. 맞춤형화장품은 책임판매자가 정한 내용물의 유형에 변화가 생길 정도의 원료를 혼합해서는 안 되고, 내용물의 유형이 유지되는 수준에서 원료를 혼합해야 한다. 기본 유형이 변화하는 것은 혼합의 기본원칙에 위배된다.

**09** 다음 중 미백 기능성화장품의 원료로 식약처장이 고시한 원료가 <u>아닌</u> 것은?

① 알부틴         ② 아데노신         ③ 나이아신아마이드
④ 아스코빌글루코사이드         ⑤ 유용성감초추출물

**해설** 아데노신은 주름 개선 기능성화장품 고시원료이다. 식약처장이 고시한 기능성화장품 원료는 책임판매업자가 기능성화장품에 대한 심사를 받거나 보고서를 제출한 경우만 맞춤형화장품으로 판매가 가능하다.

**10** 맞춤형화장품의 안전성을 확보하기 위한 사항으로 거리가 <u>먼</u> 것은?

① 사용하고 남은 제품은 재사용을 금지하고 폐기하도록 한다.
② 판매장 또는 혼합 · 판매 시 오염 등 문제가 발생했을 경우에는 세척, 소독, 위생관리 등을 통하여 조치를 취한다.
③ 원료 등은 가능한 직사광선을 피하는 등 품질에 영향을 미치지 않는 장소에서 보관하도록 한다.
④ 혼합 후에는 물리적 현상(층분리 등)에 대하여 육안으로 이상 유무를 확인하고 판매하도록 한다.
⑤ 판매장 또는 혼합 · 판매 시 오염 등의 문제가 발생했을 경우에는 세척, 소독, 위생관리 등을 통하여 조치를 취한다.

**해설** 사용하고 남은 제품은 개봉 후 사용기한을 정하고, 밀폐를 위한 마개 등을 사용하여 비의도적인 오염 방지를 할 수 있도록 한다.

**11** 피부 장벽을 이루는 각질세포 내 섬유 구조의 단백질로 외부 이물질의 침입을 막는 장벽기능에 중요한 성분은?

① 세라마이드         ② 지방산         ③ 콜레스테롤
④ 케라틴         ⑤ 콜라겐

**해설** 케라틴은 각질을 이루는 단백질의 대부분을 구성하는 성분이다.

PART 01
PART 02
PART 03
PART 04
PART 05
PART 06

**12** 화장품 포장용기의 재질 중 유해물질을 배출하지 않아 안전하며 산, 알칼리 등에 안정하여 다양한 용도로 사용되는 재질로서 자 형태의 단단한 용기에 주로 사용되는 것은?

① HDPE        ② LDPE        ③ 유리
④ 스테인리스        ⑤ 알루미늄

> **해설** HDPE는 결정화도가 높아 견고한 특성을 가지며, 폴리에틸렌 구조로 유해물질을 배출하지 않는다.


**13** 50ml를 초과하는 화장품의 1차 포장에 기재해야 할 내용과 거리가 먼 것은?

① 제품명        ② 분리배출 표시        ③ 제조번호 및 사용기한
④ 전성분        ⑤ 제조업자 및 책임판매업자의 상호

> **해설** 제품의 전성분은 2차 포장의 필수 기재 사항이다.


**14** 다음 중 맞춤형화장품조제관리사가 사용할 수 있는 원료는?

① 페녹시에탄올        ② 옥토크릴렌        ③ 레티놀
④ 실리콘오일        ⑤ 에칠헥실메톡시신나메이트

> **해설** 맞춤형화장품 조제관리사는 보존제(페녹시에탄올), 자외선 차단제(옥토크릴렌, 에칠헥실메톡시신나메이트) 등 사용상에 제한이 있는 원료, 기능성화장품 고시원료(레티놀) 등을 사용할 수 없다.


**15** 식약처장이 고시한 기능성 화장품의 성분 및 함량으로 옳은 것은?

① 닥나무 추출물 : 10%        ② 페녹시에탄올 : 1%        ③ 옥토크릴렌 : 10%
④ 알부틴 : 2~2.5%        ⑤ 에칠헥실메톡시신나메이트 : 7.5%

> **해설** ① 닥나무 추출물은 피부 미백 기능 고시 원료이나 함량은 2%이다.
> ② 페녹시에탄올은 1%의 함량 제한은 맞으나 보존제 성분이다.
> ③ 옥토크렐렌은 자외선 차단 성분으로 함량의 제한은 10%로 맞지만 사용상의 제한 원료이다.
> ⑤ 에칠헥실신나메이트는 자외선 차단 성분으로 함량의 제한은 7.5%로 맞지만 사용상의 제한 원료이다.


**16** 탈모 증상의 완화에 도움을 주는 기능성 성분에 해당하지 <u>않는</u> 것은?

① 비오틴        ② 살리실릭애씨드        ③ L-멘톨
④ 징크피리치온        ⑤ 덱스판테놀

> **해설** 살리실릭애씨드는 여드름 완화에 해당하는 원료이다.


**17** 화장품을 제작하는 방식 중 소량의 유상이 수상에 첨가되어 투명한 형태를 나타내는 것은?

① 가용화        ② 유화        ③ 분산
④ 용액        ⑤ 용질

> **해설** 가용화 제형은 유상의 비율이 작고 마이셀 입자의 크기가 작아 투명하게 보인다.

---

**정답**    12 ①    13 ④    14 ④    15 ④    16 ②    17 ①

**18** 다음 중 맞춤형화장품으로 제대로 판매된 것은?

ㄱ. 화장품의 내용물에 소듐PCA를 첨가하여 판매하였다.
ㄴ. 화장품의 내용물에 페녹시에탄올을 첨가하여 판매하였다.
ㄷ. 향수 200ml를 40ml로 소분하여 판매하였다.
ㄹ. 화장품의 내용물에 옥토크릴렌을 첨가하여 판매하였다.
ㅁ. 원료를 공급하는 화장품 책임판매업자가 기능성화장품에 대한 심사 받은 원료와 내용물을 혼합하였다.

① ㄱ, ㄴ, ㄷ                  ② ㄱ, ㄷ, ㅁ                  ③ ㄴ, ㄷ, ㅁ
④ ㄴ, ㄷ, ㄹ                  ⑤ ㄷ, ㄹ, ㅁ

해설 ㄴ과 ㄹ의 경우 사용상의 제한이 있는 보존제(페녹시에탄올)와 자외선 차단 성분(옥토크릴렌)을 첨가하여 판매한 것으로 금지된 행위이다.

**19** 기능성화장품의 심사 시 제출해야 하는 유효성 또는 기능에 관한 자료 중 심사대상의 효능을 뒷받침하는 비임상시험 자료에 해당하는 것은?

① 효력 시험 자료            ② 인체 실험 자료            ③ 안정성 자료
④ 안전성 자료              ⑤ 유효성 자료

해설 비임상시험 자료란 효력 시험 자료와 같이 세포 등의 인체외실험을 한 자료를 말한다.

**20** 맞춤형화장품의 판매내역서에 포함되어야 할 사항과 거리가 먼 것은?

① 제조번호                  ② 판매량                    ③ 판매일자
④ 안전성 결과              ⑤ 사용기한 또는 개봉 후 사용 기간

해설 안전성 결과는 기능성화장품 심사에 관련된 서류이다.

**21** 한공을 통해 분비되며 체온 유지에 핵심적인 역할을 하는 구조는?

① 소한선                    ② 대한선                    ③ 피지선
④ 갑상선                    ⑤ 모세혈관

해설 소한선은 에크린한선으로도 불리며 체온 유지에 핵심적인 역할을 한다. 독자적인 한공을 통해서 땀을 분비한다.

**22** 맞춤형화장품 판매업의 신고 시 제출해야 할 내용과 거리가 먼 것은?

① 맞춤형화장품판매업을 신고한 자
② 맞춤형화장품판매업자의 상호 및 소재지
③ 맞춤형화장품조제관리사의 성명, 생년월일
④ 맞춤형화장품조제관리사의 자격증 번호
⑤ 맞춤형화장품 판매 품목

해설 맞품형화장품으로 어떤 제품을 판매할 것인가는 신고내역서의 포함 사항이 아니다.

정답  18 ②  19 ①  20 ④  21 ①  22 ⑤

**23 맞춤형화장품 판매업자의 의무가 <u>아닌</u> 것은?**

① 맞춤형화장품 판매장 시설·기구를 정기적으로 점검하여 보건위생상 위해가 없도록 관리할 것
② 혼합·소분에 사용된 내용물·원료의 내용 및 특성을 소비자에게 설명할 것
③ 맞춤형화장품 사용 시의 주의사항을 소비자에게 설명할 것
④ 맞춤형화장품 사용과 관련된 부작용 발생 사례에 대해서는 지체 없이 식품의약품안전처장에게 보고할 것
⑤ 기능성화장품의 보고 자료를 식품의약품안전처장에 제출할 것

**해설** ⑤의 경우는 맞춤형화장품 판매업의 범위를 벗어난다.

**24 맞춤형화장품 판매업자의 혼합·소분 안전관리기준으로 옳지 <u>않은</u> 것은?**

① 혼합·소분 전에 혼합·소분에 사용되는 내용물 또는 원료에 대한 품질성적서를 확인할 것
② 혼합·소분 시 일회용 장갑을 착용하기 전 반드시 손을 소독하거나 세정할 것
③ 혼합·소분 전에 혼합·소분된 제품을 담을 포장용기의 오염 여부를 확인할 것
④ 혼합·소분에 사용되는 장비 또는 기구 등은 사용 전에 그 위생 상태를 점검하고, 사용 후에는 오염이 없도록 세척할 것
⑤ 그 밖에 혼합·소분의 안전을 위해 식품의약품안전처장이 정하여 고시하는 사항을 준수할 것

**해설** 혼합·소분 전에 손을 소독하거나 세정해야 한다. 다만, 혼합·소분 시 일회용 장갑을 착용하는 경우에는 그렇지 않다.

**25 피부의 최외곽 층으로 피부장벽을 형성하고 있는 층에 해당하는 것은?**

① 유두층           ② 유극층           ③ 과립층
④ 각질층           ⑤ 기저층

**해설** 각질층은 피부장벽의 기능을 하며 약 2주간 결합되어 있다가 탈락한다.

**26 맞춤형화장품이 다음과 같은 형태로 조성되어 있다. 향료에 대한 알레르기가 있는 고객에게 안내해야 할 내용으로 적절한 것은?**

> [전성분]
> 정제수, 글리세린, 스쿠알란, 피이지 소르비탄 지방산 에스터, 페녹시에탄올, 향료, 참나무이끼추출물, 리모넨

① 이 제품은 알레르기를 유발할 수 있는 참나무이끼추출물, 리모넨이 포함되어 있어 사용상의 주의를 요함
② 이 제품은 알레르기를 유발할 수 있는 글리세린이 포함되어 있어 사용상의 주의를 요함
③ 이 제품은 알레르기를 유발할 수 있는 페녹시에탄올이 포함되어 있어 사용상의 주의를 요함
④ 이 제품은 알레르기를 유발할 수 있는 피이지 소르비탄 지방산 에스터가 포함되어 있어 사용상의 주의를 요함
⑤ 이 제품은 알레르기를 유발할 수 있는 스쿠알란이 포함되어 있어 사용상의 주의를 요함

**해설** 참나무이끼추출물과 리모넨은 알러지 유발 가능성이 있는 성분이므로 고객에게 이에 대해 안내해야 한다.

**27** 화장품의 안전용기를 사용해야 하는 품목과 거리가 먼 것은?

① 아세톤을 함유하는 네일 에나멜 리무버

② 일회용 제품

③ 아세톤을 함유하는 네일 폴리시 리무버

④ 어린이용 오일 등 개별포장당 탄화수소류를 10퍼센트 이상 함유하고 운동점도가 21센티스톡스(섭씨 40도 기준) 이하인 비에멀젼 타입의 액체상태의 제품

⑤ 개별포장당 메틸 살리실레이트를 5퍼센트 이상 함유하는 액체상태의 제품

> **해설** 일회용 제품, 용기 입구 부분이 펌프 또는 방아쇠로 작동되는 분무용기 제품, 압축 분무용기 제품 등은 안전용기를 사용해야 하는 품목에서 제외된다.

**28** 다음 중 맞춤형 화장품 조제관리사의 안전 관리기준과 거리가 먼 것은?

① 내용물 및 원료의 사용기한 또는 개봉 후 사용기간을 확인하고, 사용기한 또는 개봉 후 사용기간이 지난 것은 사용하지 않는다.

② 내용물의 사용기한 또는 개봉 후 사용기간을 초과하여 맞춤형화장품의 사용기한 또는 개봉 후 사용기간을 정하지 않는다.

③ 피부상태나 선호도 등을 확인하지 아니하고 맞춤형화장품을 미리 혼합·소분한 경우는 밀폐를 위한 마개를 사용하는 등 비의도적인 오염을 방지한다.

④ 최종 혼합·소분된 맞춤형화장품은 유통화장품의 안전관리 기준을 준수해야 한다.

⑤ 판매장에서 제공되는 맞춤형화장품에 대한 미생물 오염관리를 철저히 한다.

> **해설** 소비자의 피부상태나 선호도 등을 확인하지 아니하고 맞춤형화장품을 미리 혼합·소분하여 보관하거나 판매하지 말아야 한다.

**29** 화장품의 제형의 종류 중 〈보기〉의 설명에 해당하는 것은?

> ┤ 보기 ├
>
> 액제 등을 부직포 등의 지지체에 침적하여 만든

① 분말제       ② 겔제       ③ 에어로졸제

④ 침적 마스크제       ⑤ 크림제

> **해설** 침적 마스크제는 액제, 로션제, 크림제, 겔제 등을 부직포 등의 지지체에 침적하여 만든 것을 말한다.
> ① 분말제 : 균질하게 분말상 또는 미립상으로 만든 것을 말하며, 부형제 등을 사용할 수 있다.
> ② 겔제 : 액체를 침투시킨 분자량이 큰 유기분자로 이루어진 반고형상을 말한다.
> ③ 어로졸제 : 원액을 같은 용기 또는 다른 용기에 충전한 분사제(액화기체, 압축기체 등)의 압력을 이용하여 안개모양, 포말상 등으로 분출하도록 만든 것을 말한다.
> ⑤ 크림제 : 유화제 등을 넣어 유성성분과 수성성분을 균질화하여 반고형상으로 만든 것을 말한다.

PART 01

PART 02

PART 03

PART 04

PART 05

PART 06

**30** 포장용기의 재질 중 다음의 특성을 가지는 것은?

| 특성 | 주요 용도 |
|---|---|
| 딱딱함, 투명, 광택, 치수 안정성 우수, 내약품성이 나쁨 | 콤팩트, 스틱 용기, 캡 등 |

① HDPE          ② PP          ③ PS
④ PET           ⑤ ABS

해설 PS는 내약품성이 약한 특징이 있다.


**31** 맞춤형화장품의 품질·안전확보를 위하여 아래 시설기준에서 빈칸에 적절한 단어를 순서대로 기입하시오.

[시설기준]
① 맞춤형화장품의 혼합·소분 공간은 다른 공간과 (        ) 또는 (        )할 것
② 맞춤형화장품 간 혼입이나 미생물오염 등을 방지할 수 있는 시설 또는 설비 등을 확보할 것
③ 맞춤형화장품의 품질유지 등을 위하여 시설 또는 설비 등에 대해 주기적으로 점검·관리 할 것

해설 • 구분 : 선, 그물망, 줄 등으로 충분한 간격을 두어 착오나 혼동이 일어나지 않도록 되어 있는 상태
    • 구획 : 동일 건물 내에서 벽, 칸막이, 에어커튼 등으로 교차오염 및 외부 오염물질의 혼입이 방지될 수 있도록 되어 있는 상태


**32** 화장품의 기본적인 제조기술의 구분에 대한 설명이다. 〈보기〉에서 ㉠, ㉡에 적합한 단어를 작성하시오.

┤ 보기 ├

1. 소량의 오일이 수상에 혼합되어 있어 투명한 형상을 보이는 제형 : ( ㉠ ) 제형
2. 다량의 유상과 수상이 혼합되어 우윳빛을 나타내는 제형 : ( ㉡ ) 제형
3. 다량의 안료(고체입자)들이 수상이나 유상에 균일하게 혼합되어 있은 제형 : 분산 제형

해설 유상의 양에 따라서 마이셀 입자의 크기가 영향을 받는데, 입자의 크기가 작으면 투명하게 보이는 가용화 제형이 되고, 유상의 비율이 높아질수록 마이셀의 크기가 커져서 가시광선을 산란시켜 우윳빛을 보이는 유화 제형이 된다.


**33** 모발의 구조와 특징에 대한 설명이다. 〈보기〉에서 ㉠, ㉡에 적합한 단어를 작성하시오.

┤ 보기 ├

1. 모표피 : 모발의 최외곽층으로 화학적 저항성이 강하여 외부로부터의 보호 기능이 있으며 멜라닌이 없다. 사람의 경우 5~10층을 이룬다.
2. ( ㉠ ) : 모발의 85~90%를 차지하고 멜라닌 색소를 보유하여 탄력, 질감, 색상 등 주요 특성을 나타낸다.
3. ( ㉡ ) : 모발의 가장 안쪽을 구성하고, 경모에는 있으나 연모에는 없다. 벌집 모양의 세포로 구성되어 있으며 멜라닌 색소를 포함한다.


정답 30 ③  31 구분, 구획  32 ㉠ 가용화, ㉡ 유화  33 ㉠ 모피질, ㉡ 모수질

**34** 일상의 취급 또는 보통의 보존 상태에서 기체 또는 미생물이 침입할 염려가 없는 용기를 뜻하는 것을 적으시오.

> **해설** 일상의 취급 또는 보통 보존 상태에서 액상 또는 고형의 이물 또는 수분이 침입하지 않는 용기를 기밀용기라 하고, 기체와 미생물 등의 침입 등도 방어하는 것을 밀봉용기라고 한다.

**35** 화장품의 제형 안정성 시험 중 온도순환(−15~45℃), 냉동−해동 또는 저온−고온의 조건에서 실시하는 것은 (　　　) 시험이라고 한다.

> **해설** 일반적인 온도·습도 조건에서 실시하는 것을 장기 보존 시험, 장기 보존 시험보다 15도 높은 온도에서 수행하는 것을 가속 시험, 온도의 변화가 있는 가혹 조건에서 실시하는 것을 가혹 시험이라고 한다.

**36** 피부 측정 기기의 원리와 이를 토대로 측정할 수 있는 피부의 특성에 해당하는 단어를 작성하시오.

> 1. 피부 표면에서의 빛의 정반사(비율을 측정), 피지 분비량이 과다한 경우 피부 표면에 균일한 오일막을 형성하여 증가할 수도 있음 : 광택
> 2. 음압(펌프로 공기를 빨아들임)으로 피부를 당겼을 때 피부가 당겨지는 정도. 압력을 제거하였을 때 피부가 되돌아가는 정도를 판단 : ( ㉠ )
> 3. 원판이 피부 표면에서 회전하며 마찰력을 측정 : ( ㉡ )

**37** 맞춤형화장품 혼합에 사용할 수 없는 원료 중 기능과 함량에 대한 제한이 있는 원료로, 대표적으로 자외선 차단제, 보존제가 있다. 그중 자외선 차단제는 자외선으로부터 피부를 보호하는 성분으로 자외선을 흡수하여 열에너지로 바꾸는 형식의 ( ㉠ )와/과 빛을 산란시키는 형식의 ( ㉡ )이/가 있다.

**38** 피부 진피층에 존재하며 콜라겐, 엘라스틴, 히알루론산 등의 성분을 합성하는 역할을 하는 세포를 (　　　　)라고 한다.

**39** 다음은 맞춤형화장품 관련 규정이다. 빈칸에 공통으로 들어갈 내용을 작성하시오.

> • 맞춤형화장품 판매업을 신고하려는 자는 맞춤형화장품 (　　　　　　)의 성명, 생년월일, 자격증 번호를 포함한 서류를 제출하여야 한다.
> • 책임판매관리자 및 맞춤형화장품 (　　　　　　)는 화장품의 안전성 확보 및 품질관리에 관한 교육을 매년 받아야 한다.

> **해설** 맞춤형화장품 판매업을 하기 위해서는 자격이 있는 조제관리사를 의무적으로 고용해야 한다.

PART 01
PART 02
PART 03
PART 04
PART 05
PART 06

**정답** 34 밀봉용기　35 가혹　36 ㉠ 탄력, ㉡ 거칠기　37 ㉠ 유기 자외선 차단제, ㉡ 무기 자외선 차단제　38 교원세포(섬유아세포)
39 조제관리사

**40** 다음 1차 포장에 꼭 기재해야 하는 사항에서 빈칸에 들어갈 말로 옳은 것은?

| | |
|---|---|
| • 화장품의 (　　　　　　) | • 영업자 상호 |
| • 제조번호 | • 사용기한 또는 개봉 후 사용기간 |

해설 용기의 크기에 따라서 50ml 이하의 경우 분리배출을 표기하지 않아도 된다. 모든 상황에서 표시해야 하는 것은 화장품의 명칭이다.

**41** 다음 〈보기〉는 맞춤형화장품의 전성분 항목이다. 소비자에게 사용된 성분에 대해 설명하기 위하여 다음 화장품 전성분 표기 중 미백 기능성 화장품의 고시 원료에 해당하는 성분을 고르시오.

┤ 보기 ├

정제수, 글리세린, 1,2 헥산-디올, 알부틴, 다이메티콘/비닐다이메티콘크로스폴리머, C12-14파레스-3, 메틸 파라벤, 향료

해설 알부틴과 같이 식품의약품안전처장이 고시한 기능성화장품의 효능·효과를 나타내는 원료는 맞춤형화장품 조제관리사가 직접 배합할 수 없다(다만, 맞춤형화장품 판매업자에게 원료를 공급하는 화장품책임판매업자가 화장품법 제4조에 따라 해당 원료를 포함하여 기능성화장품에 대한 심사를 받거나 보고서를 제출한 경우는 제외한다).

# P / A / R / T 05

# 실전모의고사

# 제1회 실전모의고사

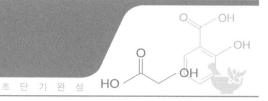

**01** 다음 중 화장품의 유형과 제품 종류가 바르게 연결된 것은?

① 눈 화장용 제품류 : 아이메이크업 리무버
② 인체 세정용 제품류 : 샴푸
③ 기초화장용 제품류 : 액체비누
④ 두발용 제품류 : 셰이빙 폼
⑤ 면도용 제품군 : 클렌징 워터

**02** 화장품 제조업자의 내용과 거리가 먼 것은?

① 화장품의 포장(1차 포장만 해당한다)을 하는 영업에 해당한다.
② 쥐 · 해충 및 먼지 등을 막을 수 있는 시설을 갖춘다.
③ 제조소, 시설 및 기구를 위생적으로 관리하고 오염되지 않도록 하나.
④ 제조관리기준서 · 제품표준서 · 제조관리기록서 및 품질관리기록서(전자문서 형식을 포함한다)를 작성 · 보관한다.
⑤ 맞춤형화장품판매업자를 지도 및 감독한다.

**03** 다음 중 1년 이하의 징역과 1만 원 이하의 벌금에 해당하는 위반사항이 <u>아닌</u> 것은?

① 맞춤형화장품판매업 신고 위반
② 영유아 또는 어린이가 사용할 수 있는 화장품임을 표시 · 광고하려는 경우에는 제품별로 안전과 품질을 입증할 수 있는 자료의 작성 및 보관
③ 의약품으로 잘못 인식할 우려가 있는 표시 또는 광고
④ 표시 · 광고 내용의 실증에 따른 중지 명령 위반
⑤ 안전용기−포장 사용 위반

**04** 유기농화장품의 원료의 가공에 사용할 수 있는 공정에 해당하는 것이 <u>아닌</u> 것은?

① 복합화
② 오존 분해
③ 에텔화
④ 수은화합물을 사용한 처리
⑤ 수소화

**05** CCTV 등 영상정보처리기기에 의해서 수집되는 개인정보는?

① 제3자 제공 정보　　　　② 개인영상정보　　　　③ 민감정보

④ 고유식별정보　　　　　⑤ 유전정보

**06** 개인정보 보호법에서 법정 대리인의 동의가 필요한 아동을 규정하는 나이는?

① 만 3세 미만　　　　　　② 만 4세~만 13세　　　③ 만 14세 미만

④ 만 16세 미만　　　　　⑤ 만 18세 미만

**07** 다음 중 과태료 부과 대상과 거리가 먼 것은?

① 화장품의 판매 가격을 표시하지 아니한 경우

② 식약청장이 지시한 보고를 하지 아니한 경우

③ 위해 화장품을 회수하거나 회수하는 데에 필요한 조치를 하지 않은 자

④ 폐업 등의 신고를 하지 않은 경우

⑤ 기능성화장품 심사 등 변경심사를 받지 않은 경우

**08** 다음 화장품의 원료 중 산화방지의 기능과 거리가 먼 성분은?

① BHT　　　　　　　　　② 이디티에이(EDTA)　　③ BHA

④ 비타민 E　　　　　　　⑤ 코엔자임 Q10

**09** 무기 자외선 차단 성분임 징크옥사이드( ㉠ )과 티타늄디옥사이드( ㉡ )의 허용 함량으로 적절한 것은?

① ㉠ 3%, ㉡ 10%　　　　② ㉠ 15%, ㉡ 10%　　　③ ㉠ 15%, ㉡ 25%

④ ㉠ 25%, ㉡ 25%　　　⑤ ㉠ 10%, ㉡ 3%

**10** 다음 중 양이온성 계면활성제가 <u>아닌</u> 것은?

① 세테아디모늄 클로라이드

② 베헨트라이모늄 클로라이드

③ 벤잘코늄 클로라이드

④ 폴리쿼너늄

⑤ 글리세릴 모노스테아레이트

**11** 유성성분을 수성성분 속에 유화시키는 o/w 유화를 실시하기에 적절한 계면활성제의 HLB 값 범위는?

① 1~3　　　　　　　　　② 4~6　　　　　　　　　③ 7~9

④ 8~18　　　　　　　　⑤ 15~18

**12** 다음 화장품의 안료 중 성격이 <u>다른</u> 하나는?

① 마이카　　　　　② 탈크　　　　　③ 카올린
④ 세리사이트　　　⑤ 울트라 마린

**13** 다음 〈보기〉에 해당하는 위해 화장품의 회수 기간은?

┤ 보기 ├

화장품에 사용할 수 없는 원료를 사용한 화장품

① 5일　　　　　② 15일　　　　　③ 30일
④ 6개월　　　　⑤ 1년

**14** 다음 〈보기〉 중 화장품 효능 및 효과의 범위가 <u>아닌</u> 것을 모두 고르시오.

┤ 보기 ├

ㄱ. 피부의 거칠음을 방지하고 살결을 가다듬는다.
ㄴ. 세포 성장을 촉진한다.
ㄷ. 피부의 독소를 제거한다.
ㄹ. 피부를 촉촉하게 하고 유연하게 한다.
ㅁ. 얼굴의 크기가 작아진다.

① ㄱ, ㄷ, ㅁ　　　② ㄱ, ㄹ, ㅁ　　　③ ㄴ, ㄹ, ㅁ
④ ㄴ, ㄷ, ㅁ　　　⑤ ㄷ, ㄹ, ㅁ

**15** 다음 〈보기〉에서 화장품에 표시 · 광고할 수 <u>없는</u> 내용을 모두 고르시오.

┤ 보기 ├

ㄱ. 멸종 위기종의 귀한 식물을 사용한 화장품
ㄴ. 최고의 보습 기능을 나타내는 화장품
ㄷ. 피부 명의 의사가 추천하는 화장품
ㄹ. 기능성 화장품으로 허가받은 주름개선 기능성 화장품
ㅁ. 피부를 촉촉하게 하는 기초화장품

① ㄱ, ㄴ, ㄷ　　　② ㄱ, ㄹ, ㅁ　　　③ ㄴ, ㄹ, ㅁ
④ ㄴ, ㄷ, ㅁ　　　⑤ ㄷ, ㄹ, ㅁ

**16** 다음 〈보기〉의 사용상 주의사항이 적용되는 제품은?

─────────┤ 보기 ├─────────

- 두피 · 얼굴 · 눈 · 목 · 손 등에 약액이 묻지 않도록 유의하고, 얼굴 등에 약액이 묻었을 때에는 즉시 물로 씻어낼 것
- 특이체질, 생리 또는 출산 전 · 후이거나 질환이 있는 사람 등은 사용을 피할 것
- 머리카락의 손상 등을 피하기 위하여 용법 · 용량을 지켜야 하며, 가능하면 일부에 시험적으로 사용하여 볼 것

① 모발용 샴푸
② 미세한 알갱이가 함유되어 있는 스크럽 세안제
③ 퍼머넌트웨이브 제품 및 헤어스트레이트너 제품
④ 체취 방지용 제품
⑤ 고압가스를 사용하는 에어로졸 제품

**17** 〈보기〉와 같이 제품의 명칭 및 효능 · 효과 등에 대한 표시한 경우 1차 위반의 행정처분 기준은?

─────────┤ 보기 ├─────────

여드름과 아토피를 치료하는 화장품

① 해당 품목 판매 업무 정지 3개월
② 해당 품목 광고 업무 정지 3개월
③ 해당 품목 판매 업무 정지 2개월
④ 해당 품목 광고 업무 정지 2개월
⑤ 해당 품목 판매 업무 정지 1개월

**18** 다음 중 산화 염모제에서 사용 가능한 산화제는?

① m-아미노페놀　　　② 과탄산나트륨　　　③ p-페닐렌디아민
④ 피크라민산　　　　　⑤ 레조시놀

**19** 다음의 화장품 성분 중 친수성 성분과 가장 거리가 먼 것은?

① 비타민 C　　　　　　② 히알루론산　　　　③ 비타민 E
④ 1,2 헥산디올　　　　⑤ 글리세린

**20** 다음의 화장품 원료 중 동물유래 성분에 해당하는 것은?

① 밀납　　　　　　　　② 파라핀　　　　　　③ 디메치콘
④ 카나우바 왁스　　　⑤ 올리브 오일

PART 01

PART 02

PART 03

PART 04

PART 05

PART 06

**21** 〈보기〉와 같이 크림 화장품을 제조한 경우 알레르기 유발 성분으로 기재·표시해야 하는 것은?

┤ 보기 ├

ㄱ. 페녹시에탄올 1%  ㄴ. 신남알 0.1%  ㄷ. 제라니올 0.01%
ㄹ. 리모넨 0.001%  ㅁ. 시트로넬룰 0.0001%

① ㄱ, ㄷ, ㅁ  ② ㄱ, ㄹ, ㅁ  ③ ㄴ, ㄹ, ㅁ
④ ㄴ, ㄷ, ㄹ  ⑤ ㄷ, ㄹ, ㅁ

**22** 화장품의 원료 중 고분자 물질의 특성과 거리가 먼 것은?

① 제형의 안정성을 향상시킨다.
② 제형의 점도를 낮추어 사용감을 좋게 한다.
③ 니트로셀룰로오즈는 피막제로 사용된다.
④ 카복시메틸셀루롤오즈는 합성 고분자이다.
⑤ 잔탄검은 천연유래 성분이다.

**23** 다음 자외선차단제의 기능 중 피부의 홍반 형성을 억제하는 것을 검증하여 나타내는 자외선 차단지수는?

① SPF  ② PA  ③ MPPD
④ MIC  ⑤ MED

**24** 다음 화장품의 성분 중 수성성분과 유성성분이 안정하게 섞여 있도록 하는 것은?

① 고분자  ② 에탄올  ③ 향료
④ 금속이온 봉쇄제  ⑤ 계면활성제

**25** 다음 중 회수대상 화장품의 위해 등급이 다른 하나는?

① 기능성화장품의 기능성을 나타나게 하는 주원료 함량이 기준치에 부적합한 경우
② 사용기한 또는 개봉 후 사용기간을 위조·변조한 화장품
③ 안전용기·포장 기준에 위반되는 화장품
④ 맞춤형화장품 조제관리사를 두지 아니하고 판매한 맞춤형화장품
⑤ 이물이 혼입되었거나 부착되어 보건위생상 위해를 발생시킬 우려가 있는 화장품

**26** 다음 중 중대한 유해사례에 해당하지 <u>않는</u> 것은?

① 사망을 초래하거나 생명을 위협하는 경우
② 입원 또는 입원기간의 연장이 필요한 경우
③ 화장품과 인과관계가 없는 바람직하지 않은 징후
④ 지속적 또는 중대한 불구나 기능 저하를 초래하는 경우
⑤ 선천적 기형 또는 이상을 초래하는 경우

**27** 화장품 위해평가의 순서로 적절한 것은?

① 노출평가 – 위험성 확인 – 위험성 결정 – 위해도 결정
② 위험성 결정 – 위험성 확인 – 노출평가 – 위해도 결정
③ 노출평가 – 위험성 결정 – 위험성 확인 – 위해도 결정
④ 위험성 확인 – 위험성 결정 – 노출평가 – 위해도 결정
⑤ 위해도 결정 – 위험성 결정 – 노출평가 – 위험성 확인

**28** 우수화장품 제조기준에서 벌크제품의 제조에 투입하거나 포함되는 물질로 정의되는 것은?

① 원자재  ② 원료  ③ 반제품
④ 완제품  ⑤ 소모품

**29** 우수화장품 제조기준에서 제품에서 화학적, 물리적, 미생물학적 문제 또는 이들이 조합되어 나타내는 바람직하지 않은 문제의 발생을 의미하는 것은?

① 일탈  ② 기준일탈  ③ 오염
④ 불만  ⑤ 품질보증

**30** 작업장의 방충/방서에 대한 세부 대책과 거리가 <u>먼</u> 것은?

① 벌레가 좋아하는 것을 제거
② 벽, 천장, 창문, 파이프 구멍에 틈이 없도록 함
③ 개방할 수 있는 창문을 만들지 않음
④ 문 하부에는 골판지 등으로 스커트를 설치
⑤ 청소와 정리정돈을 할 것

PART 01
PART 02
PART 03
PART 04
PART 05
PART 06

**31** 다음 〈보기〉 중 설비 세척의 원칙으로 옳은 것은?

| 보기 |

ㄱ. 브러시 등으로 문질러 지우는 것을 고려한다.
ㄴ. 세제 사용을 원칙으로 한다.
ㄷ. 설비 보호를 위해 증기 세척은 하지 않는다.
ㄹ. 세척 후는 반드시 "판정"한다.
ㅁ. 판정 후의 설비는 건조 · 밀폐해서 보존한다.

① ㄱ, ㄷ, ㅁ          ② ㄱ, ㄹ, ㅁ          ③ ㄴ, ㄹ, ㅁ
④ ㄴ, ㄷ, ㄹ          ⑤ ㄷ, ㄹ, ㅁ

**32** 보관용 검체의 주의사항과 거리가 먼 것은?

① 제품을 그대로 보관
② 사용기한 경과 후 3년간 보관
③ 각 뱃치를 대표하는 검체를 보관
④ 제품이 가장 안정한 조건에서 보관
⑤ 뱃치별로 제품시험을 2번 실시할 수 있는 양을 보관

**33** 기준일탈 제품의 재작업의 원칙과 거리가 먼 것은?

① 기준일탈 제품은 재작업하는 것이 바람직하다.
② 변질 · 변패 또는 병원미생물에 오염되지 아니한 경우 가능하다.
③ 폐기하면 큰 손해가 되는 경우 실시한다.
④ 재작업 처리 실시의 결정은 품질보증 책임자가 실시한다.
⑤ 제조일로부터 1년이 경과하지 않았거나 사용기한이 1년 이상 남아 있는 경우 가능하다.

**34** 다음의 작업실 중 청정도 등급이 2등급으로 유지되어야 할 곳이 아닌 것은?

① 제조실          ② 성형실          ③ 충전실
④ 내용물 보관소          ⑤ 원료 보관소

**35** 화장품의 미생물 한도 시험에서 검체를 전처리한 후 고체 배지에 도말하는 부피는?

① 0.1ml          ② 0.2ml          ③ 1ml
④ 10ml          ⑤ 100ml

**36** 퍼머넌트웨이브 제품에서 모발 사이의 이황화결합을 다시 생성하는 화학적 과정을 뜻하는 것과 그 소재가 바르게 연결된 것은?

① 산화 – 치오글리콜릭애씨드　　② 환원 – 시스테인　　③ 중화 – 과산화수소
④ 산화 – 시스테인　　⑤ 산화 – 브롬산나트륨

**37** 화장품의 미생물 한도 시험에서 세균의 수를 확인하기 위한 배양조건으로 적합한 것은?

① 사부로포도당한천배지(고체) – 25~30℃
② 사부로포도당한천배지(고체) – 30~35℃
③ 대두카제인소화한천배지(고체) – 20~25℃
④ 대두카제인소화한천배지(고체) – 30~35℃
⑤ 사부로포도당한천배지(고체) – 35~45℃

**38** 다음 중 인체세포배양액을 화장품 원료로 사용할 경우 인체세포배양액의 안전기준과 거리가 먼 것은?

① 인체 세포 · 조직 배양액은 인체에서 유래된 세포 또는 조직을 배양한 후 세포와 조직을 제거하고 남은 액을 말한다.
② 누구든지 세포나 조직을 주고받으면서 금전 또는 재산상의 이익을 취할 수 없다.
③ 공여자 적격성검사는 공여자에 대하여 문진, 검사 등에 의한 진단을 실시하여 해당 공여자가 세포배양액에 사용되는 세포 또는 조직을 제공하는 것에 대해 적격성이 있는지를 판정하는 것을 말한다.
④ 특정인의 세포 또는 조직을 사용하였다는 내용의 광고를 할 수 있다.
⑤ 채취 혹은 보존에 필요한 위생상의 관리가 가능한 의료기관에서 채취된 것만을 사용해야 한다.

**39** 다음은 A 화장품의 분석 결과이다. 유통화장품 안전관리기준에 의한 해석으로 잘못된 것은?

〈분석 결과〉

| | |
|---|---|
| 니켈 | 5ug/g |
| 안티몬 | 5ug/g |
| 메탄올 | 0.1(v/v)% |
| 디옥산 | 200ug/g |
| 녹농균 | 10개/ml |

① 니켈 기준은 합격이다.　　② 메탄올 기준은 합격이다.　　③ 안티몬 기준은 합격이다.
④ 디옥산 기준은 불합격이다.　　⑤ 미생물 기준은 합격이다.

PART 01
PART 02
PART 03
PART 04
PART 05
PART 06

**40** 유통화장품 안전관리 기준에서 유리알카리 0.1% 이하로 관리되어야 하는 제품에 해당하는 것은?

① 눈화장 제품류
② 영유아용 제품류
③ 두발용 제품류
④ 기초화장용 제품류
⑤ 화장비누

**41** 다음 〈보기〉 중 퍼머넌트웨이브용 제품 및 헤어스트레이너 제품에 한정하여 관리되는 안전기준에서 공통적으로 적용되는 항목을 <u>모두</u> 고르시오.

---| 보기 |---

ㄱ. 포름알데히드 : 2,000ug/g 이하 ㄴ. 중금속 20ug/g 이하 ㄷ. 디옥산 100ug/g 이하
ㄹ. 비소 5ug/g 이하 ㅁ. 철ug/g 이하

① ㄱ, ㄷ, ㅁ
② ㄱ, ㄹ, ㅁ
③ ㄴ, ㄹ, ㅁ
④ ㄴ, ㄷ, ㄹ
⑤ ㄷ, ㄹ, ㅁ

**42** 제품의 내용량 실험을 할 때 평균 내용량은 표기량의 몇 %가 되어야 하는가?

① 90%
② 95%
③ 97%
④ 99%
⑤ 100%

**43** 유통화장품의 안전기준에서 pH의 범위가 3.0~9.0에 해당하지 <u>않는</u> 것은?

① 로션
② 헤어컨디셔너
③ 에센스
④ 눈 주위 제품
⑤ 클렌징 워터

**44** 우수화장품 제조기준에서 사용되는 4대 기준서와 거리가 <u>먼</u> 것은?

① 판매내역서
② 제조관리기준서
③ 제조위생관리기준서
④ 제품표준서
⑤ 품질관리기준서

**45** 〈보기〉의 기준일탈 조사 과정에서 빈칸의 순서에 해당하는 것과 그에 대한 설명으로 적절한 것은?

---| 보기 |---

Laboartory error 조사 – ( ) – 재검체 체취 – 재시험 – 결과 검토

ㄱ. 추가시험 ㄴ. 반복시험 ㄷ. 오리지널 검체
ㄹ. 최초 담당자 실시 ㅁ. 다른 담당자 실시

① ㄱ, ㄷ, ㅁ
② ㄱ, ㄹ, ㅁ
③ ㄴ, ㄹ, ㅁ
④ ㄴ, ㄷ, ㄹ
⑤ ㄷ, ㄹ, ㅁ

**46** 다음 중 화장품의 안정성을 확인하는 시험과 거리가 먼 것은?

① 장기보존 시험
② 가혹 시험
③ 가속 시험
④ 개봉 후 안정성 시험
⑤ 피부 일차 자극 시험

**47** 화장품의 관능 평가 요소와 거리가 먼 것은?

① 탁도
② 변취
③ 점도
④ 자극
⑤ 경도

**48** 맞춤형화장품에서 배합할 수 있는 원료에 해당하는 것은?

① 디메치콘
② 돼지폐추출물
③ 비타민 L1
④ 베르베나 오일
⑤ 천수국 오일

**49** 자외선 차단지수 실험 결과 SPF 62로 나왔을 때 올바른 표기법은?

① SPF +++++
② SPF 50
③ SPF 50+
④ SPF 60
⑤ SPF 60+

**50** 퍼머넌트웨이브용 제품의 환원성 물질을 측정할 때 환원된 오오드와 반응하여 색이 변하는 것은?

① 전분시액
② 황산
③ 메칠레드
④ 염산
⑤ 메칠오렌지

**51** 맞춤형화장품판매업의 신고 결격사유에 해당하지 않는 것은?

① 등록 취소 후 2년이 경과한 자
② 영업소 폐쇄 후 1년이 지나지 않은 자
③ 파산선고를 받고 복권되지 아니한 자
④ 보건범죄 단속에 관한 특별조치법 위반으로 금고 이상의 형을 선고받고 집행이 끝나지 않은 자
⑤ 피성년후견인선고를 받고 복권되지 아니한 자

**52** 맞춤형화장품을 사용한 고객에게 부작용이 나타났을 경우, 맞춤형화장품 판매업자가 취해야 하는 조치로 올바른 것은?

① 식품의약품안전처장에게 지체 없이 보고한다.
② 혼합 · 소분 전에 혼합 · 소분에 사용되는 내용물 또는 원료에 대한 품질성적서를 확인한다.
③ 제조업자에게 지체 없이 보고한다.
④ 혼합에 사용할 시설 및 기구를 점검한다.
⑤ 판매내역서를 보관한다.

PART 01
PART 02
PART 03
PART 04
PART 05
PART 06

**53** 맞춤형 화장품 판매업의 위반 사항의 행정처분 중에서 '등록 취소(1차 위반의 경우)'에 해당하는 것은?

① 맞춤형화장품 판매업 신고 결격사유 위반
② 맞춤형화장품 판매업자의 변경 신고를 하지 않은 경우
③ 맞춤형화장품 판매업소 상호의 변경 신고를 하지 않은 경우
④ 맞춤형화장품 판매업소 소재지의 변경 신고를 하지 않은 경우
⑤ 맞춤형화장품 조제관리사의 변경 신고를 하지 않은 경우

**54** 피부에서 작용하는 효소 중 효소의 반응을 위해서 금속이온을 필요로 하지 <u>않는</u> 것은?

① 티로시나아제      ② 콜라게나아제      ③ 엘라스티나아제
④ 젤라티나아제      ⑤ 스트로멜라이신

**55** 진피에 존재하는 것이 <u>아닌</u> 것은?

① 섬유아세포      ② 엘라스틴      ③ 혈관
④ 랑게르한스 세포      ⑤ 대식세포

**56** 각질층의 천연보습인자의 성분 중 가장 높은 비율을 차지하는 것은?

① 아미노산      ② 소듐 PCA      ③ 젓산
④ 요소      ⑤ 세라마이드

**57** 피부의 기능으로 적합하지 <u>않은</u> 것은?

① 체온조절 기능 – 땀 등의 배출
② 보호기능 – 피부장벽, 피지 분비
③ 면역기능 – 랑게르한스세포
④ 감각기능 – 신경세포
⑤ 배설기능 – 비타민 D의 생성

**58** 진피층에서 콜라겐과 엘라스틴 등의 단백질과 히알루론산 등의 기질물질을 만드는 핵심 세포는?

① 각질형성세포      ② 교원세포      ③ 머켈세포
④ 대식세포      ⑤ 비만세포

**59** 모발의 구조 중에서 가장 많은 부분을 차지하며, 영구 염모 방식의 색소가 침투하여 생성되는 곳은?

① 모근      ② 모표피      ③ 모피질
④ 모수질      ⑤ 모유두

**60** 남성형 탈모의 원인이 되는 성분으로 5-alpha 환원효소에 의해서 남성 호르몬이 변하여 생성되는 것은?

① DHT
② 에스트로겐
③ BHA
④ BHT
⑤ 테스토스테론

**61** 매장을 방문한 고객과의 〈대화〉를 보고 고객에게 추천하여 혼합할 수 있는 성분으로 적절하지 <u>않은</u> 것은?

──┤ 대화 ├──

고객 : 스트레스로 수면이 부족하여서 피부가 푸석합니다.
직원 : 피부 측정 결과 피부 수분량이 적게 나왔습니다.
고객 : 보습에 좋은 적절한 성분을 기본 내용물에 혼합해 주세요.

① 글리세린
② 히알루론산
③ 코코넛 오일
④ 땅콩 오일
⑤ 세라마이드

**62** 매장을 방문한 고객과의 〈대화〉를 참고했을 때, 맞춤형화장품 조제관리사가 할 수 있는 것으로 적절한 것은?

──┤ 대화 ├──

고객 : 야외활동이 많아져서 피부톤이 짙어지고 있습니다.
직원 : 피부 색상 측정 결과 멜라닌 합성이 증가한 것으로 나옵니다.
고객 : 적절한 성분이나 제품을 추천해 주세요.

① 내용물에 나이아신아마이드를 혼합
② 알파비사보롤이 함유된 기능성 화장품을 소분
③ 내용물에 히알루론산을 혼합
④ 아데노신이 함유된 기능성 화장품을 소분
⑤ 내용물에 징크옥사이드를 혼합

**63** 매장을 방문한 고객과의 〈대화〉를 보고 〈보기〉에서 빈칸에 들어갈 성분으로 적합한 것을 고르시오.

──┤ 대화 ├──

고객 : 이 품을 쓰고 피부에 알러지 반응이 나타났습니다. 어떻게 하는 것이 좋을까요?
직원 : 네, 전성분 표를 확인해 보겠습니다. 이 제품에는 알러지를 유발할 수 있는 (    ) 성분이 있습니다.

──┤ 보기 ├──

물, 글리세린, 카나우바왁스, 페녹시에탄올, 호호바 오일, 시트로넬롤

① 글리세린
② 카나우바왁스
③ 페녹시에탄올
④ 호호바오일
⑤ 시트로넬롤

PART 01
PART 02
PART 03
PART 04
PART 05
PART 06

**64** 피부의 표피층 중 가장 분화도가 높은 것은?

① 기저층　　　　　② 유극층　　　　　③ 과립층
④ 투명층　　　　　⑤ 각질층

**65** 노화에 의한 피부 변화로 올바르지 않은 것은?

① 콜라겐 합성이 감소한다.
② 표피층이 두꺼워진다.
③ 탄력이 감소한다.
④ 피부장벽이 약화된다.
⑤ 표피와 진피의 경계가 평편해진다.

**66** 맞춤형화장품 판매업의 신고 시 제출해야 할 내용과 거리가 먼 것은?

① 맞춤형화장품 판매업을 신고한 자
② 맞춤형화장품 판매업자의 상호 및 소재지
③ 맞춤형화장품 조제관리사의 성명, 생년월일
④ 맞춤형화장품 조제관리사의 자격증 번호
⑤ 맞춤형화장품 원료 목록

**67** 판매의 목적이 아닌 제품의 선택 등을 위하여 미리 소비자가 시험·사용하도록 제조 또는 수입된 화장품의 2차 포장에 필수적으로 기재해야 하는 사항이 아닌 것은?

① 화장품의 명칭　　　　　② 제조번호　　　　　③ 사용기한
④ 책임판매업자의 상호　　⑤ 제조업자의 상호

**68** 맞춤형 화장품의 판매내역서에 포함되어야 할 사항과 거리가 먼 것은?

① 제조번호　　　　　② 사용기한 또는 개봉 후 사용 기간　　③ 판매일자
④ 맞춤형화장품 제조관리사 이름　　⑤ 판매량

**69** 다음 중 화장품의 교반 작업과 관련 없는 기구는?

① 디스퍼　　　　　② 호모믹서　　　　　③ 핸드 블렌더
④ 항온수조　　　　⑤ 롤러밀

**70** 다음 〈보기〉 중 사용상의 제한이 필요한 염모제 성분은?

---| 보기 |---

ㄱ. 과산화수소수          ㄴ. p-아미노페놀          ㄷ. 시스테인
ㄹ. 베헨트리모늄 클로라이드     ㅁ. m-페닐렌디아민

① ㄱ, ㄷ, ㅁ          ② ㄱ, ㄴ, ㅁ          ③ ㄴ, ㄹ, ㅁ
④ ㄴ, ㄷ, ㄹ          ⑤ ㄷ, ㄹ, ㅁ

**71** 제품별 포장공간에 대한 〈보기〉의 설명에서 빈칸에 각각 들어갈 말로 적절한 것은?

---| 보기 |---

단위제품 – 화장품류 : 공간비율 ( ㉠ )%, 횟수 ( ㉡ )차 이하

① ㉠ 10, ㉡ 1          ② ㉠ 10, ㉡ 2          ③ ㉠ 15, ㉡ 1
④ ㉠ 15, ㉡ 2          ⑤ ㉠ 25, ㉡ 1

**72** 다음 사용상의 제한 원료 중 성질이 <u>다른</u> 하나는?

① 페녹시에탄올          ② 아보벤존          ③ 벤조페논
④ 이산화티탄          ⑤ 에칠헥실메톡시신나메이트

**73** 다음 피부 미백을 위한 기능성 고시원료 중 작용기작이 <u>다른</u> 하나는?

① 에칠아스코빌에텔          ② 아스코빌글루코사이드          ③ 마그네슘아스코빌포스페이트
④ 나이아신아마이드          ⑤ 아스코빌테트라이소팔미테이트

**74** 다음 중 동물에 1회 투여 후 치사량 등을 확인하는 방법으로 안전성을 확인하는 시험은?

① 1차 피부 자극 시험          ② 단회 투여 독성 시험          ③ 유전 독성 시험
④ 안점막 자극 시험          ⑤ 피부 감작성 시험

**75** 천연화장품이 아님에도 불구하고 천연화장품으로 잘못 인식하도록 표시한 경우 1차 위반의 행정처분 기준은?

① 해당 품목 판매 업무 정지 3개월
② 해당 품목 광고 업무 정지 3개월
③ 해당 품목 판매 업무 정지 2개월
④ 해당 품목 광고 업무 정지 2개월
⑤ 해당 품목 판매 업무 정지 1개월

**76** "최고" 또는 "최상" 등의 절대적 표현의 광고를 한 경우 1차 위반의 행정처분 기준은?

① 해당 품목 판매 업무 정지 3개월
② 해당 품목 광고 업무 정지 3개월
③ 해당 품목 판매 업무 정지 2개월
④ 해당 품목 광고 업무 정지 2개월
⑤ 해당 품목 판매 업무 정지 1개월

**77** 10ml 초과 50ml 이하 제품에 전성분 대신 기재하는 표시성분에 해당하지 <u>않는</u> 것은?

① AHA      ② 타르색소      ③ 아데노신
④ 글리세린      ⑤ 금박

**78** 〈보기〉의 품목의 경우 그 함량을 표시해야 하는 성분은?

┤ 보기 ├

• 만 3세 이하의 영유아용 제품류인 경우
• 만 4세 이상부터 만 13세 이하까지의 어린이가 사용할 수 있는 제품임을 특정하여 표시·광고하려는 경우

① 유용성감초추출물      ② 벤조페논      ③ 벤조익애씨드
④ 레티놀      ⑤ 이산화티탄

**79** 화장품 표시 – 광고 규정에 따른 용기 기재사항에서 다음과 같은 50ml 초과 제품의 1차 포장에 기입해야 하는 기재사항이 <u>아닌</u> 것은?

┤ 보기 ├

ㄱ. 기능성 화장품 문구      ㄴ. 제조번호      ㄷ. 책임판매업자의 상호
ㄹ. 용량/중량      ㅁ. 표시성분

① ㄱ, ㄴ, ㄹ      ② ㄱ, ㄹ, ㅁ      ③ ㄴ, ㄹ, ㅁ
④ ㄴ, ㄷ, ㅁ      ⑤ ㄷ, ㄹ, ㅁ

**80** 〈보기〉의 화장품의 용기에 대한 규정으로 각각 적절한 것은?

---- 보기 ----

ㄱ. 일상의 취급 또는 보통의 보존상태에서 외부로부터 고형의 이물이 들어가는 것을 방지
ㄴ. 일상의 취급 또는 보통의 보존상태에서 기체 또는 미생물이 침입할 염려가 없는 용기

① ㄱ. 기밀용기, ㄴ. 밀폐용기
② ㄱ. 차광용기, ㄴ. 기밀용기
③ ㄱ. 밀폐용기, ㄴ. 밀봉용기
④ ㄱ. 밀폐용기, ㄴ. 차광용기
⑤ ㄱ. 차광용기, ㄴ. 밀봉용기

**81** 화장품의 벌칙 중 가장 큰 처벌을 받는 경우는 〈보기〉에 해당하는 것이다. 이때 (  )년 이하의 징역 또는 3천만 원 이하의 벌금을 받게 된다. 빈칸에 들어갈 말을 작성하시오.

---- 보기 ----

• 화장품제조업 또는 화장품책임판매업의 등록 위반
• 맞춤형화장품판매업의 신고 위반
• 맞춤형화장품판매업자의 맞춤형화장품조제관리사 고용 위반

**82** 개인정보처리자의 영상정보처리기기(CCTV) 설치 · 운영 제한에서 영상정보처리기기를 설치 · 운영하는 자는 정보주체가 쉽게 인식할 수 있도록 다음의 사항이 포함된 안내판을 설치해야 한다. 아래의 안내판에 추가적으로 고시해야 할 것을 작성하시오.

| CCTV 설치안내 | |
|---|---|
| 설치 목적 | 시설 안전 관리 |
| 촬영 범위 | 주차장 및 입구 |
| 촬영 시간 | 24시간 연속 촬영 및 녹화 |
| 책임자 | 관리자 01-234-5678 |

**83** 사용상의 제한이 있는 자외선 차단 성분을 적용한 제품 중 그 성분이 (      )% 미만으로 사용되고 제품의 변색 방지를 위해 사용된 경우, 그 제품은 자외선 차단 제품으로 인정하지 않는다.

84 위해화장품을 회수하려는 영업자는 〈보기〉의 내용이 포함된 (          )을/를 지방식품의약품안전청장에게 제출해야 한다.

────────────┤ 보기 ├────────────

- 해당 품목의 제조 · 수입기록서 사본
- 판매처별 판매량 · 판매일 등의 기록
- 회수 사유를 적은 서류

85 소비자의 알 권리를 보호하고 안전한 성분을 사용하는 것을 장려하기 위해서 화장품에 사용된 모든 성분을 표시하는 제도는?

86 다음 〈보기〉의 재질 중 천연화장품의 용기로 쓸 수 없는 것 2개를 쓰시오.

────────────┤ 보기 ├────────────

폴리염화비닐(PVC), HDPE, LDPE, 폴리프로필렌(PP), 폴리스티렌폼, 유리

87 책임판매업자가 식품의약품안전처장에게 보고하는 정기보고의 기간은?

88 유통화장품 안전기준의 미생물 한도 시험법에 따라서 로션의 미생물 한도 측정을 위해 전처리 과정이 끝난 검체 0.1ml를 미생물 배양 고체 배지에 도말하여 확인한 결과, 세균은 평균 6개, 진균의 경우 평균 8개의 군집락이 형성되었다. 총 제품 ml당 호기성 생균수를 구하고 유통화장품 안전기준에 적합한지 적으시오

| 검체 전처리 | 검체를 1/10로 희석 |
|---|---|
| 전처리한 검체 도말한 부피 | 0.1ml |
| 세균용 배지 집락 평균 | 6 |
| 진균용 배지 집락 평균 | 8 |
| 총 호기성 생균수 | (          )개/ml |
| 적합 여부 | (적합 / 부적합) |

89 황색포도상구균과 같이 화장품에서 검출되면 안 되는 병원성 미생물에 해당하는 것을 2가지 기입하시오.

90 미셀의 크기가 작아서 투명하게 보이는 제형을 만드는 공정을 (          )라고 한다.

**91** 화장품에 공통적으로 적용되는 주의사항이다. 빈칸의 내용을 순서대로 기입하시오.

> 보관 및 취급시의 주의사항
> (       )의 손이 닿지 않는 곳에 보관할 것
> (       )을 피해서 보관할 것

**92** 살리실릭애시드 성분을 고시성분으로 하는 기능성화장품의 기능에서 빈칸에 해당하는 것을 기입하시오.

> (       ) 피부의 완화에 도움을 준다.

**93** 〈보기〉는 맞춤형화장품에 사용할 수 없는 원료에 대한 설명이다. (       )에 들어갈 적합한 용어를 기입하시오.

> ─┤ 보기 ├─
> • 화장품에 사용할 수 없는 원료
> • 화장품에 사용상의 제한이 있는 원료
> • 식품의약품안전처장이 (       )한 기능성화장품의 효능/효과를 나타내는 원료

**94** 〈보기〉의 계면활성제 구조를 피부 자극이 강한 순서대로 나열하시오.

> ─┤ 보기 ├─
> 비이온, 음이온, 양쪽성

**95** 빈칸에 각각 들어갈 나이를 쓰시오.

> • 만 4세 이상부터 만 ( ㉠ )세 이하까지의 어린이가 사용할 수 있는 제품임을 특정하여 표시·광고하려는 경우는 보존제의 함량을 표시해야 한다.
> • 안전용기는 만 ( ㉡ )세 미만의 어린이가 개봉하기 어렵게 설계·고안된 용기·포장이다.

**96** 모발의 성장 주기 중 모낭과 모유두가 완전히 분리되어 외부의 가벼운 충격에도 모발이 쉽게 탈락하는 시기는?

**97** 작업실의 공기의 청정을 위한 filter중 0.3um 수준의 입자도 걸러낼 수 있는 필터는?

**98** 전성분 표시 대상 화장품의 성분은 내용물이 ( ㉠ )ml를 초과하는 제품의 경우 ( ㉡ )차 포장에 기입해야 한다.

**99** 자외선을 흡수한 성분에 의해서 발생하는 알러지 반응을 검사하기 위한 안전성 시험은?


**100** 맞춤형화장품 판매신고를 위해서는 맞춤형화장품 판매업소를 관할하는 지방식품의약품안정청장에게 (　　　)을/를 제출해야 한다.

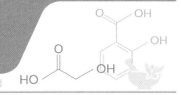

# 제2회 실전모의고사

**01 화장품에 대한 설명으로 거리가 먼 것은?**

① 인체를 청결 · 미화하여 매력을 더해 용모를 변화시킨다.

② 인체 작용이 경미하다.

③ 어느 정도의 약리효과를 통한 피부 개선이 목적이다.

④ 인체에 바르고 문지르거나 뿌리는 등의 방식으로 사용된다.

⑤ 피부와 모발의 건강을 유지하고 증진한다.

**02 기능성화장품의 분류로 거리가 먼 것은?**

① 물리적 코팅으로 모발을 굵게 보이게 하는 화장품

② 피부에 멜라닌색소가 침착하는 것을 방지하여 기미 · 주근깨 등의 생성을 억제함으로써 피부의 미백에 도움을 주는 기능을 가진 화장품

③ 모발의 색상을 변화[탈염(脫染) · 탈색(脫色)을 포함한다]시키는 기능을 가진 화장품

④ 자외선을 차단 또는 산란시켜 자외선으로부터 피부를 보호하는 기능을 가진 화장품

⑤ 아토피성 피부로 인한 건조함 등을 완화하는 데 도움을 주는 화장품

**03 천연화장품의 기준에서 천연함량에 포함되지 않는 것은?**

① 물 비율　　　　　　　　② 천연원료 비율　　　　　　　　③ 천연원료유래 비율

④ 보존제 비율　　　　　　⑤ 식물원료 비율

**04 맞춤형화장품 판매업자의 결격사유가 되지 않는 것은?**

① 정신질환자

② 피성년후견인 또는 파산선고를 받고 복권되지 아니한 자

③ 화장품법 또는 보건범죄 단속에 관한 특별조치법 위반으로 금고 이상의 형을 선고받고 집행이 끝나지 않은 자

④ 등록이 취소되거나 영업소가 폐쇄 이후 1년이 지나지 않은 자

⑤ 마약중독자

PART 01 PART 02 PART 03 PART 04 PART 05 PART 06

## 05 고객상담 시 고유식별번호에 해당되는 것은?

① 사상 · 신념, 노동조합 · 정당의 가입 · 탈퇴
② 건강, 성생활 등에 대한 정보
③ 유전자 검사 등의 결과로 얻어진 유전정보
④ 정치적 견해
⑤ 외국인 등록번호

## 06 다음 중 화장품의 과태료 부과 대상이 아닌 것은?

① 책임판매 관리자 및 맞춤형화장품 조제관리사의 교육이수 의무에 따른 명령을 위반한 경우
② 화장품의 판매 가격을 표시하지 아니한 경우
③ 폐업 등의 신고를 하지 않은 경우
④ 식약청장이 지시한 보고를 하지 아니한 경우
⑤ 화장품의 소비자 불만이 제기된 경우

## 07 개인정보를 수집 · 이용할 수 없는 경우는?

① 정보주체와 계약을 체결 및 이행을 위해 불가피한 경우
② 정보주체의 동의를 받은 경우
③ 만 14세 미만 아동의 개인정보처리를 위해서 법정대리인의 동의를 받은 경우
④ 정보주체의 개인정보처리 동의를 받고 고유식별정보를 처리하려는 경우
⑤ 민감정보에 해당하는 개인정보를 처리하지 않는 경우

## 08 다음 중 주름 개선 기능성화장품의 원료로 식약청장이 고시한 원료가 아닌 것은?

① 레티놀              ② 아데노신              ③ 티타늄디옥사이드
④ 레티닐 팔미테이트        ⑤ 폴리에톡실레이티드레틴아마이드

## 09 맞춤형화장품 판매업의 신고서에 포함되어야 할 내용이 아닌 것은?

① 맞춤형화장품 판매업을 신고한 자의 자격증 번호
② 맞춤형화장품 판매업자의 상호 및 소재지
③ 맞춤형화장품 판매업소의 상호 및 소재지
④ 맞춤형화장품 조제관리사의 성명, 생년월일
⑤ 맞춤형화장품 조제관리사의 및 자격증 번호

**10** 맞춤형화장품의 안전성을 확보하기 위한 사항에 해당하는 것을 〈보기〉에서 모두 고르시오.

---| 보기 |---

ㄱ. 오염 방지를 위하여 혼합행위를 할 때에는 단정한 복장을 하며 혼합 전·후에는 손을 소독하거나 씻도록 함
ㄴ. 전염성 질환 등이 있는 경우에는 혼합행위를 하지 아니하도록 함
ㄷ. 혼합하는 장비 또는 기기는 사용 직전 세척 등을 통하여 오염 방지를 위한 위생관리를 할 수 있도록 함
ㄹ. 완제품 및 원료의 입고 시 제조소, 품질관리 여부를 확인하고 필요한 경우에는 품질성적서를 구비할 수 있도록 함
ㅁ. 완제품 및 원료의 사용기한이 지난 경우 재사용 여부를 판단한 뒤 사용

① ㄱ, ㄴ, ㅁ        ② ㄱ, ㄴ, ㄹ        ③ ㄱ, ㄷ, ㄹ
④ ㄴ, ㄷ, ㄹ        ⑤ ㄷ, ㅁ, ㄹ

**11** 화장품에 사용되는 원료의 특성을 설명한 것으로 옳은 것은?

① 금속이온봉쇄제는 주로 점도 증가, 피막 형성 등의 목적으로 사용된다.
② 계면활성제는 계면에 흡착하여 계면의 성질을 현저히 변화시키는 물질이다.
③ 고분자화합물은 원료 중에 혼입되어 있는 이온을 제거할 목적으로 사용된다.
④ 산화방지제는 수분의 증발을 억제하고 사용감촉을 향상시키는 등의 목적으로 사용된다.
⑤ 유성원료는 산화되기 쉬운 성분을 함유한 물질에 첨가하여 산패를 막을 목적으로 사용된다.

**12** 맞춤형화장품의 내용물 및 원료에 대한 품질검사 결과를 확인해 볼 수 있는 서류로 옳은 것은?

① 품질규격서        ② 품질성적서        ③ 제조공정도
④ 포장지시서        ⑤ 칭량지시서

**13** 맞춤형화장품 매장에 근무하는 조제관리사에게 향료 알러지가 있는 고객이 제품에 대해 문의를 해 왔다. 조제관리사가 제품에 부착된 〈보기〉의 설명서를 참조하여 고객에게 안내해야 할 말로 가장 적절한 것은?

---| 보기 |---

• 제품명 : 유기농 모이스춰로션
• 제품의 유형 : 액상 에멀젼류
• 내용량 : 50g
• 전성분 : 정제수, 1,3부틸렌글리콜, 글리세린, 스쿠알란, 호호바유, 모노스테아린산글리세린, 피이지 소르비탄지방산에스터, 1·2헥산디올, 녹차추출물, 황금추출물, 참나무이끼추출물, 토코페롤, 잔탄검, 구연산나트륨, 수산화칼륨, 벤질알코올, 유제놀, 리모넨

① 이 제품은 유기농화장품으로 알러지 반응을 일으키지 않습니다.
② 이 제품의 알러지는 면역성이 있어 반복해서 사용하면 완화될 수 있습니다.
③ 이 제품은 조제관리사가 조제한 제품이어서 알러지 반응을 일으키지 않습니다.
④ 이 제품은 알러지 완화 물질이 첨가되어 있어 알러지 체질 개선에 효과가 있습니다.
⑤ 이 제품은 알러지를 유발할 수 있는 성분이 포함되어 있어 사용 시 주의를 요합니다.

**14** 책임판매업자가 중대한 유해사례를 알게 된 날부터 식약처장에게 보고해야 하는 기간은?

① 5일 이내      ② 7일 이내      ③ 15일 이내

④ 30일 이내      ⑤ 정기보고

**15** 중대한 유해사례의 사례에 해당하지 <u>않는</u> 경우는?

① 사망을 초래하거나 생명을 위협하는 경우
② 입원 또는 입원기간의 연장이 필요한 경우
③ 선천적 기형 또는 이상을 초래하는 경우
④ 사용 후 가려움 등의 증상이 있는 경우
⑤ 의학적으로 중요한 상황이 발생한 경우

**16** 화장품의 포장에 기재되어야 하는 사용상의 주의사항 중 공통사항에 해당하는 것을 〈보기〉에서 <u>모두</u> 고르면?

┤ 보기 ├

ㄱ. 화장품 사용 시 또는 사용 후 직사광선에 의하여 사용 부위에 붉은 반점, 부어오름 또는 가려움증 등의 이상 증상이나 부작용이 있는 경우 전문의 등과 상담할 것
ㄴ. 눈에 들어갔을 때에는 즉시 씻어낼 것
ㄷ. 털을 제거한 직후에는 사용하지 말 것
ㄹ. 상처가 있는 부위 등에는 사용을 자제할 것
ㅁ. 직사광선을 피해서 보관할 것

① ㄱ, ㄹ, ㅁ      ② ㄱ, ㄴ, ㄹ      ③ ㄱ, ㄷ, ㄹ

④ ㄴ, ㄷ, ㄹ      ⑤ ㄷ, ㅁ, ㄹ

**17** 유해성의 설명에 대해서 옳은 것을 〈보기〉에서 <u>모두</u> 고르면?

┤ 보기 ├

ㄱ. 생식 · 발생독성 : 자손 생성을 위한 기관의 능력 감소 및 개체의 발달 과정에 부정적인 영향을 미침
ㄴ. 면역독성 : 항원으로 작용하여 알러지 및 과민반응 유발
ㄷ. 항원성 : 면역 장기에 손상을 주어 생체 방어기전 저해
ㄹ. 유전독성 : 유전자 및 염색체에 상해를 입힘
ㅁ. 발암성 : 장기간 투여 시 암(종양)이 발생

① ㄱ, ㄹ, ㅁ      ② ㄱ, ㄴ, ㄹ      ③ ㄱ, ㄷ, ㄹ

④ ㄴ, ㄷ, ㄹ      ⑤ ㄷ, ㅁ, ㄹ

**18** 인체가 화장품 사용으로 유해요소에 노출되었을 때 발생할 수 있는 위해영향과 발생확률을 과학적으로 예측하는 일련의 과정인 위해평가의 과정을 순서대로 나열한 것은?

| ㄱ. 위해도 결정 | ㄴ. 노출평가 |
|---|---|
| ㄷ. 위험성 확인 | ㄹ. 위험성 결정 |

① ㄱ → ㄹ → ㄴ → ㄷ     ② ㄱ → ㄴ → ㄹ → ㄷ     ③ ㄴ → ㄹ → ㄷ → ㄱ

④ ㄷ → ㄹ → ㄴ → ㄱ     ⑤ ㄹ → ㄷ → ㄴ → ㄱ

**19** 화장품의 유형별 효능·효과 범위를 벗어나는 표시광고에 해당하는 것은?

① 기초화장품 : 피부에 수렴효과를 주며, 피부탄력을 증가시킨다.
② 셰이빙 크림 : 면도로 인한 상처를 방지한다.
③ 마스카라 : 눈썹, 속눈썹을 보호한다.
④ 헤어토닉 : 모발의 두께를 증가시킨다.
⑤ 립글로스 : 입술에 윤기를 주고 부드럽게 한다.

**20** 계면활성제의 친수성 부위에 따른 분류 중 거품성이 낮고 피부자극이 적어 화장품의 제조에 주로 적용되는 것은?

① 음이온성 계면활성제     ② 양이온성 계면활성제     ③ 양쪽 이온성 계면활성제
④ 비이온성 계면활성제     ⑤ 친수성 계면활성제

**21** 화장품의 위해 등급이 <u>다른</u> 하나는?

① 기준 이상의 유해물질이 검출된 화장품
② 기능성화장품의 기능성을 나타나게 하는 주원료 함량이 기준치에 부적합한 경우
③ 사용기한 또는 개봉 후 사용기간을 위조·변조한 화장품
④ 등록을 하지 아니한 자가 제조한 화장품 또는 제조·수입하여 유통·판매한 화장품
⑤ 신고를 하지 아니한 자가 판매한 맞춤형화장품

**22** 안료 중 피부를 하얗게 나타낼 목적으로 사용되는 것으로 이산화티탄, 산화아연 등이 포함되는 것은?

① 백색안료     ② 착색안료     ③ 체질안료
④ 진주광택안료     ⑤ 미네랄안료

PART 01

PART 02

PART 03

PART 04

**PART 05**

PART 06

제2회 실전모의고사 **375**

**23** 화장품 전성분 표시제도의 표시 방법과 거리가 <u>먼</u> 것은?

① 글자 크기 : 5포인트 이상

② 표시 순서 : 제조에 사용된 함량 순으로 많은 것부터 기입

③ 순서 예외 : 2% 이하로 사용된 성분, 착향료, 착색제는 함량 순으로 기입하지 않아도 됨

④ 표시 제외 : 원료 자체에 이미 포함되어 있는 미량의 보존제 및 안정화제

⑤ 표시 제외 : 제조 과정에서 제거되어 최종 제품에 남아 있지 않은 성분


**24** 원료 성분의 한글기재 표시 방법에 대한 설명과 거리가 <u>먼</u> 것은?

① 식품의약품안전청의 화장품 관련 고시에 수재된 원료의 경우 동 고시에 따른 한글 명칭 기재 · 표시

② 화장품 관련 고시에 수재되지 아니한 원료의 경우 (사)대한화장품협회의 「화장품 성분 사전」에 따른 한글 명칭 기재 · 표시

③ 수재되지 아니한 원료의 경우 한글 일반명을 우선 기재 · 표시하되 「화장품 성분 사전」에 해당 원료의 한글 명칭이 조속히 수재될 수 있도록 조치

④ 「화장품 성분 사전」에 등록된 성분은 안전성이 담보되어 안전하게 사용 가능

⑤ 「화장품 성분 사전」의 목적은 동일 물질에 동일한 이름을 부여하기 위한 것


**25** 화장품 표시 · 광고의 범위 및 준수사항과 거리가 <u>먼</u> 것은?

① 용기, 포장 또는 첨부문서에 의학적 효능, 효과 등이 있는 것으로 오인될 우려가 있는 표시 또는 광고 금지

② 기능성화장품의 안전성 · 유효성에 관한 심사를 받은 범위를 초과하거나 심사 결과와 다른 내용의 표시 또는 광고 금지

③ 기능성화장품이 아닌 것으로서 기능성화장품으로 오인될 우려가 있는 표시 또는 광고 금지

④ 의사, 치과의사, 한의사, 약사가 이를 지정 · 공인 · 추천 · 지도 또는 사용하고 있는 경우에만 이에 대한 표시 · 광고 가능

⑤ 저속하거나 혐오감을 주는 표현을 한 표시 · 광고 금지


**26** 유해사례와 화장품 간의 인과관계 가능성이 있다고 보고된 정보로서 그 인과관계가 알려지지 아니하거나 입증자료가 불충분한 것은?

① 안전성 정보    ② 중대한 유해사례    ③ 실마리 정보
④ 위험성 정보    ⑤ 유해성 정보


**27** 계면활성제의 특성을 나타내는 HLB(Hydrophile Lipophile Balance)의 설명과 거리가 <u>먼</u> 것은?

① 숫자가 클수록 친수성 성질이 강하다.

② 숫자가 작을수록 친유성 성질이 강하다.

③ 유상을 수상에 유화시키기 용이한 범위는 HLB 8~18이다.

④ 수상을 유상에 유화시키기 용이한 범위는 HLB 18~20이다.

⑤ 친수성과 친유성 비율을 나타낸다.

**28** 유상성분 중 석유 등의 광물질에서 추출하였고 탄소 수 15개 이상으로 상온에서 고체인 성분은?

① 라드          ② 비즈왁스          ③ 파라핀
④ 스쿠알란          ⑤ 에뮤 오일

**29** 유지류에 비해 산뜻한 사용감을 가지고 번들거림이 없어 화장품에 많이 사용되며 지방산과 알코올의 중합으로 이루어진 구조를 기본으로 하는 성분은?

① 올리브 오일
② 에뮤 오일
③ 실리콘 오일
④ 쉐어버터
⑤ 에스테르 오일(이소프포필 미리스테이트)

**30** 물과의 친화력이 좋아 피부에 수분을 장시간 잡아 줄 수 있는 성분으로, 피부 표면이나 속에 침투하여 수분의 증발을 억제하는 성분에 해당하는 것은?

① 글리세린
② 실리콘 오일
③ 양이온 계면활성제
④ 스쿠알란
⑤ 에스테르 오일(이소프포필 미리스테이트)

**31** 맞춤형화장품의 안전성을 확보하기 위한 사항으로 거리가 먼 것은?

① 사용하고 남은 제품은 개봉 후 사용기한을 정하고 밀폐를 위한 마개 등을 사용하여 비의도적인 오염방지를 할 수 있도록 함
② 판매장 또는 혼합 · 판매 시 오염 등의 문제가 발생했을 경우에는 세척, 소독, 위생관리 등을 통하여 조치를 취하도록 함
③ 원료 등은 가능한 직사광선에 노출하여 미생물 등의 오염에 대비함
④ 혼합 후에는 물리적 현상(층 분리 등)에 대하여 육안으로 이상 유무를 확인하고 판매하도록 함
⑤ 전염성 질환 등이 있는 경우에는 혼합행위를 하지 아니하도록 함

**32** 피부의 부속 기관 중 모공에 존재하지 않는 것은?

① 피지          ② 모낭          ③ 대한선
④ 소한선          ⑤ 모근

PART 01

PART 02

PART 03

PART 04

PART 05

PART 06

**33** 피부장벽을 이루는 세포 간 지질성분 중 가장 많은 비율로 존재하고 아토피 환자 등에서 감소하는 것으로 나타나 장벽 기능에 중요한 성분은?

① 세라마이드        ② 지방산        ③ 콜레스테롤

④ 케라틴        ⑤ 히알루론산

**34** 피부장벽의 각질세포 내에 존재하는 성분 중 수분과 친화력이 있는 성분으로서 피부의 수분 손실을 방지하는 성분은?

① 히알루론산        ② 케라틴        ③ 천연보습인자

④ 콜라겐        ⑤ 엘라스틴

**35** 탈모의 종류 중 정신적 외상, 자기면역 등에 의해 불규칙적으로 탈모가 나타나는 것은?

① 휴지기 탈모        ② 원형 탈모        ③ 성장성 탈모

④ 남성형 탈모        ⑤ 견인성 탈모

**36** 다음 〈보기〉의 우수화장품 품질관리기준에서 기준일탈 제품의 폐기 처리 순서를 나열한 것으로 옳은 것은?

┤ 보기 ├

ㄱ. 격리 보관        ㄴ. 기준일탈 조사
ㄷ. 기준일탈의 처리        ㄹ. 폐기처분 또는 재작업 또는 반품
ㅁ. 기준일탈 제품에 불합격 라벨 첨부        ㅂ. 시험, 검사, 측정의 틀림없음 확인
ㅅ. 시험, 검사, 측정에서 기준일탈 결과 나옴

① ㄷ → ㄴ → ㅂ → ㅅ → ㄹ → ㄱ → ㅁ
② ㅁ → ㄴ → ㅂ → ㄷ → ㅅ → ㄱ → ㄹ
③ ㅅ → ㄴ → ㄹ → ㄷ → ㅁ → ㅂ → ㄱ
④ ㅅ → ㄴ → ㅂ → ㄷ → ㅁ → ㄱ → ㄹ
⑤ ㅅ → ㄴ → ㅂ → ㄷ → ㅁ → ㄹ → ㄱ

**37** 맞춤형화장품의 원료로 사용할 수 있는 경우로 적합한 것은?

① 보존제를 직접 첨가한 제품
② 자외선차단제를 직접 첨가한 제품
③ 화장품에 사용할 수 없는 원료를 첨가한 제품
④ 식품의약품안전처장이 고시하는 기능성화장품의 효능 · 효과를 나타내는 원료를 첨가한 제품
⑤ 해당 화장품책임판매업자가 식품의약품안전처장이 고시하는 기능성화장품의 효능 · 효과를 나타내는 원료를 포함 하여 식약처로부터 심사를 받거나 보고서를 제출한 경우에 해당하는 제품

**38** 다음 〈보기〉에서 맞춤형화장품 조제에 필요한 원료 및 내용물 관리로 적절한 것을 <u>모두</u> 고르면?

┤ 보기 ├

ㄱ. 내용물 및 원료의 제조번호를 확인한다.
ㄴ. 내용물 및 원료의 입고 시 품질관리 여부를 확인한다.
ㄷ. 내용물 및 원료의 사용기한 또는 개봉 후 사용기한을 확인한다.
ㄹ. 내용물 및 원료 정보는 기밀이므로 소비자에게 설명하지 않을 수 있다.
ㅁ. 책임판매업자와 계약한 사항과 별도로 내용물 및 원료의 비율을 다르게 할 수 있다.

① ㄱ, ㄴ, ㄷ

② ㄱ, ㄴ, ㄹ

③ ㄱ, ㄷ, ㅁ

④ ㄴ, ㅁ, ㄹ

⑤ ㄷ, ㅁ, ㄹ

**39** 우수화장품 제조 및 품질관리 기준의 3대 요소와 거리가 <u>먼</u> 것은?

① 소비자 보호
② 인위적 과오의 최소화
③ 교차 오염에 의한 품질하자 방지
④ 품질관리체계 확립
⑤ 미생물 오염에 의한 품질하자 방지

**40** 우수화장품 제조 및 품질관리 기준의 4대 기준서에서 제조공정에 관한 사항, 시설 및 기구관리에 대한 사항을 규정하는 기준서는?

① 제품표준서

② 제조관리기준서

③ 품질관리기준서

④ 제조위생관리기준서

⑤ 제조지시서

**41** 화장품 내용물이 노출되는 작업실이 관리되어야 할 청정등급은?

① 1등급

② 2등급

③ 3등급

④ 4등급

⑤ 5등급

**42** 작업소의 시설에 관한 규정 중 거리가 <u>먼</u> 것은?

① 제조하는 화장품의 종류·제형에 따라 적절히 구획·구분되어 있어 교차오염의 우려가 없을 것
② 바닥, 벽, 천장은 가능한 청소하기 쉽게 매끄러운 표면을 지니고 소독제 등의 부식성에 저항력이 있을 것
③ 외부와 연결된 창문은 잘 열려서 환기가 쉽도록 할 것
④ 수세실과 화장실은 접근이 쉬워야 하나 생산구역과 분리되어 있을 것
⑤ 제품의 오염을 방지하고 적절한 온도 및 습도를 유지할 수 있는 공기조화시설 등 적절한 환기시설을 갖출 것

PART 01

PART 02

PART 03

PART 04

PART 05

PART 06

**43** 차압을 통해 작업실의 공기의 흐름을 조절할 때, 다음 중 가장 높은 압력을 유지하여 외부 공기의 흐름을 차단해야 하는 작업실은?

① 1등급             ② 2등급             ③ 3등급

④ 4등급             ⑤ 5등급

**44** 설비세척의 원리와 가장 거리가 <u>먼</u> 것은?

① 반드시 세제를 사용하여 세척한다.

② 브러시 등으로 문질러 지우는 것을 고려한다.

③ 분해할 수 있는 설비는 분해해서 세척한다.

④ 세척 후는 반드시 "판정"한다.

⑤ 세척의 유효기간을 설정한다.

**45** 작업장 내 직원의 위생 기준과 거리가 <u>먼</u> 것은?

① 청정도에 맞는 적절한 작업복, 모자와 신발을 착용하고 필요할 경우 마스크, 장갑을 착용한다.

② 피부에 외상이 있거나 질병에 걸린 직원은 화장품의 품질에 영향을 주지 않는다는 교육훈련 책임자의 소견이 있기 전까지는 화장품과 직접적으로 접촉되지 않도록 격리되어야 한다.

③ 음식물을 반입해서는 안 된다.

④ 접근 권한이 없는 작업원 및 방문객은 가급적 제조·관리 및 보관구역 내에 들어가지 않도록 한다.

⑤ 접근 권한이 없는 작업원 및 방문객은 불가피한 경우, 사전에 직원 위생에 대한 교육 및 복장 규정에 따르도록 하고 감독하여야 한다.

**46** 설비기구의 유지관리 기준과 가장 거리가 <u>먼</u> 것은?

① 시정실시를 원칙으로 한다.

② 부품을 정기 교체한다.

③ 사용할 수 없을 때 사용불능을 표시한다.

④ 계측기의 검교정을 실시한다.

⑤ 유지 보수 시 기능이 변화해도 좋으나 제품 품질에는 영향이 없게 한다.

**47** 원료 및 포장재의 입고 과정에서 육안 확인 시 결함이 있을 경우 할 수 있는 적합한 조치를 〈보기〉에서 <u>모두</u> 고르면?

─── 보기 ───

ㄱ. 입고 보류
ㄴ. 용기에 제조번호가 없을 경우 관리번호 부여
ㄷ. 격리보관 및 폐기
ㄹ. 원자재 공급업자에게 반송
ㅁ. 품질입증자료를 공급자로부터 공급

① ㄱ, ㄴ, ㄷ     ② ㄱ, ㄷ, ㄹ     ③ ㄱ, ㄷ, ㅁ
④ ㄴ, ㅁ, ㄹ     ⑤ ㄷ, ㅁ, ㄹ

**48** 원료, 내용물 및 포장재의 보관 조건에 대한 내용과 거리가 <u>먼</u> 것은?

① 물질의 특징 및 특성에 맞도록 보관 · 취급
② 원료와 포장재의 용기는 밀폐
③ 청소와 검사가 용이하도록 충분한 간격 유지
④ 흔들리지 않도록 바닥에 붙여서 보관
⑤ 과도한 열기, 추위, 햇빛 또는 습기에 노출되어 변질되는 것을 방지

**49** 원료, 내용물 및 포장재의 보관 관리 기준에 적합하지 <u>않은</u> 것은?

① 원료와 포장재가 재포장될 경우 다른 방식으로 라벨링
② 원자재, 시험 중인 제품 및 부적합품은 각각 구획된 장소에 보관
③ 선입선출에 의하여 출고할 수 있도록 보관
④ 설정된 보관기한이 지나면 사용의 적절성을 결정하기 위해 재평가시스템을 확립
⑤ 품질에 나쁜 영향을 미치지 아니하는 조건에서 보관

**50** 입고된 이후 원료 · 내용물 및 포장재 보관 과정에서 기준일탈 제품의 처리 원칙에 적합한 조치를 〈보기〉에서 <u>모두</u> 고르면?

─── 보기 ───

ㄱ. 내용물과 포장재가 적합판정기준을 만족시키지 못할 경우를 의미한다.
ㄴ. 사용기한이 1년 이내로 남은 제품은 재작업할 수 있다.
ㄷ. 미리 정한 절차를 따라 확실한 처리를 하고 실시한 내용을 모두 문서에 남긴다.
ㄹ. 기준일탈 제품은 재작업할 수 없다.
ㅁ. 기준일탈 제품은 폐기하는 것이 가장 바람직하다.

① ㄱ, ㄴ, ㄷ     ② ㄱ, ㄷ, ㄹ     ③ ㄱ, ㄷ, ㅁ
④ ㄴ, ㅁ, ㄹ     ⑤ ㄷ, ㅁ, ㄹ

**51** 입고된 이후 원료 · 내용물 및 포장재의 기준일탈 제품의 재작업 기준과 거리가 먼 것은?

① 작업 대상을 폐기하면 큰 손해가 되는 경우

② 재작업을 해도 제품 품질에 악영향을 미치지 않는 경우

③ 재작업 대상이 변질 · 변패되거나 또는 병원미생물에 오염되지 아니한 경우

④ 재작업 대상이 제조일로부터 1년이 경과한 경우

⑤ 기준일탈 제품을 폐기하면 큰 손해가 되는 경우


**52** 원료 및 포장재의 사용기한에 대한 설명과 거리가 먼 것은?

① 원료 및 포장재의 허용 가능한 사용기한을 결정하기 위한 문서화된 시스템을 확립한다.

② 사용기한이 규정되어 있지 않은 원료와 포장재는 사용할 수 없다.

③ 물질의 정해진 사용기한이 지나면, 해당 물질을 재평가하여 사용 적합성을 결정해야 한다.

④ 재평가 이후에도 최대 사용기한을 설정하는 것이 바람직하다.

⑤ 사용기한은 사용 시 확인이 가능하도록 라벨에 표시한다.


**53** 우수화장품 제조기준에서 정의하는 주요 용어의 의미가 바르게 연결된 것을 〈보기〉에서 모두 고르면?

┤ 보기 ├

ㄱ. 기준일탈 : 제조 또는 품질관리 활동 등의 미리 정하여진 기준을 벗어나 이루어진 행위

ㄴ. 제조 : 물질의 칭량부터 혼합, 충전(1차 포장), 2차 포장 및 표시 등의 일련의 작업

ㄷ. 포장재 : 화장품의 포장에 사용되는 모든 재료를 말하며 운송을 위해 사용되는 외부 포장재는 제외한 것이다. 제품과 직접적으로 접촉하는지 여부에 따라 1차 또는 2차 포장재로 구분한다.

ㄹ. 제조소 : 제품, 원료 및 포장재의 수령 · 보관 · 제조 · 관리 및 출하를 위해 사용되는 물리적 장소, 건축물 및 보조 건축물

ㅁ. 벌크 제품 : 충전(1차 포장) 이전의 제조 단계까지 끝낸 제품

① ㄱ, ㄴ, ㄷ      ② ㄱ, ㄷ, ㄹ      ③ ㄱ, ㄷ, ㅁ

④ ㄴ, ㄷ, ㅁ      ⑤ ㄷ, ㄹ, ㅁ


**54** 작업소의 위생을 유지하기 위한 원칙과 거리가 먼 것은?

① 결함 발생 및 정비 중인 설비는 적절한 방법으로 표시하고, 고장 등 사용이 불가할 경우 표시하여야 한다.

② 세척한 설비는 다음 사용 시까지 오염되지 아니하도록 관리하여야 한다.

③ 모든 제조 관련 설비는 승인된 자만이 접근 · 사용하여야 한다.

④ 제품의 품질에 영향을 주더라도 유지관리 작업을 실시해야 한다.

⑤ 건물, 시설 및 주요 설비는 정기적으로 점검하여 유지 · 관리 · 기록하여야 한다.

**55** 작업소의 위생을 유지하기 위한 곤충, 해충의 방지 대책과 거리가 먼 것은?

① 벽, 천장, 창문, 파이프 구멍에 틈이 없도록 한다.
② 개방할 수 있는 창문을 만들고 트랩을 설치한다.
③ 창문은 차광하고 야간에 빛이 밖으로 새어나가지 않게 한다.
④ 배기구, 흡기구에 필터를 설치한다.
⑤ 문하부에는 스커트를 설치한다.

**56** 〈보기〉에서 작업장의 위생 유지를 위한 세제 및 소독제의 규정에 적합한 것을 모두 고르시오.

┤ 보기 ├

ㄱ. 청소, 세제 및 소독제는 확인되고 효과적이어야 한다.
ㄴ. 적절한 라벨을 통해 명확하게 확인되어야 한다.
ㄷ. 브러쉬 등은 표면의 이상을 초래할 수 있으므로 사용하지 않는다.
ㄹ. 잔류하거나 적용하는 표면에 이상을 초래하지 아니하여야 한다.
ㅁ. 항상 세제를 사용하여 세척하여야 한다.

① ㄱ, ㄴ, ㄷ       ② ㄱ, ㄴ, ㄹ       ③ ㄱ, ㄷ, ㅁ
④ ㄴ, ㄷ, ㅁ       ⑤ ㄷ, ㅁ, ㄹ

**57** 다음 중 화장품 내에 인위적으로 화장품을 제조하면서 비의도적으로 유도된 물질의 검출 허용 한도에 대한 안전관리 기준이 없는 것은?

① 디옥산       ② 메탄올       ③ 포름알데하이드
④ 아스코빌글루코사이드       ⑤ 프탈레이트류

**58** 유통화장품 안전관리 기준에서 영·유아용 제품류의 미생물 허용한도는?

① 10개/g       ② 50개/g       ③ 100개/g
④ 500개/g       ⑤ 1,000개/g

**59** 유통화장품 안전관리 기준 중 내용량의 측정 방식에서 화장 비누의 측정 대상에 해당하는 것은?

① 건조중량       ② 수분중량       ③ 절대중량
④ 무게       ⑤ 유리알칼리

PART 01

PART 02

PART 03

PART 04

PART 05

PART 06

**60** 완제품의 보관용 검체를 보관하는 방법과 거리가 <u>먼</u> 것은?

① 제품을 그대로 보관한다.

② 각 뱃치를 대표하는 검체를 보관한다.

③ 일반적으로는 각 뱃치별로 제품 시험을 1번 실시할 수 있는 양을 보관한다.

④ 사용기한 경과 후 1년간 또는 개봉 후 사용기간을 기재하는 경우에는 제조일로부터 3년간 보관한다.

⑤ 제품이 가장 안정한 조건에서 보관한다.

**61** 맞춤형화장품에 혼합 가능한 화장품 원료로 옳은 것은?

① 아데노신　　　② 라벤더오일　　　③ 징크피리치온

④ 페녹시에탄올　　　⑤ 메칠이소치아졸리논

**62** 피부의 표피를 구성하는 층으로 옳은 것은?

① 기저층, 유극층, 과립층, 각질층

② 기저층, 유두층, 망상층, 각질층

③ 유두층, 망상층, 과립층, 각질층

④ 기저층, 유극층, 망상층, 각질층

⑤ 과립층, 유두층, 유극층, 각질층

**63** 경도가 있는 크림을 소분하여 포장할 때 가장 적합한 용기의 형태는?

① 튜브 타입 용기　　　② 에어리스 용기　　　③ 펌프형 용기

④ 자 타입 용기　　　⑤ 분무형 용기

**64** 화장품 내용물과 원료 혼합 시 스테이터 사이를 로테이터가 회전하며 강한 힘을 만들어 안정한 마이셀의 형성을 유도하는 혼합 기기는?

① 교반기(Disper)　　　② 호모 믹서　　　③ 공자전 교반기

④ 스터러(Stirrer)　　　⑤ 프릭션 미터(Friction meter)

**65** 맞춤형화장품 조제관리사인 소영은 매장을 방문한 고객과 다음과 같은 〈대화〉를 나누었다. 〈보기〉에서 소영이 고객에게 혼합하여 추천할 제품으로 옳은 것을 모두 고르면?

┤ 대화 ├

고객 : 최근에 야외활동을 많이 해서 그런지 얼굴 피부가 검어지고 칙칙해졌어요. 건조하기도 하구요.

소영 : 아, 그러신가요? 그럼 고객님 피부 상태를 측정해 보도록 할까요?

고객 : 그럴까요? 지난번 방문 시와 비교해 주시면 좋겠네요.

소영 : 네. 이쪽에 앉으시면 저희 측정기로 측정을 해드리겠습니다.

〈피부측정 후〉

소영 : 고객님은 1달 전 측정 때보다 얼굴에 색소 침착도가 20%가량 높아져 있고, 피부 보습도도 25%가량 많이 낮아져 있군요.

고객 : 음. 걱정이네요. 그럼 어떤 제품을 쓰는 것이 좋을지 추천 부탁드려요.

┤ 보기 ├

ㄱ. 티타늄디옥사이드(Titanium Dioxide) 함유 제품

ㄴ. 나이아신아마이드(Niacinamide) 함유 제품

ㄷ. 카페인(Caffeine) 함유 제품

ㄹ. 소듐히알루로네이트(Sodium Hyaluronate) 함유 제품

ㅁ. 아데노신(Adenosine) 함유 제품

① ㄱ, ㄷ        ② ㄱ, ㅁ        ③ ㄴ, ㄹ

④ ㄴ, ㅁ        ⑤ ㄷ, ㄹ

**66** 화장품의 포장에 표시되는 제품명에 대한 규정과 거리가 먼 것은?

① 1차 포장에 반드시 기입해야 한다(50ml 초과 제품).

② 2차 포장에 반드시 기입해야 한다(50ml 초과 제품).

③ 1차 포장에 반드시 기입해야 한다(50ml 미만 제품).

④ 내용물에 타사의 원료를 혼합하였다면 원래 제품명(브랜드명)을 그대로 사용할 수 없다.

⑤ 2차 포장에 반드시 기입해야 한다(50ml 미만 제품).

**67** 자원 절약과 재활용 촉진에 관한 법률로서 분리배출 사항을 표시해야 하는 최소 용량은?

① 5ml 제품        ② 10ml 제품        ③ 20ml 제품

④ 30ml 제품        ⑤ 50ml 제품

PART 01

PART 02

PART 03

PART 04

PART 05

PART 06

**68** 화장품의 기본제형(유형) 및 혼합 시의 주의사항과 거리가 <u>먼</u> 것은?

① 기본 제형(유형 포함)이 정해져 있어야 하고, 기본 제형의 변화가 없는 범위 내에서 특정 성분의 혼합이 이루어져야 한다.

② o/w 제형은 유상(oil)을 내상으로 하고 수상(water)을 연속상으로 하는 제형이다.

③ w/o 제형은 수상(water)을 내상으로 하고 유상(oil)을 연속상으로 하는 제형이다.

④ w/o 제형은 전류가 o/w 제형에 비해서 잘 흐른다.

⑤ o/w 제형은 친수성 색소에 의해 염색이 잘된다.

**69** 화장품에 허용된 pH의 범위는 어떻게 되는가? (단, 물을 포함하지 않는 제품과 사용한 후 곧바로 물로 씻어 내는 제품은 제외한다.)

① pH 2.0~5.0 　　　② pH 3.0~9.0 　　　③ pH 4.5~5.5

④ pH 4.5~8.5 　　　⑤ pH 5.5~9.5

**70** 맞춤형화장품 상담의 기본원칙에 해당하는 것을 〈보기〉에서 <u>모두</u> 고르시오.

┤ 보기 ├

ㄱ. 판매장에서는 소비자에게 맞춤형화장품 혼합판매에 사용된 원료 성분, 배합 목적 및 배합 한도 등에 관한 정보를 제공하도록 함

ㄴ. 맞춤형화장품 조제관리사가 소비자를 직접 방문해서 혼합할 경우, 자율적으로 혼합판매된 제품의 사용기한을 정하고 이를 소비자에게 알려주도록 함

ㄷ. 판매장에서는 혼합·판매 시 사용기한 등에 대하여 첨부문서 등을 활용하여 제공하도록 함

ㄹ. 사용 시 이상이 있는 경우에는 소비자에게 원칙적으로 판매장에 책임이 있음을 알려주도록 함

ㅁ. 식품의약품안전처장이 고시한 기능성화장품의 효능·효과를 나타내는 원료는 내용물에 추가해서 배합 가능함을 안내

① ㄱ, ㄴ, ㄷ 　　　② ㄱ, ㄴ, ㄹ 　　　③ ㄱ, ㄷ, ㄹ
④ ㄴ, ㄷ, ㅁ 　　　⑤ ㄷ, ㅁ, ㄹ

**71** 50ml 화장품의 1차 포장에 기재해야 할 내용과 거리가 <u>먼</u> 것은?

① 제품명

② 제조업자 상호 및 책임판매업자의 상호

③ 제조번호 및 사용기한

④ 제품 용량/중량

⑤ 분리배출

**72** 〈보기〉에서 맞춤형화장품 혼합의 기본원칙에 해당하는 것을 <u>모두</u> 고르면?

┤ 보기 ├

ㄱ. 화장품법에 따라 등록된 업체에서 공급된 특정 원료만으로 혼합이 이루어져야 한다.
ㄴ. 책임판매업자가 특정 성분의 혼합 범위를 규정하고 있는 경우에는 그 범위 내에서 특정 성분의 혼합이 이루어져야 한다.
ㄷ. 기존 표시·광고된 화장품의 효능과 효과에 변화가 없는 범위 내에서 특정 성분의 혼합이 이루어져야 한다.
ㄹ. 소비자의 직·간접적인 요구에 따라 기존 화장품의 특정 성분의 혼합이 이루어져야 한다.
ㅁ. 특정 성분이 혼합되어 기본제형의 유형이 변화한 경우는 안정성을 확인하여 사용기한을 설정한다.

① ㄱ, ㄴ, ㄷ
② ㄱ, ㄴ, ㄹ
③ ㄱ, ㄷ, ㄹ
④ ㄴ, ㄷ, ㄹ
⑤ ㄷ, ㅁ, ㄹ

**73** 외부의 자극에 따라서 쉽게 붉어지는 등 민감한 피부인 사람의 그 정도를 측정하기에 적합한 측정 장비와 원리를 바르게 연결한 것은?

① 경피 수분 손실 측정기 : 피부 단위면적당 증발하는 수분량 측정
② 피부 수분 측정기 : 표피 수분에 의한 전기 전도도 측정
③ 피부 색상 측정기 : 밝기, 붉은기, 노란기 등을 측정 및 수치화
④ 피부 광택 측정기 : 피부에서 빛이 정반사되는 정도를 측정
⑤ 피부 거칠기 측정기 : 피부의 마찰을 측정하여 거칠기 판단

**74** 피부의 표피를 이루는 층 중 최외곽에 존재하며 각질형성세포와 세포간지질로 구성되어 피부장벽의 기능을 하는 층은?

① 기저층
② 유극층
③ 과립층
④ 각질층
⑤ 투명층

**75** 기능성 화장품 심사 규정에서 안전성 자료에 해당하지 <u>않는</u> 것은?

① 피부 감작성시험(感作性試驗) 자료
② 광독성(光毒性) 및 광감작성 시험 자료
③ 인체 첩포시험(貼布試驗) 자료
④ 안(眼)점막 자극 또는 그 밖의 점막 자극시험 자료
⑤ 효력 시험 자료

**76** 모발의 성장 주기 중 모발 성장 등의 대사과정이 없고, 작은 물리적 충격에도 빠지게 되는 시기로 10~15%의 비율을 차지하는 것은?

① 성장기
② 휴지기
③ 퇴화기
④ 퇴행기
⑤ 진화기

**77** 화장품 포장용기의 재질 중 유해물질을 배출하지 않아 안전하며 산·알칼리 등에 안정하여 다양한 용도로 사용되는 재질로 튜브와 같이 탄력 있는 용기에 주로 사용되는 것은?

① HDPE      ② LDPE      ③ PP
④ 스테인리스      ⑤ 알루미늄

**78** 색차계를 이용하여 피부의 밝기를 진단할 때 피부가 밝게 된 경우에 증가하는 수치는?

① a값      ② b값      ③ c값
④ L값      ⑤ TEWL값

**79** 화장품의 사용 시 주의사항과 거리가 먼 것은?

① [부작용] 화장품 사용 시 또는 사용 후 직사광선에 의하여 사용 부위에 붉은 반점, 부어오름 또는 가려움증 등의 이상 증상이나 부작용이 있는 경우 전문의 등과 상담할 것
② [부작용] 상처가 있는 부위 등에도 안심하고 사용 가능
③ [보관 및 취급 시의 주의사항] 어린이의 손이 닿지 않는 곳에 보관할 것
④ [보관 및 취급 시의 주의사항] 직사광선을 피해서 보관할 것
⑤ [보관 및 취급 시의 주의사항] 사용 후에는 반드시 마개를 닫아 둘 것

**80** 〈보기〉 중 50ml 이하의 제품에서 2차 포장에 기입해야 할 전성분을 모두 표시하지 못하는 경우에도 반드시 표시해야 하는 성분을 <u>모두</u> 고르시오.

┤ 보기 ├

ㄱ. 티타늄디옥사이드(Titanium Dioxide)      ㄴ. 적색 504호
ㄷ. 글리세린      ㄹ. 소듐히알루로네이트(Sodium Hyaluronate)
ㅁ. 페녹시에탄올

① ㄱ, ㄴ, ㅁ      ② ㄱ, ㄴ, ㄹ      ③ ㄱ, ㄷ, ㄹ
④ ㄴ, ㄷ, ㄹ      ⑤ ㄷ, ㅁ, ㄹ

**81** 안전성과 유효성을 식약처장에게 인정받아야 판매가 가능하고 "피부에 탄력을 주어 피부의 주름을 완화 또는 개선하는 기능을 가진 화장품"과 같이 11개 종류의 유형을 정해 둔 화장품을 ( )(이)라고 한다.

**82** 화장품책임판매관리자는 화장품의 판매 후 화장품의 품질, 안전성·유효성, 그 밖의 적정 사용을 위한 ( )을/를 학회, 연구보고 등에서 수집·기록해야 한다.

**83** 개인정보처리자는 개인정보의 처리에 관한 업무를 총괄해서 책임질 (　　　)을/를 지정해야 하고, 지정된 자는 다음의 업무를 수행한다.

> • 개인정보보호 계획의 수립 및 시행
> • 개인정보처리 실태 및 관행의 정기적인 조사 및 개선
> • 개인정보처리와 관련한 불만의 처리 및 피해 구제
> • 개인정보파일의 보호 및 관리 · 감독

PART 01 PART 02 PART 03 PART 04 **PART 05** PART 06

**84** 다음 〈보기〉에서 ㉠에 적합한 용어를 작성하시오.

⊣ 보기 ⊢

( ㉠ )(이)란 화장품의 사용 중 발생한 바람직하지 않고 의도되지 아니한 징후, 증상 또는 질병을 말하며, 해당 화장품과 반드시 인과관계를 가져야 하는 것은 아니다.

**85** 다음 〈보기〉에서 ㉠에 적합한 용어를 작성하시오.

⊣ 보기 ⊢

계면활성제의 종류 중 모발에 흡착하여 유연효과나 대전방지효과, 모발의 정전기 방지 등의 기능을 하며 린스, 살균제, 손 소독제 등에 사용되는 것은 ( ㉠ ) 계면활성제이다.

**86** 위해평가를 위한 요소들의 명칭을 기입하시오.

⊣ 보기 ⊢

> • 유해 작용이 관찰되지 않는 최대 투여량 : 최대무독성량
> • ( ㉠ )은 하루에 화장품을 사용할 때 흡수되어 혈류로 들어가 전신적으로 작용할 것으로 예상하는 양을 말한다.
> • ( ㉡ )은 최대무독성량 대비 ( ㉠ ) 비율로 숫자가 커질수록 위험한 농도 대비 ( ㉠ )이 작아 안전하다고 판단한다.
> • ( ㉡ ) = 최대무독성량 / ( ㉠ )

**87** 석유에서 분리된 성분을 기반으로 유기분자구조로 합성되어 색을 나타내는 염료의 일종은?

**88** 소비자의 안전과 알 권리를 보장하기 위해서 화장품 제조에 사용된 모든 물질을 화장품 용기 및 포장에 한글로 표시하도록 하는 제도는?

89 다음 〈보기〉는 맞춤형화장품의 전성분 항목이다. 소비자에게 사용된 성분에 대해 설명하기 위하여 다음 〈보기〉의 화장품 전성분 표기 중 사용상의 제한이 필요한 보존제에 해당하는 성분을 하나 골라 작성하시오.

┤ 보기 ├

정제수, 글리세린, 다이프로필렌글라이콜, 토코페릴아세테이트, 다이메티콘/비닐다이메티콘크로스폴리머, C12−14파레스−3, 페녹시에탄올, 향료

90 다음 〈보기〉는 맞춤형화장품에 관한 설명이다. 〈보기〉에서 ㉠, ㉡에 해당하는 적합한 단어를 각각 작성하시오.

┤ 보기 ├

1. 맞춤형화장품 : 제조 또는 수입된 화장품의 ( ㉠ )에 다른 화장품의 ( ㉠ )(이)나 식품의약품안전처장이 정하는 ( ㉡ )을/를 추가하여 혼합한 화장품
2. 제조 또는 수입된 화장품의 ( ㉠ )을/를 소분(小分)한 화장품

91 다음 〈보기〉는 유통화장품의 안전관리기준 중 pH에 대한 내용이다. 〈보기〉의 기준에 예외가 되는 두 가지 제품에 대해 모두 작성하시오.

┤ 보기 ├

영 · 유아용 제품류(영 · 유아용 샴푸, 영 · 유아용 린스, 영 · 유아 인체 세정용 제품, 영 · 유아 목욕용 제품 제외), 눈 화장용 제품류, 색조 화장용 제품류, 두발용 제품류(샴푸, 린스 제외), 면도용 제품류(셰이빙 크림, 셰이빙 폼 제외), 기초화장용 제품류(클렌징 워터, 클렌징 오일, 클렌징 로션, 클렌징 크림 등 메이크업 리무버 제품 제외) 중 액, 로션, 크림 및 이와 유사한 제형의 액상제품은 pH 기준이 3.0~9.0이어야 한다.

92 인간의 감각에 의해 물건의 질을 판단하는 시험법으로 촉각 등을 통하여 화장품의 질을 검사하는 방법은?

93 화장품의 기본적인 제조기술의 구분에 대한 설명이다. 〈보기〉에서 ㉠, ㉡에 적합한 단어를 작성하시오.

┤ 보기 ├

1. 소량의 오일이 수상에 혼합되어 있어 투명한 형상을 보이는 제형 : ( ㉠ ) 제형
2. 다량의 유상과 수상이 혼합되어 우윳빛 색을 나타내는 제형 : ( ㉡ ) 제형
3. 다량의 안료(고체입자)들이 수상이나 유상에 균일하게 혼합된 제형 : 분산 제형

94 피부의 표피층에서 햇빛 등에 대한 자극에 반응하여 피부를 보호하기 위해 생성되는 색소로 피부색을 결정하는 데 핵심적인 역할을 하는 색소는?

**95** 모발의 구조와 특징에 대해 설명이다. 〈보기〉에서 ㉠, ㉡에 적합한 단어를 작성하시오.

┤ 보기 ├

1. 모발의 최외곽층으로 화학적 저항성이 강하여 외부로부터의 보호 기능이 있으며 멜라닌이 없음. 사람의 경우 5~10층을 이룸 → ( ㉠ )
2. 모발의 85~90%를 차지하고 멜라닌 색소를 보유하여 탄력, 질감, 색상 등 주요 특성을 나타냄 → ( ㉡ )
3. 모발의 가장 안쪽을 구성하고 경모에는 있으나 연모에는 없음. 벌집 모양의 세포로 구성되어 있으며 멜라닌 색소를 포함함 → 모수질

**96** 화장품이 기본적으로 가져야 할 기본 속성에 해당하는 단어를 작성하시오.

┤ 보기 ├

1. 알러지, 피부 자극, 트러블 등의 부작용 없이 안전하게 사용 가능하며 장시간 동안 지속적으로 사용함에 따라 주의해야 함 : ( ㉠ )
2. 화장품 사용기간 중 변색, 변취, 변질 등의 품질의 변화가 없어야 함. 효능, 성분 등의 변질 없이 함량이 유지되어야 함 : ( ㉡ )
3. 화장품 사용 목적에 따른 기능을 충분히 나타내야 함 : 유효성

**97** 피부 측정 기기의 원리와 이를 토대로 측정할 수 있는 피부의 특성에 해당하는 단어를 작성하시오.

┤ 보기 ├

1. 피부 표면에서 빛의 정반사(비율을 측정). 피지분비량이 과다한 경우 피부 표면에 균일한 오일막을 형성 하여 증가할 수도 있음 : ( ㉠ )
2. 음압(펌프로 공기를 빨아들임)으로 피부를 당겼을 때 피부가 당겨지는 정도. 압력을 제거하였을 때 피부가 되돌아가는 정도 를 판단 : ( ㉡ )
3. 원판이 피부 표면에서 회전하며 마찰력을 측정 : 거칠기

**98** 맞춤형화장품 혼합에 사용할 수 없는 원료 중 기능과 함량에 대한 제한이 있는 원료로, 대표적으로 자외선 차단제, ( )이/가 있다. 그중 ( )은/는 제품 내 미생물 등의 생성을 억제하는 기능이 있다.

**99** 화장품에서 안정한 마이셀을 형성하기 위해서는 계면활성제가 필요하다. 이때 계면활성제가 일정한 농도 이상, 즉 ( )(으)로 유지되면 일정한 형태로 모인 집합체를 형성한다.

**100** 각 피부 타입에 대한 설명에 적합한 피부 타입을 작성하시오.

1. 피지 분비가 많아 번들거림. 화장이 잘 먹지 않고 지워짐. 모공이 막혀 면포와 여드름이 잘 생성됨 : ( ㉠ )
2. 건조하고 윤기가 없음. 당김이 심함. 거칠어 보이고 잔주름이 많음 : 건성 피부
3. 피부 장벽이 약화된 사람. 외부 환경에 따라 자극반응이 심함. 붉어지기 쉽고 가려움이 많음 : ( ㉡ )

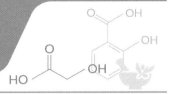

# 제1회 실전모의고사 정답 및 해설

맞 춤 형 화 장 품 　 조 제 관 리 사 　 2 주 　 합 격 　 초 단 기 완 성

■ 선지형

| 01 | 02 | 03 | 04 | 05 | 06 | 07 | 08 | 09 | 10 |
|----|----|----|----|----|----|----|----|----|----|
| ① | ⑤ | ① | ④ | ② | ③ | ③ | ② | ④ | ⑤ |
| 11 | 12 | 13 | 14 | 15 | 16 | 17 | 18 | 19 | 20 |
| ④ | ⑤ | ② | ④ | ① | ③ | ① | ② | ③ | ① |
| 21 | 22 | 23 | 24 | 25 | 26 | 27 | 28 | 29 | 30 |
| ④ | ② | ① | ⑤ | ③ | ③ | ④ | ② | ③ | ④ |
| 31 | 32 | 33 | 34 | 35 | 36 | 37 | 38 | 39 | 40 |
| ② | ② | ① | ⑤ | ① | ⑤ | ④ | ④ | ⑤ | ⑤ |
| 41 | 42 | 43 | 44 | 45 | 46 | 47 | 48 | 49 | 50 |
| ③ | ③ | ⑤ | ① | ① | ⑤ | ④ | ① | ③ | ① |
| 51 | 52 | 53 | 54 | 55 | 56 | 57 | 58 | 59 | 60 |
| ① | ① | ① | ③ | ④ | ① | ⑤ | ② | ③ | ① |
| 61 | 62 | 63 | 64 | 65 | 66 | 67 | 68 | 69 | 70 |
| ④ | ② | ⑤ | ⑤ | ② | ⑤ | ⑤ | ④ | ④ | ② |
| 71 | 72 | 73 | 74 | 75 | 76 | 77 | 78 | 79 | 80 |
| ② | ① | ④ | ② | ① | ④ | ④ | ③ | ② | ③ |

■ 단답형

| 81 | 3 |
|----|---|
| 82 | 설치 장소 |
| 83 | 0.5 |
| 84 | 회수계획서 |
| 85 | 회장품전성분표시제 |
| 86 | 폴리염화비닐(PVC), 폴리스티렌폼 |
| 87 | 6개월 |
| 88 | 1,400, 부적합 |
| 89 | 대장균, 녹농균 |
| 90 | 가용화 |
| 91 | 어린이, 직사광선 |
| 92 | 여드름성 |
| 93 | 고시 |
| 94 | 음이온, 양쪽성, 비이온 |
| 95 | ㉠ 13, ㉡ 5 |
| 96 | 휴지기 |
| 97 | Hepa Filter(헤파 필터) |
| 98 | ㉠ 50, ㉡ 2 |
| 99 | 광감작성시험 |
| 100 | 맞춤형화장품 판매신고서 |

01 　정답 | ①
　　해설 | 아이메이크업 리무버는 눈 화장용 제품류에 속한다.
　　　　　② 샴푸 : 두발용 제품류
　　　　　③ 액체비누 : 인체 세정용 제품류
　　　　　④ 셰이빙 폼 : 면도용 제품류
　　　　　⑤ 클렌징 오일, 워터 : 기초화장용 제품류

02 　정답 | ⑤
　　해설 | 제조업자는 화장품책임판매업자의 지도 · 감독 및 요청에 따를 뿐, 다른 판매업자를 지도 · 감독하는 의무는 없다.

03 　정답 | ①
　　해설 | 맞춤형화장품판매업 신고 위반은 3년 이하의 징역 또는 3만 원 이하의 벌금 사항에 해당한다.

04 　정답 | ④
　　해설 | 탈색, 탈취, 방사선 조사, 설폰화, 에칠렌옥사이드 사용, 수은화합물 처리, 포름알데하이드 사용 등은 금지된 공정이다.

**05** 정답 | ②

해설 | 영상정보처리기기를 통해 수집되는 정보를 '개인영상정보'라고 한다.

③ 민감정보 : 정보 주체의 사생활을 현저히 침해할 우려가 있는 개인정보(유전정보 등)

④ 고유식별정보 : 개인을 고유하게 구별하기 위해 구별된 개인정보로, 정보 주체의 동의를 받은 경우 제3자에게 제공 가능

**06** 정답 | ③

해설 | ① 만 3세 미만 : 화장품의 연령 기준에서 '영유아'에 해당

② 만 4세~만 13세 : 어린이 화장품의 분류에 해당

**07** 정답 | ③

해설 | "위해 화장품을 회수하거나 회수하는 데에 필요한 조치를 하지 않은 자"는 과태료보다 높은 수위인 200만원 이하의 벌금에 해당한다.

**08** 정답 | ②

해설 | 이디티에이(EDTA)는 금속이온 봉쇄제로 산화방지의 기능과 거리가 멀다. 나머지는 다른 성분이 산화되는 것을 막아주며, 대신 산화되는 성질이 있는 산화방지제이다.

**09** 정답 | ④

해설 | 무기자외선 차단제에는 징크옥사이드와 티타늄디옥사이드 2종류가 있다. 둘 다 허용 함량이 25%로 일반적인 유기 자외선 차단제보다 높다.

**10** 정답 | ⑤

해설 | 글리세릴 모노스테아레이트는 비이온성 계면활성제이다.

**11** 정답 | ④

해설 | HLB 값의 범위

- 1~3 : 소포제
- 4~6 : w/o 유화
- 7~9 : 분산제
- 8~18 : o/w 유화
- 15~18 : 가용화제

**12** 정답 | ⑤

해설 | ①~④는 체질 안료에 속하는 반면, 울트라 마린은 파란색을 내는 착색 안료에 속한다.

**13** 정답 | ②

해설 | 〈보기〉는 가 등급의 위해 화장품에 해당하고, 이는 15일 이내에 회수해야 한다.

※ 나, 다 등급 화장품의 회수기간은 30일 이내이다.

**14** 정답 | ④

해설 | '피부의 거칠음을 방지하고 살결을 가다듬는다. 피부를 촉촉하게 하고 유연하게 한다.' 등의 표현은 기초화장품류로서 가능하다.

ㄴ. '세포성장을 촉진한다.' : 생리활성 관련 표현은 금지됨

ㄷ. '피부의 독소를 제거한다.' : 질병 진단, 치료 관련 표현은 금지됨

ㅁ. '얼굴의 크기가 작아진다.': 신체 개선 관련 표현은 금지됨

**15** 정답 | ①

해설 | ㄱ. 국제적으로 멸종 위기인 동·식물의 가공품이 함유된 화장품을 표현 또는 암시하는 표시·광고는 할 수 없다.

ㄴ. 배타성을 띤 "최고" 또는 "최상" 등의 절대적 표현은 표시·광고할 수 없다.

ㄷ. 의사·치과의사·한의사·약사 또는 기타의 자가 이를 지정·공인·추천·지도 또는 사용하고 있다는 내용 등의 표시·광고는 할 수 없다.

**16** 정답 | ③

해설 | ① 모발용 샴푸 : 눈에 들어갔을 때에는 즉시 씻어낼 것, 사용 후 물로 씻어내지 않으면 탈모 또는 탈색의 원인이 될 수 있으므로 주의할 것

② 미세한 알갱이가 함유되어 있는 스크럽 세안제 : 알갱이가 눈에 들어갔을 때에는 물로 씻어내고, 이상이 있는 경우에는 전문의와 상담할 것

④ 체취 방지용 제품 : 털을 제거한 직후에는 사용하지 말 것

⑤ 고압가스를 사용하는 에어로졸 제품 : 같은 부위에 연속해서 3초 이상 분사하지 말 것, 가능하면 인체에서 20cm 이상 떨어져서 사용할 것, 눈 주위 또는 점막 등에 분사하지 말 것

PART 01

PART 02

PART 03

PART 04

PART 05

PART 06

**17** 정답 | ①

해설 | 표시/광고 위반에서 표시 위반은 판매 업무 정지이며, 광고 위반은 광고 업무 정지이다. 그중 의약품으로 잘못 인식하게 한 경우는 3개월에 해당하고, 표시 위반이기 때문에 판매 업무 정지에 해당한다.

**18** 정답 | ②

해설 | 과탄산나트륨은 산화제로서 중간체(p – 페닐렌디아민 등)를 산화시킨다. 이때 산화된 중간체는 다른 성분들과 결합하여 발색한다.

**19** 정답 | ③

해설 | 비타민 E는 지용성(친유성) 성분으로 물에 잘 녹지 않는다.

**20** 정답 | ①

해설 | 밀납은 벌에서 유래하였다.
　　② 파라핀은 석유 등에서 추출한 성분이다.
　　③ 디메치콘은 화학적으로 합성한 성분이다.
　　④, ⑤ 카나우바 왁스와 올리브 오일은 식물 유래 성분이다.

**21** 정답 | ④

해설 | 페녹시에탄올은 보존제 성분으로 알레르기 유발 성분 향료와는 관계없다. 그리고 ㄴ~ㅁ은 알려진 유발 가능 표시 25종에 해당하지만, 그중 시트로넬롤 0.0001%은 사용 후 씻어내지 않는 제품(크림)에서 표시해야 하는 함량 기준(0.001% 초과)에 해당하지 않아 알레르기 유발 성분으로 표시하지 않아도 된다.

**22** 정답 | ②

해설 | 고분자 성분이 첨가되면 제형의 점도가 증가한다.

**23** 정답 | ①

해설 | SPF는 자외선 B를 억제하여 홍반을 억제하는 것을 검증하여 수치로 나타낸다.
　　② PA : 피부의 흑화를 억제하는 정도
　　③ MPPD : 피부를 흑화시키는 최소한의 에너지
　　④ MIC : 미생물 등의 성장을 억제하는 최소한의 농도
　　⑤ MED : 피부의 홍반 형성을 일으키는 최소한의 에너지

**24** 정답 | ⑤

해설 | 계면활성제는 분자 내에 친수기와 친유기를 모두 가진다. 이를 통해 수상과 유상이 안정하게 한다.

**25** 정답 | ③

해설 | ③은 나 등급에 해당하며 나머지는 다 등급에 해당한다.

**26** 정답 | ③

해설 | ③은 기본적인 유해사례에 포함되는 경우이다.

**27** 정답 | ④

해설 | 위해평가는 인체가 화장품 사용으로 유해요소에 노출되었을 때 발생할 수 있는 위해 영향과 그 발생 확률을 과학적으로 예측하는 일련의 과정으로, '위험성 확인 → 위험성 결정 → 노출평가 → 위해도 결정'의 4단계로 진행된다.

**28** 정답 | ②

해설 | ① 원자재 : 화장품의 원료 및 자재
　　③ 반제품 : 제조공정 단계에 있는 것으로서 필요한 제조공정을 더 거쳐야 벌크제품이 되는 것
　　④ 완제품 : 출하를 위해 제품의 포장 및 첨부문서의 표시공정 등을 포함한 모든 제조 공정이 완료된 화장품
　　⑤ 소모품 : 청소, 위생 처리 또는 유지 작업 동안에 사용되는 물품

**29** 정답 | ③

해설 | ① 일탈 : 제조 또는 품질관리 활동 등의 미리 정하여진 기준을 벗어나 이루어진 행위

② 기준일탈 : 규정된 합격 판정 기준에 일치하지 않는 검사, 측정 또는 시험 결과

④ 불만 : 제품이 규정된 적합 판정 기준을 충족시키지 못한다고 주장하는 외부 정보

⑤ 품질보증 : 제품이 적합 판정 기준에 충족될 것이라는 신뢰를 제공하는 데 필수적인 모든 계획되고 체계적인 활동

**30** 정답 | ④

해설 | 벌레의 집이 되는 골판지 등은 사용하지 않는다.

**31** 정답 | ②

해설 | 가능한 한 세제를 사용하지 말아야 하며, 증기 세척이 가장 좋은 방법이다.

**32** 정답 | ②

해설 | 사용기한 경과 후 1년간, 또는 개봉 후 사용기간을 기재하는 경우에는 제조일로부터 3년간 보관해야 한다.

**33** 정답 | ①

해설 | 기준일탈 제품은 폐기하는 것이 가장 바람직하다.

**34** 정답 | ⑤

해설 | 내용물이 노출되지 않는 원료 보관소의 청정도 등급은 4등급에 해당한다.

**35** 정답 | ①

해설 | 0.1ml를 도말한 후 측정된 군락의 수를 10배로 해야 전처리한 검체 내의 ml당 미생물 수가 되며, 이를 다시 10배로 하면 화장품 검체 내의 ml당 미생물 수가 된다.

**36** 정답 | ⑤

해설 | 모발의 구조를 변화시킨 후 다시 이황화결합을 생성하는 과정을 산화한다고 하며, 과산화수소나 브롬산나트륨이 사용된다.

※ 환원제로는 치오글리콜릭애시드와 시스테인 등이 사용된다.

**37** 정답 | ④

해설 | 세균의 경우 대두카제인소화한천배지(고체) – 30~35℃가 적절하고, 진균의 경우 사부로포도당한천배지(고체) – 20~25℃가 적절하다.

**38** 정답 | ④

해설 | 특정인의 세포 또는 조직을 사용하였다는 내용의 광고는 할 수 없다.

**39** 정답 | ⑤

해설 | 병원성 미생물인 녹농균이 검출되어 불합격이다.

**40** 정답 | ⑤

해설 | 화장비누는 유지류나 오일에 수산화나트륨들을 첨가하여 제조한 제품으로 알카리 성분이 0.1% 이하로 남아 있게 유지해야 한다.

**41** 정답 | ③

해설 | 중금속, 비소, 철 등은 퍼머넌트웨이브용 제품 및 헤어스트레이너 제품에서 관리되는 항목이고, 포름알데히드와 디옥산은 기본적인 화장품의 유해물질 허용 한도이다.

**42** 정답 | ③

해설 | 제품 3개를 가지고 실험하여 평균 내용량이 97% 이상 되어야 한다.

**43** 정답 | ⑤

해설 | 사용 후 씻어내는 타입의 제품은 적용되지 않는다.

PART 01

PART 02

PART 03

PART 04

PART 05

PART 06

44  정답 | ①
해설 | 판매내역서는 맞춤형화장품 판매 시 기록한다.
② 제조관리기준서 : 제조 과정에 착오가 없도록 규정(제조공정에 관한 사항, 시설 및 기구관리에 대한 사항, 원자재관리에 관한 사항, 완제품 관리에 대한 사항 등)
③ 제조위생관리기준서 : 작업소 내 위생관리 규정(작업원 수세, 소독법, 복장의 규격, 청소 등)
④ 제품표준서 : 해당 품목의 모든 정보 포함(제품명, 효능 · 효과, 원료명, 제조지시서 등)
⑤ 품질관리기준서 : 품질 관련 시험 사항 규정(시험지시서, 시험검체 채취 방법 및 주의사항, 표준품 및 시약 관리 등)

45  정답 | ①
해설 | 빈칸에 들어갈 말은 추가 시험이며, 최초 담당자의 오류 가능성을 확인하기 위해 오리지널 검체로 다른 담당자가 실시한다.

46  정답 | ⑤
해설 | 피부 일차 자극 시험은 화장품의 안정성이 아닌 안전성을 확인하는 시험이다.

47  정답 | ④
해설 | 자극 시험은 안전성 시험의 영역으로 관능 평가의 요소가 아니다.

48  정답 | ①
해설 | 디메치콘은 실리콘 오일로 배합 가능한 유성성분이다. 나머지 성분은 화장품 배합 금지 성분이다.

49  정답 | ③
해설 | SPF 50 이상은 'SPF 50＋'로 표시한다.

50  정답 | ①
해설 | 전분시액은 요오드와 반응하면 청자색으로 변한다.
②, ④ 황산과 염산은 pH를 낮출 때 사용한다.
③, ⑤ 메칠레드, 메칠오렌지는 ph의 변화를 측정할 때 사용한다.

51  정답 | ①
해설 | 등록 취소 후 1년이 경과하지 않은 자가 결격사유에 해당한다.

52  정답 | ①
해설 | 부작용 발생 시 식품의약품안전처장에게 지체 없이 보고해야 한다.
②, ④, ⑤ 기본적인 맞춤형화장품 판매업자의 의무이다.

53  정답 | ①
해설 | ①의 경우 등록 취소, ②, ③, ⑤는 시정명령에 해당하고 ④의 경우는 '판매업무 정지 1개월(1차 위반의 경우)'에 해당한다.

54  정답 | ③
해설 | 엘라스티나아제는 다른 요소를 필요로 하지 않는다.
① 티로시나아제는 구리를 필요로 한다.
②, ④, ⑤ 콜라게나아제, 젤라티나아제, 스트로멜라이신은 아연을 필요로 한다.

55  정답 | ④
해설 | 랑게르한스 세포는 주로 표피에 존재하면서 면역을 담당한다.
⑤ 대식세포는 진피에서 면역반응을 담당한다.

56  정답 | ①
해설 | 각질층의 천연보습인자 성분 중에는 아미노산의 비율이 가장 높다.
⑤ 세라마이드는 각질의 세포간지질에서 가장 많은 성분이다.

57  정답 | ⑤
해설 | 비타민 D는 피부에서 자외선을 받아서 생성된다. 즉, 피부의 배설기능이 아닌 합성기능에 해당한다.

58 정답 | ②
해설 | 교원세포에 대한 설명으로 진피층에서 콜라겐 등의 물질을 합성한다.
　　　 ①, ③ 각질형성세포와 머켈세포는 진피층이 아닌 표피층의 세포이다.
　　　 ④, ⑤ 대식세포와 비만세포는 진피층에서 면역기능을 담당한다.

59 정답 | ③
해설 | 모발에서 가장 많은 부분을 차지하는 것은 모피질이다.
　　　 ① 모근 : 피부 속에 있는 모발의 부위
　　　 ② 모표피 : 모발의 표면에 위치함
　　　 ④ 모수질 : 모발의 가장 안쪽을 구성함
　　　 ⑤ 모유두 : 모발이 성장하는 데 필요한 영양분을 공급

60 정답 | ①
해설 | DHT(디하이드로테스토스테론, Dihydrotestosterone)은 남성호르몬인 테스토스테론이 변화한 형태이다.
　　　 ② 에스트로겐은 여성 호르몬이다.
　　　 ③, ④ BHA와 BHT는 산화 방지 역할을 하는 화장품 원료이다.

61 정답 | ④
해설 | 땅콩 오일은 사용상의 제한이 있는 기타원료로서 맞춤형 화장품에 배합할 수 없다.

62 정답 | ②
해설 | 피부색이 짙어질 경우 피부 미백 기능성 화장품을 사용하여 피부색을 엷게 만들어주거나, 자외선 차단 기능성 화장품을 사용하여 자외선에
　　　 의해서 더이상 피부가 짙어지는 것을 방지할 수 있다. 따라서 알파비사보롤을 사용하여 미백 기능성으로 허가된 내용물을 소분한다.
　　　 ① 나이아신아마이드는 미백 고시원료로 혼합이 불가하다.
　　　 ③ 히알루론산은 수분을 잡아주는 보습 성분으로 피부색과 직접적인 관련성은 없다.
　　　 ④ 아데노신은 주름개선과 관련이 있으며 미백 기능은 없다.
　　　 ⑤ 징크옥사이드 등이 있는 자외선 차단제를 사용하는 것은 가능하나 혼합은 불가하다.

63 정답 | ⑤
해설 | 시트로넬롤은 알러지 유발 가능성이 있는 25종의 향료에 포함된다.

64 정답 | ⑤
해설 | 표피층은 기저층에서 유극층, 과립층, 투명층, 각질층으로 분화되어 간다.

65 정답 | ②
해설 | 노화로 인해 표피층은 얇아진다.

66 정답 | ⑤
해설 | 맞춤형화장품으로 어떤 성분을 혼합할 것인가는 신고내역서에 포함해야 할 사항이 아니다.

67 정답 | ⑤
해설 | 제조업자의 상호는 필수적인 기재사항이 아니다.

68 정답 | ④
해설 | 제조관리사의 이름은 필수 사항이 아니다.

69 정답 | ④
해설 | 항온수조는 온도를 일정하게 하는 기구로 교반 기능은 없다.
　　　 ⑤ 롤러밀은 분산 제형을 만들 때 쓰인다.

70 정답 | ②
해설 | ㄷ. 시스테인은 퍼머넌트 및 웨이브 제품에 쓴다.
　　　 ㄹ. 베헨트리모늄 클로라이드는 모발 제품에 쓰는 양이온 고분자이다.

PART 01

PART 02

PART 03

PART 04

PART 05

PART 06

71　정답 | ②
해설 | 단위제품 중 화장품은 공간비율 10%까지 가능하고 최대 2차 포장까지 가능하다.
　　※ 인체 및 두발 세정 제품은 15%까지 가능하고, 종합세트 화장품은 25%까지 가능하다.

72　정답 | ①
해설 | 페녹시에탄올은 보존제이고 나머지는 자외선 차단 성분이다.

73　정답 | ④
해설 | 나이아신아마이드는 멜라노좀의 이동을 억제한다. 반면 나머지 원료는 비타민 C 유도체로 산화된 티로신을 환원시켜 멜라닌이 되지 못하게 하는 방식이다.

74　정답 | ②
해설 | ① 1차 피부 자극 시험 : 피부 자극 발생 여부를 확인하는 시험
　　③ 유전 독성 시험 : DNA 등의 유전체에 손상을 주는지 확인하는 시험
　　④ 안점막 자극 시험 : 피부가 아닌 점막에 자극을 주는지 여부를 확인하는 시험
　　⑤ 피부 감작성 시험 : 알러지 여부를 확인하는 시험

75　정답 | ①
해설 | 표시/광고 위반에서 표시 위반은 판매 업무 정지이며, 광고 위반은 광고 업무 정지이다. 그중에서 기능성화장품, 천연화장품 또는 유기농화장품이 아님에도 불구하고 제품의 명칭, 제조 방법, 효능·효과 등에 관하여 기능성화장품, 천연화장품 또는 유기농화장품으로 잘못 인식할 우려가 있도록 표시한 경우는 정지 3개월에 해당하고, 표시 위반이기 때문에 판매 업무 정지에 해당한다.

76　정답 | ④
해설 | 표시/광고 위반에서 표시 위반은 판매 업무 정지이며, 광고 위반은 광고 업무 정지이다. 그중에서 "최고" 또는 "최상" 등의 배타성을 띤 문구를 광고한 경우는 2개월에 해당하고, 광고 위반이기 때문에 광고 업무 정지에 해당한다.

77　정답 | ④
해설 | 글리세린은 보습을 위한 일반적인 성분이므로 표시하지 않아도 된다. 반면 AHA, 타르색소, 아데노신(기능성화장품의 경우 그 효능·효과가 나타나게 하는 원료), 금박 등은 표시해야 한다.

78　정답 | ③
해설 | 벤조익애씨드와 같은 보존제의 함량을 표시해야 한다.
　　①, ④ 기능성 고시원료이다.
　　②, ⑤ 자외선 차단제이다.

79　정답 | ②
해설 | 기능성 화장품 문구, 용량/중량, 표시성분 등은 2차 포장의 기재사항에 해당한다.

80　정답 | ③
해설 | • 기밀용기 : 일상의 취급 또는 보통의 보존상태에서 액상 또는 고형의 이물 또는 수분이 침입하지 않게 하고 내용물을 손실, 풍화, 조해 또는 증발로부터 보호할 수 있는 용기
　　• 차광용기 : 광선의 투과를 방지하는 용기 또는 투과를 방지하는 포장을 한 용기

81　정답 | 3
해설 | 기능성화장품의 심사 혹은 보고를 하지 않은 경우 및 인증받지 못한 기능성화장품에 인증표시 및 이와 유사한 표시를 한 경우 등이 이에 해당한다.

82　정답 | 설치 장소
해설 | 영상정보처리기기란 일정한 공간에 지속적으로 설치되어 사람 또는 사물의 영상 등을 촬영하거나 이를 유·무선망을 통하여 전송하는 장치이다. 매장에서 외부인이 출입할 수 있는 곳은 개인정보보호 원칙을 적용받으므로 설치 장소도 고시해야 한다.

83　정답 | 0.5
해설 | 자외선 차단 성분을 사용하여 자외선으로부터 피부를 보호하는 화장품만 기능성화장품의 자외선 차단 제품으로 인정된다.

84  정답 | 회수계획서
    해설 | 회수 대상 화장품이라는 사실을 안 날부터 5일 이내에 회수계획서를 제출해야 한다.

85  정답 | 화장품전성분표시제
    해설 | 화장품에 사용된 함량이 많은 순서로 기입하는 것을 원칙으로 한다.

86  정답 | 폴리염화비닐(PVC), 폴리스티렌폼
    해설 | HDPE, LDPE, 폴리프로필렌(PP) 등도 플라스틱 재질이나, 인체교란물질을 방출하지 않아 화장품 용기로 많이 사용된다.

87  정답 | 6개월
    해설 | 매 반기 종료 후 보고한다.

88  정답 | 1,400, 부적합
    해설 | 검체 전처리를 위하여 미생물 배양 배지에 제품을 1/10로 희석하게 된다. 이를 0.1ml만 분주하게 되어 6+8=14, 14×100=1,400개이다. 따라서 1000개/ml로 관리되는 기준에는 부적합하다.

89  정답 | 대장균, 녹농균
    해설 | 병원성 미생물에는 대장균, 녹농균, 황색포도상구균이 해당하고, 호기성 생균에는 세균과 진균이 포함된다.

90  정답 | 가용화
    해설 | 가용화 제형에는 토너, 향수 등이 해당된다.

91  정답 | 어린이, 직사광선
    해설 | 공통사항은 기능성화장품을 포함하여 모든 화장품에 기입한다.

92  정답 | 여드름성
    해설 | 씻어내는 제품에 한정하여 살리실릭애시드 성분으로 여드름성 피부의 완화에 도움을 주는 기능성화장품이 가능하다.

93  정답 | 고시
    해설 | 기능성화장품의 내용물을 책임판매업자가 허가받은 경우는 가능하나, 식품의약품안전처장이 고시한 기능성화장품의 효능·효과를 나타내는 원료를 배합할 수는 없다.

94  정답 | 음이온, 양쪽성, 비이온
    해설 | 자극이 가장 낮은 비이온계 계면활성제를 화장품 제조에 사용한다.

95  정답 | ㉠ 13, ㉡ 5
    해설 | 화장품법에서 일반적인 어린이의 기준은 만 13세 이하이나, 안전용기에서는 만 5세 미만의 어린이만 해당된다.

96  정답 | 휴지기
    해설 | 성장주기의 10~15%를 차지하는 시기로 이후 다시 성장기-퇴화기-휴지기를 반복한다.

97  정답 | Hepa Filter(헤파 필터)
    해설 | 프리 필터(5um) → 미디엄 필터(0.5um) → 헤파 필터(0.3um)의 순으로 걸러낼 수 있는 입자의 크기가 작아진다.

98  정답 | ㉠ 50, ㉡ 2
    해설 | 내용물과 직접 닿는 포장을 1차 포장이라고 한다. 내용물이 50ml를 초과하는 경우 전성분은 2차 포장에 표시해야 한다.

99  정답 | 광감작성시험
    해설 | 자외선에서 흡수가 없음을 입증하는 흡광도 시험자료를 제출하는 경우에는 시험을 면제한다.

100 정답 | 맞춤형화장품 판매신고서
    해설 | 신고한 자, 판매업소의 상호, 소재지 등을 포함해야 한다.

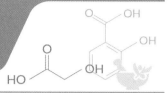

■ 선지형

| 01 | 02 | 03 | 04 | 05 | 06 | 07 | 08 | 09 | 10 |
|----|----|----|----|----|----|----|----|----|----|
| ③ | ① | ④ | ① | ⑤ | ⑤ | ④ | ③ | ① | ② |
| 11 | 12 | 13 | 14 | 15 | 16 | 17 | 18 | 19 | 20 |
| ② | ② | ⑤ | ③ | ④ | ① | ① | ④ | ④ | ④ |
| 21 | 22 | 23 | 24 | 25 | 26 | 27 | 28 | 29 | 30 |
| ① | ① | ③ | ④ | ④ | ③ | ④ | ③ | ⑤ | ① |
| 31 | 32 | 33 | 34 | 35 | 36 | 37 | 38 | 39 | 40 |
| ③ | ④ | ① | ③ | ② | ④ | ⑤ | ① | ① | ② |
| 41 | 42 | 43 | 44 | 45 | 46 | 47 | 48 | 49 | 50 |
| ② | ③ | ① | ① | ② | ① | ② | ④ | ① | ③ |
| 51 | 52 | 53 | 54 | 55 | 56 | 57 | 58 | 59 | 60 |
| ④ | ② | ④ | ④ | ② | ② | ④ | ④ | ① | ③ |
| 61 | 62 | 63 | 64 | 65 | 66 | 67 | 68 | 69 | 70 |
| ② | ① | ④ | ② | ③ | ④ | ⑤ | ④ | ② | ③ |
| 71 | 72 | 73 | 74 | 75 | 76 | 77 | 78 | 79 | 80 |
| ④ | ④ | ① | ④ | ⑤ | ② | ② | ④ | ② | ① |

■ 단답형

| 81 | 기능성화장품 |
|----|----|
| 82 | 안전관리정보 |
| 83 | 개인정보보호책임자 |
| 84 | 유해사례 |
| 85 | 양이온 |
| 86 | ㉠ 전신노출량, ㉡ 안전역 |
| 87 | 타르색소 |
| 88 | 전성분표시제도 |
| 89 | 페녹시에탄올 |
| 90 | ㉠ 내용물, ㉡ 원료 |
| 91 | 물을 포함하지 않는 제품, 사용 후 곧바로 씻어 내는 제품 |
| 92 | 관능평가 |
| 93 | ㉠ 가용화, ㉡ 유화 |
| 94 | 멜라닌 색소 |
| 95 | ㉠ 모표피, ㉡ 모피질 |
| 96 | ㉠ 안전성, ㉡ 안정성 |
| 97 | ㉠ 광택, ㉡ 탄력 |
| 98 | 보존제 |
| 99 | 임계 마이셀 농도 |
| 100 | ㉠ 지성 피부, ㉡ 민감성 피부 |

**01** 정답 | ③
해설 | 약리작용은 의약품에 해당하며 화장품에는 금지된다.

**02** 정답 | ①
해설 | 흑채 등은 화장품에 해당되지만 기능성화장품으로 분류되지는 않는다.

**03** 정답 | ④
해설 | 보존제는 천연함량에는 포함되지 않지만 품질 및 안전을 위해 5% 이내로 허용된 보존제를 사용할 수 있다.

**04** 정답 | ①
해설 | '정신질환자'는 제조업자의 결격사유에 포함된다.

**05** 정답 | ⑤
해설 | ①~④는 고유식별번호가 아닌 민감정보에 해당한다.

**06** 정답 | ⑤
해설 | 기초적인 수준의 클레임에는 과태료가 부과되지 않는다.

**07** 정답 | ④

해설 | 고유식별번호 처리 시 개인정보처리 동의 이외의 추가적인 동의를 받아야 한다.

**08** 정답 | ③

해설 | 티타늄디옥사이드는 자외선 차단 소재이다. 식약처장이 고시한 기능성화장품 원료는 책임판매업자가 고시원료를 포함하여 기능성화장품에 대한 심사를 받거나 보고서를 제출한 경우만 맞춤형화장품으로 판매가 가능하다.

**09** 정답 | ①

해설 | 맞춤형화장품 판매업을 신고하는 자의 자격증은 필요로 하지 않는다.

**10** 정답 | ②

해설 | ㄷ. 혼합하는 장비 또는 기기는 사용 전·후에 세척 등을 통하여 오염 방지를 위한 위생관리를 할 수 있도록 한다.
ㅁ. 제품 및 원료의 입고 시 사용기한을 확인하고 사용기한이 지난 제품은 사용하지 않도록 한다.

**11** 정답 | ②

해설 | ① 금속이온봉쇄제는 화장품의 마이셀의 형성에 영향을 주어 제형의 안정성을 떨어뜨리는 금속이온과 결합하여 그 기능을 못 하게 하는 성분이다.
③ 고분자화합물은 제형 내의 점도를 증가시켜 사용감과 제형 안정성을 개선하는 소재이고 피막제로도 쓰인다.
④ 산화방지제는 화장품 내용물이 산화되는 것을 억제하는 성분이다.
⑤ 유성원료는 수분의 증발을 막고 사용감촉을 향상시키는 원료이다.

**12** 정답 | ②

해설 | 원료 공급자의 검사 결과를 신뢰할 수 있는 경우 해당 성적서로 시험·검사 또는 검정을 대체한다.

**13** 정답 | ⑤

해설 | 향료의 성분 중 알러지 유발 가능성이 있는 성분을 안내해야 한다. 참나무이끼추출물, 리모넨, 벤질알코올, 유제놀 등이 이에 해당한다.

**14** 정답 | ③

해설 | 중대한 유해사례의 경우 신속보고규정에 따라서 15일 이내에 보고해야 한다.

**15** 정답 | ④

해설 | ①, ②, ③, ⑤는 중대한 유해사례의 경우이나 ④의 경우는 유해사례에 해당한다. 유해사례는 화장품의 사용 중 발생한 바람직하지 않고 의도되지 아니한 징후로 정기보고의 대상이다.

**16** 정답 | ①

해설 | '눈에 들어갔을 때에는 즉시 씻어낼 것'은 두발용, 두발염색용 및 눈 화장용 제품류에, '털을 제거한 직후에는 사용하지 말 것'은 체취 방지용 제품에 기재되어야 한다.

**17** 정답 | ①

해설 | ㄴ. 면역독성 : 면역 장기에 손상을 주어 생체 방어기전을 저해시키는 것
ㄷ. 항원성 : 항원으로 작용하여 알러지 및 과민반응을 유발하는 것

**18** 정답 | ④

해설 | 위해평가는 위험성 확인 → 위험성 결정 → 노출평가 → 위해도 결정 순으로 진행된다. 유해성이 있는 모든 물질이 위해를 발생시키는 것은 아니므로 위해를 일으키는 농도와 실제 노출된 농도를 파악하여 최종적인 위해평가를 실시한다.

**19** 정답 | ④

해설 | 효능·효과 중 모발 관련 표현(빠지는 모발을 감소시킨다, 속눈썹·눈썹이 자란다, 탈모 방지, 양모·모발 등의 성장을 촉진 또는 억제한다)은 의약품으로 오인할 수 있어 금지된다.

**20** 정답 | ④

해설 | 참고로 음이온성은 세정력과 기포생성력이 우수하여 세정용으로 쓰이고, 양쪽이온성은 음이온성에 비해 자극이 적어 유아용 세정제에 주로 쓰인다.

**21** 정답 | ①

해설 | ①은 나 등급에 해당하는 것이고, 나머지는 다 등급에 해당한다. 나 등급은 다 등급보다 위해도가 높은 것으로 정의된다.

**22** 정답 | ①

해설 | 착색안료는 색을 나타내기 위해서 사용되고(벤가라, 울트라마린 등), 체질안료는 색감과 광택 사용감 등을 조절할 목적으로 사용한다(마이카, 탈크 등). 진주광택안료는 메탈릭한 광채를 나타낼 때 쓰이며, 미네랄안료는 화장품산업에서 쓰이는 공식 용어가 아니다.

**23** 정답 | ③

해설 | 1% 이하로 사용된 성분 등은 함량 순으로 기입하지 않아도 된다.

**24** 정답 | ④

해설 | 「화장품 성분 사전」의 목적은 동일 물질에 동일한 이름을 부여하기 위한 것이며, 성분 사전에 등록되었다는 것이 안전성을 담보하는 것은 아니다.

**25** 정답 | ④

해설 | 의사, 치과의사, 한의사, 약사 또는 기타의 자가 이를 지정 · 공인 · 추천 · 지도 또는 사용하고 있다는 내용 등의 표시 · 광고를 해서는 안 된다.

**26** 정답 | ③

해설 | 실마리 정보는 유해사례와 화장품 간의 인과관계 가능성이 있다고 보고된 정보로서 그 인과관계가 알려지지 아니하거나 입증자료가 불충분한 것을 의미한다.

**27** 정답 | ④

해설 | 수상을 유상에 유화시키기 용이한 범위는(w/o형) HLB 4~6이다.

**28** 정답 | ③

해설 | 파라핀에 대한 설명이다. 참고로 라드는 동물에서 얻은 유지류로 상온에서 고체이고, 비즈왁스는 벌에게서 얻어낸 왁스류로 상온에서 고체이다. 스쿠알란은 식물 등에서 얻은 성분을 포화시킨 액상의 탄화수소이다.

**29** 정답 | ⑤

해설 | 에스테르 오일에 대한 설명이다. 참고로 에뮤 오일은 동물에서 얻은 유지류로 상온에서 액체상이고, 실리콘 오일은 실론산 결합을 기본 구조로 하는 합성 오일이며, 쉐어버터는 식물에서 얻은 유지류로 상온에서 고체이다.

**30** 정답 | ①

해설 | 글리세린, 천연 보습인자, 히알루론산 등의 성분은 물과 친화력이 좋아 보습제(humectant)의 역할을 한다.

**31** 정답 | ③

해설 | 원료 등은 가능한 직사광선을 피하는 등 품질에 영향을 미치지 않는 장소에서 보관하도록 해야 한다.

**32** 정답 | ④

해설 | 소한선은 체온을 유지하는 데 중요한 기능을 하고 주로 물로 구성된다. 또한 독립적인 한공을 통해서 수분을 배출하는데 한공은 소구에 위치한다. 참고로 모공은 피부의 소릉에 위치한다.

**33** 정답 | ①

해설 | 피부장벽을 이루는 성분 중 세라마이드 성분이 가장 많은 비율을 차지한다. 벽돌과 시멘트 모델로 설명되는 피부장벽 중 시멘트에 해당하는 지질구조의 가장 많은 부분을 차지하는 성분이다.

**34** 정답 | ③

해설 | 각질세포 속에 존재하는 천연보습인자는 세정 등의 활동으로 손실될 수 있어서 화장품의 보습성분(글리세린) 등으로 공급하여 피부 보습력을 유지해야 한다.

**35** 정답 | ②

해설 | 원형 탈모에 대한 설명이다. 참고로 휴지기 탈모는 물리적인 원인 등으로 휴지기에 있는 모발의 수가 증가하여 전체적인 모발의 수가 감소되어 보이는 것이다. 반면 남성형 탈모는 머리에서 남성 호르몬에 반응하는 방식이 차이가 나기 때문에 경모가 연모로 바뀌는 것이다(성장성 탈모에 속함).

**36** 정답 | ④

해설 | 기준일탈 조사란 일탈원인에 대해서 조사를 실시하고 시험 결과를 재확인하는 과정이다. 측정에서 일탈 결과가 나올 시(ㅅ) 기준일탈을 조사하게 된다. 측정에 틀림없음이 확인되면 기준일탈의 처리를 진행한다. 기준일탈 제품은 불합격 라벨을 첨부하여 격리 보관을 거친 후 폐기처분, 재작업 또는 반품된다.

**37** 정답 | ⑤

해설 | 화장품에 사용할 수 없는 원료 및 이를 포함한 제품은 사용할 수 없다. 사용상의 제한이 있는 원료는(보조제, 자외선차단제 등) 맞춤형화장품 조제 시 사용할 수 없으며 기능성화장품 원료로 고시된 원료 역시 조제 시 사용할 수 없다. 따라서 ⑤만 가능하다.

**38** 정답 | ①

해설 | ㄹ. 맞춤형화장품 제조 시 사용한 원료 및 정보에 대하여 소비자에게 설명할 의무가 있다.
ㅁ. 책임판매업자와 계약한 사항대로 내용물 및 원료의 비율을 유지해야 한다.

**39** 정답 | ①

해설 | 최종적으로 소비자를 보호하는 목적이 있으나 이를 수행하는 3대 요소에는 해당하지 않는다.

**40** 정답 | ②

해설 | 4대 기준서 중 제조관리기준서는 제조 과정에 착오가 없도록 규정하는 기준서로 제조공정에 관한 사항, 시설 및 기구 관리에 관한 사항을 포함한다.

**41** 정답 | ②

해설 | 제조실, 원료 칭량실 등 원료와 내용물이 노출되는 작업실은 2등급으로 관리되어야 한다. 내용물이 완전 폐색되는 시설은 4등급으로 관리된다.

**42** 정답 | ③

해설 | 환기는 공조장치에 의해서 관리되어야 하며 외부와 직접 연결되는 것은 피해야 한다.

**43** 정답 | ①

해설 | 등급이 높게 관리되는 시설의 압력을 가장 높게 관리하여야 한다. 단, 악취나 분진의 발생시설은 음압으로 관리하여 시설 밖으로 나가지 않게 해야 한다.

**44** 정답 | ①

해설 | 위험성이 없는 용제(물)로 세척하는 것이 좋다. 세척 시 증기 등을 사용할 수 있으며 가능하다면 세제를 사용하지 않는 것이 좋다.

**45** 정답 | ②

해설 | 건강이 양호해지거나 화장품의 품질에 영향을 주지 않는다는 의사의 소견이 있어야 작업이 가능하다.

**46** 정답 | ①

해설 | 주요 장비와 시험장비는 예방적 활동이 필요하고, 부품이 망가지고 나서 수리하는 것(시정실시)을 지양한다.

**47** 정답 | ②

해설 | ㄴ, ㅁ은 입고 과정 중 기본적으로 지켜져야 할 과정이다.

**48** 정답 | ④

해설 | 바닥과 벽에 닿지 않도록 보관한다.

**49** 정답 | ①

해설 | 재포장될 때는 새로운 용기에 원래와 동일한 라벨링을 부착해야 한다.

**50** 정답 | ③

해설 | ㄴ. 제조일로부터 1년이 경과하지 않았거나 사용기한이 1년 이상 남아 있는 경우, 변질·변패 또는 병원미생물에 오염되지 아니한 경우에 가능하다.

ㄹ. 폐기하면 큰 손해인 경우, 제품 품질에 악영향을 주지 않는 경우 재작업이 가능하다.

**51** 정답 | ④

해설 | 제조일로부터 1년이 경과하지 않았거나 사용기한이 1년 이상 남아 있는 경우 등에 재작업이 가능하다.

**52** 정답 | ②

해설 | 사용기한이 규정되어 있지 않은 원료와 포장재는 품질 부문에서 적절한 사용기한을 정할 수 있다.

**53** 정답 | ④

해설 | ㄱ. 기준일탈은 규정된 합격 판정 기준에 일치하지 않는 검사, 측정 또는 시험 결과이며, 주어진 설명은 일탈에 대한 것이다.

ㄹ. 제조소는 화장품을 제조하기 위한 장소이며 주어진 설명은 건물에 대한 것이다.

**54** 정답 | ④

해설 | 유지관리 작업이 제품의 품질에 영향을 주어서는 안 된다.

**55** 정답 | ②

해설 | 개방할 수 있는 창문은 작업소에 설치하지 않는 것이 원칙이다.

**56** 정답 | ②

해설 | 가능한 한 세제를 사용하지 않고 브러시 등으로 문질러 지우는 것을 고려한다.

**57** 정답 | ④

해설 | 아스코빌글루코사이드는 미백 기능성 고시원료이다.

**58** 정답 | ④

해설 | 영·유아용 제품류의 미생물 허용한도는 100개/g으로 기타 화장품보다 엄격한 관리 기준을 가진다.

**59** 정답 | ①

해설 | 화장 비누는 제조 과정 및 유통 단계에서 수분이 많이 날아가서 건조중량을 내용량 기준으로 적용한다.

**60** 정답 | ③

해설 | 일반적으로는 각 뱃치별로 제품 시험을 2번 실시할 수 있는 양을 보관한다.

**61** 정답 | ②

해설 | 아데노신은 식약처장이 고시한 주름 개선 기능성 소재이므로 사용 불가하다. 징크피리치온, 페녹시에탄올은 사용상의 제한이 있는 성분이며, 메칠이소치아졸리논은 화장품에 사용할 수 없는 원료에 해당한다.

**62** 정답 | ①

해설 | 유두층과 망상층은 피부의 진피를 구성하는 층이다.

**63** 정답 | ④

해설 | 흐름성이 있는 형태는 펌프나 에어리스 용기가 적합하고 경도가 커서 흐름성이 없는 크림과 같은 내용물은 자 타입(항아리 타입) 용기에 포장하는 것이 가장 적합하다.

**64** 정답 | ②

해설 | 호모 믹서는 일반 교반기에 비해 분산력이 강하여 가장 보편적으로 사용되는 혼합 기기이다.

**65** 정답 | ③

해설 | 나이아신아마이드를 함유하고 피부 미백 기능성화장품으로 인정받은 화장품을 추천할 수 있다. 또한 소듐히알루로네이트는 수분을 잡아 줄 수 있는 보습제의 역할을 하는 성분으로 보습도가 낮아졌을 때 해당 성분을 함유한 화장품을 추천할 수 있다.

ㄱ. 티타늄디옥사이드는 자외선 차단 소재로 자외선 차단 기능성화장품에 포함된다.

ㄷ. 카페인은 피부 컨디셔닝 소재로 분류되나 기능성을 나타내는 소재로는 인정받지 못하고 있다.
ㅁ. 아데노신은 주름 개선 기능성 소재로 고시된 것으로서 기능성화장품으로 허가받은 제품에 적용 가능하나 미백 및 보습과는 관련이 없다.

66  정답 | ④
해설 | 브랜드명(제품명 포함)이 있어야 하고, 브랜드명의 변화 없이 혼합이 이루어져야 한다. 타사 브랜드에 특정 성분을 혼합하여 새로운 브랜드로 판매하는 것은 금지이다.

67  정답 | ⑤
해설 | 30ml 초과 제품의 경우 1차 포장과 2차 포장에 분리배출 사항을 의무적으로 표시해야 한다.

68  정답 | ④
해설 | w/o 제형은 외상이 오일이므로 전류가 흐르지 않는다.

69  정답 | ②
해설 | 화장품의 범위는 pH 3.0~9.0이다. 단, 물을 포함하지 않는 제품과 사용한 후 곧바로 물로 씻어 내는 제품은 pH 범위를 설정하지 않아도 된다.

70  정답 | ③
해설 | 맞춤형화장품은 반드시 판매장에서 혼합 및 판매가 이루어져야 하고, 식품의약품안전처장이 고시한 기능성화장품의 효능·효과를 나타내는 원료는 내용물에 혼합할 수 없다.

71  정답 | ④
해설 | 제품 용량/중량은 2차 포장의 필수 기재 사항이다.

72  정답 | ④
해설 | ㄱ. 기본 내용물(제형) 없이 원료만을 가지고 혼합하는 행위는 금지된다.
ㅁ. 내용물(기본제형)의 유형에 변화가 없는 범위에서 혼합이 이루어져야 한다.

73  정답 | ①
해설 | 피부 각질의 피부장벽은 외부로부터 이물질의 침입을 억제하고 내부의 수분 손실을 방지한다. 민감성 피부인 사람은 장벽기능이 약화된 경우가 많아 피부의 수분 손실량이 많다. 따라서 경피 수분 손실 측정기를 통해서 그 정도를 측정할 수 있다.

74  정답 | ④
해설 | 각질층에 대한 설명으로 피부장벽의 핵심이 되는 층을 말한다. 기저층에서 분화하여 각질층이 되는 과정을 각화과정이라 하며, 각질층이 되는 데 2주가 소요되고 형성된 이후 2주간 피부에 존재한다.

75  정답 | ⑤
해설 | ①~④는 기능성화장품을 사용해도 안전하다는 안전성 자료에 해당하고, ⑤는 기능성화장품에 기능이 있다는 유효성 자료에 해당한다. 유효성 자료는 최종 제품을 사용한 인체 적용 시험 자료와 효능성분 등을 평가한 효력 시험 자료로 구성된다.

76  정답 | ②
해설 | ① 성장기는 대사과정이 가장 활발한 시기로 80~90%의 비율을 차지한다.
③ 퇴화기는 성장기와 휴지기의 중간 단계로 대사과정이 느려지기 시작하는 단계이며, 약 1% 정도의 비율을 차지한다.
④, ⑤ 퇴행기, 진화기는 모발의 주기에 해당하지 않는 용어이다.

77  정답 | ②
해설 | LDPE는 결정화도가 낮아 유연한 특성을 가지며 폴리에틸렌 구조로 유해물질을 배출하지 않아 안전하다.

78  정답 | ④
해설 | 피부의 밝기가 증가할수록 L값이 증가한다. a값은 붉은 정도, b값은 노란 정도를 나타낸다.

79  정답 | ②
해설 | 사용 시의 주의사항으로 "상처가 있는 부위 등에는 사용을 자제할 것"을 제품 포장에 표시해야 한다.

PART 01
PART 02
PART 03
PART 04
PART 05
PART 06

80 정답 | ①
해설 | 자외선 차단 소재(티타늄디옥사이드), 색소(적색 504호), 보존제(페녹시에탄올)처럼 사용상의 제한이 있는 원료는 반드시 표시해야 한다.

81 정답 | 기능성화장품
해설 | 효능·효과의 오인을 방지하고 안전성과 유효성을 확보하기 위해 설정한다.

82 정답 | 안전관리정보

83 정답 | 개인정보보호책임자

84 정답 | 유해사례

85 정답 | 양이온
해설 | 양이온 계면활성제는 모발의 표면이 음이온성을 띠는 모발 표면의 특성으로 인해 세정 후에도 잔류하는 성질이 있다. 또한 모발, 피부 표면 등에 잔류하며 모발의 정전기를 방지하고 세균 등의 살균효과를 가진다.

86 정답 | ㉠ 전신노출량, ㉡ 안전역
해설 | '안전역 = 최대무독성량/전신노출량'으로 정의되고, 안전역이 100 이상인 경우 위해하지 않다고 판단한다.

87 정답 | 타르색소

88 정답 | 전성분표시제도
해설 | 전성분표시제도는 부작용 발생 시 원인 규명이 용이하며, 화장품 제조 시 보다 안전한 소재를 사용하게끔 유도하도록 도입되었다.

89 정답 | 페녹시에탄올
해설 | 페녹시에탄올은 사용상의 제한이 필요한 보존제이다.

90 정답 | ㉠ 내용물, ㉡ 원료
해설 | ㉠ 내용물은 책임판매업자가 공급하는 최종 제형을 의미한다. 여기에 원료 등을 혼합하는 방식으로 맞춤형화장품의 혼합이 진행된다. ㉡ 원료만을 혼합하여 내용물을 제작하는 것은 맞춤형화장품의 범위가 아니다.

91 정답 | 물을 포함하지 않는 제품, 사용 후 곧바로 씻어 내는 제품
해설 | 산성의 기준이 되는 수소 이온은 물이 없는 경우(오일) 등에 존재하지 않고, 제형 자체의 pH를 규정할 수 없기 때문에 예외가 된다. 또한 사용 후 바로 씻어 내는 제품은 피부에 잔류하여 영향을 줄 가능성이 없기 때문에 해당하지 않는다.

92 정답 | 관능평가
해설 | 관능평가는 소비자의 선호도나 화장품의 물질관리 절차상에서 다양한 방법으로 사용된다. 소비자 선호도에는 채점척도 시험법이나 순위시험법 등이 사용된다.

93 정답 | ㉠ 가용화, ㉡ 유화
해설 | 유상의 양에 따라서 마이셀 입자의 크기가 영향을 받는다. 입자의 크기가 작으면 투명하게 보이는 가용화 제형이 되고 유상의 비율이 높아질수록 마이셀의 크기가 커져서 가시광선을 산란시켜 우윳빛을 보이는 유화 제형이 된다.

94 정답 | 멜라닌 색소
해설 | 표피의 기저층에 존재하는 멜라닌 형성 세포에 의해서 합성된 멜라닌은 피부의 각질세포에 전달되어 피부 표피에서 햇빛을 차단하는 역할을 한다. 인종에 따라서 합성량이 달라져 피부색을 결정하고 개인별 합성의 변화로 피부색이 변하기도 한다.

95 정답 | ㉠ 모표피, ㉡ 모피질
해설 | 모발이 피부 밖으로 돌출된 부분을 모간이라고 하며, 주로 3개의 층으로 구분된다.

96 정답 | ㉠ 안전성, ㉡ 안정성
해설 | ㉠ 안전성(safety)은 화장품을 사용하는 피부를 중심으로 하여 트러블이 발생하지 않는 성질을 의미한다.
㉡ 안정성(satibility)은 화장품 제형자체가 중심이 되어 에멀전이 붕괴되는 등의 물리적인 변화, 소재 등이 분해되는 화학적인 변화, 미생물이 증식하는 생물학적인 변화 없이 처음의 상태를 유지하는 성질을 의미한다.

**97** 정답 | ㉠ 광택, ㉡ 탄력

해설 | ㉠ 광택 : 피부가 건조하여 각질의 수분이 적은 경우 표면이 불균일하고 광택이 떨어진다. 건성피부인 부위에 광택이 감소한 경우가 많다.

㉡ 탄력 : 진피층의 콜라겐과 엘라스틴 등의 섬유가 노화 등으로 감소하면 피부의 탄력이 감소한다.

**98** 정답 | 보존제

해설 | 제품 내에서 미생물들의 성장을 억제하는 것은 보존제라고 한다. 안전한 수준의 농도를 확인하고 배합 함량을 지정하여 화장품에 배합하기도 하지만, 오남용의 우려로 맞춤형화장품의 혼합에는 사용할 수 없다.

**99** 정답 | 임계 마이셀 농도

해설 | 서로 섞이지 않는 물과 오일에 계면활성제를 배합하면 계면활성제가 물과 오일의 경계에 배열된다. 계면활성제가 이 경계를 충분히 채울 만큼의 농도 이상으로 배합되어야 마이셀 구조를 형성하기 시작하는데, 이 농도를 '임계 마이셀 농도'라고 한다. 이 범위 이상 계면활성제를 사용하지 않으면 마이셀이 형성되지 않는다.

**100** 정답 | ㉠ 지성 피부, ㉡ 민감성 피부

해설 | ㉠ 지성 피부의 경우 모공 속의 피지선이 활발히 활동하여 피지의 분비량이 많다. 피부에 오일막을 형성하여 수분증발이 억제되어 건조한 경우가 없지만 여드름이 많이 나거나 화장 지속력이 약화되는 단점이 있다.

㉡ 민감성 피부의 경우 각질층의 세포 간 지질성분에 주로 문제가 있어 장벽 기능이 약화된 경우이다. 외부 이물질의 침입이 증가하고 이에 따른 염증반응의 증가로 피부가 붉어지고 가려워진다.

PART 01

PART 02

PART 03

PART 04

PART 05

PART 06

# PART 06

# 화장품 관련 고시 및 참고자료

■ ㄱ

- 갈라민트리에치오다이드
- 갈란타민
- 중추신경계에 작용하는 교감신경흥분성아민
- 구아네티딘 및 그 염류
- 구아이페네신
- 글루코코르티코이드
- 글루테티미드 및 그 염류
- 글리사이클아미드
- 금염

■ ㄴ

- 무기 나이트라이트(소듐나이트라이트 제외)
- 나파졸린 및 그 염류
- 나프탈렌
- 1,7-나프탈렌디올
- 2,3-나프탈렌디올
- 2,7-나프탈렌디올 및 그 염류(다만, 2,7-나프탈렌디올은 염모제에서 용법·용량에 따른 혼합물의 염모성분 으로서 1.0% 이하 제외)
- 2-나프톨
- 1-나프톨 및 그 염류(다만, 1-나프톨은 산화염모제에서 용법·용량에 따른 혼합물의 염모성분으로서 2.0% 이하는 제외)
- 3-(1-나프틸)-4-히드록시코우마린
- 1-(1-나프틸메칠)퀴놀리늄클로라이드
- N-2-나프틸아닐린
- 1,2-나프틸아민 및 그 염류
- 날로르핀, 그 염류 및 에텔
- 납 및 그 화합물
- 네오디뮴 및 그 염류
- 네오스티그민 및 그 염류(예 네오스티그민브로마이드)
- 노닐페놀[1] ; 4-노닐페놀, 가지형[2]

- 노르아드레날린 및 그 염류
- 노스카핀 및 그 염류
- 니그로신 스피릿 솔루블(솔벤트 블랙 5) 및 그 염류
- 니켈
- 니켈 디하이드록사이드
- 니켈 디옥사이드
- 니켈 모노옥사이드
- 니켈 설파이드
- 니켈 설페이트
- 니켈 카보네이트
- 니코틴 및 그 염류
- 2-니트로나프탈렌
- 니트로메탄
- 니트로벤젠
- 4-니트로비페닐
- 4-니트로소페놀
- 3-니트로-4-아미노페녹시에탄올 및 그 염류
- 니트로스아민류(예 2,2′-(니트로소이미노)비스에탄올, 니트로소디프로필아민, 디메칠니트로소아민)
- 니트로스틸벤, 그 동족체 및 유도체
- 2-니트로아니솔
- 5-니트로아세나프텐
- 니트로크레졸 및 그 알칼리 금속염
- 2-니트로톨루엔
- 5-니트로-o-톨루이딘 및 5-니트로-o-톨루이딘 하이드로클로라이드
- 6-니트로-o-톨루이딘
- 3-[(2-니트로-4-(트리플루오로메칠)페닐)아미노]프로판-1,2-디올(에이치시 황색 No. 6) 및 그 염류
- 4-[(4-니트로페닐)아조]아닐린(디스퍼스오렌지 3) 및 그 염류
- 2-니트로-p-페닐렌디아민 및 그 염류(예 니트로-p-페닐렌디아민 설페이트)(다만, 니트로-p-페닐렌디아민은 산화염모제에서 용법·용량에 따른 혼합물의 염모성분으로서 3.0% 이하는 제외)
- 4-니트로-m-페닐렌디아민 및 그 염류(예 p-니트로-m-페닐렌디아민 설페이트)
- 니트로펜
- 니트로퓨란계 화합물(예 니트로푸란토인, 푸라졸리돈)
- 2-니트로프로판
- 6-니트로-2,5-피리딘디아민 및 그 염류
- 2-니트로-N-하이드록시에칠-p-아니시딘 및 그 염류
- 니트록솔린 및 그 염류

PART 01

PART 02

PART 03

PART 04

PART 05

PART 06

■ ㄷ

- 다미노지드
- 다이노캡(ISO)
- 다이우론
- 다투라(Datura)속 및 그 생약제제
- 데카메칠렌비스(트리메칠암모늄)염(예 데카메토늄브로마이드)
- 데쿠알리니움 클로라이드
- 덱스트로메토르판 및 그 염류
- 덱스트로프로폭시펜
- 도데카클로로펜타사이클로[5.2.1.02,6.03,9.05,8]데칸
- 도딘
- 돼지폐추출물
- 두타스테리드, 그 염류 및 유도체
- 1,5 - 디 - (베타 - 하이드록시에칠)아미노 - 2 - 니트로 - 4 - 클로로벤젠 및 그 염류(예 에이치시 황색 No. 10)(다만, 비산화염모제에서 용법 · 용량에 따른 혼합물의 염모성분으로서 0.1% 이하는 제외)
- 5,5' - 디 - 이소프로필 - 2,2' - 디메칠비페닐 - 4,4'디일 디히포아이오다이트
- 디기탈리스(Digitalis)속 및 그 생약제제
- 디노셉, 그 염류 및 에스텔류
- 디노터브, 그 염류 및 에스텔류
- 디니켈트리옥사이드
- 디니트로톨루엔, 테크니컬등급
- 2,3 - 디니트로톨루엔
- 2,5 - 디니트로톨루엔
- 2,6 - 디니트로톨루엔
- 3,4 - 디니트로톨루엔
- 3,5 - 디니트로톨루엔
- 디니트로페놀이성체
- 5 - [(2,4 - 디니트로페닐)아미노] - 2 - (페닐아미노) - 벤젠설포닉애씨드 및 그 염류
- 디메바미드 및 그 염류
- 7,11 - 디메칠 - 4,6,10 - 도데카트리엔 - 3 - 온
- 2,6 - 디메칠 - 1,3 - 디옥산 - 4 - 일아세테이트(디메톡산, o - 아세톡시 - 2,4 - 디메칠 - m - 디옥산)
- 4,6 - 디메칠 - 8 - tert - 부틸쿠마린
- [3,3' - 디메칠[1,1' - 비페닐] - 4,4' - 디일]디암모늄비스(하이드로젠설페이트)
- 디메칠설파모일클로라이드
- 디메칠설페이트

- 디메칠설폭사이드
- 디메칠시트라코네이트
- N,N−디메칠아닐리늄테트라키스(펜타플루오로페닐)보레이트
- N,N−디메칠아닐린
- 1−디메칠아미노메칠−1−메칠프로필벤조에이트(아밀로카인) 및 그 염류
- 9−(디메칠아미노)−벤조[a]페녹사진−7−이움 및 그 염류
- 5−((4−(디메칠아미노)페닐)아조)−1,4−디메칠−1H−1,2,4−트리아졸리움 및 그 염류
- 디메칠아민
- N,N−디메칠아세타마이드
- 3,7−디메칠−2−옥텐−1−올(6,7−디하이드로제라니올)
- 6,10−디메칠−3,5,9−운데카트리엔−2−온(슈도이오논)
- 디메칠카바모일클로라이드
- N,N−디메칠−p−페닐렌디아민 및 그 염류
- 1,3−디메칠펜틸아민 및 그 염류
- 디메칠포름아미드
- N,N−디메칠−2,6−피리딘디아민 및 그 염산염
- N,N′−디메칠−N−하이드록시에칠−3−니트로−p−페닐렌디아민 및 그 염류
- 2−(2−((2,4−디메톡시페닐)아미노)에테닐]−1,3,3−트리메칠−3H−인돌리움 및 그 염류
- 디바나듐펜타옥사이드
- 디벤즈[a,h]안트라센
- 2,2−디브로모−2−니트로에탄올
- 1,2−디브로모−2,4−디시아노부탄(메칠디브로모글루타로나이트릴)
- 디브로모살리실아닐리드
- 2,6−디브로모−4−시아노페닐 옥타노에이트
- 1,2−디브로모에탄
- 1,2−디브로모−3−클로로프로판
- 5−($\alpha$, $\beta$−디브로모펜에칠)−5−메칠히단토인
- 2,3−디브로모프로판−1−올
- 3,5−디브로모−4−하이드록시벤조니트닐 및 그 염류(브로목시닐 및 그 염류)
- 디브롬화프로파미딘 및 그 염류(이소치아네이트포함)
- 디설피람
- 디소듐[5−[[4′−[[2,6−디하이드록시−3−[(2−하이드록시−5−설포페닐)아조]페닐]아조] [1,1′비페닐]−4−일]아조]살리실레이토(4−)]쿠프레이트(2−)(다이렉트브라운 95)
- 디소듐 3,3′−[[1,1′−비페닐]−4,4′−디일비스(아조)]−비스(4−아미노나프탈렌−1−설포네이트)(콩고레드)

PART 01
PART 02
PART 03
PART 04
PART 05
PART 06

- 디소듐 4－아미노－3－[[4′－[(2,4－디아미노페닐)아조] [1,1′－비페닐]－4－일]아조]－5－하이드록시－6－(페닐아조)나프탈렌－2,7－디설포네이트(다이렉트블랙 38)
- 디소듐 4－(3－에톡시카르보닐－4－(5－(3－에톡시카르보닐－5－하이드록시－1－(4－설포네이토페닐)피라졸－4－일)펜타－2,4－디에닐리덴)－4,5－디하이드로－5－옥소피라졸－1－일)벤젠설포네이트 및 트리소듐 4－(3－에톡시카르보닐－4－(5－(3－에톡시카르보닐－5－옥시도－1(4－설포네이토페닐)피라졸－4－일) 펜타－2,4－디에닐리덴)－4,5－디하이드로－5－옥소피라졸－1－일)벤젠설포네이트
- 디스퍼스레드 15
- 디스퍼스옐로우 3
- 디아놀아세글루메이트
- o－디아니시딘계 아조 염료류
- o－디아니시딘의 염(3,3′－디메톡시벤지딘의 염)
- 3,7－디아미노－2,8－디메칠－5－페닐－페나지니움 및 그 염류
- 3,5－디아미노－2,6－디메톡시피리딘 및 그 염류(예 2,6－디메톡시－3,5－피리딘디아민 하이드로클로라이드)(다만, 2,6－디메톡시－3,5－피리딘디아민 하이드로클로라이드는 산화염모제에서 용법·용량에 따른 혼합물의 염모성분으로서 0.25% 이하는 제외)
- 2,4－디아미노디페닐아민
- 4,4′－디아미노디페닐아민 및 그 염류(예 4,4′－디아미노디페닐아민 설페이트)
- 2,4－디아미노－5－메칠페네톨 및 그 염산염
- 2,4－디아미노－5－메칠페녹시에탄올 및 그 염류
- 4,5－디아미노－1－메칠피라졸 및 그 염산염
- 1,4－디아미노－2－메톡시－9,10－안트라센디온(디스퍼스레드 11) 및 그 염류
- 3,4－디아미노벤조익애씨드
- 디아미노톨루엔, [4－메칠－m－페닐렌 디아민] 및 [2－메칠－m－페닐렌 디아민]의 혼합물
- 2,4－디아미노페녹시에탄올 및 그 염류(다만, 2,4－디아미노페녹시에탄올 하이드로클로라이드는 산화염모제에서 용법·용량에 따른 혼합물의 염모성분으로서 0.5% 이하는 제외)
- 3－[[(4－[[디아미노(페닐아조)페닐]아조]－1－나프탈레닐]아조]－N,N,N－트리메칠－벤젠아미니움 및 그 염류
- 3－[[(4－[[디아미노(페닐아조)페닐]아조]－2－메칠페닐]아조]－N,N,N－트리메칠－벤젠아미니움 및 그 염류
- 2,4－디아미노페닐에탄올 및 그 염류
- O,O′－디아세틸－N－알릴－N－노르몰핀
- 디아조메탄
- 디알레이트
- 디에칠－4－니트로페닐포스페이트
- O,O′－디에칠－O－4－니트로페닐포스포로치오에이트(파라치온－ISO)
- 디에칠렌글라이콜 (다만, 비의도적 잔류물로서 0.1% 이하인 경우는 제외)

- 디에칠말리에이트
- 디에칠설페이트
- 2-디에칠아미노에칠-3-히드록시-4-페닐벤조에이트 및 그 염류
- 4-디에칠아미노-o-톨루이딘 및 그 염류
- N-[4-[[4-(디에칠아미노)페닐][4-(에칠아미노)-1-나프탈렌일]메칠렌]-2,5-사이클로헥사디엔-1-일리딘]-N-에칠-에탄아미늄 및 그 염류
- N-(4-[[4-(디에칠아미노)페닐]페닐메칠렌]-2,5-사이클로헥사디엔-1-일리덴)-N-에칠 에탄아미니움 및 그 염류
- N,N-디에칠-m-아미노페놀
- 3-디에칠아미노프로필신나메이트
- 디에칠카르바모일 클로라이드
- N,N-디에칠-p-페닐렌디아민 및 그 염류
- 디엔오시(DNOC, 4,6-디니트로-o-크레졸)
- 디엘드린
- 디옥산
- 디옥세테드린 및 그 염류
- 5-(2,4-디옥소-1,2,3,4-테트라하이드로피리미딘)-3-플루오로-2-하이드록시메칠테트라하이드로퓨란
- 디치오-2,2′-비스피리딘-디옥사이드 1,1′(트리하이드레이티드마그네슘설페이트 부가)(피리치온디설파이드+마그네슘설페이트)
- 디코우마롤
- 2,3-디클로로-2-메칠부탄
- 1,4-디클로로벤젠(p-디클로로벤젠)
- 3,3′-디클로로벤지딘
- 3,3′-디클로로벤지딘디하이드로젠비스(설페이트)
- 3,3′-디클로로벤지딘디하이드로클로라이드
- 3,3′-디클로로벤지딘설페이트
- 1,4-디클로로부트-2-엔
- 2,2′-[(3,3′-디클로로[1,1′-비페닐]-4,4′-디일)비스(아조)]비스[3-옥소-N-페닐부탄아마이드](피그먼트옐로우 12) 및 그 염류
- 디클로로살리실아닐리드
- 디클로로에칠렌(아세틸렌클로라이드)(예 비닐리덴클로라이드)
- 디클로로에탄(에칠렌클로라이드)
- 디클로로-m-크시레놀
- $\alpha, \alpha$-디클로로톨루엔

- 디클로로펜
- 1,3 - 디클로로프로판 - 2 - 올
- 2,3 - 디클로로프로펜
- 디페녹시레이트 히드로클로라이드
- 1,3 - 디페닐구아니딘
- 디페닐아민
- 디페닐에텔 ; 옥타브로모 유도체
- 5,5 - 디페닐 - 4 - 이미다졸리돈
- 디펜클록사진
- 2,3 - 디하이드로 - 2,2 - 디메칠 - 6 - [(4 - (페닐아조) - 1 - 나프텔레닐)아조] - 1H - 피리미딘(솔벤트블랙 3) 및 그 염류
- 3,4 - 디히드로 - 2 - 메톡시 - 2 - 메칠 - 4 - 페닐 - 2H,5H, 피라노(3,2 - c) - (1)벤조피란 - 5 - 온(시클로코우마롤)
- 2,3 - 디하이드로 - 2H - 1,4 - 벤족사진 - 6 - 올 및 그 염류(예 히드록시벤조모르포린)(다만, 히드록시벤조모르포린은 산화염모제에서 용법·용량에 따른 혼합물의 염모성분으로서 1.0% 이하는 제외)
- 2,3 - 디하이드로 - 1H - 인돌 - 5,6 - 디올(디하이드록시인돌린) 및 그 하이드로브로마이드염 (디하이드록시인돌린 하이드로브롬마이드)(다만, 비산화염모제에서 용법·용량에 따른 혼합물의 염모성분으로서 2.0% 이하는 제외)
- (S) - 2,3 - 디하이드로 - 1H - 인돌 - 카르복실릭 애씨드
- 디히드로타키스테롤
- 2,6 - 디하이드록시 - 3,4 - 디메칠피리딘 및 그 염류
- 2,4 - 디하이드록시 - 3 - 메칠벤즈알데하이드
- 4,4′ - 디히드록시 - 3,3′ - (3 - 메칠치오프로필아이덴)디코우마린
- 2,6 - 디하이드록시 - 4 - 메칠피리딘 및 그 염류
- 1,4 - 디하이드록시 - 5,8 - 비스[(2 - 하이드록시에칠)아미노]안트라퀴논(디스퍼스블루 7) 및 그 염류
- 4 - [4 - (1,3 - 디하이드록시프로프 - 2 - 일)페닐아미노 - 1,8 - 디하이드록시 - 5 - 니트로안트라퀴논
- 2,2′ - 디히드록시 - 3,3′5,5′,6,6′ - 헥사클로로디페닐메탄(헥사클로로펜)
- 디하이드로쿠마린
- N,N′ - 디헥사데실 - N,N′ - 비스(2 - 하이드록시에칠)프로판디아마이드 ; 비스하이드록시에칠비스세틸말론아마이드

## ■ ㄹ

- Laurus nobilis L.의 씨로부터 나온 오일
- Rauwolfia serpentina 알칼로이드 및 그 염류
- 라카익애씨드(CI 내츄럴레드 25) 및 그 염류
- 레졸시놀 디글리시딜 에텔
- 로다민 B 및 그 염류
- 로벨리아(Lobelia)속 및 그 생약제제
- 로벨린 및 그 염류
- 리누론
- 리도카인
- 과산화물가가 20mmol/L을 초과하는 d-리모넨
- 과산화물가가 20mmol/L을 초과하는 dℓ-리모넨
- 과산화물가가 20mmol/L을 초과하는 ℓ-리모넨
- 라이서자이드(Lysergide) 및 그 염류

## ■ ㅁ

- 마약류관리에 관한 법률 제2조에 따른 마약류
- 마이클로부타닐(2-(4-클로로페닐)-2-(1H-1,2,4-트리아졸-1-일메칠)헥사네니트릴)
- 마취제(천연 및 합성)
- 만노무스틴 및 그 염류
- 말라카이트그린 및 그 염류
- 말로노니트릴
- 1-메칠-3-니트로-1-니트로소구아니딘
- 1-메칠-3-니트로-4-(베타-하이드록시에칠)아미노벤젠 및 그 염류(CI 하이드록시에칠-2-니트로-p-톨루이딘)(다만, 하이드록시에칠-2-니트로-p-톨루이딘은 염모제에서 용법·용량에 따른 혼합물의 염모성분으로서 1.0% 이하는 제외)
- N-메칠-3-니트로-p-페닐렌디아민 및 그 염류
- N-메칠-1,4-디아미노안트라퀴논, 에피클로로히드린 및 모노에탄올아민의 반응생성물(에이치시 청색 No. 4) 및 그 염류
- 3,4-메칠렌디옥시페놀 및 그 염류
- 메칠레소르신
- 메칠렌글라이콜
- 4,4'-메칠렌디아닐린
- 3,4-메칠렌디옥시아닐린 및 그 염류
- 4,4'-메칠렌디-o-톨루이딘

- 4,4′-메칠렌비스(2-에칠아닐린)
- (메칠렌비스(4,1-페닐렌아조(1-(3-(디메칠아미노)프로필)-1,2-디하이드로-6-하이드록시-4-메칠-2-옥소피리딘-5,3-디일)))-1,1′-디피리디늄디클로라이드 디하이드로클로라이드
- 4,4′-메칠렌비스[2-(4-하이드록시벤질)-3,6-디메칠페놀]과 6-디아조-5,6-디하이드로-5-옥소-나프탈렌설포네이트(1 : 2)의 반응생성물과 4,4′-메칠렌비스[2-(4-하이드록시벤질)-3,6-디메칠페놀]과 6-디아조-5,6-디하이드로-5-옥소-나프탈렌설포네이트(1 : 3) 반응생성물과의 혼합물
- 메칠렌클로라이드
- 3-(N-메칠-N-(4-메칠아미노-3-니트로페닐)아미노)프로판-1,2-디올 및 그 염류
- 메칠메타크릴레이트모노머
- 메칠 트랜스-2-부테노에이트
- 2-[3-(메칠아미노)-4-니트로페녹시]에탄올 및 그 염류(예 3-메칠아미노-4-니트로페녹시에탄올)(다만, 비산화염모제에서 용법 · 용량에 따른 혼합물의 염모성분으로서 0.15% 이하는 제외)
- N-메칠아세타마이드
- (메칠-ONN-아조시)메칠아세테이트
- 2-메칠아지리딘(프로필렌이민)
- 메칠옥시란
- 메칠유게놀(다만, 식물추출물에 의하여 자연적으로 함유되어 다음 농도 이하인 경우에는 제외. 향료원액을 8% 초과하여 함유하는 제품 0.01%, 향료원액을 8% 이하로 함유하는 제품 0.004%, 방향용 크림 0.002%, 사용 후 씻어내는 제품 0.001%, 기타 0.0002%)
- N,N′-((메칠이미노)디에칠렌))비스(에칠디메칠암모늄) 염류(예 아자메토늄브로마이드)
- 메칠이소시아네이트
- 6-메칠쿠마린(6-MC)
- 7-메칠쿠마린
- 메칠크레속심
- 1-메칠-2,4,5-트리하이드록시벤젠 및 그 염류
- 메칠페니데이트 및 그 염류
- 3-메칠-1-페닐-5-피라졸론 및 그 염류(예 페닐메칠피라졸론)(다만, 페닐메칠피라졸론은 산화염모제에서 용법 · 용량에 따른 혼합물의 염모성분으로서 0.25% 이하는 제외)
- 메칠페닐렌디아민류, 그 N-치환 유도체류 및 그 염류(예 2,6-디하이드록시에칠아미노톨루엔)(다만, 염모제에서 염모성분으로 사용하는 것은 제외)
- 2-메칠-m-페닐렌 디이소시아네이트
- 4-메칠-m-페닐렌 디이소시아네이트
- 4,4′-[(4-메칠-1,3-페닐렌)비스(아조)]비스[6-메칠-1,3-벤젠디아민](베이직브라운 4) 및 그 염류
- 4-메칠-6-(페닐아조)-1,3-벤젠디아민 및 그 염류

- N−메칠포름아마이드
- 5−메칠−2,3−헥산디온
- 2−메칠헵틸아민 및 그 염류
- 메카밀아민
- 메타닐옐로우
- 메탄올(에탄올 및 이소프로필알콜의 변성제로서만 알콜 중 5%까지 사용)
- 메테토헵타진 및 그 염류
- 메토카바몰
- 메토트렉세이트
- 2−메톡시−4−니트로페놀(4−니트로구아이아콜) 및 그 염류
- 2−[(2−메톡시−4−니트로페닐)아미노]에탄올 및 그 염류(CI 2−하이드록시에칠아미노−5−니트로아니솔)(다만, 비산화염모제에서 용법·용량에 따른 혼합물의 염모성분으로서 0.2% 이하는 제외)
- 1−메톡시−2,4−디아미노벤젠(2,4−디아미노아니솔 또는 4−메톡시−m−페닐렌디아민 또는 CI76050) 및 그 염류
- 1−메톡시−2,5−디아미노벤젠(2,5−디아미노아니솔) 및 그 염류
- 2−메톡시메칠−p−아미노페놀 및 그 염산염
- 6−메톡시−N2−메칠−2,3−피리딘디아민 하이드로클로라이드 및 디하이드로클로라이드염(다만, 염모제에서 용법·용량에 따른 혼합물의 염모성분으로 산으로서 0.68% 이하, 디하이드로클로라이드염으로서 1.0% 이하는 제외)
- 2−(4−메톡시벤질−N−(2−피리딜)아미노)에칠디메칠아민말리에이트
- 메톡시아세틱애씨드
- 2−메톡시에칠아세테이트(메톡시에탄올아세테이트)
- N−(2−메톡시에칠)−p−페닐렌디아민 및 그 염산염
- 2−메톡시에탄올(에칠렌글리콜 모노메칠에텔, EGMME)
- 2−(2−메톡시에톡시)에탄올(메톡시디글리콜)
- 7−메톡시쿠마린
- 4−메톡시톨루엔−2,5−디아민 및 그 염산염
- 6−메톡시−m−톨루이딘(p−크레시딘)
- 2−[[(4−메톡시페닐)메칠하이드라조노]메칠]−1,3,3−트리메칠−3H−인돌리움 및 그 염류
- 4−메톡시페놀(히드로퀴논모노메칠에텔 또는 p−히드록시아니솔)
- 4−(4−메톡시페닐)−3−부텐−2−온(4−아니실리덴아세톤)
- 1−(4−메톡시페닐)−1−펜텐−3−온(α−메칠아니살아세톤)
- 2−메톡시프로판올
- 2−메톡시프로필아세테이트
- 6−메톡시−2,3−피리딘디아민 및 그 염산염

- 메트알데히드
- 메트암페프라몬 및 그 염류
- 메트포르민 및 그 염류
- 메트헵타진 및 그 염류
- 메티라폰
- 메티프릴온 및 그 염류
- 메페네신 및 그 에스텔
- 메페클로라진 및 그 염류
- 메프로바메이트
- 2급 아민함량이 0.5%를 초과하는 모노알킬아민, 모노알칸올아민 및 그 염류
- 모노크로토포스
- 모누론
- 모르포린 및 그 염류
- 모스켄(1,1,3,3,5-펜타메칠-4,6-디니트로인단)
- 모페부타존
- 목향(Saussurea lappa Clarke＝Saussurea costus (Falc.) Lipsch.＝Aucklandia lappa Decne) 뿌리오일
- 몰리네이트
- 몰포린-4-카르보닐클로라이드
- 무화과나무(Ficus carica)잎엡솔루트(피그잎엡솔루트)
- 미네랄 울
- 미세플라스틱(세정, 각질제거 등의 제품에 남아 있는 5mm 크기 이하의 고체플라스틱)

■ ㅂ

- 바륨염(바륨설페이트 및 색소레이크희석제로 사용한 바륨염은 제외)
- 바비츄레이트
- 2,2'-바이옥시란
- 발녹트아미드
- 발린아미드
- 방사성물질
- 백신, 독소 또는 혈청
- 베낙티진
- 베노밀
- 베라트룸(Veratrum)속 및 그 제제
- 베라트린, 그 염류 및 생약제제
- 베르베나오일(Lippia citriodora Kunth.)

- 베릴륨 및 그 화합물
- 베메그리드 및 그 염류
- 베록시카인 및 그 염류
- 베이직바이올렛 1(메칠바이올렛)
- 베이직바이올렛 3(크리스탈바이올렛)
- 1−(베타−우레이도에칠)아미노−4−니트로벤젠 및 그 염류(예 4−니트로페닐 아미노에칠우레아)(다만, 4−니트로페닐 아미노에칠우레아는 산화염모제에서 용법·용량에 따른 혼합물의 염모성분으로서 0.25 % 이하, 비산화염모제에서 용법·용량에 따른 혼합물의 염모성분으로서 0.5% 이하는 제외)
- 1−(베타−하이드록시)아미노−2−니트로−4−N−에칠−N−(베타−하이드록시에칠)아미노벤젠 및 그 염류(예 에이치시 청색 No. 13)
- 벤드로플루메치아자이드 및 그 유도체
- 벤젠
- 1,2−벤젠디카르복실릭애씨드 디펜틸에스터(가지형과 직선형) ; n−펜틸−이소펜틸 프탈레이트 ; 디−n−펜틸프탈레이트 ; 디이소펜틸프탈레이트
- 1,2,4−벤젠트리아세테이트 및 그 염류
- 7−(벤조일아미노)−4−하이드록시−3−[[4−[(4−설포페닐)아조]페닐]아조]−2−나프탈렌설포닉애씨드 및 그 염류
- 벤조일퍼옥사이드
- 벤조[a]피렌
- 벤조[e]피렌
- 벤조[j]플루오란텐
- 벤조[k]플루오란텐
- 벤즈[e]아세페난트릴렌
- 벤즈아제핀류와 벤조디아제핀류
- 벤즈아트로핀 및 그 염류
- 벤즈[a]안트라센
- 벤즈이미다졸−2(3H)−온
- 벤지딘
- 벤지딘계 아조 색소류
- 벤지딘디하이드로클로라이드
- 벤지딘설페이트
- 벤지딘아세테이트
- 벤지로늄브로마이드
- 벤질 2,4−디브로모부타노에이트

- 3(또는 5)−((4−(벤질메칠아미노)페닐)아조)−1,2−(또는 1,4)−디메칠−1H−1,2,4−트리아졸리움 및 그 염류
- 벤질바이올렛([4−[[4−(디메칠아미노)페닐][4−[에칠(3−설포네이토벤질)아미노]페닐]메칠렌]사이클로헥사−2,5−디엔−1−일리덴](에칠)(3−설포네이토벤질) 암모늄염 및 소듐염)
- 벤질시아나이드
- 4−벤질옥시페놀(히드로퀴논모노벤질에텔)
- 2−부타논 옥심
- 부타닐리카인 및 그 염류
- 1,3−부타디엔
- 부토피프린 및 그 염류
- 부톡시디글리세롤
- 부톡시에탄올
- 5−(3−부티릴−2,4,6−트리메칠페닐)−2−[1−(에톡시이미노)프로필]−3−하이드록시사이클로헥스−2−엔−1−온
- 부틸글리시딜에텔
- 4−tert−부틸−3−메톡시−2,6−디니트로톨루엔(머스크암브레트)
- 1−부틸−3−(N−크로토노일설파닐일)우레아
- 5−tert−부틸−1,2,3−트리메칠−4,6−디니트로벤젠(머스크티베텐)
- 4−tert−부틸페놀
- 2−(4−tert−부틸페닐)에탄올
- 4−tert−부틸피로카테콜
- 부펙사막
- 붕산
- 브레티륨토실레이트
- (R)−5−브로모−3−(1−메칠−2−피롤리디닐메칠)−1H−인돌
- 브로모메탄
- 브로모에칠렌
- 브로모에탄
- 1−브로모−3,4,5−트리플루오로벤젠
- 1−브로모프로판 ; n−프로필 브로마이드
- 2−브로모프로판
- 브로목시닐헵타노에이트
- 브롬
- 브롬이소발
- 브루신(에탄올의 변성제는 제외)
- 비나프아크릴(2−sec−부틸−4,6−디니트로페닐−3−메칠크로토네이트)

- 9 − 비닐카르바졸
- 비닐클로라이드모노머
- 1 − 비닐 − 2 − 피롤리돈
- 비마토프로스트, 그 염류 및 유도체
- 비소 및 그 화합물
- 1,1 − 비스(디메칠아미노메칠)프로필벤조에이트(아미드리카인, 알리핀) 및 그 염류
- 4,4′ − 비스(디메칠아미노)벤조페논
- 3,7 − 비스(디메칠아미노) − 페노치아진 − 5 − 이움 및 그 염류
- 3,7 − 비스(디에칠아미노) − 페녹사진 − 5 − 이움 및 그 염류
- N − (4 − [비스[4 − (디에칠아미노)페닐]메칠렌] − 2,5 − 사이클로헥사디엔 − 1 − 일리덴) − N − 에칠 − 에탄아미니움 및 그 염류
- 비스(2 − 메톡시에칠)에텔(디메톡시디글리콜)
- 비스(2 − 메톡시에칠)프탈레이트
- 1,2 − 비스(2 − 메톡시에톡시)에탄 ; 트리에칠렌글리콜 디메칠 에텔(TEGDME) ; 트리글라임
- 1,3 − 비스(비닐설포닐아세타아미도) − 프로판
- 비스(사이클로펜타디에닐) − 비스(2,6 − 디플루오로 − 3 − (피롤 − 1 − 일) − 페닐)티타늄
- 4 − [[비스 − (4 − 플루오로페닐)메칠실릴]메칠] − 4H − 1,2,4 − 트리아졸과 1 − [[비스 − (4 − 플루오로페닐)메칠실릴]메칠] − 1 H − 1,2,4 − 트리아졸의 혼합물
- 비스(클로로메칠)에텔(옥시비스[클로로메탄])
- N,N − 비스(2 − 클로로에칠)메칠아민 − N − 옥사이드 및 그 염류
- 비스(2 − 클로로에칠)에텔
- 비스페놀 A(4,4′ − 이소프로필리덴디페놀)
- N′N′ − 비스(2 − 히드록시에칠) − N − 메칠 − 2 − 니트로 − p − 페닐렌디아민(HC 블루 No.1) 및 그 염류
- 4,6 − 비스(2 − 하이드록시에톡시) − m − 페닐렌디아민 및 그 염류
- 2,6 − 비스(2 − 히드록시에톡시) − 3,5 − 피리딘디아민 및 그 염산염
- 비에타미베린
- 비치오놀
- 비타민 L1, L2
- [1,1′ − 비페닐 − 4,4′ − 디일]디암모니움설페이트
- 비페닐 − 2 − 일아민
- 비페닐 − 4 − 일아민 및 그 염류
- 4,4′ − 비 − o − 톨루이딘
- 4,4′ − 비 − o − 톨루이딘디하이드로클로라이드
- 4,4′ − 비 − o − 톨루이딘설페이트
- 빈클로졸린

■ ㅅ

- 사이클라멘알코올
- N－사이클로펜틸－m－아미노페놀
- 사이클로헥시미드
- N－사이클로헥실－N－메톡시－2,5－디메칠－3－퓨라마이드
- 트랜스－4－사이클로헥실－L－프롤린 모노하이드로클로라이드
- 사프롤(천연에센스에 자연적으로 함유되어 그 양이 최종제품에서 100ppm을 넘지 않는 경우는 제외)
- α－산토닌((3S, 5aR, 9bS)－3, 3a,4,5,5a,9b－헥사히드로－3,5a,9－트리메칠나프토(1,2－b))푸란－2,8
－디온
- 석면
- 석유
- 석유 정제과정에서 얻어지는 부산물(증류물, 가스오일류, 나프타, 윤활그리스, 슬랙왁스, 탄화수소류, 알칸류, 백색 페트롤라툼을 제외한 페트롤라툼, 연료오일, 잔류물). 다만, 정제과정이 완전히 알려져 있고 발암물질을 함유하지 않음을 보여줄 수 있으면 예외로 한다.
- 부타디엔 0.1%를 초과하여 함유하는 석유정제물(가스류, 탄화수소류, 알칸류, 증류물, 라피네이트)
- 디메칠설폭사이드(DMSO)로 추출한 성분을 3% 초과하여 함유하고 있는 석유 유래물질
- 벤조[a]피렌 0.005%를 초과하여 함유하고 있는 석유화학 유래물질, 석탄 및 목타르 유래물질
- 석탄추출 젯트기용 연료 및 디젤연료
- 설티암
- 설팔레이트
- 3,3′－(설포닐비스(2－니트로－4,1－페닐렌)이미노)비스(6－(페닐아미노))벤젠설포닉애씨드 및 그 염류
- 설폰아미드 및 그 유도체(톨루엔설폰아미드/포름알데하이드수지, 톨루엔설폰아미드/에폭시수지는 제외)
- 설핀피라존
- 과산화물가가 10mmol/L을 초과하는 Cedrus atlantica의 오일 및 추출물
- 세파엘린 및 그 염류
- 센노사이드
- 셀렌 및 그 화합물(셀레늄아스파테이트는 제외)
- 소듐헥사시클로네이트
- Solanum nigrum L. 및 그 생약제제
- Schoenocaulon officinale Lind.(씨 및 그 생약제제)
- 솔벤트레드1(CI 12150)
- 솔벤트블루 35
- 솔벤트오렌지 7
- 수은 및 그 화합물
- 스트로판투스(Strophantus)속 및 그 생약제제

- 스트로판틴, 그 비당질 및 그 각각의 유도체
- 스트론튬화합물
- 스트리크노스(Strychnos)속 그 생약제제
- 스트리키닌 및 그 염류
- 스파르테인 및 그 염류
- 스피로노락톤
- 시마진
- 4－시아노－2,6－디요도페닐 옥타노에이트
- 스칼렛레드(솔벤트레드 24)
- 시클라바메이트
- 시클로메놀 및 그 염류
- 시클로포스파미드 및 그 염류
- 2－$\alpha$－시클로헥실벤질(N,N,N′,N′테트라에칠)트리메칠렌디아민(페네타민)
- 신코카인 및 그 염류
- 신코펜 및 그 염류(유도체 포함)
- 썩시노니트릴

■ ㅇ

- Anamirta cocculus L.(과실)
- o－아니시딘
- 아닐린, 그 염류 및 그 할로겐화 유도체 및 설폰화 유도체
- 아다팔렌
- Adonis vernalis L. 및 그 제제
- Areca catechu 및 그 생약제제
- 아레콜린
- 아리스톨로키아(Aristolochia)속 및 그 생약제제
- 아리스토로킥 애씨드 및 그 염류
- 1－아미노－2－니트로－4－(2′,3′－디하이드록시프로필)아미노－5－클로로벤젠과 1,4－비스－(2′,3′－디하이드록시프로필)아미노－2－니트로－5－클로로벤젠 및 그 염류(CII 에이치시 적색 No. 10과 에이치시 적색 No. 11)(다만, 산화염모제에서 용법·용량에 따른 혼합물의 염모성분으로서 1.0 % 이하, 비산화염모제에서 용법·용량에 따른 혼합물의 염모성분으로서 2.0% 이하는 제외)
- 2－아미노－3－니트로페놀 및 그 염류
- p－아미노－o－니트로페놀(4－아미노－2－니트로페놀)

- 4-아미노-3-니트로페놀 및 그 염류(다만, 4-아미노-3-니트로페놀은 산화염모제에서 용법·용량에 따른 혼합물의 염모성분으로서 1.5% 이하, 비산화염모제에서 용법·용량에 따른 혼합물의 염모성분으로서 1.0% 이하는 제외)
- 2,2′-[(4-아미노-3-니트로페닐)이미노]바이세타놀 하이드로클로라이드 및 그 염류(예 에이치시 적색 No. 13)(다만, 하이드로클로라이드염으로서 산화염모제에서 용법·용량에 따른 혼합물의 염모성분으로서 1.5% 이하, 비산화염모제에서 용법·용량에 따른 혼합물의 염모성분으로서 1.0 % 이하는 제외)
- (8-[(4-아미노-2-니트로페닐)아조]-7-하이드록시-2-나프틸)트리메칠암모늄 및 그 염류(베이직브라운 17의 불순물로 있는 베이직레드 118 제외)
- 1-아미노-4-[[4-[(디메칠아미노)메칠]페닐]아미노]안트라퀴논 및 그 염류
- 6-아미노-2-((2,4-디메칠페닐)-1H-벤즈[de]이소퀴놀린-1,3-(2 H)-디온(솔벤트옐로우 44) 및 그 염류
- 5-아미노-2,6-디메톡시-3-하이드록시피리딘 및 그 염류
- 3-아미노-2,4-디클로로페놀 및 그 염류(다만, 3-아미노-2,4-디클로로페놀 및 그 염산염은 염모제에서 용법·용량에 따른 혼합물의 염모성분으로 염산염으로서 1.5% 이하는 제외)
- 2-아미노메칠-p-아미노페놀 및 그 염산염
- 2-[(4-아미노-2-메칠-5-니트로페닐)아미노]에탄올 및 그 염류(예 에이치시 자색 No. 1)(다만, 산화염모제에서 용법·용량에 따른 혼합물의 염모성분으로서 0.25% 이하, 비산화염모제에서 용법·용량에 따른 혼합물의 염모성분으로서 0.28% 이하는 제외)
- 2-[(3-아미노-4-메톡시페닐)아미노]에탄올 및 그 염류(예 2-아미노-4-하이드록시에칠아미노아니솔)(다만, 산화염모제에서 용법·용량에 따른 혼합물의 염모성분으로서 1.5% 이하는 제외)
- 4-아미노벤젠설포닉애씨드 및 그 염류
- 4-아미노벤조익애씨드 및 아미노기(-NH2)를 가진 그 에스텔
- 2-아미노-1,2-비스(4-메톡시페닐)에탄올 및 그 염류
- 4-아미노살리실릭애씨드 및 그 염류
- 4-아미노아조벤젠
- 1-(2-아미노에칠)아미노-4-(2-하이드록시에칠)옥시-2-니트로벤젠 및 그 염류(예 에이치시 등색 No. 2) (다만, 비산화염모제에서 용법·용량에 따른 혼합물의 염모성분으로서 1.0% 이하는 제외)
- 아미노카프로익애씨드 및 그 염류
- 4-아미노-m-크레솔 및 그 염류(다만, 4-아미노-m-크레솔은 산화염모제에서 용법·용량에 따른 혼합물의 염모성분으로서 1.5% 이하는 제외)
- 6-아미노-o-크레솔 및 그 염류
- 2-아미노-6-클로로-4-니트로페놀 및 그 염류(다만, 2-아미노-6-클로로-4-니트로페놀은 염모제에서 용법·용량에 따른 혼합물의 염모성분으로서 2.0% 이하는 제외)
- 1-[(3-아미노프로필)아미노]-4-(메칠아미노)안트라퀴논 및 그 염류
- 4-아미노-3-플루오로페놀

- 5−[(4−[(7−아미노−1−하이드록시−3−설포−2−나프틸)아조]−2,5−디에톡시페닐)아조]−2−[(3−포스포노페닐)아조]벤조익애씨드 및 5−[(4−[(7−아미노−1−하이드록시−3−설포−2−나프틸)아조]−2,5−디에톡시페닐)아조]−3−[(3−포스포노페닐)아조벤조익애씨드
- 3(또는 5)−[[4−[(7−아미노−1−하이드록시−3−설포네이토−2−나프틸)아조]−1−나프틸]아조]살리실릭애씨드 및 그 염류
- Ammi majus 및 그 생약제제
- 아미트롤
- 아미트리프틸린 및 그 염류
- 아밀나이트라이트
- 아밀 4−디메칠아미노벤조익애씨드(펜틸디메칠파바, 파디메이트A)
- 과산화물가가 10mmol/L을 초과하는 Abies balsamea 잎의 오일 및 추출물
- 과산화물가가 10mmol/L을 초과하는 Abies sibirica 잎의 오일 및 추출물
- 과산화물가가 10mmol/L을 초과하는 Abies alba 열매의 오일 및 추출물
- 과산화물가가 10mmol/L을 초과하는 Abies alba 잎의 오일 및 추출물
- 과산화물가가 10mmol/L을 초과하는 Abies pectinata 잎의 오일 및 추출물
- 아세노코우마롤
- 아세타마이드
- 아세토나이트릴
- 아세토페논, 포름알데하이드, 사이클로헥실아민, 메탄올 및 초산의 반응물
- (2−아세톡시에칠)트리메칠암모늄히드록사이드(아세틸콜린 및 그 염류)
- N−[2−(3−아세틸−5−니트로치오펜−2−일아조)−5−디에칠아미노페닐]아세타마이드
- 3−[(4−(아세틸아미노)페닐)아조]4−4하이드록시−7−[[[[5−하이드록시−6−(페닐아조)−7−설포−2−나프탈레닐]아미노]카보닐]아미노]−2−나프탈렌설포닉애씨드 및 그 염류
- 5−(아세틸아미노)−4−하이드록시−3−((2−메칠페닐)아조)−2,7−나프탈렌디설포닉애씨드 및 그 염류
- 아자시클로놀 및 그 염류
- 아자페니딘
- 아조벤젠
- 아지리딘
- 아코니튬(Aconitum)속 및 그 생약제제
- 아코니틴 및 그 염류
- 아크릴로니트릴
- 아크릴아마이드(다만, 폴리아크릴아마이드류에서 유래되었으며, 사용 후 씻어내지 않는 바디화장품에 0.1ppm, 기타 제품에 0.5ppm 이하인 경우에는 제외)
- 아트라놀
- Atropa belladonna L. 및 그 제제

- 아트로핀, 그 염류 및 유도체
- 아포몰핀 및 그 염류
- Apocynum cannabinum L. 및 그 제제
- 안드로겐효과를 가진 물질
- 안트라센오일
- 스테로이드 구조를 갖는 안티안드로겐
- 안티몬 및 그 화합물
- 알드린
- 알라클로르
- 알로클아미드 및 그 염류
- 알릴글리시딜에텔
- 2-(4-알릴-2-메톡시페녹시)-N,N-디에칠아세트아미드 및 그 염류
- 4-알릴-2,6-비스(2,3-에폭시프로필)페놀, 4-알릴-6-[3-[6-[3-(4-알릴-2,6-비스(2,3-에폭시프로필)페녹시)-2-하이드록시프로필]-4-알릴-2-(2,3-에폭시프로필)페녹시]-2-하이드록시프로필]-4-알릴-2-(2,3-에폭시프로필)페녹시]-2-하이드록시프로필-2-(2,3-에폭시프로필)페놀, 4-알릴-6-[3-(4-알릴-2,6-비스(2,3-에폭시프로필)페녹시)-2-하이드록시프로필]-2-(2,3-에폭시프로필)페놀, 4-알릴-6-[3-[6-[3-(4-알릴-2,6-비스(2,3-에폭시프로필)페녹시)-2-하이드록시프로필]-4-알릴-2-(2,3-에폭시프로필)페녹시]-2-하이드록시프로필]-2-(2,3-에폭시프로필)페놀의 혼합물
- 알릴이소치오시아네이트
- 에스텔의 유리알릴알코올농도가 0.1%를 초과하는 알릴에스텔류
- 알릴클로라이드(3-클로로프로펜)
- 2급 알칸올아민 및 그 염류
- 알칼리 설파이드류 및 알칼리토 설파이드류
- 2-알칼리펜타시아노니트로실페레이트
- 알킨알코올 그 에스텔, 에텔 및 염류
- o-알킬디치오카르보닉애씨드의 염
- 2급 알킬아민 및 그 염류
- 2-{4-(2-암모니오프로필아미노)-6-[4-하이드록시-3-(5-메칠-2-메톡시-4-설파모일페닐아조)-2-설포네이토나프트-7-일아미노]-1,3,5-트리아진-2-일아미노}-2-아미노프로필포메이트
- 애씨드오렌지24(CI 20170)
- 애씨드레드73(CI 27290)
- 애씨드블랙 131 및 그 염류
- 에르고칼시페롤 및 콜레칼시페롤(비타민D2와 D3)
- 에리오나이트

- 에메틴, 그 염류 및 유도체
- 에스트로겐
- 에제린 또는 피조스티그민 및 그 염류
- 에이치시 녹색 No. 1
- 에이치시 적색 No. 8 및 그 염류
- 에이치시 청색 No. 11
- 에이치시 황색 No. 11
- 에이치시 등색 No. 3
- 에치온아미드
- 에칠렌글리콜 디메칠 에텔(EGDME)
- 2,2′－[(1,2′－에칠렌디일)비스[5－((4－에톡시페닐)아조]벤젠설포닉애씨드) 및 그 염류
- 에칠렌옥사이드
- 3－에칠－2－메칠－2－(3－메칠부틸)－1,3－옥사졸리딘
- 1－에칠－1－메칠몰포리늄 브로마이드
- 1－에칠－1－메칠피롤리디늄 브로마이드
- 에칠비스(4－히드록시－2－옥소－1－벤조피란－3－일)아세테이트 및 그 산의 염류
- 4－에칠아미노－3－니트로벤조익애씨드(N－에칠－3－니트로 파바) 및 그 염류
- 에칠아크릴레이트
- 3′－에칠－5′,6′,7′,8′－테트라히드로－5′,6′,8′,8′,－테트라메칠－2′－아세토나프탈렌(아세틸에칠테트라메칠테트라린, AETT)
- 에칠페나세미드(페네투라이드)
- 2－[[4－[에칠(2－하이드록시에칠)아미노]페닐]아조]－6－메톡시－3－메칠－벤조치아졸리움 및 그 염류
- 2－에칠헥사노익애씨드
- 2－에칠헥실[[[3,5－비스(1,1－디메칠에칠)－4－하이드록시페닐]－메칠]치오]아세테이트
- O,O′－(에테닐메칠실릴렌디[(4－메칠펜탄－2－온)옥심]
- 에토헵타진 및 그 염류
- 7－에톡시－4－메칠쿠마린
- 4′－에톡시－2－벤즈이미다졸아닐라이드
- 2－에톡시에탄올(에칠렌글리콜 모노에칠에텔, EGMEE)
- 에톡시에탄올아세테이트
- 5－에톡시－3－트리클로로메칠－1,2,4－치아디아졸
- 4－에톡시페놀(히드로퀴논모노에칠에텔)
- 4－에톡시－m－페닐렌디아민 및 그 염류(예 4－에톡시－m－페닐렌디아민 설페이트)
- 에페드린 및 그 염류
- 1,2－에폭시부탄

- (에폭시에칠)벤젠
- 1,2-에폭시-3-페녹시프로판
- R-2,3-에폭시-1-프로판올
- 2,3-에폭시프로판-1-올
- 2,3-에폭시프로필-o-톨일에텔
- 에피네프린
- 옥사디아질
- (옥사릴비스이미노에칠렌)비스((o-클로로벤질)디에칠암모늄)염류(예 암베노뮴클로라이드)
- 옥산아미드 및 그 유도체
- 옥스페네리딘 및 그 염류
- 4,4'-옥시디아닐린(p-아미노페닐 에텔) 및 그 염류
- (s)-옥시란메탄올 4-메칠벤젠설포네이트
- 옥시염화비스머스 이외의 비스머스화합물
- 옥시퀴놀린(히드록시-8-퀴놀린 또는 퀴놀린-8-올) 및 그 황산염
- 옥타목신 및 그 염류
- 옥타밀아민 및 그 염류
- 옥토드린 및 그 염류
- 올레안드린
- 와파린 및 그 염류
- 요도메탄
- 요오드
- 요힘빈 및 그 염류
- 우레탄(에칠카바메이트)
- 우로카닌산, 우로카닌산에칠
- Urginea scilla Stern. 및 그 생약제제
- 우스닉산 및 그 염류(구리염 포함)
- 2,2'-이미노비스-에탄올, 에피클로로히드린 및 2-니트로-1,4-벤젠디아민의 반응생성물(에이치시 청색 No. 5) 및 그 염류
- (마이크로-((7,7'-이미노비스(4-하이드록시-3-((2-하이드록시-5-(N-메칠설파모일)페닐)아조)나프탈렌-2-설포네이토))(6-)))디쿠프레이트 및 그 염류
- 4,4'-(4-이미노사이클로헥사-2,5-디에닐리덴메칠렌)디아닐린 하이드로클로라이드
- 이미다졸리딘-2-치온
- 과산화물가가 10mmol/L을 초과하는 이소디프렌
- 이소메트헵텐 및 그 염류
- 이소부틸나이트라이트

- 4,4′-이소부틸에칠리덴디페놀
- 이소소르비드디나이트레이트
- 이소카르복사지드
- 이소프레나린
- 이소프렌(2-메칠-1,3-부타디엔)
- 6-이소프로필-2-데카하이드로나프탈렌올(6-이소프로필-2-데카롤)
- 3-(4-이소프로필페닐)-1,1-디메칠우레아(이소프로투론)
- (2-이소프로필펜트-4-에노일)우레아(아프로날리드)
- 이속사풀루톨
- 이속시닐 및 그 염류
- 이부프로펜피코놀, 그 염류 및 유도체
- Ipecacuanha(Cephaelis ipecacuaha Brot. 및 관련된 종)(뿌리, 가루 및 생약제제)
- 이프로디온
- 인체 세포·조직 및 그 배양액(다만, 배양액 중 별표 3의 인체 세포·조직 배양액 안전기준에 적합한 경우는 제외)
- 인태반(Human Placenta) 유래 물질
- 인프로쿠온
- 임페라토린(9-(3-메칠부트-2-에니록시)푸로(3,2-g)크로멘-7온)

■ ㅈ

- 자이람
- 자일렌(다만, 화장품 원료의 제조공정에서 용매로 사용되었으나 완전히 제거할 수 없는 잔류용매로서 화장품법 시행규칙 [별표 3] 자. 손발톱용 제품류 중 1), 2), 3), 5)에 해당하는 제품 중 0.01%이하, 기타 제품 중 0.002% 이하인 경우 제외)
- 자일로메타졸린 및 그 염류
- 자일리딘, 그 이성체, 염류, 할로겐화 유도체 및 설폰화 유도체
- 족사졸아민
- Juniperus sabina L.(잎, 정유 및 생약제제)
- 지르코늄 및 그 산의 염류

PART 01
PART 02
PART 03
PART 04
PART 05
PART 06

■ ㅊ

- 천수국꽃 추출물 또는 오일
- Chenopodium ambrosioides(정유)
- 치람
- 4,4′-치오디아닐린 및 그 염류
- 치오아세타마이드
- 치오우레아 및 그 유도체
- 치오테파
- 치오판네이트-메칠

■ ㅋ

- 카드뮴 및 그 화합물
- 카라미펜 및 그 염류
- 카르벤다짐
- 4,4′-카르본이미돌일비스[N,N-디메칠아닐린] 및 그 염류
- 카리소프로돌
- 카바독스
- 카바릴
- N-(3-카바모일-3,3-디페닐프로필)-N,N-디이소프로필메칠암모늄염(예 이소프로파미드아이오다이드)
- 카바졸의 니트로유도체
- 7,7′-(카보닐디이미노)비스(4-하이드록시-3-[[2-설포-4-[(4-설포페닐)아조]페닐]아조-2-나프탈렌설포닉애씨드 및 그 염류
- 카본디설파이드
- 카본모노옥사이드(일산화탄소)
- 카본블랙(다만, 불순물 중 벤조피렌과 디벤즈(a,h)안트라센이 각각 5ppb 이하이고 총 다환방향족탄화수소류(PAHs)가 0.5ppm 이하인 경우에는 제외)
- 카본테트라클로라이드
- 카부트아미드
- 카브로말
- 카탈라아제
- 카테콜(피로카테콜)(다만, 산화염모제에서 용법·용량에 따른 혼합물의 염모성분으로서 1.5% 이하는 제외)
- 칸타리스, Cantharis vesicatoria
- 캡타폴
- 캡토디암
- 케토코나졸

- Coniummaculatum L.(과실, 가루, 생약제제)
- 코니인
- 코발트디클로라이드(코발트클로라이드)
- 코발트벤젠설포네이트
- 코발트설페이트
- 코우메타롤
- 콘발라톡신
- 콜린염 및 에스텔(예 콜린클로라이드)
- 콜키신, 그 염류 및 유도체
- 콜키코시드 및 그 유도체
- Colchicum autumnale L. 및 그 생약제제
- 콜타르 및 정제콜타르
- 쿠라레와 쿠라린
- 합성 쿠라리잔트(Curarizants)
- 과산화물가가 10mmol/L을 초과하는 Cupressus sempervirens 잎의 오일 및 추출물
- 크로톤알데히드(부테날)
- Croton tiglium(오일)
- 3−(4−클로로페닐)−1,1−디메칠우로늄 트리클로로아세테이트 ; 모누론−TCA
- 크롬 ; 크로믹애씨드 및 그 염류
- 크리센
- 크산티놀(7−{2−히드록시−3−[N−(2−히드록시에칠)−N−메칠아미노]프로필}테오필린)
- Claviceps purpurea Tul., 그 알칼로이드 및 생약제제
- 1−클로로−4−니트로벤젠
- 2−[(4−클로로−2−니트로페닐)아미노]에탄올(에이치시 황색 No. 12) 및 그 염류
- 2−[(4−클로로−2−니트로페닐)아조)−N−(2−메톡시페닐)−3−옥소부탄올아마이드(피그먼트옐로우 73) 및 그 염류
- 2−클로로−5−니트로−N−하이드록시에칠−p−페닐렌디아민 및 그 염류
- 클로로데콘
- 2,2′−((3−클로로−4−((2,6−디클로로−4−니트로페닐)아조)페닐)이미노)비스에탄올(디스퍼스브라운 1) 및 그 염류
- 5−클로로−1,3−디하이드로−2H−인돌−2−온
- [6−[[3−클로로−4−(메칠아미노)페닐]이미노]−4−메칠−3−옥소사이클로헥사−1,4−디엔−1−일]우레아(에이치시 적색 No. 9) 및 그 염류
- 클로로메칠 메칠에텔
- 2−클로로−6−메칠피리미딘−4−일디메칠아민(크리미딘−ISO)

- 클로로메탄
- p-클로로벤조트리클로라이드
- N-5-클로로벤족사졸-2-일아세트아미드
- 4-클로로-2-아미노페놀
- 클로로아세타마이드
- 클로로아세트알데히드
- 클로로아트라놀
- 6-(2-클로로에칠)-6-(2-메톡시에톡시)-2,5,7,10-테트라옥사-6-실라운데칸
- 2-클로로-6-에칠아미노-4-니트로페놀 및 그 염류(다만, 산화염모제에서 용법·용량에 따른 혼합물의 염모성분으로서 1.5% 이하, 비산화염모제에서 용법·용량에 따른 혼합물의 염모성분으로서 3% 이하는 제외)
- 클로로에탄
- 1-클로로-2,3-에폭시프로판
- R-1-클로로-2,3-에폭시프로판
- 클로로탈로닐
- 클로로톨루론 ; 3-(3-클로로-p-톨일)-1,1-디메칠우레아
- α-클로로톨루엔
- N'-(4-클로로-o-톨일)-N,N-디메칠포름아미딘 모노하이드로클로라이드
- 1-(4-클로로페닐)-4,4-디메칠-3-(1,2,4-트리아졸-1-일메칠)펜타-3-올
- (3-클로로페닐)-(4-메톡시-3-니트로페닐)메타논
- (2RS,3RS)-3-(2-클로로페닐)-2-(4-플루오로페닐)-[1H-1,2,4-트리아졸-1-일)메칠]옥시란(에폭시코나졸)
- 2-(2-(4-클로로페닐)-2-페닐아세틸)인단 1,3-디온(클로로파시논-ISO)
- 클로로포름
- 클로로프렌(2-클로로부타-1,3-디엔)
- 클로로플루오로카본 추진제(완전하게 할로겐화된 클로로플루오로알칸)
- 2-클로로-N-(히드록시메칠)아세트아미드
- N-[6-[(2-클로로-4-하이드록시페닐)이미노]-4-메톡시-3-옥소-1,4-사이클로헥사디엔-1-일]아세타마이드(에이치시 황색 No. 8) 및 그 염류
- 클로르단
- 클로르디메폼
- 클로르메자논
- 클로르메틴 및 그 염류
- 클로르족사존
- 클로르탈리돈
- 클로르프로티센 및 그 염류

- 클로르프로파미드
- 클로린
- 클로졸리네이트
- 클로페노탄 ; DDT(ISO)
- 클로펜아미드
- 키노메치오네이트

■ ㅌ

- 타크로리무스(tacrolimus), 그 염류 및 유도체
- 탈륨 및 그 화합물
- 탈리도마이드 및 그 염류
- 대한민국약전(식품의약품안전처 고시) '탤크'항 중 석면기준에 적합하지 않은 탤크
- 과산화물가가 10mmol/L을 초과하는 테르펜 및 테르페노이드(다만, 리모넨류는 제외)
- 과산화물가가 10mmol/L을 초과하는 신핀 테르펜 및 테르페노이드(sinpine terpenes and terpenoids)
- 과산화물가가 10mmol/L을 초과하는 테르펜 알코올류의 아세테이트
- 과산화물가가 10mmol/L을 초과하는 테르펜하이드로카본
- 과산화물가가 10mmol/L을 초과하는 $\alpha$-테르피넨
- 과산화물가가 10mmol/L을 초과하는 $\gamma$-테르피넨
- 과산화물가가 10mmol/L을 초과하는 테르피놀렌
- Thevetia neriifolia juss, 배당체 추출물
- N,N,N′,N′-테트라글리시딜-4,4′-디아미노-3,3′-디에칠디페닐메탄
- N,N,N′,N-테트라메칠-4,4′-메칠렌디아닐린
- 테트라베나진 및 그 염류
- 테트라브로모살리실아닐리드
- 테트라소듐 3,3′-[[1,1′-비페닐]-4,4′-디일비스(아조)]비스[5-아미노-4-하이드록시나프탈렌-2,7-디설포네이트](다이렉트블루 6)
- 1,4,5,8-테트라아미노안트라퀴논(디스퍼스블루1)
- 테트라에칠피로포스페이트 ; TEPP(ISO)
- 테트라카보닐니켈
- 테트라카인 및 그 염류
- 테트라코나졸((+/-)-2-(2,4-디클로로페닐)-3-(1H-1,2,4-트리아졸-1-일)프로필-1,1,2,2-테트라플루오로에칠에텔)
- 2,3,7,8-테트라클로로디벤조-p-디옥신
- 테트라클로로살리실아닐리드
- 5,6,12,13-테트라클로로안트라(2,1,9-def : 6,5,10-d′e′f′)디이소퀴놀린-1,3,8,10(2H,9H)-테트론

- 테트라클로로에칠렌
- 테트라키스－하이드록시메칠포스포늄 클로라이드, 우레아 및 증류된 수소화 C16－18 탈로우 알킬아민의 반응 생성물 (UVCB 축합물)
- 테트라하이드로－6－니트로퀴노살린 및 그 염류
- 테트라히드로졸린(테트리졸린) 및 그 염류
- 테트라하이드로치오피란－3－카르복스알데하이드
- (＋/－)－테트라하이드로풀푸릴－(R)－2－[4－(6－클로로퀴노살린－2－일옥시)페닐옥시]프로피오네이트
- 테트릴암모늄브로마이드
- 테파졸린 및 그 염류
- 텔루륨 및 그 화합물
- 토목향(Inula helenium)오일
- 톡사펜
- 톨루엔－3,4－디아민
- 톨루이디늄클로라이드
- 톨루이딘, 그 이성체, 염류, 할로겐화 유도체 및 설폰화 유도체
- o－톨루이딘계 색소류
- 톨루이딘설페이트(1：1)
- m－톨리덴 디이소시아네이트
- 4－o－톨릴아조－o－톨루이딘
- 톨복산
- 톨부트아미드
- [(톨일옥시)메칠]옥시란(크레실 글리시딜 에텔)
- [(m－톨일옥시)메칠]옥시란
- [(p－톨일옥시)메칠]옥시란
- 과산화물가가 10mmol/L을 초과하는 피누스(Pinus)속을 스팀증류하여 얻은 투르펜틴
- 과산화물가가 10mmol/L을 초과하는 투르펜틴검(피누스(Pinus)속)
- 과산화물가가 10mmol/L을 초과하는 투르펜틴 오일 및 정제오일
- 투아미노헵탄, 이성체 및 그 염류
- 과산화물가가 10mmol/L을 초과하는 Thuja Occidentalis 나무줄기의 오일
- 과산화물가가 10mmol/L을 초과하는 Thuja Occidentalis 잎의 오일 및 추출물
- 트라닐시프로민 및 그 염류
- 트레타민
- 트레티노인(레티노익애씨드 및 그 염류)
- 트리니켈디설파이드
- 트리데모르프

- $3,5,5-$트리메칠사이클로헥스$-2-$에논
- $2,4,5-$트리메칠아닐린[1] ; $2,4,5-$트리메칠아닐린 하이드로클로라이드[2]
- $3,6,10-$트리메칠$-3,5,9-$운데카트리엔$-2-$온(메칠이소슈도이오논)
- $2,2,6-$트리메칠$-4-$피페리딜벤조에이트(유카인) 및 그 염류
- $3,4,5-$트리메톡시펜에칠아민 및 그 염류
- 트리부틸포스페이트
- $3,4',5-$트리브로모살리실아닐리드(트리브롬살란)
- $2,2,2-$트리브로모에탄올(트리브로모에칠알코올)
- 트리소듐 비스(7$-$아세트아미도$-2-$(4$-$니트로$-2-$옥시도페닐아조)$-3-$설포네이토$-1-$나프톨라토)크로메이트(1$-$)
- 트리소듐[4'$-$(8$-$아세틸아미노$-3,6-$디설포네이토$-2-$나프틸아조)$-4''-$(6$-$벤조일아미노$-3-$설포네이토$-2-$나프틸아조)$-$비페닐$-1,3',3'',1'''-$테트라올라토$-$O,O',O'',O''']코퍼(II)
- $1,3,5-$트리스(3$-$아미노메칠페닐)$-1,3,5-$(1H,3H,5H)$-$트리아진$-2,4,6-$트리온 및 $3,5-$비스(3$-$아미노메칠페닐)$-1-$폴리[3,5$-$비스(3$-$아미노메칠페닐)$-2,4,6-$트리옥소$-1,3,5-$(1H,3H,5H)$-$트리아진$-1-$일]$-1,3,5-$(1H,3H,5H)$-$트리아진$-2,4,6-$트리온 올리고머의 혼합물
- $1,3,5-$트리스$-$[(2S 및 2R)$-2,3-$에폭시프로필]$-1,3,5-$트리아진$-2,4,6-$(1H,3H,5H)$-$트리온
- $1,3,5-$트리스(옥시라닐메칠)$-1,3,5-$트리아진$-2,4,6$(1H,3H,5H)$-$트리온
- 트리스(2$-$클로로에칠)포스페이트
- N1$-$(트리스(하이드록시메칠))$-$메칠$-4-$니트로$-1,2-$페닐렌디아민(에이치시 황색 No. 3) 및 그 염류
- $1,3,5-$트리스(2$-$히드록시에칠)헥사히드로$1,3,5-$트리아신
- $1,2,4-$트리아졸
- 트리암테렌 및 그 염류
- 트리옥시메칠렌(1,3,5$-$트리옥산)
- 트리클로로니트로메탄(클로로피크린)
- N$-$(트리클로로메칠치오)프탈이미드
- N$-$[(트리클로로메칠)치오]$-4-$사이클로헥센$-1,2-$디카르복시미드(캡탄)
- $2,3,4-$트리클로로부트$-1-$엔
- 트리클로로아세틱애씨드
- 트리클로로에칠렌
- $1,1,2-$트리클로로에탄
- $2,2,2-$트리클로로에탄$-1,1-$디올
- $\alpha,\alpha,\alpha-$트리클로로톨루엔
- $2,4,6-$트리클로로페놀
- $1,2,3-$트리클로로프로판
- 트리클로르메틴 및 그 염류

- 트리톨일포스페이트
- 트리파라놀
- 트리플루오로요도메탄
- 트리플루페리돌
- 1,3,5 − 트리하이드록시벤젠(플로로글루시놀) 및 그 염류
- 티로트리신
- 티로프로픽애씨드 및 그 염류
- 티아마졸
- 티우람디설파이드
- 티우람모노설파이드

■ ㅍ

- 파라메타손
- 파르에톡시카인 및 그 염류
- 2급 아민함량이 5%를 초과하는 패티애씨드디알킬아마이드류 및 디알칸올아마이드류
- 페나글리코돌
- 페나디아졸
- 페나리몰
- 페나세미드
- p − 페네티딘(4 − 에톡시아닐린)
- 페노졸론
- 페노티아진 및 그 화합물
- 페놀
- 페놀프탈레인((3,3 − 비스(4 − 하이드록시페닐)프탈리드)
- 페니라미돌
- o − 페닐렌디아민 및 그 염류
- 페닐부타존
- 4 − 페닐부트 − 3 − 엔 − 2 − 온
- 페닐살리실레이트
- 1 − 페닐아조 − 2 − 나프톨(솔벤트옐로우 14)
- 4 − (페닐아조) − m − 페닐렌디아민 및 그 염류
- 4 − 페닐아조페닐렌 − 1 − 3 − 디아민시트레이트히드로클로라이드(크리소이딘시트레이트히드로클로라이드)
- (R) − $\alpha$ − 페닐에칠암모늄( − ) − (1R, 2S) − (1,2 − 에폭시프로필)포스포네이트 모노하이드레이트
- 2 − 페닐인단 − 1,3 − 디온(페닌디온)
- 페닐파라벤

- 트랜스−4−페닐−L−프롤린
- 페루발삼(Myroxylon pereirae의 수지)[다만, 추출물(extracts) 또는 증류물(distillates)로서 0.4% 이하인 경우는 제외]
- 페몰린 및 그 염류
- 페트리클로랄
- 펜메트라진 및 그 유도체 및 그 염류
- 펜치온
- N,N′−펜타메칠렌비스(트리메칠암모늄)염류(ⓒ 펜타메토늄브로마이드)
- 펜타에리트리틸테트라나이트레이트
- 펜타클로로에탄
- 펜타클로로페놀 및 그 알칼리 염류
- 펜틴 아세테이트
- 펜틴 하이드록사이드
- 2−펜틸리덴사이클로헥사논
- 펜프로바메이트
- 펜프로코우몬
- 펜프로피모르프
- 펠레티에린 및 그 염류
- 포름아마이드
- 포름알데하이드 및 p−포름알데하이드
- 포스파미돈
- 포스포러스 및 메탈포스피드류
- 포타슘브로메이트
- 폴딘메틸설페이드
- 푸로쿠마린류(ⓒ 트리옥시살렌, 8−메톡시소랄렌, 5−메톡시소랄렌)(천연에센스에 자연적으로 함유된 경우는 제외. 다만, 자외선차단제품 및 인공선탠제품에서는 1ppm 이하이어야 한다.)
- 푸르푸릴트리메칠암모늄염(ⓒ 푸르트레토늄아이오다이드)
- 풀루아지포프−부틸
- 풀미옥사진
- 퓨란
- 프라모카인 및 그 염류
- 프레그난디올
- 프로게스토젠
- 프로그레놀론아세테이트
- 프로베네시드

- 프로카인아미드, 그 염류 및 유도체
- 프로파지트
- 프로파진
- 프로파틸나이트레이트
- 4,4′−[1,3−프로판디일비스(옥시)]비스벤젠−1,3−디아민 및 그 테트라하이드로클로라이드염(예 1,3−비스−(2,4−디아미노페녹시)프로판, 염산 1,3−비스−(2,4−디아미노페녹시)프로판 하이드로클로라이드)(다만, 산화염모제에서 용법·용량에 따른 혼합물의 염모성분으로서 산으로서 1.2% 이하는 제외)
- 1,3−프로판설톤
- 프로판−1,2,3−트리일트리나이트레이트
- 프로피오락톤
- 프로피자미드
- 프로피페나존
- Prunus laurocerasus L.
- 프시로시빈
- 프탈레이트류(디부틸프탈레이트, 디에틸헥실프탈레이트, 부틸벤질프탈레이트에 한함)
- 플루실라졸
- 플루아니손
- 플루오레손
- 플루오로우라실
- 플루지포프−p−부틸
- 피그먼트레드 53(레이크레드 C)
- 피그먼트레드 53:1(레이크레드 CBa)
- 피그먼트오렌지 5(파마넨트오렌지)
- 피나스테리드, 그 염류 및 유도체
- 과산화물가가 10mmol/L을 초과하는 Pinus nigra 잎과 잔가지의 오일 및 추출물
- 과산화물가가 10mmol/L을 초과하는 Pinus mugo 잎과 잔가지의 오일 및 추출물
- 과산화물가가 10mmol/L을 초과하는 Pinus mugo pumilio 잎과 잔가지의 오일 및 추출물
- 과산화물가가 10mmol/L을 초과하는 Pinus cembra 아세틸레이티드 잎 및 잔가지의 추출물
- 과산화물가가 10mmol/L을 초과하는 Pinus cembra 잎과 잔가지의 오일 및 추출물
- 과산화물가가 10mmol/L을 초과하는 Pinus species 잎과 잔가지의 오일 및 추출물
- 과산화물가가 10mmol/L을 초과하는 Pinus sylvestris 잎과 잔가지의 오일 및 추출물
- 과산화물가가 10mmol/L을 초과하는 Pinus palustris 잎과 잔가지의 오일 및 추출물
- 과산화물가가 10mmol/L을 초과하는 Pinus pumila 잎과 잔가지의 오일 및 추출물
- 과산화물가가 10mmol/L을 초과하는 Pinus pinaste 잎과 잔가지의 오일 및 추출물
- Pyrethrum album L. 및 그 생약제제

- 피로갈롤(다만, 염모제에서 용법·용량에 따른 혼합물의 염모성분으로서 2% 이하는 제외)
- Pilocarpus jaborandi Holmes 및 그 생약제제
- 피로카르핀 및 그 염류
- 6－(1－피롤리디닐)－2,4－피리미딘디아민－3－옥사이드(피롤리디닐 디아미노 피리미딘 옥사이드)
- 피리치온소듐(INNM)
- 피리치온알루미늄캄실레이트
- 피메크로리무스(pimecrolimus), 그 염류 및 그 유도체
- 피메트로진
- 과산화물가가 10mmol/L을 초과하는 Picea mariana 잎의 오일 및 추출물
- Physostigma venenosum Balf.
- 피이지－3,2′,2′－디－p－페닐렌디아민
- 피크로톡신
- 피크릭애씨드
- 피토나디온(비타민 K1)
- 피톨라카(Phytolacca)속 및 그 제제
- 피파제테이트 및 그 염류
- 6－(피페리디닐)－2,4－피리미딘디아민－3－옥사이드(미녹시딜), 그 염류 및 유도체
- α－피페리딘－2－일벤질아세테이트 좌회전성의 트레오포름(레보파세토페란) 및 그 염류
- 피프라드롤 및 그 염류
- 피프로쿠라륨및 그 염류

■ ㅎ

- 형광증백제
- 히드라스틴, 히드라스티닌 및 그 염류
- (4－하이드라지노페닐)－N－메칠메탄설폰아마이드 하이드로클로라이드
- 히드라지드 및 그 염류
- 히드라진, 그 유도체 및 그 염류
- 하이드로아비에틸 알코올
- 히드로겐시아니드 및 그 염류
- 히드로퀴논
- 히드로플루오릭애씨드, 그 노르말 염, 그 착화합물 및 히드로플루오라이드
- N－[3－하이드록시－2－(2－메칠아크릴로일아미노메톡시)프로폭시메칠]－2－메칠아크릴아마이드, N－[2,3－비스－(2－메칠아크릴로일아미노메톡시)프로폭시메칠－2－메칠아크릴아미드, 메타크릴아마이드 및 2－메칠－N－(2－메칠아크릴로일아미노메톡시메칠)－아크릴아마이드
- 4－히드록시－3－메톡시신나밀알코올의벤조에이트(천연에센스에 자연적으로 함유된 경우는 제외)

- (6-(4-하이드록시)-3-(2-메톡시페닐아조)-2-설포네이토-7-나프틸아미노)-1,3,5-트리아진-2,4-디일)비스[(아미노이-1-메칠에칠)암모늄]포메이트
- 1-하이드록시-3-니트로-4-(3-하이드록시프로필아미노)벤젠 및 그 염류(예 4-하이드록시프로필아미노-3-니트로페놀)(다만, 염모제에서 용법·용량에 따른 혼합물의 염모성분으로서 2.6 % 이하는 제외)
- 1-하이드록시-2-베타-하이드록시에칠아미노-4,6-디니트로벤젠 및 그 염류(예 2-하이드록시에칠피크라믹애씨드)(다만, 2-하이드록시에칠피크라믹애씨드는 산화염모제에서 용법·용량에 따른 혼합물의 염모성분으로서 1.5% 이하, 비산화염모제에서 용법·용량에 따른 혼합물의 염모성분으로서 2.0% 이하는 제외)
- 5-하이드록시-1,4-벤조디옥산 및 그 염류
- 하이드록시아이소헥실 3-사이클로헥센 카보스알데히드(HICC)
- N1-(2-하이드록시에칠)-4-니트로-o-페닐렌디아민(에이치시 황색 No. 5) 및 그 염류
- 하이드록시에칠-2,6-디니트로-p-아니시딘 및 그 염류
- 3-[[4-[(2-하이드록시에칠)메칠아미노]-2-니트로페닐]아미노]-1,2-프로판디올 및 그 염류
- 하이드록시에칠-3,4-메칠렌디옥시아닐린; 2-(1,3-벤진디옥솔-5-일아미노)에탄올 하이드로클로라이드 및 그 염류(예 하이드록시에칠-3,4-메칠렌디옥시아닐린 하이드로클로라이드)(다만, 산화염모제에서 용법·용량에 따른 혼합물의 염모성분으로서 1.5% 이하는 제외)
- 3-[[4-[(2-하이드록시에칠)아미노]-2-니트로페닐]아미노]-1,2-프로판디올 및 그 염류
- 4-(2-하이드록시에칠)아미노-3-니트로페놀 및 그 염류(예 3-니트로-p-하이드록시에칠아미노페놀)(다만, 3-니트로-p-하이드록시에칠아미노페놀은 산화염모제에서 용법·용량에 따른 혼합물의 염모성분으로서 3.0% 이하, 비산화염모제에서 용법·용량에 따른 혼합물의 염모성분으로서 1.85% 이하는 제외)
- 2,2'-[[4-[(2-하이드록시에칠)아미노]-3-니트로페닐]이미노]바이세타놀 및 그 염류(예 에이치시 청색 No. 2)(다만, 비산화염모제에서 용법·용량에 따른 혼합물의 염모성분으로서 2.8% 이하는 제외)
- 1-[(2-하이드록시에칠)아미노]-4-(메칠아미노-9,10-안트라센디온 및 그 염류
- 하이드록시에칠아미노메칠-p-아미노페놀 및 그 염류
- 5-[(2-하이드록시에칠)아미노]-o-크레졸 및 그 염류(예 2-메칠-5-하이드록시에칠아미노페놀)(다만, 2-메칠-5-하이드록시에칠아미노페놀은 염모제에서 용법·용량에 따른 혼합물의 염모성분으로서 0.5% 이하는 제외)
- (4-(4-히드록시-3-요오도페녹시)-3,5-디요오도페닐)아세틱애씨드 및 그 염류
- 6-하이드록시-1-(3-이소프로폭시프로필)-4-메칠-2-옥소-5-[4-(페닐아조)페닐아조]-1,2-디하이드로-3-피리딘카보니트릴
- 4-히드록시인돌
- 2-[2-하이드록시-3-(2-클로로페닐)카르바모일-1-나프틸아조]-7-[2-하이드록시-3-(3-메칠페닐)카르바모일-1-나프틸아조]플루오렌-9-온
- 4-(7-하이드록시-2,4,4-트리메칠-2-크로마닐)레솔시놀-4-일-트리스(6-디아조-5,6-디하이드로-5-옥소나프탈렌-1-설포네이트) 및 4-(7-하이드록시-2,4,4-트리메칠-2-크로마닐)레솔시놀비스(6-디아조-5,6-디하이드로-5-옥소나프탈렌-1-설포네이트)의 2 : 1 혼합물
- 11-$\alpha$-히드록시프레근-4-엔-3,20-디온 및 그 에스텔

- 1-(3-하이드록시프로필아미노)-2-니트로-4-비스(2-하이드록시에칠)아미노)벤젠 및 그 염류(예 에이치시 자색 No. 2)(다만, 비산화염모제에서 용법·용량에 따른 혼합물의 염모성분으로서 2.0% 이하는 제외)
- 히드록시프로필 비스(N-히드록시에칠-p-페닐렌디아민) 및 그 염류(다만, 산화염모제에서 용법·용량에 따른 혼합물의 염모성분으로 테트라하이드로클로라이드염으로서 0.4% 이하는 제외)
- 하이드록시피리디논 및 그 염류
- 3-하이드록시-4-[(2-하이드록시나프틸)아조]-7-니트로나프탈렌-1-설포닉애씨드 및 그 염류
- 할로카르반
- 할로페리돌
- 항생물질
- 항히스타민제(예 독실아민, 디페닐피랄린, 디펜히드라민, 메타피릴렌, 브롬페니라민, 사이클리진, 클로르페녹사민, 트리펠렌아민, 히드록사진 등)
- N, N'-헥사메칠렌비스(트리메칠암모늄)염류(예 헥사메토늄브로마이드)
- 헥사메칠포스포릭-트리아마이드
- 헥사에칠테트라포스페이트
- 헥사클로로벤젠
- (1R, 4S, 5R, 8S)-1, 2, 3, 4, 10, 10-헥사클로로-6, 7-에폭시-1, 4, 4a, 5, 6, 7, 8, 8a-옥타히드로-, 1, 4;5, 8-디메타노나프탈렌(엔드린-ISO)
- 1, 2, 3, 4, 5, 6-헥사클로로사이클로헥산류(예 린단)
- 헥사클로로에탄
- (1R, 4S, 5R, 8S)-1, 2, 3, 4, 10, 10-헥사클로로-1, 4, 4a, 5, 8, 8a-헥사히드로-1, 4;5, 8-디메타노나프탈렌(이소드린-ISO)
- 헥사프로피메이트
- (1R, 2S)-헥사히드로-1, 2-디메칠-3, 6-에폭시프탈릭안하이드라이드(칸타리딘)
- 헥사하이드로사이클로펜타(C) 피롤-1-(1H)-암모늄 N-에톡시카르보닐-N-(p-톨릴설포닐)아자나이드
- 헥사하이드로쿠마린
- 헥산
- 헥산-2-온
- 1,7-헵탄디카르복실산(아젤라산), 그 염류 및 유도체
- 트랜스-2-헥세날디메칠아세탈
- 트랜스-2-헥세날디에칠아세탈
- 헨나(Lawsonia Inermis)엽가루(다만, 염모제에서 염모성분으로 사용하는 것은 제외)
- 트랜스-2-헵테날
- 헵타클로로에폭사이드
- 헵타클로르
- 3-헵틸-2-(3-헵틸-4-메칠-치오졸린-2-일렌)-4-메칠-치아졸리늄다이드

- 황산 4,5 − 디아미노 − 1 − ((4 − 클로르페닐)메칠) − 1H − 피라졸
- 황산 5 − 아미노 − 4 − 플루오르 − 2 − 메칠페놀
- Hyoscyamus niger L. (잎, 씨, 가루 및 생약제제)
- 히요시아민, 그 염류 및 유도체
- 히요신, 그 염류 및 유도체

■ **기타**

- 영국 및 북아일랜드산 소 유래 성분
- BSE(Bovine Spongiform Encephalopathy) 감염조직 및 이를 함유하는 성분
- 광우병 발병이 보고된 지역의 다음의 특정위험물질(specified risk material) 유래성분(소 · 양 · 염소 등반추동물의 18개 부위)
  - 뇌(brain)
  - 두개골(skull)
  - 척수(spinal cord)
  - 뇌척수액(cerebrospinal fluid)
  - 송과체(pineal gland)
  - 하수체(pituitary gland)
  - 경막(dura mater)
  - 눈(eye)
  - 삼차신경절(trigeminal ganglia)
  - 배측근신경절(dorsal root ganglia)
  - 척주(vertebral column)
  - 림프절(lymph nodes)
  - 편도(tonsil)
  - 흉선(thymus)
  - 십이지장에서 직장까지의 장관(intestines from the duodenum to the rectum)
  - 비장(spleen)
  - 태반(placenta)
  - 부신(adrenal gland)
- 「화학물질의 등록 및 평가 등에 관한 법률」 제2조제9호 및 제27조에 따라 지정하고 있는 금지물질

## ■ 1. 화장품의 유형(의약외품은 제외한다)

### 가. 영·유아용(만 3세 이하의 어린이용을 말한다. 이하 같다) 제품류

1) 영·유아용 샴푸, 린스
2) 영·유아용 로션, 크림
3) 영·유아용 오일
4) 영·유아 인체 세정용 제품
5) 영·유아 목욕용 제품

### 나. 목욕용 제품류

1) 목욕용 오일·정제·캡슐
2) 목욕용 소금류
3) 버블 배스(bubble baths)
4) 그 밖의 목욕용 제품류

### 다. 인체 세정용 제품류

1) 폼 클렌저(foam cleanser)
2) 바디 클렌저(body cleanser)
3) 액체 비누(liquid soaps) 및 화장 비누(고체 형태의 세안용 비누)
4) 외음부 세정제
5) 물휴지. 다만, 「위생용품 관리법」(법률 제14837호) 제2조제1호라목2)에서 말하는 「식품위생법」 제36조 제1항제3호에 따른 식품접객업의 영업소에서 손을 닦는 용도 등으로 사용할 수 있도록 포장된 물티슈와 「장사 등에 관한 법률」 제29조에 따른 장례식장 또는 「의료법」 제3조에 따른 의료기관 등에서 시체(屍體)를 닦는 용도로 사용되는 물휴지는 제외한다.
6) 그 밖의 인체 세정용 제품류

### 라. 눈 화장용 제품류

1) 아이브로 펜슬(eyebrow pencil)
2) 아이 라이너(eye liner)
3) 아이 섀도(eye shadow)
4) 마스카라(mascara)
5) 아이 메이크업 리무버(eye make-up remover)
6) 그 밖의 눈 화장용 제품류

마. 방향용 제품류

    1) 향수

    2) 분말향

    3) 향낭(香囊)

    4) 콜롱(cologne)

    5) 그 밖의 방향용 제품류

바. 두발 염색용 제품류

    1) 헤어 틴트(hair tints)

    2) 헤어 컬러스프레이(hair color sprays)

    3) 염모제

    4) 탈염·탈색용 제품

    5) 그 밖의 두발 염색용 제품류

사. 색조 화장용 제품류

    1) 볼연지

    2) 페이스 파우더(face powder), 페이스 케이크(face cakes)

    3) 리퀴드(liquid)·크림·케이크 파운데이션(foundation)

    4) 메이크업 베이스(make-up bases)

    5) 메이크업 픽서티브(make-up fixatives)

    6) 립스틱, 립라이너(lip liner)

    7) 립글로스(lip gloss), 립밤(lip balm)

    8) 바디페인팅(body painting), 페이스페인팅(face painting), 분장용 제품

    9) 그 밖의 색조 화장용 제품류

아. 두발용 제품류

    1) 헤어 컨디셔너(hair conditioners)

    2) 헤어 토닉(hair tonics)

    3) 헤어 그루밍 에이드(hair grooming aids)

    4) 헤어 크림·로션

    5) 헤어 오일

    6) 포마드(pomade)

    7) 헤어 스프레이·무스·왁스·젤

    8) 샴푸, 린스

    9) 퍼머넌트 웨이브(permanent wave)

    10) 헤어 스트레이트너(hair straightner)

11) 흑채

12) 그 밖의 두발용 제품류

## 자. 손발톱용 제품류

1) 베이스코트(basecoats), 언더코트(under coats)

2) 네일폴리시(nail polish), 네일에나멜(nail enamel)

3) 탑코트(topcoats)

4) 네일 크림 · 로션 · 에센스

5) 네일폴리시 · 네일에나멜 리무버

6) 그 밖의 손발톱용 제품류

## 차. 면도용 제품류

1) 애프터셰이브 로션(aftershave lotions)

2) 남성용 탤컴(talcum)

3) 프리셰이브 로션(preshave lotions)

4) 셰이빙 크림(shaving cream)

5) 셰이빙 폼(shaving foam)

6) 그 밖의 면도용 제품류

## 카. 기초화장용 제품류

1) 수렴 · 유연 · 영양 화장수(face lotions)

2) 마사지 크림

3) 에센스, 오일

4) 파우더

5) 바디 제품

6) 팩, 마스크

7) 눈 주위 제품

8) 로션, 크림

9) 손 · 발의 피부연화 제품

10) 클렌징 워터, 클렌징 오일, 클렌징 로션, 클렌징 크림 등 메이크업 리무버

11) 그 밖의 기초화장용 제품류

## 타. 체취 방지용 제품류

1) 데오도런트

2) 그 밖의 체취 방지용 제품류

파. 체모 제거용 제품류

1) 제모제

2) 제모왁스

3) 그 밖의 체모 제거용 제품류

# ■ 2. 사용 시의 주의사항

## 가. 공통사항

1) 화장품 사용 시 또는 사용 후 직사광선에 의하여 사용부위가 붉은 반점, 부어오름 또는 가려움증 등의 이상 증상이나 부작용이 있는 경우 전문의 등과 상담할 것

2) 상처가 있는 부위 등에는 사용을 자제할 것

3) 보관 및 취급 시의 주의사항

가) 어린이의 손이 닿지 않는 곳에 보관할 것

나) 직사광선을 피해서 보관할 것

## 나. 개별사항

1) 미세한 알갱이가 함유되어 있는 스크러브 세안제 : 알갱이가 눈에 들어갔을 때에는 물로 씻어내고, 이상이 있는 경우에는 전문의와 상담할 것

2) 팩 : 눈 주위를 피하여 사용할 것

3) 두발용, 두발염색용 및 눈 화장용 제품류 : 눈에 들어갔을 때에는 즉시 씻어낼 것

4) 모발용 샴푸

가) 눈에 들어갔을 때에는 즉시 씻어낼 것

나) 사용 후 물로 씻어내지 않으면 탈모 또는 탈색의 원인이 될 수 있으므로 주의할 것

5) 퍼머넌트 웨이브 제품 및 헤어스트레이트너 제품 `2019 기출`

가) 두피·얼굴·눈·목·손 등에 약액이 묻지 않도록 유의하고, 얼굴 등에 약액이 묻었을 때에는 즉시 물로 씻어낼 것

나) 특이체질, 생리 또는 출산 전후이거나 질환이 있는 사람 등은 사용을 피할 것

다) 머리카락의 손상 등을 피하기 위하여 용법·용량을 지켜야 하며, 가능하면 일부에 시험적으로 사용하여 볼 것

라) 섭씨 15도 이하의 어두운 장소에 보존하고, 색이 변하거나 침전된 경우에는 사용하지 말 것

마) 개봉한 제품은 7일 이내에 사용할 것(에어로졸 제품이나 사용 중 공기유입이 차단되는 용기는 표시하지 아니한다)

바) 제2단계 퍼머액 중 그 주성분이 과산화수소인 제품은 검은 머리카락이 갈색으로 변할 수 있으므로 유의하여 사용할 것

6) 외음부 세정제

　　가) 정해진 용법과 용량을 잘 지켜 사용할 것

　　나) 만 3세 이하의 영유아에게는 사용하지 말 것

　　다) 임신 중에는 사용하지 않는 것이 바람직하며, 분만 직전의 외음부 주위에는 사용하지 말 것

　　라) 프로필렌 글리콜(Propylene glycol)을 함유하고 있으므로 이 성분에 과민하거나 알러지 병력이 있는 사람은 신중히 사용할 것(프로필렌 글리콜 함유제품만 표시한다)

7) 손·발의 피부연화 제품(요소제제의 핸드크림 및 풋크림)

　　가) 눈, 코 또는 입 등에 닿지 않도록 주의하여 사용할 것

　　나) 프로필렌 글리콜(Propylene glycol)을 함유하고 있으므로 이 성분에 과민하거나 알러지 병력이 있는 사람은 신중히 사용할 것(프로필렌 글리콜 함유제품만 표시한다)

8) 체취 방지용 제품 : 털을 제거한 직후에는 사용하지 말 것

9) 고압가스를 사용하는 에어로졸 제품[무스의 경우 가)부터 라)까지의 사항은 제외한다]

　　가) 같은 부위에 연속해서 3초 이상 분사하지 말 것

　　나) 가능하면 인체에서 20센티미터 이상 떨어져서 사용할 것

　　다) 눈 주위 또는 점막 등에 분사하지 말 것. 다만, 자외선 차단제의 경우 얼굴에 직접 분사하지 말고 손에 덜어 얼굴에 바를 것

　　라) 분사가스는 직접 흡입하지 않도록 주의할 것

　　마) 보관 및 취급상의 주의사항

　　　　(1) 불꽃길이시험에 의한 화염이 인지되지 않는 것으로서 가연성 가스를 사용하지 않는 제품

　　　　　　(가) 섭씨 40도 이상의 장소 또는 밀폐된 장소에 보관하지 말 것

　　　　　　(나) 사용 후 남은 가스가 없도록 하고 불 속에 버리지 말 것

　　　　(2) 가연성 가스를 사용하는 제품

　　　　　　(가) 불꽃을 향하여 사용하지 말 것

　　　　　　(나) 난로, 풍로 등 화기 부근 또는 화기를 사용하고 있는 실내에서 사용하지 말 것

　　　　　　(다) 섭씨 40도 이상의 장소 또는 밀폐된 장소에서 보관하지 말 것

　　　　　　(라) 밀폐된 실내에서 사용한 후에는 반드시 환기를 할 것

　　　　　　(마) 불 속에 버리지 말 것

10) 고압가스를 사용하지 않는 분무형 자외선 차단제 : 얼굴에 직접 분사하지 말고 손에 덜어 얼굴에 바를 것

11) 알파-하이드록시애시드(α-hydroxyacid, AHA)(이하 "AHA"라 한다) 함유제품(0.5퍼센트 이하의 AHA가 함유된 제품은 제외한다)

　　가) 햇빛에 대한 피부의 감수성을 증가시킬 수 있으므로 자외선 차단제를 함께 사용할 것(씻어내는 제품 및 두발용 제품은 제외한다)

　　나) 일부에 시험 사용하여 피부 이상을 확인할 것

　　다) 고농도의 AHA 성분이 들어 있어 부작용이 발생할 우려가 있으므로 전문의 등에게 상담할 것(AHA 성분이 10퍼센트를 초과하여 함유되어 있거나 산도가 3.5 미만인 제품만 표시한다)

12) 염모제(산화염모제와 비산화염모제)

　가) 다음 분들은 사용하지 마십시오. 사용 후 피부나 신체가 과민상태로 되거나 피부이상반응(부종, 염증 등)이 일어나거나, 현재의 증상이 악화될 가능성이 있습니다.

　　(1) 지금까지 이 제품에 배합되어 있는 '과황산염'이 함유된 탈색제로 몸이 부은 경험이 있는 경우, 사용 중 또는 사용 직후에 구역, 구토 등 속이 좋지 않았던 분(이 내용은 '과황산염'이 배합된 염모제에만 표시한다)

　　(2) 지금까지 염모제를 사용할 때 피부이상반응(부종, 염증 등)이 있었거나, 염색 중 또는 염색 직후에 발진, 발적, 가려움 등이 있거나 구역, 구토 등 속이 좋지 않았던 경험이 있었던 분

　　(3) 피부시험(패치테스트, patch test)의 결과, 이상이 발생한 경험이 있는 분

　　(4) 두피, 얼굴, 목덜미에 부스럼, 상처, 피부병이 있는 분

　　(5) 생리 중, 임신 중 또는 임신할 가능성이 있는 분

　　(6) 출산 후, 병중, 병후의 회복 중인 분, 그 밖의 신체에 이상이 있는 분

　　(7) 특이체질, 신장질환, 혈액질환이 있는 분

　　(8) 미열, 권태감, 두근거림, 호흡곤란의 증상이 지속되거나 코피 등의 출혈이 잦고 생리, 그 밖에 출혈이 멈추기 어려운 증상이 있는 분

　　(9) 이 제품에 첨가제로 함유된 프로필렌글리콜에 의하여 알러지를 일으킬 수 있으므로 이 성분에 과민하거나 알러지 반응을 보였던 적이 있는 분은 사용 전에 의사 또는 약사와 상의하여 주십시오(프로필렌글리콜 함유 제제에만 표시한다).

　나) 염모제 사용 전의 주의

　　(1) 염색 전 2일 전(48시간 전)에는 다음의 순서에 따라 매회 반드시 패치테스트(patch test)를 실시하여 주십시오. 패치테스트는 염모제에 부작용이 있는 체질인지 아닌지를 조사하는 테스트입니다. 과거에 아무 이상이 없이 염색한 경우에도 체질의 변화에 따라 알러지 등 부작용이 발생할 수 있으므로 매회 반드시 실시하여 주십시오(패치테스트의 순서 ①~④를 그림 등을 사용하여 알기 쉽게 표시하며, 필요 시 사용 상의 주의사항에 "별첨"으로 첨부할 수 있음).

　　　① 먼저 팔의 안쪽 또는 귀 뒤쪽 머리카락이 난 주변의 피부를 비눗물로 잘 씻고 탈지면으로 가볍게 닦습니다.

　　　② 다음에 이 제품 소량을 취해 정해진 용법대로 혼합하여 실험액을 준비합니다.

　　　③ 실험액을 앞서 세척한 부위에 동전 크기로 바르고 자연건조시킨 후 그대로 48시간 방치합니다(시간을 잘 지킵니다).

　　　④ 테스트 부위의 관찰은 테스트액을 바른 후 30분 그리고 48시간 후 총 2회를 반드시 행하여 주십시오. 그 때 도포 부위에 발진, 발적, 가려움, 수포, 자극 등의 피부 등의 이상이 있는 경우에는 손 등으로 만지지 말고 바로 씻어내고 염모는 하지 말아 주십시오. 테스트 도중, 48시간 이전이라도 위와 같은 피부이상을 느낀 경우에는 바로 테스트를 중지하고 테스트액을 씻어내고 염모는 하지 말아 주십시오.

　　　⑤ 48시간 이내에 이상이 발생하지 않는다면 바로 염모하여 주십시오.

(2) 눈썹, 속눈썹 등은 위험하므로 사용하지 마십시오. 염모액이 눈에 들어갈 염려가 있습니다. 그 밖에 두발 이외에는 염색하지 말아 주십시오.

(3) 면도 직후에는 염색하지 말아 주십시오.

(4) 염모 전후 1주간은 파마·웨이브(퍼머넌트웨이브)를 하지 말아 주십시오.

다) 염모 시의 주의

(1) 염모액 또는 머리를 감는 동안 그 액이 눈에 들어가지 않도록 하여 주십시오. 눈에 들어가면 심한 통증을 발생시키거나 경우에 따라서 눈에 손상(각막의 염증)을 입을 수 있습니다. 만일, 눈에 들어갔을 때는 절대로 손으로 비비지 말고 바로 물 또는 미지근한 물로 15분 이상 잘 씻어 주시고 곧바로 안과 전문의의 진찰을 받으십시오. 임의로 안약 등을 사용하지 마십시오.

(2) 염색 중에는 목욕을 하거나 염색 전에 머리를 적시거나 감지 말아 주십시오. 땀이나 물방울 등을 통해 염모액이 눈에 들어갈 염려가 있습니다.

(3) 염모 중에 발진, 발적, 부어오름, 가려움, 강한 자극감 등의 피부이상이나 구역, 구토 등의 이상을 느꼈을 때는 즉시 염색을 중지하고 염모액을 잘 씻어내 주십시오. 그대로 방치하면 증상이 악화될 수 있습니다.

(4) 염모액이 피부에 묻었을 때는 곧바로 물 등으로 씻어내 주십시오. 손가락이나 손톱을 보호하기 위하여 장갑을 끼고 염색하여 주십시오.

(5) 환기가 잘 되는 곳에서 염모하여 주십시오.

라) 염모 후의 주의

(1) 머리, 얼굴, 목덜미 등에 발진, 발적, 가려움, 수포, 자극 등 피부의 이상반응이 발생한 경우, 그 부위를 손으로 긁거나 문지르지 말고 바로 피부과 전문의의 진찰을 받으십시오. 임의로 의약품 등을 사용하는 것은 삼가 주십시오.

(2) 염모 중 또는 염모 후에 속이 안 좋아지는 등 신체이상을 느끼는 분은 의사에게 상담하십시오.

마) 보관 및 취급상의 주의

(1) 혼합한 염모액을 밀폐된 용기에 보존하지 말아 주십시오. 혼합한 액으로부터 발생하는 가스의 압력으로 용기가 파손될 염려가 있어 위험합니다. 또한 혼합한 염모액이 위로 튀어 오르거나 주변을 오염시키고 지워지지 않게 됩니다. 혼합한 액의 잔액은 효과가 없으므로 잔액은 반드시 바로 버려 주십시오.

(2) 용기를 버릴 때는 반드시 뚜껑을 열어서 버려 주십시오.

(3) 사용 후 혼합하지 않은 액은 직사광선을 피하고 공기와 접촉을 피하여 서늘한 곳에 보관하여 주십시오.

13) 탈염·탈색제

가) 다음 분들은 사용하지 마십시오. 사용 후 피부나 신체가 과민상태로 되거나 피부이상반응을 보이거나, 현재의 증상이 악화될 가능성이 있습니다.

(1) 두피, 얼굴, 목덜미에 부스럼, 상처, 피부병이 있는 분

(2) 생리 중, 임신 중 또는 임신할 가능성이 있는 분

(3) 출산 후, 병중이거나 또는 회복 중에 있는 분, 그 밖에 신체에 이상이 있는 분

나) 다음 분들은 신중히 사용하십시오.

    (1) 특이체질, 신장질환, 혈액질환 등의 병력이 있는 분은 피부과 전문의와 상의하여 사용하십시오.

    (2) 이 제품에 첨가제로 함유된 프로필렌글리콜에 의하여 알러지를 일으킬 수 있으므로 이 성분에 과민하거나 알러지 반응을 보였던 적이 있는 분은 사용 전에 의사 또는 약사와 상의하여 주십시오.

다) 사용 전의 주의

    (1) 눈썹, 속눈썹에는 위험하므로 사용하지 마십시오. 제품이 눈에 들어갈 염려가 있습니다. 또한, 두발 이외의 부분(손발의 털 등)에는 사용하지 말아 주십시오. 피부에 부작용(피부이상반응, 염증 등)이 나타날 수 있습니다.

    (2) 면도 직후에는 사용하지 말아 주십시오.

    (3) 사용을 전후하여 1주일 사이에는 퍼머넌트웨이브 제품 및 헤어스트레이트너 제품을 사용하지 말아 주십시오.

라) 사용 시의 주의

    (1) 제품 또는 머리 감는 동안 제품이 눈에 들어가지 않도록 하여 주십시오. 만일 눈에 들어갔을 때는 절대로 손으로 비비지 말고 바로 물이나 미지근한 물로 15분 이상 씻어 흘려 내시고 곧바로 안과 전문의의 진찰을 받으십시오. 임의로 안약을 사용하는 것은 삼가 주십시오.

    (2) 사용 중에 목욕을 하거나 사용 전에 머리를 적시거나 감지 말아 주십시오. 땀이나 물방울 등을 통해 제품이 눈에 들어갈 염려가 있습니다.

    (3) 사용 중에 발진, 발적, 부어오름, 가려움, 강한 자극감 등 피부의 이상을 느끼면 즉시 사용을 중지하고 잘 씻어내 주십시오.

    (4) 제품이 피부에 묻었을 때는 곧바로 물 등으로 씻어내 주십시오. 손가락이나 손톱을 보호하기 위하여 장갑을 끼고 사용하십시오.

    (5) 환기가 잘 되는 곳에서 사용하여 주십시오.

마) 사용 후 주의

    (1) 두피, 얼굴, 목덜미 등에 발진, 발적, 가려움, 수포, 자극 등 피부이상반응이 발생한 때에는 그 부위를 손 등으로 긁거나 문지르지 말고 바로 피부과 전문의의 진찰을 받아 주십시오. 임의로 의약품 등을 사용하는 것은 삼가 주십시오.

    (2) 사용 중 또는 사용 후에 구역, 구토 등 신체에 이상을 느끼시는 분은 의사에게 상담하십시오.

바) 보관 및 취급상의 주의

    (1) 혼합한 제품을 밀폐된 용기에 보존하지 말아 주십시오. 혼합한 제품으로부터 발생하는 가스의 압력으로 용기가 파열될 염려가 있어 위험합니다. 또한, 혼합한 제품이 위로 튀어 오르거나 주변을 오염시키고 지워지지 않게 됩니다. 혼합한 제품의 잔액은 효과가 없으므로 반드시 바로 버려 주십시오.

    (2) 용기를 버릴 때는 뚜껑을 열어서 버려 주십시오.

14) 제모제(치오글라이콜릭애씨드 함유 제품에만 표시함)

　가) 다음과 같은 사람(부위)에는 사용하지 마십시오.

　　　(1) 생리 전후, 산전, 산후, 병후의 환자

　　　(2) 얼굴, 상처, 부스럼, 습진, 짓무름, 기타의 염증, 반점 또는 자극이 있는 피부

　　　(3) 유사 제품에 부작용이 나타난 적이 있는 피부

　　　(4) 약한 피부 또는 남성의 수염 부위

　나) 이 제품을 사용하는 동안 다음의 약이나 화장품을 사용하지 마십시오.

　　　(1) 땀발생억제제(Antiperspirant), 향수, 수렴로션(Astringent Lotion)은 이 제품 사용 후 24시간 후에 사용하십시오.

　다) 부종, 홍반, 가려움, 피부염(발진, 알러지), 광과민반응, 중증의 화상 및 수포 등의 증상이 나타날 수 있으므로 이러한 경우 이 제품의 사용을 즉각 중지하고 의사 또는 약사와 상의하십시오.

　라) 그 밖의 사용 시 주의사항

　　　(1) 사용 중 따가운 느낌, 불쾌감, 자극이 발생할 경우 즉시 닦아내어 제거하고 찬물로 씻으며, 불쾌감이나 자극이 지속될 경우 의사 또는 약사와 상의하십시오.

　　　(2) 자극감이 나타날 수 있으므로 매일 사용하지 마십시오.

　　　(3) 이 제품의 사용 전후에 비누류를 사용하면 자극감이 나타날 수 있으므로 주의하십시오.

　　　(4) 이 제품은 외용으로만 사용하십시오.

　　　(5) 눈에 들어가지 않도록 하며 눈 또는 점막에 닿았을 경우 미지근한 물로 씻어내고 붕산수(농도 약 2%)로 헹구어 내십시오.

　　　(6) 이 제품을 10분 이상 피부에 방치하거나 피부에서 건조시키지 마십시오.

　　　(7) 제모에 필요한 시간은 모질(毛質)에 따라 차이가 있을 수 있으므로 정해진 시간 내에 모가 깨끗이 제거되지 않은 경우 2~3일의 간격을 두고 사용하십시오.

15) 그 밖에 화장품의 안전정보와 관련하여 기재 · 표시하도록 식품의약품안전처장이 정하여 고시하는 사용 시의 주의사항

■ **배경**

- 최근 사회발전과 더불어 빠르게 환경 변화가 일어나고 있으며, 특히 화장품 분야는 개성과 다양성을 추구하는 소비자의 요구에 따라 완제품, 원료 등을 혼합하여 용기에 담아서 제공하는 제품을 판매하는 이전에 없었던 새로운 판매 방식이 나타나고 있음
- 이러한 새로운 화장품 판매 형태에 대하여 명확한 개념 정립은 되지 않았으나, 판매장 즉석에서 개인의 요구에 따라 만들어 주는 것을 특징으로 하며, 소비자 요구에 따라 다양한 형태의 제품 판매의 가능성이 있음
- 동 가이드라인에서는 ① 맞춤형화장품 판매의 범위, ② 판매장의 위생상 주의사항, ③ 소비자 안내 요령, ④ 판매 사후관리 등에 대하여 정함으로써 소비자의 안전관리를 확보하는 범위 내에서 맞춤형화장품 판매 행위가 이루어지도록 관리하고자 함
- 아울러, 동 가이드라인을 적용한 시범사업을 통하여 맞춤형화장품 판매의 제도 모델링과 함께 신속한 안착 방안을 모색하고자 함

■ **가이드라인에서 정하는 범위**

- '맞춤형화장품 판매'의 정의 : 화장품 판매장에서 소비자의 요구에 따라 즉석으로 기존 화장품(맞춤형전용화장품을 포함한다)에 색소, 향, 영양성분 등(이하 '특정 성분')을 혼합·판매하는 행위를 의미함
- 맞춤형화장품 판매의 범위 : 화장품의 안전성을 담보함과 동시에 국민의 자유로운 경제활동을 촉진할 수 있도록 화장품 혼합·판매의 범위를 정하도록 함
- 판매장의 위생상 주의사항 : 제품의 품질과 안전성 관리를 위하여 장비 세척 등 위생관리를 자율적으로 할 수 있도록 정하고자 함
- 소비자 안내 요령 : 혼합·판매되는 원료의 효능·효과 등 소비자가 알아야 할 정보와 이를 판매장에서 전달하는 방법 등을 정하고자 함
- 맞춤형화장품 판매의 사후관리 : 맞춤형화장품 혼합·판매에 대한 모니터링, 수거검사 등에 대한 절차 등을 정하고자 함

■ **맞춤형화장품 판매의 범위**

〈소비자 요구에 따른 맞춤형화장품 혼합·판매는 다음의 원칙에 따라 이루어져야 함〉
- 소비자의 직·간접적인 요구에 따라 기존 화장품의 특정 성분의 혼합이 이루어져야 함
  - 기존 화장품 제조는 공급자의 결정에 따라 일방적으로 생산
- 기본 제형(유형을 포함한다)이 정해져 있어야 하고, 기본 제형의 변화가 없는 범위 내에서 특정 성분의 혼합이 이루어져야 함
  - 제조의 과정을 통하여 기본 제형(유형) 결정

- '브랜드명(제품명을 포함한다)'이 있어야 하고, 브랜드명의 변화 없이 혼합이 이루어져야 함
  - 타사 브랜드에 특정 성분을 혼합하여 새로운 브랜드로 판매 금지
- 화장품법에 따라 등록된 업체에서 공급된 특정 성분을 혼합하는 것을 원칙으로 하되, 화학적인 변화 등 인위적인 공정을 거치지 않는 성분의 혼합도 가능함
  - 원칙적으로 안전성 및 품질관리에 대한 일차적인 검증 성분 사용
- 제조판매업자가 특정 성분의 혼합 범위를 규정하고 있는 경우에는 그 범위 내에서 특정 성분의 혼합이 이루어져야 함
  - 사전 조절 범위에 대하여 제품 생산 전에 안전성 및 품질관리 가능
- 기존 표시·광고된 화장품의 효능·효과에 변화가 없는 범위 내에서 특정 성분의 혼합이 이루어져야 함
- 원료 등만을 혼합하는 경우는 제외

## ■ 판매장의 위생상 주의사항

〈위생적인 조건에서 혼합·판매할 수 있도록 다음의 사항을 자율적으로 관리하도록 함〉
- 오염 방지를 위하여 혼합행위를 할 때에는 단정한 복장을 하며 혼합 전·후에는 손을 소독하거나 씻도록 함
- 전염성 질환 등이 있는 경우에는 혼합행위를 하지 아니하도록 함
- 혼합하는 장비 또는 기기는 사용 전·후에는 세척 등을 통하여 오염 방지를 위한 위생관리를 할 수 있도록 함
- 완제품 및 원료의 입고 시 제조소, 품질관리 여부를 확인하고 필요한 경우에는 품질성적서를 구비할 수 있도록 함
- 완제품 및 원료의 입고 시 사용기한을 확인하고 사용기한이 지난 제품은 사용하지 않도록 함
- 사용하고 남은 제품은 개봉 후 사용기한을 정하고 밀폐를 위한 마개 사용 등 비의도적인 오염 방지를 할 수 있도록 함
- 판매장 또는 혼합·판매 시 오염 등 문제가 발생했을 경우에는 세척, 소독, 위생관리 등을 통하여 조치를 취하기 바람
- 원료 등은 가능한 직사광선을 피하는 등 품질에 영향을 미치지 않는 장소에서 보관하도록 할 것
- 혼합 후에는 물리적 현상(층 분리 등)에 대하여 육안으로 이상 유무를 확인하고 판매하도록 함

## ■ 소비자 안내 요령

〈판매자는 맞춤형화장품 혼합·판매 시 다음의 사항을 소비자에게 알려주어야 함〉
- 판매장에서는 소비자에게 맞춤형화장품 혼합판매에 사용된 원료 성분, 배합 목적 및 배합 한도 등에 관한 정보를 제공하도록 함
- 판매장에서는 자율적으로 혼합·판매된 제품의 사용기한을 정하고 이를 소비자에게 알려주도록 함
- 판매장에서는 혼합·판매 시 사용기한 등에 대하여 첨부문서 등을 활용하여 제공하도록 함
- 사용 시 이상이 있는 경우에는 소비자에게 원칙적으로 판매장이 책임이 있음을 알려주도록 함

PART 01
PART 02
PART 03
PART 04
PART 05
PART 06

■ 시범사업 실시

- 목적 : 맞춤형화장품 혼합·판매의 개념과 구체적인 범위를 정립하고, 이러한 판매 형태의 활성화를 위한 지원방안 등 모색
- 신청 대상 : 시범지역 내에서 맞춤형화장품 판매를 희망하는 매장
  - 제조판매업자 직영매장
  - 전국 소재한 면세점 내 화장품 매장
  - 명동 및 제주 등 전국 30개 관광특구 내 화장품 매장
- 신청 절차
  - 신청인은 관할 지방식약청으로 신청
  - 지방식약청은 1개월마다 본부 화장품정책과로 현황 통보
- 내용
  - 기존 화장품(전용 포함) 간+원료 등의 혼합
  - 방향용 제품류(향수, 코롱 등 4종), 기초 화장용 제품류(로션, 크림 등 10종), 색조 화장용 제품류(립스틱 등 8종), 신청 시 추가 가능

## ■ 제1장 총칙

### 제1조(목적)

이 고시는 「화장품법」 제5조 제2항 및 같은 법 시행규칙 제12조 제2항에 따라 우수화장품 제조 및 품질관리 기준에 관한 세부사항을 정하고, 이를 이행하도록 권장함으로써 우수한 화장품을 제조·공급하여 소비자보호 및 국민 보건 향상에 기여함을 목적으로 한다.

### 제2조(용어의 정의)

이 고시에서 사용하는 용어의 뜻은 다음과 같다.

1. 삭제
2. "제조"란 원료 물질의 칭량부터 혼합, 충전(1차포장), 2차포장 및 표시 등의 일련의 작업을 말한다.
3. 삭제
4. "품질보증"이란 제품이 적합 판정 기준에 충족될 것이라는 신뢰를 제공하는 데 필수적인 모든 계획되고 체계적인 활동을 말한다.
5. "일탈"이란 제조 또는 품질관리 활동 등의 미리 정하여진 기준을 벗어나 이루어진 행위를 말한다.
6. "기준일탈(out-of-specification)"이란 규정된 합격 판정 기준에 일치하지 않는 검사, 측정 또는 시험결과를 말한다.
7. "원료"란 벌크 제품의 제조에 투입하거나 포함되는 물질을 말한다.
8. "원자재"란 화장품 원료 및 자재를 말한다.
9. "불만"이란 제품이 규정된 적합판정기준을 충족시키지 못한다고 주장하는 외부 정보를 말한다.
10. "회수"란 판매한 제품 가운데 품질 결함이나 안전성 문제 등으로 나타난 제조번호의 제품(필요 시 여타 제조번호 포함)을 제조소로 거두어들이는 활동을 말한다.
11. "오염"이란 제품에서 화학적, 물리적, 미생물학적 문제 또는 이들이 조합되어 나타내는 바람직하지 않은 문제의 발생을 말한다.
12. "청소"란 화학적인 방법, 기계적인 방법, 온도, 적용시간과 이러한 복합된 요인에 의해 청정도를 유지하고 일반적으로 표면에서 눈에 보이는 먼지를 분리, 제거하여 외관을 유지하는 모든 작업을 말한다.
13. "유지관리"란 적절한 작업 환경에서 건물과 설비가 유지되도록 정기적·비정기적인 지원 및 검증 작업을 말한다.
14. "주요 설비"란 제조 및 품질 관련 문서에 명기된 설비로 제품의 품질에 영향을 미치는 필수적인 설비를 말한다.
15. "교정"이란 규정된 조건하에서 측정기기나 측정 시스템에 의해 표시되는 값과 표준기기의 참값을 비교하여 이들의 오차가 허용범위 내에 있음을 확인하고, 허용범위를 벗어나는 경우 허용범위 내에 들도록 조정하는 것을 말한다.

16. "제조번호" 또는 "뱃치번호"란 일정한 제조단위분에 대하여 제조관리 및 출하에 관한 모든 사항을 확인할 수 있도록 표시된 번호로서 숫자·문자·기호 또는 이들의 특정적인 조합을 말한다.

17. "반제품"이란 제조공정 단계에 있는 것으로서 필요한 제조공정을 더 거쳐야 벌크 제품이 되는 것을 말한다.

18. "벌크 제품"이란 충전(1차포장) 이전의 제조 단계까지 끝낸 제품을 말한다.

19. "제조단위" 또는 "뱃치"란 하나의 공정이나 일련의 공정으로 제조되어 균질성을 갖는 화장품의 일정한 분량을 말한다.

20. "완제품"이란 출하를 위해 제품의 포장 및 첨부문서에 표시공정 등을 포함한 모든 제조공정이 완료된 화장품을 말한다.

21. "재작업"이란 적합 판정기준을 벗어난 완제품, 벌크 제품 또는 반제품을 재처리하여 품질이 적합한 범위에 들어오도록 하는 작업을 말한다.

22. "수탁자"는 직원, 회사 또는 조직을 대신하여 작업을 수행하는 사람, 회사 또는 외부 조직을 말한다.

23. "공정관리"란 제조공정 중 적합판정기준의 충족을 보증하기 위하여 공정을 모니터링하거나 조정하는 모든 작업을 말한다.

24. "감사"란 제조 및 품질과 관련한 결과가 계획된 사항과 일치하는지의 여부와 제조 및 품질관리가 효과적으로 실행되고 목적 달성에 적합한지 여부를 결정하기 위한 체계적이고 독립적인 조사를 말한다.

25. "변경관리"란 모든 제조, 관리 및 보관된 제품이 규정된 적합판정기준에 일치하도록 보장하기 위하여 우수화장품 제조 및 품질관리기준이 적용되는 모든 활동을 내부 조직의 책임하에 계획하여 변경하는 것을 말한다.

26. "내부감사"란 제조 및 품질과 관련한 결과가 계획된 사항과 일치하는지의 여부와 제조 및 품질관리가 효과적으로 실행되고 목적 달성에 적합한지 여부를 결정하기 위한 회사 내 자격이 있는 직원에 의해 행해지는 체계적이고 독립적인 조사를 말한다.

27. "포장재"란 화장품의 포장에 사용되는 모든 재료를 말하며 운송을 위해 사용되는 외부 포장재는 제외한 것이다. 제품과 직접적으로 접촉하는지 여부에 따라 1차 또는 2차 포장재라고 말한다.

28. "적합 판정 기준"이란 시험 결과의 적합 판정을 위한 수적인 제한, 범위 또는 기타 적절한 측정법을 말한다.

29. "소모품"이란 청소, 위생 처리 또는 유지 작업 동안에 사용되는 물품(세척제, 윤활제 등)을 말한다.

30. "관리"란 적합 판정 기준을 충족시키는 검증을 말한다.

31. "제조소"란 화장품을 제조하기 위한 장소를 말한다.

32. "건물"이란 제품, 원료 및 포장재의 수령, 보관, 제조, 관리 및 출하를 위해 사용되는 물리적 장소, 건축물 및 보조 건축물을 말한다.

33. "위생관리"란 대상물의 표면에 있는 바람직하지 못한 미생물 등 오염물을 감소시키기 위해 시행되는 작업을 말한다.

34. "출하"란 주문 준비와 관련된 일련의 작업과 운송 수단에 적재하는 활동으로 제조소 외로 제품을 운반하는 것을 말한다.

■ **제2장 인적자원**

### 제3조(조직의 구성)

① 제조소별로 독립된 제조부서와 품질보증부서를 두어야 한다.

② 조직구조는 조직과 직원의 업무가 원활히 이해될 수 있도록 규정되어야 하며, 회사의 규모와 제품의 다양성에 맞추어 적절하여야 한다.

③ 제조소에는 제조 및 품질관리 업무를 적절히 수행할 수 있는 충분한 인원을 배치하여야 한다.

### 제4조(직원의 책임)

① 모든 작업원은 다음 각 호를 이행해야 할 책임이 있다.

    1. 조직 내에서 맡은 지위 및 역할을 인지해야 할 의무

    2. 문서접근 제한 및 개인위생 규정을 준수해야 할 의무

    3. 자신의 업무범위 내에서 기준을 벗어난 행위나 부적합 발생 등에 대해 보고해야 할 의무

    4. 정해진 책임과 활동을 위한 교육훈련을 이수할 의무

② 품질보증 책임자는 화장품의 품질보증을 담당하는 부서의 책임자로서 다음 각 호의 사항을 이행하여야 한다.

    1. 품질에 관련된 모든 문서와 절차의 검토 및 승인

    2. 품질 검사가 규정된 절차에 따라 진행되는지의 확인

    3. 일탈이 있는 경우 이의 조사 및 기록

    4. 적합 판정한 원자재 및 제품의 출고 여부 결정

    5. 부적합품이 규정된 절차대로 처리되고 있는지의 확인

    6. 불만처리와 제품회수에 관한 사항의 주관

### 제5조(교육훈련)

① 제조 및 품질관리 업무와 관련 있는 모든 직원들에게 각자의 직무와 책임에 적합한 교육훈련이 제공될 수 있도록 연간계획을 수립하고 정기적으로 교육을 실시하여야 한다.

② 교육담당자를 지정하고 교육훈련의 내용 및 평가가 포함된 교육훈련 규정을 작성하여야 하되, 필요한 경우에는 외부 전문기관에 교육을 의뢰할 수 있다.

③ 교육 종료 후에는 교육결과를 평가하고, 일정한 수준에 미달할 경우에는 재교육을 받아야 한다.

④ 새로 채용된 직원은 업무를 적절히 수행할 수 있도록 기본 교육훈련 외에 추가 교육훈련을 받아야 하며 이와 관련한 문서화된 절차를 마련하여야 한다.

### 제6조(직원의 위생)

① 적절한 위생관리 기준 및 절차를 마련하고 제조소 내의 모든 직원은 이를 준수해야 한다.

② 작업소 및 보관소 내의 모든 직원은 화장품의 오염을 방지하기 위해 규정된 작업복을 착용해야 하고 음식물 등을 반입해서는 아니 된다.

③ 피부에 외상이 있거나 질병에 걸린 직원은 건강이 양호해지거나 화장품의 품질에 영향을 주지 않는다는 의사의 소견이 있기 전까지는 화장품과 직접적으로 접촉되지 않도록 격리되어야 한다.

④ 제조구역별 접근권한이 있는 작업원 및 방문객은 가급적 제조, 관리 및 보관구역 내에 들어가지 않도록 하고, 불가피한 경우 사전에 직원 위생에 대한 교육 및 복장 규정에 따르도록 하고 감독하여야 한다.

PART 01
PART 02
PART 03
PART 04
PART 05
PART 06

■ **제3장 제조**

## 제1절 시설기준

### 제7조(건물)

① 건물은 다음과 같이 위치, 설계, 건축 및 이용되어야 한다.

    1. 제품이 보호되도록 할 것

    2. 청소가 용이하도록 하고 필요한 경우 위생관리 및 유지관리가 가능하도록 할 것

    3. 제품, 원료 및 포장재 등의 혼동이 없도록 할 것

② 건물은 제품의 제형, 현재 상황 및 청소 등을 고려하여 설계하여야 한다.

### 제8조(시설)

① 작업소는 다음 각 호에 적합하여야 한다.

    1. 제조하는 화장품의 종류·제형에 따라 적절히 구획·구분되어 있어 교차오염 우려가 없을 것

    2. 바닥, 벽, 천장은 가능한 청소하기 쉽게 매끄러운 표면을 지니고 소독제 등의 부식성에 저항력이 있을 것

    3. 환기가 잘되고 청결할 것

    4. 외부와 연결된 창문은 가능한 열리지 않도록 할 것

    5. 작업소 내의 외관 표면은 가능한 매끄럽게 설계하고, 청소, 소독제의 부식성에 저항력이 있을 것

    6. 수세실과 화장실은 접근이 쉬워야 하나 생산구역과 분리되어 있을 것

    7. 작업소 전체에 적절한 조명을 설치하고, 조명이 파손될 경우를 대비한 제품을 보호할 수 있는 처리절차를 마련할 것

    8. 제품의 오염을 방지하고 적절한 온도 및 습도를 유지할 수 있는 공기조화시설 등 적절한 환기시설을 갖출 것

    9. 각 제조구역별 청소 및 위생관리 절차에 따라 효능이 입증된 세척제 및 소독제를 사용할 것

    10. 제품의 품질에 영향을 주지 않는 소모품을 사용할 것

② 제조 및 품질관리에 필요한 설비 등은 다음 각 호에 적합하여야 한다.

    1. 사용목적에 적합하고, 청소가 가능하며, 필요한 경우 위생·유지관리가 가능하여야 한다. 자동화시스템을 도입한 경우도 또한 같다.

    2. 사용하지 않는 연결 호스와 부속품은 청소 등 위생관리를 하며, 건조한 상태로 유지하고 먼지, 얼룩 또는 다른 오염으로부터 보호할 것

    3. 설비 등은 제품의 오염을 방지하고 배수가 용이하도록 설계, 설치하며, 제품 및 청소 소독제와 화학반응을 일으키지 않을 것

    4. 설비 등의 위치는 원자재나 직원의 이동으로 인하여 제품의 품질에 영향을 주지 않도록 할 것

    5. 용기는 먼지나 수분으로부터 내용물을 보호할 수 있을 것

    6. 제품과 설비가 오염되지 않도록 배관 및 배수관을 설치하며, 배수관은 역류되지 않아야 하고, 청결을 유지할 것

    7. 천정 주위의 대들보, 파이프, 덕트 등은 가급적 노출되지 않도록 설계하고, 파이프는 받침대 등으로 고정하고 벽에 닿지 않게 하여 청소가 용이하도록 설계할 것

    8. 시설 및 기구에 사용되는 소모품은 제품의 품질에 영향을 주지 않도록 할 것

## 제9조(작업소의 위생)

① 곤충, 해충이나 쥐를 막을 수 있는 대책을 마련하고 정기적으로 점검·확인하여야 한다.

② 제조, 관리 및 보관 구역 내의 바닥, 벽, 천장 및 창문은 항상 청결하게 유지되어야 한다.

③ 제조시설이나 설비의 세척에 사용되는 세제 또는 소독제는 효능이 입증된 것을 사용하고 잔류하거나 적용하는 표면에 이상을 초래하지 아니하여야 한다.

④ 제조시설이나 설비는 적절한 방법으로 청소하여야 하며, 필요한 경우 위생관리 프로그램을 운영하여야 한다.

## 제10조(유지관리)

① 건물, 시설 및 주요 설비는 정기적으로 점검하여 화장품의 제조 및 품질관리에 지장이 없도록 유지·관리·기록하여야 한다.

② 결함 발생 및 정비 중인 설비는 적절한 방법으로 표시하고, 고장 등 사용이 불가할 경우 표시하여야 한다.

③ 세척한 설비는 다음 사용 시까지 오염되지 아니하도록 관리하여야 한다.

④ 모든 제조 관련 설비는 승인된 자만이 접근·사용하여야 한다.

⑤ 제품의 품질에 영향을 줄 수 있는 검사·측정·시험장비 및 자동화장치는 계획을 수립하여 정기적으로 교정 및 성능점검을 하고 기록해야 한다.

⑥ 유지관리 작업이 제품의 품질에 영향을 주어서는 안 된다.

## 제2절 원자재의 관리

## 제11조(입고관리)

① 제조업자는 원자재 공급자에 대한 관리감독을 적절히 수행하여 입고관리가 철저히 이루어지도록 하여야 한다.

② 원자재의 입고 시 구매 요구서, 원자재 공급업체 성적서 및 현품이 서로 일치하여야 한다. 필요한 경우 운송 관련 자료를 추가적으로 확인할 수 있다.

③ 원자재 용기에 제조번호가 없는 경우에는 관리번호를 부여하여 보관하여야 한다.

④ 원자재 입고절차 중 육안 확인 시 물품에 결함이 있을 경우 입고를 보류하고 격리보관 및 폐기하거나 원자재 공급업자에게 반송하여야 한다.

⑤ 입고된 원자재는 "적합", "부적합", "검사 중" 등으로 상태를 표시하여야 한다. 다만, 동일 수준의 보증이 가능한 다른 시스템이 있다면 대체할 수 있다.

⑥ 원자재 용기 및 시험기록서의 필수적인 기재 사항은 다음 각 호와 같다.

  1. 원자재 공급자가 정한 제품명
  2. 원자재 공급자명
  3. 수령일자
  4. 공급자가 부여한 제조번호 또는 관리번호

## 제12조(출고관리)

원자재는 시험결과 적합판정된 것만을 선입선출방식으로 출고해야 하고 이를 확인할 수 있는 체계가 확립되어 있어야 한다.

PART 01
PART 02
PART 03
PART 04
PART 05
PART 06

제13조(보관관리)

① 원자재, 반제품 및 벌크 제품은 품질에 나쁜 영향을 미치지 아니하는 조건에서 보관하여야 하며 보관기한을 설정하여야 한다.

② 원자재, 반제품 및 벌크 제품은 바닥과 벽에 닿지 아니하도록 보관하고, 선입선출에 의하여 출고할 수 있도록 보관하여야 한다.

③ 원자재, 시험 중인 제품 및 부적합품은 각각 구획된 장소에서 보관하여야 한다. 다만, 서로 혼동을 일으킬 우려가 없는 시스템에 의하여 보관되는 경우에는 그러하지 아니한다.

④ 설정된 보관기한이 지나면 사용의 적절성을 결정하기 위해 재평가시스템을 확립하여야 하며, 동 시스템을 통해 보관기한이 경과한 경우 사용하지 않도록 규정하여야 한다.

제14조(물의 품질)

① 물의 품질 적합기준은 사용 목적에 맞게 규정하여야 한다.

② 물의 품질은 정기적으로 검사해야 하고 필요시 미생물학적 검사를 실시하여야 한다.

③ 물 공급 설비는 다음 각 호의 기준을 충족해야 한다.
   1. 물의 정체와 오염을 피할 수 있도록 설치될 것
   2. 물의 품질에 영향이 없을 것
   3. 살균처리가 가능할 것

## 제3절 제조관리

제15조(기준서 등)

① 제조 및 품질관리의 적합성을 보장하는 기본 요건들을 충족하고 있음을 보증하기 위하여 다음 각 항에 따른 제품표준서, 제조관리기준서, 품질관리기준서 및 제조위생관리기준서를 작성하고 보관하여야 한다.

② 제품표준서는 품목별로 다음 각 호의 사항이 포함되어야 한다.
   1. 제품명
   2. 작성연월일
   3. 효능 · 효과(기능성 화장품의 경우) 및 사용상의 주의사항
   4. 원료명, 분량 및 제조단위당 기준량
   5. 공정별 상세 작업내용 및 제조공정흐름도
   6. 공정별 이론 생산량 및 수율관리기준
   7. 작업 중 주의사항
   8. 원자재 · 반제품 · 완제품의 기준 및 시험방법
   9. 제조 및 품질관리에 필요한 시설 및 기기
   10. 보관조건
   11. 사용기한 또는 개봉 후 사용기간
   12. 변경이력

13. 다음 사항이 포함된 제조지시서

　가. 제품표준서의 번호

　나. 제품명

　다. 제조번호, 제조연월일 또는 사용기한(또는 개봉 후 사용기간)

　라. 제조단위

　마. 사용된 원료명, 분량, 시험번호 및 제조단위당 실 사용량

　바. 제조 설비명

　사. 공정별 상세 작업내용 및 주의사항

　아. 제조지시자 및 지시연월일

14. 그 밖에 필요한 사항

③ 제조관리기준서는 다음 각 호의 사항이 포함되어야 한다.

1. 제조공정관리에 관한 사항

　가. 작업소의 출입제한

　나. 공정검사의 방법

　다. 사용하려는 원자재의 적합판정 여부를 확인하는 방법

　라. 재작업방법

2. 시설 및 기구 관리에 관한 사항

　가. 시설 및 주요설비의 정기적인 점검방법

　나. 작업 중인 시설 및 기기의 표시방법

　다. 장비의 교정 및 성능점검 방법

3. 원자재 관리에 관한 사항

　가. 입고 시 품명, 규격, 수량 및 포장의 훼손 여부에 대한 확인방법과 훼손되었을 경우 그 처리방법

　나. 보관장소 및 보관방법

　다. 시험결과 부적합품에 대한 처리방법

　라. 취급 시의 혼동 및 오염 방지대책

　마. 출고 시 선입선출 및 칭량된 용기의 표시사항

　바. 재고관리

4. 완제품 관리에 관한 사항

　가. 입·출하 시 승인판정의 확인방법

　나. 보관장소 및 보관방법

　다. 출하 시의 선입선출방법

5. 위탁제조에 관한 사항

　가. 원자재의 공급, 반제품, 벌크제품 또는 완제품의 운송 및 보관 방법

　나. 수탁자 제조기록의 평가방법

④ 품질관리기준서는 다음 각 호의 사항이 포함되어야 한다.

    1. 다음 사항이 포함된 시험지시서

        가. 제품명, 제조번호 또는 관리번호, 제조연월일

        나. 시험지시번호, 지시자 및 지시연월일

        다. 시험항목 및 시험기준

    2. 시험검체 채취방법 및 채취 시의 주의사항과 채취 시의 오염방지대책

    3. 시험시설 및 시험기구의 점검(장비의 교정 및 성능점검 방법)

    4. 안정성시험

    5. 완제품 등 보관용 검체의 관리

    6. 표준품 및 시약의 관리

    7. 위탁시험 또는 위탁제조하는 경우 검체의 송부방법 및 시험결과의 판정방법

    8. 그 밖에 필요한 사항

⑤ 제조위생관리기준서는 다음 각 호의 사항이 포함되어야 한다.

    1. 작업원의 건강관리 및 건강상태의 파악 · 조치방법

    2. 작업원의 수세, 소독방법 등 위생에 관한 사항

    3. 작업복장의 규격, 세탁방법 및 착용규정

    4. 작업실 등의 청소(필요한 경우 소독을 포함한다. 이하 같다) 방법 및 청소주기

    5. 청소상태의 평가방법

    6. 제조시설의 세척 및 평가

        가. 책임자 지정

        나. 세척 및 소독 계획

        다. 세척방법과 세척에 사용되는 약품 및 기구

        라. 제조시설의 분해 및 조립방법

        마. 이전 작업 표시 제거방법

        바. 청소상태 유지방법

        사. 작업 전 청소상태 확인방법

    7. 곤충, 해충이나 쥐를 막는 방법 및 점검주기

    8. 그 밖에 필요한 사항

### 제16조(칭량)

① 원료는 품질에 영향을 미치지 않는 용기나 설비에 정확하게 칭량되어야 한다.

② 원료가 칭량되는 도중 교차오염을 피하기 위한 조치가 있어야 한다.

## 제17조(공정관리)

① 제조공정 단계별로 적절한 관리기준이 규정되어야 하며 그에 미치지 못한 모든 결과는 보고되고 조치가 이루어져야 한다.

② 반제품은 품질이 변하지 아니하도록 적당한 용기에 넣어 지정된 장소에서 보관해야 하며 용기에 다음 사항을 표시해야 한다.

    1. 명칭 또는 확인코드

    2. 제조번호

    3. 완료된 공정명

    4. 필요한 경우에는 보관조건

③ 반제품의 최대 보관기한은 설정하여야 하며, 최대 보관기한이 가까워진 반제품은 완제품 제조하기 전에 품질이상, 변질 여부 등을 확인하여야 한다.

## 제18조(포장작업)

① 포장작업에 관한 문서화된 절차를 수립하고 유지하여야 한다.

② 포장작업은 다음 각 호의 사항을 포함하고 있는 포장지시서에 의해 수행되어야 한다.

    1. 제품명

    2. 포장 설비명

    3. 포장재 리스트

    4. 상세한 포장공정

    5. 포장생산수량

③ 포장작업을 시작하기 전에 포장작업 관련 문서의 완비 여부, 포장설비의 청결 및 작동 여부 등을 점검하여야 한다.

## 제19조(보관 및 출고)

① 완제품은 적절한 조건하의 정해진 장소에서 보관하여야 하며, 주기적으로 재고 점검을 수행해야 한다.

② 완제품은 시험결과 적합으로 판정되고 품질보증부서 책임자가 출고 승인한 것만을 출고하여야 한다.

③ 출고는 선입선출방식으로 하되, 타당한 사유가 있는 경우에는 그러지 아니할 수 있다.

④ 출고할 제품은 원자재, 부적합품 및 반품된 제품과 구획된 장소에서 보관하여야 한다. 다만 서로 혼동을 일으킬 우려가 없는 시스템에 의하여 보관되는 경우에는 그러하지 아니할 수 있다.

## ■ 제4장 품질관리

## 제20조(시험관리)

① 품질관리를 위한 시험업무에 대해 문서화된 절차를 수립하고 유지하여야 한다.

② 원자재, 반제품 및 완제품에 대한 적합 기준을 마련하고 제조번호별로 시험 기록을 작성ㆍ유지하여야 한다.

③ 시험결과 적합 또는 부적합인지 분명히 기록하여야 한다.

④ 원자재, 반제품 및 완제품은 적합판정이 된 것만을 사용하거나 출고하여야 한다.

⑤ 정해진 보관 기간이 경과된 원자재 및 반제품은 재평가하여 품질기준에 적합한 경우 제조에 사용할 수 있다.

PART 01

PART 02

PART 03

PART 04

PART 05

PART 06

⑥ 모든 시험이 적절하게 이루어졌는지 시험기록은 검토한 후 적합, 부적합, 보류를 판정하여야 한다.

⑦ 기준일탈이 된 경우는 규정에 따라 책임자에게 보고한 후 조사하여야 한다. 조사결과는 책임자에 의해 일탈, 부적합, 보류를 명확히 판정하여야 한다.

⑧ 표준품과 주요시약의 용기에는 다음 사항을 기재하여야 한다.

    1. 명칭

    2. 개봉일

    3. 보관조건

    4. 사용기한

    5. 역가, 제조자의 성명 또는 서명(직접 제조한 경우에 한함)

## 제21조(검체의 채취 및 보관)

① 시험용 검체는 오염되거나 변질되지 아니하도록 채취하고, 채취한 후에는 원상태에 준하는 포장을 해야 하며, 검체가 채취되었음을 표시하여야 한다.

② 시험용 검체의 용기에는 다음 사항을 기재하여야 한다.

    1. 명칭 또는 확인코드

    2. 제조번호

    3. 검체채취 일자

③ 완제품의 보관용 검체는 적절한 보관조건하에 지정된 구역 내에서 제조단위별로 사용기한 경과 후 1년간 보관하여야 한다. 다만, 개봉 후 사용기간을 기재하는 경우에는 제조일로부터 3년간 보관하여야 한다.

## 제22조(폐기처리 등)

① 품질에 문제가 있거나 회수·반품된 제품의 폐기 또는 재작업 여부는 품질보증 책임자에 의해 승인되어야 한다.

② 재작업은 그 대상이 다음 각 호를 모두 만족한 경우에 할 수 있다.

    1. 변질·변패 또는 병원미생물에 오염되지 아니한 경우

    2. 제조일로부터 1년이 경과하지 않았거나 사용기한이 1년 이상 남아있는 경우

③ 재입고할 수 없는 제품의 폐기처리규정을 작성하여야 하며 폐기 대상은 따로 보관하고 규정에 따라 신속하게 폐기하여야 한다.

## 제23조(위탁계약)

① 화장품 제조 및 품질관리에 있어 공정 또는 시험의 일부를 위탁하고자 할 때에는 문서화된 절차를 수립·유지하여야 한다.

② 제조업무를 위탁하고자 하는 자는 제30조에 따라 식품의약품안전처장으로부터 우수화장품 제조 및 품질관리기준 적합판정을 받은 업소에 위탁제조하는 것을 권장한다.

③ 위탁업체는 수탁업체의 계약 수행능력을 평가하고 그 업체가 계약을 수행하는 데 필요한 시설 등을 갖추고 있는지 확인해야 한다.

④ 위탁업체는 수탁업체와 문서로 계약을 체결해야 하며 정확한 작업이 이루어질 수 있도록 수탁업체에 관련 정보를 전달해야 한다.

⑤ 위탁업체는 수탁업체에 대해 계약에서 규정한 감사를 실시해야 하며 수탁업체는 이를 수용하여야 한다.

⑥ 수탁업체에서 생성한 위·수탁 관련 자료는 유지되어 위탁업체에서 이용 가능해야 한다.

## 제24조(일탈관리)

제조과정 중의 일탈에 대해 조사를 한 후 필요한 조치를 마련해야 한다.

## 제25조(불만처리)

① 불만처리담당자는 제품에 대한 모든 불만을 취합하고, 제기된 불만에 대해 신속하게 조사하고 그에 대한 적절한 조치를 취하여야 하며, 다음 각 호의 사항을 기록·유지하여야 한다.

   1. 불만 접수연월일

   2. 불만 제기자의 이름과 연락처

   3. 제품명, 제조번호 등을 포함한 불만내용

   4. 불만조사 및 추적조사 내용, 처리결과 및 향후 대책

   5. 다른 제조번호의 제품에도 영향이 없는지 점검

② 불만은 제품 결함의 경향을 파악하기 위해 주기적으로 검토하여야 한다.

## 제26조(제품회수)

① 제조업자는 제조한 화장품에서 「화장품법」 제7조, 제9조, 제15조, 또는 제16조 제1항을 위반하여 위해 우려가 있다는 사실을 알게 되면 지체 없이 회수에 필요한 조치를 하여야 한다.

② 다음 사항을 이행하는 회수 책임자를 두어야 한다.

   1. 전체 회수과정에 대한 제조판매업자와의 조정역할

   2. 결함 제품의 회수 및 관련 기록 보존

   3. 소비자 안전에 영향을 주는 회수의 경우 회수가 원활히 진행될 수 있도록 필요한 조치 수행

   4. 회수된 제품은 확인 후 제조소 내 격리보관 조치(필요시에 한함)

   5. 회수과정의 주기적인 평가(필요시에 한함)

## 제27조(변경관리)

제품의 품질에 영향을 미치는 원자재, 제조공정 등을 변경할 경우에는 이를 문서화하고 품질보증책임자에 의해 승인된 후 수행하여야 한다.

## 제28조(내부감사)

① 품질보증체계가 계획된 사항에 부합하는지를 주기적으로 검증하기 위하여 내부감사를 실시하여야 하고 내부감사 계획 및 실행에 관한 문서화된 절차를 수립하고 유지하여야 한다.

② 감사자는 감사대상과는 독립적이어야 하며, 자신의 업무에 대하여 감사를 실시하여서는 아니 된다.

③ 감사 결과는 기록되어 경영책임자 및 피감사 부서의 책임자에게 공유되어야 하고 감사 중에 발견된 결함에 대하여 시정조치하여야 한다.

④ 감사자는 시정조치에 대한 후속 감사활동을 행하고 이를 기록하여야 한다.

제29조(문서관리)

① 제조업자는 우수화장품 제조 및 품질보증에 대한 목표와 의지를 포함한 관리방침을 문서화하며 전 작업원들이 실행하여야 한다.

② 모든 문서의 작성 및 개정·승인·배포·회수 또는 폐기 등 관리에 관한 사항이 포함된 문서관리규정을 작성하고 유지하여야 한다.

③ 문서는 작업자가 알아보기 쉽도록 작성하여야 하며 작성된 문서에는 권한을 가진 사람의 서명과 승인연월일이 있어야 한다.

④ 문서의 작성자·검토자 및 승인자는 서명을 등록한 후 사용하여야 한다.

⑤ 문서를 개정할 때는 개정사유 및 개정연월일 등을 기재하고 권한을 가진 사람의 승인을 받아야 하며 개정 번호를 지정해야 한다.

⑥ 원본 문서는 품질보증부서에서 보관하여야 하며, 사본은 작업자가 접근하기 쉬운 장소에 비치·사용하여야 한다.

⑦ 문서의 인쇄본 또는 전자매체를 이용하여 안전하게 보관해야 한다.

⑧ 작업자는 작업과 동시에 문서에 기록하여야 하며 지울 수 없는 잉크로 작성하여야 한다.

⑨ 기록문서를 수정하는 경우에는 수정하려는 글자 또는 문장 위에 선을 그어 수정 전 내용을 알아볼 수 있도록 하고 수정된 문서에는 수정사유, 수정연월일 및 수정자의 서명이 있어야 한다.

⑩ 모든 기록문서는 적절한 보존기간이 규정되어야 한다.

⑪ 기록의 훼손 또는 소실에 대비하기 위해 백업파일 등 자료를 유지하여야 한다.

## ■ 제5장 판정 및 감독

제30조(평가 및 판정)

① 우수화장품 제조 및 품질관리기준 적합판정을 받고자 하는 업소는 별지 제1호 서식에 따른 신청서(전자문서를 포함한다)에 다음 각 호의 서류를 첨부하여 식품의약품안전처장에게 제출하여야 한다. 다만, 일부 공정만을 행하는 업소는 별표 1에 따른 해당 공정을 별지 제1호 서식에 기재하여야 한다.

　1. 삭제 〈2012. 10. 16.〉

　2. 우수화장품 제조 및 품질관리기준에 따라 3회 이상 적용·운영한 자체평가표

　3. 화장품 제조 및 품질관리기준 운영조직

　4. 제조소의 시설내역

　5. 제조관리현황

　6. 품질관리현황

② 삭제 〈2012. 10. 16.〉

③ 삭제 〈2012. 10. 16.〉

④ 식품의약품안전처장은 제출된 자료를 평가하고 별표 2에 따른 실태조사를 실시하여 우수화장품 제조 및 품질관리기준 적합판정한 경우에는 별지 제3호 서식에 따른 우수화장품 제조 및 품질관리기준 적합업소 증명서를 발급하여야 한다. 다만, 일부 공정만을 행하는 업소는 해당 공정을 증명서내에 기재하여야 한다.

## 제31조(우대조치)

① 삭제 〈2012. 10. 16.〉

② 국제규격인증업체(CGMP, ISO9000) 또는 품질보증 능력이 있다고 인정되는 업체에서 제공된 원료ㆍ자재는 제공된 적합성에 대한 기록의 증거를 고려하여 검사의 방법과 시험항목을 조정할 수 있다.

③ 식품의약품안전처장은 제30조에 따라 우수화장품 제조 및 품질관리기준 적합판정을 받은 업소는 정기 수거검정 및 정기감시 대상에서 제외할 수 있다.

④ 제30조에 따라 우수화장품 제조 및 품질관리기준 적합판정을 받은 업소는 별표 3에 따른 로고를 해당 제조업소와 그 업소에서 제조한 화장품에 표시하거나 그 사실을 광고할 수 있다.

## 제32조(사후관리)

① 식품의약품안전처장은 제30조에 따라 우수화장품 제조 및 품질관리기준 적합판정을 받은 업소에 대해 별표 2의 우수화장품 제조 및 품질관리기준 실시상황평가표에 따라 3년에 1회 이상 실태조사를 실시하여야 한다.

② 식품의약품안전처장은 사후관리 결과 부적합 업소에 대하여 일정한 기간을 정하여 시정하도록 지시하거나, 우수화장품 제조 및 품질관리기준 적합업소 판정을 취소할 수 있다.

③ 식품의약품안전처장은 제1항에도 불구하고 제조 및 품질관리에 문제가 있다고 판단되는 업소에 대하여 수시로 우수화장품 제조 및 품질관리기준 운영 실태조사를 할 수 있다.

## 제33조(재검토기한)

식품의약품안전처장은 「훈령ㆍ예규 등의 발령 및 관리에 관한 규정」에 따라 이 고시에 대하여 2016년 1월 1일 기준으로 매 3년이 되는 시점(매 3년째의 12월 31일까지를 말한다)마다 그 타당성을 검토하여 개선 등의 조치를 하여야 한다.

PART 01

PART 02

PART 03

PART 04

PART 05

PART 06

## ■ 제1장 총칙

### 제1조(목적)

이 고시는 「화장품법」 제2조제3호의2에 따라 맞춤형화장품에 사용할 수 있는 원료를 지정하는 한편, 같은 법 제8조에 따라 화장품에 사용할 수 없는 원료 및 사용상의 제한이 필요한 원료에 대하여 그 사용기준을 지정하고, 유통화장품 안전관리 기준에 관한 사항을 정함으로써 화장품의 제조 또는 수입 및 안전관리에 적정을 기함을 목적으로 한다.

### 제2조(적용범위)

이 규정은 국내에서 제조, 수입 또는 유통되는 모든 화장품에 대하여 적용한다.

## ■ 제2장 화장품에 사용할 수 없는 원료 및 사용상의 제한이 필요한 원료에 대한 사용기준

### 제3조(사용할 수 없는 원료)

화장품에 사용할 수 없는 원료는 별표 1과 같다.

### 제4조(사용상의 제한이 필요한 원료에 대한 사용기준)

화장품에 사용상의 제한이 필요한 원료 및 그 사용기준은 별표 2와 같으며, 별표 2의 원료 외의 보존제, 자외선 차단제 등은 사용할 수 없다.

## ■ 제3장 맞춤형화장품에 사용할 수 있는 원료

### 제5조(맞춤형화장품에 사용 가능한 원료)

다음 각 호의 원료를 제외한 원료는 맞춤형화장품에 사용할 수 있다.

1. 별표 1의 화장품에 사용할 수 없는 원료
2. 별표 2의 화장품에 사용상의 제한이 필요한 원료
3. 식품의약품안전처장이 고시한 기능성화장품의 효능·효과를 나타내는 원료(다만, 맞춤형화장품판매업자에게 원료를 공급하는 화장품책임판매업자가 「화장품법」 제4조에 따라 해당 원료를 포함하여 기능성화장품에 대한 심사를 받거나 보고서를 제출한 경우는 제외한다)

## ■ 제4장 유통화장품 안전관리 기준

### 제6조(유통화장품의 안전관리 기준)

① 유통화장품은 제2항부터 제5항까지의 안전관리 기준에 적합하여야 하며, 유통화장품 유형별로 제6항부터 제9항까지의 안전관리 기준에 추가적으로 적합하여야 한다. 또한 시험방법은 별표 4에 따라 시험하되, 기타 과학적·합리적으로 타당성이 인정되는 경우 자사 기준으로 시험할 수 있다.

② 화장품을 제조하면서 다음 각 호의 물질을 인위적으로 첨가하지 않았으나, 제조 또는 보관 과정 중 포장재로부터 이행되는 등 비의도적으로 유래된 사실이 객관적인 자료로 확인되고 기술적으로 완전한 제거가 불가능한 경우 해당 물질의 검출 허용 한도는 다음 각 호와 같다.

1. 납 : 점토를 원료로 사용한 분말제품은 50μg/g 이하, 그 밖의 제품은 20μg/g 이하

2. 니켈 : 눈 화장용 제품은 35μg/g 이하, 색조 화장용 제품은 30μg/g 이하, 그 밖의 제품은 10μg/g 이하

3. 비소 : 10μg/g 이하

4. 수은 : 1μg/g 이하

5. 안티몬 : 10μg/g 이하

6. 카드뮴 : 5μg/g 이하

7. 디옥산 : 100μg/g 이하

8. 메탄올 : 0.2(v/v)% 이하, 물휴지는 0.002%(v/v) 이하

9. 포름알데하이드 : 2000μg/g 이하, 물휴지는 20μg/g 이하

10. 프탈레이트류(디부틸프탈레이트, 부틸벤질프탈레이트 및 디에칠헥실프탈레이트에 한함) : 총합으로서 100 μg/g 이하

③ 별표 1의 사용할 수 없는 원료가 제2항의 사유로 검출되었으나 검출허용한도가 설정되지 아니한 경우에는 「화장품법 시행규칙」 제17조에 따라 위해평가 후 위해 여부를 결정하여야 한다.

④ 미생물한도는 다음 각 호와 같다.

1. 총호기성생균수는 영·유아용 제품류 및 눈화장용 제품류의 경우 500개/g(mL) 이하

2. 물휴지의 경우 세균 및 진균수는 각각 100개/g(mL) 이하

3. 기타 화장품의 경우 1,000개/g(mL) 이하

4. 대장균(Escherichia Coli), 녹농균(Pseudomonas aeruginosa), 황색포도상구균(Staphylococcus aureus)은 불검출

⑤ 내용량의 기준은 다음 각 호와 같다.

1. 제품 3개를 가지고 시험할 때 그 평균 내용량이 표기량에 대하여 97% 이상(다만, 화장 비누의 경우 건조중량을 내용량으로 한다)

2. 제1호의 기준치를 벗어날 경우 : 6개를 더 취하여 시험할 때 9개의 평균 내용량이 제1호의 기준치 이상

3. 그 밖의 특수한 제품 : 「대한민국약전」(식품의약품안전처 고시)을 따를 것

⑥ 영·유아용 제품류(영·유아용 샴푸, 영·유아용 린스, 영·유아 인체 세정용 제품, 영·유아 목욕용 제품 제외), 눈 화장용 제품류, 색조 화장용 제품류, 두발용 제품류(샴푸, 린스 제외), 면도용 제품류(셰이빙 크림, 셰이빙 폼 제외), 기초화장용 제품류(클렌징 워터, 클렌징 오일, 클렌징 로션, 클렌징 크림 등 메이크업 리무버 제품 제외) 중 액, 로션, 크림 및 이와 유사한 제형의 액상제품은 pH 기준이 3.0~9.0 이어야 한다. 다만, 물을 포함하지 않는 제품과 사용한 후 곧바로 물로 씻어 내는 제품은 제외한다.

⑦ 기능성화장품은 기능성을 나타나게 하는 주원료의 함량이 「화장품법」 제4조 및 같은 법 시행규칙 제9조 또는 제10조에 따라 심사 또는 보고한 기준에 적합하여야 한다.

⑧ 퍼머넌트웨이브용 및 헤어스트레이트너 제품은 다음 각 호의 기준에 적합하여야 한다.

1. 치오글라이콜릭애씨드 또는 그 염류를 주성분으로 하는 냉2욕식 퍼머넌트웨이브용 제품 : 이 제품은 실온에서 사용하는 것으로서 치오글라이콜릭애씨드 또는 그 염류를 주성분으로 하는 제1제 및 산화제를 함유하는 제2제로 구성된다.

　가. 제1제 : 이 제품은 치오글라이콜릭애씨드 또는 그 염류를 주성분으로 하고, 불휘발성 무기알칼리의 총량이 치오글라이콜릭애씨드의 대응량 이하인 액체이다. 단, 산성에서 끓인 후의 환원성 물질의 함량이 7.0%를 초과하는 경우에는 초과분에 대하여 디치오디글라이콜릭애씨드 또는 그 염류를 디치오디글라이콜릭애씨드로서 같은 양 이상 배합하여야 한다. 이 제품에는 품질을 유지하거나 유용성을 높이기 위하여 적당한 알칼리제, 침투제, 습윤제, 착색제, 유화제, 향료 등을 첨가할 수 있다.

　　1) pH : 4.5~9.6

　　2) 알칼리 : 0.1N염산의 소비량은 검체 1mL 에 대하여 7.0mL 이하

　　3) 산성에서 끓인 후의 환원성 물질(치오글라이콜릭애씨드) : 산성에서 끓인 후의 환원성 물질의 함량(치오글라이콜릭애씨드로서)이 2.0~11.0%

　　4) 산성에서 끓인 후의 환원성 물질 이외의 환원성 물질(아황산염, 황화물 등) : 검체 1mL 중의 산성에서 끓인 후의 환원성 물질 이외의 환원성 물질에 대한 0.1N 요오드액의 소비량이 0.6mL 이하

　　5) 환원 후의 환원성 물질(디치오디글라이콜릭애씨드) : 환원 후의 환원성 물질의 함량은 4.0% 이하

　　6) 중금속 : $20\mu g/g$ 이하

　　7) 비소 : $5\mu g/g$ 이하

　　8) 철 : $2\mu g/g$ 이하

　나. 제2제

　　1) 브롬산나트륨 함유제제 : 브롬산나트륨에 그 품질을 유지하거나 유용성을 높이기 위하여 적당한 용해제, 침투제, 습윤제, 착색제, 유화제, 향료 등을 첨가한 것이다.

　　　가) 용해상태 : 명확한 불용성이물이 없을 것

　　　나) pH : 4.0~10.5

　　　다) 중금속 : $20\mu g/g$ 이하

　　　라) 산화력 : 1인 1회 분량의 산화력이 3.5 이상

　　2) 과산화수소수 함유제제 : 과산화수소수 또는 과산화수소수에 그 품질을 유지하거나 유용성을 높이기 위하여 적당한 침투제, 안정제, 습윤제, 착색제, 유화제, 향료 등을 첨가한 것이다.

　　　가) pH : 2.5~4.5

　　　나) 중금속 : $20\mu g/g$ 이하

　　　다) 산화력 : 1인 1회 분량의 산화력이 0.8~3.0

2. 시스테인, 시스테인염류 또는 아세틸시스테인을 주성분으로 하는 냉2욕식 퍼머넌트웨이브용 제품 : 이 제품은 실온에서 사용하는 것으로서 시스테인, 시스테인염류 또는 아세틸시스테인을 주성분으로 하는 제1제 및 산화제를 함유하는 제2제로 구성된다.

　가. 제1제 : 이 제품은 시스테인, 시스테인염류 또는 아세틸시스테인을 주성분으로 하고 불휘발성 무기알칼리를 함유하지 않은 액제이다. 이 제품에는 품질을 유지하거나 유용성을 높이기 위하여 적당한 알칼리제, 침투제, 습윤제, 착색제, 유화제, 향료 등을 첨가할 수 있다.

1) pH : 8.0~9.5

2) 알칼리 : 0.1N 염산의 소비량은 검체 1mL에 대하여 12mL 이하

3) 시스테인 : 3.0~7.5%

4) 환원 후의 환원성 물질(시스틴) : 0.65%이하

5) 중금속 : 20$\mu$g/g 이하

6) 비소 : 5$\mu$g/g 이하

7) 철 : 2$\mu$g/g 이하

나. 제2제 기준 : 1. 치오글라이콜릭애씨드 또는 그 염류를 주성분으로 하는 냉2욕식 퍼머넌트웨이브용 제품 나. 제2제의 기준에 따른다.

3. 치오글라이콜릭애씨드 또는 그 염류를 주성분으로 하는 냉2욕식 헤어스트레이트너용 제품 : 이 제품은 실온에서 사용하는 것으로서 치오글라이콜릭애씨드 또는 그 염류를 주성분으로 하는 제1제 및 산화제를 함유하는 제2제로 구성된다.

가. 제1제 : 이 제품은 치오글라이콜릭애씨드 또는 그 염류를 주성분으로 하고 불휘발성 무기알칼리의 총량이 치오글라이콜릭애씨드의 대응량 이하인 제제이다. 단, 산성에서 끓인 후의 환원성 물질의 함량이 7.0%를 초과하는 경우, 초과분에 대해 디치오디글라이콜릭애씨드 또는 그 염류를 디치오디글라이콜릭애씨드로 같은 양 이상 배합하여야 한다. 이 제품에는 품질을 유지하거나 유용성을 높이기 위하여 적당한 알칼리제, 침투제, 착색제, 습윤제, 유화제, 증점제, 향료 등을 첨가할 수 있다.

1) pH : 4.5~9.6

2) 알칼리 : 0.1N 염산의 소비량은 검체 1mL에 대하여 7.0mL 이하

3) 산성에서 끓인 후의 환원성 물질(치오글라이콜릭애씨드) : 2.0~11.0%

4) 산성에서 끓인 후의 환원성 물질 이외의 환원성 물질(아황산, 황화물 등) : 검체 1mL 중의 산성에서 끓인 후의 환원성 물질 이외의 환원성 물질에 대한 0.1N 요오드액의 소비량은 0.6mL 이하

5) 환원 후의 환원성 물질(디치오디글리콜릭애씨드) : 4.0% 이하

6) 중금속 : 20$\mu$g/g 이하

7) 비소 : 5$\mu$g/g 이하

8) 철 : 2$\mu$g/g 이하

나. 제2제 기준 : 1. 치오글라이콜릭애씨드 또는 그 염류를 주성분으로 하는 냉2욕식 퍼머넌트웨이브용 제품 나. 제2제의 기준에 따른다.

4. 치오글라이콜릭애씨드 또는 그 염류를 주성분으로 하는 가온2욕식 퍼머넌트웨이브용 제품 : 이 제품은 사용할 때 약 60℃ 이하로 가온조작하여 사용하는 것으로서 치오글라이콜릭애씨드 또는 그 염류를 주성분으로 하는 제1제 및 산화제를 함유하는 제2제로 구성된다.

가. 제1제 : 이 제품은 치오글라이콜릭애씨드 또는 그 염류를 주성분으로 하고 불휘발성 무기알칼리의 총량이 치오글라이콜릭애씨드의 대응량 이하인 액제이다. 이 제품에는 품질을 유지하거나 유용성을 높이기 위하여 적당한 알칼리제, 침투제, 습윤제, 착색제, 유화제, 향료 등을 첨가할 수 있다.

1) pH : 4.5~9.3

PART 01

PART 02

PART 03

PART 04

PART 05

PART 06

2) 알칼리 : 0.1N 염산의 소비량은 검체 1mL에 대하여 5mL 이하

3) 산성에서 끓인 후의 환원성 물질(치오글라이콜릭애씨드) : 1.0~5.0%

4) 산성에서 끓인 후의 환원성 물질 이외의 환원성 물질(아황산, 황화물 등) : 검체 1mL 중의 산성에서 끓인 후의 환원성 물질 이외의 환원성 물질에 대한 0.1N 요오드액의 소비량은 0.6mL 이하

5) 환원 후의 환원성 물질(디치오디글라이콜릭애씨드) : 4.0% 이하

6) 중금속 : 20μg/g 이하

7) 비소 : 5μg/g 이하

8) 철 : 2μg/g 이하

나. 제2제 기준 : 1. 치오글라이콜릭애씨드 또는 그 염류를 주성분으로 하는 냉2욕식 퍼머넌트웨이브용 제품 나. 제2제의 기준에 따른다.

5. 시스테인, 시스테인염류 또는 아세틸시스테인을 주성분으로 하는 가온 2욕식 퍼머넌트웨이브용 제품 : 이 제품은 사용 시 약 60℃ 이하로 가온조작하여 사용하는 것으로서 시스테인, 시스테인염류, 또는 아세틸시스테인을 주성분으로 하는 제1제 및 산화제를 함유하는 제2제로 구성된다.

가. 제1제 : 이 제품은 시스테인, 시스테인염류, 또는 아세틸시스테인을 주성분으로 하고 불휘발성 무기알칼리를 함유하지 않는 액제로서 이 제품에는 품질을 유지하거나 유용성을 높이기 위해서 적당한 알칼리제, 침투제, 습윤제, 착색제, 유화제, 향료 등을 첨가할 수 있다.

1) pH : 4.0~9.5

2) 알칼리 : 0.1N염산의 소비량은 검체 1mL에 대하여 9mL 이하

3) 시스테인 : 1.5~5.5%

4) 환원 후의 환원성 물질(시스틴) : 0.65% 이하

5) 중금속 : 20μg/g 이하

6) 비소 : 5μg/g 이하

7) 철 : 2μg/g 이하

나. 제2제 기준 : 1. 치오글라이콜릭애씨드 또는 그 염류를 주성분으로 하는 냉2욕식 퍼머넌트웨이브용 제품 나. 제2제의 기준에 따른다.

6. 치오글라이콜릭애씨드 또는 그 염류를 주성분으로 하는 가온2욕식 헤어스트레이트너 제품 : 이 제품은 시험할 때 약 60℃이하로 가온 조작하여 사용하는 것으로서 치오글라이콜릭애씨드 또는 그 염류를 주성분으로 하는 제1제 및 산화제를 함유하는 제2제로 구성된다.

가. 제1제 : 이 제품은 치오글라이콜릭애씨드 또는 그 염류를 주성분으로 하고 불휘발성 알칼리의 총량이 치오글라이콜릭애씨드의 대응량 이하인 제제이다. 이 제품에는 품질을 유지하거나 유용성을 높이기 위하여 적당한 알칼리제, 침투제, 습윤제, 유화제, 점증제, 향료 등을 첨가할 수 있다.

1) pH : 4.5~9.3

2) 알칼리 : 0.1N 염산의 소비량은 검체 1mL에 대하여 5.0mL 이하

3) 산성에서 끓인 후의 환원성 물질(치오글라이콜릭애씨드) : 1.0~5.0%

4) 산성에서 끓인 후의 환원성 물질 이외의 환원성 물질(아황산염, 황화물 등) : 검체 1mL 중의 산성에서 끓인 후의 환원성 물질 이외의 환원성 물질에 대한 0.1N 요오드액의 소비량은 0.6mL 이하

5) 환원 후의 환원성 물질(디치오디글라이콜릭애씨드) : 4.0% 이하

6) 중금속 : 20μg/g 이하

7) 비소 : 5μg/g 이하

8) 철 : 2μg/g 이하

나. 제2제 기준 : 1. 치오글라이콜릭애씨드 또는 그 염류를 주성분으로 하는 냉2욕식 퍼머넌트웨이브용 제품 나. 제2제의 기준에 따른다.

7. 치오글라이콜릭애씨드 또는 그 염류를 주성분으로 하는 고온정발용 열기구를 사용하는 가온2욕식 헤어스트레이트너 제품 : 이 제품은 시험할 때 약 60℃ 이하로 가온하여 제1제를 처리한 후 물로 충분히 세척하여 수분을 제거하고 고온정발용 열기구(180℃이하)를 사용하는 것으로서 치오글라이콜릭애씨드 또는 그 염류를 주성분으로 하는 제1제 및 산화제를 함유하는 제2제로 구성된다.

가. 제1제 : 이 제품은 치오글라이콜릭애씨드 또는 그 염류를 주성분으로 하고 불휘발성 알칼리의 총량이 치오글라이콜릭애씨드의 대응량 이하인 제제이다. 이 제품에는 품질을 유지하거나 유용성을 높이기 위하여 적당한 알칼리제, 침투제, 습윤제, 유화제, 점증제, 향료 등을 첨가할 수 있다.

1) pH : 4.5~9.3

2) 알칼리 : 0.1N 염산의 소비량은 검체 1mL에 대하여 5.0mL 이하

3) 산성에서 끓인 후의 환원성물질(치오글라이콜릭애씨드) : 1.0~5.0%

4) 산성에서 끓인 후의 환원성 물질 이외의 환원성 물질(아황산염, 황화물 등) : 검체 1mL 중의 산성에서 끓인 후의 환원성 물질 이외의 환원성 물질에 대한 0.1N 요오드액의 소비량은 0.6mL 이하

5) 환원 후의 환원성 물질(디치오디글라이콜릭애씨드) : 4.0% 이하

6) 중금속 : 20μg/g 이하

7) 비소 : 5μg/g 이하

8) 철 : 2μg/g 이하

나. 제2제 기준 : 1. 치오글라이콜릭애씨드 또는 그 염류를 주성분으로 하는 냉2욕식 퍼머넌트웨이브용 제품 나. 제2제의 기준에 따른다.

8. 치오글라이콜릭애씨드 또는 그 염류를 주성분으로 하는 냉1욕식 퍼머넌트웨이브용 제품 : 이 제품은 실온에서 사용하는 것으로서 치오글라이콜릭애씨드 또는 그 염류를 주성분으로 하고 불휘발성 무기알칼리의 총량이 치오글라이콜릭애씨드의 대응량 이하인 액제이다. 이 제품에는 품질을 유지하거나 유용성을 높이기 위하여 적당한 알칼리제, 침투제, 습윤제, 착색제, 유화제, 향료 등을 첨가할 수 있다.

1) pH : 9.4~9.6

2) 알칼리 : 0.1N 염산의 소비량은 검체 1mL에 대하여 3.5~4.6mL

3) 산성에서 끓인 후의 환원성 물질(치오글라이콜릭애씨드) : 3.0~3.3%

4) 산성에서 끓인 후의 환원성 물질 이외의 환원성 물질(아황산염, 황화물 등) : 검체 1mL 중인 산성에서 끓인 후의 환원성 물질 이외의 환원성 물질에 대한 0.1N 요오드액의 소비량은 0.6mL 이하

5) 환원 후의 환원성 물질(디치오디글라이콜릭애씨드) : 0.5% 이하

6) 중금속 : 20㎍/g 이하

7) 비소 : 5㎍/g 이하

8) 철 : 2㎍/g 이하

9. 치오글라이콜릭애씨드 또는 그 염류를 주성분으로 하는 제1제 사용 시 조제하는 발열2욕식 퍼머넌트웨이브용 제품 : 이 제품은 치오글라이콜릭애씨드 또는 그 염류를 주성분으로 하는 제1제의 1과 제1제의 1중의 치오글라이콜릭애씨드 또는 그 염류의 대응량 이하의 과산화수소를 함유한 제1제의 2, 과산화수소를 산화제로 함유하는 제2제로 구성되며, 사용시 제1제의 1 및 제1제의 2를 혼합하면 약 40℃로 발열되어 사용하는 것이다.

가. 제1제의 1 : 이 제품은 치오글라이콜릭애씨드 또는 그 염류를 주성분으로 하는 액제로서 이 제품에는 품질을 유지하거나 유용성을 높이기 위하여 적당한 알칼리제, 침투제, 습윤제, 착색제, 유화제, 향료 등을 첨가할 수 있다.

1) pH : 4.5~9.5

2) 알칼리 : 0.1N 염산의 소비량은 검체 1mL에 대하여 10mL 이하

3) 산성에서 끓인 후의 환원성 물질(치오글라이콜릭애씨드) : 8.0~19.0%

4) 산성에서 끓인 후의 환원성 물질 이외의 환원성 물질(아황산염, 황화물 등) : 검체 1mL 중의 산성에서 끓인 후의 환원성 물질 이외의 환원성 물질에 대한 0.1N 요오드액의 소비량은 0.8mL 이하

5) 환원 후의 환원성 물질(디치오디글라이콜릭애씨드) : 0.5%이하

6) 중금속 : 20㎍/g 이하

7) 비소 : 5㎍/g 이하

8) 철 : 2㎍/g 이하

나. 제1제의 2 : 이 제품은 제1제의 1중에 함유된 치오글라이콜릭애씨드 또는 그 염류의 대응량 이하의 과산화수소를 함유한 액제로서 이 제품에는 품질을 유지하거나 유용성을 높이기 위하여 적당한 침투제, pH조정제, 안정제, 습윤제, 착색제, 유화제, 향료 등을 첨가할 수 있다.

1) pH : 2.5~4.5

2) 중금속 : 20㎍/g 이하

3) 과산화수소 : 2.7~3.0%

다. 제1제의 1 및 제1제의 2의 혼합물 : 이 제품은 제1제의 1 및 제1제의 2를 용량비 3 : 1로 혼합한 액제로서 치오글라이콜릭애씨드 또는 그 염류를 주성분으로 하고 불휘발성 무기알칼리의 총량이 치오글라이콜릭애씨드의 대응량 이하인 것이다.

1) pH : 4.5~9.4

2) 알칼리 : 0.1N 염산의 소비량은 검체 1mL에 대하여 7mL 이하

3) 산성에서 끓인 후의 환원성 물질(치오글라이콜릭애씨드) : 2.0~11.0%

4) 산성에서 끓인 후의 환원성 물질 이외의 환원성 물질(아황산염, 황화물 등) : 산성에서 끓인 후의 환원성 물질 이외의 환원성 물질에 대한 0.1N 요오드액의 소비량은 0.6mL 이하

5) 환원 후의 환원성 물질(디치오디글라이콜릭애씨드) : 3.2~4.0%

6) 온도상승 : 온도의 차는 14℃~20℃

라. 제2제 : 1. 치오글라이콜릭애씨드 또는 그 염류를 주성분으로 하는 냉2욕식 퍼머넌트웨이브용 제품 나. 제2제의 기준에 따른다.

⑨ 유리알칼리 0.1% 이하(화장 비누에 한함)

### 제7조(규제의 재검토)

「행정규제기본법」제8조 및 「훈령 · 예규 등의 발령 및 관리에 관한 규정」에 따라 2014년 1월 1일을 기준으로 매 3년이 되는 시점(매 3년째의 12월 31일까지를 말한다)마다 그 타당성을 검토하여 개선 등의 조치를 하여야 한다.

PART 01

PART 02

PART 03

PART 04

PART 05

PART 06

■ **통칙(제2조제1호 관련)**

1. 이 고시는 「화장품법」 제4조제1항 및 「화장품법 시행규칙」 제9조제1항에 따라 기능성화장품 심사를 받기 위하여 자료를 제출하고자 하는 경우, 기준 및 시험방법에 관한 자료 제출을 면제할 수 있는 범위를 정함을 목적으로 한다.

2. 이 고시의 영문명칭은 「Korean Functional Cosmetics Codex」라 하고, 줄여서 「KFCC」라 할 수 있다.

3. 이 고시에 수재되어 있는 기능성화장품의 적부는 각조의 규정, 통칙 및 일반시험법의 규정에 따라 판정한다.

4. 제제를 만들 경우에는 따로 규정이 없는 한 그 보존 중 성상 및 품질의 기준을 확보하고 그 유용성을 높이기 위하여 부형제, 안정제, 보존제, 완충제 등 적당한 첨가제를 넣을 수 있다. 다만, 첨가제는 해당 제제의 안전성에 영향을 주지 않아야 하며, 또한 기능을 변하게 하거나 시험에 영향을 주어서는 아니된다.

5. 이 고시에서 규정하는 시험방법 외에 정확도와 정밀도가 높고 그 결과를 신뢰할 수 있는 다른 시험방법이 있는 경우에는 그 시험방법을 쓸 수 있다. 다만 그 결과에 대하여 의심이 있을 때에는 규정하는 방법으로 최종의 판정을 실시한다.

6. 화장품 제형의 정의는 다음과 같다.

   가. 로션제란 유화제 등을 넣어 유성성분과 수성성분을 균질화하여 점액상으로 만든 것을 말한다.

   나. 액제란 화장품에 사용되는 성분을 용제 등에 녹여서 액상으로 만든 것을 말한다.

   다. 크림제란 유화제 등을 넣어 유성성분과 수성성분을 균질화하여 반고형상으로 만든 것을 말한다.

   라. 침적마스크제란 액제, 로션제, 크림제, 겔제 등을 부직포 등의 지지체에 침적하여 만든 것을 말한다.

   마. 겔제란 액체를 침투시킨 분자량이 큰 유기분자로 이루어진 반고형상을 말한다.

   바. 에어로졸제란 원액을 같은 용기 또는 다른 용기에 충전한 분사제(액화기체, 압축기체 등)의 압력을 이용하여 안개모양, 포말상 등으로 분출하도록 만든 것을 말한다.

   사. 분말제란 균질하게 분말상 또는 미립상으로 만든 것을 말하며, 부형제 등을 사용할 수 있다.

7. 「밀폐용기」라 함은 일상의 취급 또는 보통 보존상태에서 외부로부터 고형의 이물이 들어가는 것을 방지하고 고형의 내용물이 손실되지 않도록 보호할 수 있는 용기를 말한다. 밀폐용기로 규정되어 있는 경우에는 기밀용기도 쓸 수 있다.

8. 「기밀용기」라 함은 일상의 취급 또는 보통 보존상태에서 액상 또는 고형의 이물 또는 수분이 침입하지 않고 내용물을 손실, 풍화, 조해 또는 증발로부터 보호할 수 있는 용기를 말한다. 기밀용기로 규정되어 있는 경우에는 밀봉용기도 쓸 수 있다.

9. 「밀봉용기」라 함은 일상의 취급 또는 보통의 보존상태에서 기체 또는 미생물이 침입할 염려가 없는 용기를 말한다.

10. 「차광용기」라 함은 광선의 투과를 방지하는 용기 또는 투과를 방지하는 포장을 한 용기를 말한다.

11. 물질명 다음에 ( ) 또는 [ ]중에 분자식을 기재한 것은 화학적 순수물질을 뜻한다. 분자량은 국제원자량표에 따라 계산하여 소수점이하 셋째 자리에서 반올림하여 둘째 자리까지 표시한다.

12. 이 기준의 주된 계량의 단위에 대하여는 다음의 기호를 쓴다.

| | | | |
|---|---|---|---|
| 미터 | m | 데시미터 | dm |
| 센티미터 | cm | 밀리미터 | mm |
| 마이크로미터 | $\mu$ m | 나노미터 | nm |
| 킬로그람 | kg | 그람 | g |
| 밀리그람 | mg | 마이크로그람 | $\mu$ g |
| 나노그람 | ng | 리터 | L |
| 밀리리터 | mL | 마이크로리터 | $\mu$ L |
| 평방센티미터 | cm² | 수은주밀리미터 | mmHg |
| 센티스톡스 | cs | 센티포아스 | cps |
| 노르말(규정) | N | 몰 | M 또는 mol. |
| 질량백분율 | % | 질량대용량백분율 | w/v% |
| 용량백분율 | vol% | 용량대질량백분율 | v/w% |
| 질량백만분율 | ppm | 피에이치 | pH |
| 섭씨 도 | ℃ | | |

13. 시험 또는 저장할 때의 온도는 원칙적으로 구체적인 수치를 기재한다. 다만, 표준온도는 20℃, 상온은 15~25℃, 실온은 1~30℃, 미온은 30~40℃로 한다. 냉소는 따로 규정이 없는 한 1~15℃ 이하의 곳을 말하며, 냉수는 10℃ 이하, 미온탕은 30~40℃, 온탕은 60~70℃, 열탕은 약 100℃의 물을 뜻한다. 가열한 용매 또는 열용매 라 함은 그 용매의 비점 부근의 온도로 가열한 것을 뜻하며 가온한 용매 또는 온용매라 함은 보통 60~70℃로 가온한 것을 뜻한다. 수욕상 또는 수욕중에서 가열한다라 함은 따로 규정이 없는 한 끓인 수욕 또는 100℃의 증기욕을 써서 가열하는 것이다. 보통 냉침은 15~25℃, 온침은 35~45℃에서 실시한다.

14. 통칙 및 일반시험법에 쓰이는 시약, 시액, 표준액, 용량분석용표준액, 계량기 및 용기는 따로 규정이 없는 한 일반시험법에서 규정하는 것을 쓴다. 또한 시험에 쓰는 물은 따로 규정이 없는 한 정제수로 한다.

15. 용질명 다음에 용액이라 기재하고, 그 용제를 밝히지 않은 것은 수용액을 말한다.

16. 용액의 농도를 (1 → 5), (1 → 10), (1 → 100) 등으로 기재한 것은 고체물질 1g 또는 액상물질 1mL를 용제에 녹여 전체량을 각각 5mL, 10mL, 100mL등으로 하는 비율을 나타낸 것이다. 또 혼합액을 (1 : 10) 또는 (5 : 3 : 1) 등으로 나타낸 것은 액상물질의 1용량과 10용량과의 혼합액, 5용량과 3용량과 1용량과의 혼합액을 나타낸다.

17. 시험은 따로 규정이 없는 한 상온에서 실시하고 조작 직후 그 결과를 관찰하는 것으로 한다. 다만 온도의 영향이 있는 것의 판정은 표준온도에 있어서의 상태를 기준으로 한다.

18. 따로 규정이 없는 한 일반시험법에 규정되어 있는 시약을 쓰고 시험에 쓰는 물은 「정제수」이다.

19. 액성을 산성, 알칼리성 또는 중성으로 나타낸 것은 따로 규정이 없는 한 리트머스지를 써서 검사한다. 액성을 구체적으로 표시할 때에는 pH값을 쓴다. 또한, 미산성, 약산성, 강산성, 미알칼리성, 약알칼리성, 강알칼리성 등으로 기재한 것은 산성 또는 알칼리성의 정도의 개략(槪略)을 뜻하는 것으로 pH의 범위는 다음과 같다.

| | | | |
|---|---|---|---|
| 미산성 | 약 5~약 6.5 | 미알칼리성 | 약 7.5~약 9 |
| 약산성 | 약 3~약 5 | 약알칼리성 | 약 9~약 11 |
| 강산성 | 약 3이하 | 강알칼리성 | 약 11이상 |

20. 질량을 「정밀하게 단다.」라 함은 달아야 할 최소 자리수를 고려하여 0.1mg, 0.01mg 또는 0.001mg까지 단다는 것을 말한다. 또 질량을 「정확하게 단다」라 함은 지시된 수치의 질량을 그 자리수까지 단다는 것을 말한다.

21. 시험할 때 n자리의 수치를 얻으려면 보통 (n + 1)자리까지 수치를 구하고 (n + 1)자리의 수치를 반올림한다.

22. 시험조작을 할때 「직후」 또는 「곧」이란 보통 앞의 조작이 종료된 다음 30초 이내에 다음 조작을 시작하는 것을 말한다.

23. 시험에서 용질이 「용매에 녹는다 또는 섞인다」라 함은 투명하게 녹거나 임의의 비율로 투명하게 섞이는 것을 말하며 섬유 등을 볼 수 없거나 있더라 매우 적다.

24. 검체의 채취량에 있어서 「약」이라고 붙인 것은 기재된 양의 ±10%의 범위를 뜻한다.

## ■ 1. 맞춤형화장품의 정의 및 범위

### (1) 맞춤형화장품 정의

맞춤형화장품판매업소에서 맞춤형화장품조제관리사 자격증을 가진 자가 고객 개인별 피부 특성 및 색·향 등 취향에 따라,

① 제조 또는 수입된 화장품의 내용물에 다른 화장품의 내용물이나 색소, 향료 등 식약처장이 정하는 원료를 추가하여 혼합한 화장품

② 제조 또는 수입된 화장품의 내용물을 소분(小分)한 화장품
　단, 화장 비누(고체 형태의 세안용 비누)를 단순 소분한 화장품은 제외

### (2) 맞춤형화장품판매업의 정의

맞춤형화장품판매업이란 맞춤형화장품을 판매하는 영업을 말함

| 영업의 종류 | 영업의 범위 |
| --- | --- |
| 화장품 제조업 | ① 화장품을 직접 제조하는 영업<br>② 화장품 제조를 위탁받아 제조하는 영업<br>③ 화장품의 포장(1차 포장만 해당한다)을 하는 영업 |
| 화장품 책임판매업 | ① 화장품제조업자가 화장품을 직접 제조하여 유통·판매하는 영업<br>② 화장품제조업자에게 위탁하여 제조된 화장품을 유통·판매하는 영업<br>③ 수입된 화장품을 유통·판매하는 영업<br>④ 수입대행형 거래를 목적으로 화장품을 알선·수여하는 영업 |
| 맞춤형화장품 판매업 | ① 제조 또는 수입된 화장품의 내용물에 다른 화장품의 내용물이나 식품의약품안전처장이 정하여 고시하는 원료를 추가하여 혼합한 화장품을 판매하는 영업<br>② 제조 또는 수입된 화장품의 내용물을 소분한 화장품을 판매하는 영업 |

### (3) 맞춤형화장품판매업의 영업의 범위

맞춤형화장품판매업은 맞춤형화장품을 판매하는 영업으로써 다음의 두 가지 중 하나 이상에 해당하는 영업을 할 수 있음

① 제조 또는 수입된 화장품의 내용물에 다른 화장품의 내용물이나 식약처장이 정하는 원료를 추가하여 혼합한 화장품을 판매하는 영업

② 제조 또는 수입된 화장품의 내용물을 소분한 화장품을 판매하는 영업

## ■ 2. 맞춤형화장품판매업의 신고

### (1) 맞춤형화장품판매업의 신고

① 맞춤형화장품판매업을 하려는 자는 맞춤형화장품판매업소 소재지를 관할하는 지방식품의약품안전청에 영업을 신고하여야 함

② 신청방법 : 의약품안전나라 시스템(nedrug.mfds.go.kr) 전자민원, 방문 또는 우편

③ 처리기한 : 10일

④ 수수료 : 전자민원 27,000원, 방문 · 우편민원 30,000원

⑤ 제출 서류

| 구분 | 제출 서류 |
|---|---|
| 기본 | ① 맞춤형화장품판매업 신고서<br>② 맞춤형화장품조제관리사 자격증 사본(2인 이상 신고 가능) |
| 기타<br>구비서류 | ① 사업자등록증 및 법인등기부등본(법인에 포함)<br>② 건축물관리대장<br>③ 임대차계약서(임대의 경우에 한함)<br>④ 혼합 · 소분의 장소 · 시설 등을 확인할 수 있는 세부 평면도 및 상세 사진 |

(2) 맞춤형화장품판매업의 변경신고

① 맞춤형화장품판매업의 변경신고가 필요한 사항

㉠ 맞춤형화장품판매업자의 변경(판매업자의 상호, 소재지 변경은 대상 아님)

㉡ 맞춤형화장품판매업소의 상호 또는 소재지 변경

㉢ 맞춤형화장품조제관리사의 변경

② 신청방법 : 의약품안전나라 시스템(nedrug.mfds.go.kr) 전자민원, 방문 또는 우편

③ 처리기한 : 10일(단, 조제관리사 변경신고는 7일)

④ 수수료 : 전자민원 9,000원, 방문 · 우편민원 10,000원

※ 조제관리사 변경의 경우 수수료 없음

⑤ 제출 서류

| 구분 | 제출 서류 |
|---|---|
| 공통 | ① 맞춤형화장품판매업 변경신고서<br>② 맞춤형화장품판매업 신고필증(기 신고한 신고필증) |
| 판매업자 변경 | ① 사업자등록증 및 법인등기부등본(법인에 한함)<br>② 양도 · 양수 또는 합병의 경우에는 이를 증빙할 수 있는 서류<br>③ 상속의 경우에는「가족관계의 등록 등에 관한 법률」제15조 제1항 제1호의 가족관계증명서 |
| 판매업소 상호 변경 | ① 사업자등록증 및 법인등기부등본(법인에 한함) |
| 판매업소 소재지 변경 | ① 사업자등록증 및 법인등기부등본(법인에 한함)<br>② 건축물관리대장<br>③ 임대차계약서(임대의 경우에 한함)<br>④ 혼합 · 소분 장소 · 시설 등을 확인할 수 있는 세부 평면도 및 상세 사진 |
| 조제관리사 변경 | ① 맞춤형화장품조제관리사 자격증 사본 |

(3) 맞춤형화장품판매업의 폐업 등의 신고

① 신고대상 : 폐업 또는 휴업, 휴업 후 영업을 재개하려는 경우

② 신청방법 : 의약품안전나라 시스템(nedrug.mfds.go.kr) 전자민원, 방문 또는 우편

③ 처리기한 : 7일

④ 수수료 : 해당없음

⑤ 제출 서류

| 구분 | 제출 서류 |
|------|-----------|
| 공통 | ① 맞춤형화장품판매업 폐업 · 휴업 · 재개 신고서<br>② 맞춤형화장품판매업 신고필증(기 신고한 신고필증) |

## ■ 3. 맞춤형화장품 내용물 및 원료의 범위

### (1) 맞춤형화장품 혼합 · 소분에 사용되는 내용물의 범위

맞춤형화장품의 혼합 · 소분에 사용할 목적으로 화장품책임판매업자로부터 제공받은 것으로 다음 항목에 해당하지 않는 것이어야 함

① 화장품책임판매업자가 소비자에게 그대로 유통 · 판매할 목적으로 제조 또는 수입한 화장품

② 판매의 목적이 아닌 제품의 홍보 · 판매촉진 등을 위하여 미리 소비자가 시험 · 사용하도록 제조 또는 수입한 화장품

### (2) 맞춤형화장품 혼합에 사용되는 원료의 범위

맞춤형화장품의 혼합에 사용할 수 없는 원료를 다음과 같이 정하고 있으며 그 외의 원료는 혼합에 사용 가능

① 「화장품 안전기준 등에 관한 규정(식약처 고시)」 [별표 1]의 '화장품에 사용할 수 없는 원료'

② 「화장품 안전기준 등에 관한 규정(식약처 고시)」 [별표 2]의 '화장품에 사용상의 제한이 필요한 원료'

③ 식약처장이 고시(「기능성화장품 기준 및 시험방법」)한 '기능성화장품의 효능 · 효과를 나타내는 원료'. 다만, 「화장품법」 제4조에 따라 해당 원료를 포함하여 기능성화장품에 대한 심사를 받거나 보고서를 제출한 경우 사용 가능

　㉠ 원료의 품질유지를 위해 원료에 보존제가 포함된 경우에는 예외적으로 허용

　㉡ 원료의 경우 개인 맞춤형으로 추가되는 색소, 향, 기능성 원료 등이 해당되며 이를 위한 원료의 조합(혼합 원료)도 허용

　㉢ 기능성화장품의 효능 · 효과를 나타내는 원료는 내용물과 원료의 최종 혼합 제품을 기능성화장품으로 기 심사(또는 보고) 받은 경우에 한하여, 기 심사(또는 보고)받은 조합 · 함량 범위 내에서만 사용 가능

## ■ 4. 맞춤형화장품판매업자의 준수사항

### (1) 맞춤형화장품판매업자의 준수사항

맞춤형화장품 판매장 시설 · 기구를 정기적으로 점검하여 보건위생상 위해가 없도록 관리할 것

① 혼합 · 소분 안전관리기준

　㉠ 맞춤형화장품 조제에 사용하는 내용물 및 원료의 혼합 · 소분 범위에 대해 사전에 품질 및 안전성을 확보할 것

　　• 내용물 및 원료를 공급하는 화장품책임판매업자가 혼합 또는 소분의 범위를 검토하여 정하고 있는 경우 그 범위 내에서 혼합 또는 소분할 것

　　• 최종 혼합된 맞춤형화장품이 유통화장품 안전관리 기준에 적합한지를 사전에 확인하고, 적합한 범위 안에서 내용물 간(또는 내용물과 원료) 혼합이 가능함

PART 01
PART 02
PART 03
PART 04
PART 05
PART 06

ⓛ 혼합·소분에 사용되는 내용물 및 원료는 「화장품법」 제8조의 화장품안전기준 등에 적합한 것을 확인하여 사용할 것
  - 혼합·소분 전 사용되는 내용물 또는 원료의 품질관리가 선행되어야 함(다만, 책임판매 업자에게서 내용물과 원료를 모두 제공받는 경우 책임판매 업자의 품질검사성적서로 대체 가능)
ⓒ 혼합·소분 전에 손을 소독하거나 세정할 것. 다만, 혼합·소분 시 일회용 장갑을 착용하는 경우 예외
ⓔ 혼합·소분 전에 혼합·소분된 제품을 담을 포장용기의 오염여부를 확인할 것
ⓜ 혼합·소분에 사용되는 장비 또는 기구 등은 사용 전에 그 위생 상태를 점검하고, 사용 후에는 오염이 없도록 세척할 것
ⓗ 혼합·소분 전에 내용물 및 원료의 사용기한 또는 개봉 후 사용기간을 확인하고, 사용기한 또는 개봉 후 사용기간이 지난 것은 사용하지 아니할 것
ⓢ 혼합·소분에 사용되는 내용물의 사용기한 또는 개봉 후 사용기간을 초과하여 맞춤형화장품의 사용기한 또는 개봉 후 사용기간을 정하지 말 것
ⓞ 맞춤형화장품 조제에 사용하고 남은 내용물 및 원료는 밀폐를 위한 마개를 사용하는 등 비의도적인 오염을 방지할 것
ⓩ 소비자의 피부상태나 선호도 등을 확인하지 아니하고 맞춤형화장품을 미리 혼합·소분하여 보관하거나 판매하지 말 것

② 최종 혼합·소분된 맞춤형화장품은 「화장품법」 제8조 및 「화장품 안전기준 등에 관한 규정(식약처 고시)」 제6조에 따른 유통화장품의 안전관리기준을 준수할 것
  ㉠ 특히, 판매장에서 제공되는 맞춤형화장품에 대한 미생물 오염관리를 철저히 할 것(예 주기적 미생물 샘플링 검사)
  ㉡ 혼합·소분을 통해 조제된 맞춤형화장품은 소비자에게 제공되는 제품으로 "유통화장품"에 해당

③ 맞춤형화장상품판매내역서를 작성·보관할 것(전자문서로 된 판매내역을 포함)
  ㉠ 제조번호(맞춤형화장품의 경우 식별번호를 제조번호로 함) : 식별번호는 맞춤형화장품의 혼합·소분에 사용되는 내용물 또는 원료의 제조번호와 혼합·소분기록을 추적할 수 있도록 맞춤형화장품판매업자가 숫자·문자·기호 또는 이들의 특징적인 조합으로 부여한 번호임
  ㉡ 사용기한 또는 개봉 후 사용기간
  ㉢ 판매일자 및 판매량

④ 원료 및 내용물의 입고, 사용, 폐기 내역 등에 대하여 기록 관리 할 것

⑤ 맞춤형화장품 판매 시 다음 각 목의 사항을 소비자에게 설명할 것
  ㉠ 혼합·소분에 사용되는 내용물 또는 원료의 특성
  ㉡ 맞춤형화장품 사용 시의 주의사항

⑥ 맞춤형화장품 사용과 관련된 부작용 발생사례에 대해서는 지체 없이 식품의약품안전처장에게 보고할 것
  ㉠ 맞춤형화장품의 부작용 사례 보고(「화장품 안전성 정보관리 규정」에 따른 절차 준용)
    - 맞춤형화장품 사용과 관련된 중대한 유해사례 등 부작용 발생 시 그 정보를 알게 된 날로부터 15일 이내 식품의약품안전처 홈페이지를 통해 보고하거나 우편·팩스·정보통신망 등의 방법으로 보고해야 한다.

- 중대한 유해사례 또는 이와 관련하여 식품의약품안전처장이 보고를 지시한 경우 : 「화장품 안전성 정보관리 규정(식약처 고시)」별지 제1호 서식
- 판매중지나 회수에 준하는 외국정부의 조치 또는 이와 관련하여 식품의약품안전처장이 보고를 지시한 경우 : 「화장품 안전성 정보관리 규정(식약처 고시)」별지 제2호 서식

(2) 그 밖의 사항

① 맞춤형화장품의 원료목록 및 생산실적 등을 기록 · 보관하여 관리 할 것

② 고객 개인 정보의 보호

ㄱ 맞춤형화장품판매장에서 수집된 고객의 개인정보는 개인정보보호법령에 따라 적법하게 관리할 것

ㄴ 맞춤형화장품판매장에서 판매내역서 작성 등 판매관리 등의 목적으로 고객개인의 정보를 수집할 경우 개인정보보호법에 따라 개인 정보 수집 및 이용목적, 수집 항목 등에 관한 사항을 안내하고 동의를 받아야 한다.

ㄷ 소비자 피부진단 데이터 등을 활용하여 연구 · 개발 등 목적으로 사용하고자 하는 경우, 소비자에게 별도의 사전 안내 및 동의를 받아야 한다.

ㄹ 수집된 고객의 개인정보는 개인정보보호법에 따라 분실, 도난, 유출, 위조, 변조 또는 훼손되지 않도록 취급하여야한다. 아울러 이를 당해 정보주체의 동의 없이 타기관 또는 제3자에게 정보를 공개하여서는 아니 된다.

## ■ 5. 맞춤형화장품판매업소의 시설기준 및 위생관리

(1) 맞춤형화장품판매업소 시설기준

① 맞춤형화장품의 품질 · 안전확보를 위하여 아래 시설기준을 권장

ㄱ 맞춤형화장품의 혼합 · 소분 공간은 다른 공간과 구분 또는 구획할 것

| 구분 | 선, 그물망, 줄 등으로 충분한 간격을 두어 착오나 혼동이 일어나지 않도록 되어 있는 상태 |
|---|---|
| 구획 | 동일 건물 내에서 벽, 칸막이, 에어커튼 등으로 교차오염 및 외부오염물질의 혼입이 방지될 수 있도록 되어 있는 상태 |

※ 다만, 맞춤형화장품조제관리사가 아닌 기계를 사용하여 맞춤형화장품을 혼합하거나 소분하는 경우에는 구분 · 구획된 것으로 본다.

ㄴ 맞춤형화장품 간 혼입이나 미생물오염 등을 방지할 수 있는 시설 또는 설비 등을 확보할 것

ㄷ 맞춤형화장품의 품질유지 등을 위하여 시설 또는 설비 등에 대해 주기적으로 점검 · 관리 할 것

(2) 맞춤형화장품판매업소의 위생관리

① 작업자 위생관리

ㄱ 혼합 · 소분 시 위생복 및 마스크(필요시) 착용

ㄴ 피부 외상 및 증상이 있는 직원은 건강 회복 전까지 혼합 · 소분 행위 금지

ㄷ 혼합 전 · 후 손 소독 및 세척

② 맞춤형화장품 혼합 · 소분 장소의 위생관리

ㄱ 맞춤형화장품 혼합 · 소분 장소와 판매 장소는 구분 · 구획하여 관리

ⓛ 적절한 환기시설 구비

ⓒ 작업대, 바닥, 벽, 천장 및 창문 청결 유지

ⓡ 혼합 전·후 작업자의 손 세척 및 장비 세척을 위한 세척시설 구비

ⓜ 방충·방서 대책 마련 및 정기적 점검·확인

③ 맞춤형화장품 혼합·소분 장비 및 도구의 위생관리

ⓖ 사용 전·후 세척 등을 통해 오염 방지

ⓛ 작업 장비 및 도구 세척 시에 사용되는 세제·세척제는 잔류하거나 표면 이상을 초래하지 않는 것을 사용

ⓒ 세척한 작업 장비 및 도구는 잘 건조하여 다음 사용 시까지 오염 방지

ⓡ 자외선 살균기 이용 시
- 충분한 자외선 노출을 위해 적당한 간격을 두고 장비 및 도구가 서로 겹치지 않게 한 층으로 보관
- 살균기 내 자외선램프의 청결 상태를 확인 후 사용

④ 맞춤형화장품 혼합·소분 장소, 장비·도구 등 위생 환경 모니터링

ⓖ 맞춤형화장품 혼합·소분 장소가 위생적으로 유지될 수 있도록 맞춤형화장품판매업자는 주기를 정하여 판매장 등의 특성에 맞도록 위생관리 할 것

ⓛ 맞춤형화장품판매업소에서는 작업자 위생, 작업환경위생, 장비·도구 관리 등 맞춤형화장품판매업소에 대한 위생 환경 모니터링 후 그 결과를 기록하고 판매업소의 위생 환경 상태를 관리 할 것

## (3) 맞춤형화장품의 내용물 및 원료의 관리

① 내용물 또는 원료의 입고 및 보관

ⓖ 입고 시 품질관리 여부를 확인하고 품질성적서를 구비

ⓛ 원료 등은 품질에 영향을 미치지 않는 장소에서 보관(예 직사광선을 피할 수 있는 장소 등)

ⓒ 원료 등의 사용기한을 확인한 후 관련 기록을 보관하고, 사용기한이 지난 내용물 및 원료는 폐기

## ■ 6. 맞춤형화장품의 표시

① 맞춤형화장품 표시·기재 사항

ⓖ 맞춤형화장품 판매 시 1차·2차 포장에 기재되어야 할 정보

| 구분 | 표시·기재 사항 |
|---|---|
| 맞춤형화장품 | 〈1차 포장〉<br>1. 화장품의 명칭<br>2. 영업자(화장품제조업자, 화장품책임판매업자, 맞춤형화장품판매업자)의 상호<br>3. 제조번호<br>4. 사용기한 또는 개봉 후 사용기간(개봉 후 사용기간의 경우 제조연월일 병기)<br>〈1차 포장 또는 2차 포장〉<br>1. 화장품의 명칭<br>2. 영업자(화장품제조업자, 화장품책임판매업자, 맞춤형화장품판매업자)의 상호 및 주소<br>3. 해당 화장품 제조에 사용된 모든 성분(인체에 무해한 소량 함유 성분 등 총리령으로 정하는 성분은 제외)<br>4. 내용물의 용량 또는 중량<br>5. 제조번호 |

| 구분 | 표시·기재 사항 |
|---|---|
| 맞춤형화장품 | 6. 사용기한 또는 개봉 후 사용기간(개봉 후 사용기간의 경우 제조연월일 병기)<br>7. 가격<br>8. 기능성화장품의 경우 "기능성화장품"이라는 글자 또는 기능성화장품을 나타내는 도안으로서 식품의약품안전처장이 정하는 도안<br>9. 사용할 때의 주의사항<br>10. 그 밖에 총리령으로 정하는 사항<br>　　－기능성화장품의 경우 심사받거나 보고한 효능·효과, 용법·용량<br>　　－성분명을 제품 명칭의 일부로 사용한 경우 그 성분명과 함량(방향용 제품은 제외한다)<br>　　－인체 세포·조직 배양액이 들어있는 경우 그 함량<br>　　－화장품에 천연 또는 유기농으로 표시·광고하려는 경우에는 원료의 함량<br>　　－제2조제8호부터 제11호까지에 해당하는 기능성화장품의 경우에는 "질병의 예방 및 치료를 위한 의약품이 아님"이라는 문구<br>　　－다음 각 목의 어느 하나에 해당하는 경우 법 제8조제2항에 따라 사용기준이 지정·고시된 원료 중 보존제의 함량<br>　　가. 별표 3 제1호가목에 따른 만 3세 이하의 영유아용 제품류인 경우<br>　　나. 만 4세 이상부터 만 13세 이하까지의 어린이가 사용할 수 있는 제품임을 특정하여 표시·광고하려는 경우 |
| 소용량 또는 비매품 | 〈1차 포장 또는 2차 포장〉<br>1. 화장품의 명칭<br>2. 맞춤형화장품판매업자의 상호<br>3. 가격<br>4. 제조번호와 사용기한 또는 개봉 후 사용기간(개봉 후 사용기간의 경우 제조연월일 병기) |

※ 맞춤형화장품의 가격표시는 개별 제품에 판매 가격을 표시하거나, 소비자가 가장 쉽게 알아볼 수 있도록 제품명, 가격이 포함된 정보를 제시하는 방법으로 표시할 수 있다.

## ■ 7. 맞춤형화장품조제관리사

① 맞춤형화장품조제관리사 정의 : 맞춤형화장품조제관리사는 맞춤형화장품판매장에서 혼합·소분 업무에 종사하는 자로서 맞춤형화장품조제관리사 국가자격시험에 합격한 자

② 맞춤형화장품조제관리사 교육

　㉠ 맞춤형화장품판매장의 조제관리사로 지방식품의약품안전청에 신고한 맞춤형화장품조제관리사는 매년 4시간 이상, 8시간 이하의 집합교육 또는 온라인교육을 식약처에서 정한 교육실시기관에서 이수할 것

　㉡ 식품의약품안전처에서 지정한 교육실시기관 : (사)대한화장품협회, (사)한국의약품수출입협회, (재)대한화장품산업연구원

③ 맞춤형화장품조제관리사 관리

　㉠ 맞춤형화장품판매업자는 판매장마다 맞춤형화장품조제관리사를 둘 것

　㉡ 맞춤형화장품의 혼합·소분의 업무는 맞춤형화장품판매장에서 자격증을 가진 맞춤형화장품조제관리사만이 할 수 있음

맞춤형화장품 조제관리사
2주 합격 초단기완성

초 판 발 행   2020년 2월  5일
개정3판1쇄   2022년 2월 25일

편      저   이설훈
발 행 인   정용수
발 행 처    예문사
주      소   경기도 파주시 직지길 460(출판도시) 도서출판 예문사
T  E  L   031) 955 – 0550
F  A  X   031) 955 – 0660

등 록 번 호   11 – 76호

정      가   24,000원

홈페이지 http://www.yeamoonsa.com

ISBN    978 – 89 – 274 – 4281 – 3    [13590]